U0805518

分子系统发生学

黄 原 编著

科学出版社
北 京

内 容 简 介

分子系统发生学是应用分子数据重建系统发生关系的学科。本书全面系统地论述了分子系统发生学的基础、原理、方法及应用。全书由 18 章组成，可以归纳为五大部分：第一部分包括第 1～3 章，分别介绍了系统发生和系统树的基本知识；第二部分包括第 4～7 章，是分子系统发生分析的基础，其中第 4 章和第 5 章是分子系统发生学的信息学基础，第 6 章是数据集系统发生信号评估，第 7 章讨论了分子进化模型及模型选择原理与方法；第三部分中的第 8～12 章是各种系统发生分析方法，分别就目前主要的系统发生分析方法（距离矩阵法、简约法、最大似然法、贝叶斯推论法和系统发生网络法等）从原理、软件操作、应用及局限性等方面进行了详细的介绍，第 13 章讨论了系统发生假设检验的原理和方法，第 14 章讨论了系统发生分析可靠性与影响因素；第四部分主要涉及各类数据集分析策略，其中第 15 章总结了不同类型数据的分析策略，第 16 章对复杂数据系统发生的分析策略与方法进行了详细地介绍，第 17 章是多基因数据分析策略和方法；最后一部分即第 18 章是系统树的可视化、注释与应用方面的内容。

本书可作为生物学、生物技术、生态学和生物信息学专业的本科生、研究生及科研人员学习分子系统发生学的教材或参考资料。

图书在版编目（CIP）数据

分子系统发生学/黄原编著. —北京：科学出版社，2012
ISBN 978-7-03-033026-0

Ⅰ. ①分… Ⅱ. ①黄… Ⅲ. ①分子进化—系统发育—研究 Ⅳ. ①Q75

中国版本图书馆 CIP 数据核字（2011）第 260101 号

责任编辑：王海光 矫天扬 刘 晶/ 责任校对：刘小梅
责任印制：赵 博/ 封面设计：耕者设计工作室

科学出版社出版
北京东黄城根北街 16 号
邮政编码：100717
http://www.sciencep.com
北京天宇星印刷厂印刷
科学出版社发行 各地新华书店经销
*
2012 年 6 月第 一 版 开本：787×1092 1/16
2024 年 9 月第十六次印刷 印张：34 1/2
字数：790 000
定价：150.00 元
（如有印装质量问题，我社负责调换）

前　　言

分子系统发生学是应用分子数据重建系统发生关系的学科。由于系统发生关系已经成为整合包括生物多样性在内的生物学知识的基本框架，所以构建生物类群之间的系统发生关系成为当代生物学的基本研究方法。本书全面系统地论述了分子系统发生学的基础、原理、方法及应用。

本书是作者 20 余年来在系统发生学领域研究和教学的总结，写作过程中注意兼顾基本概念的解释和最新进展的评述，使读者能够快速掌握本学科各个方面的基础知识。需要声明的是，作者本人主要从事分子进化和分子系统学领域的教学和研究工作，也就是分子系统发生学的应用方面，对系统发生学的理论、算法和软件并无任何创新，本书涉及的内容主要来自国外的期刊论文、课程网站和课件等，尤其需要指明的是，书中的软件列表主要来自 Joseph Felsenstein 维护的网站（http：//evolution. genetics. washington. edu/phylip/software. html），部分图表的来源由于时间的关系未查明出处，在此特表歉意。如果不适当地使用了版权资料，还望作者或读者来信指明，以便将来有机会时更正。本书介绍的软件及其使用说明可以在作者实验室主页 http：//www. molevobio. snnu. edu. cn 的“读者园地”中下载。

分子系统发生学涉及计算机、统计学、分子生物学、进化论、生物信息学等许多学科，限于本人的知识水平，书中疏漏谬误在所难免；另外，近年来分子系统发生学在理论和方法等方面发展迅猛，由于时间仓促，有些重要的进展未能加以详细地介绍和评述，敬请读者批评指正。

感谢为本书作出贡献的历届研究生，尤其感谢叶维萍硕士、卢慧甍博士和黄建华博士后在系统发生软件使用方面的贡献；感谢中国科学院动物研究所梁爱萍研究员、扬州大学杜予洲教授和湖北大学曾庆韬教授应邀参与研究生系统发生分析方法的讲座与讨论；感谢科学出版社王海光和矫天扬编辑在本书撰写、审稿、出版过程中所给予的帮助以及对本书提出的宝贵意见。

本书的研究工作得到了国家自然科学基金项目（39570110，30070114，30470238，30670279，30970346）的资助，本书的出版得到了陕西师范大学出版基金的资助，在此特表感谢。

黄　原
陕西师范大学生命科学学院教授
2011 年 8 月

目　录

第1章 系统发生学概论

1.1 系统发生与系统发生学

系统发生（phylogeny，由希腊词根 phylon＝stem、tribe、race 和 genesis＝origin 构成）是指任何生物实体（基因、个体、种群、物种和种上阶元）的起源和演化关系。

达尔文首次使用系统发生一词是在《物种起源》第 5 版提及 Haeckel 的著作 *Generelle Morphologie* 时，并将系统发生等同为所有生物的传代线（the lines of descent of all organic beings），这与 Haeckel 的原意不同，Haeckel 书中的系统发生是生命之树的传代线上生物在形态上发生的主要改变，而非传代线本身（Dayrat，2003）。但达尔文此处对系统发生概念的使用与我们现在的定义基本上一致。

分子系统发生（molecular phylogeny）是利用各种分子性状构建的生物实体之间起源和演化关系，采用的分子数据主要是 DNA 和蛋白质序列，也包括其他类型的分子数据。

系统发生学（phylogenetics）是研究利用各种性状构建基因、个体、种群、物种和种上单元之间系统树或网络的原理和方法的学科。系统发生学重建进化历史依赖于对取样物种的性状分布进行数学推论，这种重建涉及不同类群共享的同源性状，并通过这些性状推断系统树。这种数学推断的准确性完全依赖于对性状进化的假设和模型。

20 世纪 50 年代以来，蛋白质和 DNA 测序技术为系统发生重建带来了曙光。DNA 和蛋白质序列数据作为生物信息分子具有线性数字编码特征，并且能够建立位点之间的同源关系，逐渐成为系统发生分析的主要数据来源。分子系统发生学（molecular phylogenetics）就是在这种背景下诞生的，是研究利用各种分子性状构建基因、个体、种群和物种之间系统树或进化网络的原理和方法的学科。

分子数据的使用导致了系统发生研究的革命。在 20 世纪 80 年代后期，由于保守引物的 PCR 扩增和 DNA 测序技术的应用，使得系统发生分析可利用的同源位点（即性状）数量达到 500 个，有的甚至超过数千个，与此前几十个、最多上百个形态特征相比，大大地增强了解决系统发生推论的数据力度。此时，一些线粒体基因和 rDNA 成为最广泛应用的标记，其中编码 SSU rRNA 的基因识别出了作为生命树的第三分支的古细菌（Archaea）。随着更多基因标记，尤其是大量单拷贝核基因的使用，基于单个基因推论的系统发生关系之间的冲突逐渐显露。而且，来自单个基因的信息经常不足以对系统发生的节点提供坚实的统计学支持。所以，自 20 世纪 90 年代以来，多基因数据逐渐成为分子系统发生研究的主流。

目前，成千上万个物种的全基因组序列信息已经通过新一代的高通量测序技术产生，并由此产生了一个新的分支学科——谱系基因组学（phylogenomics），就是在基因组水平上进行系统发生研究。谱系基因组学将基因座位的进化作为一种随机过程看待，将分子水平的基因座位和序列位点进化模型及群体历史过程整合在一起，分析基因树和物种树之间的关系，引发分子系统发生学思想的又一次革命。基因组学数据增加了用于系统发生学分析的性状数量和类型，期望能够减少先前由于序列或基因取样偏差造成的系统发生推论误差。

分子系统发生学已经成为当前生物学研究的核心领域。根据 SCI Web of Science 引文数据库统计，到 2009 年底已经有 30 000 多篇关于系统发生分析的论文，并且每年以 3000 篇的速度增加（Pagel and Meade，2008）。Rokas 和 Carroll（2006）估计世界范围平均每天发表 15 棵系统树。最近发起的重建生命之树计划和 DNA 条形码计划是生物学历史上能够与基因组计划媲美的生物学大科学项目，加之廉价而快速的新一代高通量测序技术引发的全基因组测序的普及，如人类千人基因组计划、宏基因组学（metagenomics）、脊椎动物基因组 10K 计划和昆虫基因组 5K 计划等，将极大地推进分子系统发生学的研究。

分子系统发生学数据的增加速度很快，目前 NCBI 核苷酸数据库有序列记录的物种数超过 30 万种。过去 5 年 GenBank 的物种数以每年约 1.7 万种的速度增加，也就是 170 万种已描述物种中，每年约有 1%的物种被进行至少一个基因的测序。即便如此，至少含有一条分子序列的生物体只占全部已知物种的 17%左右。而在系统发生信息数据库 TreeBASE 中，目前只录入了 2000 多项研究的 5000 多棵系统树，包括100 000个类群（http：//www. treebase. org/）。因此，实现重建生命之树的宏伟计划还有漫长的路要走。

1.2 系统发生关系的含义

不同生物学家对系统发生概念的认识和理解有所不同。生物之间在系统发生学上的相关性称为系统发生关系（phylogenetic relationship）。生物之间存在着各种各样的相互关系，系统发生关系只是其中最重要的关系之一，其他的关系还包括表征的（phenetic）、分支的（cladistic）、时序的（chronistic）、遗传的或亲缘的（patristic）和相互作用（interaction）关系等，这些复杂的关系从不同的角度反映了生物之间的相关性。

1.2.1 表征关系

表征关系是不考虑进化关系，仅以所有可利用性状为基础的全面相似性程度排列的关系。Sneath 和 Sokal（1972）将表征关系定义为“在所研究的机体表型特征基础上的相似性”。以表征关系为基础的分类学研究称为表征分类学（phenetics），根据生物表征总体相似性为依据获得的有机体之间的关系图解称为表征图（phenogram）。表征分类学认为有机体之间的演化关系是无法弄清楚的，因而表征图不需要代表机体之间的演化关系。根据表征图显示的类群之间的聚类关系就可以直接转化为分类体系。

1.2.2　分支关系

分支关系指物种或类群之间与共同祖先相对近度（relative recency）的关系。以分支关系为基础的系统学研究称为支序系统学（cladistics）或系统发生系统学（phylogenetic systematics）（Hennig，1966）。支序系统学派认为，判别系统发生关系远近的唯一标准是共同祖先的近度（recency of common ancestry），共同祖先关系可以通过性状的分布分析来发现，支序系统学派将性状分为祖征（plesiomorphy）、共享祖征（symplesiomorphy）、衍征（apomorphy）、共享衍征（synapomorphy）和自裔衍征（autapomorphy），认为只有共享衍征才是共同祖先的证据，共享祖征及由趋同进化和平行进化形成的相似性（同型性状）均不能作为共同祖先的证据。通过共享衍征推论的有机体分支关系的树状图称为支序图（cladogram）。支序图的纵轴仅表示分支发生的相对时间，图上的二叉分支节点代表一次物种形成事件。

支序图只是关于共享衍征分布的陈述（图 1-1），而不是系统发生关系的陈述，要将支序图转化成系统发生关系还需要进一步对进化过程作出假设。支序图上的分类单元（无论是现存种还是化石种）总是在末端分枝，而在系统树上必须明确分类单元的祖裔关系。图 1-2 中左框的分支图（（A，B），C）就可以解释为右框中 6 种不同的系统树。

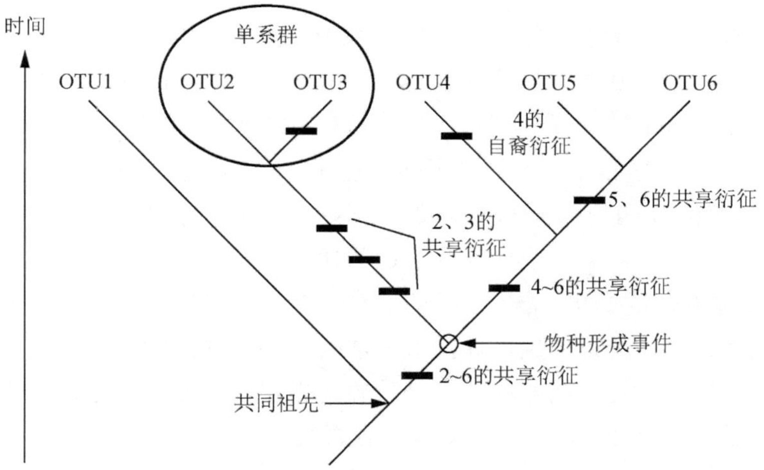

图 1-1　支序图上的性状类型

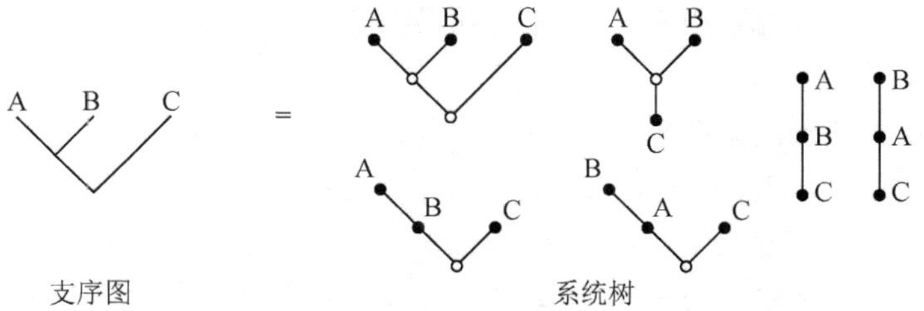

图 1-2　支序图与系统树的区别

支序系统学认为系统发生关系是生物之间最核心的关系，所有的分类学体系都必须建立在系统发生关系的基础上，也就是要求所有的分类单元必须是单系性的。已经建立了基于系统发生的分类学命名法规——Phylocode（www.ohio.edu/phylocode/）。

1.2.3　遗传关系

遗传关系是生物在遗传组成方面的关系，在群体遗传学中采用遗传相关性系数（coefficient of genetic relatedness）来度量，在种上阶元之间采用亲缘距离（patristic distance）来度量。亲缘距离是指在传代线内发生的遗传变异数量，表现在标度系统树上两个物种经过其共同祖先节点的所有通径的分枝长度之和。在分子系统树上，亲缘距离实际上等价于它们从共同祖先分歧以来在两个支系上发生的遗传改变，如果以基因组序列来度量的话，就等价于分支之间的遗传组成差异。

遗传关系起源于遗传物质的继承与传递，包括两种不同的遗传方式：垂直遗传和水平遗传。垂直传递是通过繁殖方式进行的，在有性生殖群体内个体之间的遗传关系是一种网状关系（特称为 tokogeny）。垂直遗传包括双亲遗传（如常染色体遗传）、父系遗传（如 Y 染色体遗传）和母系遗传（如线粒体基因组遗传）三种不同的方式。双亲遗传标记是生物之间的主要遗传标记，可以用于研究生物主要遗传组成的演化历史；父系遗传的标记可以推论父本谱系的历史；母系遗传标记可以推论母本谱系的历史。三类垂直遗传标记都可用于类群系统发生关系的重建。

水平遗传的主要方式是基因水平转移（horizontal gene transfer，HGT），也称为侧向转移（lateral gene transfer，LGT），是指在不同物种之间进行的遗传物质的交流。LGT 类似于物种内部的重组，但种内不同染色体/DNA 分子的重组是共享基因库分子之间的混合，虽然也产生了不同进化历史的 DNA 分子的嵌合体，但重组分子对推论物种之间的系统发生关系影响不大，因为它们的遗传传递方式与分支发生方式一致。而 LGT 是跨越生殖隔离的 DNA 分子之间的混合，是与分支发生关系毫无关联的遗传传递，因而会对系统发生关系产生误导。水平基因转移事件作为推动物种进化的重要动力，在生命起源和进化的早期发挥了十分重要的作用，后来也对原核生物基因组的进化产生了深刻的影响（图 1-3），但相对来说在真核生物中发生的规模不大。

垂直遗传和水平遗传的概念在细胞形态的生物之间是很容易区分的，因为垂直遗传是通过细胞膜体系和遗传系统的双重复制及分裂过程完成的，而水平遗传仅仅是部分遗传物质的整合。因此，也有人将这种以细胞传承为基础的垂直遗传系统发生称为细胞之树（tree of cell）。

以遗传关系为基础的系统学研究即分子系统学，从带遗传信息的分子数据建立的树状图称为分子树（molecular tree）或基因树（gene tree）。基因树可以是群体内部取样的等位基因之间的系统发生关系，特称为基因谱系（gene genealogy），反映的是等位基因的起源和演化关系；也可以是基因组内部一个基因家族成员之间的系统发生关系，反映的是基因重复事件；还可以是不同物种的直系或并系同源基因之间的系统发

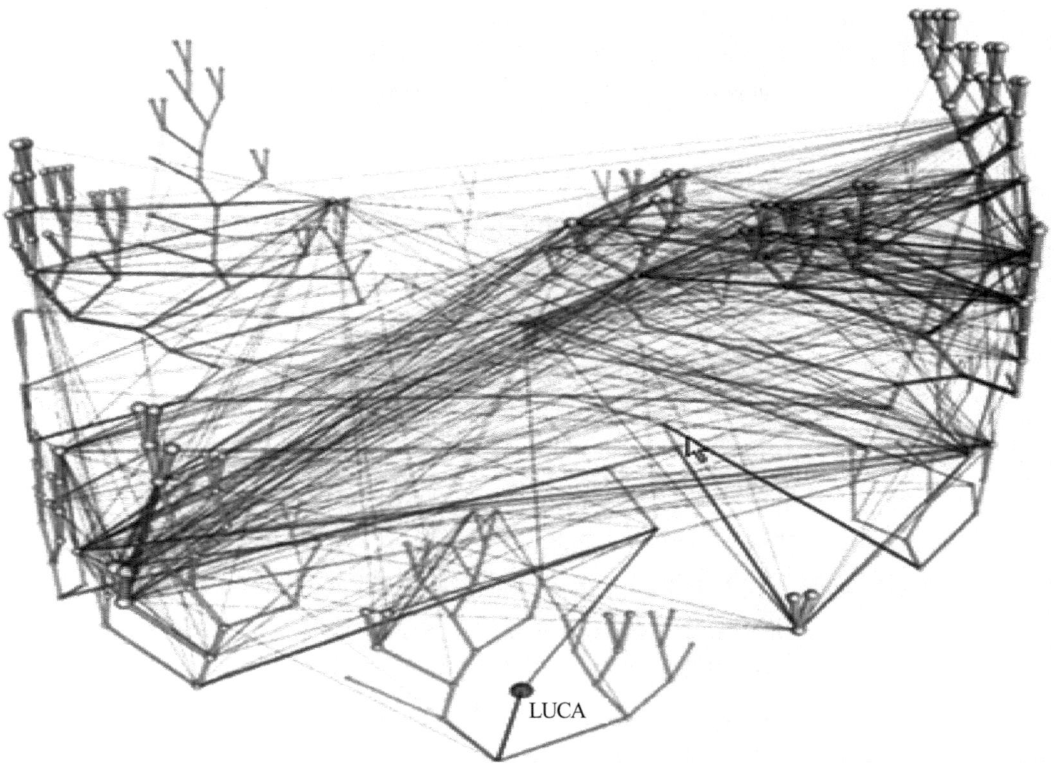

图 1-3　显示垂直遗传和水平遗传关系的生命之树鸟瞰图（Kunin et al.，2005）（见彩图）
圆点表示最近共同祖先 LUCA，垂直方向的粗分支表示系统发生关系，垂直分支之间的细线条表示基因水平转移，下方中间的分支为古细菌，两侧分支为真细菌

生关系，反映的是基因重复与物种形成双重进化事件。

基于垂直遗传分子标记构建的基因树可以转化为物种树，而根据水平遗传分子标记构建的基因树就不能直接转化为物种树。所以，只有垂直遗传关系的基因才能表达物种之间的系统发生关系。

1.2.4　系统发生关系

广义的系统发生（phylogenetic）或种系发生（phyletic）关系包括任何生物实体（基因、个体、群体、物种和种上阶元）的起源和演化关系，而狭义的系统发生关系仅指物种和种上单元的起源和演化关系。对狭义的系统发生关系的含义有不同的看法，有些人认为系统发生关系应是包括以上三种关系的总和，有些人则将系统发生关系仅看成是分支关系或遗传关系。在此，我们将狭义的系统发生关系定义为由分支发生（cladogenesis）产生的存在于任何支系（lineage）之间的祖裔关系和姐妹群关系。因此，系统发生关系实际上是由垂直遗传构成的分支关系，而分支发生实际上是连续的物种形成过程。在这个连续的过程中，永恒存在的仅仅是作为复制模板的细胞膜系统和遗传系统，个体只是作为这两个复制模板的中间载体而短暂存在。除这种分支关系外，系统发生关系还包括少量的由物种杂交形成产生的网络关系。

自达尔文以来，系统发生关系被认为是树状分支的，表示有机体之间系统发生关系的树状图解称为系统树（phylogenetic tree 或 phylogram）或进化树（evolutionary tree）。传统上，系统发生关系通过寻找共同祖先及祖裔关系来重建。

由于现存的所有物种都是由共同祖先进化形成的，因此，系统发生关系的远近程度是一个相对概念。如果两个谱系享有比其他谱系更近的共同祖先，则这两个谱系相互之间的系统发生关系更接近且远离其他谱系。

由于灭绝和分类单元取样不完整等原因，系统发生关系一般无法重建完整的生物进化历史，而是简化的进化历史，是一种对进化历史的假设，但随着研究的深入可无限逼近进化历史。

以上四种关系是生物之间最核心的关系，它们之间在概念上的区别可以通过熟悉的爬行类和鸟类进化关系的树状图解来说明（图 1-4）。图 1-4 中显示出表征关系、分支关系和亲缘距离三种关系度量方法之间的矛盾。蜥蜴和鳄鱼的形态特征最接近，表征关系最近；鳄鱼和恐龙之间在系统树上的通径长度最小，故亲缘距离最近；恐龙和鸟类是拥有最近共同祖先的类群，它们之间的分支关系最近。

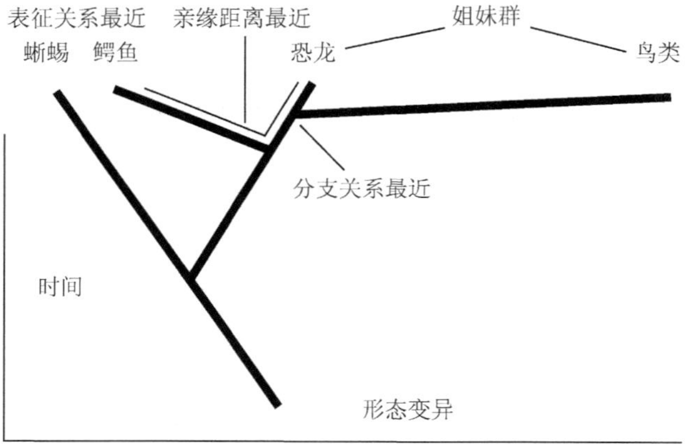

图 1-4　爬行类和鸟类进化关系示意图

（http：//www. mun. ca/biology/scarr/Phenetic _ Patristic _ Cladistic. html）

1.2.5　年代关系

年代或时序关系在进化时间标度上标示的有机体之间的关系，亦即系统发生树的垂直轴（纵轴）上有机体之间的关系，这样的图也称为时序图（chronogram）（图 1-5），这种关系对研究进化速率和进化趋势有一定的意义。

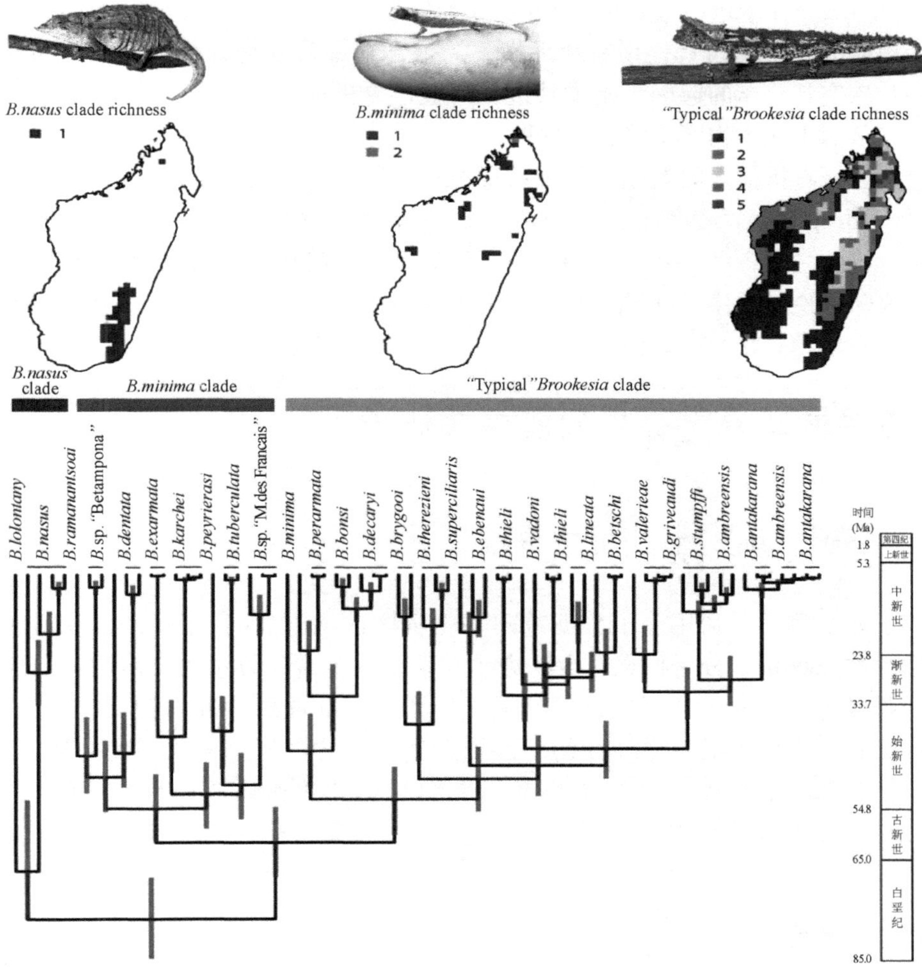

图 1-5　从三个线粒体基因和两个核基因估计的马达加斯加的变色龙三个单系群的时序图（Townsend et al.，2009）（见彩图）

节点上的线段表示估计时间的 95％置信限范围，该图同时显示了马达加斯加岛上变色龙的物种丰富度的分布

1.2.6　地理分布关系

地理分布（chorologic）关系是指生物在进化过程中形成的空间分布上的关系。现存生物的地理分布式样，是在祖先区系被障碍分割或祖先区系扩散迁移以后形成的，这些过程与物种形成有密切关系，因此，生物的分布与分支发生紧密相关。替代生物地理学（vicariance biogeography）正是由此出发，强调生物的演化是与地球地理学的进化同步的，通过研究单系类群的分支关系（支序图）与其地理扩散轨迹（track）之间的关系而构建区域支序图（area cladogram）。表明不同单系类群的区域分支关系的相合性（一致性）称地理支序图（geographic cladogram）。分子生物地理学或谱系生物

地理学（phylogeography）主要利用分子标记研究近缘种及种内不同种群形成现有分布格局的历史原因和进化过程。谱系地理学不局限于解释现有物种或种群的分布状况，而是进一步探究其分布的起因，阐述其进化历程，分析地理种群在时间上和空间上的发展变化，从而重建生物区系的进化过程。

综上所述，有机体之间上述 6 种关系都可用一种分支图解来表示，这种图统称为树状图（dendrogram），表征图、支序图、系统树等都是树状图的一种，但表征图和支序图仅是有机体之间各种关系的一种，而系统树则是有机体多种关系的综合图解。系统发生研究、推论或重建（phylogenetic study，infernce，reconstruction）都是指通过对现存或化石生物性状的比较分析来建立生物类群的系统发生关系（系统树）。

1.3　分子系统发生分析的原理和假设

1.3.1　分子系统发生分析的原理

分子系统发生学是利用分子数据重建生物实体进化历史的一门学科，所以分子系统发生学的原理包括分子标记、生物进化和系统发生重建方法等方面的基本原理。分子标记是分子系统发生分析的依据，关于分子标记的性质、进化特点和表征方法将在《分子系统学》一书中详细介绍；系统发生分析方法（距离法、简约法、最大似然法、贝叶斯法、网络法等）主要基于数学与统计学的原理，是本书的核心内容；进化论是系统发生学的理论基础，这里就分子系统发生学上涉及的进化理论简述如下。

1. 进化的过程和型式

分子系统发生涉及分子和机体（organismal）两个水平的进化过程。机体水平的进化是新种形成过程，物种形成的模式可以区分为线系（anagensis）进化和趋异进化（divergent evolution）两种基本型式。线系进化是指在时间上世代延续的种，在进化过程中一个物种可以逐渐地演变为另一个种，即在一段地质时间中第二个种替代了第一个种，这样的种被称为时间种（chronospecies）。趋异进化也叫分支发生（cladogenesis），是指由同一祖先分支出两个和多个线系的进化型式（二歧和多歧树），是物种水平的基本进化型式；杂交是另外一种新种形成的方式，可以用系统发生网络表示。

机体水平的进化是以个体为单位承载和实施的，相互交配繁育的个体组成了群体，有基因流的群体构成了物种，而具有共同祖先的在不同时间形成的物种组成了属及其他种上单元。仔细考察机体进化过程（图 1-6），可以看出小进化和大进化是一个连续的过程。所有种上单元都是通过物种形成产生的，也就是说，系统树上的任何部分，都代表着那个时间的繁育群体。

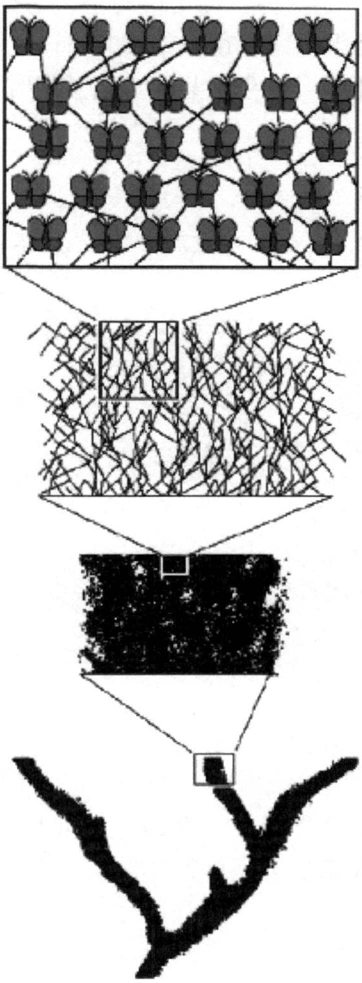

图 1-6　从个体到系统树分枝的详细遗传历史（Baum，2008）

2. 生物共祖原理

虽然是否存在地球上所有生命的最近共同祖先（last universal common ancestor，LUCA）仍然有激烈的争论，但毋庸置疑的是，所有现存生物类群都有远近不同的共同祖先，这种共同祖先不是一个个体，而是由一群能够繁育的个体组成的种群，这样的祖先称为一个生物类群的最近共同祖先（most recent common ancestor，MRCA 或 last common ancestor，LCA）。

地球上现在存在的所有物种，如果在时间坐标上溯本求源，就会发现它们都曾一个接一个地与其他物种互相汇合。以人类为例，在大约 700 万年前，人类与黑猩猩是共祖的，而几乎在同时，大猩猩与黑猩猩也是共祖的。再倒退数百万年，非洲古猿与猩猩也是共祖的。在比这更早的年代，人类的祖先是与长臂猿是共祖的。在更久远的过去，人类的祖先曾经与另外一些主要的哺乳动物类群，如啮齿动物、猫、蝙蝠、大象等共祖。再往前，人类的祖先又与各种爬行动物、鸟类、两栖动物、鱼类、无脊椎动物、单细胞动物、真菌、植物、古细菌和细菌共祖。这样，以目前的系统发生知识，可以识别出人类在生命之树上与其他生物共有 39 个共祖节点（图 1-7）。

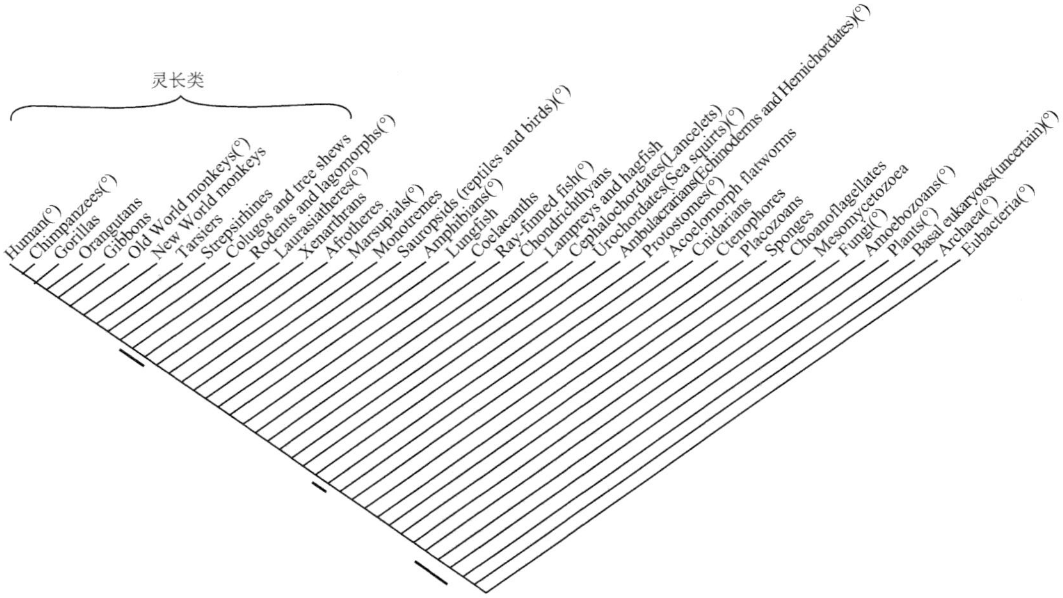

图 1-7　导致人类起源的所有分支发生过程的系统树（Castresana，2007）

“°”表示该类群中至少有一个物种的基因组序列被测出

生物有共同祖先的特性称为单系性，由具有共同祖先的所有生物组成的一个类群称为单系群，系统发生分析要求分类单元必须是单系群。

3. 分子进化原理

遗传物质的复制是最基本、最核心的生物学过程，保持在一定阈值下的复制错误是突变的主要源泉，是遗传漂变和自然选择驱动的进化之所以发生的前提条件。生物的变异是与 DNA 复制（生物繁殖的前提）关联的，有繁殖必须有 DNA 复制，而有复制就有误差。复制误差导致 DNA 突变，这种突变如果发生在生殖细胞并遗传到下一代，就是变异。如果这个变异在群体中固定下来，并且它的频率逐渐增加，就是替换。

个体内部同源基因拷贝之间存在的遗传变异称为异质性（heteroplasmy）；种内个体之间存在的遗传变异称为多态性（polymorphism）；物种之间表现的遗传差异称为遗传分歧（genetic divergence）；不同物种继承它们共享祖先的多态性的不同形式称为支系分选（lineage sorting），或深度溯祖（deep coalescence），或跨种多态性（transpecies polymorphism）。

地球上的每一个生物个体都有自己的直接祖先，而其所携带的遗传物质则来自父母。由于 DNA 复制过程都伴随着突变，所以，所有生物都是父母遗传信息经过变异的后代。总的来说，遗传变异是一个小概率事件，可以期望大多数的替换发生在不同的位点上并能够在进化过程中保留下来。因此，一个支系上不同时间发生的遗传变异有不同的分布模式。越是早期发生的替换在所有后代中分布越广泛；越是近期发生的替换，分布越局限于近期分歧的类群中。这种遗传变异的后代可以构成一个谱系（genealogy），在这个谱系上，不同世代的个体都有能够识别的印记，包括个体的、世代的和家族的，可以通过各自的特征把各个世代识别出来。因此，来自共同祖先的生物中不朽遗传物质的差异记录着这些生物分歧的历史。如果把一个物种的谱系一直回溯到单细胞时期或 LUCA 的话，就可以以同样的原理构建出地球上生物的生命之树。

4. 依据分子标记重建演化历史

按照生物学物种的定义，任何一个物种的所有成员共享基因库，因而，同一物种的所有基因都有潜在的机会相互构成一个基因组。当一个物种一分为二的时候，一个新的物种就诞生了，从此一个基因组被分为相互隔离的两个基因组。两个基因组在各自的种内通过性的重组互相混合。但是，一个物种分裂为两个物种之后，两套基因就不再互为伙伴，它们一般不会再在同一个躯体中相遇（杂交除外），两套基因积累各自支系上的突变，这就是物种之间的分歧进化（divergent evolution）现象。

图 1-8 表示的是物种形成期间单倍体基因的基因谱系，当物种形成刚开始时，两个亚群体中的个体之间关系密切，基因谱系呈现复系性或并系性，当物种形成完成后，它们之间呈现相互的单系性，支系分选也结束了，这个过程需要 4Ne 个世代（Ne 为有效群体大小）。

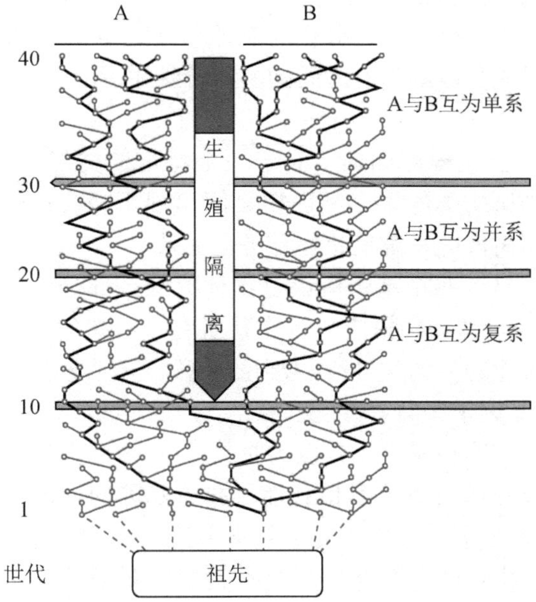

图 1-8　种群 A 和种群 B 在第 11 代开始建立生殖隔离后的支系分选过程（Avise，2000）
在开始时两个群体是复系性的，接着为并系性，之后成为相互单系性

在假定无自然选择、群体无限大和随机交配等理想状态下，DNA 和蛋白质序列的进化仅由替换速率和时间两个因素决定，这就是 DNA 和蛋白质序列进化分析的原理。

5. 从基因树到物种树

从序列数据中构建物种树有两种可能的误差：其一是，如果序列的数据结构杂乱或系统误差原因将导致不正确的基因树；其二是，即使基因树能正确地从序列中构建，基因的深度溯祖、基因重复、基因水平转移等现象也可导致基因树与物种树不一致（图 1-9）。

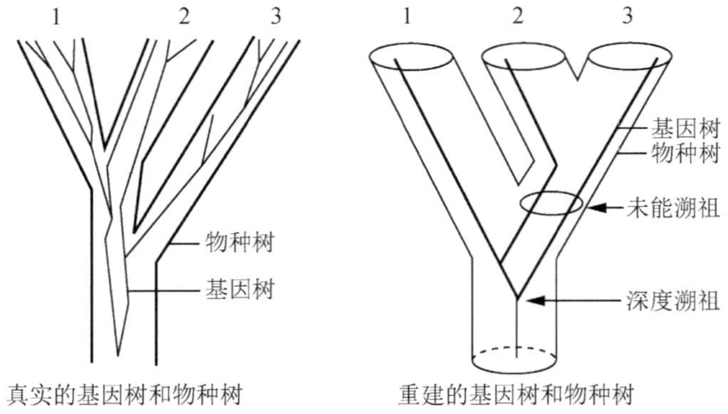

图 1-9　真实的基因树和物种树（物种 1 与物种 2 为姐妹群），
重建的基因树与物种树（物种 2 与物种 3 为姐妹群）

基因组水平上不同基因树之间的关系研究显示，在各种不同分类阶元水平，基因树之间都存在广泛的不相合性。最近分化的亚种/物种之间的不相合性主要是由于祖先多态性的支系分选；早期分歧的类群之间的不相合性主要是由于性状同型、基因重复/基因丢失和 LGT 等。

不论基因树的不相合性程度如何，对于一个特定的类群，其进化历史是唯一的，即物种树是唯一的。当所构建的多个基因树之间出现不相合性时，实质上是体现了部分（或者全部）的基因树没能正确反映物种进化关系。

Maddison（1997）认为每个基因树都是物种树的一部分，所有的基因树形成基因历史的“云团”（cloud），即物种树应该看成是所有基因树的统计分布。他提出了区分基因树之间不相合的可能的生物学过程的理论模型，包括支系分选（lineage sorting）、基因重复/基因丢失、基因水平转移/杂交。

目前，引起基因树与物种树不相合性的原因可以总结为以下 5 种（图 1-10）。

（1）并源基因引起的基因树的不相合性：并源基因的形成依赖于进化过程中的基因重复/基因丢失的动态发展。基因重复引起不一致的原因是并源基因抽样造成的，如果所研究的类群中有多拷贝时，常会发生这种情况。基因重复后又丢失拷贝造成直系同源基因和并系同源基因混淆这一因素不可忽视（图 1-10b）。

（2）基因水平转移：基因水平转移。引起的基因树与物种树的不一致性是直观的，可以将亲缘关系很疏远的类群聚合在一起（图 1-10c）。

（3）重组：重组导致基因序列偏离严格的二分歧系统发生模型（图 1-10d）。发生重组的序列片段之间可以拥有不同的进化历史。

（4）杂交：杂交在系统树上形成回环（图 1-10e），只能用网络表示。

(5) 支系分选/深度溯祖：Zou 等（2008）进行的一系列统计分析表明，随机误差、系统误差及生物学因素中的基因水平转移、杂交/渐渗、基因重复后的拷贝丢失等均无法解释基因树冲突，而谱系分选则可有效地解释基因树冲突。更为重要的是，理论研究表明，当连续物种形成事件间隔很短（如辐射进化）时，支系分选的后果将十分严重，尤其是在祖先有效群体很大时。

支系分选现象的产生取决于物种形成过程中，祖先物种等位基因多态性的程度及持续时间。因而支系分选时常出现短时间内（世代数很少）形成的新种，或有大范围（有效群体很大，分布很广）祖先物种的新种中。由此推测，支系分选应该是发生在系统树的短而密的分支上的（图 1-10f）。

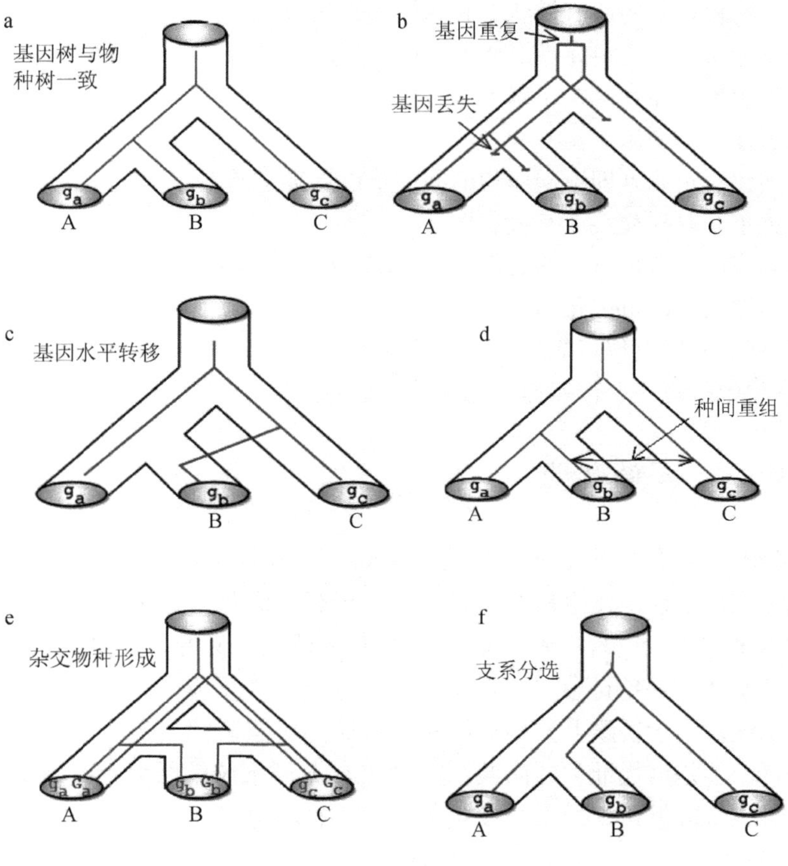

图 1-10　引起基因树与物种树不相合性的 5 种进化情景（见彩图）

a. 基因树与物种树一致；b. 由基因重复/基因丢失引起的基因树与物种树的不相合性；c. 由基因水平转移引起的不相合性；d. 由物种之间重组引起的不相合性；e. 由杂交物种形成引起的不相合性；f. 由支系分选/深度溯祖引起的不相合性

1.3.2　分子系统发生分析的假设

系统发生分析方法及其结果的准确性是与进化过程的模型密切相关的。如果一种系统发生推论方法能够建立在一种完全已知进化过程的基础上，则这种方法可以避免分析中的系统误差，亦即如果有足够多的数据，依靠这种方法可获得正确的系统树。即使没有完全的进化知识，但如果建立的进化模型正确的话，该模型也能用于系统发生分析的基础而不受系统误差的影响。目前应用的各类分析方法都是建立在明确或隐含的关于进化的假设基础上，这些假设或模型能足够保证这些方法的有效性，但不同的方法有不同的假设。有的方法虽声称无需进化假设，但实际上仍隐含着进化过程的假设。

分子系统发生学对分子数据的假设通常包括以下几个方面。

(1) 进化过程表现为二分枝式的树状结构，排除了多分枝式和网状进化型式，而实际上这两种型式是客观存在的。目前有些方法也能用于建立多分枝式进化树和网络。

(2) 一个物种内部的所有性状具有相同的进化历史。

(3) 所有分析的分类单元都是单系性的。

(4) 物种鉴定和序列测定正确无误。

(5) 基因序列是同源的。

(6) 序列比对正确，即不同序列的同一个位点都是同源的。

(7) 分类单元取样充足或有代表性。

(8) 基因或序列数据有足够的信息可以解决感兴趣的问题。

(9) 样本序列是随机进化的。

(10) 序列中的所有位点的进化都是随机的。

(11) 序列中的每一个位点的进化都是独立的。

1.3.3 分子数据的优点

自 20 世纪 80 年代以来，分子数据迅速取代形态学特征，成为重建系统发生关系的基本数据。在分子系统发生研究的早期，对于分子和形态数据的相对优劣问题及不相合性有相当多的争论，现在看来这些争论大多是无意义的。大量的比较研究表明，形态变化和分子变化是各自独立的，是对不同进化压力反应的结果，遵循着不同的进化规律。在系统发生学实践上关心的问题是所研究对象表现出的变异是否适合于所要解决的问题，而不是谁优谁劣的问题。30 年来，分子系统学的大量研究结果并没有广泛地排斥由形态学数据建立的系统发生关系，而且将分子与形态结合起来比用单一方法可对生物的多样性作出更好的描述和解释。

与传统的形态学特征相比，分子数据具有以下特点。

(1) 可以识别的同源性状有宽广范围，核心代谢途径上的基因，如核糖体蛋白质和 rRNA 基因在所有细胞形式的生命体中都存在，可以进行最宽广范围的系统发生重建。

(2) 可以提供大量的性状，如人类基因组可以提供约 32 亿个核苷酸位点，约 3 万个基因，以及大量的稀有结构变异等。

(3) 提供有用的特性，无论何时，只要得到新的序列数据，它就能提供一些有用的系统发生的信息。

（4）数据的获得不依赖化石记载或其他途径，对所有活的生物体都可以测定目标序列。此外，可从许多年前灭绝的物种的骨和皮肤中得到 DNA 序列。

（5）分子数据处理容易，尤其是序列数据，可以客观、定量和可验证地处理数据并确定建树方法。

（6）在任何一个生物中，各种不同分子性状的进化速率变化很大，适合于分析不同分类阶元的系统发生关系。快速进化的分子性状可以解决相对近期分歧的类群，而慢速进化的分子性状可以解决相对早期分歧的类群。例如，核糖体 DNA 的保守区序列进化非常慢，在识别亿万年前分化的分类单元中是有用的，而线粒体 DNA 进化快速的控制区和核基因组中的非编码区、假基因可以用于种内群体水平的研究。

（7）分子性状的进化机制和进化模型研究得比较深入，可以借助这些进化模型设计能避免系统误差的、比较可靠的统计学建树方法，如最大似然法和贝叶斯法。

（8）获得数据的成本越来越廉价，目前测定一个全基因组需要的时间和经费已经可以被普通实验室所接受。

1.4　分子系统发生学的方法论

推断出几百万年前甚至几十亿年前发生的生物演化关系是一件困难的任务，因此系统发生学在概念和方法上，都是目前生物学研究领域最困难和最复杂的领域之一。重建系统发生关系的困难是通常没有关于当前物种远祖的足够资料，即便有，也不能肯定某个化石所属的物种确为两个或多个当前物种的祖先。因此，在大多数情况下，只用现存物种之间的相互比较作为基本数据来推断现存物种的进化史。也就是说，系统树并不一定反映真实的演化历史，而仅是一个假设。从这个意义上说，系统发生学实际上是历史性学科（historical discipline），而非实验性学科，因为我们无法通过设计实验和对照获得类群演化历史，只能从演化历史遗留下来的各种痕迹（同源性状）推论曾经发生的分歧事件。

生物进化结果都是已经完成的历史，无法采用实验室方法重复，只能依靠数据去推断或评估。所以，与任何历史学科类似，系统发生分析就是要构建尽可能多的不同假设（系统树模型），然后收集尽可能多的各种证据（数据或性状），在此基础上采用统计学方法选择获得最多证据支持的模型（系统树）作为暂时可以接受的假设，并不断接受新证据的检验和矫正，以获得被大多数证据（数据）支持的假设，并将其作为真实系统发生的重建。系统发生学的科学方法论可以通过图 1-11 说明。

从这个意义上，系统发生学的历史就是收集证据（性状）的历史。收集的性状类型和数量决定并推动了系统发生分析方法的发展。

现在通常将重建的系统树视为真实系统发生树的统计学推断或假设。这一推断涉及两个过程：拓扑结构的判别和一个既定拓扑结构分支长度的估计。当拓扑结构已知时，估计分支长度相对容易（如最小二乘法和最大似然法）。关键问题在于如何判别或重建一个获得大多数性状支持的拓扑结构。当分类单元数目较大时（大于 50），可能的拓扑结构数目非常大，所以从所有可能拓扑结构中寻找真实的拓扑结构是系统发生学的核心任务。

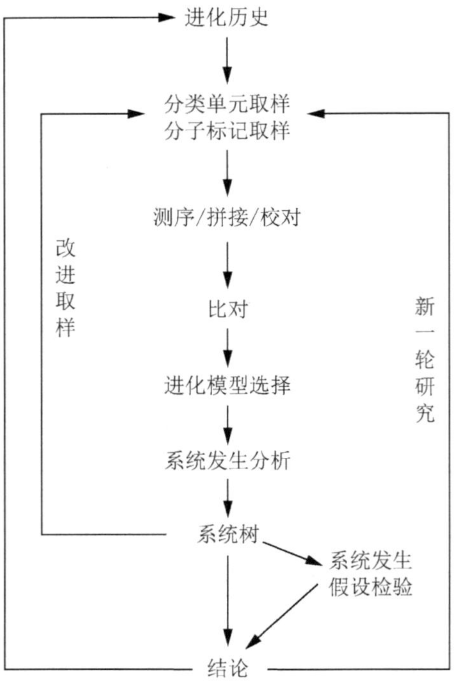

图 1-11　系统发生学的科学方法论

系统发生分析可以在基因、基因组、个体、群体、物种和种上阶元等不同层次进行（表 1-1），而完整的系统发生分析是整合了这些层次的进化历史的推论。从这个意义上说，目前的分子系统发生分析方法还处于以序列和基因组进化模型为基础的初级阶段，以产生的基因树代表物种树，很少甚至没有开始不同层次的整合分析。尽管这些不同层次的进化都可以看成是随机过程建立进化模型，但目前还没有整合这些过程的统一进化模型。理想的系统发生是整合了上述各个层次进化模型的统计学推论，要达到这样的系统发生分析目标还有很长的路要走。

表 1-1　系统发生分析的水平和结果

水平	分析单位	进化型式	进化模型	分析结果
基因序列	位点	①：替换，indel	序列进化模型	基因树
基因组	基因座位	②：重复，缺失，重排	基因组进化模型	基因树
个体	基因组	①+②	序列和基因组复合模型	基因树或物种树
群体	个体和基因	群体分化	群体结构模型	基因树或物种树
物种	群体	新种形成	物种形成模型	物种树
种上阶元	物种	分歧进化	分歧进化模型	物种树

1.5　分子系统发生学的发展历史

直到 20 世纪 50 年代，系统发生研究仍然沿用自达尔文以来的思想和方法（即进化分类学派的理论和方法），主要凭借系统学家个人的主观意见，不能客观地定义和操作。真正科学的系统发生分析方法是 50～60 年代从三个领域几乎同时发展起来的。第一类是直接应用表征分类学的聚类分析方法，即将数据变换为成对分类单元间的距离矩阵，之后再进行聚类分析，建立表征图。这一方法在 60～80 年代盛行，主要以形态数据为分析对象。第二类是支序分析方法，形成于 50 年代，经过与表征分类学和进化分类学的激烈争论，于 80 年代后期在系统学领域取得了主导地位。最后一类是直接从分子数据分析中产生的数值及统计学分析方法，如叠加树法、数值简约法、最大似然法和贝叶斯统计法等。

20 世纪 60 年代，由于基因频率数据和蛋白质序列等分子数据的大量出现，在美国有两个研究小组尝试用数值计算方法推论系统发生。Edwards 和 Cavalli-Sforza（1964）首次应用基因频率数据建立了人类不同群体间的系统树，发明了简约法和距离矩阵法，并提出了极大似然法应用的可能性，其中 Cavalli-Sforza 和 Edwards（1967a；1967b）的论述是分子数据系统发生分析的经典之作，奠定了以后各类方法的基础。Cavalli-Sforza 和 Edwards 的开创性工作是在电泳测得的等位基因频率数据基础上进行的，他们将进化过程看成是由基因频率构成的超平面，所有现存分类单元（OTU）位于这一超平面上，进化分支点为 OTU 的祖先，称为假想分类单元（hypothetical taxonomic unit，HTU）。树在超平面上的投影就是要估计的进化分支形式。他们把基因频率数据的进化模型看成是在时间上以恒定速率作二分支的布朗运动，在此基础上对树在超平面上的作图提出了三条基途径。首先是以均匀布朗运动模型为基础的最大似然法，并从数学上详细地论述了这种方法，证明原则上可以找到最大似然解，但在实际数据运算中存在很大的困难，仅在非常简单的情况下才能解析。由于在当时技术条件下最大似然方法计算上的困难，Cavalli-Sforza 和 Edwards 求助于一种直观途径，他们称之为最小进化（minimum evolution）的方法，即在超平面上通过引入合适的分支点来获得一棵最小长度树，这就要求为假想分类单元找到最优位置。最小进化原理即是后来的简约法，是应用最广泛的系统发生分析方法之一，它的成功可能并不是由于实际进化过程的简约性，而是因为最小长度树趋近于极大似然树在超平面上投影的解。最后一种解决方法是叠加树方法，这是将观测数据拟合于似真的树结构上的最小平方法。

1966 年，Eck 和 Dayhoff 首次应用简约法分析蛋白质序列数据，1967 年，Fitch 和 Margoliash 首次详细描述了距离方法并将其用于蛋白质序列数据的分析上。由 Edwards 和 Cavalli-Sforza 的开创性工作开始，随后经 Farris、Fitch 和 Felsenstein 等的努力，分子数据的系统发生分析方法取得了长足的发展。

20 世纪 70 年代是数值分类学思想和方法占主导的时期，数值分类方法虽然是有算法的，但不是系统发生的，因而无法与系统发生分析结合。但分子数据与数值分类的定量方法的结合逐步建立了数值系统发生分析方法。这期间的主要成绩是 Fitch 提出了在系统树上计数 DNA 位点进化改变最少步骤的方法，Sankoff 将这种算法推广，并提出了将系统发生和序列比对整合在一起的简约性理论框架。

20 世纪 80 年代研究的主要数据是蛋白质序列和等位酶、DNA 限制性片段长度多态性（RFLP）等，是各种距离方法和简约法流行的时代。

20 世纪 90 年代 DNA 序列取代其他数据成为系统发生分析的主流数据，并逐渐由 500bp 左右的单基因片段发展到多基因序列，方法上以 PAUP 中执行的距离法、简约法和最大似然法为主，这一阶段 PAUP3 软件成为系统发生分析的核心工具。1996 年，三个小组同时提出了将贝叶斯统计学用于系统发生分析的贝叶斯推论法。

进入 21 世纪，基因组学数据开始应用于一些模式生物之间的系统发生研究中，一次分析成百上千个基因或蛋白质序列已成为现实。在系统发生学方法方面，两种统计学方法——最大似然法和贝叶斯统计法，逐渐成为系统发生分析的主流方法，这是因为这类方法采用了更加适合实际情况的序列进化模型，并且方法本身具有坚实的统计学基础，获得的结果也可以通过统计学进行检验。此外，系统发生网络、超树、免比对方法等非常规系统发生分析方法也迅速发展，满足了特殊数据的分析需求。

随着统计学系统发生分析方法的推广和序列数据的迅速增加，迫切需要建立更为可靠的各种分子性状进化模型。这一领域的研究在不断深入进行着，已经对包括基因组水平、基因水平、RNA、蛋白质等各种分子性状构建了大量的进化模型，并且逐渐在许多软件包中执行。最新的序列进化模型考虑进了相互依赖的核苷酸替换和组成异质性，也提出了许多基于密码子的分子进化模型和速率在不同进化时期与不同支系之间变异的进化模型。由于进化过程本身的复杂性和数据的多样性，近年来的系统发生分析向模型平均化方法和混合模型方向发展，对不同情况允许有区别的模型以适应进化过程中的异质性。一般而言，混合模型似乎代表着一种正确处理异质进化过程序列的有效途径。

1.6　系统发生分析的策略与步骤

系统发生分析中对过去的演化历史缺乏直接的证据，仅能从现存种类的各种性状分析中达到对过去历史的推测，用这些性状可以建立许多可能的系统树，因此需要某些标准以从众多的可能树中选择一种最好的。系统发生分析方法中解决这一问题有两种策略：定义一种直接构建最优树的特定步骤，或定义一种对许多可能树的比较方法和标准以确定最优树。

第一种方式称为基于算法（algorithm-based）的建树方法，这类方法中将树的构建和最优树的选择合二为一，同时进行，这类方式包括所有形式的聚类分析方法和 NJ 法。这种方式的优点是计算速度快，对进化过程的假设少，缺点是未能提供比较不同树之间优劣的方法和标准，无法知道所建的树与其他可能树的相对优劣，也不知道是否存在着与该树一样好的其他树。所以，这类方法一般不用于正式的数据分析中，仅用于启发式搜索时初始树的构建。

第二种方式称为基于标准（criterion-based）的建树方法，包括两个逻辑步骤：首先是定义评估特定树的最优标准（optimality criterion）和目标函数（objective function），用于比较不同树的优劣；其次是用特定的算法来计算各种可能树的目标函数的值，并按照函数极大或极小标准确定最优树。这种方式将进化假设和计算步骤分开，对每个可能的树都给出一个目标函数值，因而所有系统树可按该数值大小依次排列，选择时有客观而具体的标准，缺点是计算速度慢，对 50 个以上 OTU 的数据，最优树的选择常常是不精确的。属于这类方法的有 MP 法、ML 法、贝叶斯法和一些距离矩阵法（ME 法和 LS 法）。

基于标准的建树方法一般包括 4 个相对独立的过程。

（1）进化模型选择：定义序列的进化改变方式用于计算目标函数。

（2）优化标准的选择：亦即基于标准的建树方法的选择，有 MP、ML、BI、ME、LS 等标准。

（3）搜索策略选择：确定需要用优化标准计算的树，包括精确算法、近似（启发）算法、四枝树法、星树分解、遗传算法、模拟退火和 MCMC 等。

（4）最优树的检验和评价：对获得的最优树进行统计评价。

系统发生分析中没有适合于所有数据集的固定的程式，需要进行哪些分析、每一类分析中需要采取何种策略和方法，要根据数据集的具体情况决定，因而需要研究者十分了解数据集和各种系统发生分析方法的特点，主要包括：数据集是否存在引起系统误差的因素（如碱基组成异质性、存在长枝或短枝、进化速率异质性）；选择适合数据集的进化模型和分析方法；评估分类单元和序列抽样对系统发生的影响；评估数据集的系统发生功效和性能等。

目前分子系统发生研究的一般策略与步骤，以及为实现这些分析目的的常用软件可以概括如图 1-12 所示（Pérez-Losada et al.，2007）。

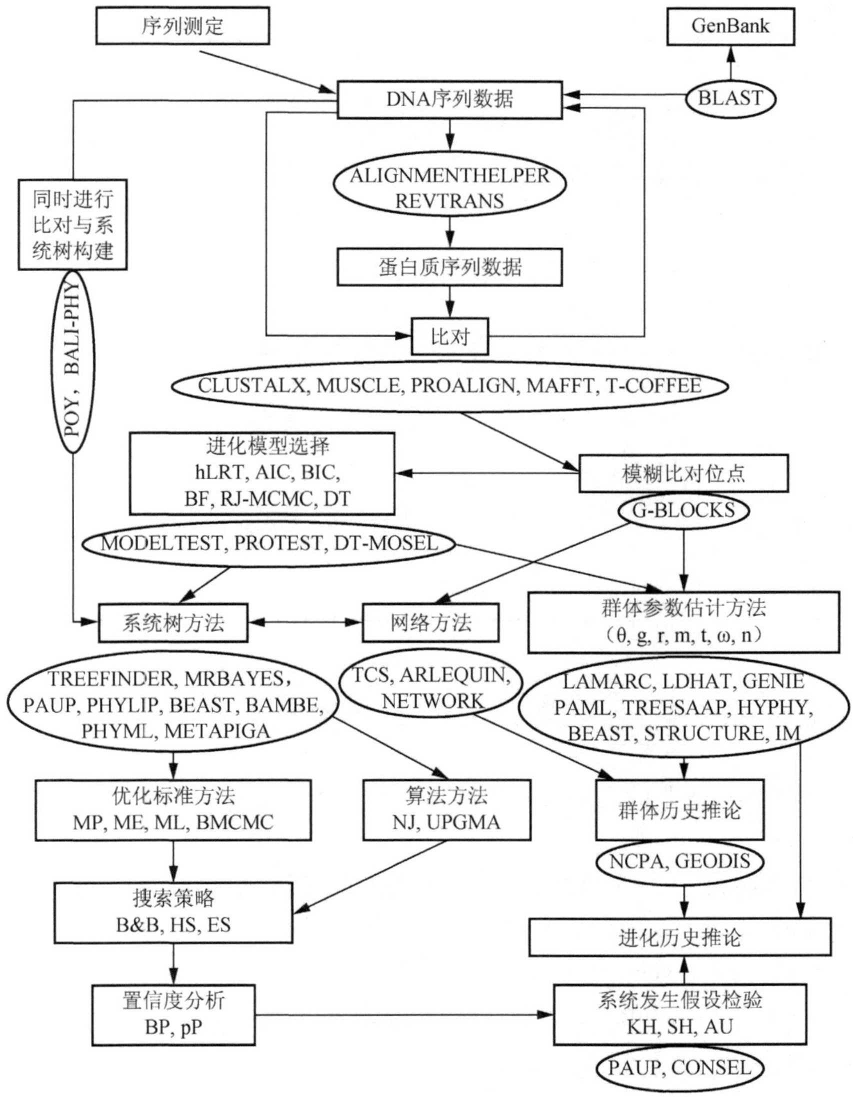

图 1-12　分子系统发生研究的一般策略与步骤（Pérez-Losada et al.，2007）
椭圆内为实现分析目的的常用软件

1.7 分子系统发生学的文献资源

1.7.1 分子系统发生学期刊

分子系统发生学文献主要发表在分子进化、生物信息学、基因组学、系统学等领域的学术期刊上，表 1-2 列出了这些核心学术期刊的信息。

表 1-2 分子系统发生学核心学术期刊

期刊名称	简称	2010 年影响因子
Systematic Biology	Syst. Biol	9.532
Molecular Phylogenetics and Evolution	MPE	3.889
Molecular Biology and Evolution	MBE	5.510
Journal of Molecular Evolution	JME	2.311
Evolution		5.659
Proceeding of National Academy of Sciences	PNAS	9.771
Trends in Ecology and Evolution	TREE	14.448
Science		31.364
Nature		36.101
Genetics		4.087
Nucleic Acid Research	NAR	7.836
Gene		2.266
Molecular Ecology	ME	6.457
Bioinformatics		4.877
PLOS Computational Biology		5.515
BMC Bioinformatics		3.028
BMC Evolutionary Biology		3.702
BMC Genomics		4.206

1.7.2 分子系统发生学领域主要专著和教科书

目前世界范围内出版的有关分子系统发生学的主要著作有以下一些，其中的 2 本已有中译本：

Lemey P，Salemi M，Vandamme A . 2009. The Phylogenetic Handbook：A Practical Approach to Phylogenetic Analysis and Hypothesis Testing. 2nd edition. Cambridge：Cambridge University Press

Felsenstein J. 2004. Inferring Phylogenies. Sinauer Associates，Inc.，Sunderland，Massachusetts. USA

Yang Z H，2006. Computational Molecular Evolution（Oxford Series in Ecology and Evolution）. New York，USA，Oxford University Press（中译本：钟扬等译.

2008. 计算分子进化 . 上海：复旦大学出版社出版）

Hillis D M，Moritz C，Mable B. 1996. Molecular Systematics. 2nd Edition. Sinauer Associates，Inc.，Sunderland，Massachusetts. USA

Bininda-Emonds ORP. 2004. Phylogenetic Supertrees：Combining information to reveal the Tree of Life. New York：Springer-Verlag

Cracraft J，Donoghue M J. 2004. Assembling the Tree of Life. New York：Oxford University Press

Hall B G. 2007. Phylogenetic Trees Made Easy：A How-To Manual，3rd edition. Sunderland，Massachusetts. USA，Sinauer Associates，Inc

Semple C，Steel S. 2003. Phylogenetics（Oxford Lecture Series in Mathematics and Its Applications，24），USA：Oxford University Press

Page R D M. 2002. Tangled Trees：Phylogeny，Cospeciation，and Coevolution. Chicago：University Of Chicago Press

Nei M，Kumar S. 2000. Molecular Evolution and Phylogenetics. USA：Oxford University Press（中译本：吕宝忠等译 . 2002. 分子进化与系统发育 . 北京：高等教育出版社）

Page R D M，Holmes E C. 1998. Molecular Evolution：A Phylogenetic Approach. New York：Wiley-Blackwell

1.8　分子系统发生学的成就和问题

最近半个世纪系统发生分析方法的发展十分迅速，目前仍然有新的数据类型和分析方法提出。同时，系统学领域中的这些方法也开始应用于生物学的其他分支学科。归纳起来，分子系统发生学的主要成就表现在以下几个方面。

（1）判断可能的系统树之间优劣的客观标准和算法的发展及完善。

（2）实现系统发生分析的算法和计算能力不断提高。

（3）推论系统发生可利用的数据迅速增加，分子数据成为最主要的来源，并开始了基于全基因组水平的谱系基因组学研究。

（4）应用快速进化和高度保守分子能分别对从种下地理群体水平到超界水平的系统发生进行研究，使系统发生分析范围不断扩大。

（5）将系统发生分析方法运用于生物学其他分支学科，如进化生物学、基因组学、生物地理学、生态学、分子流行病学等领域，形成了基于系统发生的生物学研究的分支学科——系统发生生物学（phylogenetic biology），使系统发生分析成为生物学研究的基础方法之一。

尽管如此，系统发生研究仍然处于快速发展阶段，还有许多亟待解决的问题，主要包括以下几个方面。

（1）大规模系统树的构建方法，尤其是构建生命之树的方法与基础设施。

（2）构建系统树的新方法的开发：目前已经将支持向量机（SVD）、机器学习方法和代数几何（algebraic geometry）等应用于系统发生分析上，此外，还需要网状进化型式和系统发生网络算法及软件的开发。

（3）基因组水平上的新数据（全基因组序列、表达数据、基因次序和代谢途径数据等）进化模型的建立。

（4）更加切近序列进化实际的模型的建立和进化模型的应用，如在DNA和蛋白质水平上建立更好的、多层次的协同进化模型等。rRNA进化模型的更进一步发展是整合关联位点、可变长度的插入和删除及位点之间速率变化的巨大差异。

（5）谱系基因组学方法和软件开发：如何从基因树构建物种树，尤其是在存在LGT或基因重复等的误导数据或不相合数据条件下如何获得正确的、具有较高支持度的物种树。

（6）开发执行最新进化模型的软件。

（7）系统发生与其他生物学研究领域整合的工具的开发，如与地理分布整合的地理系统发生学（geophylogeny）和谱系生物地理学，与相互作用整合的交织图（tanglegram），与地质年代整合的时序图等。

（8）分析方法的适用性与时标的关系：不同时标（timescale）的进化数据是否应该采用相同的分析方法？现有的分析方法假设从个体间到科、目、纲等高级阶元所有时标上的进化速率是一致的，而实际情况则可能是不同时标段有不同的进化速率。

（9）将群体数据与种上数据联合的分析理论与方法。

第 2 章　系统发生分析基础

分子系统发生学是多学科交叉形成的分支学科，除系统学、分子生物学、基因组学和生物信息学等生物学分支学科外，还涉及数学、统计学和计算机等学科。本章从生物学研究者的角度，介绍这些学科中涉及分子系统发生学的核心概念。

2.1　分子进化基础

分子进化是指生物进化过程中信息大分子（DNA、RNA 和蛋白质）的变化。早在 20 世纪 60 年代初，人们就从某些同源蛋白质的比较中发现，不同生物之间同源蛋白质差异程度大小与生物之间的亲缘关系远近成正比。因此，信息大分子像生物表型一样也能反映物种间的亲缘关系，体现物种的演化过程。

奥地利裔美国科学家 Emile Zuckerkandl 是分子进化的奠基人，是著名期刊 JME（*Journal of Molecular Evolution*）的创立者和首任编辑，他与诺贝尔化学奖及和平奖获得者 Linus Pauling 在 1962 年提出了分子钟的概念。Zuckerkandl 和 Pauling（1965）把生物分子按其系统学价值分为三类。

（1）带信息分子（semantide）：携带有生物演化和遗传发育信息的分子，包括 DNA、RNA 和蛋白质三类。其中，DNA 为初级信息分子，RNA 为次级信息分子，蛋白质为三级信息分子。生物体内的遗传信息的传递主要是靠 DNA→RNA→蛋白质这一过程。理论上，带信息分子的序列应提供为系统学研究所需的所有数据，并且是研究次生代谢物和形态解剖特征的遗传基础，因为后者仅是前者的表现型。

（2）表信息分子（episemantide）：生物体内由第三级信息分子控制下产生的代谢产物，体内一切由酶催化形成的本身不携带遗传信息的分子均属于此类。表信息分子是遗传信息在分子水平上的表现型，具有一定程度的稳定性和可遗传性，因而也是一类有系统学价值的分子。

（3）无信息分子（asemantide）：不是由该有机体本身产生、不带遗传信息的分子，如生物体内的无机物和从食物中吸收的小分子有机物。这类分子一般不具有系统发生信息。

Zuckerkandl 和 Pauling（1965）认为，同源的带信息分子之间的比较可以提供时间信息、可能的祖先序列和传代线上发生的改变三种信息，该思想是分子系统发生研究的基础。

分子进化的研究已有 50 多年的历史，目前已成为生物进化研究的重点。分子进化的研究目的，首先是在分子水平上解释生物进化的机制，其次是弄清分子进化过程的动力、模式和速率等特征，最后是通过研究分子系统发生关系（分子树）来探讨物种间的系统发生关系。本节对分子进化方面的介绍主要根据黄原（1998）的综述。

2.1.1 分子进化的动力

在分子水平上生物的进化可以看成是一个两步的过程：首先是突变和重组，由此产生出可遗传的变异；其次是遗传变异有差别的世代传递。遗传变异有差别传递受自然选择、随机遗传漂变和基因流的影响。突变、自然选择、随机遗传漂变和基因流是生物进化的四大要素，在生物进化的各个层次上都起作用。

1. 突变

遗传变异可以从基因和染色体两个水平上进行研究。基因水平有 4 种基本变化方式——替换、缺失、插入和倒位。染色体的突变包括重复、触合、断裂、易位、倒位及异染色质增加等。染色体突变影响基因的排列及相互关系，主要产生三种效应：不同基因之间形成新的调节关系，从而改变基因表达的式样；两个多态基因的紧密连锁产生了不能通过重组分离的特定等位基因组合；能形成生殖隔离机制，加速物种形成过程。一般地，表型进化速率快且物种形成速度高的类群中染色体进化（主要指基因组中染色体数目、染色体臂数目）速率也快。

突变的效应变化很大，从适应的角度来看，突变可区分成有利的、中性的及有害的，但这种适应性划分取决于环境条件。基因的突变效应小到不引起任何变化（中性），大到产生致死的程度。染色体突变主要通过调节作用和形成生殖隔离机制而影响表型进化。

突变的速率以突变率（mutation rate）来衡量。早期遗传学家根据形态和生理性状估计出一些实验动物的自发突变率为每世代每座位 10^{-5}，应用等位酶电泳方法推算出每个座位上电泳可检测的突变率平均为 10^{-7}。从氨基酸序列数据分析中得出氨基酸的平均取代速率是每年每个多肽 4×10^{-7}。

突变在进化过程中的作用一直是进化研究的关键内容，历史上曾有三种看法。Morgan 的突变理论和 Muller 的古典理论都认为突变在进化上起创造性作用，自然选择通过保存有利突变和消除不利突变起次要的作用。综合进化理论则认为突变虽然是遗传变异的主要源泉，但由于自然群体中保存有足够多的突变可供未来进化改变的需要，因而突变在进化过程中起次要作用，自然选择起主导作用。中性理论认为进化发生在中性或近于中性突变的随机固定过程中，在核苷酸水平上大量的突变是中性或近于中性的，只有一部分是有害和有利的，突变在群体中可以通过自然选择或漂变而扩散，但大部分的突变被随机因素消除，自然选择仅是保存有利突变或消除不利突变的一种主要过程，因而，突变和随机漂变是分子进化的决定性因素。

2. 自然选择

作为进化变化主要驱动力的自然选择的概念是由达尔文和华莱士分别独立提出的，可以简单地定义为“遗传变异的差别繁殖过程”，即某些突变的携带者比另一些突变的携带者具有更大的生存和繁殖机会。自然选择的主要效应是促进携带有利变异个体的繁殖，消除不利的遗传变异，是唯一的有适应方向性的变化过程，在适应进化上起最重要的作用。

用以衡量自然选择强弱的参数是适应值（adaptive value），也称选择值或适合度（fitness），是用来衡量一种基因型相对于另一种基因型的繁殖效力，亦即一种基因型相对于另一种基因型在下一代中的增加值。适应值常以 W 表示，具有最高繁殖效力的基因型的适应值定义为 1，其他基因型以其相对于这个数值的量来计算。具有最高适应值的基因型与较次适应基因型的值之差称为选择系数（S），定义为 $S=1-W$。与适应值有关的主要因素有生存能力、发育率、交配成功率和生育力等。

一般情况下，自然选择是在个体水平上通过差别繁殖和生存起作用的，有时也可直接作用于基因水平、群体水平（组选择）或种水平（种选择）。按照自然选择在群体表现型上的效应，可将其区分成三类。

（1）正态选择：有利于中间表型个体的选择。它将保持表型分布的平均值，但可降低分布方差。大多数自然群体都属此类选择方式。

（2）方向性选择：有利于在表型分布上处于一端的个体的选择方式，后代中表型的分布将向选择方向逐渐改变；多发生在环境改变或群体迁入新环境时。

（3）分歧性选择：有利于在表型分布上处于两端的个体的选择方式；发生在不同亚环境或不同基因型的群体中，可使群体在较短距离范围内产生遗传分化。

3. 随机遗传漂变

随机遗传漂变（random genetic drift，简称遗传漂变或漂变）是指群体不同世代间基因频率的偶然（随机）波动现象。自然群体是由有限数量的个体组成的，即使在完全随机交配的情况下，由于参与形成合子的配子（精子和卵子）的偶然机遇，基因频率会在世代之间发生或增或减的波动。这种波动是偶然的和不可预测的，波动的大小与群体大小呈负相关，即群体越小，基因频率因遗传漂变而改变的可能性越大。

衡量遗传漂变的参数是世代间等位基因频率的方差。如果两个等位基因的频率分别为 p 和 q，有效群体数目为 Ne，则下一代中等位基因频率的方差为 $S=pq/(2\mathrm{Ne})$，标准差为 $S=\sqrt{pq/(2\mathrm{Ne})}$。

漂变在进化中的作用主要取决于群体大小，除非群体极小，否则由遗传漂变引起的等位基因频率的逐代改变将会很小，但经过许多世代后效应可能很大。如果无新的突变、迁移或选择因素的影响，则某一等位基因在进化过程中最终被固定的概率正好等于该等位基因在群体中出现的频率，而固定所需要的平均世代数大约为每世代亲本数的 4 倍（即要用 4Ne 代）。在一个长时间内，影响任何基因座位上的等位基因频率的因素有突变、自然选择、漂变和迁移，如果让 x 代表突变率、迁移率或选择系数中的一种，只有当 4Nex 远远小于 1 时，等位基因频率的变化才主要受遗传漂变的控制；如果 4Nex 等于 1 或大于 1，则等位基因频率的改变主要由其他三种因素决定。

随机遗传漂变对群体的影响方式表现在以下几个方面。

（1）基因频率的漂变：小群体的遗传漂变导致群体基因频率呈现飘忽不定的变化，其方向完全是随机的。

（2）亚群分化：大范围分布的自然群体一般都会分化为地方群体（deme）或亚群体（subpopulation）。如果分布区内的个体数不多，则亚群内各自独立发生的随机遗传漂变必然导致亚群间的遗传分化。

（3）亚群内部一致性：随着小范围交配世代数的增加，各亚群内的遗传变异逐渐减少，长期下去会形成若干近交系。

（4）纯合度增加：小范围的交配导致纯合子频率提高，杂合子频率降低。

以上是自然群体中发生随机漂变时可能引起的变化。在实际研究群体变异时，只有当确实搞清以下三种条件成立时，才能将基因频率的改变归结为随机遗传漂变引起。这三个条件是：①有效群体数目（Ne）相当小；②亚群间彼此完全隔离；③所研究的基因受到的选择压力很微弱。

当一个新的群体开始只由少数个体建立起来时，就发生了遗传漂变的极端情况，Mayr 称之为奠基者效应（founder effect）。由于漂变的效应，不同基因座位上的等位基因频率在几个奠基者个体之间的差别大于原来群体内的差异，这对隔离群体的进化可产生持久的作用。

当群体数量经过或长或短的一段时间的锐减后，等位基因频率的变化类似于奠基者效应，称为瓶颈效应（bottleneck effect）。如遇气候、杀虫剂或其他不利条件时，群体数目急剧减少，面临灭绝的境地，这种群体以后可能会恢复到原来的大小，但在“瓶颈”期间遗传漂变在相当大的程度上改变了其等位基因频率，从而影响了后代的等位基因频率。

群体瓶颈和奠基者事件常被作为物种形成过程的关键因素。群体在瓶颈期间遗传变异的下降值取决于瓶颈群体的大小和群体成长速率，如果瓶颈事件短暂，群体数量增加迅速，则杂合度降低幅度小（尽管大多数的稀有等位基因将消失）。只有当群体瓶颈持续许多世代时，杂合度的降低才是实质性的。瓶颈效应还能导致不同群体间遗传距离的迅速增大。

不同的遗传体系对群体大小波动的反应不同。由于线粒体基因（mtDNA）为单性遗传及个体内的同质性，当繁殖个体的性比为1:1时，线粒体基因的有效数目是核基因的1/4。因此，与核基因相比，线粒体基因丢失或固定一个中性等位基因所需的时间较短，而在平衡时期望的单倍型多样性水平低，因而群体分化程度越大，瓶颈期间群体的变异丧失越严重。

4. 基因流

基因流（gene flow）指能引起基因从一个群体流向另一个群体的各种机制。当一个群体中的个体移入另一群体并随后与之交配时，发生的基因流也称为迁移（migration）。对整个物种来讲，基因流并不改变等位基因频率，但当迁入者的等位基因频率不同于迁入地群体时，能引起地方群体等位基因频率的变化。大量自然群体的研究结果表明，自然群体间的基因流水平随不同种类变化很大。

基因流的程度常以迁移率来衡量。假定在全部繁殖个体中新迁入的个体所占的百分比（即迁移率）为 m，则下一代中 $1-m$ 的基因是原群体的，m 为迁入者的。如果每世代每座位的突变率为 V，则一群体的遗传同一性（I）达到稳定值时大约为 $I=m/(m+V)$。因此，如果知道突变率，则可从群体遗传同一性中估算最大迁移率 $m=VI/(1-I)$。

基因流在相当程度上阻碍了群体间的遗传分化。在没有强烈的自然选择作用时，即使小数目的迁移也足够防止群体间产生大得可以观测到的遗传分化。因此，基因流的水平决定了两个群体间的遗传分化程度。假定从群体 j 向群体 i 的迁移率为 m_{ij}，则当 m_{ij} 接近 0.5 时，两群体 i 和 j 实际上是一个随机交配的群体。群体间基因流的模式在很大程度上决定了群体的遗传结构。与群体结构相应的基因流模型有以下几类。

（1）“大陆－岛屿”模型：大群体中的个体向隔离的小群体作单向迁移。

（2）“岛屿”模型：一组由有限个体组成的亚群体间发生的个体随机迁移。

（3）“阶梯”模型：每一群体只接受从与其直接相邻的群体迁入的个体，不相邻群体间无基因流。

（4）“距离隔离”模型：在一个连续分布群体内的邻域（neighborhood）之间发生基因流，基因流水平与距离成反比。

群体之间的基因流水平也可以从 F_{st} 中估算。F_{st} 是由 Wright 提出的，用以表示从两个群体中随机选出的两基因座位具遗传同一性的概率，定义为

$$F_{st}=V_q/[q-(1-q)]$$

式中，V_q 为群体间等位基因频率方差；q 为群体间等位基因的平均值。F_{st} 值能相当真实地反映出群体间基因流（m）、有效群体数量（Ne）和遗传分化程度方面的差异，F_{st} 近似地等于

$$F_{st}\approx 1/[4Nem+1]$$

因而，如果获得 F_{st}，就可计算群体间的基因流水平（迁移数），即

$$Nem\approx[(1/F_{st})-1]/4$$

上面我们讨论了 4 种进化因素，其中，突变、基因流和自然选择都是确定性因素，即如果群体某一座位上的突变率、迁移率和适合度已知的话，可预测该座位的等位基因频率。只有遗传漂变是随机因素，可引起等位基因频率的偶然波动，一般地，如果 $4NeS\gg 1$，则基因频率受自然选择的强烈影响，反之则遗传漂变起主要作用。一个选择上较弱的等位基因（S 很小），如果 Ne 大则主要受选择的影响，如果 Ne 小则其频率的变化如中性等位基因一样主要受遗传漂变的影响。

2.1.2　分子进化的中性理论

中性突变——随机漂变假说（neutral mutation，random drift hypothesis，简称中性学说或中性理论），首先由 Kimura（1968）提出，随后 King 和 Jukes（1969）提出的“非达尔文进化”从生物化学角度支持并扩充了中性学说。

中性学说的理论来源于 Fisher、Haldane 和 Wright 在 20 世纪 30 年代建立的群体遗传的随机过程理论，所依据的事实是分子遗传学的两项新发现，即 60 年代初期由血红蛋白和细胞色素 c 的氨基酸序列得出的蛋白质进化速率的恒定性，以及分子功能约

束性与进化速率呈负相关；60年代后期用蛋白质电泳技术对自然群体研究得出蛋白质座位的杂合度达5%～15%。

1. 中性理论的基本观点

中性理论的基本观点包括以下几个方面。

（1）在分子水平上进化变化的绝大部分并非是由达尔文式选择，而是由选择上中性或近于中性（微效有利或有害）的突变随机固定的结果。

（2）分子水平上种内遗传变异的大部分基本上是中性的，因此，种内多态性等位基因是通过突变与随机漂变固定之间的平衡而维持的。这就将蛋白质和DNA水平的多态性看成是分子进化过程中基因替换的过渡相，从而否定了综合进化理论所主张的这种多态性大部分是适应性的和由某种形式的平衡选择所主动维持的观点。如果突变和遗传漂变的作用达到平衡，则每一座位上预期的杂合度为4NeV/（1+4NeV），其中，Ne为群体有效大小，V为座位上的突变率。

（3）进化速率由中性突变速率所决定。中性突变速率也就是核苷酸替换率或氨基酸取代速率，它与生物世代时间长短无关，只取决于进化的绝对时间。

中性理论的要点是强调分子进化过程中突变和随机遗传漂变是主要的决定性因素，而并非严格意义的选择上中性的突变的形成。中性理论并不反对自然选择学说，对于那些破坏分子结构和功能的突变或影响表型的突变仍然受自然选择的强烈影响。

2. 中性突变的含义及特征

所谓中性突变，是指不影响分子结构和功能的突变，因而携带中性突变并不影响个体的适应值。但在群体遗传学上，中性突变被定义为在群体中的表现受随机漂变支配的任何突变。任何一种突变对其携带者的生存来说基本上可分为有利的、中性的和有害的三类，突变的这种效应划分是随环境而变的。在DNA水平上，中性突变包括基因组中非编码区中的同义替换和错义替换中的保守性替换（即替换只引起同类性质的氨基酸之间的取代），因而DNA水平上的大部分突变属于中性的或近于中性的，只有少部分属于有利的或有害的。在中性理论中，明显有利和明显有害的突变受选择作用而分别被固定和淘汰，而中性突变（包括微效有利和有害突变）的命运则主要取决于随机漂变过程。具体来说，中性突变在群体中的表现特征如下所述（Nei，1983）。

（1）一个选择上的中性突变最终被固定并散布于整个群体中的概率等于该突变的最初频率。因此，在一个有N个个体的二倍体群体中，如果一次突变形成一个等位基因，则其最终被固定的概率为1/（2N）。

（2）通过随机漂变作用降低杂合度的速率为每世代1/（2Ne）。

（3）如果某一座位以每世代为V的速率形成新等位基因，则群体内等位基因之间连续替换的平均时间为1/V世代。

（4）对于最终被固定的等位基因，从其在群体内出现到完全在群体中固定平均需要4Ne个世代的时间。相对地，对于一个最终要消失的等位基因，从首次出现到消失平均要（2Ne/N）ln（2N）世代，其中，N为群体中所有个体数。

(5) 如果假定每次突变都是独一无二的并形成一个新等位基因，则在突变-随机漂变的平衡状态下，预期的纯合子频率（或等位基因频率平方和）为

$$H_o=1/\ (4NeV+1)$$

式中，V 为突变率。

这一数值的倒数称为有效等位基因数（ne），则

$$ne=4NeV+1,$$

在平衡状态时的平均杂合度 $H_e=1-H_o$，则

$$H_e=\ (4NeV)\ /\ (4NeV+1)。$$

(6) 如果一个座位在群体中最常见的等位基因以 $1-q$（q 为 0.01 或更小）或更高的频率发生，则该座位在这一群体中是单态性的。一个群体中某一座位是单态性的概率为 $P_{mono}=q^{4Ne\alpha}+V$。

(7) 考虑分子突变的相互替换过程，如果 K 为以替换速率表示的进化速率，即将进化速率定义为单位时间内某一座位上的平均替换率，则 $K=V$（V 为座位在单位时间内的突变率），这意味着以替换率表示的进化速率等于每配子突变率，与群体大小无关。这一特性只有当突变为中性时才有效。如果替换受自然选择的影响，则进化速率为

$$K=4NeSV$$

式中，S 为选择系数。

3. 中性理论的意义和应用

分子进化的中性学说既可以解释种内存在的高水平多态现象，也可以解释核苷酸替换或氨基酸取代随时间积累的事实，为分子群体遗传学和分子系统学提供了一种极重要而有价值的理论框架，成为目前广泛接受的分子进化理论。

如果等位基因是严格中性的，则群体内的遗传变异数量就是突变率（V）和群体有效大小（Ne）的函数，地理变异式样可由这些参数及迁移率（m）来确定。如果群体大小和结构在长时期内不稳定，则观测到的变异式样和水平将不仅取决于 Ne 和 m 的当前值，同时也依赖于历史上 Ne 和 m 的波动情况。因此，遗传变异的观测值和期望值之间的差异可以提供群体演化史（包括近期物种形成事件的性质和类型）的重要线索。

2.1.3　溯祖理论

溯祖（coalescence）是指从一个种群中抽样到的当前等位基因序列在时间上可向后回溯到一个点，在这个点上它们共享一个单一个体的序列（等位基因）（图 2-1）。其他过去曾出现过的等位基因由于遗传漂变和选择而丢失，且突变又产生新的等位基因。因此，一个座位上等位基因现存分布的样式可用向后追溯到一个单一祖先等位基因序列形成的一棵树的分枝来表示。溯祖的型式常用能显示目前种群等位基因谱系的基因树（即基因谱系）来解释。树上的节点（共祖事件）和分支的长度反映了等位基因的起源和经历的时间。

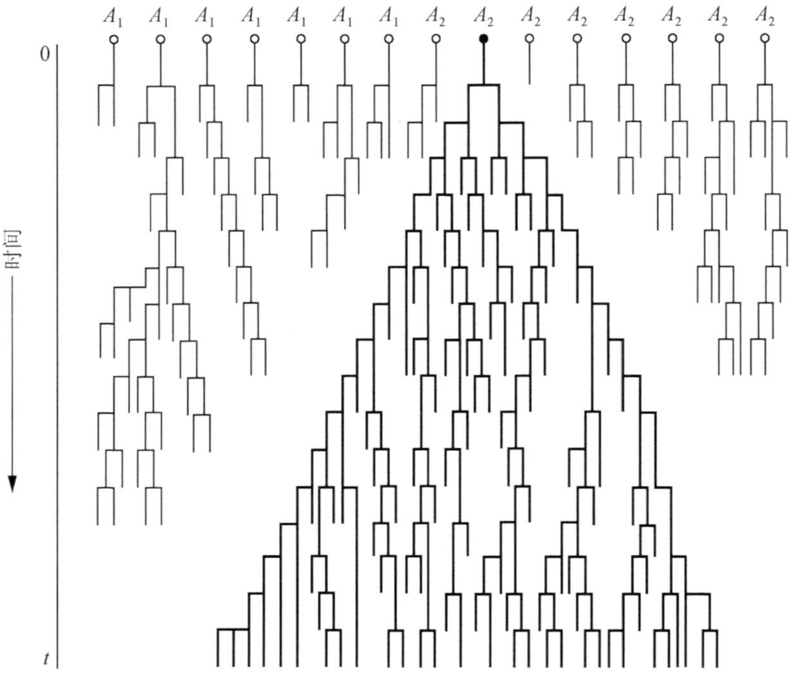

图 2-1　基因树和溯祖（Futuyma，1998）

在开始时间 0 处（图顶部）有 15 个拷贝，代表 2 个等位基因的种群中 DNA 序列可能的世系历史。一些序列留下一个或多个拷贝给后代而其他的序列则灭绝了。在底部出现的序列则是从单个祖先等位基因 A_2 的拷贝继承（溯祖）而来（这个血统在图中用粗线表示）。如果祖先序列不能留下后代的概率是随机的，那么最终的序列有同样的概率来源于第 0 代任何一个其他祖先的拷贝。A_1 和 A_2 代表座位 A 上的不同等位基因

在图 2-1 中，当用两种不同的视角观察这 n 条序列的历史时发现：如果在时间上由远及近观察，从共同祖先开始，群体的历史会按照时间的推演而前进，祖先序列会不断地分化，直到最终形成“现在”的样子，沿着这个过程，突变会在后代序列之间造成越来越多的分歧；如果从现有的样本序列出发，经历的就是一个相反的过程，突变造成的分歧一步步地在上一代的祖先中消失，最近的突变最快消失，而略显古老的突变将在后面消失，越古老的突变将在越后面消失，整个过程一直会持续到这 n 条序列回溯到它们的共同祖先，这就是溯祖的过程。

当观察的 n 条序列中有任意两条发生合并，就称之为一次“溯祖事件”，这样，每一代中的任意两条序列之间都以一定的概率发生一次这样的溯祖事件，这意味着建立的系统树就会有不同的拓扑形状。如果样本空间中有 n 条序列，而要考察的这种树形结构中一共有 s 个二分歧节点，也就是说，在系统的整个进化过程中发生了 s 次的溯祖事件，那么这种情况发生的概率为（Tajima，1983）

$$P=2^{n-1-s}/(n-1)!$$

无论在时间点 0 上一个群体内的基因数目有多少，由于个体之间在生殖成功方面的随机变异，将来某个时间点的该群体的所有基因都将追溯到唯一一个在时间 0 存在过的共同祖先基因。

溯祖方法的基础是在一个座位上保留有序列进化历史信息的等位基因，其 DNA 序列间有差异（Futuyma，1998）。例如，仅有 2 对碱基不同的等位基因比有 11 对碱基不同的等位基因有更近的亲缘关系且分化时间更近。

2.2　系统发生分析的分类学基础

2.2.1　系统发生与分类学的关系

与分子系统发生学最密切相关的生物学分支学科是系统学或分类学。无论是分子系统发生研究初期涉及的分类单元抽样和外群选择，还是后期对系统发生分析结果的解释与讨论，都需要关于该类群分类学的理论和实践知识，因此，一般的系统发生分析都是以分类学家为主导进行的。

生物多样性信息学的发展使得人们在很短的时间内就可以掌握一个生物类群的分类学体系和名录。然而，对生物进行分类鉴定的工作依然需要花大量的时间查看标本，而经历这样训练的分类学家目前越来越少。所以，分子系统发生学研究文献和数据中存在着不少物种鉴定方面的错误。

分类和系统发生之间的关系从进化论诞生到现在一直存在争论，20 世纪中叶以后形成了三种不同的学派：表征分类学、支序分类学和进化分类学。

表征分类学（phenetics）认为在多数情况下系统发生是未知的，是不能重复和被证实的，因而不能作为分类的依据，分类应以总体相似性为基础，完全不考虑性状的系统发生意义。

支序分类学（cladistics）则认为生物的分类应直接反映系统发生关系，即从分类中应能看出系统发生关系、相似程度和分支形式等内容。支序分类学提倡以单系群为基础的分类，要求所有的分类单元必须由单系群构成，故其完全以系统发生关系作为分类的参照和依据（图 2-2）。这样的分类系统也称为自然分类（natural classification）。

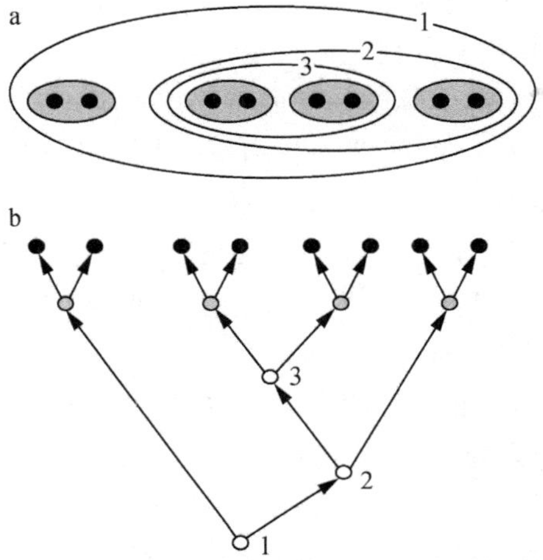

图 2-2　基于单系群的分类系统（Hennig，1966）

a. 用 Venn 图表示分类系统；b. 系统发生的祖裔关系。显示系统发生的祖裔关系与分类系统之间的对应关系

进化分类学派则认为分类要建立在系统发生假说的基础上，但还应考虑有关适应性进化级（grade）及进化的质和量的改变程度。系统树不仅要表示分类群的区别性状（共同衍征），还要表示其分支间变化的长度和倾斜的角度，以反映不同的进化速率。一个含有进化意义的分类群的阶层系统，不但要表示其分支顺序，同时还要表示出系统树分支的形状和变异程度及基于前进进化达到的进化级。因此，进化系统学家反对分支系统学家把分支图解直接转换成分类系统。

尽管在历史上的不同时期都有反对以系统发生（即谱系关系）来构建系统分类的思潮，但基于系统发生关系的分类具有很大的预见性，它包含生物类群最大的信息量，是生物学研究最好的参照系统。

2.2.2 分类阶元的系统发生意义

分类阶元（taxonomic category）是分类等级结构的等级层次（rank）或水平（level）；它是一个类别（class），这个类别的成员是被指定等级中的所有分类单元。分类单元（taxon）是任何分类等级中的一类生物，这类生物足够独特而值得予以命名和指定到某一特定的阶元中去。现代分类学家都赞赏一个缜密的分类阶元等级结构。分类学鼻祖林奈采用界、纲、目、属和种 5 个阶元层次的等级结构体系，目前即使相当保守的分类学家也确认了 21 个分类阶元。

生物的主要分类学阶元体系的划分在进化论产生的 200 年前就由林奈设立，充分说明生物界表现出的间断性和层次性，即使没有进化的解释也能够直观地观测到。直到今天，对这些分类阶元的意义和应用依然争论不休。

物种是生物分类的基本单位，也是系统发生学研究的基本单位。物种概念的核心是生殖隔离（在相同时间的不同空间上）与支系排他性（在发生历史上的相互单系性）。物种之间通常表现出种内的连续性与种间的间断性。种内的连续性（intraspecific continuum）是共享基因库表现的遗传变异；种间的间断性（interspecific gap）是独自进化的基因库之间的分歧，分歧时间越长，遗传差异越大，分类阶元越高。种上分类阶元之间的间断性大小一般与共同祖先远近呈正相关。

亚种（subspecies）是当前国际动物学命名法规中唯一要求命名的种下阶元（infraspecific category）。亚种是种内的亚群，各占据不同的分布区，互不重叠，故为异域（allopatric）分布。亚种间不存在生殖隔离，或生殖隔离不完善，具有可以分辨的形态等方面的区别，但在分布区交界处存在中间过渡类型。在分类学实践中，亚种形态分化的标准常以约 75%的个体呈现不同为界限。由于亚种具有较明显的地理含意，故常又称为地理亚种（geographical subspecies）。

形态十分相似的一群近缘种常称复合体（species complex）或种团（species group）等。有些近缘种外表几乎不能分辨。这类外部形态极为相似但有完善的生殖隔离的一群物种，常称姐妹种（sibling species）或隐存种（cryptic species）。姐妹种除具生殖隔离外，在生理、习性、生态要求等方面均有不同，详细研究后亦会发现形态上的（包括各个发育阶段）一些细微差别。此外，姐妹种可以而且常常是同域分布的（sympatric），这一特点常可借以与亚种相区别。

一般认为，各分类阶元中，只有物种这一阶元是客观存在于自然界中的实体，属及属以上的阶元都是人为的分类范畴。目前对于这些高级阶元的范围、所代表的层次的具体量度等并无明确的统一标准，因人而异，受各类群的分类传统或习惯的影响，在不同类群中常不完全等价。

属（genus）是分类学日常具体工作中除种以外涉及最多的分类阶元。属的划分没有像物种的生殖隔离那样的客观标准。理论上，属由一个或一群有共同祖先的种组成，应是一个单系群。属的成员一般适应某一特定的生态位——属生态位（genus niche），或者在生活方式上具有共同的特点，故属是一群适应于特定生活方式的有共同祖先的物种。属的分布范围通常仅限于一个大陆或几个大陆，这主要取决于属的形成时间与大陆分离的关系及属内生物的迁徙能力。属的大小可以包括一个种到上千个种，包括一个种的属称单种属（monotypic genus）。如属过大，往往需划分为一些亚属（subgenus）。

科（family）是包含一个或一群具有在系统发生上有共同起源的属的集合，通常以一些明显的适应性状来区分，这些适应性状使科的成员适应一个特定的生态位。科是一个十分有用的分类阶元，每个科通常具有特定的特征，在群落中占据相似的生态位，比较容易识别和检索。由于科通常是世界性分布的，因而，认识科的特征就可以对世界上许多地区的区系进行鉴定。

界（kingdom）、门（phylum）、纲（class）、目（order）这些代表系统树主干的高级分类阶元具有一种早就形成的身体结构上的基型（body plan）。这些基型在进化过程中发生了无休止的适应变化，从而产生了目前所能看到的生物多样性。在多数情况下，根据身体基型区别的高级分类阶元广泛分布于地球表面；每一高级分类阶元都显示出一系列的适应，其成员占有不同的生态位。由于高级分类阶元代表了生命之树上间断明显的支系，界限清楚，故他们的分类地位变动较少。

动物界现存种类约有 35 门 68 纲 350 目。

物种的识别有一定的客观性（生殖隔离），而高级阶元的识别是主观的，为了克服这种主观性，目前提出了许多不同的方案，主要有分支转换法和时段法（temporal-banding）（Avise and Johns，1999）等方式。分支转换是直接将系统发生的分支顺序转换为分类系统，已经提出了以这种方式进行分类的命名法规——谱系命名法规（phylocode）。时段法是根据类群起源和分化的地质年代赋予不同的分类等级（表 2-1）。

表 2-1　Avise 和 Johns（1999）提出的分类阶元与地质时段的匹配关系

分类阶元	地质时代	时段/MYA
域 domain	太古代 Archaean	2500～3600
界 kingdom	原生代 Proterozoic	550～2500
门 phylum	寒武纪 Cambrian	500～550
亚门 subphylum	奥陶纪 Ordovician	440～500
总纲 superclass	志留纪 Silurian	410～440
纲 class	泥盆纪 Devonian	350～410
亚纲 subclass	石炭纪 Carboniferous	290～350
股 cohort	二叠纪 Permian	250～290
总目 superorder	三叠纪 Triassic	205～250
目 order	侏罗纪 Jurassic	145～205
亚目 suborder	白垩纪 Cretaceous	65～145

续表

分类阶元	地质时代	时段/MYA
总科 superfamily	古新世 Paleocene	56～65
科 family	始新世 Eocene	33～56
亚科 subfamily	渐新世 Oligocene	24～33
属 genus	中新世 Miocene	5～24
亚属 subgenus	上新世 Pliocene	2～5
种 species	更新世 Pleistocene	0.01～2
		0～0.01

注：根据 Avise 和 Johns（1999）表 2 及 Avise 和 Mitchell（1997）表 1 整理。MYA：million years ago

图 2-3 显示的是现行分类系统中分类阶元指定不一致性的 3 个动物类群的时序图。由图 2-3 可以看出，果蝇作为属级阶元，其起源和分化在 4000 万年以前，远早于丽鱼科（科级）和灵长目（目级）。丽鱼的起源和分化与果蝇属和灵长目内物种起源相比更晚，但却给予科的分类地位。如果按照时段法分类（表 2-1），维多利亚湖丽鱼科 9 属 14 种应该置于一个亚属内，而目前置于一个属内的果蝇则被提升为亚目，其中包括了 9 科 12 属，目前置于灵长目的种类则应该降为总科，人类、黑猩猩和大猩猩应该置于同一属内（图 2-4）。

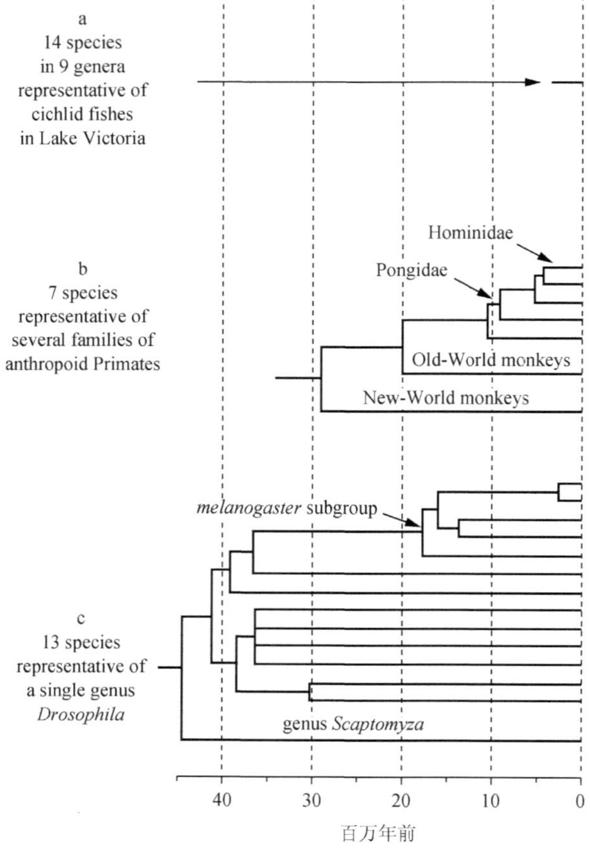

图 2-3　现行分类系统中分类阶元指定不一致性的例子（Avise and Johns，1999）

a. 非洲维多利亚湖丽鱼科（Cichlidae）9 属 14 种丽鱼；b. 灵长目几个科的 7 种代表物种；c. 果蝇属的 13 种果蝇

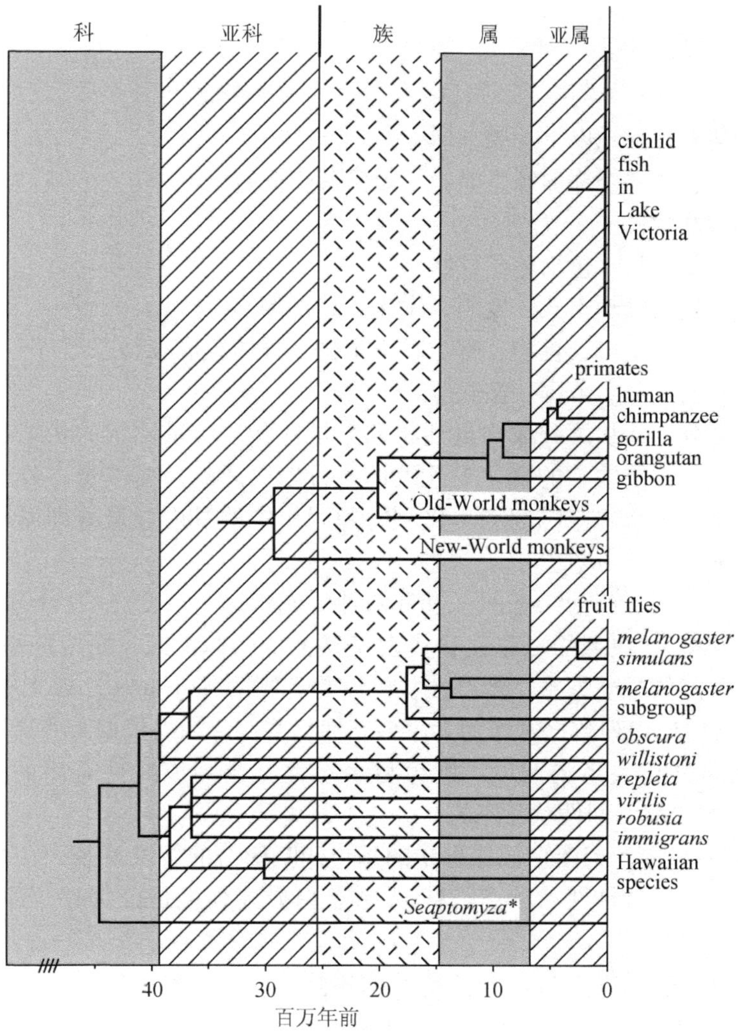

图 2-4　根据 Avise 和 Johns（1999）提出的分类阶元时段指定法对上图中的类群进行的分类（Avise and Johns，1999）

2.3　性状和性状分析方法

性状（character）是系统发生分析的基础，就其本质而言，它是一种关于相互关系的理论假设，即具有某种性状的生物形成具有独特历史的类群，这种相互关系可通过其他性状及信息来验证。

不同的作者对性状有不同的定义，这里将分子性状定义为能够在有机体之间独立进行同源比较的最小结构单位。作为分子性状的这种最小单位随检测和分析方法的不同而异，序列分析中的最小单位是单个位点（site 或 position），限制性片段长度分析中的最小单位是限制位点，而在基因组基因含量研究中的最小单位可以是单个基因座位、单倍型块、微卫星座位等。

2.3.1　性状的分类

性状可按其来源分成以下 6 类（Mayr，1969）：

（1）形态性状（内外部形态、显微和超微结构等）；

（2）染色体性状；

（3）生理生化性状（包括分子性状）；

（4）行为性状（活动模式、发声、发光、趋性等）；

（5）生态性状（生境、食物、寄主、寄生物、群体组成和动态等）；

（6）分布性状（分布范围、型式等）。

按其性质来分，性状可分成质量性状和数量性状。质量性状的状态表现为两个或多个不连续的值，数量性状的变化是连续的，可以以间断尺度测量。分子数据中数量性状不多，以频率表示的等位酶和单倍型、基因组中的基因含量等即属此类，其他分子数据都属质量性状。

质量性状可进一步分为二态的（仅具两种可能状态）和多态的（multistate，有三种以上的可能状态）。典型的二态性状代表着某种特征的有无，如特定基因的有无等。根据状态之间可能的排列关系，多态性状可以是有序的（ordered）或无序的（unordered）。核酸及蛋白质序列数据常作为无序多态性状看待。如果根据某些证据或规则作出对性状状态之间进化关系的假设，则可将多态性状排列成线性有序的（linearly ordered）或分枝的图解（即性状状态树）。

分子数据中，DNA 或蛋白质序列中的每个残基所占的位置就是一个性状，在该位置上出现的残基类型就是性状状态，DNA 或蛋白质序列就是分别有 4 种和 20 种状态的性状集。

性状数据常被表示成性状×分类单元的矩阵形式，这种矩阵称性状数据集（data set）。在这种矩阵中，一个分类单元具有各种性状状态的集合，称为该分类单元的状态集（state set），即矩阵中列的元素的集合。

2.3.2　关于性状的基本假设

系统发生分析是以性状分析为基础的，在性状分析过程中，常常要对性状本身或性状之间的关系作出一些基本假设，以作为分析的基础，如果这些假设成立或能被满足，则性状分析的结果是可靠的。对不能满足这些假设的性状，则排除在系统发生分析之外。这些基本假设包括以下四个方面。

（1）性状同源性。只有同源性状才能进行比较，构建系统发生关系。

（2）性状独立性。性状独立性（character independence）是指每个性状在进化上是独立的，性状之间的进化改变互不影响。所有基于性状的系统发生分析方法都是建立在性状之间相互独立的假设上的，如果没有这种独立性假设，则必须考虑性状之间相关变化的协方差，计算方法将变得极其复杂。独立性的假设能使我们分别独立地处理分析过程的不同阶段，这样可将复杂的大问题分解成许多较简单的小问题处理。分子数据中违犯性状独立性假设的性状，包括重复基因及基因家族中不同拷贝或基因之间的协同进化，以及 RNA 和蛋白质二、三级结构互补位点之间的变化等。如何删除非独立性状也许是系统发生分析中要克服的主要困难之一，这一困难存在于所有的分析方法中。

(3) 性状的同分布。性状的同分布（identically distributed）是指在所有的分类单元中，所有性状都受到相同进化因素的影响，性状的不同状态出现的概率遵守同一形式的分布，可以采用统一的进化模型来拟合。如果不同分类单元或性状经历的进化作用不同，则必须根据分类单元或性状类型采用不同的进化模型来拟合。违反性状的同分布假设的情况包括碱基组成异质性和进化速率异质性等。

(4) 性状的相容性和相合性。如果不同性状或性状集支持特定分类单元之间相同系统发生关系，则这些性状之间是相容的（compatible），性状之间的这种特性称为性状的相容性（compatibility）。如果不同性状或性状集支持同一组分类单元的不同系统发生关系，则这些系统树之间是不相合的（incongruence），这些性状之间是不相容的。在理论上，一个分类单元的所有可遗传性状都是该单元进化的产物，因而应能从这些性状中推论其历史。如果所用的系统发生分析方法可靠的话，不同性状集可望获得相同的真正的系统发生关系。因而，性状集之间的相合性是一个类群系统发生关系的最好证据。

相合性研究在系统发生分析中有重要的价值。首先，在缺乏已知系统发生的情况下，系统学家长期依靠数据集之间的相合性研究来评估系统发生结论的可靠性，把多数性状联合支持的系统树看成是真正系统树的最好估计。因此，相合性研究被系统学家看成是解决系统发生问题的强有力的手段。其次，相合性分析提供了估价系统发生分析方法可靠性的一种重要途径。对于同一个数据集，能得出相合性结果的系统发生分析方法应比形成不相合树的方法更可靠。

2.3.3　性状进化分析方法

地球上所有有机体均有其起源和演化的历史。生物所携带的各种性状记载着它们在进化历史中不同时期经历过的状态，因而个体或类群是拥有不同进化阶段特征的嵌合体。通过分析个体或类群所表现特征的进化次序，就有可能重建它们直接的系统发生关系。简约法重建系统发生的基本原理是共享衍征和进化简约性，而基于统计学原理的最大似然法和贝叶斯法，是根据进化模型寻找能够使似然值或后验概率最大的系统树。

可遗传的性状变异产生了性状的不同状态，而性状状态在不同群体中的相同和差异的分布则提供了推论系统发生关系的证据。这种证据的可用性主要取决于产生这些不同状态的进化变化独立发生的频率，即同型水平。

按照支序系统学理论，生物体所有的性状可根据系统发生信息区分为同源的和同型的两类，在同源性状中根据起源的先后又区分为祖征、衍征和自裔衍征（图 2-5）。

祖征（plesiomorphy）是从较远的共同祖先遗传下来的享有相同性状状态的同源特征。衍征（synapomorphy）是从最近的共同祖先（即直接祖先）遗传下来的享有相同性状状态的同源特征。多个分类单元共享的衍征是这些分类单元有共同祖先的标志，用于分类划分和系统发生重建，而自裔衍征（autapomorphy）是仅在一个分类单元中存在的衍征，无法用于分类学归类。祖征不能用于分类划分，一个最著名的例子是蜥蜴、鳄鱼和鸟类的关系，在系统发生上鳄鱼和鸟类是姐妹群而远离蜥蜴，但从形态上鳄鱼和蜥蜴更相似，因为它们两者享有较多的祖征，而鸟类由于快速进化现象这些祖征丧失了。

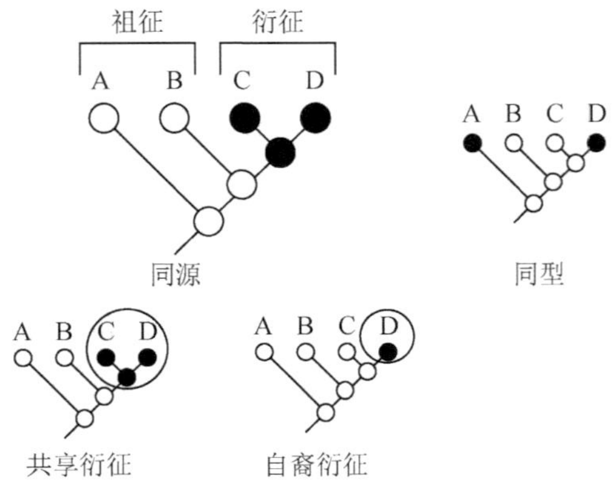

图 2-5 根据系统发生可用性对性状进行的分类

当一个特定的可遗传的进化变化在祖先物种中是唯一的和不可逆的时，在任何分类单元中进化新征的出现一定是起因于祖先的遗传。同理，在任何分类单元中该进化新征不存在时，必须看成是由于这些分类单元不是那些祖先的后代。因而，同源的共享衍征可以看成是享有共同祖先的标记，拥有相同共享衍征的分类单元组成一个分支(clade)。例如，脊椎动物中毛发的出现是一个共享衍征，毛发仅出现过一次并且是进化不可逆的（即从未丧失过），因而所有分类单元的毛发是同源的，毛发这个进化新征提供了哺乳动物是享有共同祖先的单系群的证据。

性状是系统发生分析的基础，性状分析遵循的基本原理如下。

（1）当一个特定的、可遗传的进化改变在祖先物种中是唯一的和不可逆时，在任何分类单元中进化新征的出现一定是起因于祖先的遗传。

（2）同理，性状在任何分类单元中不存在时，必须看成是由于这些分类单元并不是那些祖先的后代。

（3）同源的进化新征可以看成是共同祖先后代的标记。

（4）拥有相同进化新征（衍征）的分类单元组成一个分支（clade）。

性状分析包括方向性、顺序性和极性三种特性（Swofford，1990）：

方向性（direction）是指性状的任两个状态之间的一次转变对树长的增加值，无向性状的改变值是对称的，即由状态 x 变换为状态 y 对树长的增加值与由状态 y 转变为状态 x 的值相等。

顺序性（order）是指允许的性状状态之间变换的途径或类型。

极性（polarity）是指性状进化的方向。分析性状进化的方向，辨明性状的祖征和衍征的过程称为性状极化（character polarize）。性状是伴随物种进化而改变的，因此许多性状在不同物种中有不同的进化状态，从而形成一个状态系列，通过性状分析提出的一个性状的不同状态之间进化关系的假设称为性状变换系列（character transformation series），也称性状的系统发生（Hennig，1966）或性状状态进化树（Farris，1970）。

为了决定性状变换系列，必须知道性状状态的极性和顺序。对于二态性状，一般用外群对比方法就能确定。但对于多态性状，决定性状状态顺序是一项困难的工作。

2.3.4 性状的加权

性状在反映分类单元系统发生方面的信息量并不相同，某些性状具有高的信息量且很可靠；另一些性状虽然是可靠的，但不具有系统发生信息；而第三类性状则是不可靠性状，能造成错误的系统发生关系的结论。如果我们有办法推演出哪些性状是不可靠的，则系统发生分析工作就变得很简单了。系统发生分析中性状加权的目的就是对可靠而信息量大的性状给予较大的权值，对不可靠性状给予较小的权值或零权值（排除）。

Felsenstein 从统计推断角度讨论过性状加权的逻辑基础，指出不同性状变化的不同权值是建立在这些性状变化概率不同的基础上的。这与传统的看法一致，即进化上保守的性状应给予更大的权值。权值与性状变化概率之间对应的一种推论是，当这种概率很小时，不同性状的权值将越来越接近，因而日常工作中多数性状给予等权的假定也是成立的。

2.3.5 性状的同源

同源（homology）是比较生物学领域的一个核心概念，是系统学研究的基础。比较解剖学和形态学上将相似性（similarity）区分为同源和同功（analogy）。进化论的产生使这两个概念更有意义：同源是具有共同祖先，而同功则是趋同演化的结果。唯有同源性状之间的比较才有意义，才能建立正确的系统发育关系。

Patterson（1982；1988）详细地综述了有关同源概念的发展，并提出了区别不同的相似性关系的三种检验方法，即相似性检验、关联性检验和相合性检验。相似性检验是指按不同分子之间表现型的相似程度可将它们区分成同源性的或同塑性的。关联性检验（conjunction test）是指如果两种分子或结构同时出现在同一有机体中，则它们不会是同源的，如形态学中的同律结构（homonomy）。相合性检验（congruence test）是指由不同类型的同源关系识别的单系群应该一致。

分子性状的同源性比形态解剖性状的同源性要复杂得多，可以区分成三个不同的层次：首先是不同基因组基因间的同源关系，其次是同源基因间不同核苷酸对或同源肽链上不同氨基酸位置上的对应关系，最后是由遗传因素控制的间接同源关系。

1. 基因组水平的同源关系

在基因组水平上确定同源关系的最小单位是基因，最大单位是染色体，中间是长度不等的共线性（synteny）区域。不同基因组之间基因（DNA序列）的同源性是最基本也是最复杂的，可以分成以下几类。

1）直系同源（orthology）

直系同源简称直源，是指由于物种形成事件而产生的同源关系，存在于不同物种间，是物种起源的证据，可用于构建种间关系。由物种形成事件而产生的不同物种的同源基因称为直源基因（orthologous gene或orthologue，ortholog），直源基因通常编码生命必需的酶或关键性调控基因，具有功能保守、进化缓慢、变化速度可覆盖整个进化历史、序列变化速度与进化距离相当等特征，物种间保守的单拷贝基因，通常在物种进化过程中保持一种相当或是相似的功能。按照不同物种基因组中直源基因的拷贝数量，在直源基因中存在不同的对应关系。

1对1直源基因（1:1:1）：在所有比较的基因组中都只有一个拷贝的直源基因，这类直源基因一般属于与遗传信息传递相关的核心代谢途径上的基因，这类基因的数量随比较基因组的数量和系统发生关系的程度而异。

1对多直源基因（1:N:N）：在一个物种中有一个拷贝，而在其他物种中存在多个拷贝的直源基因。一般是由于在多拷贝物种中发生了基因重复，或者在一个拷贝的物种中发生了基因丢失。

多对多直源基因（N:N:N）：在所比较的所有物种中都存在多个拷贝的直源基因。通常是由于在共同祖先中发生过基因/基因组的多轮重复。

直源基因的数量随比较类群的范围和数目而异。图2-6比较了10种已经测出基因组序列的后生动物之间共享的各类同源蛋白质数目。在最广泛的分类阶元水平上，Ciccarelli等（2006）分析了191个基因组的蛋白质家族，其中包括168种原核生物和23种真核生物基因组，识别出36个共享的直源基因簇（COG），采用这些蛋白质的系统树相合性方法排除有可能属于5个在部分类群中发生过基因水平转移的家族后，发现只有31种属于在所研究的所有基因组中都存在的直系同源蛋白质，这个数目大约是典型原核生物基因组编码蛋白质（3000种）的1%，大约是典型真核生物基因组编码蛋白质（30 000种）的0.1%，由这些没有经过基因水平转移的蛋白质所建立的系统树被Dagan和Martin（2006）称为“tree of one percent of life”，即1%的基因构建的系统树。这种仅由1%的基因构建的系统树反映了生命之树的分支发生过程，而其他99%的基因的进化历史，则在不同类群中在不同程度上都发生了与物种形成过程不一致的进化历史（如水平转移、重复、丢失等）。这些在所有基因组中遍布的蛋白质家族是23种核糖体蛋白质、8种氨酰-tRNA合成酶、1种DNA合成酶和1种RNA合成酶。

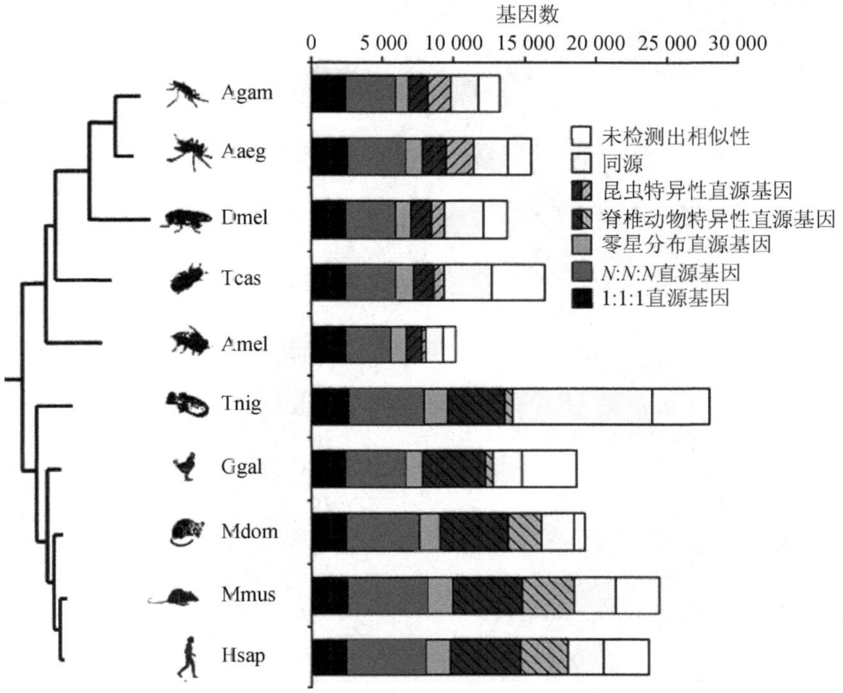

图 2-6　5 种昆虫和 5 种脊椎动物基因组基因清单的比较（Waterhouse et al.，2009）（见彩图）
图的左边是 10 种后生动物的系统发生关系，右边是全部基因之间的同源关系分类，柱状图基部 3 类是后生动物的核心基因，包括 1:1:1 和 *N*:*N*:*N* 两类直源基因及零星分布的直源基因；柱状图端部的白色是物种特异性的基因；中间有斜纹的部分为昆虫或脊椎动物支系特异性的直源基因

2）并系同源（paralogy）

并系同源简称并源，是指由于基因复制事件而产生的同源关系，可以共存于一个基因组内，是基因家族同一起源的证据，可用于构建基因间的演化关系。由基因复制事件而产生的不同拷贝的基因称为并源基因（paralogous gene 或 paralogue）。通过基因复制起源的各类 DNA 序列，如重复 DNA 和多基因家族，随基因重复后的趋异作用，并伴随物种形成过程，产生了一种复杂的种间序列的阶层同源关系，当研究这类序列时，需要仔细分析其各种可能的同源关系。基于基因重复发生的时间与物种形成的时间，存在以下几种不同的并源关系。

内并源（in-paralogy）：物种形成事件发生后在一个支系内基因重复产生的并系基因，也称为共直源基因（co-ortholog）。

外并源（out-paralogy）：支系内基因重复后发生物种形成事件产生的并系基因。

直源和并源关系是分子系统发生研究中重要的概念，这些概念之间的区别可以通过图 2-7 来说明。图中单系群（(A，B)，(C，D)）自共同祖先（LCA A，B，C，D）以来，共发生了 3 次物种形成事件和 3 次基因重复事件，其中物种 B 的 2 个基因 B1 和 B2 之间属于内并源关系，物种 C 的 C2 和 C3 之间、物种 D 的 D1、D2、D3 之间属于外并源关系，而 A1 与 B1/B2、C2 与 D2、C3 与 D3 之间属于直源关系。假定这些进化事件是近期发生的，它们所编码的蛋白质序列仍然高度相似，则可以将这些拷贝定义为 1:2:2:3 的直源关系。

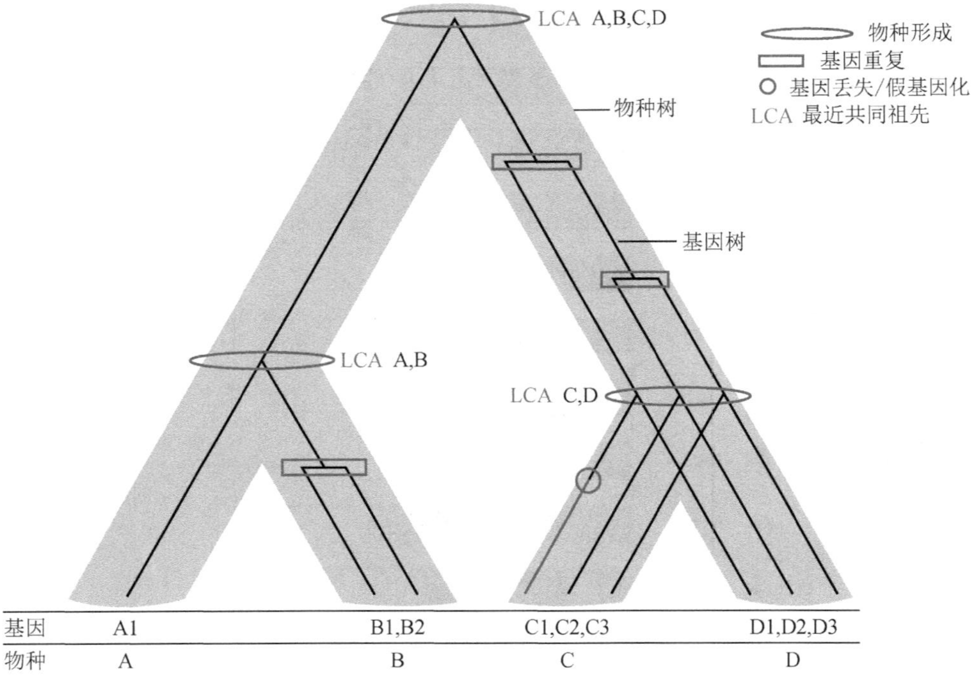

图 2-7　系统树的支系上由物种形成产生的直源关系和基因重复产生的并源关系（Waterhouse et al.，2009）

3）外系同源（xenology）

外系同源简称外源，是由转染或不同支系间基因水平转移而引起的同源关系，常存在于亲缘关系较远的类群之间，但并不表明携带这些基因的类群间的真正关系。这种同源也只是反映了基因起源的历史，不能用于种间系统发生研究。

一旦外源基因在一个祖先物种中固定下来，就可以与正常基因一样通过垂直遗传进行传递。所以，水平转移的基因可以作为一个单系群的指标，其 DNA 或蛋白质序列也可以用于这个单系群内部物种的系统发生关系重建。

并外源（paraxenology）：也称重复外源（duplicate 或 multiple xenology），指一个基因组中出现两个或多个外源基因拷贝，是由外源基因复制引起的，存在于同一个体的基因组中。

复源（plerology）：按其意义也可称为嵌套同源或部分同源（partial homology），是由于外显子改组（exon shuffling）引起的一个基因的外显子与另一个基因联合，从而产生了具有新功能的杂交基因，于是这种新基因或其产物（肽链）与原来两种基因或肽链形成部分同源关系。这种重组基因或蛋白质起初一定是起源于同一基因组内，但随着时间延长，杂交基因也可随物种形成事件而产生分异进化，成为部分直源（partial orthology）基因。

2. 基因/蛋白质水平的同源

在已经建立同源关系的单个基因/蛋白质水平上，存在位点之间的对应同源关系，这种同源关系主要依靠序列比对建立。核酸和蛋白质的不同核苷酸或氨基酸位置上的同源关系，在序列分析技术中已成为统计学上的概率推断问题，将在序列比对的有关章节中详细讨论。

3. 分子水平上的间接同源关系

表信息分子和生物学过程（如代谢途径、相互作用、调控网络等）同源关系的确定要通过控制这些生物学过程的基因是否同源来确定，故把这种本身无法判断而只能依靠同源基因来确定的同源关系称为间接同源关系。由具有共同遗传基础的特定基因群表达或控制决定的特征称为同源管理（homocracy）。

没有遗传基础的分子系统发生学研究可以看成是表征的研究。

2.3.6　性状的同型

生物体的任何可遗传的变化（如形态特征、DNA 或蛋白质序列）将产生不同的性状状态，性状状态的相似和差异提供了推论系统发生的证据，这种证据的可用性主要取决于产生这些不同状态的进化变化独立发生的频率，亦即同型水平高低。

同型（homoplasmy）性状是指并非源于共同祖先的相似性状，这种性状的相似是由于独立进化事件（主要包括趋同、平行和回复/返祖）产生的，如果不能识别的话，这类性状就会误导系统发生分析。例如，尾的丧失在成年的人类和无尾两栖类中独立发生过，如果误将成年无尾作为同源性状，则产生了人类与无尾两栖类成单系群的错误结论。

当不同的性状支持相互矛盾的系统树时，就意味着数据中一定存在着一些误导性状，也就是说，不相容的性状之间存在同型现象，两个不相合的性状意味着至少有一个性状是同型的，而且它们支持的树至少有一棵是错误的，因为真树只有一棵。如果数据集中没有同型性状，所有的性状都反映了物种的进化历史，则每一个性状都定义一个单系群，这时，系统发生推论将变得十分容易，将很容易地建立起一棵完美的树。所以区分性状的同源和同型是系统发生最根本的问题。

产生同型性状的主要机制是平行、趋同与回复进化。平行进化（parallelism）是同一祖先的不同传代线上的类群，在进化过程中基于同一祖先的相同性状获得相似的性状（图 2-8a）。趋同进化（convergence）是指在亲缘关系甚远的类群的不同祖先性状中独自进化形成相似或相同的性状（图 2-8b）。回复进化（reversal）也称返祖现象，或次生丢失（secondary loss），是后裔的性状状态恢复到该性状的祖先状态的现象（图 2-8c）。

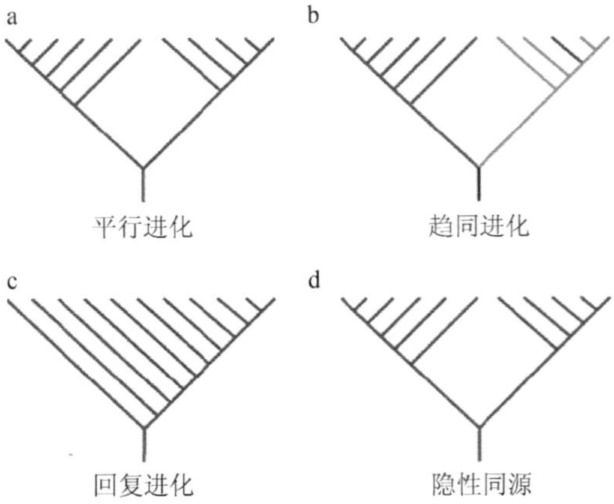

图 2-8　4 种同型现象的分支图解（Scotland，2010）（见彩图）

2.4　系统发生分析的数学基础

系统发生学中涉及的数学领域比较广泛，包括概率论与随机过程、信息学、统计学、多元分析、数值优化算法、排列与组合、组合数学（combinatorics）、图论（graph theory）、拓扑学（topology）和代数几何（algebraic geometry）。数学中的随机过程理论，包括泊松（Poisson）过程、布朗（Brown）过程、马尔可夫（Markov）过程、分支（branching）过程、溯祖（coalescent）过程、生灭（birth-death）过程等，被广泛地应用于系统发生学中。

从建树方法的数学基础角度，目前的系统发生分析方法有两类：一类是建立在统计推论基础上的，如最大似然法和贝叶斯法等；另一类是建立在图论基础上的，如网络和支序分析，还有基于多元分析方法的，如聚类分析和叠加树法等。

系统发生分析的统计学方法由 Edwards 和 Cavalli-Sforza 首先提出，后来得到 Felsenstein、Yang、Huelsenbeck 等的发展。系统发生分析是从当前的部分数据中推论过去的历史（系统树），这一推论过程从统计学角度可以看成是在存在不确定性的前提下，应用一种进化过程的概率模型来估计一个参数值（即系统树），使这一值与实际观测数据之间似然值极大化。统计学派认为，任何类型的推论都首先要建立一个模型。任何科学研究中的模型都由组成结构、变化机制和初始条件等要素组成。系统发生分析模型的结构是树状图，树上物种和序列的变化机制都假定是随机的，模型的初始条件是树上各分支的序列组成、进化改变速率和进化经历的时间，模型的输出是比对的序列数据。要解决的问题是：对于给定的数据集，求解模型的某些特征，大多数情况下是求解真实树，还有估计各类替换速率、碱基组成偏向性、速率变异参数、分歧时间等。如果收集到一些数据，并希望由这些数据推论该模型的一些参数，则可通过提出一些关于该模型的部分参数的假设来进行估计。因此，一个统计模型和统计假设提供了归纳推论的基本框架，通过模型可描述已知的参数，通过统计假设可给模型的未知参数赋特定的值，因此，系统发生分析要在建立关于进化过程的模型之后才能进行。

系统发生分析的图论理论认为，在以距离矩阵为基础的分析中，由于距离矩阵是由成对 OTU 间普遍对称的函数构成的，所以在数学上可以用图论中的图形（graph）来表达 OTU 间的关系。图形是由顶点和棱构成的成对 OTU 之间关系的集合。在图形上，OTU 为顶点，其相异性关系由棱来表示。与系统发生有关的图形在图论中称为连通图（connected graph），定义为每一对顶点至少由一条通径（path）连通，表征图即是连通图的一种。特殊的一类图形称有向图（directed graph）或网络（network），支序图即属于此类。有向图（或树）具有带方向的棱，图的根到其他顶点只有唯一一条通径。这样的顶点在支序学文献中称节点（node），棱称为节间（internode）。节间所经历的进化改变数称节间长，其值可用特定的图形极大化或极小化，支序图就是极小长度树，这种树在图论上也称最短生成树（shortest spanning tree）或 Steiner 树。因此，从图论角度看，系统发生分析可归结为求极小长度的树问题。系统发生分析的图论方法有两方面的重要价值：首先，作为图形的解说措施，使人们能了解与分析方法相关的许多问题；其次，可通过充分确立的图论定理推导出图形的某些特征，也可用图论手段来解决一些特殊问题。

2.5 系统发生分析的统计学基础

2.5.1 概率分布

统计学最基本的概念是概率，它给出一个随机事件发生的可能性有多大。为了完全地描述一个随机现象，只知道其随机变量 x 取哪些值是远远不够的，更重要的是要知道 x 取各个值的概率。把不同随机事件的概率 P 写成各事件相应的随机变量 X 的函数，称为离散型随机变量的概率分布函数。连续型随机变量是在实数轴的某一区间内连续取值，在极微小的变化区间里也有无限多个可取的值。所以，连续型随机变量取某一确定值的概率必然为零。这样，我们就不再能够像对待离散型随机变量那样，给出与每一随机变量值相对应的概率分布函数，为此需要引进连续型随机变量概率密度分布函数。分子系统发生学常用的概率密度分布包括：正态分布、二项分布、指数分布、对数分布和伽马（gamma）分布等。

2.5.2 系统发生的统计学检验

系统发生分析领域的统计倾向于独立于其他领域的统计分析，这是由于大部分情况下有关系统发生的统计值和参数的分布是未知的，而且也无法用数值分析方法计算，或不能假定它们遵循某些古典概率分布，这主要是由于系统发生假设是一种 OTU 之间相互嵌套的阶层性假设，而且通常包括了许多无法预见的参数（即进化模型参数和祖先分类单元性状状态等）。因而，系统发生领域涉及的统计学分析使不熟悉本领域或仅熟悉古典概率统计理论的人感觉有些迷茫和混乱。

以下是一些系统发生统计学分析中的共同步骤。

(1) 试图设计一些可以将需要测量的数值容纳其中的统计量。

(2) 在零模型(即想要拒绝的模型)下产生数据。

(3) 计算从零模型产生数据的统计值。

(4) 将从实际数据中计算获得的统计值与零模型的统计值的分布进行比较，如果观测值比零分布极端偏移，则拒绝零假设。

与上述讨论的系统发生专用的检验方法不同的是，有少数在系统发生分析时采用的检验方法仍然服从传统统计学的概率分布，如所有的关于似然率检验的统计值服从χ^2分布、Templeton 检验和 KH 检验等。

2.5.3 零假设与零模型

零模型(null model)是有意设计为排除所研究主要因子的模式生成(pattern-generating)模型，通过它可以对观测数据或模式进行随机化检验。零模型被广泛用于系统发生的统计学检验中。

零模型中的模式形成基于数据的随机化过程，这种随机化可通过对实际观测数据进行随机化重抽样或从一个已知分布中随机抽样来完成。与其他建模方法相比，零模型的建模策略是人为地排除所要检验因子的作用，需要了解的是经由零模型数据的拟合程度怎样，换言之，真实观测数据中所表现的模式在没有加入所研究的生物学机制的简单模型下能否被重复产生，或从零假设角度数据是否显示出非随机性。如果是，则检验提供了支持原数据集存在某种生物学机制的间接证据。所以，零模型犹如实验研究中的排除主因子的对照。

零模型并不是一种抽象的数学理论，而是始终与实际数据集相关联的。为了建立零模型，必须首先获得真实数据集，然后根据一组随机化规则从真实观测数据集中产生随机抽样数据集，最后对真实和所有随机数据集进行相同的分析。零模型的数据集重抽样次数一般都很大，典型的为 1000 次，从而可以产生一个统计值的零分布，即零模型为真时统计值的分布。从实际观测数据计算出的统计值在零分布上的位置所对应的概率值来判断零模型是否被拒绝。

系统发生学上建立零模型的随机化方法有：数据重排技术(reshuffling，permutation)、有放回的重抽样方法(自举法，bootstrapping)、无放回的重抽样方法(Jackknifing)和蒙特卡罗数字模拟技术。其中，前三种方法都是从实际数据集中通过重抽样方法产生随机化抽样数据集，后一种方法则是从指定的模式的分布中模拟重抽样的。

零模型的构建和检验在理论上是直观而简单的，与传统统计学中的假设检验类似，但对这种方法及应用的有效性还存在着争论。

2.5.4 常用检验方法

分子系统发生学领域常用的统计检验方法如下所述。

1. 参数检验

参数检验（parameter test）是对参数平均值、方差进行的统计检验。先由测得的样本数据计算检验统计量，若计算的统计量值落入约定显著性水平的拒绝域内，说明被检参数之间在所约定的显著性水平下在统计上有显著性差异；反之，若计算的统计量值落入约定显著性水平的接受域内，说明被检参数之间在统计上没有显著性差异，是同一总体的参数估计值。

参数检验运用范围：当总体分布已知（如总体为正态分布），根据样本数据对总体分布的统计参数进行推断。此时，总体的分布形式是给定的或是假定的，只是其中一些参数的取值范围未知，分析的主要目的是估计参数的取值，或对其进行某种统计检验。它不仅仅能够对总体的特征参数进行推断，还能够实现两个或多个总体参数的比较。

参数检验的步骤：提出零假设和备择假设→确定适当的检验统计量→规定显著性水平 α→计算检验统计量的值→作出统计决策。

双侧检验与单侧检验：如果将拒绝性概率平分于理论抽样分布的两侧，则称为双侧检验。例如，选定显著性水平 $\alpha=0.05$，双侧检验就是将 α 概率所规定的拒绝区域平分为两部分而置于概率分布的两边，每边占有 0.025。双侧检验只强调差异是否显著而不强调方向性。

如果将拒绝性概率置于理论抽样分布的一侧（左侧或右侧），则称为单侧检验（右侧检验或左侧检验）。单侧检验强调差异的方向性。

常用的参数检验方法包括 t 检验和 Z 检验。

2. 非参数检验

非参数检验（nonparametric test）是统计分析方法的重要组成部分，它与参数检验共同构成统计推断的基本内容。参数检验是在总体分布形式已知的情况下，对总体分布的参数（如均值、方差等）进行推断的方法。但是，在数据分析过程中，由于种种原因，人们往往无法对总体分布形态作简单假定，此时参数检验的方法就不再适用了。非参数检验正是一类基于这种考虑，在总体方差未知或知道甚少的情况下，利用样本数据对总体分布形态等进行推断的方法。由于非参数检验方法在推断过程中不涉及有关总体分布的参数，因而得名为“非参数”检验。系统发生学上常用的非参数检验有符号检验和 χ^2 检验。

符号检验（sign test）是一种利用正、负号的数目对某种假设作出判定的非参数检验方法。它不要求知道被检验量的分布规律，仅依据某种特定的正、负号之数目多少来对某种假定做出检验，非常直观简便，易于理解，常被用于检验总体的均值、中位数等参数是否为某一数值，或判断总体分布有无变化。Wilcoxon 符号秩检验是通过分析两配对样本，对样本取样的两总体的分布是否存在差异进行判断。其零假设是：两配对样本来自的两总体的分布无显著差异。检验的基本思想是：首先，按照符号检验的方法，分别用第二组样本的各个观察值减去第一组对应样本的观察值，差值为正则记为正号，为负则记为负号，并同时保存差值数据；然后，将差值变量按升序排序，并求出差值变量的秩；最后，分布计算正号秩总和（W＋）及负号秩总和（W－）。

χ^2 检验或拟合优度检验（chi-square goodness-of-fit test）适用于具有明显分类特征的数据。如果观察频数与设定频数越接近，则 χ^2 值越小，根据皮尔逊定理，当 n 充分大时，χ^2 统计量渐近服从于 $k-1$ 个自由度的 χ^2 分布。我们可以计算出 χ^2 统计量，判断方法有以下两种。

一是依据 χ^2 分布表，给出所对应的概率值，如果该概率值小于或等于给定的显著性水平 α，则拒绝 H_0，即样本所属的总体分布形态与设定的分布存在显著差异；如果该概率值大于给定的显著性水平 α，则不能拒绝 H_0，即没有理由认为样本所属的总体分布形态与设定分布有显著差异。

二是依据 χ^2 分布表，给出 α 所对应的临界值 χ^2_α，如果 χ^2 统计量大于或等于临界值，则拒绝 H_0，认为样本所属的总体分布形态与设定分布存在显著差异；如果 χ^2 统计量小于临界值，则不能拒绝 H_0。

2.5.5 随机数据及其在系统发生中的应用

随机数据在系统发生中的应用开始于自举方法，此后各种蒙特卡罗模拟法的应用使之达到高峰，Siddall（2001）对这一领域进行了综述。这类随机数据在系统发生上可用于三个方面。

（1）支持度的度量：如 Bootstrap、Jackknife，PTP、T-PTP 和 MoJo 等。

（2）系统发生构架下独立数据集关联程度的度量：如用于协同进化分析的 PCP（phylogenetic covariance probability）和用于地层学研究的 MSM（manhattan stratigraphic measure）。

（3）蒙特卡罗模拟方法研究系统发生分析方法的相对优势等。

随机化的类型基本上可以分成两大类。

（1）构成关联检验（test of association）的随机化称为近似随机化（approximate randomization）方法。相关性检验就属于这一类方法，其检验的问题是：x 和 y 之间的关联是否强于随机因素所期望的程度。近似随机化是通过对所有可能关联的一种合理数目的随机化抽样来解决问题的，随机化抽样的次数人为地设置为 100～5000 之间的一个值，理想的次数应该是能使概率 P 达到稳态（P 不再改变为止）。近似随机化方法的优点是无论检验什么均无需对数据分布类型作出假设，甚至数据分布也无需满足独立性和一致性（即 i. i. d.，independence and identical distribution）这一有效统计推断的基本要求。系统发生分析中使用的近似随机化方法有 PTP、PCP、ILD 检验和 MSN 等。

（2）蒙特卡罗方法是使用一些模型来产生模拟数据集。所有这类方法推断的有效性取决于使用的模型和模型与所分析问题的符合程度，故这种方法常被用于探索一个模型表现的好坏。例如，Huelsenbeck（1995）用该法评估了长支吸引效应对主要系统发生方法表现的影响，形成模拟数据集的模型是可产生长枝的模型。

当分析工作涉及任何随机过程时，为软件提供一个独特而唯一的随机数种子（random number seed）是十分重要的，在不指定随机数种子时，软件会自己作出选择，但此种情况下每次重复分析的结果可能不同。

在 PHYLIP 中规定随机数种子必须是奇数，PAUP 对随机数种子没有特别的限制，当你要求 PAUP 在每次分析使用不同的随机序列时，则必须选择不同的随机数种子（可由 PAUP 自己选择）；而当要求使用相同的的随机序列分析时，则需要给 PAUP 指定一个固定的随机种子数。

所谓随机数种子，是一个用于启动伪随机数字发生器（pseudorandom number generator）的任意整数。当用同一个随机数种子启动任何一种随机搜索方法时，无论重复多少次都是一样的结果。

2.6　理论系统发生学

我们把与系统树有关的数学和统计学基础理论研究称为理论系统发生学。从理论角度，系统发生学只是采用了目前可用于系统发生分析的数学和统计学方法中的很小一部分，仍然有大量可用于构建系统树的数学和统计学方法有待发掘和开发。更加重要的是，分子系统发生学实践遇到的大量数学、统计学和信息学方面的问题，为这些学科的发展和创新提供了舞台。所以，理论系统发生研究有很大的发展潜力。

与理论系统发生学相对的是经验系统发生学研究，是采用实际数据进行的系统发生分析，包括：验证各种算法和软件的性能，归纳不同数据集的分析经验，总结普遍原则和问题，数据集特异性分析方法，构建基因/蛋白质特异性的模型、矩阵和进化参数等。

理论系统发生学的研究内容广泛，基本的问题包括：3TS（3 OTU statement），4TS [4 OTU statement，即四枝树（quartet）]，完美系统发生，模拟，树分布空间，二分树，网络，模型选择等。目前理论系统发生学或系统发生学的理论研究主要局限于与一些常用的统计学方法、进化模型、模拟方法、建树标准和方法的比较上面。

（1）性状数目的理论研究：在系统发生分析中是否存在性状/OTU 数量的最优比例？Steel（2002）对定义 t 个 OTU 唯一树所需要完备性状（perfect character）的最小数目进行过研究。显然，对于给定的 OTU，性状的状态数越多，所需要的性状数目越少。对于 DNA 序列，每个性状（即位点）上有 4 种状态，而对于蛋白质序列则有 20 种状态。实践上是性状数目/OTU 数量大于 3，甚至性状数目/分枝数量大于 3 更好（分枝数量$=2n-3$，n 为 OTU 数），这里的性状是指简约信息性状。

（2）树分布的几何空间研究：Billera 等（2001）从数学上描述了系统树的几何空间，树的这种几何空间能帮助人们确定树的置信区间，并将各种不同的合一性方法统一在一个理论体系下。

（3）在进化模型方面：目前较为成熟的模型是只考虑序列上的替换改变，急需发展包含插入/缺失（indel）、重组、杂交、基因渗入、基因变换（gene conversion）、基因重复/基因丢失（gene duplication and loss）及多重突变等进化事件的接近进化实际的新模型。

（4）网络方面：近年来以网络代替树的分析逐渐多起来，尤其是在种下群体数据的分析中。

（5）完备系统发生问题：完备系统发生（perfect phylogeny）是没有同型性状的系统发生，亦即所分析的所有性状之间完全相容，支持一棵相同的系统树，该系统树就是完备系统发生。通常真实的数据不可能支持完备系统发生，但是完备系统发生树的构建对于系统发生的数学基础理论和算法研究有重要价值。

完备系统发生问题（perfect phylogeny problem）也称为性状相容性（character compatibility）问题，是解决一个给定性状集下是否存在一个完备系统发生，如果存在，如何构建这个完备系统发生。对于二态性状，完备系统发生问题可以表述为性状相容性问题。一般来说，完备系统发生问题是 NP-hard。Gusfield 提出了二态性状完备系统发生的公理。两个性状如果满足完备系统发生条件，则它们是相容的（compatible），从性状相容性的角度，Gusfield 公理可以表达为：一组二态性状如果所有性状两两之间是相容的话，则该组性状构成一个完备系统发生。对于有 n 个 OTU 和 m 个二态性状的完备系统发生，可以以 O（nm）的运算效率解决。以上公理只对二态性状成立，对于状态多于 2 的多态性状的完备系统发生问题比较复杂，还在研究中。

系统树的构成基本元素是三类群陈述（three-taxon statement，TTS），任何树都可以还原为众多的 TTS。TTS 和共享衍征的关系是一个解析的 TTS 至少需一个共享衍征推导而来。

（6）二分树和四枝树问题：有关二分树的概念参见 3.7.2 节，有关四枝树的概念参见 10.3.2 节。

2.7 模拟系统发生研究

模拟研究是在理论和经验模型下采用计算机随机地产生大量的数据，使用这些数据可以解决许多分子进化和系统发生研究中的理论问题，如系统发生分析方法的可靠性问题、不同系统发生分析方法的表现问题、分子进化速率对系统发生结果的影响问题、分类单元和序列长度取样对系统发生准确性的影响等。模拟研究补充实际数据的不足，为理论和经验系统发生研究架起桥梁。分子进化和系统发生的模拟研究主要包括系统树的模拟生成和序列的模拟生成。

2.7.1 系统树的模拟

模拟系统树是在系统发生模型的指导下随机地产生一棵或很多系统树。模拟研究可以基于已经建立的某一类群的真实树进行，但更多的是基于随机树。随机树的形成方式很多，如 MacClade 3.0 中有三种产生随机树的方法，即 equiprobable trees mode，random joining mode，random partition mode。

系统发生模型是说明物种在系统树上形成和灭绝型式的模型。目前采用的系统发生模型主要是生灭模型（birth-death model），这种模型允许物种形成和物种灭绝各以不同的速度进行，且物种形成和物种灭绝速度在各支系和所有时间内保持一致。生灭过程（birth-death process）是一种古典的随机过程。生（birth）代表物种形成，是系统树上的一个支系分裂为两个，单位时间内物种形成的速度是固定的 λ；灭（death）代表物种灭绝，是系统树上一个支系的终止，单位时间内物种灭绝的速度也是固定的 μ。生灭模型中的生和灭进化事件被假定为以固定的速度发生，并且生和灭进化事件是相互独立的。

模拟系统树的软件是在计算机上根据系统发生模型和参数产生随机树的软件。这样的软件如杨子恒 PAML 中的 evolver，需要指明 birth rate、death rate、tree height（以从根到末端每个支系上每位点的替换数目表示）和随机分类学取样参数 ρ。PAML 只产生超度量树。

其他数据和系统树模拟软件包括：Bi-De、Seq-Gen、PSeq-Gen、COMPARE、ROSE、ProSeq、PAL、Vanilla、MacClade、EDIBLE、Mesquite、TREEFINDER、Network、Hetero、Phyl-O-Gen、MESA、SGRunner、apTreeshape、Simprot、EREM、indel-Seq-Gen、DAWG、EvolveAGene3、EvolSimulator。

2.7.2　序列的模拟

模拟研究中随机进化序列的生成：DNA 序列在随机树上的进化过程可以在标准的马尔可夫模型下按照指定的进化模型（如 K2P 或 HKY 等）进行，如程序 Seq-Gen V1.1（Rambaut and Grassly，1997）。PAML 软件包（Yang，1997）有一个程序，即 listtree，可以根据几种不同的模型产生一棵树的随机进化序列。

模拟研究中的进化模型和参数：模拟研究中所选择的进化模型多为复杂度中等的模型，如 K2P 和 HKY 等。序列模拟软件见上一节。

2.7.3　系统发生模拟研究的优势

近年来，应用计算机技术模拟系统发生和序列数据以比较各种建树方法的研究很多。模拟研究是先选择一种进化模型，根据进化模型及所选择的参数，遵照一定的规则，从一个人为的或实际的已知系统树上产生一系列的随机性状（常为一段 DNA 或蛋白质序列），然后应用系统发生分析方法，基于这些性状构建系统树。方法的可靠性可通过其所建的系统树与已知的“真实树”（即根据进化模型产生 DNA 序列的系统树）是否一致而判断。

由于模拟研究中系统树和进化模型是已知的，因而可以将各种系统发生分析方法的建树结果与之进行比较，从而很容易获得任何一种系统发生方法的准确性。同时，可以通过改变建树过程的各种参数和假设获得的系统树的准确性，来判断系统发生分析方法对参数和进化过程假设的敏感程度。同时，模拟研究能彻底探讨各类进化模型的效果、树的分枝形式、进化的相对或绝对速率，以及任何影响系统发生分析的因素对各类方法的影响。因此，模拟研究已成为应用最广的比较系统发生分析方法性能的手段，从20世纪70年代以来已有几十篇模拟研究报告发表。Huelsenbeck（1995）从一致性、有效性和稳定性的角度，用模拟方法比较了26种常用的系统发生分析方法，表明大多数方法表现很好，每次估算正确树的概率都大于95%，一般地，最大似然法表现最好；叠加距离和简约法次之；不变量法表现出不一致性，UPGMA法对分枝长度不等极敏感；此外，如适当应用性状状态变换的差值加权可提高方法的表现性能。

由于真实世界的无限复杂性，模拟研究仅能识别出系统发生推论方法局限性的某些方面，想通过模拟研究发现不同分析方法及分子进化过程的所有细微差异是不可能的。由计算模拟产生的人为分类单元及其DNA序列与真正的分类单元和序列之间存在着原理和实际上的差异，这种差异使得模拟研究的结论具有很大的局限性。因此，一次模拟研究中某种方法的成功并不必然保证该法能同样成功地分析实际数据。此外，目前模拟研究中所用的进化模型都过于简单，即使将来有了更复杂的模型，模拟研究仍然有上述的局限性。

2.8 系统发生分析的算法

对于有明确最优标准的方法，如叠加树方法、简约法、最大似然法等，需要把在一定标准下估算一棵特定树的问题与选择最优树（optimal tree）独立分开完成。本节主要讨论最优树的搜索问题，这一问题对所有上述有明确最优标准的方法都是共同的。

在所有可能的树中搜索最优树的过程在数学上属于NP-Complete问题，这类问题目前还没有比评估所有可能树更快且能保证发现最优树的方法。

选择最优树的策略或算法可分为两大类。对于小型或中等大小的数据集，即分类单元数在8～25个（具体取决于所选定的最优标准）这一范围内，可以应用能保证发现所有最优树的精确算法（exact algorithm），包括穷举搜索和分枝-限界两种方法；而对大型数据集，精确算法所需的计算时间，即使目前运算速度最快的大型计算机也要花费很长时间，因而不得不采用近似算法（approximate algorithm）或启发式（heuristic）算法。

系统发生分析常用到的数值算法包括：动态规划（dynamic programming）、爬山算法/贪婪算法（climping/ greedy algorithm）、马尔可夫链蒙特卡罗（Markor chain Monte Carlo）、模拟退火（simulation annealing）、人工神经网络（artificial neural network）、遗传算法（genetic algorithm）等。

2.8.1 精确算法

1. 穷举搜索法

选择最优树最简单的方法是估价每一种可能的树以发现一种整体最优树。最简单的算法是首先连接数据集中的前三个分类单元，形成这三个分类单元唯一可能的无根树。然后在这棵树的每一分枝上加入第 4 个分类单元，从而形成前 4 个分类单元所有可能的 4 种无根树。用相同的方法依次加分类单元，最后形成所有可能的树。加入分类单元的顺序不影响最后的结果。这种方法称为穷举搜索法（exhaustive search）。

穷举搜索法通过评估每一种可能的树并计算其树长，总能发现最优树。穷举搜索法仅对有少量分类单元（15 个以内）的数据集有效。对于较大数目的分类单元，需较长的计算时间，如对于 7 个分类单元就有 9455 棵可能的无根树，50 个 OTU 时就有 2.75×10^{76} 种可能的树。

2. 分枝-限界方法

分枝-限界（branch-and-bound）方法是解决优化组合问题的数学方法，由 Hendy 和 Penny（1982）首次用于系统发生分析上。

分枝-限界法的原理如下所述。首先采用一种快速方法获得一个较好的树，将该树的树长作为搜索上限（upper bound）。然后按照预先确定的规则每次加入一个 OTU 直至所有 OTU 都加入。每次加入 OTU 时都计算新树的树长，树长超过上限的树将不参加下一轮 OTU 的加入，因为该树在任何分支上加入 OTU，其树长均大于初始树。树长小于上限的树将取代原初始树并将其树长作为新搜索上限参加下一轮 OTU 的加入。该法的搜索过程与穷举搜索法相似，以树分枝的深度顺序横穿所有可能树。该法预先确定的上限树长越严谨（越小），所要比较的树的数目就越少，发现最短树的所需要的时间就越短。

分枝-限界法比穷举搜索法快得多，但分枝-限界法的成功和效率取决于数据结构，杂乱的数据结构导致效率低下，甚至需要评估所有可能的树。对最简约树的选择极其有效，可允许对多于 25 个分类单元的问题给出精确解，但对叠加树选择的适应情况还不清楚。

分枝-限界法自 Hendy 和 Penny（1982）提出后经历了多次改进以增加计算效率，主要的改进包括：应用启发算法构建一个近于最优的树作为计算搜索上限的初始树；在搜索时按照先加入关系疏远的 OTU 的顺序，以增加中间树的树长来提高效率。

2.8.2　启发式算法

启发式算法的计算过程一般分成两步：第一步建立初始树，采用逐步添加法构建一个或几个树，并计算出起始树的树长；第二步进行分枝交换过程，通过将树上的分枝移动到其他分枝的方式来发现更优树，一旦发现比原树更好的树就保存该树，以供下一步重排，重复进行直到无法提高为止。

启发式算法的详细过程随不同的软件有相当大的变化，且在两个步骤中的每一步都有多种不同的方法和策略。这些方法的效率取决于数据，因而启发式方法的选择需要一些技巧。

1. 初始树的建立方法和策略

获得初始树（initial tree）的方式有三种：逐步添加法、星树分解法和随机树法。

1）逐步添加法

逐步添加法（stepwise addition）是应用最普遍的方法，是通过向一个生长树逐步添加分类单元以获得进一步重排树的方法。首先选择三个分类单元作为初始树，然后将剩余的分类单元中的一个添加到初始树上形成三种树，计算每一树的树长，选择其中最优的作为下一轮的初始树，重复上述过程直至所有分类单元都加入为止（图 2-9）。

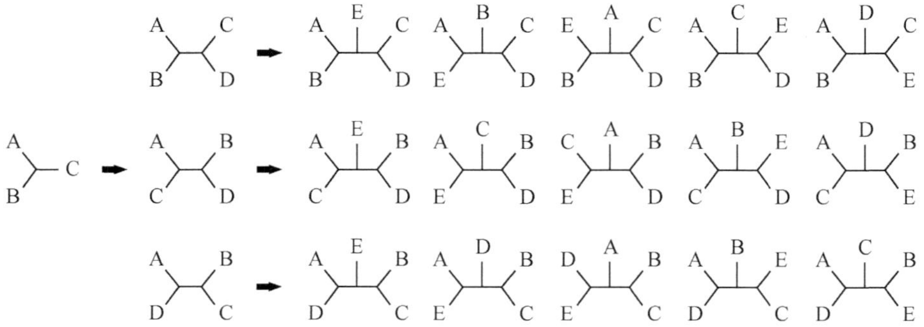

图 2-9　逐步添加法构建 5 个分类单元所有可能树的过程（Yang，2006）

不同的软件中对初始树三个分类单元的选择采取不同的策略，PHYLIP 采用按数据集顺序选择初始树和添加顺序的方法。PAUP 通过检查所有可能的 3 单元树，选择其中的最优树作为初始树，在每次添加过程中考虑所有剩余分类单元添加在初始树每一分枝上，选择分类单元与分枝组合中树长增加最小的一个作为下一轮初始树。另一种方法是预先按照每个分类单元与一假想祖先或参考分类单元的距离决定加入的顺序（Farris，1970）。

逐步添加法的最大缺陷是仅寻求在目前给定条件下的最优树而不试图考虑其他更多树，一旦决定将一个分类单元加入到某一分枝上，则以后的加入都在此基础上进行，因此有可能最终得到的不是整体最优树，而仅是一个局部最优树。因而逐步添加法不作为独立的建树搜索方法，而仅仅是在启发式搜索时用于建立初始树。

2）星树分解法

星树分解法（star decomposition）是一种基于最小进化标准的 NJ 算法，这种算法可用于在任何建树标准下评估多歧树，其算法如下所述。

由所有 OTU 组成的星状树（即所有 OTU 由一个内节点连接）开始，依次评估每两个 OTU 连成一个新分支形成的所有树，保留最好树以供下一步使用。每完成一步，星状树的中央分歧就少一个，直至所有的分支都成为二歧支（图 2-10）。

3）随机树法

如果所分析数据集的树的几何空间由许多峰组成，则可以采用许多随机树作为初始树进行分支交换重排。

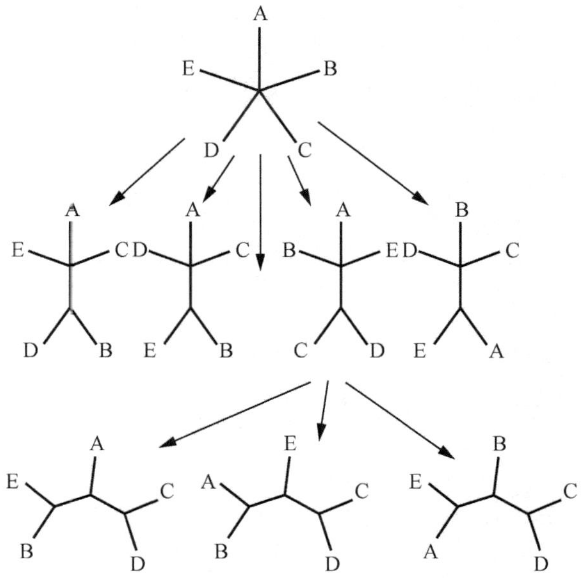

图 2-10　星树分解法

由于上述缺陷，除非数据集结构非常清晰，否则逐步添加法一般不能发现最优树。一种改进的方法是通过对几组预先确定分枝的重排以改进起始树，这种技术称分枝-交换法（branch-swapping）。原则上如果一轮重排成功地发现了一个更好的树，下一轮的重排将从这新的起始树开始。只要每一轮重排都能成功地改进树的结构，则最终将获得最优树。

2. 对初始树进行的分支交换

分支交换的过程是将树上的子树（subtree）移植到树的其他部位的分支上以改进树长值，分支交换的强度依据数据集大小和特点而定，由弱到强依次有最近邻居互换法（nearest neighbor interchange，NNI）、分支修剪重接法（subtree pruning and regrafting，SPR）和二分树再接法（tree bisection and reconnection，TBR）（图 2-11）。

最近邻居互换算法是对每一个由 4 个子树连接的内枝，将其两端的 4 个子树进行交换，共有两种可能的重排。

分支修剪重接算法中，临时树的一个分支被分成两部分，即修剪下的分支和剩余的树。剪下分支的断点随后被嫁接到剩余树的每个分支以产生新的拓扑结构。对于剩余树的所有分支重复这一步骤可以产生更多的可被检验的树。

二分树再接法搜索中，一个临时树被切成两个子树，然后这两个子树通过连接任意两个分支再合并起来，其中每个子树各给一个分支，从而产生一个不同的拓扑结构。在这两个子树的所有可能的分支中成对进行这一过程，将产生许多不同的拓扑结构。在 SPR 搜索中，只有切下的枝条可被嫁接到剩余树的一个分支，而 TBR 搜索中这两个子树的所有分支组合均被认为是连接。因此，当分类群数大于 5 时，TBR 搜索产生的拓扑结构数比 SPR 搜索产生的要多。

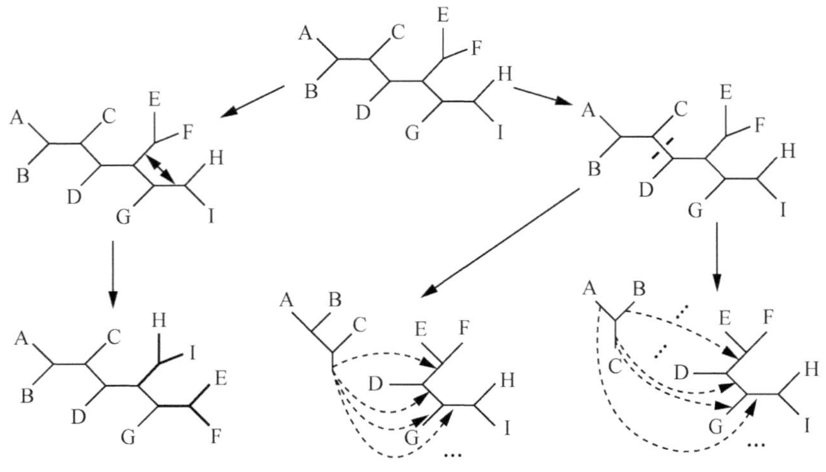

图 2-11　三种分支交换算法

因为 TBR 搜索比 NNI 和 SPR 搜索检验更多的树，所以许多研究者使用这个方法。但当分类群的数目很大时，该方法也只能检验有限数目的树。增加被检树的一个方法是重复使用逐步加入的随机选择法和 TBR 搜索。多次使用这种方法，找到最优树的概率就相当高。

在这三种启发式搜索算法中，NNI 所检验的树其实就是 SPR 的一个子集（subset），而 SPR 所检验的树又是 TBR 的一个子集。TBR 是应用最广泛的算法，理论上完成 TBR 交换所需要的分支重排次数是随着 OTU 数目的 3 次方增加的，但可以通过采用一些快捷方法，如并行多性状优化等，将重排次数压缩在 OTU 数目的 2 次方到 3 次方之间的一个水平（Goloboff，2002）。对于 30～40 个 OTU 的数据集，TBR 有时也无法完成最优树的搜索，而只能找到局部优化树。

3. 局部优化与启发式算法的改进

上面介绍的三种分支交换方法都属于启发式算法。启发式算法也称为贪婪算法（greedy algorithm），其原理十分简单：从任一方向走一步，如果到达的地面低于原来的位置，返回后重新试另一个方向，重复这一步直至发现较高的位置后，再接着走第 2 步，最终将达到一个在各个方向上都没有比它更高的点，这就是山的顶点（最优树位置）。然而，我们并不知道这就是所有山的最高点，也许仅仅是一个小山峰（即局部最优）。所以，启发式算法的过程常被形象地形容为“爬山”算法。选择一个初始树作为这一过程的开始，然后通过对初始树重排，以改进初始树，使其记分低于预定的最优标准值，当发现无法进一步改进时就停止重排。在这一过程中我们不知道是否已经获得整体或仅是局部最优树。

系统树空间的复杂几何学是与位点模式空间（site pattern spaces，即在所有分类单元中具有相同状态的位点集合）相关的。给定数据集中所有可能的位点模式能够被分成不同的区域，区域之间被界限所分隔开。每个区域都有其支持的最优的拓扑结构。OTU 数目越多，或数据集中性状的组织结构越混乱，则树空间分布的景观就越复杂，传统的分支交换算法陷入局部优化的可能性就越大（图 2-12）。一般地，超过 30 个 OTU 的数据集就有陷入局部优化的潜在可能。

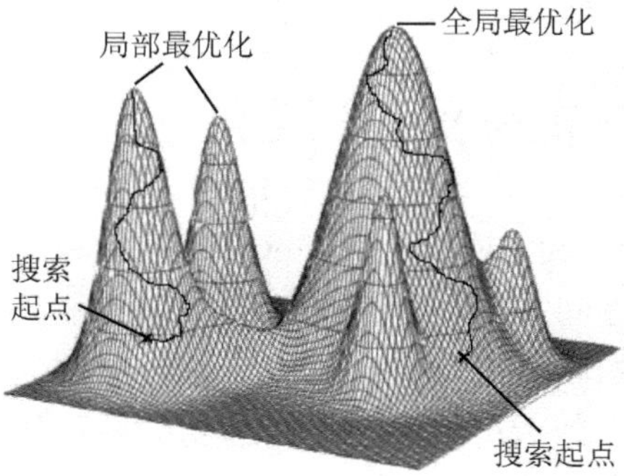

图 2-12　系统树的空间分布与启发式搜索

Maddison（1991）在研究 MP 法时揭示了一个数据矩阵可以包含几个不同类型的树岛（tree island）。树岛的概念在最优树搜索中十分重要，一个树岛是由单个分支重排运算联系起来的一组树的集合。目前的搜索算法所发现的最优树通常位于一个树岛上，但也有一个以上的树岛存在的情况。在这种情况下搜索树时容易出现局部优化现象（local optima），从而产生一个局部最优树。局部最优树与整体最优树（global optimal tree）的拓扑结构差异大小不一，无论如何，在局部优化的拓扑结构上估计的替换模型的参数与整体优化的拓扑结构上估计的有显著的差异（Leaché and Reeder，2002）。

纠正陷入局部最优的方法包括以下两种。①从几个不同的初始树开始进行分支交换过程。这是一种效率较高的策略，多个初始树通常采用随机加入序列（random addition sequence，RAS）的方法产生。通过这些初始树以期望其中的一棵能在树分布空间的整体优化的范围内。对于 50～150 个 OTU 的数据集，该法通常很有效。②在分支交换过程的每一轮都保存多个次优树（suboptimal tree）以供下一轮使用。由于每一轮都要对每一保存的树进行重排，故需要的计算时间很长。

第3章　系　统　树

3.1　系统树的概念和含义

系统树（phylogenetic tree）或进化树（evolutionary tree）是描述基因、个体、种群、物种或种上高级阶元之间系统发生关系假说的树状图。

系统树上有机体之间的联系是通过分支关系来推断的。个体之间的分支关系可通过生殖过程（家系关系）而判断；种群之间的分支关系可通过地理分化和基因流关系来判断；而物种之间的分支关系可通过物种形成事件来判断。

最基本的系统树是说明物种或种上阶元演化关系的。在以物种为单位的系统树上，分支表示进化着的物种，节点（分叉）代表一次物种形成事件。这种系统树也称基本系统树，因为它是推演其他高级阶元系统树的基础。所有基本系统树都是由两种成分组成的：物种和物种形成事件。系统树上的物种是进化种——种群的世代连续体；物种形成事件包括任何一类能形成物种的事件。

当系统树的端枝为种上阶元时，可以看成是由其祖先物种所代表，在这种系统树上，当一个祖先物种发生分歧时，就产生一个自然的种上阶元类群的所有物种。但应该明白，种上分类阶元不可能互为祖先，它们不是进化的单位，所有种上阶元的形成都是由物种形成产生的，分类阶元的高低主要取决于祖先物种形成事件的年代早晚。

随着分子系统学的兴起，产生了不同于基本系统树的新型系统树：种群系统树、基因谱系和基因树。种群系统树是小进化研究中表示地理种群之间进化关系的系统树，在这种树上分支代表一个种群的世代连续体，分叉表示地理分离事件。基因谱系（gene genealogy）是一个物种内的基因座位上不同等位基因之间的进化关系，表达了该基因座位取样等位基因的形成历史，这种树上分支代表一个等位基因，而分叉表示产生等位基因的进化事件（如替换或插入/缺失等）。基因树或分子树（gene tree，molecular tree）是分子进化研究中表示大分子之间进化关系的系统树，这种树上分支代表一种分子的世代连续体，而分叉表示由于物种形成或基因重复引起的分子间开始独立进化的事件。

3.2　系统树的要素

系统树的核心要素包括分支型式（拓扑结构）、分枝长度、树根、内部节点（假想祖先）和外部节点等。

3.2.1 系统树的拓扑结构

系统树最重要的特征是它的拓扑结构（topology），亦称为分支型式（branch pattern），是指分类单元在系统树上的分支情况、各分支的排列及相对位置。一组分类单元的真正分支型式只有一种，即这些分类单元的演化历史。系统发生分析的目的是从所有可能的分支型式的树中发现最符合观测数据的一种拓扑结构。

3.2.2 系统树的节点

系统树上有两种类型的节点：外部节点和内部节点。系统树的外部分支或末端分支称为操作分类单元（operational taxonomic unit，OTU），一般都是现存的生物，可以是基因、个体、种群、物种和种上高级阶元。物种树的内部分支是假想祖先，而群体系统树和基因谱系的内部分支可以是假想祖先，也可以是现存的个体或等位基因，这是种内和种间系统发生分析的最大区别。

3.2.3 系统树的分枝和分枝长度

标度系统树的每个分枝都有分枝长度表示该分枝的进化改变数量，这些分枝长度一般是在构建系统树过程中与拓扑结构同时估计的，也可以单独优化估计（如在分子测年中）。分枝长度是进化时间与进化速率的乘积（分枝长度 b=速率 r×时间 t），由于进化时间无法准确估计，而进化速率在不同时间和不同支系之间有可能变化，所以大多数情况下无法将一个分枝的分枝长度分解为时间和进化速率两个变量。

分枝长度并不一定等于进化改变的数量，而是与进化改变数量成正比或是进化改变的预期值。需要特别说明的是，不同数据类型和相同数据采用不同系统发生分析方法获得的分枝长度的意义不同，它们之间一般没有可比性。简约树的分枝长度是观测数据中所有性状在该分枝上发生的最小进化改变量。基于模型的系统发生分析方法（如 ML、BI 和距离法）构建的系统树的分枝长度是该分枝每一位点上替换的预期值，而不是每一位点上替换的观测值。

一般情况下，一个分支的分枝长度与其后相连节点的分支支持度呈正相关。Felsenstein（1985）指出一个分支的自举支持度在 95％或以上时需要相应分枝上至少有三次替换发生。然而，Farris 等（2001）特别指出，分枝长度并不表示数据对该分支的支持度，也就是说，分枝长度的大小与分支支持度没有关系，一个简单的例子如著名的长枝吸引，即具有较长分枝长度的分枝倾向于聚合在一起。而 Wilkinson 等（2003）则指出，当考虑分枝长度与该支系的支持度的关系时必须明确支持度的含义，他认为分枝长度与支持度的关系仍然需要理论和实际数据的研究。

3.3 演化历史与系统树的完整性

尽管重建地球上生物的完整的演化历史是系统发生研究的终极目标，但考虑到地球上曾经存在过的99%以上的生物都已经灭绝这个事实，而保留化石记录的生物数量只占其中很少的一部分，没有完整的地球生命多样性的记录，何谈完整生命演化史的重建。所以，要区分真实的生物演化历史与系统发生重建的关系。

生物演化历史（evolutionary history）是地质史上发生的客观事实，是由新物种的形成和已有物种的灭绝两种过程构成的。物种形成和灭绝的速度并不是匀速和相等的。

任何物种的生存期是有限的，不同类群生物的生存期变化很大。对有完整化石记录物种的研究表明，物种平均生存期大约为 4 百万年，即经历 4 百万年大部分物种都将更新或灭绝，其灭绝率为每百万年 25%（背景灭绝率的平均值）。生物灭绝率是单位时间内物种或其他分类单元消失的百分比。在地质历史上有多次大灭绝事件，确定大灭绝事件主要根据异常高的灭绝率，如二叠纪末 90%以上的物种消失、白垩纪末 15%的海洋生物“科”灭绝，这是由灾变原因引起的异常事件，这种灭绝率称为异常灭绝率。在全球范围较短的时间内，有许多生物类别整体性地完全灭绝或几乎完全灭绝，或者说灭绝的比例很高的现象称为集群灭绝（mass extinction）。已知大的集群灭绝在生命史中发生过多次，Sepkoski（1982）统计了近 6 亿年以来的海洋动物化石以科为单位的多样性的资料，识别出五大灭绝事件，如表 3-1 所示。

表 3-1　Sepkoski（1982）识别出的五大集群灭绝事件

集群灭绝事件	距今年代/Ma	灭绝海洋动物科数
晚奥陶世灭绝	439～440	22
晚泥盆世灭绝	360～380	21
晚二叠世灭绝	220～230	50
晚三叠世灭绝	175～190	20
晚白垩世灭绝	60～65	15

实际上常规的区域性的灭绝现象在地质历史上时有发生，有时也达到相当的规模，一些学者根据古生物统计资料分析，在生物史上识别出大大小小 20 多个灭绝峰。Sepkoski（1996）做了大量化石的统计，自寒武纪以来地球上的生物总计有 3461 科，其中灭绝 2349 科，灭绝的属总计不少于 28 856 个。

系统发生是基于现存生物的性状重建演化历史的假设，一般不包括化石物种，而且大多数情况下现存物种也没有收集完全。虽然这种分类单元取样的不完整性在不同程度上会影响系统发生的结果，但一般认为，只要取样密度足够，分析不完全的分类单元取样数据集获得的结果能够反映出这些生物之间的系统发生关系。

在分类学上对于是否要将化石物种纳入分类体系仍存在争论。将化石与现存生物整合在一起进行分析时，Hennig 和 Jefferies 等都提出了不同的描述术语。其中，Jefferies（1979）提出的概念得到了广泛的采用。Jefferies 将来自一个祖先的所有现存分类单元称为冠群（crown taxa/group），而将已经灭绝的化石类群称为基群（stem taxa/

group)，基群和冠群联合起来称为总群（total group)。基群一般要指明是哪个现存类群的，研究现存分类单元时没有基群，只有包括化石类群后才有基群（图 3-1)。

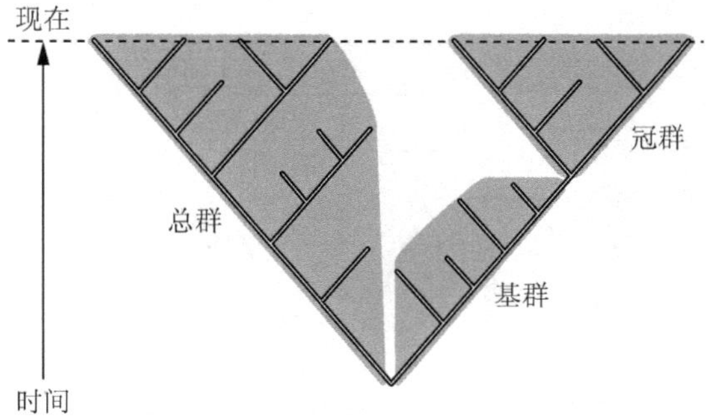

图 3-1　总群、基群和冠群概念之间的关系（Donoghue，2005)

3.4　系统树表达的信息

基本上，系统树可以表达出生物类群之间的以下关系。

(1) 祖裔关系（ancestor-descendant relationship，ADR)：系统树上从根到末端节点的传承关系，端节（terminal node）就是现存的分类单元，内部节点（internal node）可以是假想祖先，也可以是化石祖先。重建 ADR 的方法都将化石看成是潜在的祖先，地质地层数据提供了重建祖裔关系的时间信息。大多数情况下，由于化石保存的不完整性和目前一般系统发生分析方法没有将内部节点考虑到取样范围，我们无法构建像达尔文“分支图解”中那样详细的祖裔关系的系统树。目前构建的系统树的内部节点都是假想祖先，基本上没有反映实际的祖裔关系。

系统树要不要包含祖先分类单元曾经是 20 世纪系统发生分析中激烈争论的议题。尽管有些有完整化石记录的类群，如马属（*Equus*）等，可以构建出明确祖裔关系的系统树，但多数支序分类学家认为要构建包含 ADR 的系统树在科学上是不严密的，因为 ADR 无法在 Popper 的科学哲学意义上被检验。

(2) 相对祖先近度关系：由于祖裔关系研究比较困难，一般认为最能或唯一能反映系统发生关系的是分类单元之间的血缘关系（geneological relationship)。而反映血缘关系的最确切方法为共同祖先的相对近度（relative recency of common ancestor)，就是说，对于任何三个类群，如果其中两个类群拥有比其他类群更近的共同祖先的话，那么这两个类群就拥有比另一个类群更近的亲缘关系。

(3) 姐妹群关系（sister-group relationship，SGR)：当两个分类单元共同拥有一个不为第三者所有的祖先时，此二者称为一对姐妹群（sister group)（图 3-2)。支序分类学就是通过共同衍征确定姐妹群来逐步建立各单元之间的不同层次的亲缘关系的。在分析种上分类单元之间，或没有完整化石的现存分类单元之间的系统发生关系时只能构建出 SGR。所以，姐妹群关系是系统发生的核心关系。实际上，SGR 就是分支图（cladogram)。

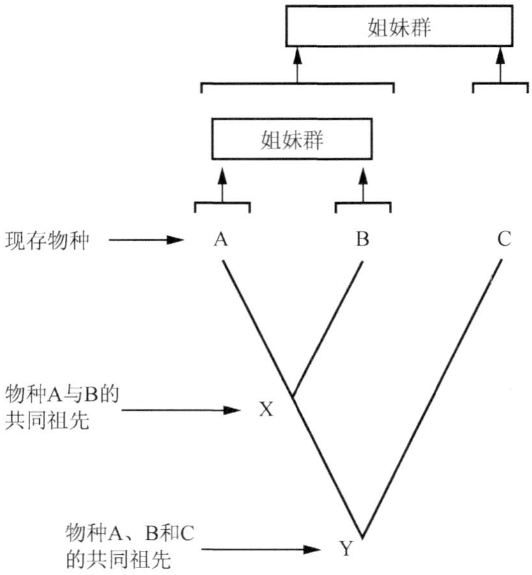

图 3-2　姐妹群关系

(4) 相对进化速率关系：当系统树的各个节点的分歧时间已知时，可以将系统树各个分枝的进化速率计算出来，以速率图（ratogram）方式显示。

(5) 分歧年代关系：借助部分内部节点的化石时间校正信息，可以采用分子测年的方法估计出系统树上各个分支节点的分歧时间，以时序图（chronogram）的方式显示出来。

3.5　系统树概念和表达形式的发展

系统树的概念最早是由法国生物学家拉马克提出的，他曾根据比较形态学提出一个动物系统树。后来，达尔文和赫克尔进一步发展了系统树的概念，赫克尔 1866 年提出了将生物分为三界的著名系统树。现代意义上具有坚实方法论基础的系统树理论主要是基于形态特征的分支分析，由 Hennig 在 20 世纪 50 年代建立。而真正使系统树获得新生和普及的是分子系统发生学，就是采用以 DNA 和蛋白质序列为主进行的系统发生研究。

系统树的理论基础是生物进化论。地球上的一切生命形式，不管是现存的还是灭绝了的，都有一个可以追溯到 30 多亿年以前生存的共同祖先 LUCA（last universal common ancestor）。现存的种类繁多的生物是漫长历史中进化的产物，它们都是同一祖先的分支后代，具有或近或远的亲缘关系。这些物种都是经过各种型式和机制的物种形成事件进化而来的，生物系统发生过程所形成的分支关系很像一棵不断发出分枝的树。系统发生分析的目的是利用各种资料建立生物类群之间的系统发生关系，估计各种生物类群之间从最后一个共同祖先分歧的先后次序，并用系统树的形式表示出来。

达尔文在《物种起源》中主要使用的系统发生有关术语有：表达生物个体之间血缘关系的家系（pedigree）；表达生物个体之间祖裔关系的谱系（genealogy）；代表生命之树上支系之间ADR的树（tree）。谱系树（genealogical tree）一般是指个体之间的ADR，就像普通的家系图，但达尔文将其扩大到物种之间的ADR。

自达尔文以来，生命之树一直是人们在了解地球生命历程时的统一原则。在树的根部是LUCA，即所有现存物种的共同祖先，从LUCA再延伸出树干，树干分叉再分叉，就形成了一棵繁茂的二叉分支的大树。树上的每一枝都代表了一个物种；分支点代表物种形成事件。大多数树枝终结于某个死角，表明物种灭绝，但仍有一些成功到达了树的顶端，这些就是现存的物种。这棵树成为地球生命的记录，展现了每一个曾经存在过的物种和所有其他物种之间千丝万缕的关系，并一路追溯到了生命的起源。

达尔文是最早而且最深刻认识到物种之间系统发生关系实质的人。在发表《物种起源》两年前的1857年，达尔文在日记里就第一次用一棵假想的树勾画了物种的进化方式（“I think”树）（图3-3)。在这棵“生命之树”上，树干的底部代表最原始物种，而沿着树干向上则形成了许许多多的分枝，代表了由最初物种演化而成的不同阶段的新物种。在《物种起源》一书中达尔文提出关于生命之树的概念，也是这部划时代著作中唯一的一幅插图所解释的内容，该图被达尔文称为“分支图解”（branching diagram)（图3-4)。图3-4上主要显示了生物之间的祖裔关系。《物种起源》第四章的结尾对生命之树进行了精彩而准确的描述：“同类的所有生物体之间的亲缘关系可以用一棵很大的生命之树来表示，我相信这种表示法很大程度上反映的是真实的情况。绿色的刚发芽的小枝代表现存的物种；那些之前长出来的枝条代表的是现存物种已经灭绝的祖先……进化树的树干分裂成为大的进化分支，然后它们又继续分裂成为更小的进化分支，就这样循环往复生长。这些较小的枝条与这棵树幼年时期刚发芽的小枝条没有什么不同；旧的和新的芽通过枝条分裂的形式相互联系在一起，正好代表了所有已

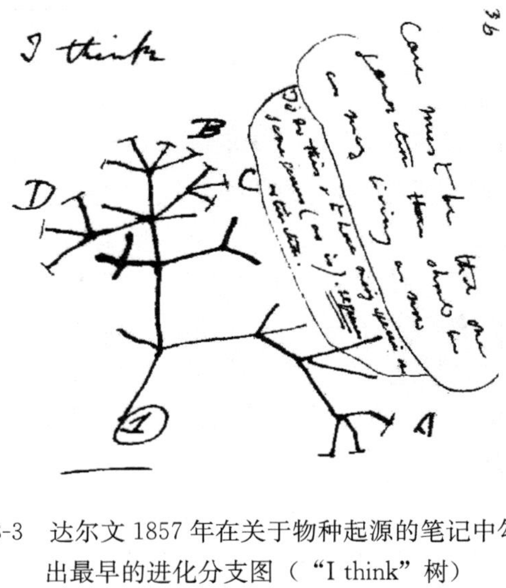

图3-3 达尔文1857年在关于物种起源的笔记中勾画出最早的进化分支图（“I think”树）

灭绝的和现存的物种在分类中的类群隶属关系……从这棵树的最初生长开始，很多大的枝条都已经开始腐烂并且脱落，这些大小各异并且已经消失的枝条，代表了那些现在我们只能通过已经找到的物种化石才能了解的生物种群，并且已经没有现存物种的目、科和属等……芽长大以后又产生新的芽，只要生命力足够旺盛，它们就将不断分枝并取代那些较弱的枝条，若干代以后，我相信生命之树的发生生长过程也与此类似，地面上覆盖的都是那些已经死去或者断裂的枝条，而树的表面都是那些永不停止生长的美丽的分支”。

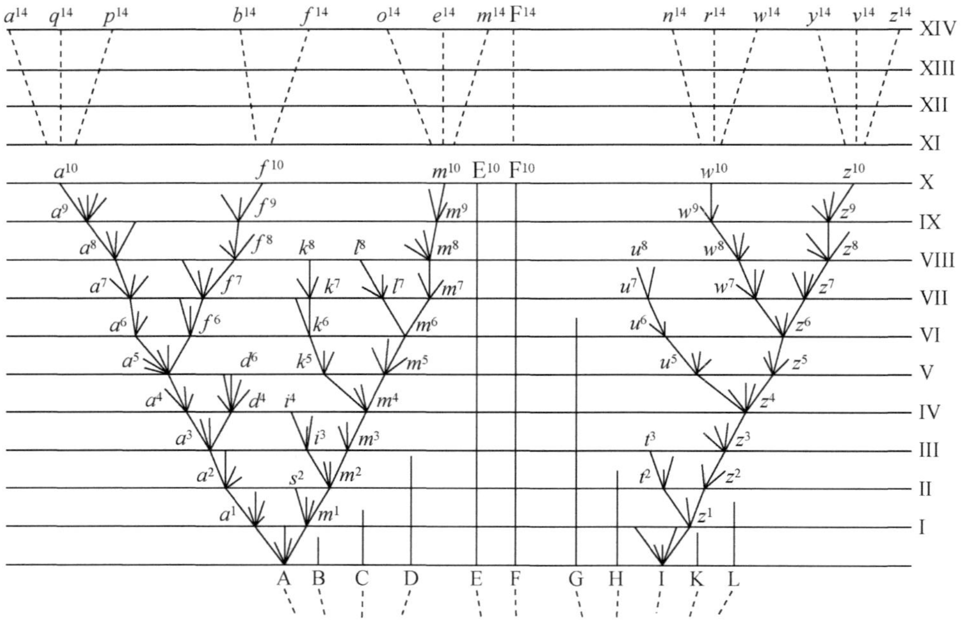

图 3-4　达尔文《物种起源》中唯一的插图——著名的分支图解图

图中有古生代志留纪同一个属的三个物种（A，F，I），这三个物种的现存后代的分类状况很不相同。由物种 F 衍生的系统变化很小，仍然留在志留纪的属中，但是它的两个姐妹种 A 和 I 的后代现在则分在不同的科甚至不同的目中。达尔文称该图之为分支图解，代表祖先-后裔关系（ADR）。而目前大多数系统树以姐妹群关系（SGR）为目的。因此，按照达尔文的思路，对现存物种的分类应该以分支图解上呈现的关系进行，这正与 Hennig 的支序系统学观念一致

“生命之树”概念对现代生物学的重要性在于，它建立了一个生物学“公理”：地球上所有的生命都有一个共同的祖先，从最简单的有机体开始，到现存最美妙、最复杂的生物，不论从形态上看有多么大的差别，其基本的物质构成和运动规律应该没有本质的差别，因为它们都是从同一个祖先逐渐演化而来的。所以，“生命之树”一直是一个用于描述生物进化的时间历史和关系的有用工具。树状图同时承载了一个隐含的假设，即同一物种的世代之间的垂直遗传关系，以及一个新的物种的所有基因都是从祖先种而来的。

Ernst Haeckel 是试图构建达尔文生命之树的第一位生物学家，尽管他所采用的仍然是达尔文时代以前的方法。Haeckel 把动物和植物的所有分类单元以它们的亲缘关系为基础联系起来，并采用栩栩如生的大树表示（图 3-5）。

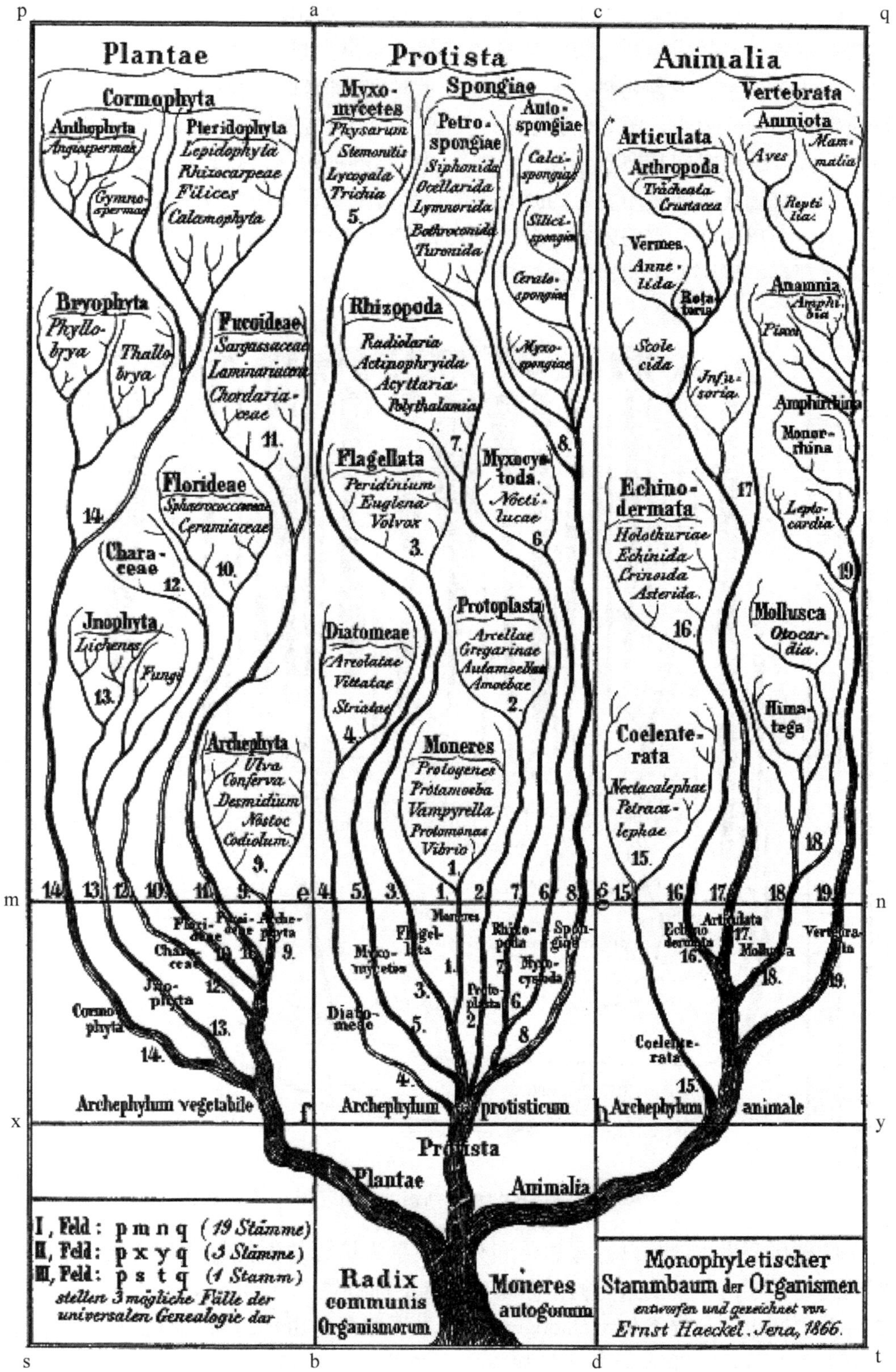

图 3-5 Haeckel（1866）绘制的将生物分为三界系统的谱系树

Haeckel 于 1866 年发表的著名的“树”点燃了生物学家对于系统发生学观念的热情。研究不同类群的生物学家根据各自的理解绘制出大量的系统树。这类系统树一般都包含了化石记录和现存物种，并以纵轴表示时间，横轴表示形态分化程度，线的粗细代表物种多样性大小。图 3-6 就是这种类型的哺乳动物进化树，从该进化树上可以看到分支型式、分歧时间与地质年代（纵轴）、相对物种多样性（分支宽度）和已经灭绝的类群。垂直轴代表地质历史上的时间尺度，类群的起源表现为从某主干开始的分支，而它的消亡则反映在分支的末梢。分支的内部节点表示在某地质历史时期消亡的化石类群，而现存类群则处于树冠的顶端枝叶上。

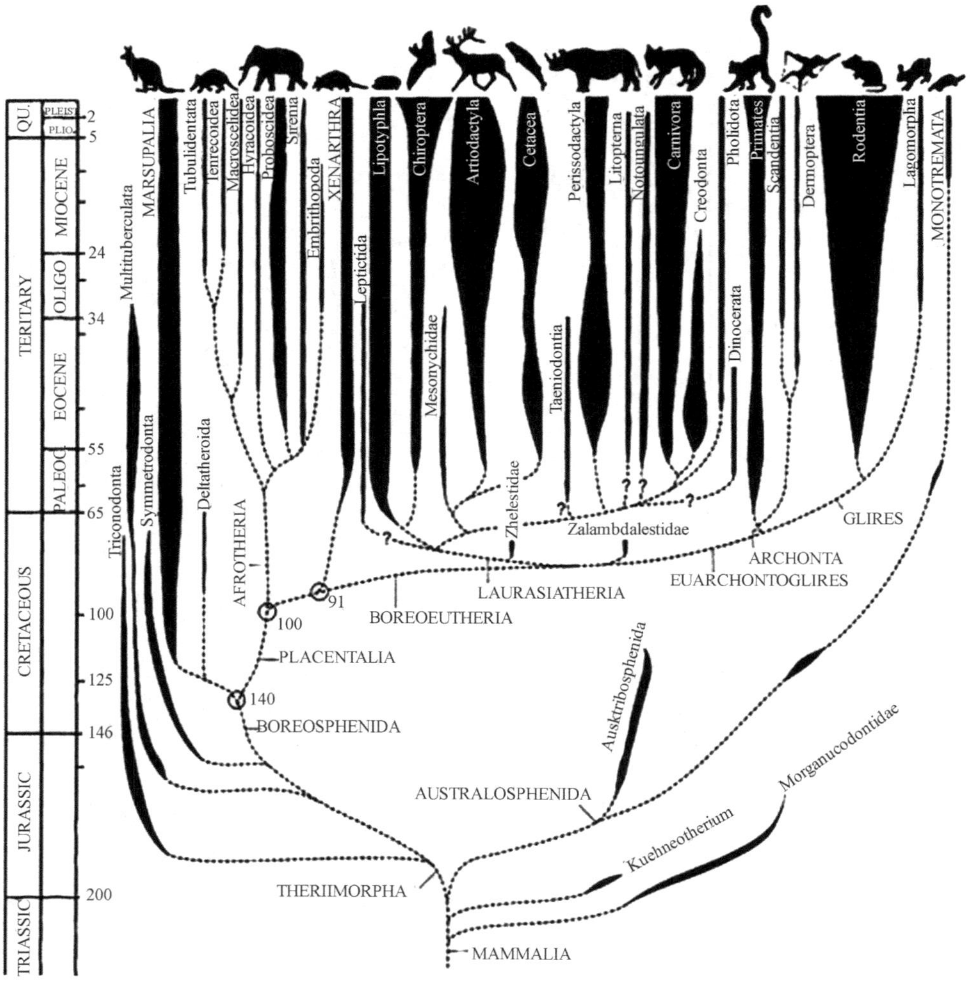

图 3-6　包含多种信息的哺乳动物进化树（Benton，2005）

系统树所要表达的是以垂直遗传和分支关系为核心的生物起源及演化关系。一个类群的进化主要由单一支系内的方向改变引起的前进进化（anagenesis）和通过物种形成事件分支产生的分支发生（cladogenesis）共同组成，由种间杂交而引起的网状进化也需要考虑。分支发生产生的系统树以二分歧为主，其间夹杂一些多分歧（灌木状）的树状分支型式（branching pattern）；前进进化仅在一个支系（lineage）上积累进化变异的总量，但其最早的发生仍然属于分支发生过程；而偶尔发生的杂交物种形成则在系统树的两个分枝之间形成回环，引起系统树上形成局部网络结构。

在过去的100多年里，对生命之树概念认识的变迁如图3-7所示（Gaucher et al.，2010）。

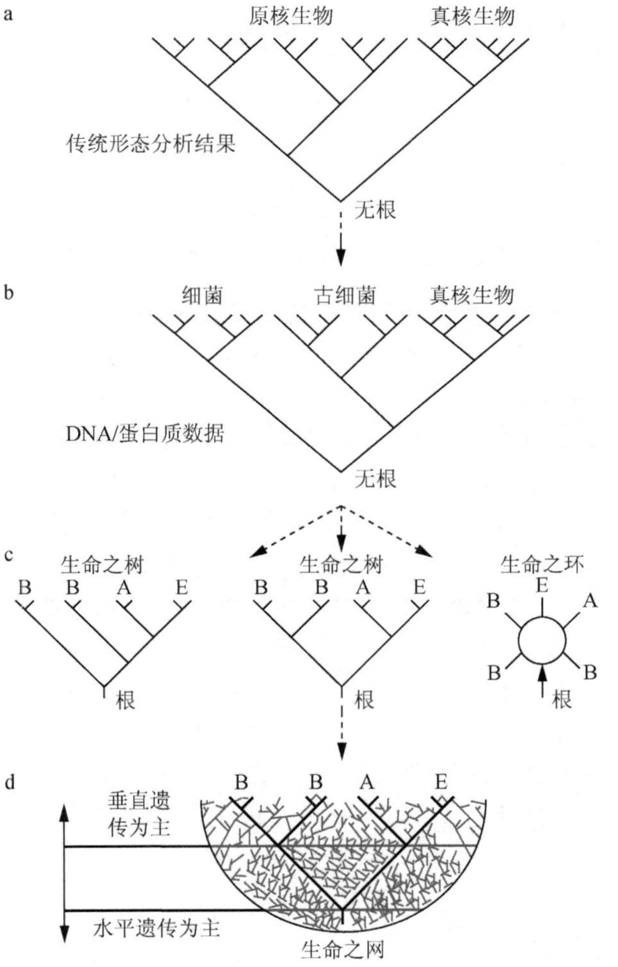

图3-7 100多年来对生命之树概念认识的变迁（Gaucher et al.，2010）

3.6 系统树的类型

在系统发生分析的不同阶段或不同场合，系统树的名称不同，为避免混乱，这里介绍一些系统树的类型。

3.6.1 树状图与网状图

任何能够反映进化历史的、由节点和分支构成的图都称为树状图（dendrogram），用于描述将现存个体、种群、物种或分类群联系在一起的演化历史。表征图（phenogram）、分支图（cladogram）和系统树（phylogram）等都属于树状图。树状图可以区分为严格二分歧的二歧树（图 3-8a）和有两个以上分支的多歧树（图 3-8b）。

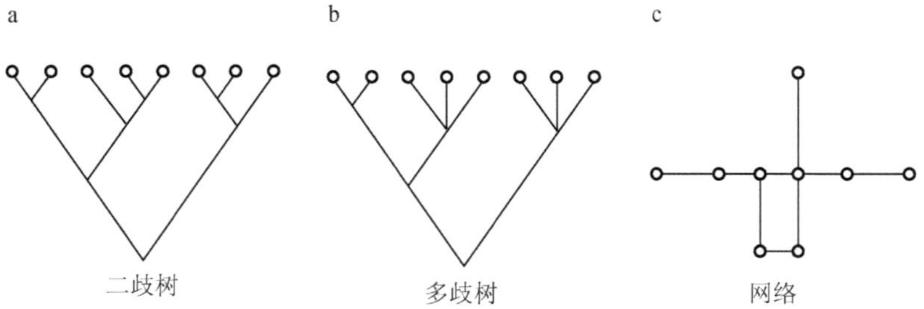

图 3-8　树状图与网状图

网状进化关系（杂交、基因水平转移和重组等）包含闭合环（cycle），无法用树状图表示。任何能够反映网状进化历史的、由节点和分支及回环构成的图称为网状图（reticulogram）（图 3-8c），用于描述重组、杂交物种形成和基因水平转移等的演化历史。树状图中所有现存分类单元都以端部节点表示，所有的内部节点都属于假想祖先。而网状图中现存分类单元可以位于端部节点，也可以在内部节点上。

系统发生网络（phylogenetic network）的概念有不同的用法，Huson 和 Bryant（2006）将其定义为：任何节点代表分类单元，边（edge）代表进化关系的网络图。在这个广义的定义下，系统发生网络可以区分为系统树、二分树网络（split network）和网状进化网络（reticulate network）三种。

二分树网络是一些系统树的组合归纳，用于表达数据集内部或不同数据集之间系统发生信号的不相容性。在二分树网络上，从数据计算出来的二分树（split）不是以单个分枝表示，而是采用一系列描述不同进化假说的平行边联系内部节点。二分树网络上的内部节点并不代表祖先，所以不是关于进化历史的表达，仅是数据集中存在的系统发生信号的表达。

3.6.2　有根树和无根树

如果系统树的一个节点代表了在时间上早于其他所有节点，则该节点称为该系统树的根（root），这样的系统树称为有根树（rooted tree），也称为有向树（directed tree）或进化树（evolutionary tree）。有根树由根向外定义了时间方向、分支的先后次序和各级分支的共同祖先。有根树的根是系统树上所有 OTU 的共同祖先，二歧有根树的任一个节点都有两个进化方向。

系统发生分析一般要求构建一棵有根树，因此对某些只产生无根树的系统发生分析方法，最后需要赋根以转化成阶层式树状图（有根树）。

一棵系统树如不指明最初的共同祖先则称为无根树（unrooted tree）或无向树（undirected tree）。无根树仅指明 OTU 之间的相对分支关系，并未指明进化路线，因而无根树上的任何一个节点的性状有三种可能的进化方向。无根树上的任何一个内部节点不能像有根树那样定义单系群，而只是将所有 OTU 划分为一对二分树。

对于一定数目的 OTU，可以构建许多可能的具有不同分支型式的有根树和无根树（图 3-9、图 3-10）。当 OTU 数为 5 时，有 15 棵可能的有根树和 3 棵无根树。当 OTU 数为 10 时，有根树可达 34 459 425 棵，无根树则有 2 027 025 棵（表 3-2）。

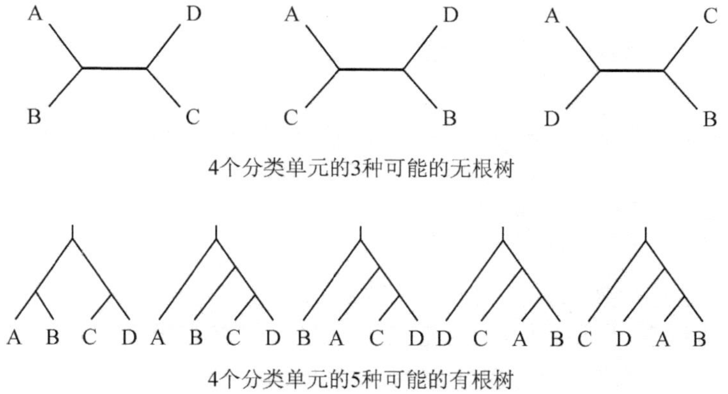

图 3-9　4 个分类单元的 3 种可能的无根树和 5 种可能的有根树

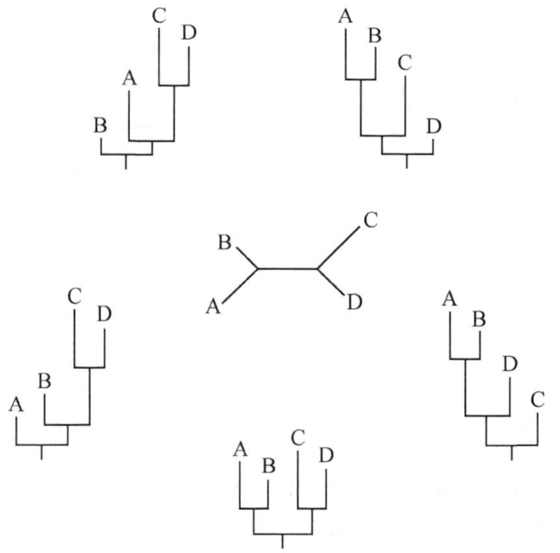

图 3-10　4 个分类单元的 1 棵无根树（中间）和该无根树所有可能的有根树（外围）

表 3-2　OTU 数目与可能的有根树和无根树数目之间的关系（Yang，2006）

n	无根二歧树	有根二歧树
3	1	3
4	3	15
5	15	105
6	105	945

续表

n	无根二歧树	有根二歧树
7	945	10 395
8	10 395	135 135
9	135 135	2 027 025
10	2 027 025	34 459 425
20	约 2.22×10^{20}	约 8.20×10^{21}
50	约 2.84×10^{74}	约 2.75×10^{76}

3.6.3　标度树与未标度树

如果系统树上各分枝的长度代表了性状状态变异的量，则将其称为标度树（scaled tree）；各分枝的长度并不表示性状状态变异的量，但在有根树上节点的位置仍可与相对分歧时间相对应，称为非标度系统树（unscaled tree）。图 3-11 显示了标度和未标度的无根树。

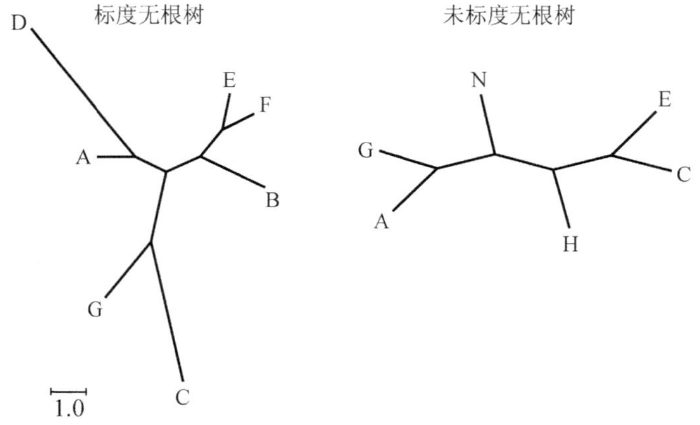

图 3-11　标度树与未标度树

系统树标度单位（scale bar unit）的意义随不同构建方法而异，MP 树的标度单位是性状状态变换的步骤数；距离树上的标度单位取决于距离的计算方法，采用 ML 法估计的距离的标度单位为每个位点上的替换数，而 p 距离的标度单位就是变化位点的百分比；ML 树和 BI 树的标度单位为每个位点上的替换数。

3.6.4　基因树和物种树

基因树（gene tree）是根据 DNA 或蛋白质序列数据构建的系统树；物种树（species tree）则是表达生物类群进化路径的系统树。基因树和物种树在两个方面存在差异，包括：①来自两个不同物种的两个基因的分化时间可能早于物种的分化；②基因树的拓扑结构可能与物种树不完全一致，原因是来自相同生物类群的两个或多个基因树的拓扑结构很可能存在不一致之处。

基因树根据涉及的物种可以区分为4种基本类型。

（1）直源基因树：这种基因树上的基因数量与物种树的分类单元相同，每个物种只有一个直系同源基因/蛋白质，树的节点代表物种形成事件。

（2）等位基因树或基因谱系：来自同一个物种内由微进化过程产生的不同等位基因拷贝序列构建的树状图称为基因谱系（gene genealogy），以区别于来自不同物种序列、反映大进化过程的系统树。基因谱系上的基因序列代表了群体中存在的不同等位基因/单倍型，它们可以存在于不同个体，也可以是同一个体。这种基因树表示的是一个物种（基因库）内不同等位基因之间的演化关系，树的节点代表产生新等位基因的一次突变事件。

（3）基因家族树：这种基因树是一个基因组内由不同时期基因或基因组重复产生的基因家族成员之间的演化关系，树的节点表示基因重复事件。

（4）多物种基因家族树：这是最复杂的基因树，涉及不同数量的物种和基因，树上的节点也由物种形成和基因重复两种演化事件构成。图3-12的基因树就表现了人类的4个基因（Hsap1～4）和小鼠的5个基因（Mmus1～5）组成的基因家族之间的复杂的同源关系。

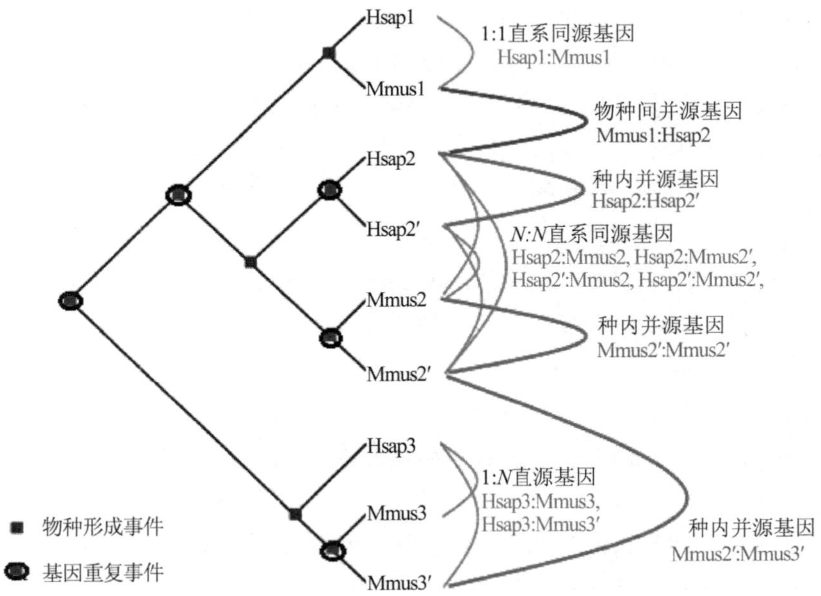

图3-12 多物种基因树表达的基因家族之间的复杂关系（见彩图）
（http：//bioinformatica. upf. edu/P22 _ 2009/）

3.6.5 基础树和合一树、源树和超树

在应用多种数据集或多种方法联合分析时，直接分析原始数据集产生的系统树（即最终树）称为基础树（fundamental tree）或竞争树（rival tree）或源树（source tree)，从一组基础树中总结归纳出的一棵树称为衍生树（derivative tree）或合一树(consensus tree)。合一树用来总结一组数据由不同分析方法产生的基础树的共同部分，或概括由不同类型的数据集所产生的基础树的共同特征。当不同数据集所包含的 OTU 有部分重叠时，总结这些基础树的系统树称为超树（super tree)。

合一方法（consensus method）是通过构建合一树或计算合一指数（consensus index）以综合从不同数据集获得系统树之间的共同特征的一类方法。它可以归纳不同系统树之间的相同部分，由合一性方法构建的树提供了一组竞争树之间相合性的测度。但应明白，合一树仅仅是不同竞争树之间相合性部分的总结，它不应被直接解释成系统发生关系。

合一方法最早是由 Adams（1972）提出的，Mickevich（1978）最早开始用 Adams 合一法研究分类学相合问题。此后不断有新的合一法问世，其中比较常用的有以下几种。

（1）严格合一法（strict consensus)：严格合一法在概念上最简单，指合一树中仅包括那些在所有竞争树中都出现的分枝的合一性方法。由于其严格性，该法的分辨力较低。

（2）多数规则合一法（majority-role consensus)：多数规则合一法是在合一树中采用按预先确定的，以一定比例在竞争树中出现的分枝的方法。典型的是以 50%比例为准，即在一半以上竞争树中出现的分枝都应归于合一树中。

（3）Adams 合一法：Adams（1972）的合一法在时间上最早，是通过将竞争树上不相合的类群置于对所有竞争树来说，都具有最高分辨力的节点上的方式来构建合一树的方法。它的缺点是产生的合一树可能包含有在所有竞争树中都没有的簇(cluster)。

（4）可联合成分合一法（combinable component consensus)：可联合成分合一法由 Bremer（1990）描述，在一个或多个竞争树并不全是二分支形式时，一些竞争树间也可能发生分枝组（group）间无共同分类单元、或完全相同、或一分枝组是另一分枝组更高分辨力的细分等情况，这些分枝组称为可联合成分。可联合成分的合一树是由所有可联合成分的分枝组构成的，当所有竞争树均为二分支时，严格合一法和可联合成分合一法是等价的。

（5）Nelson 合一法：目前认为 Nelson 合一法是与相容族（clique）分析相关的方法，Nelson 合一树由具有最大相容族的成分构成。

（6）中值合一法（median consensus)：中值合一法是基于竞争树之间差异的度量距离的基础上发展出的合一树方法。

（7）最大共同修剪树法（largest common pruned tree)：最大共同修剪树法是将分类单元及其相关的分枝从竞争树上删除直到削减的竞争树之间在拓扑结构上相同为止，这样的树称为共同修剪树，然后删除最小可能的分类单元获得最大共同修剪树。这种方法提出了识别竞争树上不稳定分类单元的方法，但最大共同修剪树常难以识别，即使发现也并不是很好的。

在这些合一方法中，最常用的是严格合一法和多数规则合一法，由这两种方法构建的3棵源树的合一树的例子如图3-13所示。

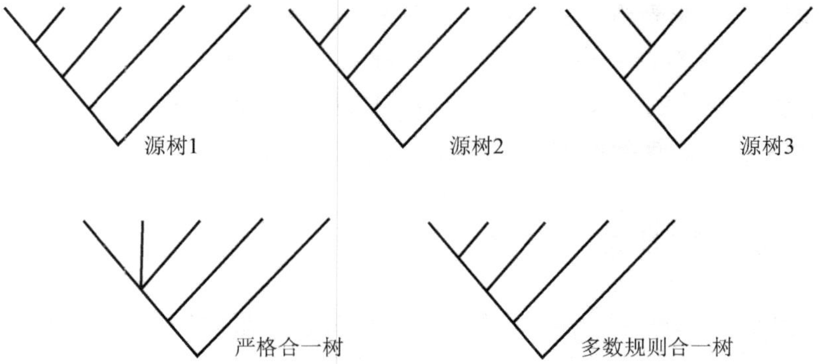

图3-13 从3棵源树中构建的严格合一树和多数规则合一树

所有合一方法都要求满足两个条件：首先，所有的输入树必须拥有相同的分类单元；其次，输出树必须拥有与输入树相同的分类单元。当不满足第二个条件时构建的输出树称为合一子树（consensus subtree）。

合一性指数（consensus index）是竞争树之间相合性的一种定量测定方法。典型的合一性指数在0（竞争树之间无共同分枝）～1之间变化。目前已提出各种类型的合一性指数，具体参见Swofford（1991）的评述。

与合一树相近的一个概念是压缩树（collapsed tree），当一个进化树中许多内部分支的支持度较低时，常常绘制一个多歧树并假定所有这些内部分支的分枝长度都为0，这种多歧树被称为压缩树。例如，如果有几个分支的自举支持度为50%或更低时，可以将这些分支的分枝长度降为0，以形成压缩树。因为在构建压缩树时显著性较低的内部分支已被删除，此树强化了分支模型的可靠部分。

压缩树和合一树是不同的概念，合一树是由许多等价简约树获得的，而压缩树只是一棵树的分枝长度为0时的表示。压缩树可由任何类型的树获得（NJ、ME、UPGMA、MP或ML树）。许多系统树浏览软件具有生成压缩树的功能。

3.6.6 期望树与实际树

在构建物种树或分子树时，如果基因替换速率恒定（满足分子钟假设），则期望的进化变异量应该相等，即来源于一个共同祖先的所有后代的分枝长度应该相等。因此，可以构建一棵树，它的每一分枝与进化时间或期望的进化改变量成比例，这种类型的树称为期望距离树（expected distance tree）。即使没有满足分子钟，根据选择的进化模型也可以构建一棵与进化模型期望一致的树。一个用无限长的序列或每一分支期望的替换数构建成的树称为期望树。突变或基因替换在每一支系内实际发生的量可由于进化速率的变异或随机误差的原因而有所不同，这种以实际观测数据为基础表示分枝长度的树称为实际距离树（realized distance tree）。物种树通常为期望树，而分子树可以是两者之中的一种。

生物类群之间的系统发生关系是一种历史唯一事件，所以只能由唯一的一种拓扑结构和枝长的系统树来表达，这种能够代表生物类群之间真实进化历史的系统树称为真实树（true tree）。根据某一类数据采用系统发生分析方法得到的系统树称为推测树（inferred tree）或重建树（reconstructed tree）。因而从分子或形态数据分析获得的系统树其实都是推测树，推测树只是一种假设，并不一定与真实树一致。

3.6.7　普适生命树与完全树

普适生命树（universal tree of life）特指能够包含或容纳地球上所有生命的系统树，由于许多类群的分类学研究还不深入，因此，普适生命树目前主要是以界和门分类阶元之间的系统发生关系为主的系统树。

完全树（complete tree，complete phylogeny）为包含一个分类单元内所有现存和化石物种的系统树。完全树是真实进化历史的重建。

完备系统发生（perfect phylogeny）：性状之间相容且完全解析的系统树。

3.6.8　二歧树和多歧树

系统树上的内部节点仅有两个直接后裔的分支称为二歧枝（dichotomy），内部节点有三个以上直接后裔的分支时称为多歧枝（polytomy）。有人建议采用希腊词组合来命名多歧枝，如三歧枝（trichotomy）、四歧枝（tetrachotomy）、五歧枝（pentachotomy）、六歧枝（hexachotomy）、七歧枝（heptachotomy）。系统树上的所有分支均为二歧枝时称为二歧树，包含有多歧枝的系统树称为多歧树（polytomous tree）。在未指明时，本书所有的系统树均指二歧树。

由于默认的系统发生模型是物种一分为二形成的二歧树，因此，系统树上没有多歧枝的称为完全解析的（fully resolved）系统树（图 3-14a）。对于完全解析的无根树，每个内节点有三个分支相连；对于完全解析的有根树，每个内结有两个后代分支和一个祖先分支。系统树上既有二歧枝也有多歧枝的称为不完全解析的或部分解析的系统树（图 3-14b），完全未解析的树称为星状树（star tree，bush-like tree）（图 3-14c）。

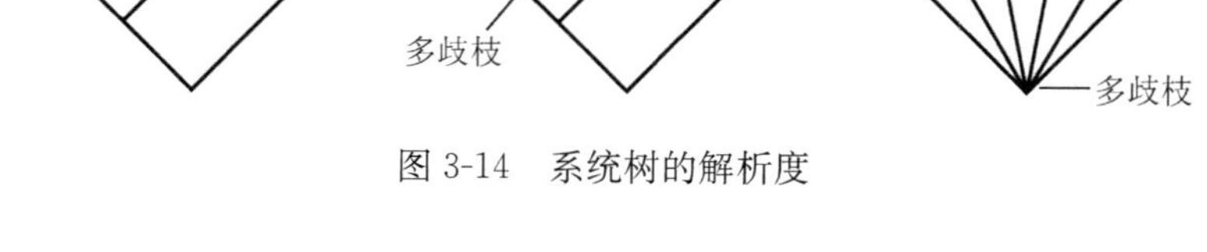

图 3-14　系统树的解析度

当然，实际的系统发生过程是多样性的，虽然以一分为二为主，但应该有一分为三或一分为多，还有合二为一（如杂交物种形成）等网络模式。Maddison（1989）区分出两类不完全解析的系统树：系统树的多歧枝不是由于同时多次物种形成事件，而是由于无法确定的原因引起的多歧现象称为假多歧枝（soft polytomy）；由于同时发生的多次物种形成事件造成的多歧树称为真多歧枝（hard polytomy）。假多歧枝是由于性状同型水平高或数据量太少而形成某些分枝长度为 0，但可以肯定不是由一个祖先同时形成多个后裔支系。

尽管理论上有可能存在真多歧枝，但一般认为在自然界中实际发生十分罕见，目前这方面的实际观测事例和数据较少，所以大多数人将多歧枝作为假多歧枝看待。假多歧枝通常表示这个多歧枝存在着不准确、错误、人为原因或暂时性的解释，待将来进一步深入分析后会得到完全的解析。形成假多歧枝的生物学原因是这些支系在短期内快速发生物种形成或适应辐射现象，支系之间在所分析的序列上积累的替换数目太少。

Slowiski（2001）就分子多歧枝问题进行了研究，并提出了区分分子多歧枝和物种多歧枝的重要性。分子多歧枝（molecular polytomy）是指基因树上出现的多歧枝，物种多歧枝（species polytomy）是指物种树上出现的多歧枝，分子多歧枝和物种多歧枝有时不完全对应。理论上，一个 DNA 序列在物种形成或基因复制时分歧为两个序列，因此，基因树上的分支一般也是二歧的。但是，当研究一个相对短的序列时，有些内部分枝上没有出现核苷酸的替代，从而有可能出现一个多歧枝。Hudson（1990）认为真正的分子多歧枝发生的概率小到难以察觉的地步，所以大多数的分子多歧枝被认为是假多歧枝。

Slowiski（2001）采用比较简单数学模型的模拟和实际数据的分析显示，当基因树的平均分枝长度较小时，多歧枝发生的概率较高，且简约法时常会错误地解析分子多歧枝。

大部分系统发生方法是用于构建二歧枝的，但所获得的树可以通过删除零长度的节点而简化为多歧枝。另外，也有可能真树是二歧的，而重构的树由于统计误差变成多歧。

实际分析中多歧枝一般仅出现在合一树上，当两个以上的树综合为一个合一树时，严格合一法将源树之间有矛盾的支系作为假多歧枝看待。

3.6.9 系统树的表示形式

系统树随所表达的目的和对象的不同可描绘成各种不同的形式，每一种形式都强调了进化过程中的某些不同方面。Haeckel 提出的是真正的树状图解（图 3-5），也有用三维图解方式表示的，即将时间、分类单元多样性、分歧程度或地理分布等进化因素综合在一个图上表示。图 3-15 显示的是几种系统树的常见表达形式。

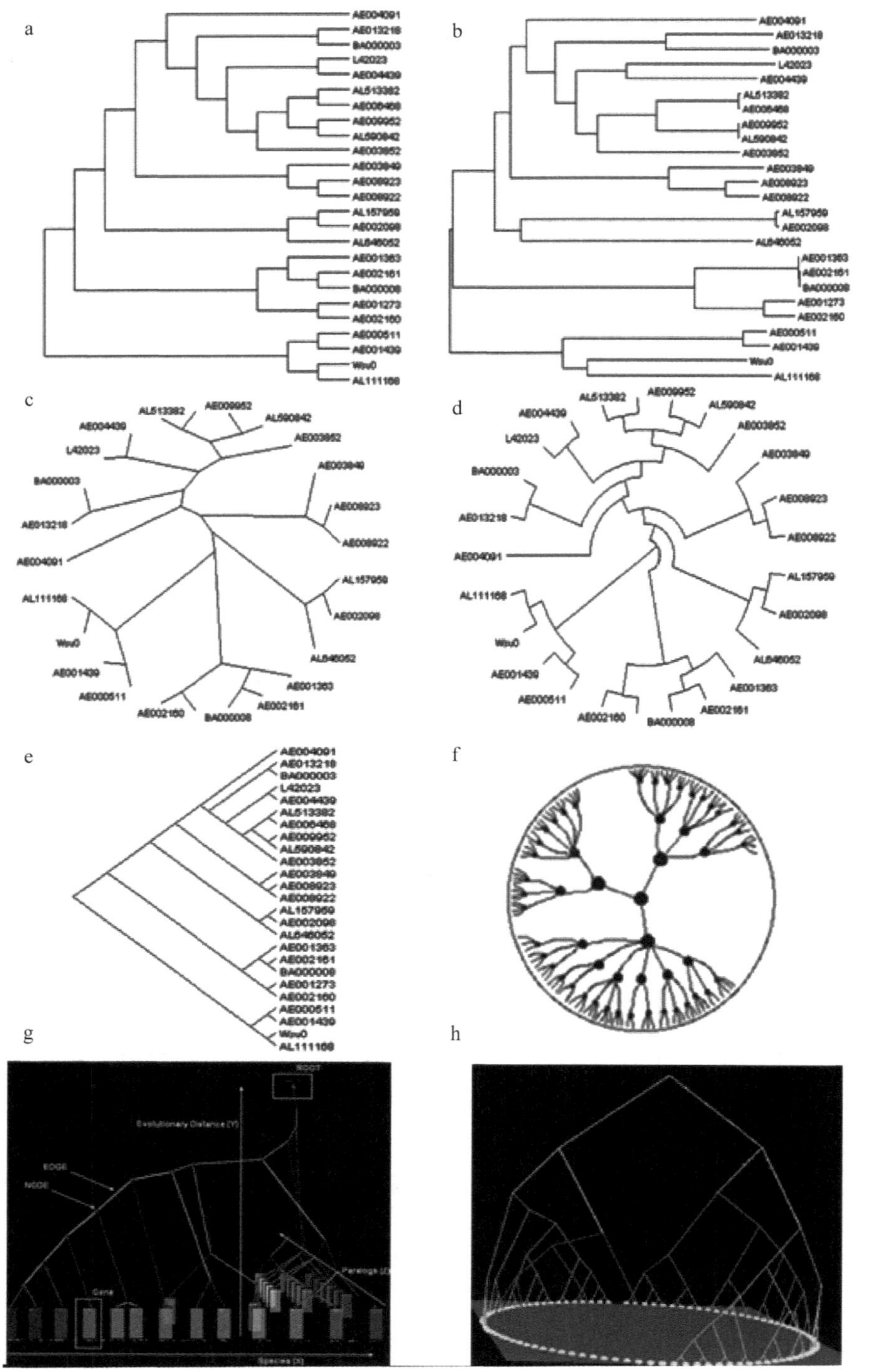

图 3-15　系统树的常见表达形式（Pavlopoulos et al.，2010）（见彩图）

a. 支序图；b. 系统树；c. 无根支序图；d. 圆形分支图（节点均在不同半径的圆上）；e. 斜边分支图（slanted cladogram）；f. 双曲线系统树（hyperbolic tree）；g. 3D 系统树（3DPE 软件显示）；h. 3D 系统树（Arena3D 显示）

最常见的系统树是立视分支式的树状图形式。树状图的纵轴表示时间或演化进程，横轴表示性状分化，树干基部为各类群的共同祖先，节点是与其相连的终端类群的祖先。常见的立视分支式的树状图包括长方形（rectangular）、直线形（straight）、曲线形（curved）、辐射形（radiation）和环形（circle）等（图 3-16）。随着大型系统树越来越多，给系统树显示方式提出了更高的要求，出现了三维立体显示等多种新型显示方式（见第 19 章）。图 3-17 和图 3-18 的系统网络分别表达了基因水平转移和系统发生信息不一致性水平，严格地说不属于系统树。

总之，所有的系统树都应反映出生物类群的起源祖先、分支顺序、演化路线、演化系列、演化水平及亲缘关系等内容。

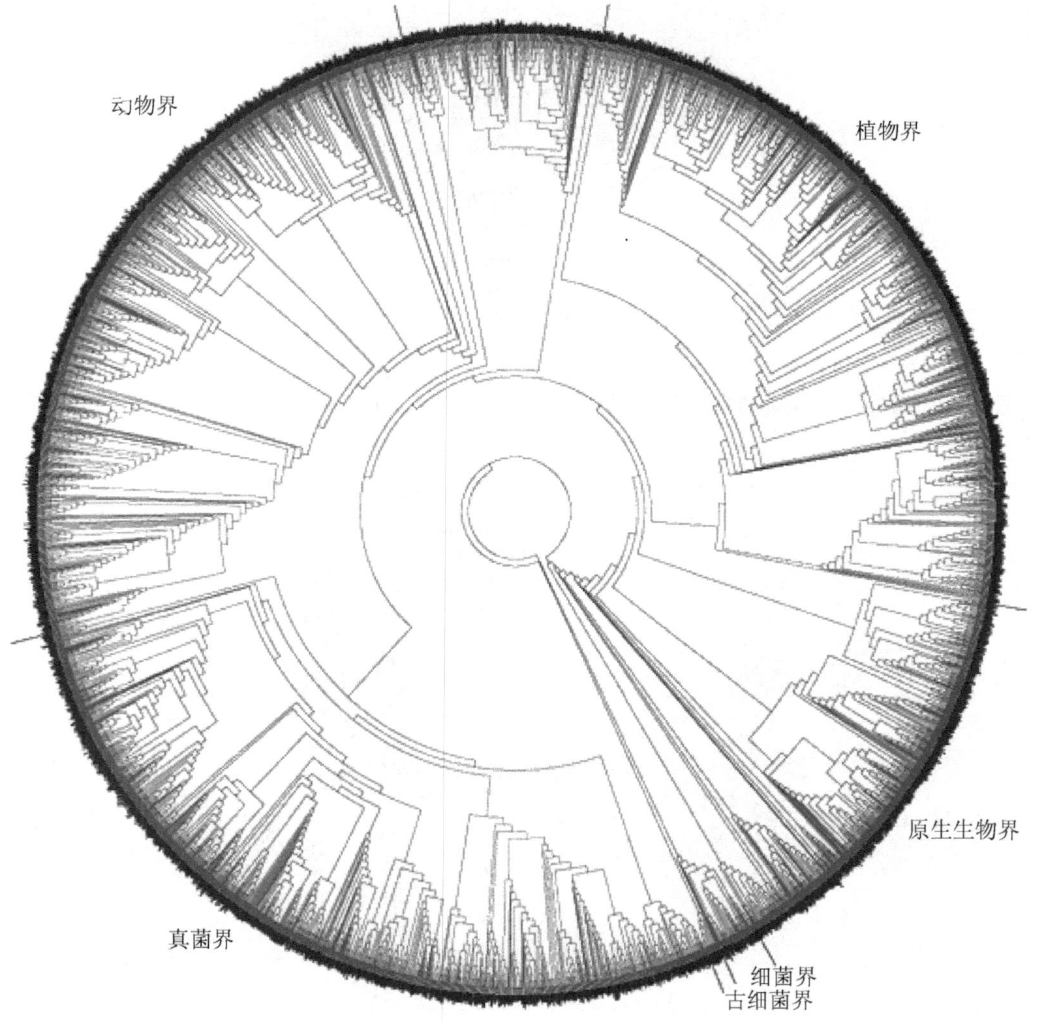

图 3-16 David Hillis 基于 SSU rRNA 构建的包括生命三域的大约 3000 个物种的系统树
（http：//www. zo. utexas. edu/faculty/antisense/DownloadfilesToL. html）

图 3-17　原核生物之间垂直遗传和水平转移的网络表达方式（Dagan and Martin，2009）（见彩图）

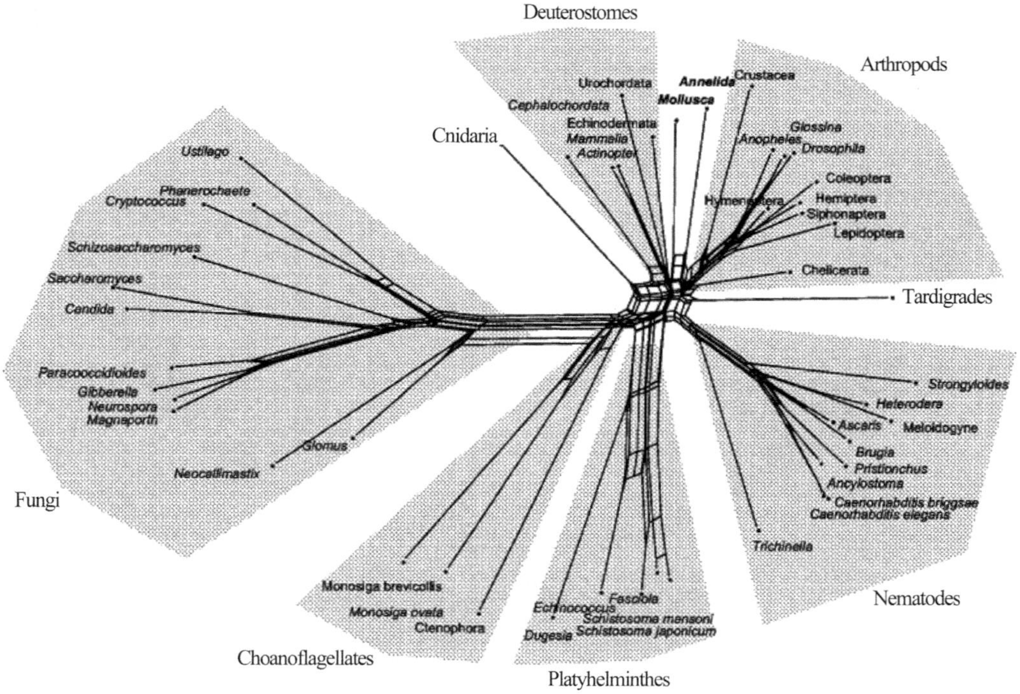

图 3-18　基于 71 个基因连接数据集构建的 49 种动物、真菌和领鞭毛虫的邻居网络图（Huson and Bryant，2006）

3.7 系统树的数学描述

3.7.1 系统树各部位的名称

系统树是由节点（node）和分枝（branch）组成的图形，其中任何两个相邻的节点都只由一个分枝来连接。一棵系统树的不同部位有不同的名称，这些名称在不同的系统发生分析方法中有不同的术语。

系统树上现存的分类单元都位于树的顶端和根上，树顶端分类单元的位置称为顶点（vertex），或端节（terminal node），或末梢（tip），或叶（leave），或外部节点（external node）。

树内的分支点称为内部节点（internal node），为由此分出的外部结点的假想祖先。根部的现存分类单元（常为外群）与内群之间的节点称根（root）。

连接任何相邻两节点的线（即树的一个分枝）统称为分枝，或节（segment），或棱（edge），其中以一个端节为终点的分枝称为外周分枝（外枝，peripheral branch），或外部分枝（external branch），不与端结相连的分枝统称为内部分枝（内枝，interior branch）。

系统树上任意两个端节之间或根到任一端节之间的所有分枝称为通径（path）。树上任意两个节点之间的持续时间（对于物种树）或节点之间在进化过程中性状状态或距离发生改变的数值（对于分子树）称为分枝长度（branch length），一棵树的所有分枝的分枝长度之和称为树长（tree length），不同分支型式的树具有不同的树长，同一分枝型式的树，按不同的进化模型和标准估计的树长也不同。任意两个分类单元之间通径的分枝长度之和称为通径长（length of path）。

3.7.2 二分树及其表示方式

将系统树从任意一个内部分枝分割为两个部分的一对子树称为二分树（bipartition，或 split）。二分树的两个子树上没有相互重复的分类单元，联合起来就是完整的系统树。系统树上任何一个内部分枝都可以将分类单元分割为独特的二分树，一棵系统树的所有二分树的集合称为二分树系统（split system）。不同的二分树之间可能是相容的，也可能是不相容的，如不同基因构建的系统树之间的二分树就有可能是不相容的，但从一棵系统树上形成的二分树之间总是相容的。对于有 n 个分类单元的系统树，其二分树的可能数目为 $2^{(n-1)}-n-1$。

图 3-19 显示了二分树的三种表现方式，两种文本的表示方式用于构建自举合一树。

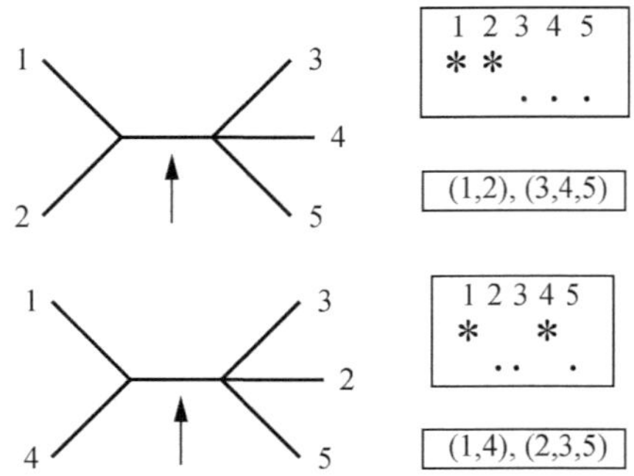

图 3-19　二分树的图形（左）和两种文本表示法（右）

3.7.3　二歧树的性质

一个类群数为 m 的无根二歧树有 $2m-3$ 个分枝。既然有 m 个外部分枝连接到 m 个现存的类群，那么内部分枝数就为 $m-3$，内部节点数为 $m-2$。一个有根树，其内部分枝数和内部节点数分别为 $m-2$ 和 $m-1$，总的分枝数为 $2m-2$。

Cavalli-Sforza 和 Edwards（1967）、Felsenstein（1978）研究了所有可能二歧树的数目。当 OTU 数目为 n（$n>2$）时，全部可能的二歧分支的有根树的数目为

$$N_R=(2n-3)!\ /\ [2^{n-2}(n-2)!]$$

当 $n>3$ 时，二歧分支的无根树的数目为（Felsenstein，1978）

$$N_U=(2n-5)!\ /\ [2^{n-3}(n-3)!]$$

即 n 个物种的有根树的数目等于（$n+1$）个物种的无根树数目。所有这些可能的树中，只有一种是正确的，大多数的树能应用明显不可能的遗传关系及其他生物学信息加以排除，即使如此，当 h 数目较大时，从如此大量的可能树中寻找最优树仍是一项困难的任务。

分支图排列（cladogram arrangement）是指分支图上分类单元的排列次序。不同的排列次序会造成视觉上的巨大差别（图 3-20），不同分枝排列方式的相同拓扑结构树称为等价拓扑结构树（图 3-21）。表 3-3 显示了相同分类单元的分支图排列方式和拓扑结构的可能数目。

表 3-3　*n* 个分类单元的分支图排列方式和拓扑结构的可能数目（Stone and Repka，1998）

n	排列方式	拓扑结构
1	1	1
2	1	1
3	3	1
4	15	2
5	105	3
6	945	6
7	10 395	11
8	135 135	23
9	2 027 025	46
10	34 459 425	98

续表

n	排列方式	拓扑结构
11	654 729 075	207
12	13 749 310 575	451
13	316 234 143 225	983
14	7 905 853 580 625	2 179
15	213 458 046 676 875	4 850
16	6 190 283 353 629 375	10 905
17	191 898 783 962 510 625	24 631
18	6 332 659 870 762 850 625	56 011
19	221 643 095 476 699 771 875	127 912
20	8 200 794 532 637 891 559 375	293 547
21	319 830 986 772 877 770 815 625	676 157
22	13 113 070 457 687 988 603 440 625	1 563 372
23	563 862 029 680 583 509 947 946 875	3 626 149
24	25 373 791 335 626 257 947 657 609 375	8 436 379
25	1 192 568 192 774 434 123 539 907 640 625	19 680 277

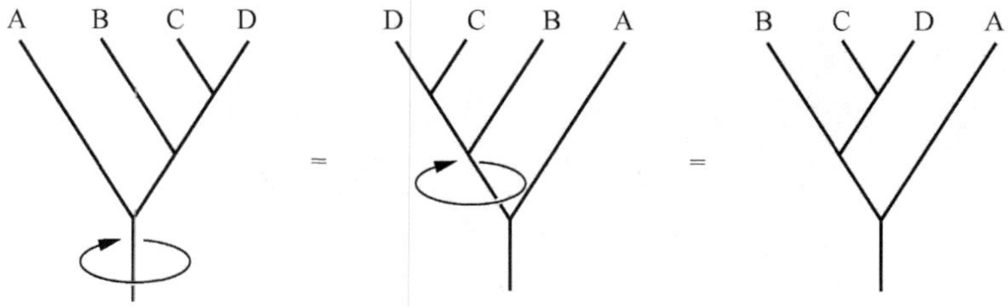

图 3-20　三种不同分枝排列方式的等价拓扑结构树（Page and Holmes，1998）

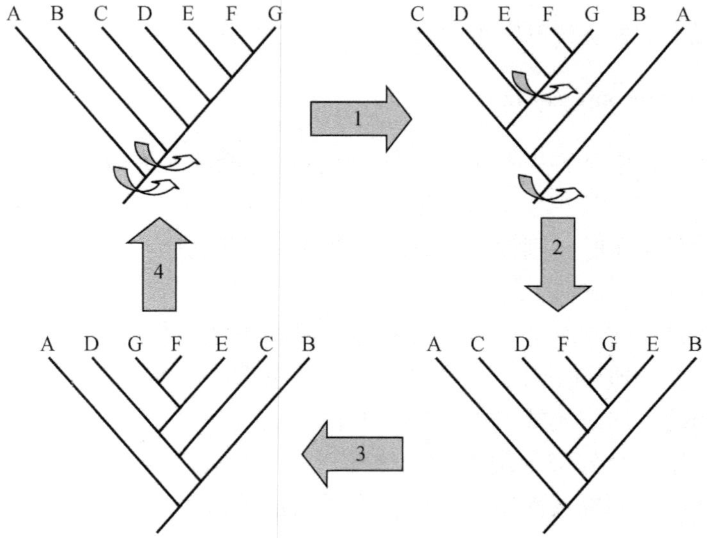

图 3-21　等价拓扑结构树，所有内部分支都可以旋转而不改变其拓扑结构

分支图拓扑结构（cladogram topology）是指分支图上各个分支产生的相对位置，拓扑结构与分支型式（branch pattern）同义。

3.8　系统树的赋根方法

系统树的根是内群起源的位置，根为系统树上发生的所有进化事件提供了一个时间流逝的箭头，因此，根决定了所有性状随时间变化的先后顺序，亦即性状进化的方向。如果赋根位置有误，则系统树上推论出的部分或全部分类单元之间的进化关系和性状状态的进化关系的结论也将不成立。所以，赋根是系统发生分析中十分重要的环节，尤其在涉及具体的进化研究时更为重要。

一棵无根树可以将其任何一个内部或外部分枝作为节点进行赋根（图 3-22），因而，一棵无根树可以有 $2m-3$ 种可能的有根树。

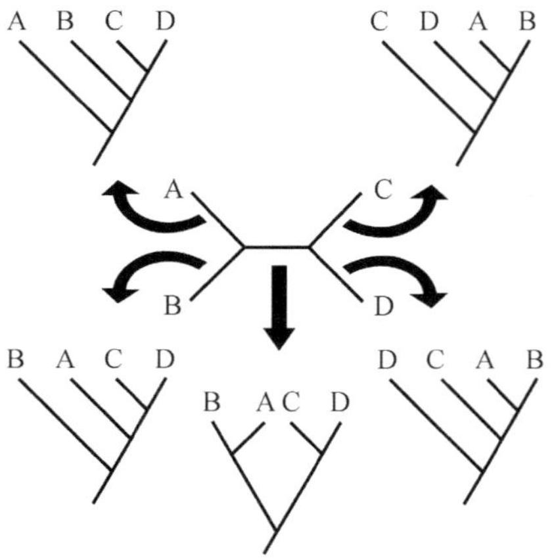

图 3-22　无根树的赋根

目前已经提出的系统树的赋根方法有以下几种。

1. 外群赋根法（outgroup rooting）

在系统发生分析中，感兴趣而需要深入研究的分类单元称为内群（ingroup），与内群最接近的一个或多个其他分类单元称为外群（outgroup）。当内群和外群的分类单元联合在一起构建系统树时，则内群与外群相连的分支就成为内群的根，这种赋根方法称为外群赋根法（图 3-23）。

外群赋根法是目前应用最广也是最有效的赋根方法，使用外群赋根无须作很多假设，仅需要选择外群即可，因而外群赋根法的质量取决于所选外群是否合适。理想的外群应该是内群的姐妹群成员中的一个或几个。

实践中常使用多个外群分类单元，这样对建立祖先分类单元的状态集效果较好，同时也可以确证内群的单系性。在使用多个外群的情况下，如果内群和外群不能明显地区分开来，则内群的单系性存疑。

有时虽然在实验设计时加入了多个外群，但在正式分析时可能需要将内群独立分析，待建立了稳定可靠的内群的系统发生关系后再联合外群分析，以确定树根。不加入外群分析的可能原因有以下三种。

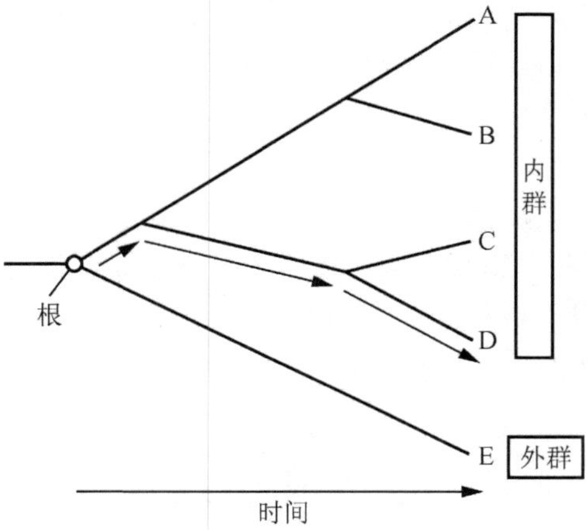

图 3-23 外群赋根法

（1）内群与外群的亲缘关系较远，加入外群分析有可能引起长枝吸引现象。

（2）当研究中内群分类单元数目多时，不加入外群可以大大减少计算时间。

（3）在某些情况下，如采用结构 RNA 基因、非编码区或内含子序列时，内群和外群之间无法形成可靠的比对，如果内群之间的序列比对可靠，则在排除外群后分析这些数据可以增加信息量，在进行赋根时加入外群，并只对比对可靠的序列进行分析，目的是发现所研究内群的根的位置。

实践中使用外群赋根法经常会出现的问题如下所述。

（1）内群与外群的系统发生关系不清楚，外群可能不是内群的姐妹群中的成员。在没有合适的外群可利用或外群与内群的关系较疏远时，应用外群所赋的根可能不稳定，即在不同分析条件下根的位置可能不同。

（2）有时内群与外群在不同性状集表现出不同的关系，如 Cameron 和 Mardulyn（2001）对社会性蜜蜂的研究中使用了 5 个外群，从平均 p 距离来看，外群 *Melissodes* sp. 在 *cytb* 基因序列数据中与内群关系最近，而在 *opsin* 基因序列数据中则与内群关系最远。此种情况下，作者建议将最疏远的外群删除并对每个基因的数据进行独立分析。

（3）当内群有长枝存在，且所选的外群较疏远时，易于形成长枝吸引现象。如 Jordan 等（2003）对夏威夷蜻蜓 *Megalagrion* 属进行系统发生研究时，首先采用模型校正的 ML 距离进行 ME 法建树，发现在所分析的数据中 8 个外群的分枝长度比内群最长的分枝长度大 2 倍以上，有可能形成长支吸引现象。以后所有的分析仅对内群进行，在确定了内群的分支型式后，再加入外群进行赋根分析（具体方法见内群限制树赋根法）。

（4）当内群与外群的碱基组成或替换型式不同时，也可能导致赋根位置不稳定。这种情况下应该进行碱基组成均一性的 χ^2 检验，当证实内群与外群的碱基组成有显著差异时，采用可以校正碱基组成频率差异的 logDet 转换距离分析。Tarrío 等（2000）提供了一个外群与内群替换型式不同而导致赋根不稳定的实例，他们在用 *Xdh* 基因的 2085bp 序列分析果蝇属 *saltans* 和 *willistorii* 两个种团的 17 个物种的系统发生关系时，

χ^2检验发现内群与外群的碱基组成有显著差异，他们应用内群分析后的中点赋根法和 logDet 转换距离分析，可以正确地赋根。

2. 分子钟赋根法

分子钟赋根法也称中点赋根法（midpoint rooting），是将系统树上通径最长的两个 OTU 的中点作为该树的根。其原理是：按照分子钟假说，序列在不同时间和不同支系的进化速率相同，系统树上最长的分支意味着分歧年代最早，该分支的中点是这一分支两端所有支系的根（图 3-24）。在图 3-24 中，B～E 之间的通径最长，在其中点赋根形成右边的有根树。

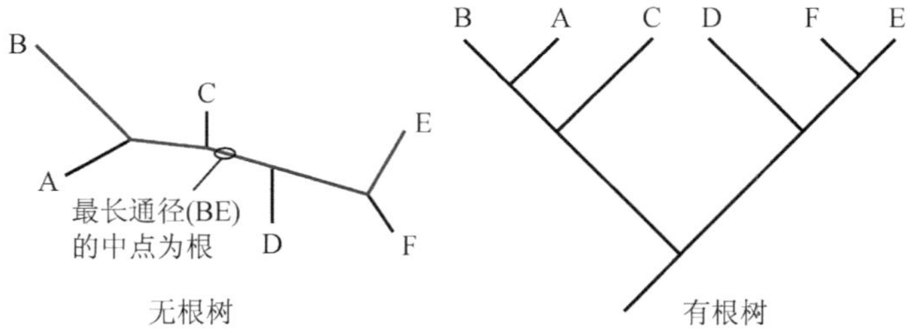

图 3-24　中点赋根法（见彩图）

基于分子钟假设的建树方法（如 UPGMA）所建的系统树为有根树，这种树就是以最长分支的中点作为根的。分子钟假设在大多数数据中不成立，但目前还不清楚在违反分子钟假设的条件下所建系统树的根的质量。但模拟研究表明，即使分子钟假设不成立，在大多数情况下，分子钟赋根位置也是正确的。PAUP* 4.0 中就有中点赋根功能。

3. 贝叶斯赋根法

Huelsenbeck 等（2002）提出了在使用外群、分子钟假设和非可逆替换模型的条件下，在贝叶斯分析的框架下给系统树赋根的方法，此种情况下，假定系统树的拓扑结构是固定的，然后计算在各种赋根位置上的后验概率，选择后验概率最大的位置作为根。因此，贝叶斯赋根法提供了一棵树上根位于不同位置上的后验概率。贝叶斯赋根法中关键的问题是参数的先验概率分布的选择，如果没有十分明显的关于根的位置的先验信息时，也可以假定根在系统树的所有分支之间有相似的概率分布；如果已经有较可靠的根的位置信息，则贝叶斯赋根法可将根的这些先验概率加入到根的后验概率分布的计算上。

4. 内群限制树赋根法

内群限制树赋根法也可称为极大似然赋根法，首先对内群进行全面分析，在获得了内群的最优 ML 树后，以该 ML 树的拓扑结构为骨架形成限制树，然后将外群数据加入进来，在 PAUP* 中进行极大似然法的自举分析。在这个分析过程中，内群的所有分类单元是被限制树定义好的，而所有的外群分类单元则可以与内群中的任一分支相连，最好的赋根位置是自举重复中获得最多支持的那一种，也有可能获得两个以上的赋根位置的系统树（即自举支持度相同而赋根位置不同），如 Jordan 等（2003）的夏威夷蜻蜓 *Megalagrion* 属系统发生研究。

5. 假想祖先赋根法

在形态学系统发生分析中，常将一个推测的假想祖先作为一个独立的 OTU 进行赋根。假想祖先可以通过外群比较法或通过个体发育性状及古生物数据推测出来。一般来说，从个体发育性状及古生物数据构建的树用假想祖先进行赋根的结果比较可靠，而用从外群比较建立性状极性的方法构建的树的赋根结果不可靠。

6. 并源基因赋根法

并源基因赋根法是在一种特殊情况下十分绝妙的赋根方法，因为地球生命之树总树的赋根找不到可以利用的外群，所以无法构建有根树。Schwartz 和 Dayhoff（1978）用所研究基因的一个并源基因作为类似于外群功能，用于生命总树（universal tree of life）的赋根。其原理如下：如果一对并源基因存在于真核生物、古细菌和细菌的所有三个域（domain）中，则说明该并源基因的重复事件发生于三个域分歧之前的最近共同祖先 LUCA 中，这样，其中的一个拷贝就可以作为另外一个拷贝所构建系统树的外群使用。当时发现的有这样功能的并源基因只有两对，即翻译延长因子 EF-Tu 和 EF-G（Iwabe et al.，1989）、与 V 型 ATPase 和 F 型 ATPase 的基因（Gogarten et al.，1989）。这 4 个基因的系统发生分析显示出生命总树的根应该位于细菌的分支上，从而使古细菌和真核生物成为姐妹群（图 3-25）。

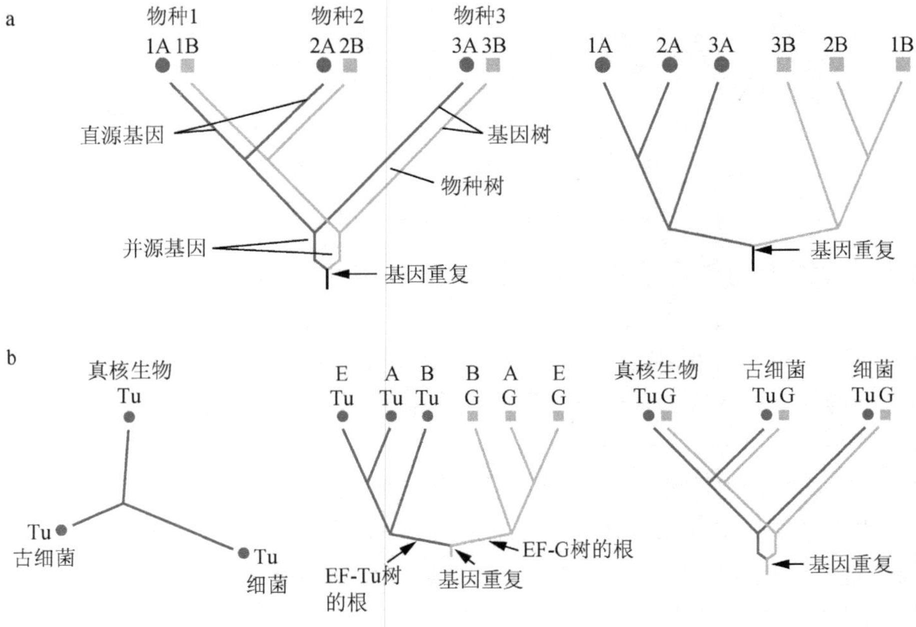

图 3-25 并源基因赋根法的原理及在生命总树赋根中的应用（见彩图）

3.9　系统树的生物学描述和解释

3.9.1　描述系统树的基本术语

目前发表的一些论文对系统树的演化描述和生物学意义的解释存在严重的误解，因此，有必要比较详细地说明系统树的生物学描述和解释规范。

Wilkinson 等（2007）专门讨论了有根树和无根树的正确描述方法。Wilkinson 等建议以分支（clade）、单系群（monophyletic group）、姐妹群（sister group）和“分支 A 与分支 B 有比其他分支更近的关系”等术语描述有根树，其中分支和单系群应该视为同义，表示该类群中所有成员均来源于一个共同的祖先，该祖先不为该类群以外的其他任何成员所共享。“分支 A 和分支 B 有比其他类群更近的关系”表示这两个类群共享有不为其他类群拥有的最近共同祖先（图 3-26）。

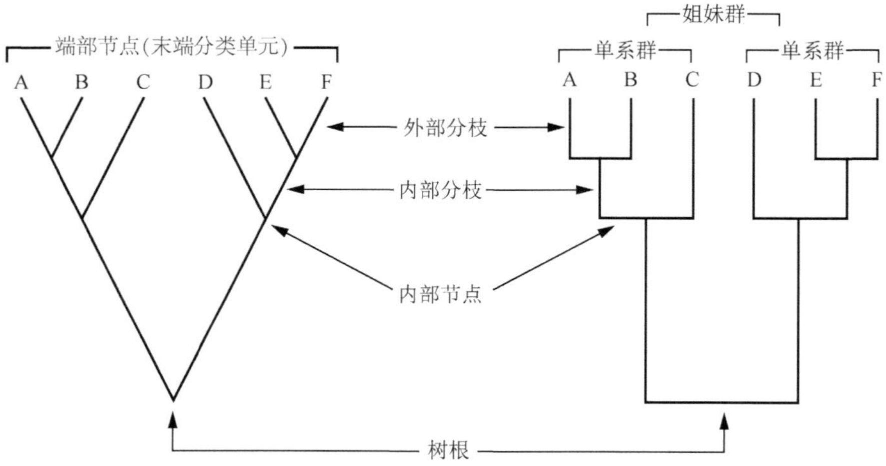

图 3-26　系统树上各个部分的描述术语

姐妹群/姐妹分类单元（sister group/taxa）是指系统树任何一个节点上分歧的两个分支。如图 3-26 所示，A 与 B 为姐妹群，A 和 B 组成的分支与 C 为姐妹群，A、B、C 组成的分支与 D、E、F 组成的另一分支为姐妹群。因此，在系统树上，分支之间总是互为姐妹群的，姐妹群关系就意味着这两个分支拥有不与其他分支共享的最近共同祖先。

对于涉及高级分类阶元的系统树，根据系统树上分支发生的先后顺序，将早期发生的分支称为基部分支（basal branch，deep branch）或深层系统发生（deep phylogeny）。相应地，将近期发生的分支称为端部分支（terminal branch，shallow branch）或浅层系统发生（shallow phylogeny）。

支系（lineage）是系统发生的中心概念之一，一个支系是随时间而产生的祖先-后裔关系的系列，表现为系统树上任何连续的分枝（图 3-27）。

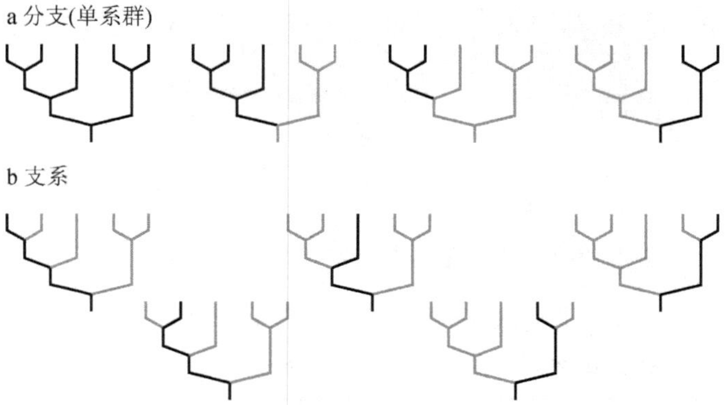

图 3-27 系统树上的支系和分支概念的区别

分枝（branch）是指系统树上任何两个相邻结点之间的部分，其生物学意义是共享基因库的繁育种群。在有性生殖的物种内个体之间的关系呈网络状而非树状，并称之为 tokogeny（图 3-28）。

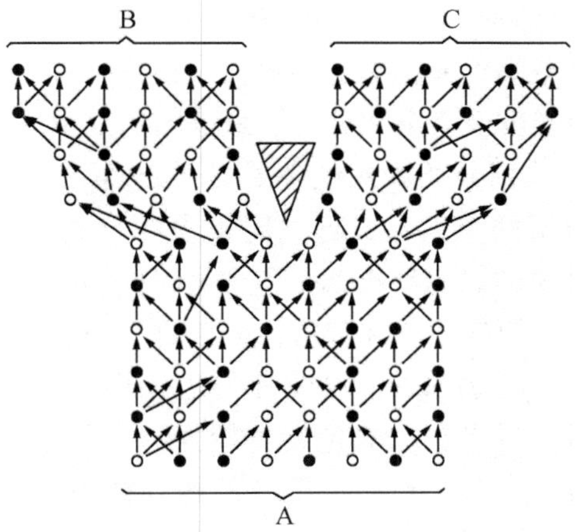

图 3-28 物种形成过程（Hennig，1966）

无根树的正确描述为：无根树的分支次序没有先后，树上任何内部节点可以有三个时间方向，所以不能采用有根树的描述。为此，Wilkinson 等（2007）提出了与有根树对应的描述术语：簇（clan）、邻接群（adjacent group）和那些分类单元与另外一些分类单元构成的二分树（split，bipartition）。簇对应于有根树的分支/单系群，在无根树上，经过每个外部分支分割的二分树是两个互补的簇，无论如何赋根，这两个簇中至少有一个是单系性的。如果无根树的两个簇在一些赋根树上能够形成单系群，则称之为邻接群，邻接群对应于单系群。

3.9.2 系统树的分类学解释

根据系统发生与分类单元划分之间的对应关系，可以将分类单元划分为单系性、并系性和复系性三种类型（图 3-29）。

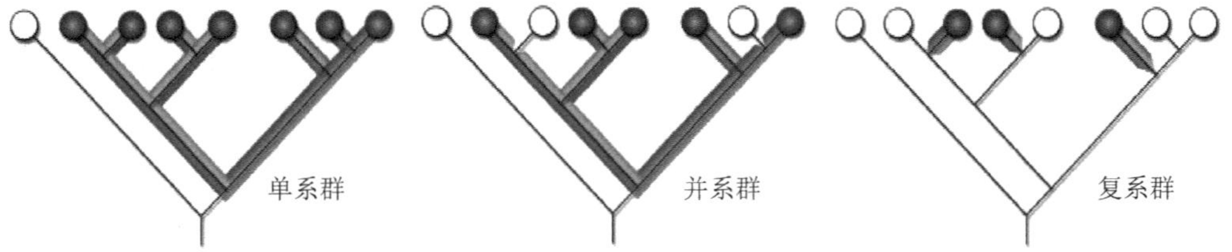

图 3-29 系统发生与三种不同分类单元的关系

单系性（monophyly）是指从一个共同祖先进化而来（单源起源），符合单系性要求的任何分类单元都称为单系群（monophyletic group）。Hennig 定义单系群为包括一个共同祖先及其所产生的全部后代的总和，但由于祖先一般未知并且大多已经灭绝，所以现在的单系群只强调来自一个共同祖先的全部后代。系统学上的自然类群（natural group）必须是严格的单系群，即它们是从最近的一个共同祖先进化而来的。这个祖先是一个种，甚至是一个杂交繁殖的种群，但比种高级的类群（属级及其以上分类阶元）不可能是祖先。

并系性（paraphyly）是指分类单元中没有完全包含一个共同祖先所产生的全部后代。以并系性方式划分的分类单元称为并系群（paraphyletic group），包含了来自一个最近共同祖先的部分后裔类群及其演化分支。最著名的并系群的例子是爬行纲和鸟纲。

复系性（polyphyly）是指分类单元包含了两个或多个最近共同祖先的后裔，即多源起源的分类单元。包含了两个以上最近共同祖先的分类单元称为复系群（polyphyletic group），如传统上所说的温血动物就是包含了哺乳动物和鸟类的复系群。

对系统树进行分类学方面的解释和分析，应该首先检查系统树的解析度和支持度，如果是未完全解析的树，可能意味着一种快速的进化辐射，或数据集本身没有足够的信号解析它们之间的关系，或者数据集包含了较强的、不相合的系统发生信号。后两种情况可以通过检查比对的序列与单个系统树的拓扑结构加以区分。如果是数据集中没有足够的系统发生信号，则序列的比对非常一致，变异较少；如果是数据集包含了较强的、不相合的系统发生信号，则可能数据的解析力较差，同时各个分支的支持度也较低。如果支持度都比较高（大于 75%），则获得的结果比较可信。

接下来比较不同方法获得的系统树的异同。MP 树、ML 树和 BI 树是否相合，相合性意味着两棵树有相同的拓扑结构，OTU 的分支顺序和姐妹关系相同。如果不相合，则说明建树方法可能有系统误差，如 MP 法的长枝吸引，或 ML 法的替换模型错误等。如果不同方法获得的树相合且各分支都有很好的支持度，则说明数据集含有足够的系统发生信号，采用的分析方法也合理。

当不同分析方法获得相合性的结果后，重点应该回归到解决生物学问题上，如所建立的系统发生关系与现行分类系统的关系，即分类阶元的单系性、并系性和复系性问题，以及分类单元之间的姐妹关系等。分子系统发生学的结果最终还需要落实到传统的分类学上，根据形态学、地理学等方面的数据，重新进行分类学描述和命名。

尽管阐明高级分类阶元的系统发生问题是诱人的，但低级分类阶元的问题得到很好解决可使高级分类阶元的分析更有意义。

由于系统发生分析是以分类单元的单系性为基础的，如果传统的形态分类单元不是单系群的话，就会产生不存在的自然类群的系统发生关系，这是分子系统发生研究中常见的问题之一。所以，分类学命名必须跟上为检验单系群而产生的一系列系统发生假说的步伐。并系的属、族、科等是高分类阶元系统发生分析的幽灵，因为它们常被假定为单系性的分类单元，这就不可避免地阻碍了对这些末端分类单元之间关系的有意义的解释。

因为并系现象在许多已经描述过的类群中非常普遍，在多样性较高的分类单元（如昆虫）中尤为明显，在高级分类阶元与低级分类阶元水平的研究中都必须仔细考虑分类单元选择的问题。

3.9.3 系统树的进化解释

1. 类群进化程度的高级与低级、原始与进化

进化程度的高级与低级（或原始与进化）只能用于不同历史时期生物的比较上。对现存生物，无论是单细胞的变形虫还是人类这样复杂的动物，它们自共同祖先分歧以来，经历了相同的进化时间，在进化上处于同等的水平。

传统上人们习惯于将自然界按照从低级到高级的阶梯排列。虽然达尔文曾经说过“一种动物比另外一种高级的说法是荒谬的”，但在进化论出现150年后的今天，在大众和一些学者中仍然普遍存在现存物种的高级与低级的观点，并根据系统树将动物按照阶层排列，把人类视为最高级的动物。这种错误观点的核心是忽视了共同祖先原理，而将进化想象为线性的、渐进的阶梯，阶梯的前后为祖裔关系。而实际上，无论生物是简单还是复杂，拥有共同祖先的现存所有物种都经历了相同的进化时间，在进化上处于同等的水平，即使复杂性可以有很大的差别。

另外一个错误观念是系统树基部分支等于原始（basal equals primitive），端部分支等于高等（advanced）。正确的理解应该是基部分支拥有较多的祖先特征，发生分歧的时间较早，特征与祖先更加接近；端部分支则有更多的衍生特征，发生分歧的时间较晚。在经历的进化时间和分子进化改变量方面，基部分支和端部分支应该是相似的，因为它们来自共同的祖先。关键的一点是记住共同祖先原则：具有共同祖先的所有现代物种都经历了相同的进化时间。

2. 按照分类单元在系统树上的排列次序判断其亲疏程度

如图3-30a所示，对于青蛙、鱼与人三个分支之间的关系，多数人会直观地认为前两者关系更紧密。产生这种错觉的原因是误解了系统树上末端分支的排列，而没有深究其分支型式。该树上5种四足动物形成了一个单系群而共享一个祖先，该单系群内的所有成员与鱼之间有相同的关联度。所以，青蛙与人之间享有比鱼更近的共同祖先，故青蛙与人的关系更紧密。因此，应该铭记，判断系统树上分类单元之间关系的密切程度是共享祖先在时间上的远近。

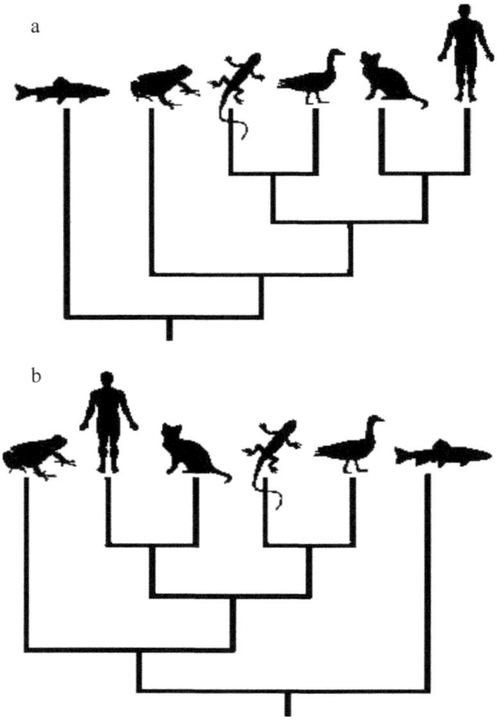

图 3-30　分类单元在系统树上的排列次序没有特别的意义
图 a 和图 b 两种排列方式表面上看很不相同，实际上其分支型式一样

3. 同胞与祖先

发表的文献中往往将系统树上应该作为同胞（姐妹群）的分支当作祖先，尤其是当这个同胞是比较简单而拥有较多祖先性状时，如我们将目前仍然存在的多细胞动物姐妹群——领鞭毛虫错误地作为多细胞动物的祖先看待。

与此错误认识十分类似，在讨论类群起源时，经常会被问到这样一个问题：如果多细胞动物起源于单细胞动物（领鞭毛虫），那为什么现在还有单细胞动物存在？为什么只发生一次，以后再没有单细胞动物不断进化出多细胞动物？在这里，问题的前提是错误的，多细胞动物不是来源于现在的单细胞动物，而是来源于远古时期的单细胞动物。现在的单细胞动物与多细胞动物是姐妹群，二者拥有共同的祖先且经历了相同的进化时间，二者与它们共同祖先的关联度相等。现在还有单细胞动物存在是因为多细胞动物和单细胞动物的祖先发生分歧后，仍然有一支单细胞动物在其适宜的生境中继续繁衍下来。

至于为什么再没有单细胞动物不断进化出多细胞动物，可以从单细胞动物自身和外部环境条件来解释。从单细胞动物自身方面，在特定生态环境下历经长期自然选择塑造的基因组，已经与多细胞祖先时的单细胞动物在进化潜能上有很大的差异，而更加重要的也许是，再也没有适宜的生态环境和生态位提供给现在的单细胞动物进化出多细胞动物。

第 4 章 系统发生信息学

4.1 系统发生信息学概述

系统树的知识在过去的十年里以接近指数的速度增长，其研究数据已被用于构建地球上生物的生命史，同时为社会和科学带来了益处，新技术和新分析方法的发展使我们能处理不断增长的系统树及与其相关的数据信息。目前正在出现一门新兴学科——系统发生信息学，以应对系统发生数据增长所提出的挑战。

系统发生信息学（phyloinformatics）是基于计算机和网络技术进行存储、管理、注释和开发系统树及其相关生物学信息的交叉学科，主要包括：大型系统树及其相关生物学信息数据库的建立，系统树数据库网络的构架，系统树的可视化显示，小系统树的联合与超树的建立、用户查询、搜索和下载等，并进一步通过对系统发生信息的查询、搜索、联合与分析，从中获取生命进化的知识和进行生物学的预测。此外，通过系统树网络将数据及系统树提交到系统发生信息学数据库，以实现数据在全球研究者及研究机构间的共享。系统发生信息学的最终目的是建立一个囊括地球上所有生物的系统树及与其相关的生物学信息的数据库，将各种生物在系统树上精确定位，探索它们的进化规律和时空联系。这个类似于化学元素周期表的“生物学周期表”——生命之树（tree of life）将为 21 世纪的生物学研究提供一个归纳、总结和比较生物学知识的框架体系。

正如生物信息学是由海量的 DNA 和蛋白质序列数据所驱动的那样，系统发生信息学的产生和发展是由大量的系统发生研究及系统树数据所驱动的。系统发生信息学所处理的信息主要是系统树及产生这些系统树的分子和形态等各类性状组成的数据集，同时还包括系统树上所有物种的信息，如物种和高级分类单元名称数据库、分布地区、凭证标本收藏地点、生物学特征、基因组序列、基因组成、文献数据库等。所以，系统发生信息学与生物信息学和生物多样性信息学（biodiversity informatics）密切相关，将来由这些不同分支学科建立起来的各类数据库之间都将通过互联网相互连接在一起，为生物学家提供快速、便捷的信息查询通道。

系统发生信息学是几年前由美国科学家提出来的，主要是指为解决组装生命之树（assembly the tree of life）过程中对系统树及其相关数据存储和计算，所需要的信息学技术的理论及实践方面的研究。系统发生信息学不仅需要系统生物学家的参与，更需要数学和计算机等领域专家的参与。生物学家急于解决他们的数据管理和分析上的问题，数学家和计算机科学家研究他们感兴趣的基础理论问题，提出建树和比较数据的新算法，并开发出相应的计算程序。

4.2 系统发生信息学研究内容

过去 20 年分子系统发生研究产生了大量的序列数据和系统树，迫切需要发展新的系统发生数据管理工具。目前系统发生信息学主要的研究内容包括各种类型的系统发生数据库的建立、系统树构建方法和软件开发、系统树可视化、系统树比较与联合分析方法，以及软件、系统发生信息数据挖掘方法研究等。

（1）系统树数据库的建立：建立系统树的初级数据库和次级数据库。系统发生信息学的初级数据库主要包含的是系统树和建立系统树的所有性状数据的数据库，与初级数据集相关的是文献数据库、物种名称和高级分类单元名称数据库、凭证标本收藏数据库等。已建成的系统发生信息学数据库有 TreeBASE、Species 2000、NCBI Taxonomy 数据库等。次级数据库是指从初级数据库衍生得到的实现特定目的的数据库，目前已建成的系统发生信息学次级数据库有 Tree of Life 和 iTOL（Letunic and Bork，2007）等。

（2）系统树可视化工具的开发：开发基于个人计算机和网页界面的系统树，及其与树上分类单元相关的所有图像的可视化工具，如 TreeView、MacClade、Treeme 等。

（3）构建系统树的方法：目前，构建分类单元数目少于 50 的数据集的系统树的工具软件比较成熟，如广泛使用的 PAUP、PHYLIP、MEGA、MrBayes、PhyML 等，需要发展能够分析大数据集的和将许多小系统树联合在一起的快速构建超树的算法及软件工具。目前构建超树的算法有 RankedTree、AncestralBuild、LabelledBuild 及 MRP（matrix representation with parsimony）等，软件有 SuperTree、CLANN、HeuristicMRF、RadCon 等。

（4）方便快捷的系统发生研究数据提交和下载工具：开发系统发生信息查询语言（phylogenetic query language），如 Bioperl 等编程语言。

4.3 系统发生数据文件格式

4.3.1 数据文件格式

分子系统发生学采用的分子数据集绝大多数是 DNA 和蛋白质序列。数据集位点上出现的残基除标准的 4 种碱基和 20 种氨基酸以外，还可能有多态性或简并性的情况，为此，国际生物化学联合会制定了统一的编码方法，分别见表 4-1 和表 4-2。

表 4-1 IUB/IUPAC 标准代码碱基代码

代码	含义	互补碱基
A	A	T
C	C	G
G	G	C
T/U	T/U	A
M	A 或 C	K

续表

代码	含义	互补碱基
R	A 或 G	Y
W	A 或 T	W
S	C 或 G	S
Y	C 或 T	R
K	G 或 T	M
V	A 或 C 或 G	B
H	A 或 C 或 T	D
D	A 或 G 或 T	H
B	C 或 G 或 T	V
N	G 或 A 或 T 或 C	X

表 4-2　IUB/IUPAC 标准代码氨基酸代码

单字母代码	三字母代码	代表的氨基酸	相应的通用密码子
A	Ala	丙氨酸 alanine	GCT，GCC，GCA，GCG
B	Asx	Asn 和（或）Asp	GAT，GAC，AAT，AAC
C	Cys	半胱氨酸 cysteine	TGT，TGC
D	Asp	天冬氨酸 aspartic acid	GAT，GAC
E	Glu	谷氨酸 glutamic acid	GAA，GAG
F	Phe	苯丙氨酸 phenylalanine	TTT，TTC
G	Gly	甘氨酸 glycine	GGT，GGC，GGA，GGG
H	His	组氨酸 histidine	CAT，CAC
I	Ile	异亮氨酸 isoleucine	ATT，ATC，ATA
K	Lys	赖氨酸 lysine	AAA，AAG
L	Leu	亮氨酸 leucine	TTG，TTA，CTT，CTC，CTA，CTG
M	Met	甲硫氨酸 methionine	ATG
N	Asn	天冬酰胺 asparagine	AAT，AAC
P	Pro	脯氨酸 proline	CCT，CCC，CCA，CCG
Q	Gln	谷氨酰胺 glutamine	CAA，CAG
R	Arg	精氨酸 arginine	CGT，CGC，CGA，CGG，AGA，AGG
S	Ser	丝氨酸 serine	TCT，TCC，TCA，TCG，AGT，AGC
T	Thr	苏氨酸 threonine	ACT，ACC，ACA，ACG
V	Val	缬氨酸 valine	GTT，GTC，GTA，GTG
W	Trp	色氨酸 tryptophan	TGG
X	Xxx	未知	—
Y	Tyr	酪氨酸 tyrosine	TAT，TAC
Z	Glx	Glu 和（或）Gln	GAA，GAG，CAA，CAG
*	End	终止子	TAA，TAG，TGA

分子系统发生分析过程中遇到的各种数据文件格式列于表 4-3 中。

表 4-3　系统发生数据文件格式

数据类型	格式（后缀）
原始测序数据	ABI（.abl，.abi），FASTQ 等
单序列数据	FASTA，GenBank（.gbk，.gen，.gb，.gnk），XML（.xml）等

续表

数据类型	格式（后缀）
多序列数据	FASTA（.fasta，.fas），GCG（.msf），ALN（.aln），PHYLIP（.phylip，.phy），NEXUS（.nexus，.nex），XML，MEGA（.meg）等
距离数据	TXT，NEXUS，MEGA，PHYLIP 等
系统树文本格式	NEXUS，Newick，XML
系统树图形格式	JPEG，TIFF，BTM，PDF，PIC，PNG，ESP 等

1. FASTA 格式

FASTA 格式是最简洁而常用的序列格式，后缀为 .fas 或 .fasta。格式包括三个部分。

（1）在注释行的第一列用字符“>”标识，后面是序列的名称，不同软件对名称的要求不一样，一般要求名称的中间不能有空格（Clustal 只识别空位之前的名称，所以同属不同物种将造成序列同名问题而无法导入）和连字符（在 FASTA 格式中代表空位），且长度不超过 80 个字符；有些早期的程序要求序列名在 10 个字符之内。

简明易懂的名字将给后续分析带来很多方便，最保险的办法是命名时选用简明清晰的 10 个字符以内的字母和数字作为序列名。序列和序列之间最好以一空行相隔。多序列比对时，特别注意确保“>”之后的序列名称对每个序列来说都是独一无二的，否则会因序列重名而无法输入。

（2）从第二行开始为序列数据，采用标准的代表核苷酸或氨基酸的单字符（IUB/IUPAC 标准代码）标记（表 4-1 和表 4-2）；每行长度一般均为 80 字符。

（3）可选的“*”表示序列的结束，它可能出现也可能不出现，但它是有些软件正确读取序列所必需的。

FASTA 格式文件示例如下：

```
> Human
AACTCTCCACCATCAGTTCT
> Chimp
AGCCCTCTATCGCCAGTCCT
> Gorilla
AGTTTTACGCAACCAGGCCC
> Orangutan
AACACCACACACTTGAGCCC
> Gibbon
AACCTCAAGCAATTAAGTTT
```

2. PHYLIP 格式

PHYLIP 格式是 Felsenstein 的 PHYLIP（phylogenetic inference package）软件包所使用的格式，也被 TREE-PUZZLE、PhyML、PAML 等采用。PHYLIP 格式文件的后缀为 .phy。

PHYLIP 格式的第一行是两组数字，分别代表数据中包含的分类单元数和序列位点数，数字中间用空格分开。从第二行开始是序列数据，可以是连续的（sequential，即一条序列输出完毕后再输出另外一条），也可以是间断的（interleaved，以比对块的方式）。如果是间断形式，序列名称只在第一列出现，名称必须在 10 个字符以内。间断的 PHYLIP 格式文件示例如下：

```
        5      20
Human          AACTCTCCAC CATCAGTTCT
Chimp          AGCCCTCTAT CGCCAGTCCT
Gorilla        AGTTTTACGC AACCAGGCCC
Orangutan      AACACCACAC ACTTGAGCCC
Gibbon         AACCTCAAGC AATTAAGTTT
```

3. Clustal 格式

Clustal 格式是由比对程序 Clustal 生成的，并没有被系统发生软件采用。Clustal 软件本身也能够输出其他常用的多序列格式。Clustal 格式文件的后缀是 . aln。Clustal 格式的特征包括：①第一行给出 Clustal 的版本信息，前面不能有空格；②第二行以后是序列数据，以比对的形式给出，其每一行的字符数固定，一般为 60 个字符，每一行由序列名称起始，名称长度任意，名称与序列之间至少有一个空格，名称之后为序列本身，大小写任意，“—”代表空位，每行最后可加入序列号。在每一序列对底部以“ * : , ;”等符号给出其保守序列信息，表示不同程度的保守区域。

如果需要将 Clustal 格式转换为其他格式，最好在写字板中将所有保守序列信息标记（如 * ）替换掉，否则无法转换。Clustal 格式文件示例如下：

```
CLUSTAL 2. 0. 11 multiple sequence alignment

Human           AACTCTCCACCATCAGTTCT
Chimp           AGCCCTCTATCGCCAGTCCT
Gorilla         AGTTTTACGCAACCAGGCCC
Orangutan       AACACCACACACTTGAGCCC
Gibbon          AACCTCAAGCAATTAAGTTT
                *
```

4. Nexus 格式

Nexus 文件格式是由 Maddison 和 Sworfford 设计的专门为管理系统发生分析过程中涉及的各类数据的一种文件格式，已被许多系统发生分析软件所采用，如 PAUP、MacClade、MrBayes、SplitTree 等。Nexus 格式文件的后缀随软件不同而有所变化，通常为 . nex、. nxs 或 . nexus，可以直接将后缀修改为软件能够识别的后缀。

Nexus 文件格式以 #Nexus 字符串开始，文件中的所有信息均以模块（block）形式组织。基本的模块有 8 类，这些模块可以被许多软件共享，也有一些模块为某个软件所特有，其他软件不能识别和使用，如 PAUP 模块和 MacClade 模块分别是 PAUP* 和 MacClade 特有的模块，对于不能识别的模块，在打开文件时软件将忽略这类模块。

Nexus 格式中可以在任何位置上用方括号“ []”加入对内容的注释，以便阅读，但计算机会忽略这些注释。

命令模块的结构：一个模块是由许多命令行组成的。每个模块以“begin 模块名”的命令行开始，以“end;”行结束，模块的中间是主要信息，如 PAUP 模块：

```
begin paup;
    constraints ch=((Homo_sapiens,Pan));
    constraints chg=((Homo_sapiens,Pan,Gorilla));
end;
```

命令行的结构：命令行以一个命令关键词开始，接着列出选项和参数，以分号“;”结束命令行。一个命令行也可以在屏幕上或编辑窗口显示多行，只要没有出现分号，该命令行就没有结束。Nexus 文件格式示例如下：

```
# NEXUS
BEGIN DATA;
dimensions ntax=5 nchar=20;
format missing=?
symbols="ABCDEFGHIKLMNOPQRSTUVWXYZ"
interleave datatype=DNA gap=-;

matrix
Human      AACTCTCCACCATCAGTTCT
Chimp      AGCCCTCTATCGCCAGTCCT
Gorilla    AGTTTTACGCAACCAGGCCC
Orangutan  AACACCACACACTTGAGCCC
Gibbon     AACCTCAAGCAATTAAGTTT
;
end;
```

Nexus 文件格式的特点如下所述。

(1) Nexus 文件易于编写。Nexus 文件采用纯文本文件（text file）格式，可以用任何文字编辑软件编写 Nexus 文件，只需保存为纯文本（.txt）格式即可。

(2) Nexus 文件具有很强的可扩展性。文件中可以在任何时候、任何地方加入所需要的内容而无须重新编写原有内容。

(3) Nexus 文件的包容性较强。由于是专门为系统发生分析所设计，故该文件几乎包含了所有系统发生分析所要求的信息和数据类型。

(4) Nexus 文件的模块性。Nexus 文件由模块组成，模块的数目多可根据数据和分析项目要求来确定。

生成 Nexus 文件格式的辅助软件：创建 Nexus 文件最方便的途径是用菜单界面或者交互式的软件，如 NDE、MacClade、WINIPAUP 等程序输出正确的格式文件。选择 PAUP 编辑模式（edit mode），则数据编辑窗口激活，可对数据进行编辑。PAUP 中的各种模块可以在这种模式下编写，然后保存为新文件。举例来说，可以通过 PAUP 菜单界面创建“假设集”。假设中可以包含一个外群的说明、特定分类群的排除及性状，如果是 MP 分析，还可以包含性状权重和性状类型的说明。假设还可以存储为一个合适的格式文件。打开一个数据文件的时候，就可以加载这个文件，或者可以把注释粘贴到一个早先创建的文件中，以避免将其加载。

5. MEGA 格式

MEGA 格式是 MEGA 软件专用的一种多序列格式，首行为“♯MEGA”，第二行为“！Title”，后面可以加入一些描述：如！Title,！description,！Format 等，这些描述的最后都必须以“；”结尾；序列以“♯”开头，后接分类单元名称，首字母必须为文字和数字的字符（0～9，A～Z）或特殊字符（－或＋），分析时只识别 40 个字符以内的名称，后以单个或多个空格隔开分类单元名称和序列字符。序列格式分间断格式（interleaved）和连续格式（sequential）两种。MEGA 间断文件格式示例如下：

```
#Mega
! Title 1.aln;

#Human
AACTCTCCACCATCAGTTCT

#Chimp
AGCCCTCTATCGCCAGTCCT

#Gorilla
AGTTTTACGCAACCAGGCCC

#Orangutan
AACACCACACACTTGAGCCC

#Gibbon
AACCTCAAGCAATTAAGTTT
```

6. MSF 格式

MSF 多序列格式是由 GCG 软件包的多序列比对程序 PileUp 生成的。数据的首行为“PileUp”，隔空一行为序列长度、类型和校正码；接下来就是序列名称和长度信息；在注释信息和序列模块之间用双斜杠分开；序列的空位用符号“～”来表示（其他格式用连字符表示）。MSF 文件格式示例如下：

```
PileUp
MSF:  20  Type:N   Check:  5119  ..
Name:Human oo  Len:  20  Check:  5382  Weight:  100.0
Name:Chimp oo  Len:  20  Check:  5177  Weight:  100.0
Name:Gorilla oo  Len:  20  Check:  4460  Weight:  100.0
Name:Orangutan oo  Len:  20  Check:  4557  Weight:  100.0
Name:Gibbon oo  Len:  20  Check:  5543  Weight:  100.0
//
```

```
Human        AACTCTCCAC CATCAGTTCT
Chimp        AGCCCTCTAT CGCCAGTCCT
Gorilla      AGTTTTACGC AACCAGGCCC
Orangutan    AACACCACAC ACTTGAGCCC
Gibbon       AACCTCAAGC AATTAAGTTT
```

7. XML 格式

XML 格式是 BEAST、LAMARC 等软件使用的格式，也是生物信息学数据格式将来的发展方向。XML（extensible markup language）是在文本文件中构建数据的一种计算机语言，互联网组织（http：//www. w3c. com）将 XML 协议（XML，2006）格式定义为一种通用的、不依赖平台的结构文档。一个 XML 格式的文档是含有正文陈述的一个信息嵌套树，它必须起始于一个源节点，树的每一个节点包含了数据、一定数目的亚节点及标识，每一个节点及其亚节点的内容被一对相互附着的标签所限制。XML 文件格式序列比对部分示例如下（由 BEAST v1. 6. 1 软件包的 BEAUti v1. 6. 1 产生）：

```
<? <xml version="1.0" standalone="yes"? >

<!-- Generated by BEAUTi v1.6.1                                              -->
<!--      by Alexei J. Drummond and Andrew Rambaut                           -->
<!--      Department of Computer Science,University ofAuckland and           -->
<!--      Institute of Evolutionary Biology,University ofEdinburgh           -->
<!--      http://beast.bio.ed.ac.uk/                                         -->
<beast>

  <!--The list of taxa analyse(can also include dates/ages).                 -->
  <!--ntax=5                                                                 -->
  <taxa id="taxa">
    <taxon id="Human"/>
    <taxon id="Chimp"/>
    <taxon id="Gorilla"/>
    <taxon id="Orangutan"/>
    <taxon id="Gibbon"/>
  </taxa>

  <!-- The sequence alignment(each sequence refers to a taxon above).        -->
  <!-- ntax=5 nchar=20                                                       -->
  <alignment id="alignment"dataType="nucleotide">
    <sequence>
      <taxon idref="Human"/>
      AACTCTCCACCATCAGTTCT
    </sequence>
    <sequence>
      <taxon idref="Chimp"/>
      AGCCCTCTATCGCCAGTCCT
```

```
</sequence>
<sequence>
  <taxon idref="Gorilla"/>
  AGTTTTACGCAACCAGGCCC
</sequence>
<sequence>
  <taxon idref="Orangutan"/>
  AACACCACACACTTGAGCCC
</sequence>
<sequence>
  <taxon idref="Gibbon"/>
  AACCTCAAGCAATTAAGTTT
</sequence>
</alignment>
```

8. FASTQ 格式

高通量测序数据以 FASTQ 格式来记录所测的碱基读序和质量分数。FASTQ 格式以测序读序（read）为单位进行存储，每条读序占 4 行，其中第 1 行是以“@”开头的一个读序文件识别标志，第 2 行为碱基序列，第 3 行为“＋”开头的读段名（ID），第 3 行中 ID 可以省略，但“＋”不能省略，第 4 行为与第 2 行碱基序列对应的测序质量评分（以 ASCII 代码表示数值）。

第二代测序数据格式 FASTQ 文件示例如下：

```
@ EAS54_6_R1_2_1_413_324
CCCTTCTTGTCTTCAGCGTTTCTCC
+
;;3;;;;;;;;;;;;7;;;;;;;88

@EAS54_6_R1_2_1_540_792
TTGGCAGGCCAAGGCCGATGGATCA
+
;;;;;;;;;;;7;;;;;- ;;;3;83

@EAS54_6_R1_2_1_443_348
GTTGCTTCTGGCGTGGGTGGGGGG
+EAS54_6_R1_2_1_443_348
;;;;;;;;;;;9;7;;.7;393333
```

4.3.2　格式转换软件

不同的测序中心及不同的序列分析软件往往会输出不同的蛋白质与核酸序列格式，这给使用各种软件进行进一步分析带来很大困难，从而导致了各种序列格式转换程序的出现，其中比较常用的有 SeqVerter 1.3 及 ForCon 1.0 等。目前常见的序列格式包括 Clustal、EMBL、FASTA、GCG/MSF、HENNIG86、MEGA、NBRF/PIR、PAUP/NEXUS、Parsimony Jackknifer、PHYLIP 和 TREECON 等。

1. SeqVerter

SeqVerter 1.3 是一个免费的序列格式转换程序，可以进行多序列文件的查看、格式转换、将多个序列文件合并及将一个多序列文件分割成单序列文件等操作（从 www.genestudio.com 可下载）。目前可识别的文件包括 ABI、DNAStar、IBI/PUSTELL、SCF 等单序列格式文件，以及 FASTA、GenBank、STRIDER、SWISSPROT、EMBL、Clustal、PHYLIP Interleaved、MSF 等多序列格式文件。

SeqVerter 的操作十分简单，点击程序图标进入 SeqVerter 的操作界面，即可进行格式的转换工作。点击“Import sequence file”按钮可以输入序列文件，结合 Ctrl 键允许同时用鼠标选择多个序列文件。

2. DataConvert 的使用

DataConvert 是在 Java 环境下运行的可识别 10 种文件格式并将其转换成 5 种输出格式的格式转换软件。输入的 10 种文件格式为 FASTA、MEGA、Clustal、NEXUS、PHYLIP、TCS、RST、XML、GenBank XML 和 GenBank Flat Files。输出的 5 种格式为 PHYLIP、Clustal、MEGA、FASTA 和 NEXUS。软件运行的界面如图 4-1 所示。

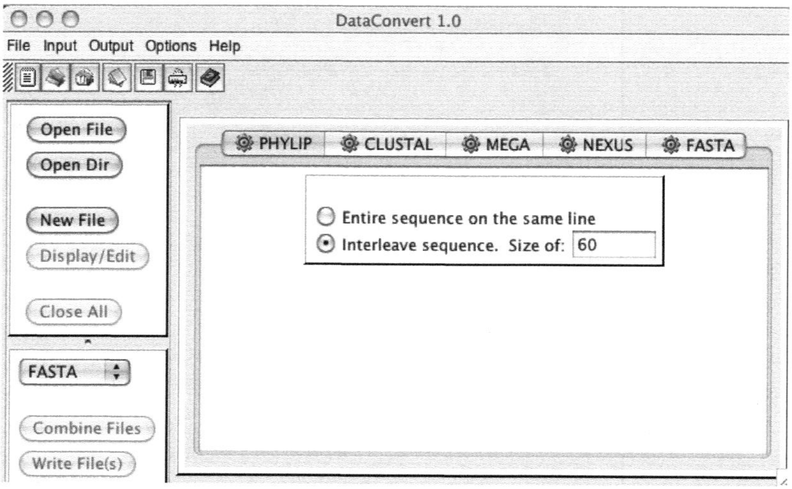

图 4-1　DataConvert 界面

3. ForCon

ForCon 1.0 是另一个出色的核酸与氨基酸不同序列格式之间的转换软件，它可以对 Clustal、EMBL、FASTA、GCG/MSF、HENNIG86、MEGA、NBRF/PIR、PAUP/NEXUS、Parsimony Jackknifer、PHYLIP 及 TREECON 等格式文件进行双向格式转换，

其转换结果可以连续序列形式或隔行序列的形式输出。对蛋白质序列中的不确定氨基酸残基以“X”表示，对核酸序列中不确定的核苷酸以“N”表示，对空位（gap），二者均以“—”表示。

在安装该程序后，双击快捷图标，进入 ForCon 1.0 的起始界面，如图 4-2 所示。单击 Enter，将进入序列格式转换选择界面。在界面的左侧选择需要进行转换的序列格式（注意，一定要正确选择，否则程序将出错），右侧文本框中选择将要转换成的序列格式，如图 4-2 所示。

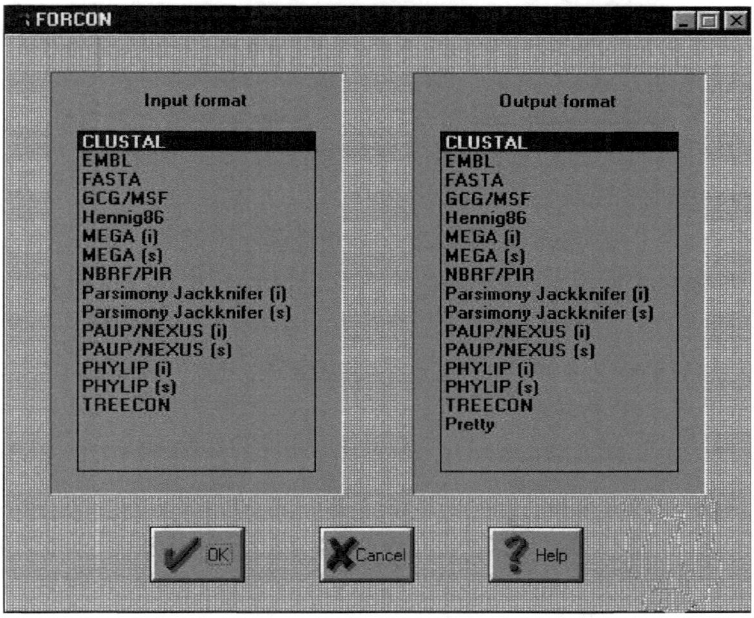

图 4-2　ForCon 可以输入和输出的序列格式

4.3.3　系统树文件格式

系统树有不同的表达方式，一般是以文本格式保存在计算机上，以图形方式供发表和浏览使用。

虽然二歧树或多歧树可以在一个二维平面上画出来，但使用简单书写符号来代表不同树的拓扑结构在描述系统树时更方便（图 4-3）。这种以文本符号表达的系统树的格式有三种：NEXUS、Newick 和 XML。

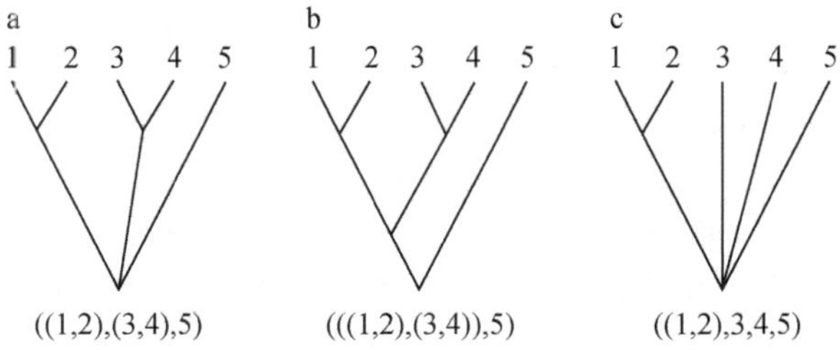

图 4-3　系统树的图形和 Newick 格式文本表达方法

1. Newick 格式

Newick 格式也称为 New Hampshire 格式，是采用嵌套的括号和字符表示系统树的文本方式，文件后缀为 . NHX、. nwk 等。目前的大多数系统发生分析软件可以输出这种格式。但这种格式无法唯一地定义一个拓扑结构，一棵树可以被不止一种的 Newick 格式表示，这是由一个节点的后代按从左到右的次序排列造成的。

Newick 格式定义：任何二歧树或多歧树都可以用一组简单的符号表示，这些符号及其意义如下所述。

() 括号表示单系群。

，逗号表示分支。

：冒号及其后面的数字表示冒号前面分支长度，仅用于标度系统树。

[] 方括号内的内容表示注解。

一个标记（label）或分枝长度数据内部必须连续，不能隔行写。

无根树和有根树的表达方式不同。PHYLIP 要求无根树以三分支表示。

一个多歧树也可以用同样的方法表示。假定类群 a、b 和 c 是从一个三歧节点衍生而来，而不是从树 a～e 的两个二歧节点衍生而来，这个树的拓扑结构可以表示为 (f，(e，(d，(c，b，a))))。

对于无根树，有几种不同的描述拓扑结构的方法。一个简单的方法是将所有的类群细分为三个连接在同一内部节点的子群，然后将每一个由三个或更多类群组成的子群进一步分解为更小的子群。当存在多歧节点时，需要使用一种稍微不同的表达。

Newick 格式被 PAUP* 、MrBayes、PHYLIP、GARLI、PROTML、TREE-PUZZLE 等主流软件包采用。Newick 格式树文件示例如下：

```
(((Gibbon:0.10793,Orangutan:0.08338):0.04669,Gorilla:0.05036):0.02637,Chimp:
0.04632,Human:0.03627);
```

2. NHX 格式

NHX（new hampshire extended）格式是 Newick 格式的扩展，可以将树的节点和分枝的标记等信息整合进来，是注释系统树的通用格式。与简单的 Newick 格式相比，NHX 格式的标记次序比较灵活，标记和 OTU 名称长度没有限制，可以对内外部节点进行标记。NHX 格式文件示例如下（http：//www. phylosoft. org/forester/NHX. html）：

```
(((ADH2:0.1[&NHX:S=human:E=1.1.1.1],
ADH1:0.11[&&NHX:S=human:E=1.1.1.1]):0.05[&&NHX:S=Primates:E=1.1.1.1:D=Y:B=100],
ADHY:0.1[&&NHX:S=nematode:E=1.1.1.1],ADHX:0.12[&&NHX:S=insect:E=1.1.1.1]):0.1
[&&NHX:S=Metazoa:E=1.1.1.1:D=N],
(ADH4:0.09[&&NHX:S=yeast:E=1.1.1.1],ADH3:0.13[&&NHX:S=yeast:E=1.1.1.1],
```

```
ADH2:0.12[&&NHX:S=yeast:E=1.1.1.1],ADH1:0.11[&&NHX:S=yeast:E=1.1.1.1]):0.1[&&NHX:
S=Fungi])[&&NHX:E=1.1.1.1:D=N];
```

3. Nexus 格式

NEXUS 格式是在 Newick 格式的基础上加入了 PAUP 的一些命令，被 PAUP*、MrBayes 等主流软件包采用，文件后缀为 .nex 或 .nxs 或 .nexus。Nexus 格式树文件示例如下：

NEXUS 格式无根树，所有内部分支为 0.2，所有外部分支为 0.1：

```
# nexus
begin trees;
utree best=(taxonA:0.1,taxonB:0.1,(taxonC:0.1,taxonD:0.1):0.2);
end;
```

带有分类单元转换的 NEXUS 格式文件示例如下：

```
# NEXUS
begin trees;
  translate
    1 Man,
    2 Chimp,
    3 Gorilla,
    4 Orangutan,
    5 Gibbon;
  tree example=(((1,2),3),4,5);
end;
```

4.4　系统发生分析软件

4.4.1　系统发生分析软件概述

最近几十年来，计算机技术的发展为大规模开展系统发生分析提供了必需的条件，大批系统发生分析软件的开发成功，使系统发生研究中数据分析过程变得相对简单，并大大提高了研究工作的效率和水平。当前，系统发生分析软件正在向模块化、流程化（pipeline）、开源化、并行计算/云计算等方向发展。

目前可利用的系统发生分析软件很多，从适用于某类数据的专用程序到包揽所有系统发生分析方法的通用软件包，其种类不下千种。由于软件变化的周期很快，所以详细地介绍这些程序无多大意义。这里重点介绍系统发生分析软件的一般使用方法和注意事项，之后列出了常用的一些多功能软件包的主要功能，以供选择和参考。

系统发生分析软件有多种运行在不同操作系统（Windows、Unix/Linus、Mac OS）和不同 CPU 构架（32 位、64 位、多核并行）的版本。

系统发生分析软件的发布方式有开源、共享和商业三种，目前的绝大多数软件都是开源的，仅有少数属于共享和商业，著名的商业软件包有 PAUP* 4 和 Genous 等。

4.4.2 系统发生分析软件的编程语言

最常用的系统发生分析软件编程语言有 C＋＋、Java、Perl、Python、R 和 XML 等。Perl、R 及 Python 等属于解释性执行的语言，易学，前两种适合编写简单的小程序，而 Python 语言则适合编写大型的复杂程序。C 语言和 Java 语言的学习难度较大。对于有志于系统发生分析软件的编程者，至少要会一种编译型语言（compiled language），如 C、C＋＋和 Java 等，以及一种脚本语言（scripting language），如 PERL、R 或 Python 等。

用 C＋＋编写的软件运行速度最快，需要内存最小。Perl 和 Python 是最为方便的语言，不过速度有些慢，Java 介于两者之间。Perl 有着最全面的代码库，而 Python 最有活力和发展潜力。

系统发生分析软件开源代码库（open resource library），如 BioJava、BioPerl、BioPython、Bio＋＋、BioPHP、BioRuby、BioBike、BioLisp、Bioconductor 和 R 等含有大量的涉及系统发生分析的代码可以利用。

对于生物学家来说，软件使用哪种编程语言并不是最重要的，关键是理解语言背后的算法、模型及生物学背景知识。

4.4.3 系统发生分析软件的使用

1. 软件的索取、安装及使用

在知道软件名称及网址时，可直接方便地从网上下载相应的软件；但当不知道软件网址或仅仅想了解大部分软件时，就可以通过 Google 等各类搜索引擎进行查询，此时，以软件名称进行特定的搜索查询或以其他关键词进行广泛的搜索，即可查询到相关软件网址。

软件是不断升级的，如果使用软件版本有问题的话，也许很快就有新的版本。下载服务器并不总储存有软件的当前最新版本，而软件作者的主页是检查软件是否升级的最好的地方。

只有商业软件才会有软件的特殊安装，一般而言，免费软件是不需要特殊安装的。

对于部分软件，特别是用 Java 或 Perl 语言编写的软件，常会要求在安装其他免费的常用软件后才能使用，因此，一定要先详细地阅读免费软件的安装说明。

通常，免费软件并没有很详细的使用说明，也可能没有提及软件运行时遇到的所有问题。大部分免费软件的版权属于作者或赞助商，他们只是给使用者非商业性免费使用的权利。商业软件或其他付款方式使用的软件，则取得了作者认可版权的使用。免费软件一般都提供了源代码，因此用户可以修改并进一步开发它，这给富有经验的用户做自己所需的分析带来了极大的便利，但必须注意商业软件包是不允许的。如果作者将其作品放在公众域，并不保留任何控制，那么软件就可以用于商业用途。

如果研究中应用了免费软件，则研究论文的发表将涉及免费软件的引用问题。大多数免费软件有正式发表的相关文章直接引用，少数没有论文的软件需要引用软件作者提供的网络 URL 地址。

2. 系统发生软件选择

尽管目前已经有大量的系统发生软件，但到现在为止，还没有一个软件包可以满足所有或主要系统发生分析功能的要求。以最广泛使用的软件包 PAUP 为例，它的缺点包括：①无法对蛋白质序列进行 ML 分析；②DNA 进化模型太少；③没有进化模型选择功能；④没有系统树编辑功能；⑤启发性搜索速度太慢；⑥没有贝叶斯法；⑦没有比对功能等。

衡量系统发生软件优劣的标准主要包括：

（1）是否执行目前广泛使用的系统发生分析方法，如简约法、最大似然法和贝叶斯法等；

（2）是否具有对树空间进行彻底搜索的能力和合理的速度；

（3）可以执行的进化模型数量；

（4）评估最优树可靠性的功能及完成速度；

（5）可以处理的数据集大小和运算速度。

根据上述标准，PHYLIP、MEGA 4 和 DAMBE、SEWVIEW 等都属于普及性的软件，这些软件的系统树搜索能力有限，进化模型较少，适合于数据基本信息的统计分析和简单数据的系统发生分析，而 PAUP、PhyML、MrBayes、BEAST 等则属于专业软件。

理想的系统发生分析软件的功能应该包括系统发生分析过程需要的所有功能，如数据编辑、序列比对、距离计算、模型选择、进化特征分析、距离法、简约法、最大似然法、贝叶斯法、系统树可靠性评估、系统发生假设检验、分子定时、性状进化作图及系统树编辑与美化等。为此，人们的努力还在继续，期望新版的 PAUP 和 MEGA 5 能够集上述大部分功能于一体。

可惜，到目前为止，还没有任何一款软件能够做到上述这些功能，大多数的软件仅仅能够完成其中的一项任务。所以，在系统发生分析工作流程的每一阶段，都需要选择一些合适的软件来完成某一阶段的任务，表 4-4 列出了目前系统发生分析各个阶段广泛应用的一些软件。

表 4-4　系统发生分析各个阶段主流软件

任务	常用软件
测序峰图查看	Chrosmas，FinchTV，MEGA 5，Sequencher
序列拼接	Sequencher，Staden Package，Lasergene
序列比对	ClustalX，MAFFT，MUSCLE，T-Coffee

续表

任务	常用软件
序列编辑与格式转化	Jalview, SeaView, SeqPup, BoxShade
数据集连接	SequenceMatrix, Concatenator, BioEdit, TOPALi, Bosque, Se-Al, DAMBE
数据统计	MEGA 5, DAMBE, PAUP
模型选择	jModelTest, ModelTest, MrModelTest, DTModSel, ProtTest, Kakusan
距离法	PAUP, MEGA 5, DAMBE, FastTree 2, ProfDist, PHYLIP
简约法	PAUP, TNT, WinClada, NOVA, PIWE, HENNIG86, PHYLIP
最大似然法	PAUP*, RAxML, PhyML, TREEFINDER, GARLI, METPEGA, MetaPIGA 2, TREE-PUZZLE, pIQPNNI
贝叶斯法	MrBayes, BEAST, PhyloBayes, PhyBayes, BEST, PHASE
网络法和超树	TCS, T-REX, Network, DnaSP, SplitsTree 4, CLANN
无比对方法	POY, BAli-Phy, StatAlign, ALIFRITZ
系统发生假设检验	PAUP, CONSEL, HyPhy, Phyltest
系统树编辑	FigTree, Dendroscope, TreeDyn, TreeViewX, MrEnt
性状进化作图	MacClade, Mesquite
分子测年	BEAST, r8s, Rhino, Multidivtime, PATHd8, CodonRates

有人统计了近 30 年来发表的系统发生分析论文采用的分析方法和软件（图 4-4）的历史发展，由此可以看出，目前发表的系统发生分析论文中，使用最多的方法依次为简约法、贝叶斯法、最大似然法和距离矩阵法。在软件使用方面，MP 法的软件使用

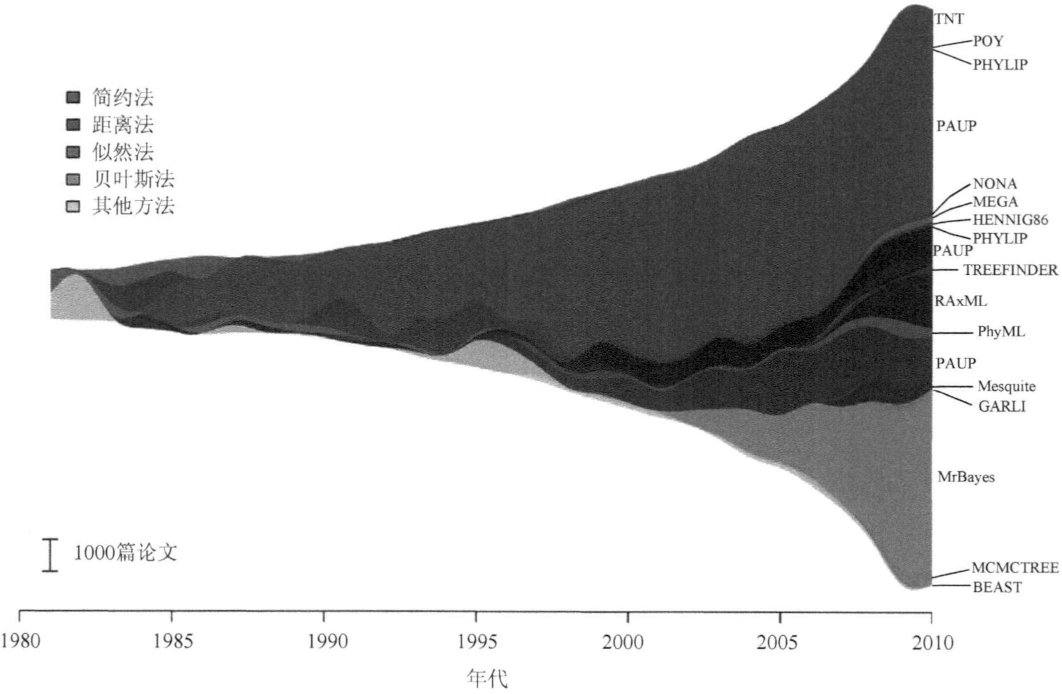

图 4-4 1980～2010 年系统发生分析文献数量、分析方法及软件使用情况的统计结果（见彩图）
（http：//www.brianomeara.info/teaching/eeb511）

频率是 PAUP>TNT>POY4>PHYLIP>NOVA>HENNIG86；贝叶斯法的软件使用频率是 MrBayes>MCMCTREE>BEAST；ML 法的软件使用频率是 RAxML>PAUP>PhyML>TREEFINDER>GARLI；距离矩阵法的软件使用频率是 PAUP>PHYLIP。

3. 系统发生分析软件使用的一般技巧

学习任何软件都应先了解它的在线帮助系统，并在使用时能随时查阅用法。一般软件都提供了完备的帮助文档，用户要学会如何有效地使用帮助文档。首先，通过帮助文档的搜索功能找到自己问题的解答。其次，要能掌握软件运行原理，这样才能举一反三地试用未学过的软件。学习这类软件的原则如下。

（1）了解软件有哪些功能，或者说能完成什么任务。

（2）熟悉软件的窗口界面，包括主窗口和各功能窗口、菜单和功能选项的分布和位置。

（3）弄清执行每一项功能的操作步骤，熟悉对每一操作步骤涉及的参数设置及其对结果的影响。

（4）试运行软件自带的示范数据，了解软件的基本功能并获得分析经验和结果验证后，再分析实际数据。

（5）搞清软件的输入和输出。软件要求的输入数据是什么类型和格式，输入文件的后缀要符合软件的要求；软件的输出结果包括哪些，运算结果是自动保存还是暂时保存在计算机内存中需要手动保存，以及如何查看和解释这些结果。界面友好的软件可能将运行结果进行了整理并以列表或图形方式显示，但大多数软件没有这样的功能，有些软件的运行结果写入运行日志文件（log file）甚至内存中，需要专门命令将其保存下来，以利于进一步分析。

（6）文件名称和路径上的文件夹不要使用中文、空格和 Unix 特殊字符（!?"'%& ∧~* $ | / \ {} [] () <>:）。有些软件会由于使用中文或较长的文件名问题而无法打开文件，出现无法找到和打开文件或文件路径无效等错误。

（7）对每个分析项目或数据集创建一个独立的文件夹并给予相应的不易混淆的名称。

（8）不要改变自己搞不清的设置，软件默认的设置可用于大多数情况。

（9）尽量采用 copy/paste 进行序列操作，减少手工输入错误。

（10）备份且保存各种分析阶段的原始数据，并将分析的结果和相应的数据集保存在同一个文件夹下，以防分析结果时找不到数据。

（11）同时使用几种不同的建树标准和方法及不同来源的数据集的分析结果来支持和论证结果的可靠性。

（12）和在实验室里做实验一样，每次正式分析都要做好分析日志和记录，特别注明分析的类型和相应结果的文件名、所建树的统计值等，以供分析结果和写作论文时使用。有些软件，如 PAUP，本身有运行记录，可以保存为 log 文件供日后查看。

（13）大多数的应用软件只进行专业方面的计算，需要使用者将运算结果输入到专门的统计作图软件中做进一步统计学分析或绘制图形。所以，掌握 MS OFFICE 中的

Excel 及诸如 SPSS 类的统计软件也是必需的。对于系统发生软件，多数只构建系统树，对系统发生结果的深入分析有时需要将软件运行的文本格式的结果转换为列表（Excel）进行作图或进行统计分析。

有时按照要求准备的数据集无法输入到软件，常见的问题包括以下 7 种。

（1）路径中有中文，ClustalX、ProtTest 等软件无法识别中文路径。

（2）序列名称长度问题，少数软件沿用 PHYLIP 软件对序列名称长度的规定，不能多于 10 个字符，多出的字符自动裁截，可能造成某些序列名称相同而出现错误。

（3）序列名称中间出现空格或连字符等非法字符，一些软件对序列名称空格后的字符自动裁截，可能造成某些序列名称相同而出现错误。

（4）序列中出现不规范字符。碱基、氨基酸的编码及空位和丢失数据在不同格式的数据中都有规定，不符合规定的字符出现在数据中软件将无法读入。

（5）序列名称与序列本身没有空格分开。

（6）PHYLIP 格式未指明连续与间断的类型。

（7）未正确指定数据类型，如 DNA、蛋白质编码序列、蛋白质序列等。

4. DOS 程序在 Windows 环境下运行

对于以命令模式（command mode）运行的软件，在 Windows 环境下双击运行这些程序时往往一闪而过，初学者常常感到无从下手。有三种方法可以运行这类软件。

（1）点击开始→运行 cmd，打开 DOS 命令窗口，改变路径到 DOS 程序所在的文件夹，然后输入程序命令运行。一种简便的方法是使用批处理命令，只要将该文件与程序放在同一个文件夹下，双击该文件就可以运行程序。可以用写字板打开该文件并进行修改，以适应不同的情况。

（2）根据分析内容事先将需要执行的命令和参数写成运行命令模块的脚本（script）文件，拷贝到数据集，打开数据集即可执行。

（3）采用批处理命令的方式。一般要求程序与所分析的数据文件在同一文件夹下，可以使用写字板编辑命令脚本保存为批处理文件，双击批处理文件就可以直接运行程序。批处理命令主要包括运行程序命令、输入数据文件名称、输出的分析结果文件名称及选项，以及停止运行命令等。

下面以 RAxML-7.0.3-WIN 为例对其进行说明。下载 Windows 版本的 RAxML-7.0.3-WIN；将分析数据拷贝到 RAxML-7.0.3-WIN 运行程序文件夹下；用写字板编辑以下命令脚本：RAxML-7.0.3-WIN.exe-s data.txt-n raxout.txt-m GTRCAT Pause，此处 data.txt 为分析的数据文件名，以批处理文件 RAxML.bat 保存在 RAxML-7.0.3-WIN 运行程序文件夹下。双击 RAxML.bat 运行程序。

有些采用 Java 编写的软件在 Windows 系统下双击也无法运行，此种情况下也可以将运行命令“java-jar 软件名称”写成批处理文件保存在同一文件夹下，双击该文件就可以运行。

5. 使用系统发生分析软件时需要注意的一些问题

名目繁多的系统发生分析软件的选择和使用需要注意以下一些问题。

（1）到目前为止，在进行系统发生分析中，最重要的因素不是进行系统发生程序所采用的方法，而是输入数据的质量。数据选择的重要性，尤其是比对过程的重要性，无论怎么估计都不过分。即使是最复杂的系统发生推断方法，都不能校正输入数据的错误。

（2）从尽可能多的角度分析数据。使用 4 类主要方法中的每一个，然后比较它们所建立的系统树的一致性。不幸的是，即使由不同方法得到的结果是一致的，也不意味着结果必然就是统计显著的，因为导致一致性的因素很多。

（3）选择合适的外群对分析相当重要。尤其是当外群同一个或者几个内群的序列拥有一个相同的不同寻常的属性时（如组成偏好或者时钟频率），问题就会复杂化。因此，合理的做法是用若干不同外群进行每一个分析，检查内群拓扑结构的一致性。

（4）仅仅是因为序列输入顺序不同，程序也会给出不同的系统树。PHYLIP 和 PAUP 及其他系统发生软件提供了一个“随机”选项，可以按照随机的顺序输入程序进行运算。一般原则是把怀疑有问题的序列放置在输入文件的结尾，以降低系统树重新进行分支交换时受一个较差的初始拓扑结构的负面影响。

（5）系统发生分析的一个主要问题是，虽然软件很多，但没有一个软件可以满足大多数分析的需要，尤其是对于基于模型的分析，很多软件只执行核苷酸或氨基酸的部分模型，所以需要多个软件才能完成一个数据集的分析。

4.5　PAUP* 软件及使用

4.5.1　PAUP* 软件的历史和版本

PAUP（phylogenetic analysis using parsimony）软件是由 David L. Swofford 于 1993 年开发的，PAUP 3 以下的版本只能在苹果机（Macintosh）上使用，其界面是菜单式的，只具有与 MP 法相关的建树及分析功能，目前这个版本已经不再发行。

PAUP* 4（星号 * 代表简约法以外的其他方法）有在 Macintosh、UNIX/LINUX 和 Windows/DOS 三种平台上运行的版本，具有可以针对分子数据进行 MP 法、距离法和 ML 法相关的分析功能（ML 法不能对蛋白质序列建树），以及其他一些新的特色。在三个平台上运行的界面是不同的，苹果机上还是维持了菜单界面，Windows/DOS 则是命令行界面。但这三个平台间所有的命令都是通用的，也就是说，Windows/DOS 中的所有命令在苹果机中也可以运行。但遗憾的是，截至目前，PAUP* 4 的正式版本还是没有正式发行。PAUP 已经被整合进谱系信息学门户网站（CIPRES Portal，http：//www.phylo.org/）中用于简约法分析，所有注册用户都可以免费在线使用。

PAUP 是一款功能十分强大的系统发生分析软件，过去 20 年几乎所有主流期刊发表的系统发生论文都采用 PAUP 分析的结果，为分子系统发生学的应用做出了很大的贡献。PAUP* 4 的各个版本自 1996 年发布至今仍然是测试版（4.10beta），因为不是最后的成熟版本，所以在程序运行中已经发现很多 bugs，这些问题在 PAUP 主页（http：//paup. csit. fsu. edu/）都有提到。

PAUP* 4 也存在明显的缺陷，主要包括：①因为没有执行蛋白质进化模型而无法对蛋白质序列进行 ML 分析；②ML 建树的算法速度较慢，不能完成较大数据集的 ML 分析；③没有 PC 机的图形界面版本。期待正式发布的 4.0 版本将克服上述缺陷，以满足组装生命之树所需要的大多数功能，新加入的特征包括：①增加了蛋白质进化模型，这样可以进行蛋白质序列的最大似然法分析；②矢量化简约法和似然值计算（vectorized parsimony and likelihood calculation）；③在多核和多处理器计算机上采用多线程技术以加快计算速度；④增加了超树方法（strict consensus merger，MRP）等；⑤采用并行化的树评估（MPI 和 PVM）方法以克服大数据集无法运行自举分析的问题；⑥采用改进的启发式搜索（ratchet 算法）；⑦Microsoft Windows 全功能图形化界面。

4.5.2 PAUP* 的安装

PAUP* 4.0beta 由美国 Sinauer Associates（公司主页：http：//www. sinauer. com/detail. php? id＝8060）出版公司负责发行。各个版本的定价如下：Windows/DOS（No Manual）＄85.00；Macintosh（No Manual）＄100.00；Linux/UNIX（No Manual）＄150.00。

PAUP* 4.0 的主安装文件是 4.06beta，需要运行更新安装文件才能升级到目前的最新版本 4.10beta。

安装好的 PAUP* 在其 paupWin32 文件夹下有 win-paup4b10-console. exe 和 win-paup4b10. exe 两个可运行程序，其中前者是 DOS 运行环境下的程序，有一些 PAUP* 辅助程序（如 PaupUp、PRAP、PAUPGUI 等）就需要调用这个程序；后者是 Windows 环境下的程序，是一般 Windows 用户需要运行的程序。

4.5.3 PAUP* 的功能

PAUP* 的目的是为系统发生分析提供一个简单的、带有菜单界面的、与平台无关而拥有多种功能（包括进化树图）的程序，其主要功能列于表 4-5。

表 4-5 PAUP* 的主要功能

功能	分析内容
数据集操作	性状和分类单元的包含与排除，设定外群
统计特征的描述	碱基组成频率，成对 OTU 间距离计算
系统发生信息含量检验	分类单元间碱基组成同质性的 χ^2 检验，树长分布分析（TLD 和 g1 统计值检验），PTP 检验和复杂数据集中划分数据集同质性检验（PHT 或 ILD）及 PBS
建树方法	MP 法，NJ/UPGMA、四枝树解谜法和星树分解法，三种距离矩阵法（ME 法、LS 法和 FM 法），ML 法

续表

功能	分析内容
优化标准	性状的优化标准有简约性标准和似然性标准，距离的优化标准有 ME（minimum evclution）和 LSFIT（least-square）［包括加权和非加权两种，非加权设置对应 power=0，加权设置对应 power=1 或 2，power=1 对应倒数加权；power=2 对应平方倒数，即对应 FM 算法］
树搜索方法	精确算法：穷举搜索法，分支限界法 启发式搜索：逐步添加法、星树分解法，NNI，SPR，TBR，2-ECR，四枝树解谜法 聚类分析：UPGMA，NJ 和 BioNJ
替换模型	JC69、F81、K2P、K3P，F84、HKY85、GTR 等基本模型，位点间速率变异 Γ 模型和不变位点比例（I）结合模型，以及 logDet
置信度与假设检验方法	自举分析，Jackknife，KH 检验，SH 检验，AU 检验，非参数 Templeton 检验，支持位点检验，随机排列检验，划分数据集同质性检验（ILD）
其他功能	合一树方法：严格合一树，多数规则合一树，Adams 合一树，共享子树 过滤与筛选树：按与合一树的相容性，按树长 树输出与描述：支序图，系统树，无根树 祖先性状状态重建：简约法，ML 法 树与树距离：RF，agreement metric，“ABC” 数据格式转换：PHYLIP，MEGA，NBRF，Hennig/Nona/TNT

4.5.4　PAUP* 命令及操作

PAUP* 命令的一般格式：keyword option1＝setting option2＝setting option3＝setting;。

PAUP* 命令以关键词开头，后接一个或多个选项，命令与选项、选项与选项之间空一个字符，以分号“;”结尾。可以将多个命令同时输入，命令之间仍然以分号隔开，运行时按输入顺序执行。

PAUP* 命令都有缩写且不区分大小写，比如，要执行启发式进化树搜索的命令，可以键入 hs，或 hsear，或 HSEARCH。

在 PAUP* 中所有的输入命令和设置及运行结果都保存在 log 文件中，在分析过程中的任何时候都可将 log 文件保存为另一新文件，命令为 log start file=filename. log;。

许多 PAUP* 命令选项属于触发开关（on-off），因此，在一次人机对话中一个已经设定的选项将保持激活状态。

PAUP* 在运行时总是在内存中保存最新一次建树过程获得的一棵或多棵树。

PAUP* 数据集大小的要求：最大序列长度 16 384，最大 OTU 数量依处理器类型而异，32 位处理器的计算机允许的最大 OTU 数量为 2^{30}，64 位处理器的计算机允许的最大 OTU 数量为 2^{62}。

尤其应该注意的是，任何命令都有相应的选项，当不附加选项时，PAUP* 就认为是默认选项。如果你对一个命令的选项类型和默认选项不了解，可以在输入命令名称空一格后加“?”或“HELP［｛COMMANDS | *command-name*｝］”来查看。如：

set?

则会列出命令 set 的所有选项及当前的默认选项。

需要特别说明的是，由于对 PAUP* 运行原理的了解有限，有时我们编写的命令脚本在实际运行中与希望完成的任务或设置并不一致，所以要仔细查看分析的 log 文件以确认各项设置正确。在执行一个新命令或者程序之前，特别是在执行一个包含很多不同程序和数据集的复杂的操作之前，查询当前的设置是非常有用的。

help；在任何时候用该命令显示所有当前可利用的命令列表。

Help command；显示在该命令下可利用的命令或设置列表，如 help hs；

Command ?；显示在该命令下的所有可选项，如 lset ?；

另外，PAUP* 手册中对命令的书写有一些约定俗成的规定：大写的必须输入；斜体的是可以被使用者替换的选项；“[]”内的项目是可选项；“{X | Y | Z}”内的选项是单选的，默认选项用下划线表示；包含两个以上数值可选的命令选项用“KEYWORD=VALUE”；对于只有开关项（on-off）的命令选项则用“KEYWORD=YES | NO”表示。

标志符（identifier）的规定：在 PAUP* 中，分类单元、性状及其他性状集、分类单元集、树等 PAUP* 元素取名时，必须是唯一的，如果名字中包含“() [] {} / \ ,;: =*"'`+－＜＞”及空格等特殊符号时，必须用单引号括起来。如 Homo _ sapiens 不用单引号的话，其效果等同于 Homo sapiens，而与‘Homo _ sapiens’意义不同。

PAUP* 的所有命令可以分成 9 类，组成 9 个模块。

（1）分类单元模块（taxa block）：包含的两个命令为 Dimensions（数据维数）和 TaxLables（分类单元标记）。

（2）性状模块（characters block）：常用的命令包括 Dimensions、Format、Eliminate、TaxLabels、Charlabels、CharStateLabels、StateLabels 和 Matrix，用于指定性状的长度、格式、删除某些性状、性状状态标签、性状标签及矩阵。

（3）数据模块（data block）：这个模块实际上就是前两个模块的合并形式。

（4）假设模块：包含了对性状类型的各种假设和祖先状态的指定等。常用的命令有 UserType、TypeSet、WtSet、ExSet、AncStates。所有数据划分模块、密码子模块里的所有命令也都可以放置在这个模块里。

（5）数据划分模块（set block）：对性状或分类单元分组或划分数据集，对应的命令为 CharSet、TaxSet、CharPartition 和 TaxPartition。

（6）树模块（tree block）：用于用户自定义树的输入，包含 Translate 和 Tree 两个命令。

（7）密码子模块（codons block）：用于定义遗传编码、DNA 和 RNA 序列中编码蛋白质的区域及对应的三个密码子位点。

（8）距离模块（distances block）：这个模块包含距离矩阵，命令包括 Dimensions、Format、TaxLabels 和 Matrix。

（9）PAUP* 模块：包含 100 个以上命令，任何有效的 PAUP* 命令均可以出现在该模块中。

4.5.5 PAUP* 使用的一般步骤

应用 PAUP* 进行系统发生分析的一般步骤如下所述。

(1) 运行 PAUP*，以处理方式打开分析的数据集。

(2) 选择系统发生分析标准：默认的建树标准是简约法，如果要选择其他标准，需使用命令：set criterion=likelihood；set criterion=distance。

(3) 选择适当的设置：Pset，Lset，Dset。

(4) 选择发现最优树的算法：Hsearch，bandb，nj。

(5) 查看获得的最优树：showtree，describetrees。

(6) 对最优树赋根：root outroot=Monophyl;。默认情况下 PAUP* 仅产生无根树，这时保存的树根部是三分支的形式。所以在正式保存之前，必须采用 root 命令对最优树赋根，这样才能保存为正常的二分支的有根树。

(7) 保存最优树：SaveTrees file=filename. nex root=yes brlens=yes。

(8) 可靠性的自举分析并保存自举合一树：bootstrap；savetrees file=bootMajRule. tree from=1 to=1 savebootp=nodelabels。

(9) 保存分析日志文件：log start file=filename. log；日志文件的内容有分析参数的设置和很多其他统计数据，总结分析结果时需要这些数据。

(10) 将自举支持度显示在最优树上：系统发生分析的结果一般都是给出带自举支持度的标度有根树。PAUP* 获得的最优树是有标度的有根树，但无自举支持度；而自举合一树是无标度的，并且在有些情况下，自举合一树和最优树有少量分支不一致，这时需要在自举分析的二分树列表中找到在自举合一树没有的最优树节点的自举值。根据这些自举分析获得的结果，将自举支持度在图像编辑软件中标注到最优树的各个分支节点上。

PAUP* 启动后的主界面如图 4-5 所示。

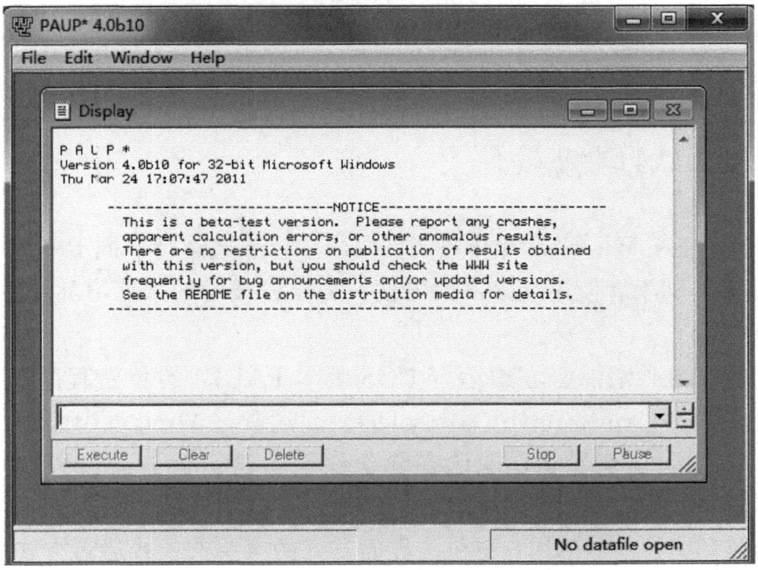

图 4-5　PAUP* 运行界面

4.5.6 ClustalX 和 PAUP* 连用

最基本的序列比对软件 ClustalX 和 PAUP* 联用的操作步骤如下所述。

（1）将序列数据编辑成 ClustalX 所需要的格式，如 FASTA 格式。运行 ClustalX，在 file 菜单下加载（load）序列数据文件。

（2）设置比对参数，进行多序列比对。

（3）在没有指定输出格式的情况下，ClustalX 默认的输出是将比对好的序列和指导树分别保存在以 *.aln 和 *.dnd 为结尾的、与数据文件同名的文件中。在输出格式中选择输出 NEXUS 格式的比对结果。

（4）将以上得到的 NEXUS 文件在 PAUP* 中打开，如果格式不符合，则 PAUP* 会在编辑窗口提示错误的信息，并在编辑器中显示错误的位置，修改即可。

如果数据不是 NEXUS 格式，则可以在 PAUP* 下将数据转换为 NEXUS 格式。首先将需要转换的数据拷贝到 PAUP* 可运行程序同一文件夹下；然后运行 PAUP*，取消打开文件对话框，在 PAUP* 的命令栏内输入格式转换命令（以 filename.phy 为例）：

```
toNexus fromFile=filename.phy toFile=filename.nex;
```

这样就会在同一文件夹下生成一个 filename.nex 的新文件。如果需要转换的是蛋白质序列数据，则需要指明数据类型和排列方式（连续还是间断）：

```
toNexus fromFile= filename.phy toFile= filename.nex Datatype= protein Inter-
leaved= yes;
```

转换过程是增加一个数据描述模块并删除所有的 *（ClustalX 用以表示可变位点的符号），NEXUS 格式要求指明 OTU 和性状数目，OTU 数目已知，获得性状数量的一个便捷方式是将 nchar＝1000 或其他任何接近性状数目的整数，并在性状最后一个碱基处增加一个非碱基代码字母（如 q）。当用 PAUP* 处理这个文件时，将会有错误警告并报告出错的位置，这样 q 的数减去 1 就是实际的 nchar 的数目。

4.5.7 PAUP* 4 辅助软件

由于 PAUP* 4 在 Windows 操作系统下以命令行方式运行，而 PAUP* 4 的命令和选项又特别繁多，初学者使用起来不太方便，需要较长时间来练习和熟悉命令并领会程序运行原理。

PaupUp 是以图形化视窗方式运行 DOS 版本 PAUP* 的免费程序，DOS 版本的 PAUP* 可运行程序（win-paup4b10-console.exe）通常与 Windows 版本的可运行程序（win-paup4b10.exe）一起发布，默认安装条件下同时安装在 paupWin32 文件夹中。PaupUp 并不是一款独立的系统发生软件，必须在安装 PAUP* 后才能使用，它为不熟悉 PAUP* 命令和运行参数的用户提供了界面友好的菜单选项式运行方式。但 PaupUp 并不像苹果计算机 Mac OS 上的 PAUP* 那样功能齐全，而是将大约 80％的最常用的

PAUP* 命令以图形菜单方式供用户选择，另外的 20%的命令仍然需要在 PaupUp 中输入命令执行。另外，PaupUp 还可以直接调用 TreeView 查看运行结果，调用 ModelTest 进行模型选择。PaupUp 界面下方还提供了一个 PAUP* 命令输入窗口和显示运行命令历史的窗口，该窗口以时间先后顺序显示菜单选择和手工输入的命令，可以使用户方便地查看执行过的命令。

类似的 PAUP* 4 辅助软件还有 PaupGUI、PAUPRat 和 WINIPAUP 等。

4.6　MEGA 5 软件包简介

MEGA 是整合了很多分子进化研究和系统发生分析方法的软件包，其最新的版本 MEGA 5 是目前 Windows 系统下本领域功能最全面、界面最友好、操作最简便的软件包。运行 MEGA 5 的主界面如图 4-6 所示，十分简洁，菜单只有 File、Analysis 和 Help 三个，其中的 11 项核心分析功能在菜单下的工具栏列出，一目了然。MEGA 5 的主要功能包括以下几个。

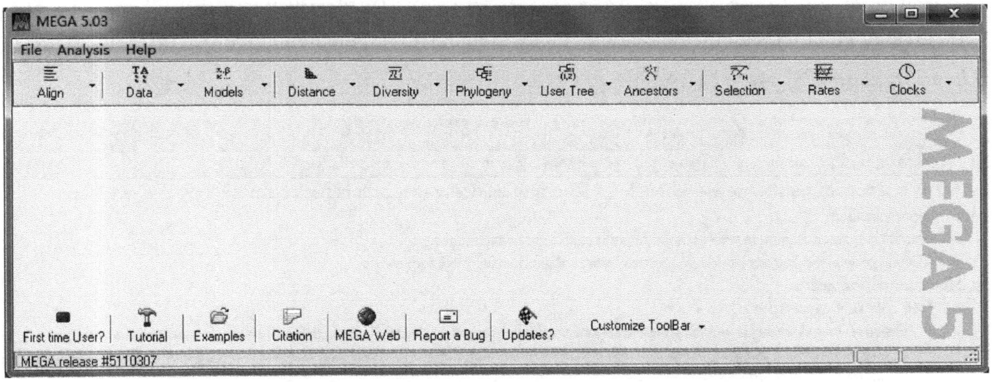

图 4-6　MEGA 5 主界面

（1）序列比对和数据处理：可以输入 DNA、蛋白质和距离数据；可以采用 ClustalW 和 MUSCLE 对序列数据进行比对并编辑；可以查看测序峰图；内嵌序列数据库浏览器和 BLAST 搜索程序；对数据集可以进行分类单元和基因区域划分等。

（2）模型选择和参数技术：采用最大似然法选择 DNA 和蛋白质进化模型；检验组成频率同质性；计算速率变异参数 a、替换模式、转换/颠换比和逐个位点相对速率等。

（3）遗传距离计算：可以根据密码子位点、转换与颠换、同义与非同义的数据划分计算成对遗传距离、组内和组间平均距离，并采用自举法或解析法估计距离的方差。

（4）构建系统树：可以采用 NJ、ME、MP 和 ML 法构建系统树，有精确或启发性算法搜索功能。可以进行自举检验，可以分析用户自定义系统树。

（5）系统树显示与编辑：可以手工绘制和编辑系统树。

（6）祖先重建：采用 ML 法和 MP 法重建祖先状态及祖先序列，可以输出祖先序列和祖先状态概率。

（7）自然选择检测：计算选择率 w 并进行多种检验。

（8）分子钟检验：包括 3 序列分子钟检验、拓扑结构的 LRT 检验、估计分枝长度等。

MEGA 5 中执行的 DNA 进化模型有 JC69、K2P、TN、T3P、HKY85、TN93 和 GTR；蛋白质进化模型有 Poisson、Dayhoff、JTT、WAG、mtREV 和 cpREV，以及这些基本模型和组成频率参数 F 的联合；另外有三个密码子模型。

MEGA 5 是计算数据集基本进化参数最常用的工具，也适合于分析群体数据和近缘分类单元或简单数据集系统发生分析。

4.7 DAMBE 软件包简介

DAMBE（data analysis in molecular biology and evolution）是 Xuhua Xia（实验室主页 http://dambe.bio.uottawa.ca/index.asp）所写的一个运行于 Windows 环境的分子生物学和序列进化分析软件包。DAMBE 是进行核酸和蛋白质进化分析的、功能比较全面的软件包（图 4-7）。它能读入和转换多达 18 种不同的数据文件格式，又有很多统计学参数计算功能，也能计算大量通常使用的距离矩阵，通过简约法、距离法及最大似然法推断系统树。DAMBE 也内嵌 ClustalW，可以进行多序列比对。

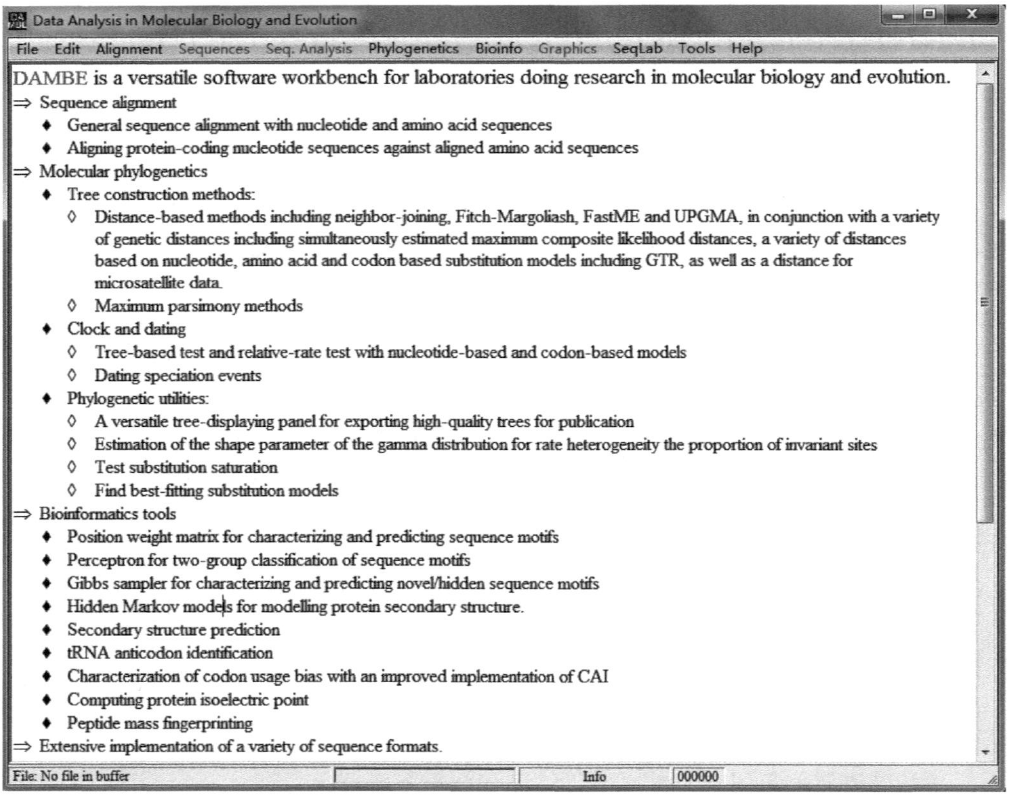

图 4-7 DAMBE 运行界面

DAMBE的主要功能可以分为以下5类。

（1）数据库和网络功能，可以直接从GenBank或其他网络数据库上下载序列。

（2）序列转换和编辑工具：自动检测和转换从最简单的FASTA到复杂注释的包括GenBank在内的18种常用的序列数据格式；互补序列；根据12种不同遗传密码表的蛋白质翻译；DNA和蛋白质序列比对；将比对的蛋白质序列转换为相应的DNA序列；序列位点的删除、提取和划分等分析；在分析时包含或排除序列；可以直接从GenBank格式的文件中提取编码序列（CDS）、外显子、内含子、rRNA、tRNA等功能区段的序列。

（3）描述性序列分析：计算核苷酸和二核苷酸组成频率；密码子频率；氨基酸频率；序列全长范围的氨基酸特征（有14种不同的特征）作图。

（4）基本比较序列分析：核苷酸替换型式；密码子替换型式；氨基酸取代型式；替换饱和；无选择时的替换型式等；表征和预测序列基序的位点加权矩阵及Gibbs取样器；隐马尔可夫模型；tRNA反密码子识别。

（5）系统发生分析：①基于距离的方法（包括NJ法、Fitch-Margoliash、FastME和UPGMA）。遗传距离的计算包括基于DNA和蛋白质的多种进化模型的校正距离及最大似然距离。②简约法。③最大似然法。祖先状态重建；分子钟检验；系统发生的统计检验；概率分布对位点替换的拟合等；系统树编辑；替换饱和检验；最佳进化模型拟合；估计位点间速率变异参数a和不变位点比例I等。

4.8 SeaView 4软件包简介

SeaView 4是将SeaView（Galtier et al.，1996）强大的序列显示和编辑功能与PHYLO_WIN系统发生分析结合在一起的功能强大的软件包（Gouy et al.，2010），同时内嵌序列比对软件（MUSCLE、ClustalX2）和ML分析软件（PhyML3）。该软件的主要功能如下所述。

（1）序列数据集的编辑、美化与显示。

（2）序列比对。整合了MUSCLE、ClustalX2进行多序列比对，采用Dot plot进行两条序列比对。

（3）系统发生分析。利用PhyML进行最大似然法建树，采用PHYLIP软件包的protpars和dnapars进行简约法建树，采用NJ或BioNJ进行距离法建树。

（4）具有数据集联合功能（Concatenate）。

（5）系统树编辑与查看。

SeaView4可以识别的数据格式有NEXUS、MSF、Clustal、FASTA、PHYLIP、MASE和Newick，而且允许从EMBL/GenBank/UniProt中直接下载序列，运行界面如图4-8所示。

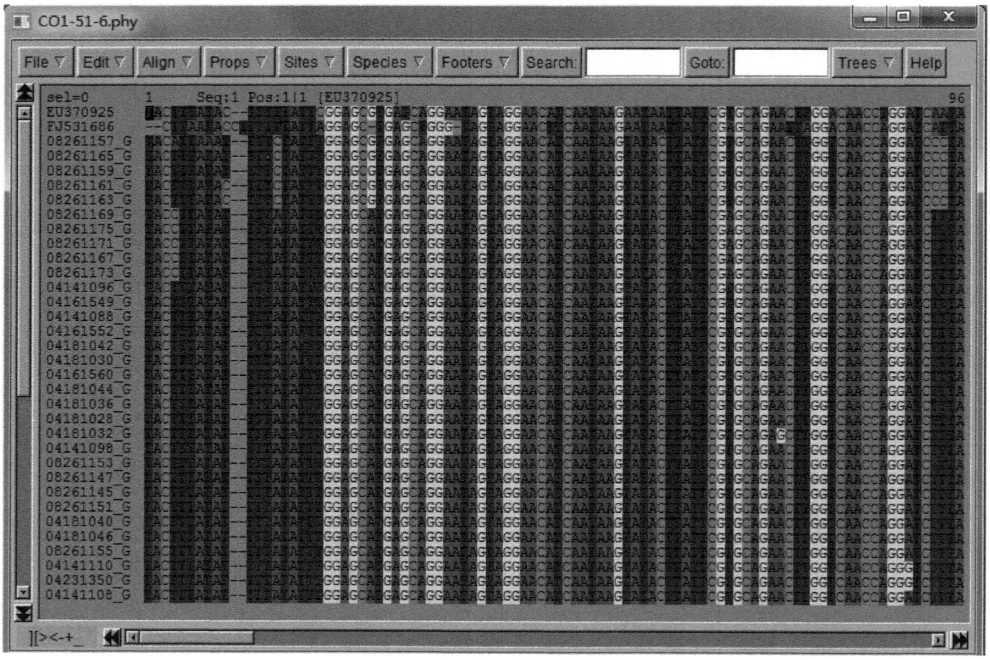

图 4-8 SeaView 4 运行界面（见彩图）

4.9 PHYLIP 软件包简介

PHYLIP（phylogeny inference package）是一个集成了 20 世纪 80 年代系统发生分析主要方法的免费软件包，由西雅图华盛顿大学遗传学系的 Joseph Felsenstein 发布，可以在 UNIX 工作站和个人计算机等许多平台上运行，最新版本为 3.69，可以在网站 http：//evolution.genetics.washington.edu/phylip.html 下载。

下载 PHYLIP 后解压产生的文件夹如图 4-9 所示，主要包括距离矩阵法、简约法、最大似然法、不变量法等 4 类系统发生分析方法，以及系统树可靠性评估、系统树绘制和遗传距离计算等方面的 35 个程序，可分析核酸和蛋白质序列、连续性状、二态性状、基因频率等各类数据（表 4-6）。

表 4-6 PHYLIP 软件包中包括的程序（按照分析对象和方法进行分类）

分析对象	距离矩阵法	简约法	最大似然法	可靠性评估
DNA 序列	Dnadist；Fitch；Kitsch；Neighbor	Dnapars；Dnapenny；Dnamove	Dnaml；Dnamlk	Dnacomp；Seqboot
蛋白质序列	Protdist；Fitch；Kitsch；Neighbor	Protpars	Proml；Promlk	Seqboot
限制性酶切位点	Restdist；Fitch；Kitsch；Neighbor		Restml	Seqboot
连续性状	Fitch；Kitsch；Neighbor		Contml	Contrast；Seqboot

续表

分析对象	距离矩阵法	简约法	最大似然法	可靠性评估
离散性状		Pars；Mix； Penny；Move； Dollop；Dolpenny； Dolmove；Factor		Clique
系统树工具	Drawgram；Drawtree；Consense；Treedist；Retree			

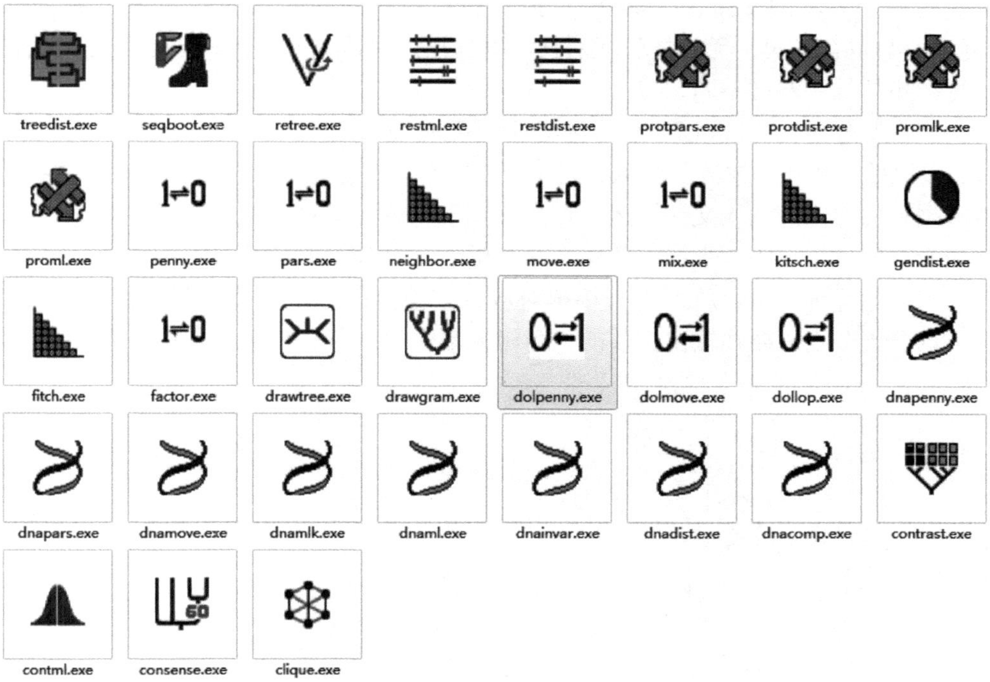

图 4-9　PHYLIP 3.69 软件包中包含的 35 个程序（另外有 6 个字体文件未显示在本图上）

PHYLIP 软件包提供了 20 世纪 80～90 年代系统发生分析中处理各类数据的程序，这些程序中的一些仍然被许多其他软件包采用，其中执行的简约法和距离法是最全面的。PHYLIP 软件包提供了很详细的程序说明文件，这些文件不仅提供了程序运行的指导性说明，而且对系统发生分析方法的理论和算法基础有详尽的介绍，是系统发生学初学者最好的学习材料。目前由于系统发生数据的复杂性和对运算速度的高度要求，在主流期刊上发表的论文基本上没有采用 PHYLIP 软件包分析数据，这里主要是作为系统发生学的历史和基础介绍一下该软件包。

在 Windows 界面中双击程序图标即可运行程序。程序默认的数据输入文件为 infile，如果在同一文件夹下没有默认的 infile 文件，需要输入文件名，输出文件为 outfile；需要系统树的程序，默认的系统树的输入文件为 intree，输出文件为 outtree。当程序执行时会出现一个选项菜单。改变选项时，键入选项符号然后回车。需要的话，程序会提示输入，通常程序将提供较佳的默认值作为起点。当所有的设置都无误时输入“y”然后回车。

PHYLIP 软件包采用自己独有的 phylip 格式。如果数据文件格式不正确，PHYLIP 程序会弹出“Memory allocation error（内存分配错误）”信息；或未指明连续 phylip 格式出现“sequences out of alignment, or base ratios wrong”，通过选择“i”选项指明连续 phylip 格式。

无论采用哪类分析方法，应用 PHYLIP 软件进行完整的系统发生分析可以分为两个步骤：首先对原始数据集进行分析，构建一棵最优树（距离树、MP 树、ML 树）；然后进行自举分析，用手工方法把自举输出的自举值与最优树分支结合在一起，获得该最优树各个分支的支持度。如果仅分析自举生成的数据，最后分析获得的系统树（实际上是自举合一树）无分枝长度信息，而且在许多情况下和分析原始数据集获得的最优树的拓扑结构略微不同。

采用自举分析的 PHYLIP 软件包程序使用流程如图 4-10 所示。首先，运行 Seqboot，以原始数据集为输入，默认的是生成 100 个自举重复数据集。然后，以这些自举重复数据集的文件为输入文件，运行距离计算和（或）系统发生分析程序，把 m 选项设置为 100 即可生成 100 个树，从这 100 个树中再用 CONSENSE 程序生成合一树。如果合一树与最优树一致，就可以直接把对应分支节点的自举值拷贝到最优树上，个别不一致的分支节点需要在输出文件的二分树频率中找。

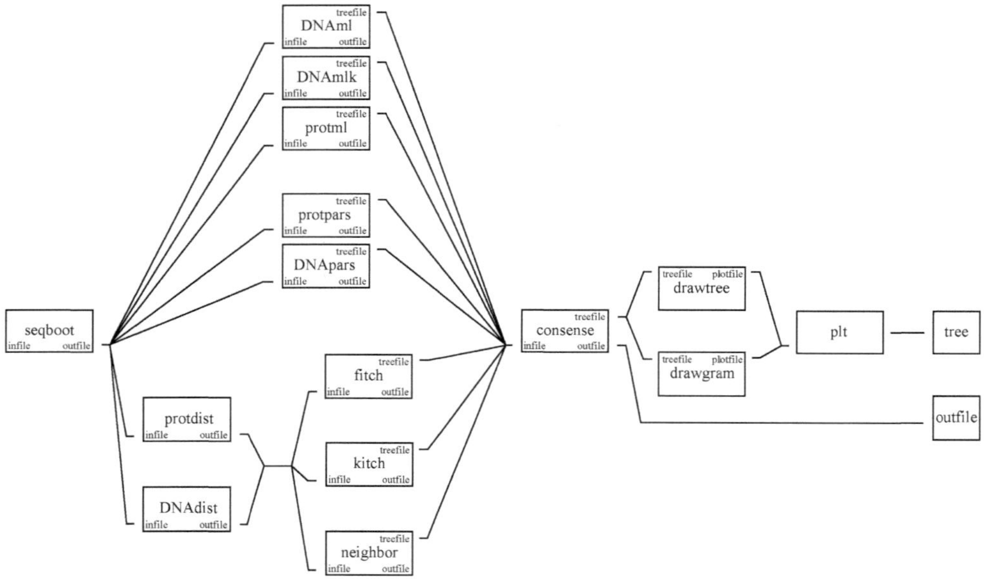

图 4-10　PHYLIP 软件包的程序使用流程

方框中间是程序名称，左右角分别代表默认的输入和输出文件，有些程序有两个输出文件，连线表示程序之间可以配合使用的顺序

最后用 DRAWGRAM（绘制系统树）或 DRAWTREE（绘制无根树）绘制树。这两个程序需要一个字体文件 fontfile，PHYLIP 3.69 自带有 6 个字体文件，可以选择其中的一个字体文件拷贝为 fontfile 使用。系统树绘制程序的输入文件是由 CONSENSE 程序生成的单个树文件（拷贝树文件成 intree），输出图形文件可以有多个选项。

4.10　系统发生的自动化分析工具

由于序列数据和物种数量的迅速增加，急切需要自动进行的系统发生分析软件。目前自动化软件主要集中在对序列数据的组装方面，因为将基因组水平上的大量同源序列进行识别、比对和连接需要耗费大量的人力和计算时间。Ciccarelli 等（2006）设计了组装 191 个物种基因组的直源基因并构建了系统树的自动计算流程（pipeline）。Driskell 等（2004）、McMahon 和 Sanderson（2006）分别设计了从 GenBank 自动下载序列、比对和组装成为超级矩阵，来构建数千个物种的系统树的计算流程。最富有特色的也许是 Hibbett 等（2005）发展自动下载 rDNA 序列数据并构建可以随数据的增加而不断更新的系统树的计算机流程。这些自动分析工具的主要项目包括以 BioPERL 模块为基础的 Kepler（http：//kepler-project. org/）和 Pise（http：//www. pasteur. fr/recherche/unites/sis/Pise/）。自动计算流程的主要困难是需要借助人工干预以避免错误，主要包括比对错误和序列注释错误等。

4.11　系统发生网络资源

2011 年 1 月的《核酸研究》杂志在其免费的网络服务器专刊（Web Server Categories List）中（http：//www. oxfordjournals. org/nar/webserver/subcat/2/17）的系统发生重建子栏目下列出的系统发生分析网络服务器有：

Berkeley Phylogenomics Group
Bioinformatics Toolkit
BLASTO
CIPRES
cpnDB
ITS2
MaxAlign
MEGA
Mesquite
MIGenAS Toolkit
MIRU-VNTRplus
MLST
ModelTest Sever
MPI Toolkit
MultiPhyl
NAST
NEWT
NJplot
OrthoSelect
PAL2NAL
Phylemon
PHYLIP
PLecDom
POWER
Puzzleboot
SATCHMO-JS
Selecton
Signature
SPRING
SWAKK
T-COFFEE
TreeDomViewer
Tree Editors
TreeJuxtaposer
TREE-PUZZLE
TreeView
UCMP Phylogeny Wing
Weighbor

目前有几个大的提供系统发生分析的网络中心主要有美国的 CIPRES portal、法国的 Phylogeny. fr 和 Mobyle（http：//mobyle. pasteur. fr/cgi-bin/portal. py）。这些中心拥有性能优良的高性能计算机或超级计算机，在这些计算机上安装了常用的系统发生分析软件，用户一般经过免费注册后，就可以提交数据进行分析。

4.11.1　系统发生软件目录

华盛顿大学的 Joseph Felsenstein 维护着一个综合的系统树构建软件目录（http：//evolution. genetics. washington. edu/phylip/software. html），目前该网站共提供 385 个系统发生的软件包和 53 个免费在线服务器的信息，包含了进行系统发生研究的大部分软件包，其中大部分是免费的，但并未特别标明哪个软件是免费的，默认是在该网站能下载就表明它是免费的。该网站将软件按方法、计算机操作系统、方法与操作系统相互参照、分析特定数据、变更、将要添加的新软件等分类列表，在每个分类中都详细列出了相应的软件包（图 4-11），包括如下类别：

通用软件包 general-purpose package

简约法程序 parsimony program

距离矩阵法 distance matrix method

距离的计算 computation of distance

最大似然法及相关方法 maximum likelihood and related method

四枝树法 quartets method

无变度法，即进化简约法 invariants（evolutionary parsimony）method

交互式调整分支图 interactive tree manipulation

寻找杂交与重组事件 looking for hybridization or recombination event

自举与其他评估方法 bootstrapping and other measures of support

相容性分析 compatibility analysis

基于树的比对 tree-based alignment

生物地理分析与宿主-寄生生物比较 biogeographic analysis and host-parasite comparison

方法的比较分析 comparative method analysis

树或数据模拟 simulation of trees or data

树型分析 examination of shapes of trees

地层次列与树的比较 comparisons between stratigraphy and trees

树的描述与数据预测 description or prediction of data from trees

树绘制软件 tree plotting/drawing

序列管理/任务递交 sequence management/job submission

系统发生学教学等 teaching about phylogenie

图 4-11　Joseph Felsenstein 的系统发生软件目录主页

4.11.2　CIPRES

美国国家科学基金支持的系统发生研究信息基础设施 CIPRES（The Cyberinfrastructure for Phylogenetic Research，http：//www. phylo. org）是了解系统发生信息学最好的网站（图 4-12）。CIPRES 的目标是开发系统发生重建的新算法和软件，将现有的软件包整合进基于新算法的软件中，研究基因组水平上的进化统计模型、数据结构和数据挖掘技术，改进系统发生数据库查询方法，开发稳定的、完美结合的系统

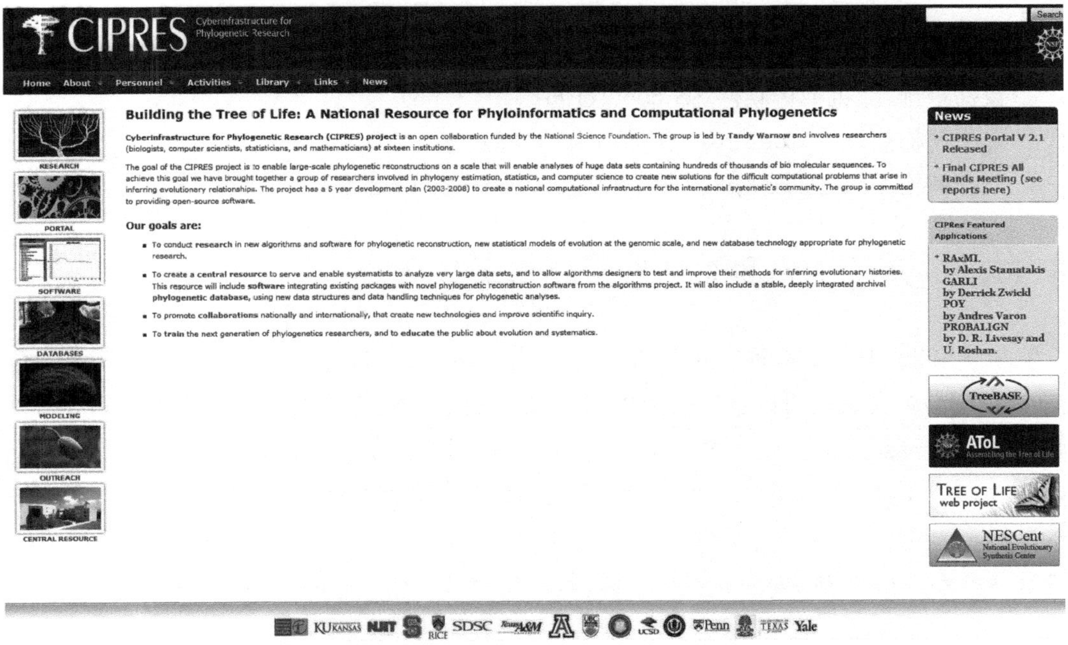

图 4-12　CIPRES 主页（http：//www. phylo. org/）

发生数据库，以期建立一个系统发生资源中心并使得系统学家能分析大量数据集，使算法开发人员能检测并改进推断进化史的方法，最终能在包含成千上万生物分子序列的大数据集分析范围内进行大规模的系统发生重建。为了完成该目标，该机构集合了系统发生评估方面、统计学方面和计算机科学方面的研究者研究新的解决方案，以解决在推断进化关系的过程中所遇到的难以解决的计算问题。根据其 2003～2008 年的 5 年发展计划，将在 2008 年为国际系统学团体创建一个国家级的计算机构，且所有相关软件都将开放源代码。

CIPRES Portal V 2.1.（http：//www. phylo. org/portal2/）为注册用户提供了许多系统发生软件的在线使用环境，这些软件有：

格式转换软件 NCLconverter（2.1）、Readseq（2.2）

数据格式验证软件 Format Validator（1.0）

比对软件 ClustalW（1.82）、CONTRAlign（2.01）、FSA（1.15.0）、MAFFT（6.240）、MUSCLE（3.7）、Probalign（1.2）、ProbCons（1.12）

比对结果美化图形输出软件 BoxShade（3.31）和 MView _ Alig（1.41.10）

快速 NJ 建树软件 Clearcut（1.0.9）

基于遗传算法的快速似然法建树软件 GARLI（0.960）

MrBayes on Abe（3.1.2）

PAUP*（4.0b10）

POY（4.1.2）

RAxML-HPC7.2.3

RID3Paup（r5011）-Recursive-Iterative-DCM3 algorithm with Paup parsimony search

RID3Raxml（r5011）-Recursive-Iterative-DCM3 algorithm with RaxmlHPC search

数据重排/随机抽样软件 Seqboot（PHYLIP 3.66）

合一树构建软件 Consense（PHYLIP 3.66）

系统树绘图软件 Drawgram 和 Drawtree（PHYLIP 3.66）

4.11.3 分子进化和系统发生专题研讨会

美国和欧洲的一些研究机构及大学定期举办分子进化和系统发生专题研讨会（workshop），在这些研讨会的网页可以看到本领域著名学者的报告和软件使用指导。最著名的研讨会有：①美国 Woods Hole 海洋研究所分子进化研讨会（http：//workshop. molecularevolution. org/）；②Bodega 应用系统发生学研讨会（http：//bodegaphylo. wikispot. org/），它是 UCD（University of California，Davis）大学的 Bodega 海洋实验室（Bodega Marine Lab）提供的一年一度为期一周的研究生课程。

4.12　系统发生数据库介绍

4.12.1　系统发生知识数据库

TreeBASE（http：//www.TreeBASE.org）是一个系统发生知识数据库，是用来管理和探索系统发生关系信息的数据库。它是 CIPRES 的一部分，其主要功能是存储已发表的系统树、用于构建系统树的数据集、作者和参考文献信息、分类群的详细信息、性状信息、构建系统树应用的算法和软件等内容。设计该数据库的目的是允许来自不同研究的系统树和数据的检索及综合，而且它可以通过应用包含在数据库内的系统树进行交互式的探索。因此，该数据库提供了一种评估与综合系统发生知识的途径（图 4-13）。

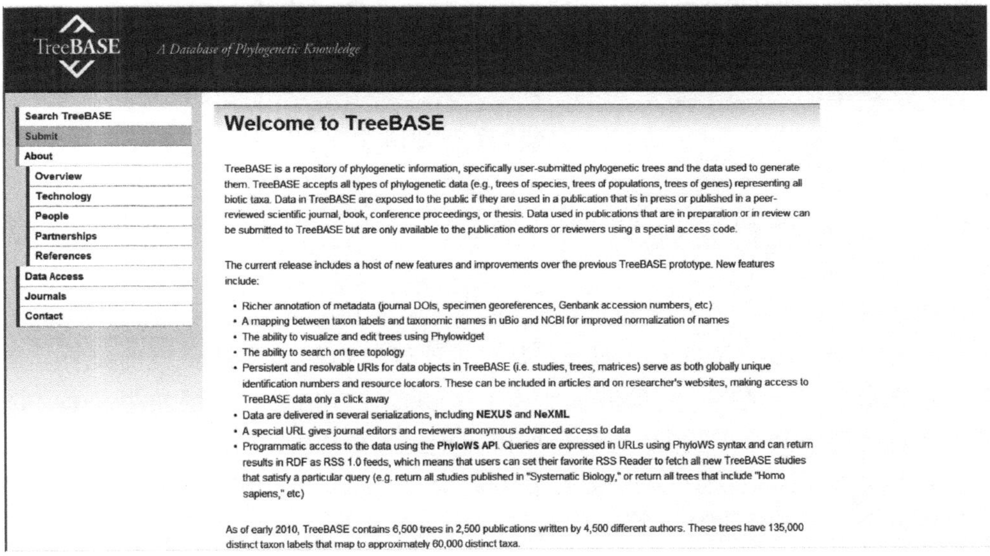

图 4-13　TreeBASE 主页（http：//www.treebase.org/treebase/）

建立 TreeBASE 的目的是满足系统发生信息的迅速增加及在线生物分类数据的存储和检索的需求。TreeBASE 建立的初期以植物为主，现在已经扩展到包含所有真核生物的类群，并与部分发表系统发生分析的专业期刊合作，要求在发表的同时将结果提交到 TreeBASE 数据库中。TreeBASE 向使用者提供已分析过的序列数据，可以用分类学名称为关键词进行检索。TreeBASE 以 NEXUS 格式存储信息（Nakhleh et al.，2003），每条记录中包含数据集和一个或多个树，并且该文件格式可以为多个软件所使用。同时，TreeBASE 开发了一种称为“tree surfing”的工具，其可通过搜索所有的分类单元发现起始树来发现邻接树（Piel et al.，2000）。

组装生命之树（AToL）网站（图 4-14）（http：//atol.sdsc.edu/）提供了生命之树研究项目、会议及进展信息。

图 4-14　组装生命之树网站主页

4.12.2　生命之树数据库

生命之树（tree of life）（The Tree of Life Web Project，ToL，主页为 http：//www.tolweb.org/tree/phylogeny.html）是记录地球上物种多样性资料的集合，是全世界生物学家合作的结果，它提供了地球上生物多样性信息、系统发生关系、图像和文献信息（图 4-15）。生命之树数据库由成千上万的 WEB 页面组成，主要组成内容包括叶形页面（leaf page）和分支页面（branch page），这是生命之树集合的核心成分，其中每个页面都提供某一特定生物群体的最为重要的性状和重要文献。生命之树计划面向的对象还包括生物学以外的其他各个方面的人员，开发了许多分析工具和数据库，该计划目前正向更为复杂精密的、多数据库支持的方向发展（Maddison et al.，2007）。

生命之树计划的基本目标是：①提供统一的、相互链接的框架用以发布所有生物的进化史和性状的电子信息；②为联合地球上所有生物的进化树提供一个现代科学的支持；③致力于学习和评价生物多样性；④最终提供一个生物性状的全面数据库和检索系统；⑤提供方法或工具以在互联网上查找特定的分类信息，包括分类学和生物学其他方面。

生命之树支持三种检索方式：类群检索（group search）、文本检索（text search）和图像检索（image search）。类群检索时使用正确的学名及其他为人们所知的类群名称，如同物异名或俗称。用学名检索能得到更多、更好的返回结果，但目前许多页面用生物的俗名进行编录索引。文本检索可以使用引号将关键词和字符串括起来作为一

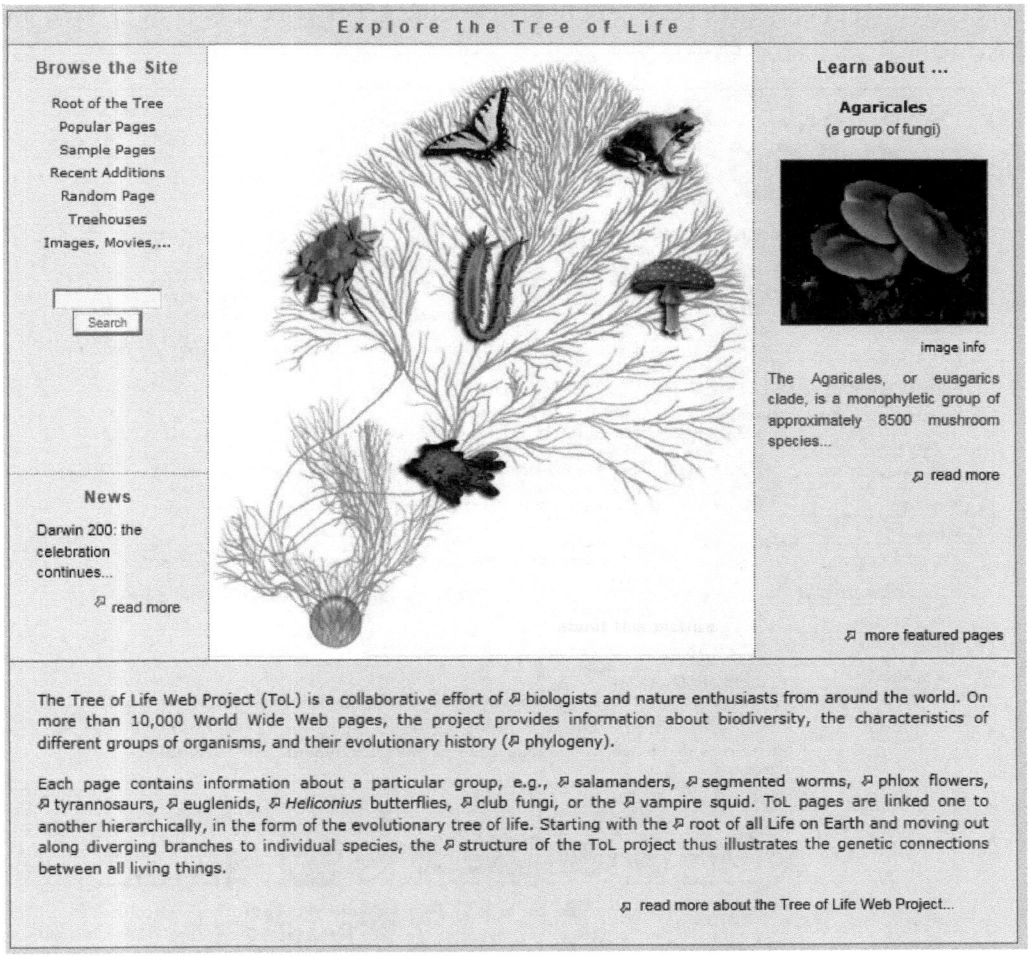

图 4-15　生命之树网站主页

个检索关键词来进行检索，可以用关键词在页面的主体文本、类群名称、作者、参考文献等中进行检索，同时还可以限制在某一种群中进行检索。图像检索可根据各种不同标准进行检索，包括类群中的物种图像、人员或机构、图像数据的任何文本、图像类型和图像内容等，由于相应的数据库建设尚未完成，因此在检索中可能检索不到匹配的图像或者检索到的图像还未被注释。

4.12.3　Species 2000 数据库

Species 2000（http：//www. sp2000. org/）计划是一个使用者、物种分类学家和赞助单位密切合作的多资料库组织的联合体，目标是建立一个基于计算机网络的，包含全球主要类群的生物物种数据库，其中每一个数据库将会以一致的物种分类系统记录各种类群中的所有已知的物种资料。数据库在全球已得到广泛应用，目前全球现有的物种数据库可能已包括 40％的已知物种，为了完成所有物种的记录，正在开发更多的新数据库。目前，Species 2000 年度生物物种目录清单中，共有来自 30 个数据库的记录，超过了 527 000 个物种（图 4-16）。

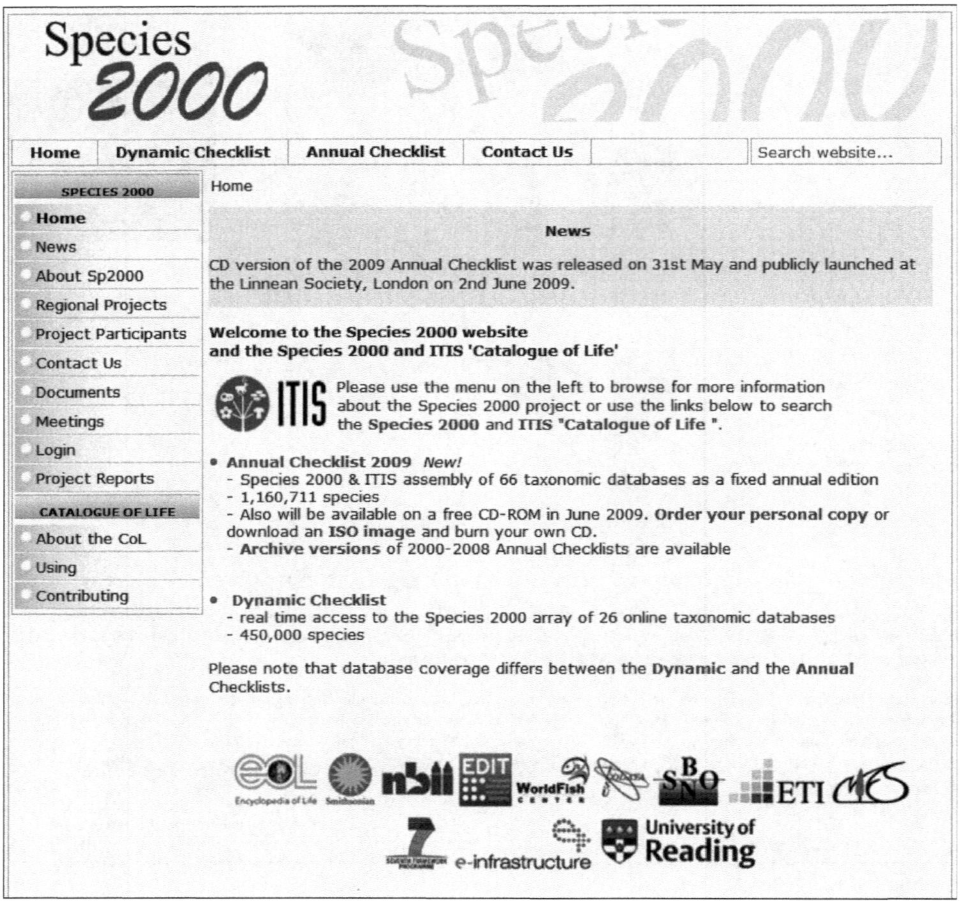

图 4-16　Species 2000 网站主页

Species 2000 计划的目标是：针对目前已知生物物种，提供一个具有一致性、经认可而且可以成为实用工具的名录索引。这个名录索引将用于：①作为目前全球进行中的物种电子名录［即 Species 2000 年度生物物种目录清单（Species 2000 Annual Checklist），每年在网络与光盘上更新公布最新资料］的基础；②在网络上建立一个动态通用访问系统，让使用者可以利用物种名称通过该系统在网络上的物种分类数据库中找到该物种资料，作为全球各物种数据库之间沟通的网络名录索引；③作为不同名录计划的相互比对的参考系统；④作为全球范围的物种名录提供名录状态查核、物种分类与命名等。

Species 2000 将利用一组标准数据来描述所有已知的物种名录，这些数据来自一系列参与的数据库。早期数据主要来自 Global Species Databases（GSD，全球性物种数据库）并经简化而产生，并不能用于所有分类群。因而，后来的发展将包含 Regional Species Databases（RSD，区域性物种数据库）资源，通常用 SD 代表 GSD 和 RSD。Species 2000 已经为每种生物定义了 10 个方面来作为数据标准，包括公认学名、同物异名、俗名、最新的分类研究、资料来源数据库、附加数据、科名、科或更高阶元的分类地位、地理分布及参考文献。

4.12.4　NCBI 分类数据库

NCBI 分类数据库（NCBI Taxonomy Database）(http：//www. ncbi. nlm. nih. gov/taxonomy/taxonomyhome. html/）是为保存在 GenBank 中的序列来源的物种而建立的分类系统。该数据库目前（2011 年 3 月）包含了大约 40 万种物种的名称和种上阶元名称，其中物种数目为 23.8 万（图 4-17）。它为序列数据库中收录的所有生物体编制了索引，可以查阅到某种生物或某群生物在分类学上的位置，可以检索一个特定种或者更高分类群（如属和科）的核酸、蛋白质和结构记录；并且该数据库能提供各分支上的生物的核酸序列、蛋白质序列的数量。该数据库是由 NCBI 与 EMBL 及 DDBJ 合作开发的，可以使用 Entrez 或分类浏览器（taxonomy browser）等工具来查询某一特定生物或类群的分类学地位及检索数据信息。分类浏览器也可以显示核苷酸序列、蛋白质序列和蛋白质结构，可以检索并下载生物的序列数据或蛋白质三维结构。在对生物体分类时，还融合了系统发生学方面的知识。如果有新物种的序列数据被放到数据库中，这个物种就被加到分类数据库中（Wheeler et al.，2004）。

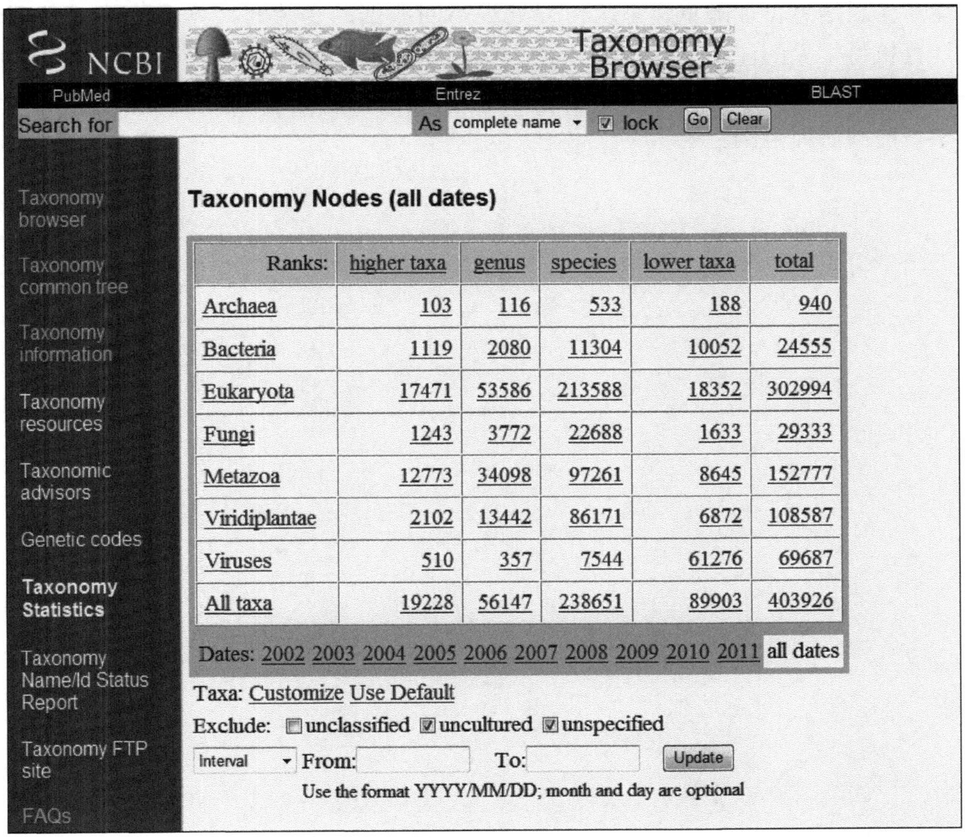

Ranks:	higher taxa	genus	species	lower taxa	total
Archaea	103	116	533	188	940
Bacteria	1119	2080	11304	10052	24555
Eukaryota	17471	53586	213588	18352	302994
Fungi	1243	3772	22688	1633	29333
Metazoa	12773	34098	97261	8645	152777
Viridiplantae	2102	13442	86171	6872	108587
Viruses	510	357	7544	61276	69687
All taxa	19228	56147	238651	89903	403926

图 4-17　NCBI 分类数据库物种统计（2011 年 3 月）

4.13 系统发生信息学展望

重建系统树的首要工作应当是开发并广泛采集和分析大量系统发生数据的新工具、程序和数据库，并实现与现有的生物学数据库的整合。系统发生分析的数据量及发表的树的数量以每 5 年增加一倍的速度增长（Pennisi，2001）。但支持信息量迅速增长的数据库的信息学及其基础设施建设与数据采集的速度没有保持一致，仅有少数发表的树被存储起来。

在目前已发现描述的 170 万种生物中，尚未有一套全面的、科学的命名索引系统[Species 2000 home page（Last updated 11/01/05）. http：//www. sp2000. org/]，也只有约 5 万种已被定位在小系统树上，很少有树之间的联合，尚未开发必要的软件工具以完全利用目前已有的数据进行数据间的整合。小系统树间的整合是一个巨大的工程，需要 10～15 年时间（Pennisi，2001）。系统树框架的构建，对于所有已被描述的 170 万种生物来说仍需要大量的工作，而且要依靠全世界各国的研究团队和研究人员的不懈努力与协作。虽然发表的树的数量呈指数增长，但综合和获取数据信息的方法仍不足，如何完成这些任务的观念刚刚起步，尚不成熟（Piel et al.，2003）。

系统发生信息学利用系统发生学知识来整合并转换存储在孤立数据库中的数据，因而能产生新信息。伴随重建系统树并处理不同数据的复杂的计算问题正吸引着数学家和计算机科学家的注意力，他们正在为构建系统树和比较数据研究新的算法。系统发生信息学中计算力的提高将有助于其他学科中类似问题的解决，也将远远超出系统发生学目前的研究范围。

第5章　数据集准备与序列比对

5.1　分子数据的获得

分子系统发生分析的数据来源通常有两种：一是自己实验室测定，二是来自公共核酸和蛋白质序列数据库。已测定的序列在发表论文时都要求提交到相关数据库以便共享，也可以直接从数据库下载相关序列进行系统发生分析。

5.1.1　自测数据

目前系统发生学研究中目的序列的测定方案通常有两种，一是PCR产物的直接测序或克隆测序，二是新一代高通量转录组或基因组测序。

PCR产物的传统测序反应将产生500～900bp的数据，每个序列最好双向测序。将测序峰图识别为序列的过程称为碱基判读（base calling）。送交专业公司进行测序的结果返回后，需要对所测序列进行一系列后续分析，主要包括对测序峰图上碱基判读误差的校正和载体序列的去除等过程。

如果是PCR产物的克隆测序，一般需要测定2～3个克隆。首先比较所有克隆序列，如果不同克隆的测序在个别位点上有差异的话，搞清楚差异的原因是读序问题、PCR产物重组问题，还是真正的不同等位基因等。最后选择其中一个信号最可靠的作为分析对象。如果几个克隆都存在问题，则将它们在一起进行比较分析，综合后编辑出全长序列以供分析。

序列经仔细校对和核准后，保存为FASTA格式，提交给任何一个公共数据库（GenBank、EMBL或DDBJ），以获得每条序列的登录号。由于序列数据越来越多，所以提交比对好的序列数据已经成为业内学者的共识。因为序列比对结果对参数十分敏感，所以特定分析结果的对准序列对其他人验证结果十分重要。提交比对的序列应该采用NEXUS格式，NEXUS格式可以通过ClustalX等软件产生，作者可以加入说明和评论。

新一代高通量测序仪器由于产生数目庞大的读序片段而不保存测序图形文件，仅保存FASTQ格式的文本文件供序列拼接。

1. 测序峰图查看

自20世纪80年代以来，绝大多数的DNA序列是使用改良的链终止法，采用毛细管自动测序仪测定的。自动测序仪探测并记录荧光标记碱基的出现顺序，经过一定算法识别出相应的碱基，这种文件称为示踪文件（trace file）或测序峰图（chromatogaphy）。Sanger 链终止法测定的序列最大长度通常为 700～900 个碱基范围。

为了核实测序的准确性，往往需要对测序峰图文件进行直接的分析。Windows 环境下最简单的峰图观察程序是 Chromas 和 FinchTV。另外，BioEdit、DAMBE、MEGA5 和 DNAMAN 软件也具有测序峰图编辑功能。

查看测序峰图的目的是编辑测序仪自动碱基识别的错误，好的软件应该对识别出的每个碱基给出一个置信度或概率值（即读序的质量值），在分析或拼接过程中根据设定的质量值的阈值屏蔽不可靠的读序。大多数情况下，测序图一般都在开始和末尾是低质量序列。

Phred 是采用快速傅里叶变换分析技术从 DNA 测序所得到的图形数据中识别 DNA 碱基信息的软件。Phred 对序列中的每个数据产生一个被广泛接受的、带有质量控制标准的读序。Phred 可以读取 DNA 测序仪生成的测序峰图，通过分析每个碱基的质量信息，输出每个测序反应的碱基序列和质量信息文件。质量信息文件中的质量值是 0～99 的整数，根据 Phred 计算出每个碱基的错误概率 p，用公式 $q=-10\times \lg(p)$，把 p 值转化成 q 值，因此质量 $q=20$ 表示碱基错误的概率是 1/100（精确度为 99%），$q=40$ 则错误概率为 1/10 000。对于序列中的 N，自动赋值 0。

1）使用 BioEdit 查看 DNA 测序峰图

运行 BioEdit，从 file→open 打开 *.abi 测序文件，则显示图 5-1 所示的界面，该界面由序列和图形两个窗口组成，激活每一个窗口显示的菜单内容是不同的。

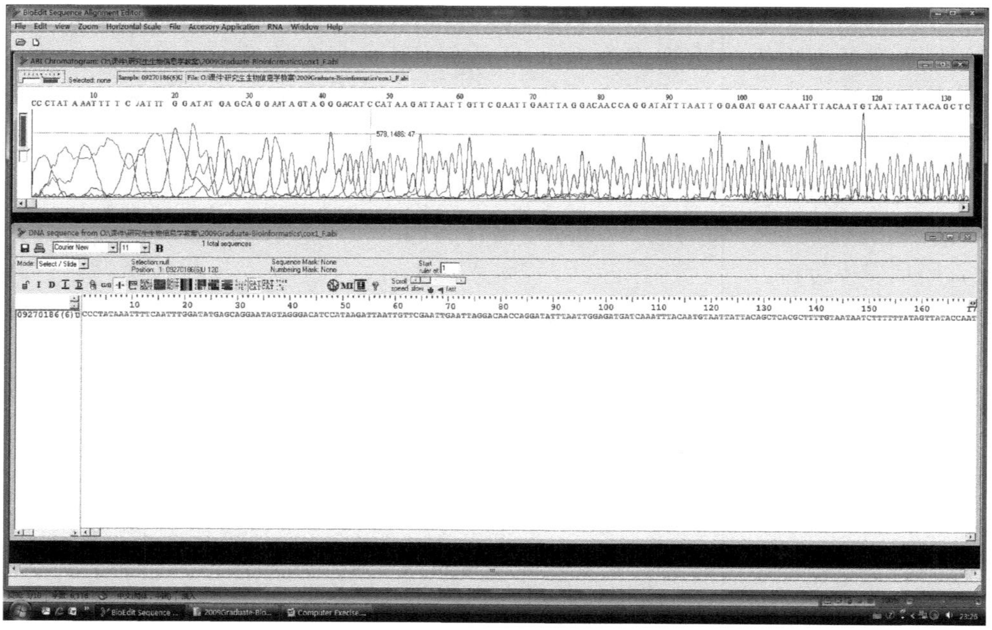

图 5-1　BioEdit 测序峰图查看界面

想要编辑序列，必须首先激活测序图形窗口，通过选择 View→Editable sequence 将序列转换为可编辑序列，然后对错误的读序进行编辑，保存编辑过的序列将不会改变非编辑序列。选择 View→Non-editable sequence 可以在任何时候显示非编辑序列，非编辑序列显示通常是第一次打开测序文件时的默认选项。可编辑序列可以提取到一个序列文档之中，选择 Edit→Revert edited to non-editable sequence，可编辑序列将会在任何时候恢复成非编辑序列。

想要查看该序列是否是需要的序列，激活下方的序列窗口，并在左侧选择该序列，然后在 accessory application 菜单中选择 BLAST→WWW→BLASTN，则出现 BLASTN 搜索界面，点击 BLAST，在返回的结果中查看与该序列最相似的序列都是哪些物种的什么序列，以判断测出的序列是否正确。

如果是蛋白质编码序列，选择遗传密码表，将序列翻译，看是否中间出现终止密码子，以防止读序错误或假基因。

2）使用 MEGA5 分析新测的 DNA 序列

（1）运行 MEGA5，点击 Align→Edit/View Sequencer files（trace），选择文件路径打开用于 DNA 自动测序仪的文件（*.abi）。

（2）确定 5′端信号不可靠的位点，点击该位点的碱基，然后点击工具栏的 Mask upstream of the cursor（图 5-2）；确定 3′端信号不可靠的位点，点击该位点的碱基，然后点击工具栏的 Mask downstream of the cursor；检查上下游屏蔽位点之间的碱基识别，尤其注意重叠峰（PCR 产物测序的多态位点），根据需要修改碱基或进行简并编码。

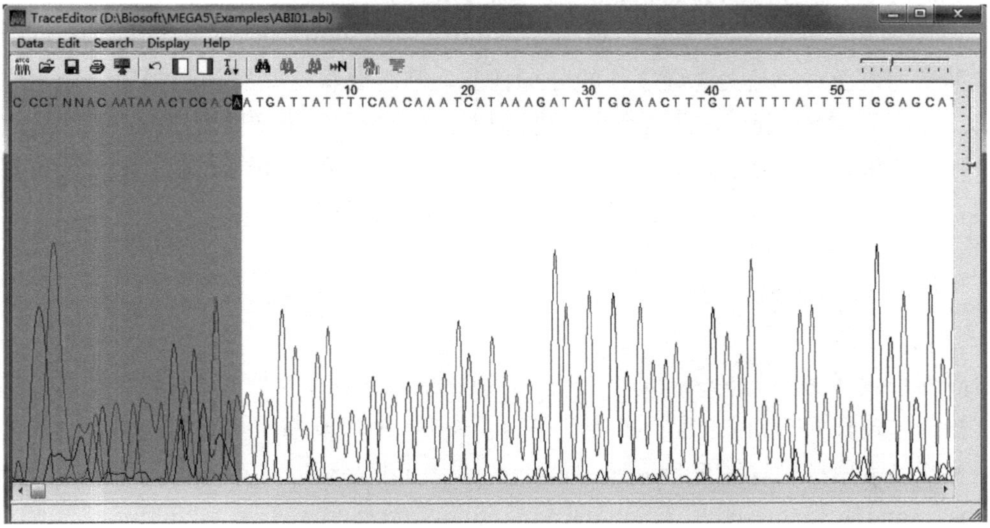

图 5-2　MEGA5 DNA 测序图编辑界面（见彩图）

（3）完成修改后，点击 Search→Do BLAST Search，出现 BLAST 搜索浏览器，选择数据库进行 BLAST 搜索，检查搜索结果，判断序列是否是目标序列及序列方向。如果有需要，可以采用菜单 Edit→Reverse Complement 将其转换为互补序列。

（4）点击 Data→Export fasta file 将序列保存为一个文件，或选择 Data→Add to Alignment explorer，则将序列输出到比对窗口进行比对分析。

3）使用 DAMBE 分析新测的 DNA 序列

（1）打开 DAMBE，点击 SeqLab→View ABI trace files 选项可以查看来自 DNA 自动测序仪的文件（.abi）。

（2）点击 File→Open standard sequence file 选项。单击该对话框中的 File of type，在下拉框中选择 Trace files。双击 a trace file 选项，在随后的对话框中选择 Non-Protein sequence 选项。

（3）点击 Sequence→Get rid of segment→Rid all gaps 选项。

（4）点击 File→Save or convert sequence format，以 FASTA 格式保存序列。

（5）按下 Ctrl＋A 选择所需序列，再按下 Ctrl＋C 进行复制。

2. 核酸测序中载体和污染序列的识别与去除

克隆测序往往也含有来自于宿主菌和载体序列的污染，这种情况可通过 BLASTn 直接对 GenBank 进行相似性分析，任何与大肠杆菌和酿酒酵母的序列具有高度一致性的序列必须慎重对待。一些生物（如大肠杆菌）含有可移动的遗传物质，如插入序列，这些序列有时会插入到所构建的克隆载体中，导致对测序目的序列的污染。BLASTn 可以很方便地鉴定此类结果。

许多数据库中收集了常用的测序载体序列，常用的载体数据库如下所述。

Vector-ig：http：//bioinformatics. weizmann. ac. il/databases/vector-ig/

UniVec：ftp：//ftp. ncbi. nih. gov/pub/UniVec/.

VectorDB：http：//genome-www2. stanford. edu/vectordb/

如果用户面对的是大批量序列的分析任务，则需要将这些载体数据库下载后进行分析。使用 BLAST 程序对此类数据库进行相似性分析即可得知目的序列中是否含有载体序列。如果含有载体序列，在进一步分析之前必须将载体序列去除。此过程虽然很简单，但在核酸序列数据库中仍然有一些序列含有载体序列的污染。

5.1.2　序列拼接

序列拼接（sequence assembly）是指将测序获得的短 DNA 片段通过重叠部分的序列连接成为较长 DNA 的过程。拼接获得的较长 DNA 片段称为叠连群（contig）。传统测序片段的常用拼接软件有 Staden Package、ContigExpress、Consed 和 Phred＋Phrap＋cross _ match＋consed。

第二代高通量测序技术的测序结果大多是小于 500bp 的短序列，对这些数据的拼接又不同于传统测序数据。广泛使用的短序列读序的拼接软件包括 Edena、Velvet、EULER SR、SASSY、ALLPATHS 和 SOAP 等。

使用 DAMBE 将输入片段组装成叠连群步骤如下所述。

（1）打开 DAMBE 并读取 CAP. FAS 文件，此文件是 DAMBE 程序目录中的一个 FASTA 格式示例数据文件。该文件中有 4 个序列片段需要进行组装。

（2）点击 SeqLab→Contig Assembly。

（3）接着会出现一个对话框。下面是一个简短的解释，通过此选项，可以更好地了解重叠群组装选项。

① 序列质量选项（sequence quality option）：与中间部分相比，序列片段的开始和结尾部分不太可靠，而且可能存在许多碱基识别错误。所有自动的 DNA 测序都有碱基识别软件，且此软件可对碱基识别质量进行分析，这样就可以知道推断的碱基是否可靠。通过一些碱基识别软件，可以设定选项以屏蔽不可靠的末端。

② 比对参数（alignment parameters）：Gap extension 和 Mismatch score 可用于估计空位延伸和不匹配。对于没有碱基识别错误的序列而言，其不应该存在空位或不匹配，而空位或不匹配会产生很大的影响（故默认值分别为－6 和－6）。在局部序列比对的过程中，碱基识别错误增加了空位或不匹配出现的机会，因此，需要减少这两个参数的数值（默认值分别为－2 和－3）。

③ 决定参数（decision parameters）：试探的字串比对演算法参数提高了计算速度，可以设置为默认值。

（4）点击 Go 按钮。重叠群组装将会自动执行，并输出显示结果。

5.2　来源于公共数据库的分子数据

当选定了感兴趣的 DNA 或蛋白质序列后，首先需要搜索 GenBank 序列数据库，查看该序列在各分类单元中的测序情况，根据查看结果来确定系统发生分析的研究类群。根据系统发生分析的分类单元取样原则，进行适当取样，下载对应序列组成分子数据集。

5.2.1　查看分类单元中已知基因序列分布的方法

（1）首先，确定需要查找的分类单元范围，如一个目、科或属等。其次，确定该基因在 GenBank 中的名称，最后构建一个搜索布尔表达式。具体方法如下：找出一条该基因的 GenBank 记录，在 DEFINITION 或 FEATURES 下的 gene 中查看注释的基因名称情况，然后构建一个以基因名称和分类单元名称为关键词的搜索布尔表达式（以 COI 或 cytochrome oxidase subunit I 为例）：

```
cytochrome oxidase subunit I[DEFINITION]+ orthoptera[organism],或
cytochrome oxidase subunit I[features]+ orthoptera[organism],或
COI[DEFINITION]+ orthoptera[organism]以及 COI[features]+ orthoptera[organism]
```

（2）在 NCBI 主页选择 nucleotide 数据库（即 GenBank），将搜索表达式输入到搜索框中，点击 Go，返回的结果即是同时满足两个关键词的条目。如以上 4 组搜索的结果分别为 2549、2549、3314 和 3314，可以将搜索结果最多的 3314 作为最全的结果（图 5-3）。

（3）在返回结果页面的右侧有 Organisms［Tree］链接，Organisms 从多到少列出了记录数最多的物种名称，点击［Tree］可以看到序列在分类单元中的分布（图 5-3）。

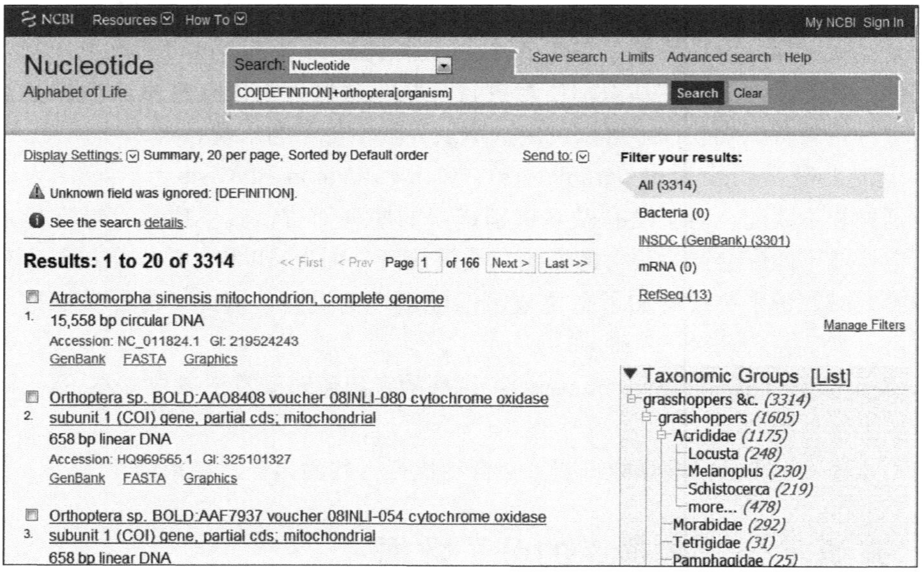

图 5-3　采用基因名称和分类单元布尔表达式的搜索结果

5.2.2　查看一个分类单元被提交到 GenBank 中序列数量的方法

（1）在 NCBI 主页（http：//www. ncbi. nlm. nih. gov/）选择 Taxonomy 数据库，输入需要查找的分类单元的名称（如直翅目 Orthoptera），点击 Go，只有一项记录，点击该记录，即进入一个有上、下两栏的页面，上栏是数据类型，每个类型前有选择框；下栏是该分类单元在 NCBI 分类数据库中的分类树，可以分级打开（图 5-4）。

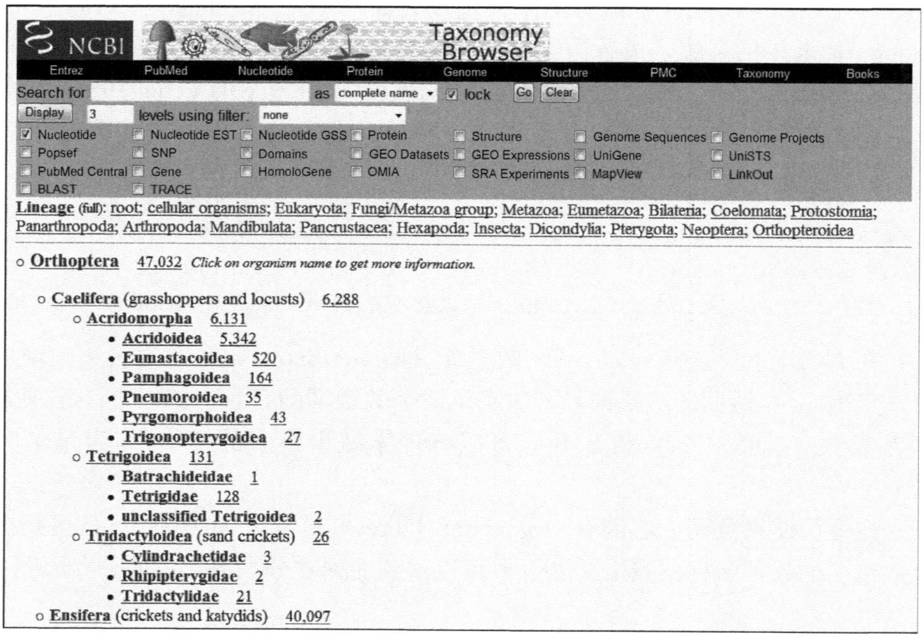

图 5-4　查看一个分类单元（直翅目 Orthoptera）被提交到 GenBank 中的序列数量

（2）选择需要查找的数据类型（如 nucleotide），然后选择显示的分类节点数，点击 display，则有记录的该数据在各个分类单元中的分布会显示出具体数字，逐级点击分类单元直到物种水平，就会得到不同分类单元水平上的序列记录数。

5.2.3　查看一个分类单元有序列记录物种数量的方法

（1）在 NCBI 主页（http：//www. ncbi. nlm. nih. gov/）选择 Taxonomy 数据库，输入需要查找的分类单元的名称（如直翅目 Orthoptera），点击 Go，只有一项记录，点击该记录，即进入一个有上、下两栏的页面，上栏是数据类型，每个类型前有选择框；下栏是该分类单元在 NCBI 分类数据库中的分类树，可以分级打开。

（2）点击下栏该分类单元的根目录，在返回的页面右侧有 Entrez records，显示该分类单元在 NCBI 数据库中的记录数，其中最后一行就是有记录的物种数（2515）（图 5-5）。

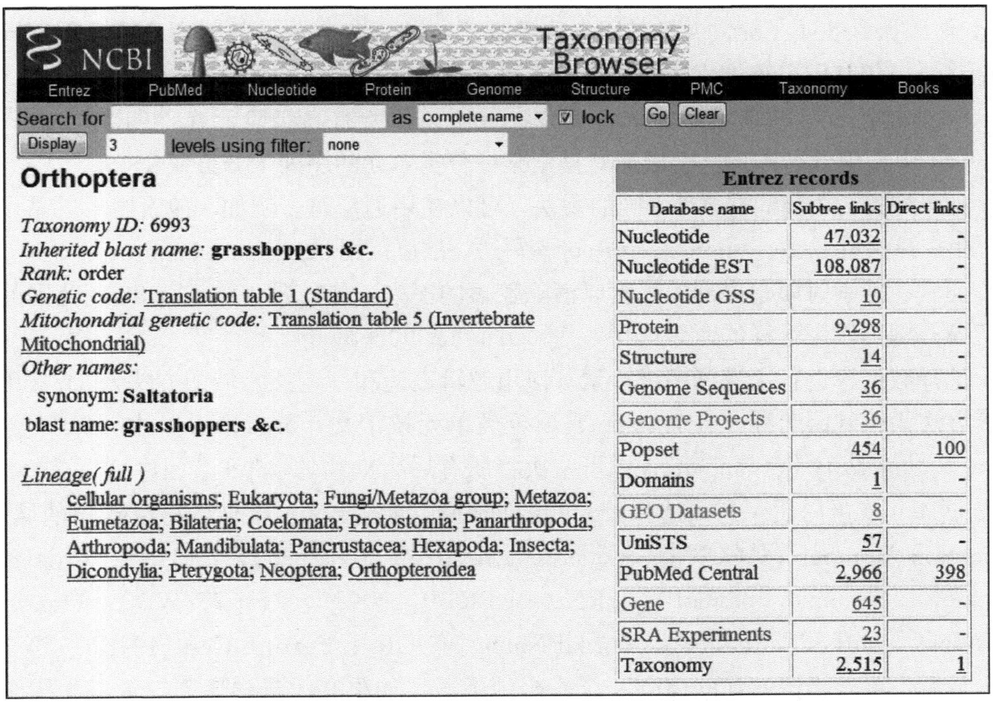

图 5-5　查看一个分类单元（直翅目 Orthoptera）在 GenBank 中有序列记录的物种数量

5.2.4　数据库序列获取方法

同源基因序列通常是通过直接查询 GenBank（即 NCBI 的 nucleotide）等数据库，找到数据记录后下载需要的序列。一般来说，查询获得的序列数量可能很多，要决定哪些序列最终用于系统发生分析，这就涉及分类单元的取样问题。选定了序列以后，下载对应的序列，建议分别保存原记录文件和序列文件。

也可以利用 NCBI 中提供的 BLAST 相似性搜索得到相关序列：选择一个特定基因的已知蛋白质或 DNA 序列，选择对应的 BLASTn（核酸序列）或 BLASTp（蛋白质序列）程序和数据库，相似性搜索后得到一组根据与已知序列相似性降低顺序排列的数据组。

下面简要介绍一下如何在这些数据库中搜索所需要的数据。

1. 关键词搜索

一般应用 NCBI 的 Entrez 工具进行。目前的 GenBank 数据库是如此庞大，已经不可能通过一个关键词来达到搜索特定序列的目的，而必须通过多个关键词的逻辑运算符和指定关键词的搜索域名来发现特定的序列。逻辑运算符（AND、OR、NOT）必须是大写。Entrez 可以搜索 GenBank 数据库的域有 Organism、Slen（序列长度范围）和 keyword 等，我们可以将需要搜索的关键词与域名用方括号 [] 括起。

基因名称是最常用于搜索的关键词，可以出现在多个域中，如 gene field、locus field or keyword section，并且基因名称没有严格的规范，一个基因通常有几个不同的名称，所以用基因名称搜索通常是将所有可能的名称用 OR 运算符组合起来。

organism field 包括了种的学名及该物种所属的所有高级阶元在 NCBI Taxonomy Browser 中采用的名称。这个域名对搜索某一分类单元的序列十分方便。

如果搜索的关键词有多种不同的写法，可以使用通配符。例如，搜索昆虫的某个基因，由于昆虫有 insect、insecta、insects 等写法，故可以用 insect * [organism]。

通常在搜索时限定序列的长度以消除较短的序列，如需要 1000～2000bp 范围的序列记录，则可以用这样的命令：1000 [Slen] ：2000 [Slen]。

选择数据库进行关键词高级检索（使用逻辑表达和指定搜索域的方法），最常用的检索方法为：基因名称 [gene name] ＋分类单元拉丁文 [organism]，如 g6pd [gene name] ＋metazoa [organism]，即可一次将所有后生动物的 g6pd 基因序列（选择 nt/nr 数据库）或蛋白质序列（选择 protein 数据库）搜索出来。类似的可以搜索的域有：Accession Number [ACCN]；Sequence Length（2500：2600）[SLEN]；Properties（biomol _ genomic，biomol _ mRNA）[PROP]；Keyword [KYWD]；Organism [ORGN]；Author [AUTH]；Journal Name [JOUR]；Feature Key [FKEY] 等。

最后，可以将搜索到的序列一个一个地下载，如果有大量的序列，可以先按照普通的方法搜索，查看结果，以确定最适合的搜索策略，然后将确定的搜索策略输入 Entrez Batch-Retrieve Large Data Sets 页面，将所有的序列一次下载到硬盘上。

2. BLAST 搜索

BLAST 是目前常用的数据库搜索程序，它是 Basic Local Alignment Search Tool 的缩写，意为“基本局部相似性比对搜索工具”。国际著名生物信息中心都提供基于 Web 的 BLAST 服务器。BLAST 算法的基本思路是首先找出检测序列和目标序列之间相似性程度最高的片段，并作为内核向两端延伸，以找出尽可能长的相似序列片段。

登录到提供 BLAST 服务的常用网站，比如国内的 CBI、美国的 NCBI、欧洲的 EBI 和日本的 DDBJ。这些网站提供的 BLAST 服务在界面上差不多，但所用的程序有所差异。它们都有一个大的文本框，用于粘贴需要搜索的序列。把序列以 FASTA 格式粘贴到文本框，选择合适的 BLAST 程序和数据库，就可以开始搜索了。如果是 DNA 序列，一般选择 BLASTN 搜索 DNA 数据库。

下载 BLAST 搜索得到的序列的方法为：在搜索结果页面的 alignment 栏目边 select all 选择框中点击选择，然后点击 get selected sequences，出现 GenBank 的界面，在显示方式选择栏的 display 中选择 FASTA，在 show 中选择 50 或 100，然后在 send to 选择 file，保存到一个文件夹中。

NCBI/BLAST 的每个搜索可以最多返回 20 000 条序列，默认的返回序列数目为 100 条，可以在 BLAST 参数设置页面进行修改。

5.2.5　批量下载序列的方法

如有大量序列需要下载，可以采用以下方法中的一种。

（1）最简单的方法是在 NCBI 主页的搜索栏输入下载序列 AC 号的范围（中间用：冒号）并指明搜索域［ACCN］。如：EF100000：EF102000［ACCN］

（2）使用软件下载

BioEdit 法：首先在 Excel 中编辑所有要下载序列的 AC 号（只需在两个单元格中输入前两个连续的 AC 号），然后选择这两个单元格，在第二个单元格的右下角小十字标记处鼠标变为十号时向下选择单元格，则会自动填充与前两个连续的编号，将该文件保存为文本。在 BioEdit 的 File→retrieve from GenBank 中，将序列 AC 号拷贝并粘贴在 BioEdit 中，选择 accession，下载。此外，Geneious（www. geneious. com）和 MacVector 也有该功能。

（3）批量 Entrez Batch Entrez

NCBI 提供了一个批量上传和下载序列的工具 Batch Entrez，它可以从 nucleotide 或 protein 数据库中下载所有指定的 GI 或 ACC 序列。一般是将需要下载序列的 GI 或 ACC 编辑为一个列表文件，一个文件中序列的数量应该在几千以内，太多容易出现下载不完全。可以使用 GI 代替 ACC 下载。但使用序列 GI 批量下载时必须选择一个具有 GI 记录的特定数据库，如核酸数据库中的 CoreNucleotide、EST、GSS。Batch Entrez 下载序列的步骤如下。

（1）创建一个需要下载的序列 AC 号的列表文件（文本格式 . txt）。

（2）连接到网页 http：//www. ncbi. nlm. nih. gov/sites/batchentrez?

（3）从浏览中选择 AC 号的列表文件路径。

（4）在 database 窗口选择数据库。

（5）点击 Retrieve，返回需要的序列记录。

（6）选择序列文件格式。

（7）点击 Save 下载，输入文件名保存。

5.2.6 比对序列数据库

有些数据库提供比对好的序列下载。几个著名的比对序列数据库介绍如下。

（1）NCBI 的 COG 和 HomoloGene：从这两个数据库中可以下载直系同源基因/蛋白质序列。在 NCBI 主页的搜索框中输入关键词（如基因名称），选择同源基因数据库（HomoloGene）进行搜索，点击 Go，即返回搜索结果，查看结果；点击每个记录右边的 download，在返回的界面分别选择 mRNA、蛋白质序列和物种，点击 download 下载 FASTA 格式序列保存。

（2）Pfam：在比对区中可在家族页面上通过选择想要的选项和点击相应按钮，如 Get Alignment 和 Retrieve Alignment，可获得每个 Pfam 家族的比对结果。可选择种子比对和全比对两种。

（3）TreeBASE：TreeBASE 是一个储存已发表的系统发生树和相应数据集的数据库。记录以 NEXUS 格式保存，可以通过作者或分类单元搜索。因为比对的数据集和树都以 NEXUS 格式保存，故其可以直接在 PAUP 中分析，对需要重新分析已经发表的数据十分方便。

此外，还有一些专业性较强的次级数据库也提供比对好的序列下载，如蛋白质家族比对数据库：PIRALN（PIR 数据库的比对序列）；HOVERGEN（脊椎动物同源基因比对数据库）；PROTOMAP（SWISS-PROT 数据库中所有蛋白质的相似性分类）；Megaclass（序列分类数据库）。蛋白质结构域数据库有：Prodom；PRINTS；DOMO；PFAM；BLOCKS。RNA/DNA 比对序列数据库有：Ribosomal Database Project（比对及注释的 rRNA 序列和系统树数据库）；The rRNA WWW server（LSU 和 SSU rRNA 序列比对数据库）。

5.3 序列比对

5.3.1 比对的概念和分类

序列比对（sequence alignment，也译为序列排比、联配等）是通过确定各序列位点之间匹配、替换及插入或缺失发生位置来建立同源分子之间位点同源关系的过程。比对的生物学意义实际上是建立性状状态的进化关系，亦即所分析的序列中一个特定位点上观测到的所有状态都应能追溯到这些序列的共同祖先序列中的单一位点状态，比对序列同一位点上的残基是由共同祖先残基在进化过程中保持不变或改变（替换以及插入或缺失）形成。

如果说测序是对各样品中靶序列的每一位点上的核苷酸进行横向排序的话，序列比对就是对不同序列之间的每一位点进行纵向排序。因而序列比对在序列分析中与测序一样重要，但它是更加复杂且具有不确定性的过程。

同源性状是系统发生分析的基础，比对决定性状（位点）的同源关系，所以，比对是分子系统发生的基础。在分子系统发生分析中，数据决定结果，而比对决定数据，所以比对决定结果。

系统发生重建基于性状同源假设的正确建立，而分子同源性状的假设涉及序列数据的比对。直源序列的位点同源性有三种情况：一是所有序列该性状状态相同，二是一个或几个序列中发生替换（代表点突变），三是一个或几个序列发生插入/缺失（indel）。比对过程中最大的问题是 indel 的位置，特别是分歧比较大的序列。空位（gap）和 indel 的区别在于，前者是在比对过程中引入的，后者是真正发生的突变事件，最理想的情况是在比对过程中引入的空位都代表真正的 indel。

序列比对按需要比对序列的长度可区分为全序列比对和局部序列比对。全序列比对（global alignment）是比对结果中包含所比较序列全长范围的所有位点的比对，适于比较相似性水平较高的同源序列，也是分子系统学中最常用的比对方法。局部序列比对（local alignment）是指仅对序列之间或同一序列的不同区段之间相似性水平较高的局部片段进行比对的方法，适于比较相似性水平较低的同源分子或分子内部结构重复等，局部比对的结果一般无法用于系统发生分析，多用于分子结构和功能进化研究。

按照所比对的序列数目，比对又可分成双序列比对和多序列比对两类。双序列比对是指两条序列之间的比对。多序列比对是指三条或三条以上序列之间的比对。分子系统发生学常要研究许多分类单元，所以一般都要采用多序列比对。多序列比对是在双序列比对基础上进行的，因此双序列比对是多序列比对的前提。

除常用到的序列比对以外，其实还有许多生物学过程同源关系的建立也需要比对，这些不同于序列的比对是对序列比对概念的拓展，也逐渐开始应用于系统发生分析中，这些比对包括：

（1）基因组比对（genome alignment）；

（2）基因次序比对（gene order alignment）；

（3）代谢途径比对（metabolic pathway alignment）；

（4）生物学网络比对（biological network alignment）；

（5）结构比对（structure alignment）。

5.3.2 序列比对的原理

从数学角度看，比对的核心问题是评估从一条序列转换到另一条序列所需要的位点上的替换和插入/缺失进化事件的最少数目，但从生物学角度看，序列比对还应考虑序列进化型式、分子结构和功能约束性、密码子的可读框等诸多问题。因此，纯粹数学上的优化方法获得的比对结果可能与生物学上的实际进化过程并不相同。

已经提出了各种不同的序列比对方法，这些方法都是将同源序列位点上相同或相似残基（称匹配位点）与不相似残基（称非匹配位点）按一定的记分规则转化成序列之间相似性或差异性（距离）数值进行比较，并且都是建立在下述的基本原则上的：最佳的比对应是具有最多匹配位点的比对，这一比对中序列之间的相似值最大或距离最小。为此，在比对过程中对每一位点比较的记分标准是奖励具匹配残基的位点，惩罚非匹配残基及具有空位的位点。匹配位点表明序列自共同祖先以来没有发生改变，非匹配位点意味着该位点上发生了替换。

空位是为了求得最佳比对而引入的，是假设序列进化过程发生了插入/缺失的进化事件，空位的罚分应比非匹配位点更严厉，因为任何两序列在自由引入空位后最终可使所具有相同残基的位点都比对上。在序列比对过程中，长度不等的插入/缺失突变是相互发生的，即一个序列中发生的插入/缺失就意味着另一个序列同样长度的缺失/插入。由于无法知道祖先序列，所以通常不能判断究竟是发生了插入还是缺失，故这两类突变在比对时作为一类看待，统称为序列的增减（indel，insert＋deletion 的缩写）。

一般地，两序列的比对问题可表述如下：序列 $a=a_1a_2a_3\cdots a_n$ 和序列 $b=b_1b_2b_3\cdots b_n$ 是两个由有限残基组成的序列，对于 DNA 和 RNA，残基有 4 种，对于蛋白质有 20 种。序列进化事件包括单一位点上的替换和长度不等的增减两类。从数学上看，比对的核心问题是评估从序列 a 转变到 b 所需要的这类进化事件的最少数目，由这些进化事件的最小集所指示的 a 和 b 之间的关系即意味着两序列同源位点的比对。例如，下述两个序列：a＝TAAGTTC，b＝TAGCCC，比对后的序列为

```
TAAGTTC
TA-GCCC
```

在这个比对中，有 4 个匹配位点，2 个非匹配位点，1 个空位。这一比对结果就意味着序列 a 和序列 b 自共同祖先分歧以来，有 4 个位点没有改变，替换突变至少发生 2 次，并有 1 次单碱基的插入（序列 a）或缺失（序列 b）。

计分规则是由取代矩阵的选择和空位罚分（gap penalty）的参数设置决定的，规则的核心是奖励匹配位点，惩罚不匹配位点及具有空位的位点。

核酸序列比对过程中，碱基匹配的记分有两种方法。第一种是只考虑碱基的相同、不相同及空位三种情况，这是目前广泛应用的一类方法。第二种是按碱基之间发生替换的概率对不同位点给以不同权值的加权记分方法。由于 DNA 序列碱基突变型式和速率随不同生物类群、不同基因及基因内不同区域会产生很大变化，故很难用这种方法定义一个类似蛋白质序列计分矩阵那样通用的记分系统。

常用的氨基酸序列的取代矩阵有 PAM、JTT、BLOSUM 等体系。对于不同的对象，可以采用不同的取代矩阵以获得更多的信息，如对同源性较高的序列可以采用 BLOSUM90 矩阵，而对同源性较低的序列可采用 BLOSUM30 矩阵。

由于对插入/缺失进化的研究不够深入，目前尚没有十分满意的理论模型能很好地描述空位分布，因此空位罚分缺乏理论依据而带有较多的主观色彩。一般的处理方法是用两个罚分值，对插入的第一个空位，即空位引入（gap opening）采用较高的罚分（如 10～15 分），对引入空位后出现的空位延伸（gap extension）采用较低的罚分（如 1～2 分）。对于具体序列的比对，采用不同的空位罚分方法会取得不同的效果。这样，通过设置空位引入和空位延伸的罚分程度，可以控制比对结果中含有空位的总体数目。一般来说，罚分程度越高，比对结果中含有空位的总体数目就会越少，真正的同源区域就可能被破坏；相反，罚分程度越低，比对结果中含有空位的总体数目就会越多，非同源位点也可能变成同源位点。

5.3.3　序列比对算法

序列相似性检索和比对的许多经典方法早在 20 世纪 70～80 年代就已建立起来。由于序列数据的大量积累，序列数据库容量迅速扩大，利用数据库进行序列相似性检索和比对分析越来越重要，为此发展了许多针对序列数据库的序列分析方法和软件。

目前，进行序列比对的算法很多，根据同时比对的序列数目的不同，将序列比对算法分成双序列比对算法和多序列比对算法。双序列比对算法分为两大类：动态规划算法（dynamic programming）和矩阵作图法。动态规划算法是最常用的，其中又以 Needleman 和 Wunsch 提出的动态规划比对最为常用，在此基础上改良产生了 Smith-Waterman 算法和 SIM 算法。

大多数现有的多序列比对方法可以分为 4 类：精确比对方法、渐进比对方法、迭代比对方法和基于图论的比对方法。

精确比对方法完全基于动态规划算法，最经典的是多维 Needleman-Wunsch 算法。从理论上讲，用于两个序列比对的 Needleman-Wunsch 算法可以扩展到三个或三个以上序列的比对，即在计算机上建立一个多维矩阵进行比对。但除少量较短序列的比对外，一定长度的三维以上矩阵的比对所需要的内存空间和动态规划优化算法所需要的运算时间目前还无法实现。

多序列比对的绝大多数方法都是基于渐进比对的概念。渐进比对算法的基本思想是：迭代地利用两序列动态规划算法，先由两条序列的比对开始，逐渐添加新序列，直到所有序列都加入为止。但是，不同的添加顺序会产生不同的比对结果，所以，确定合适的比对顺序是渐进比对方法的一个关键问题。而两个序列越相似，比对就越可靠。因此，整个序列的比对应该从最相似的两个序列开始，由近至远逐步完成。

Feng 和 Doolittle 提出的渐进比对（progressive alignment）方法如下所述。首先，用动态规划法将所有序列两两比对；再根据标准化的比对得分值 NAS（NAS＝两序列的最大相似性得分/最短的序列长度）的大小将所有序列排出次序；当第一对最相似序列比对后，第三个与它们最相似的序列加入进去比对；从第三个序列开始的后续比对遵循如下的原则：只要前面比对时引入一个空位，后续比对中该位点总有一个空位，同时后续加入的残基与前面已比对的相应位置的残基进行平均。这样每次加入一个序列比对，直至所有序列都加入进去。渐进比对的思想依靠用作比对的序列之间确实存在的系统发生学上的相互关联。其基本思想是：要比对的序列是进化相关的，因此可以按照序列的进化顺序，由近至远将序列或中间比对结果按双重比对算法逐步进行比对，重复这一过程直到所有序列都加入为止。这类算法的主要优点是简单、快速；缺点是在比对初期引进的空位插入错误无法在比对后期因加入其他序列而改正，易于陷入局部最优解。

渐进比对法绕过了多序列比较应在多维空间上进行数学优化的步骤，因而比对可以不受序列数目和长度的限制，大大节省了计算机的存储空间和运算时间，但它缺少对序列比对质量的精确而全面的衡量。

迭代比对算法以渐进比对方法产生初步比对，然后通过一系列的重复（迭代）渐进比对使之更完善，直至再无法改进为止。这类算法不能提供获得优化比对结果的保证，但却具有鲁棒性和对比对序列个数不敏感等特性。

5.3.4 比对方法的分类

目前比对的方法可以分为以下三类。

（1）软件自动比对：采用自动比对程序（如 ClustalX）完全基于序列相似性进行比对，并不能保证得到全程最优比对来代表真实比对，因为序列相似性并不等同于序列同源性。

（2）自动比对辅之以手工校正：在自动比对的基础上辅之以二级和（或）三级结构信息来人工调整，获得符合生物学意义的最佳比对结果。

（3）完全手工比对：不依靠软件，仅凭人工手动进行比对。只有在比对中只出现少量 indel 时才可行（如蛋白质编码序列），或者是预先有一个二级结构生物模型（如 rRNA）或一些作用位点保守性的功能限制。

5.4 常用比对软件

由于序列比对在生物信息学领域的重要性、比对对象的多样性（DNA、RNA、蛋白质和基因组等），以及比对本身的复杂性，比对算法和软件的开发层出不穷，表 5-1 是比对软件的最新列表，给出了 30 种比对软件的算法类型、采用的方法和适用的序列类型。

表 5-1　多序列比对软件的分类（Rausch and Reinert，2011）

算法类型	软件名称	方　法	比对数据类型
精确序列比对	LASA	拉格朗日整数线性规划	蛋白质/DNA
	MSA	有界动态规划	蛋白质/DNA
近似序列比对	ABA	基于图论的比对	蛋白质/DNA
	AMAP	退火算法	蛋白质/DNA
	ClustalW	渐进算法	蛋白质/DNA
	DIALIGN-T	片段比对	蛋白质/DNA
	DIALIGN-TX	基于片段的渐进比对	蛋白质/DNA
	Kalign	渐进算法	蛋白质/DNA
	POA	偏序比对	蛋白质
	MAFFT	改进的渐进算法	蛋白质/DNA
	MUSCLE	改进的渐进算法	蛋白质
	ProbCons	一致性（consistency）渐进比对	蛋白质/DNA
	SeqAn::T-Coffee	基于片段的渐进比对	蛋白质/DNA
	T-Coffee	一致性渐进比对	蛋白质/DNA
综合对比	M-Coffee	一致性渐进比对	蛋白质/DNA
	SeqAn::T-Coffee	基于片段的渐进比对	蛋白质/DNA

续表

算法类型	软件名称	方　法	比对数据类型
基于二级结构和同源序列数据库	MUMMALS	一致性渐进比对	蛋白质
	PRALINE	渐进比对	蛋白质
	PROMALS	一致性渐进比对	蛋白质
	SPEM	一致性渐进比对	蛋白质
基于 3D 结构	3D-Coffee	一致性渐进比对	蛋白质
	Expresso	一致性渐进比对	蛋白质
	PROMALS3D	一致性渐进比对	蛋白质
基因组水平比对	M-GCAT	锚点（anchor）比对	DNA
	Mauve	锚点和局部共线性模块	DNA
	MGA	基于锚点的连锁比对	DNA
	Mulan	锚点比对	DNA
	Multi-LAGAN	锚点比对	DNA
	MUMmer	基于锚点的后缀树比对	DNA
	TBA	锚点比对	DNA

虽然比对软件如此多样，在分子系统发生学上常用的软件只有 6～8 种，简介如下。

5.4.1　ClustalX

最流行的渐进多序列比对软件是 Clustal 家族，其最早由 Higgins 等于 1988 年开发。1994 年进一步改进了 Clustal：首先，在比对过程中对每个序列赋予一个特殊的权值以降低高度近似序列的影响并提高相距遥远序列的影响，来自于指导树根部的序列其权值等于它到根部的距离，而来自于指导树上一个分枝序列的权值不超过其到根的距离的和；其次，根据序列间进化分歧度在比对的不同阶段使用不同的氨基酸取代矩阵；第三，采用了与特定氨基酸相关的空位罚分函数，对亲水性氨基酸区域中的空位予以较低的罚分；最后，对在早期比对中产生空位的位置进行较少的罚分，对空位引入和空位延伸进行不同的罚分。根据这些改进发展的软件称为 ClustalW（cluster alignments weight，Thompson et al.，1994），它的视窗界面为 ClustalX。

Clustal 算法包括三个主要步骤（图 5-6）：

（1）对所有序列分别进行两两比对并计算出未校正的距离矩阵（p 距离）；

（2）根据距离矩阵构建一棵指导树（一般为邻接树）；

（3）通过指导树的分支顺序逐渐进行比对。

ClustalX2 的使用步骤如下所述。

运行 ClustalX 程序，它提供多序列比对（MULTIPLE ALIGNMENT）和序列谱比对（PROFILE ALIGNMENT）两种模式。其默认的模式为多序列比对。

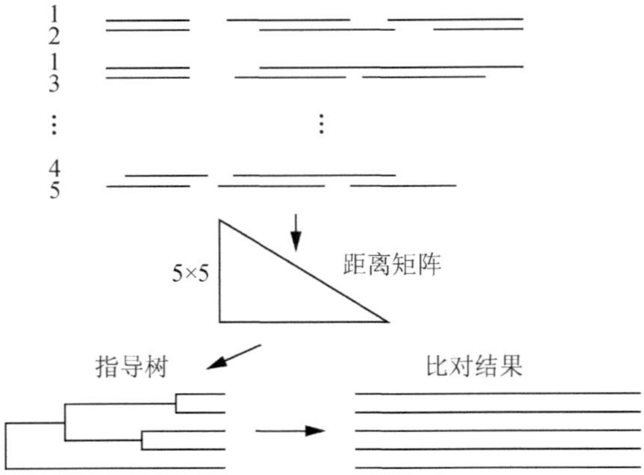

图 5-6　Clustal 采用的渐进比对算法的三个步骤

1. 多序列模式

（1）将序列数据编辑为 FASTA 格式文件。用写字板或记事本打开 FASTA 格式序列文件，对每条序列的名称部分进行简化编辑，只保留物种名称，并在属名和种名之间加下划线，如 Homo _ sapiens。如果需要使用 Phylip 格式，序列名称不能多于 10 个字符。

（2）运行 ClustalX2，通过“file→load sequence”输入编辑好的序列文件。

（3）设置比对参数。

RESET NEW GAPS BEFORE ALIGNMENT：选择此选项后，在重新进行多序列比对分析前，将删除所有在前一次比对分析过程中新产生的空位，有时重复多序列比对分析过程有助于提高比对分析的质量。

RESET ALL GAPS BEFORE ALIGNMENT：其功能与前者相似，不同的是，它将同时删除源序列文件中的空区，也是仅在进行第二轮多序列比对分析时起作用。

PAIRWISE ALIGNMENT PARAMETERS：在其窗口中可以对双序列比对分析过程中（即 ClustalX 分析过程中的第一步）的速度及精度［Pairwise Alignments，有 Slow-accurate 及 Fast-approximate 两个选项，当多序列文件中的序列数较多（如多于 100 条）或序列较长（如大于 1000）时可选用后者］、空位引入（gap opening）及空位延伸（gap extension）罚分（增加空位引入罚分的数值可以减少空区的数量，增加空位延伸罚分的数值则可以减少插入空区的长度；位于序列末端的空区将不被罚分）、替换矩阵［对于蛋白质序列提供了 BLOSUM30、PAM3350、Gonnet250、Identity Matrix 及用户自定义的替换矩阵；对于核酸序列则提供了 IUB、ClustalW（1.6）及用户自定义的替换矩阵］进行选择，具体见图 5-7。

MULTIPLE ALIGNMENT PARAMETERS：对多序列比对过程中（即 ClustalX 分析过程中的第三步）采用的空位起始、延伸空位罚分值、权重矩阵（Weight Matrix）进行选择。

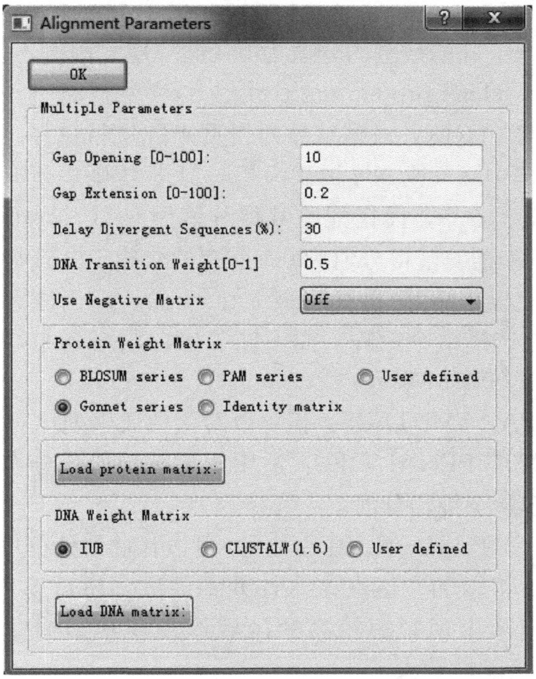

图 5-7　ClustalX 多序列比对参数设置

DELAY DIVERGENT SEQUENCES：在其对话框中输入特定的百分比后；比对中与任意一条其他序列的同源性低于此设置值的序列，将不包含在第一轮序列比对分析中，而是在其他序列比对完毕后再被加入，以降低比对分析的复杂性，提高分析速度。

DNA TRANSITION WEIGHT：将为 A←→G 或 C←→T 突变（即嘌呤←→嘌呤或嘧啶←→嘧啶的突变）指定一个位于 0～1 的替代分值，其默认值为 0.5。对于亲缘关系较远的序列比对可设置一个较小的数值，而在亲缘关系较近的序列比对中则可以设置一个相对较大的数值。

PROTEIN WEIGHT MATRIX：选用权重矩阵可以考虑到不同残基替代（如两个性质相似的残基的替代与两个性质完全不同的残基的替代，会对蛋白质的结构与功能产生不同的影响）对序列结构与功能的不同影响，可以提高同源性分析的敏感性与准确性。不同的矩阵适用于具有不同遗传距离的序列比对分析。对于同源性较高的序列，最好选择严谨性较高的权重矩阵，这类矩阵仅赋予完全一致的残基及性质十分接近的残基替代以较高的分数，从而能更好地区分同源性较高的序列之间的差异；而对于变异较大的序列，则需要选用严谨性较低的权重矩阵，在这类矩阵中，对低相似性的残基替代的打分也相对较高，从而可以较敏感地发现序列间较弱的同源性。较为常用的有 BLOSUM 系列矩阵（Blosum 80、Blosum 62、Blosum 45 和 Blosum 30，非常适合于对数据库进行同源性检索，是旧版本 ClustalX 的默认矩阵）、PAM 系列矩阵（自 20 世纪 70 年代以来得到了广泛应用，目前有 PAM 20、PAM 60、PAM 120、PAM 350 系列）、GONNET 系列矩阵（GONNET 系列矩阵的构建几乎与 PAM 矩阵完全相同，但其参考的数据要远远高于 PAM 矩阵，其敏感性也高于 PAM 系列矩阵，目前它提供 GONNET 80、GONNET 120、GONNET 160、GONNET 250 及 GONNET 350 矩阵，是 ClustalX1.8 的默认矩阵)；在 ClustalX 中还提供了 identity 矩阵，它赋予一致性残基的分值为 10，而所有不同的残基的分值为 0（这一矩阵用途不是很大)；同时还允许用户导入自定义的矩阵（load protein matrix)。

DNA WEIGHT MATRIX：对碱基序列权重矩阵进行选择。ClustalX 的默认设置为 IUB 矩阵，在此矩阵中 X's 或 N's 被认为是与 IUB 规则中所有其他的非确定碱基都匹配，匹配碱基得分值为 1.9，而错配碱基得分值为 0；ClustalW（1.6）矩阵中一致性碱基得分值为 1.0，错配碱基得分值为 0，所有的非确定性碱基得分值也为 0；同时，允许用户导入自定义的权重矩阵（load DNA matrix)；应当注意的是，对于核酸序列的权重矩阵，每次只能选择两个矩阵，而不同于蛋白质序列中每次可以选择一系列矩阵（如 PAM 系列和 BLOSUM 系列)。

PROTEIN GAP PARAMETERS：仅可以对蛋白质序列比对分析进行设置。

RESIDUE SPECIFIC PENALTIES：适用于氨基酸的罚分设置，通过调整其设置值，可以增加或减少起始空位罚分值。

HYDROPHILIC GAP PENALTIES：用户可以在此对话框中输入被认为是亲水的氨基酸，执行此操作后将增加空区在亲水性残基区域（超过 5 个亲水性残基的区域）出现的频率。一般在空区出现频率较高的区域形成环状结构（loop）或无规则卷曲（random coil）结构的可能性较大。

GAP SEPARATION DISTANCE：使用此选项可对比对分析中添加的空区的距离进行设置，对于距离短于此设置值的两个空区则给予更大的罚分值。使用此选项并不杜绝距离较近空区的出现，而仅仅是减少其出现的频率。

END GAP SEPARATION：将位于序列末尾与内部的空区赋予相同的罚分值，以避免产生大量相隔较近的空区，选择“OFF”后，将忽略位于序列末尾的空区，因为序列末尾的空区往往是由于序列长度的不同而产生的，并无明确的生物学意义。

（4）选择输出格式：ClustalX 的输出有 Clustal、NBRF/PIR、GCG/MCF、PHYLIP、GDE 和 NEXUS 共 6 种格式（图 5-8)，比对完成后可以按照选择的几种不同格式输出到与原数据相同的文件夹里。

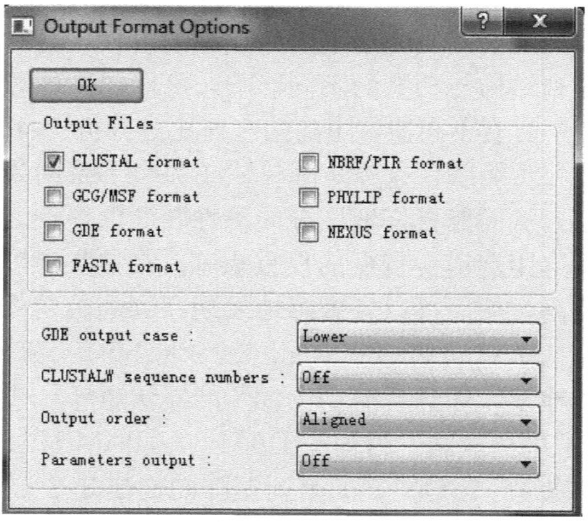

图 5-8　ClustalX 输出格式选择

（5）进行序列比对，Alignment→Do complete alignment。

“Alignment”比对选项设置包括：“Do Complete Alignment”，运行多序列比对；“Do Alignment from Guide Tree”，使用有根指导树进行多序列比对，点击后程序将提示输入有根指导树文件名；“Produce Guide Tree Only”，只产生有根指导树；当比对结果不理想时，可以重新比对所选序列（realign selected sequences），即调整“行选择”重新比对后序列行排列次序会发生改变；而“Realign Selected Sequence Range”则是对所选列进行操作，比对产生的新结果被“嵌入”到原位置，序列行的排列位置保持不变。

（6）如果比对的序列长度不一致，可以在完成比对后，通过“File→Save Sequence as…”掐头去尾，选择需要保存的范围，将上、下游有空位的末端除去。

2. 序列谱模式

在界面左上侧的下拉框中选择序列谱比对模式，则显示上、下两个序列输入窗口，允许同时导入两个多序列文件（称为序列谱 profile），使用户可以方便地将 profile 2 中合适的序列添加到 profile 1 中，同时也可以参照 profile 2 中的二级结构信息更好地进行序列比对分析。当选定“Lock Scroll”后，可以将两个窗口锁定，随着光标移动一起滚动，否则各个窗口可以单独滚动。起始窗口右侧的“Font Size”下拉框可以进行字体设置。

序列谱比对可以对数量特别大或大量序列中存在几个不同亲疏关系的序列进行有效比对，即首先将序列按照分类单元进行分别比对，然后进行序列谱比对。

（1）根据相关性大小将序列分为两组，分别编辑成为 FASTA 格式。

（2）采用多序列比对模式分别比对两组序列。

（3）选择比对模式为 profile alignment，分别输入 1. aln 和 2. aln，在 alignment 菜单根据需要选择序列谱比对类型，在结果输出对话框中改变保存的比对文件名称。点击 OK，则完成比对。

比对质量问题：当指导树的分类单元相对密集且没有明显的离群序列（outlier）时，ClustalX 的比对结果比其他方法更好。ClustalX 中包括质量分析工具，可以识别出有问题的比对区域，然后通过调整空位罚分重新比对。ClustalX 也提供了多种选项，以突出特定的序列位点（此时最好去掉背景色，以更好地突出特定位点）。

（1）SHOW LOW-SCORING SEGMENTS：标出低得分的序列位点。

（2）SHOW EXCEPTIONAL RESIDUES：标出队列中那些产生变异的残基/碱基。

（3）LOW-SCORING SEGMENT PARAMETERS：可以打开一个二级菜单。

Minimum Length of Segments：设定在执行“SHOW LOW-SCORING SEGMENTS”操作时，能够识别的变异碱基/残基的最小步长。例如，当此数值设定为 3 后，那些少于 3 个连续的变异碱基/残基的区域，在执行“SHOW LOW-SCORING SEGMENTS”操作时将不再标出。

DNA MARKING SCALE：被用于从高亮度显示碱基/残基中去除那些意义不明显的序列片段。若增加此数值，则在执行“SHOW LOW-SCORING SEGMENTS”时将显示更多的片段，反之则将减少显示的片段。

PROTEIN WEIGHT MATRIX：根据不同残基之间的相似性给出了相互之间的替代分值，提供了 PAM 80、PAM 120、PAM 250、PAM 350 及用户自定义 5 个选项；对于变异较大的序列队列，宜采用数值较大的 PAM 矩阵（如 PAM 350）。

DNA WEIGHT MATRIX：提供 IUB、ClustalW（1.6）及用户自定义 3 种选择。

（4）Column Score Parameters：提供了几种衡量每个位点的保守程度的计分方法。

SCORE PLOT SCALE：用于改变主窗口底部得分值曲线图的尺度，提供 1～10 共 10 个等级，随着其数值的增加，曲线图的尺度将变小，表现在图形中是其波峰高度的减小。

RESIDUE EXCEPTION CUTOFF：将用于限制以高亮度显示的变异残基的数目，同样也提供 10 个等级。

PROTEIN WEIGHT MATRIX：提供不同的残基取代后的打分值矩阵。

DNA WEIGHTM ATRIX：提供 IUB 及 ClustalW（1.6）两个碱基替换矩阵。

（5）Save Column Score to File：将选定序列中各个碱基/残基的打分情况输出到一个扩展名为 . QSCORES 的文件中。

ClustalX2 也能够进行迭代比对，提供了在比对的每一步和比对的最后分别进行迭代比对的选项。

ClustalX 的比对窗口可以很好地显示比对结果，序列中各位点以彩色分别显示各种性状状态，序列以上灰色一栏用于标记高度保守位点。“*”表示该位点完全保守，“:”表示一个强组合（STA、NEQK、NHQK、NDEQ、QHRK、MILV、MILF、HY、FYW）是完全保守的，“.”表示一个弱组合（CSA、ATV、SAG、STNK、STPA、SGND、SNDEQK、NDEQHK、FVLIM、HFY）是完全保守的。以上强组合和弱组合在 Gonnet PAM250 矩阵中都是给予正分的，分值大于 0.5 的为强组合，分值小于 0.5 的为弱组合。序列以下比例尺显示位点位置，比例尺以下柱状图显示相似程度，峰代表相似度高，谷代表相似度低（图 5-9）。

ClustalX 不能直接打印比对结果，但提供了比对文件和 PostScript 文件，可显示比对结果。在 ClustalX 菜单中选择“write alignment as PostScript”，出现图示对话框，设置显示参数，点击“OK”以后即保存了相应的文件，以 Acrobat Distiller 将其转化为 pdf 文件。

ClustalX 使用中常见的问题主要有以下三个。

（1）序列无法输入。序列文件路径上有中文名称，找不到文件。ClustalX 属于 DOS 环境运行程序，不能识别中文路径。

（2）序列名称一致问题导致无法读入，如属名和种名之间如果没有加下划线，就会导致相同属的物种序列重名。

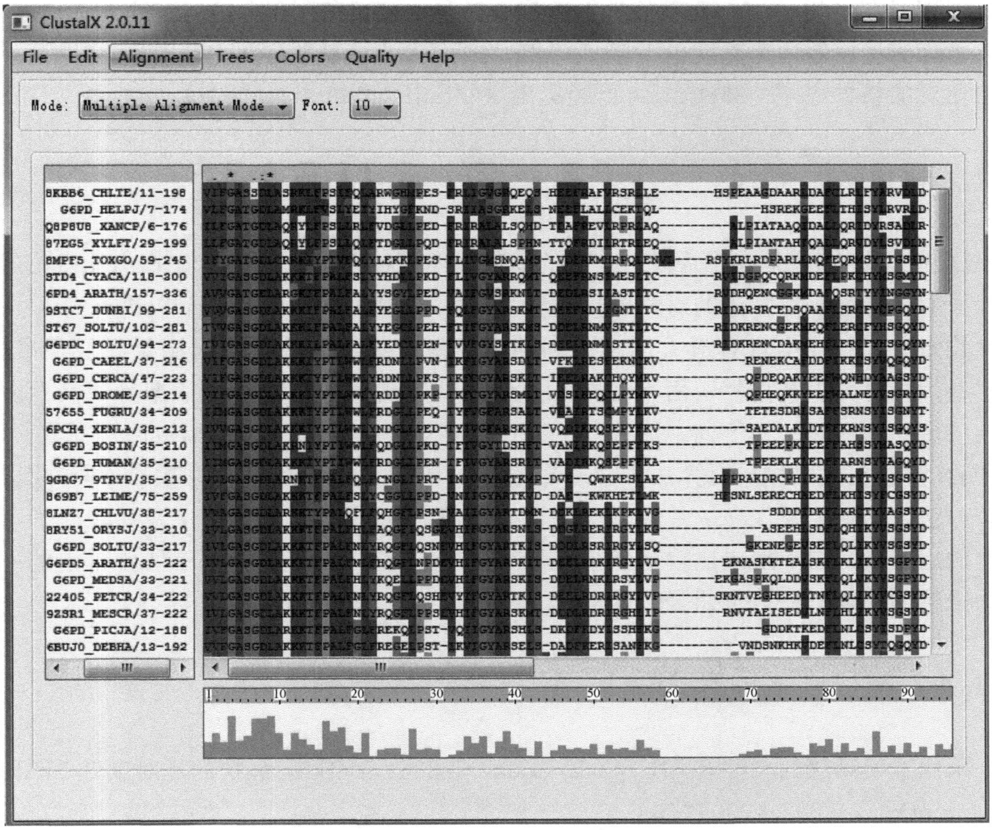

图 5-9　ClustalX 运行界面（见彩图）

（3）ClustalX 的输出文件有时在序列矩阵下带有其他软件无法识别的字符，需要在写字板或记事本中打开进行编辑，删除这些多余的字符。

TuneClustalX（http：//www. homepage. mac. com/barryghall/Software. html）可与 ClustalX 一起使用，促进比对。它可以将保存有 ClustalX 比对窗口中最下面一栏的匹配分值结果的文件输入后计算其平均值，为选择其他罚分来重新比对提供参考。但它仍不能自动将比对结果校正或建议出最适空位罚分值。

5.4.2　T-Coffee

T-Coffee（Notredame et al.，2000）使用了一种改进的渐进策略，序列仍然以渐进的方式比对，但是利用基于一致性的目标函数使在比对的早期阶段引入的潜在错误最小化。其原理如下：首先，它产生两个成对比对的初级库（primary library），一个是 ClustalX 全局比对库，另一个是采用 LALIGN 软件的局部比对库，并对每一比对赋予一个权重；其次，通过不断添加的过程将两个初级比对库联合为一个新的初级库，并重新计算权重；然后通过检查每一对位点在初级比对库所有比对中的一致性而形成一个位点特异性替换矩阵（position-specific substitution matrix）或扩展库（extended library）；最后，采用与 Clustal 相似的渐进比对策略解析这个新库及权重。与

ClustalW 比较，T-Coffee 在精确性上有显著提升，尤其在存在大量空位插入的情况下，效果更为明显，但运算速度也下降了两倍。一种联合蛋白质序列和三维结构以产生高质量比对的新方法——3D-Coffee 已经提出（O'Sullivan et al.，2004）。

5.4.3　DIALIGN

DIALIGN 算法是基于片段对片段的局部多序列比对算法。它首先找出无空位的保守片段对（相当于点阵法的对角线）；然后为每一保守片段对赋予一个权重 w 用以评价其生物意义，并找出具有最大加权总和的相容片段对，这些片段对满足相容性准则，即这些片段对可以被排序，而不会相互重叠；利用贪婪法将对角线依据分值高低逐步组装成多序列比对；在序列中加入空位直到所有对角线相关的残基都被适当安置。DIALIGN 算法一改以往比对算法中残基对残基的比较方式，而是采用基于片段-片段的比较方法，即在相对保守的片段基础上再进行多序列比对。由于以保守片段作为考虑问题的出发点，自然形成比对的空位位数及空位位置，从而避免了序列比对中的一个最为困扰的问题——空位罚分的设定。

5.4.4　MUSCLE 和 MAFFT

采用迭代算法的软件有 MUSCLE（Edgar，2004）和目前最快的比对软件 MAFFT（Katoh et al.，2002；2005）。

（1）MUSCLE（multiple sequence comparison by log-expectation）算法以不断改进的指导树作为分组依据，使得分组迭代更为合理。该算法主要由三部分组成：首先，初步、快速地利用渐进比对算法构建一个多序列比对结果 MSA1；然后，以这个比对为基础，计算两两序列的距离，重新用渐进比对算法构建多序列比对 MSA2；最后，根据指导树的分支点，将序列分为两组，通过重新比对这两组，构建一个新的多序列比对 MSA3，若该比对的 SP 分值有改善则保留，否则删除该比对结果；重复执行第三部分，直到满足事先规定的结束条件为止。

由于 MUSCLE 参数很多，参数设置复杂，加之运行于 Unix 系统，所以应用并不普及。

（2）MAFFT（快速傅里叶转换多序列比对，multiple sequence alignment using fast Fourier transform，Katoh et al.，2005）采用了类似于 MUSCLE 的策略，但是提供了多种不同的渐进算法，细调过程则是采用了傅里叶变换近似法（Fourier transform approximation）和局部与全局比对的信息。快速傅里叶转换是基于氨基酸/核苷酸物理特征对每个位点赋予一个数值以评估最优比对。氨基酸根据其极性和体积转换成数值，核苷酸根据 4 种碱基的频率转换成四维向量。采用迭代比对策略，对渐进比对进一步修正直至无法改进为止。尽管 ClustalX2 也能够进行迭代比对，但在准确性和速度方面 MAFFT 要远优于前者。MAFFT 使用 UPGMA 构建指导树。用户可以使用不同的记分矩阵，如 BLOSUM、PAM 和 JTT。

MAFFT 执行 4 步迭代比对：构建距离矩阵；构建一棵指导树；基于新指导树重新进行比对；进一步修正空位位置有变化的位点比对（迭代修正），计算不同比对的记分值，选择记分值最高的比对。MAFFT 执行两种不同的迭代修正（iterative refinement）方法：使用 WSP 记分值（weighted sum-of-pairs score）迭代修正；使用 WSP 记分值和一致性记分值（consistency score）的迭代修正。

根据数据集大小，MAFFT 在速度和准确性方面需要取得均衡，迭代运算时间越长，准确性越高。MAFFT 可以处理很大的数据集（>10 000 taxa，$>10^8$ bp）。根据数据集的大小选择不同的模式和命令进行比对（表 5-2）。

表 5-2　MAFFT 6.5 的比对选项（Katoh and Toh，2008）

数据集大小	选项名称	命　令
大数据集	NW-NS-PartTree1	mafft--parttree--retree 1
N>10 000	NW-NS-PartTree2	mafft--parttree--retree 2
	NW-NS-DPPartTree1	mafft--dpparttree--retree 1
	NW-NS-DPPartTree2	mafft--dpparttree--retree 2
	NW-NS-FastaPartTree1	mafft--fastaparttree--retree 1
	NW-NS-FastaPartTree2	mafft--fastaparttree--retree 2
中等数据集	FFT-NS-1	mafft--retree 1
10 000>N>200	FFT-NS-2	mafft
小数据集	FFT-NS-i	mafft-fftnsi
N<200，	G-INS-i	mafft-ginsi
L<10 000	L-INS-i	mafft-linsi
	E-INS-i	mafft-einsi
	Q-INS-i	mafft-qinsi
RNA 数据集	X-INS-i-scarnapair	mafft-xinsi--scarnapair
N<50，L<1000	X-INS-i-larapair	mafft-xinsi--larapair
	X-INS-i-foldalignlocalpair	mafft-xinsi--foldalignlocalpair
	X-INS-i-foldalignglobalpair	mafft-xinsi--foldalignglobalpair
自动模式	Automatic	mafft--auto

注：N 为序列数量，L 为序列长度。

MAFFT 的使用方法如下所述。

MAFFT 是目前最受推崇的，即快速准确又全能的可以比对超大数据集（序列位点>1 000 000bp，序列数量>10 000）的软件，在 DOS 环境下运行，输入数据为 FASTA 格式。以前的 MAFFT 在 Windows 操作系统下需要安装 cygwin 才能运行，从 6.8 版本开始无需 cygwin 就可以直接运行。在网站（http：//mafft.cbrc.jp/alignment/software/windows_without_cygwin.html）下载 mafft-6.847-win32.zip，将其解压产生 mafft-win 文件夹，内含 mafft.bat 批处理文件，将编辑好的 FASTA 格式的数据文件拷贝到这个文件夹里，双击 mafft.bat 出现如图 5-10 所示的运行界面。依据程序提供的对话，选择输入和输出文件名称及比对策略。

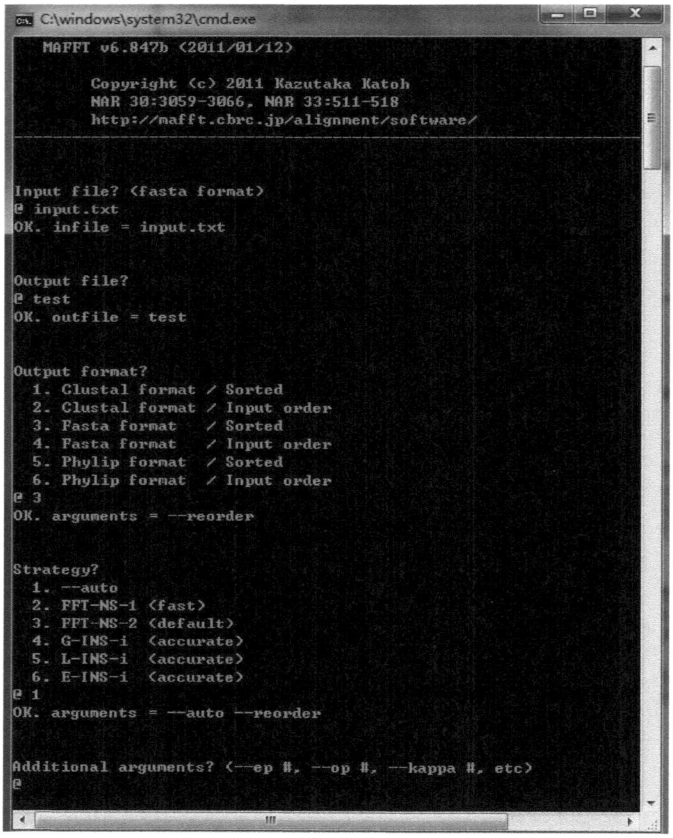

图 5-10　Windows 操作系统下 MAFFT 的运行界面

MAFFT 可以将比对结果按照输入顺序或比对先后顺序以三种格式输出（fasta、clastal 和 phylip）。

MAFFT 三种常用的比对策略选项如下：

E-INS-i 命令：mafft--genafpair--maxiterate 1000 input_file>output_file，或 einsi input_file> output_file

L-INS-i 命令：mafft--localpair--maxiterate 1000 input_file> output_file，或 linsi input_file>output_file

G-INS-i 命令：mafft--globalpair--maxiterate 1000 input_file> output_file，或 ginsi input_file>output_file

上述三种比对策略对应的比对类型如图 5-11 所示。

当无法确定采用什么方法时，建议使用自动设置让程序选择适当的方法（自动比对）：

```
mafft--auto input-file>output-file
```

对于任何数据集，可以将 MAFFT 前一次比对的结果作为下一次的输入来连续运行 MAFFT，直到比对的结果不能改变为止。

目前的 Windows 版本没有 RNA 结构比对功能（X-INS-i 和 Q-INS-i）。

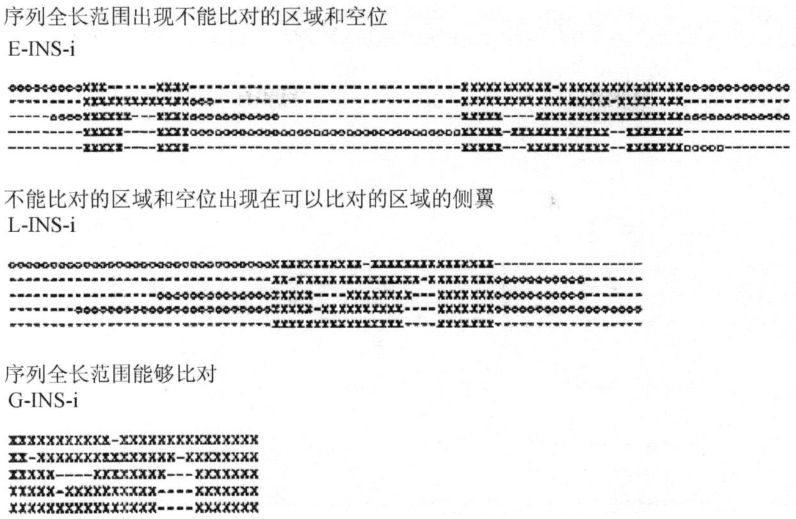

图 5-11　MAFFT 三种常用的比对选项的功能

5.4.5 ProAlign

ProAlign（Löytynoja and Milinkovitch，2003）是融合了 HMM、渐进算法和进化模型以描述核苷酸或氨基酸替换和空位发生过程的方法。这种组合策略提高了 MSA 的准确性及对序列进化历史和功能的理解。与 ClustalX 性能对比测试显示，在核苷酸序列比对方面 ProAlign 更准确，虽然其速度慢很多。该法的优点是为每一个特定比对和每一个位点都赋予了后验概率，用来评估不同的 MSA 的优劣并识别不可靠的比对区域，缺点是计算强度大（仅限于约 25 个序列的小数据集）。

ProAlign 软件的使用方法如下所述。

（1）下载 ProAlign. jar 及 clustalw. dll 文件，双击 ProAlign. jar 即可使用。

（2）数据的输入：在 File 菜单下选择 Import Data 输入数据，输入的数据格式可以是 fasta、PIR、Phylip、MSF 或 NEXUS 格式。

（3）构建指导树：在 Align 菜单下选择 do proalign guide tree，构建指导树；也可以在 File 菜单下选择 Import guide tree 选项，直接输入利用其他程序所作的引导树。

（4）序列比对：在 Align 菜单下选择 Do multiple alignment 选项，进行多序列比对，可在 Align 菜单下的 Set parameters 选项中修改相关的参数（图 5-12）；也可以在 Align 菜单下选择 Sample alignments 选项进行比对，并将结果以 ProAlign、NEXUS 或 FASTA 格式保存在选择的文件夹中。

（5）结果输出及分析：序列比对结束后，左边窗口为指导树，中间窗口为序列名称，右边窗口为比对的结果，并将每一个位点氨基酸或核苷酸残基出现的概率用颜色表示，鼠标点击该颜色框即可显示每一个残基出现的概率（图 5-13）。

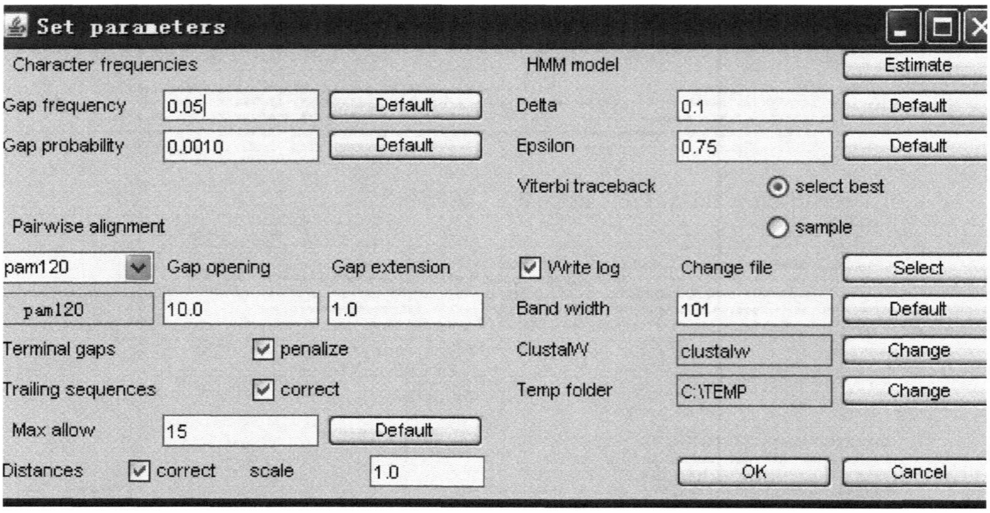

图 5-12　ProAlign 比对参数设置

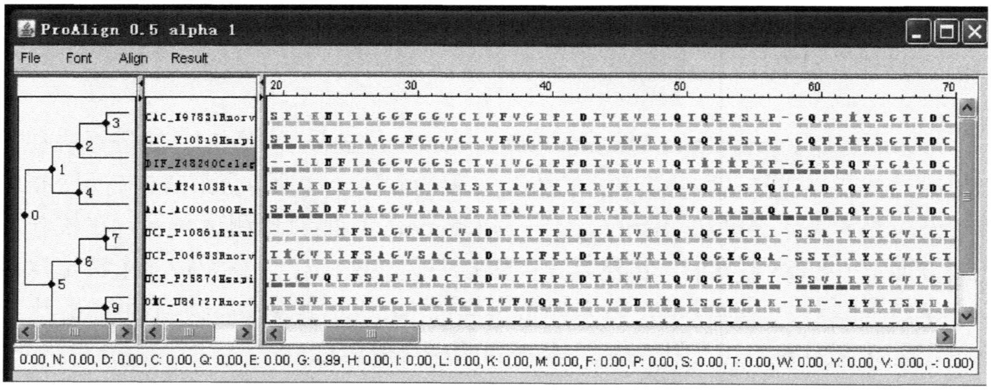

图 5-13　序列比对结果（见彩图）

在 Result 菜单下选择 Plot min. probability 选项，可显示小概率区域（图 5-14），也可以在 Result 菜单下选择 Filter sites，将低于一定概率的区域从结果中滤除（图 5-15）。

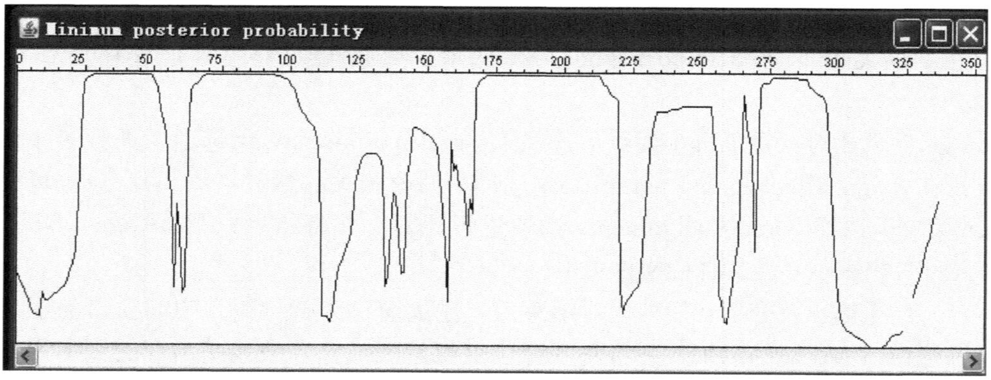

图 5-14　比对小概率区域

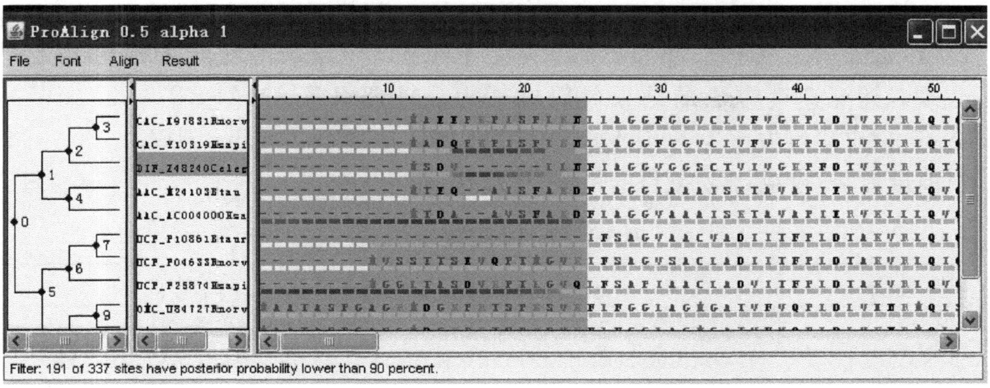

图 5-15　过滤概率小于 90%的区域（见彩图）

（6）结果的保存：在 File 菜单下选择 Export，将比对的结果输出，结果的输入数据格式可以是 PIR、PHYLIP、MSF 或 NEXUS 格式。

5.4.6　POA 和 ABA

基于图论的比对是近年来发展起来的方法，其主要代表就是偏序比对（partial order alignment，POA）——一种以有向无环图（directed acyclic graph，DAG）的表示方式取代行列表示的全新多序列比对方法。在行列比对方法中，图总是单一的有向路径。然而，POA 方法扩展了图的结构，使得它是一个有向无环图。Raphael 等（2004）提出了新的基于图论的多序列比对方法——ABA（A-Bruijn alignment）。与 POA 不同的是，它把序列比对表示成可能含有环的有向图，使得 ABA 比 POA 具有更大的灵活性，尤其是对于含有交错或重复结构域的蛋白质序列比对和包含重复、倒位的 DNA 序列比对非常适用。

5.5　比对软件的选择

在目前存在如此多的序列比对算法和软件的情况下，选择适合于所研究数据的比对软件是需要花费心思的。尽管所有可用的方法都使用近似的（启发性）策略，比较研究也显示各种方法的表现差别不大，但仍存在一些对某些基因或蛋白质很好的方法对另外一些基因或蛋白质则不好的现象。因此，应该使用多种比对方法和不同参数进行比对，并仔细比较及认真检查结果。

选择比对软件的依据主要包括：序列类型（DNA、RNA、蛋白质、基因组），序列分歧度，序列数量和长度，计算机速度和内存大小。对于序列长度小于 5000 并且序列数量少于 100 的数据集，如果一致性氨基酸位点大于 40%或核苷酸位点大于 70%，大多数的软件都能够获得可靠的比对。对分歧度低于 70%的非编码 DNA 序列和低于 30%的蛋白质序列，不同比对软件获得的系统树是有差异的；序列数量多于 100 的大数据集，则要求比对的速度在可以接受的时间范围内。在这些情况下，需要选择合适的快速软件。

Notredame 等（2000）、Edgar（2004）、Katoh 等（2005）比较了常用的 4 种软件的表现，运算速度方面的结果可以概括为：MUSCLE>MAFFT>ClustalW>T-Coffee；比对准确度方面为：MAFFT>MUSCLE>T-Coffee>ClustalW。

目前最常用的一些比对软件的优缺点总结如表 5-3 所示。

表 5-3 常用比对软件的比较

软件	优点	缺点
ClustalW	内存需求少，速度较快	准确性较差
DIALIGN	试图区分可以比对和无法比对的区域	准确性比 ClustalW 差
MAFFT，MUSCLE	快速，准确性比 ClustalW 好	—
PROBCONS	准确性最高	速度慢，内存需求高
ProDA	局部比对软件，适合于重复和混排序列	速度慢，
T-Coffee	准确性高	速度慢，内存需求高

5.6 不同类型的序列比对方法和策略

5.6.1 DNA 序列比对方法和策略

如果 DNA 相似度低于 70%～75%，就不容易获得确定的比对，因为采用不同的比对结果，可能得到不同的系统树。在序列检索和分析中，怎样优化比对以使空位数目最小、序列间相似性区域最大，以及如何充分利用比对中的插入/缺失信息，已成为影响系统发生重建的一个重要环节。

一般来说，编码蛋白质的基因序列比较容易得到没有争议的比对结果，编码 RNA 的核糖体基因利用保守的二级结构也可以得到争议较少的比对结果，但对于内含子和非编码区及高变区，特别是长度变化很大时，常常很难得到很好的比对结果。这些难以比对的区域一般在系统发生分析前被删掉，以得到比较可靠的系统发生结果。从这一角度来看，在选择分子标记进行系统发生分析时，建议优先考虑编码蛋白质的基因片段。当序列分歧很大或者有大的插入片段、重复序列等存在时要特别小心，应仔细核对比对结果，不要轻信计算机软件运算的结果，从序列比对的原理上考虑可能引起错误比对的原因，进一步对比对有问题的地方进行手工调整。

由于真核生物核基因间有很多内含子插入，或者有重复序列插入，往往会出现一部分相似性很高的序列突然变得相似性很低，这时应该把重复序列和内含子去除后再分析。

由于编码蛋白质的核苷酸序列翻译成氨基酸序列时是按照三联体密码的形式翻译的，因此，这类核苷酸序列比对后产生的空位数目（如果有空位产生）应该是 3 或 3 的倍数，空位位置应该是以 3 个为单位连续出现的。如果产生空位不是 3 或 3 的倍数，说明多重序列比对的结果是错误的，没有任何生物学意义，这时需要手工调整。当然，更好的办法是先把核苷酸序列翻译成氨基酸序列，然后进行序列比对。依据氨基酸序列的比对结果，相应调整核苷酸序列的比对结果。

根据比对的蛋白质序列对编码 DNA 序列进行比对的工具很多，如 transAlign、RevTrans（http：//www.cbs.dtu.dk/services/RevTrans/）、protal2dna、ALTER 和 CodonAlign 等。此外，BioEdit 和 DAMBE 中也有此功能。

CodonAlign 用起来很简单，先输入已比对蛋白质序列文件名，再输入待比对 DNA 文件名，最后输入输出文件名就可以了。但要求氨基酸序列与 DNA 序列的起始点与终点必须一致，DNA 序列的终止密码子必须事先删除，蛋白质序列和相应的 DNA 序列的名称必须完全一致。

在 DAMBE 中进行比对转换的操作步骤如下所述。

（1）读取序列文件“file | open standard sequence file”，选择序列文件路径，选择文件类型为编码蛋白质的核苷酸序列，选择密码子类型，点击“Go!”。

（2）点击“Sequence | Working on amino acid sequence”选项，可以将核苷酸序列翻译成氨基酸序列。确保序列的可读框完整，中间没有终止密码子。

（3）按 Ctrl+F 来搜索星号“*”，这代表了终止信号（如 TAA）。如果在一个翻译的蛋白质序列中间而不是末尾含有一个“*”，表明该序列编码区内部有终止密码子，说明 DNA 序列要么是低质量的，要么可能来自于一个假基因。

（4）点击“Alignment | Align sequences using ClustalW”选项来比对氨基酸序列。如果需要分析蛋白质序列，在“file | save sequences/convert format”保存比对的蛋白质序列。

（5）点击“Alignment | Align nuc sequences against aligned aa sequences”选项来完成依据比对好的氨基酸序列来比对相应的编码蛋白质的核苷酸序列。

（6）在“file | save sequences/convert format”保存比对的 DNA 序列。

5.6.2　RNA 基因序列的比对方法与策略

结构 RNA 基因上无密码子可读框限制，序列增减（indel）发生较多，比对比较困难。这类基因中，tRNA 基因较小且保守，相对易于比对，rRNA 基因随不同的功能区域进化型式差异较大，比对难度大。总结起来，结构 RNA 基因比对的策略有以下 5 种。

1. 自动比对方法

对于非常相似的序列可以直接采用自动比对软件的比对结果。

2. 基于 RNA 二级结构信息的比对方法

rRNA 基因序列在进化中积累的突变在分子整体中的分布不均匀，存在着较高进化速率的高变区和较低进化速率的低变区。尽管一级结构之间有较大分歧，rRNA 的二级结构在进化过程中却高度保守，这很可能是由于 RNA 的折叠对维持一定的功能有重要作用。尤其当局部大量的插入/缺失事件使得对一级结构的多序列比对结果不太可靠时，二级结构对比对有重要指导作用（Billoud et al.，2000）。

Titus 和 Frost（1996）提出了一种 RNA 基因序列比对策略。首先建立可靠的 RNA 二级结构，识别序列在 RNA 二级结构上的位置，标记出茎区和环区的起始位置。然后在 RNA 的同源茎区的开始和结束位置加入一段 10bp 的人工序列加以限定，当序列比对完成后再删除这些人工序列。加入人工序列的作用是在比对时将不同 OTU 的茎区和环区分开，以防止不同 OTU 的茎区序列和环区序列位点之间发生比对。在这种限制条件下，可以采用不同的空位罚分体系分别进行比对，以获得最佳的整体比对，主要是环区序列的最佳比对。在不同空位罚分体系下比对获得的有变化的区域，可以认为是模糊比对区，在以后的系统发生分析中删除这些位点或进一步用手工比对。

为了将二级结构信息应用到 RNA 序列比对中，首先需要建立这些序列在相关类群的二级结构模型。虽然 RNA 二级结构在很大范围内都比较保守，也在一些类群中有其独特性，这样会造成从其他类群的结构模型来指导比对时比较困难。RNA 结构预测法中，序列比对分析是最成功的方法，但需要大量的工作，目前的程序都只是根据相互信息或其他标准来罗列出所有可能的配对或只是显示两两对比图（pairwise graph）或相互信息值，要将这些信息转换成二级结构不是简单的工作。其他一些软件如 RNAdraw 和 MFOLD 则是根据最小自由能法自动预测和显示二级结构。另外有些软件则是结合比较分析和最小自由能的方法，运用补偿性突变来选择最小自由能，而不是直接从比较数据预测。由于比较研究法的复杂性，通常运用结构来比对时选用相关类群的结构模型来进行比对，而此过程通常是通过保守模块手工进行。

二级结构信息的获得有三条途径：rRNA www server、The Ribosomal Database Projects 和已经发表的论文对某些特定类群的 RNA 结构进行建模。

已经有为数不少的应用了二级结构信息进行比对的研究，如 Billoud 等（2000）在对甲壳纲蔓足类动物（Cirripedes）系统发生的研究中，参照 18S rRNA 通用模型推导所得的二级结构对全长 18S rDNA 的 ClustalW 初步比对结果进行了校正，使得 MP 树的拟合长度从 2163 减少到 1926。

将 rRNA 的二级结构转换为一条线性序列后，就可以进行 rRNA 序列之间的结构比对。

RNA 结构比对软件很多，如 Dynalig、Foldalign 2、PMcomp N/A、Stemloc 0.2（dart）、LocARNA、RNAalifold、FoldalignM、RNAsampler、RNAforester、SimulFold、MASTR（Multiple Alignment of STructural RNA）等。

3. 序列重新编码

将 4 个碱基（A、U、G、C）编码的 rRNA 二级结构转换为由 20 个字母编码的 rRNA 序列的方法是提高比对效果的另外一个好办法。4 个碱基之间有 20 种组合配对方式，即 4 个独立碱基分别由 1 个符号表示，16 种有顺序的配对方式也分别由对应的符号表示。由 20 个字母编码的字母系统是将这 20 种组合方式分别用 20 个字母表示。具体的表示方法和序列排列方法如图 5-16 所示。

（a）RNA编码代码

A ⇒ A	AA ⇒ C	CA ⇒ H	GA ⇒ M	UA ⇒ T
C ⇒ R	AC ⇒ Q	CC ⇒ I	GC ⇒ F	UC ⇒ W
G ⇒ N	AG ⇒ E	CG ⇒ L	GG ⇒ P	UG ⇒ Y
U ⇒ D	AU ⇒ G	CU ⇒ K	GU ⇒ S	UU ⇒ V

（b）编码方法示例

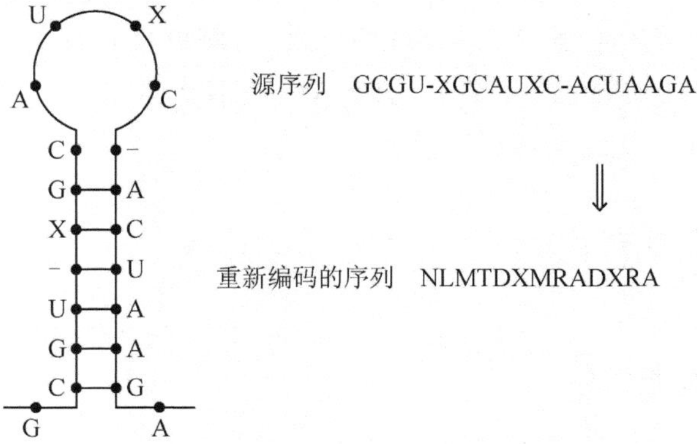

图 5-16　rRNA 二级结构转换为由 20 个字母编码的序列的方法

4. 手工比对方法

Kjer 等（2007）对近三年发表于 *Systematic Biology*、*Molecular Biology and Evolution* 和 *Cladistics* 三种主要进化期刊上的论文调查发现，76%的论文使用的 rRNA 基因序列是手工比对的。

RNA 基因序列的比对及手工调整方法如下：首先使用 ClustalX 默认设置进行初步比对，然后将比对的序列输入到多序列编辑软件中进行手工调整。以一级结构保守核心为锚定序列，结合二级结构模型手工调整高变区的比对。

可以对多序列比对进行手工调整和编辑的软件主要有 BioEdit、DCSE3.4 和 GeneDoc2.6。

5. 比对与构建系统树同时进行的方法（见第 12 章的相关内容）

Hickson 等（2000）以 5 种脊椎动物和 5 种无脊椎动物的 12S rRNA 第三结构域序列及保守模块作为标准，评价和比较了比对程序 ClustalW、Divide and Conquer、Malign、PileUp 和 TreeAlign 对 12S rRNA 第三结构域保守模块的比对效果，其比较的标准是 12S rRNA 的二级结构。考察了这些比对程序在不同参数条件下对准的效率，他们认为，各程序都能在某个参数设置下对各保守模块进行正确比对。一般情况下，选用较小的空位罚分和空位延伸罚分能给出较准确的比对结果。当空位罚分参数改变时，各程序的敏感性不一。ClustalW、Divide and Conquer 和 TreeAlign 的准确性及重复性高，即其敏感性不高。ClustalW 用 NJ 树来指导比对和动态规划算法进行罚分比 PileUp 更好，其准确性和重复性更好。当空位罚分增加时，PileUp 的比对效果较差。Malign 随参数变化，比对准确性波动较大。在事先不知道哪个参数设置好时，选择对参数设置不敏感的程序比较好。各程序的默认设置不一定能获得最好的结果，在不同程序中试图选用相似的参数设置也不一定产生相似的比对结果。在比对中存在的一个难题是，可能对序列不同区段需采用不同的罚分，特别是存在大片段的 indels 时，在这种情况下，ClustalW 因采用动态规划来赋分，比 Divide and Conque 和 TreeAlign 能给出更准确的结果。

PileUp、ClustalW 和 Malign 对输入顺序比 D&C 和 TreeAlign 对输入顺序敏感。所以，在分歧较大序列的比对中，可尝试改变输入顺序进行比对。由于事先无法决定空位罚分，因为罚分因不同基因各异，rRNA 序列比对，特别是非保守区的比对，需仔细对待，并借助于二级结构和保守模块。

5.6.3 蛋白质序列比对

1. 蛋白质序列比对软件选择

蛋白质序列在大多数情况下都可以获得比较满意的比对结果。可以执行蛋白质序列比对的软件很多，为此，Edgar 和 Batzoglou（2006）针对几种典型的蛋白质多序列比对提出了选择软件的建议（表 5-4）。Do 和 Katoh（2008）则系统地提出了蛋白质序列比对软件选择策略（图 5-17）。

表 5-4　针对几种典型的蛋白质比对推荐的软件（Edgar and Batzoglou，2006）

需要比对的序列数量	建议使用的比对方法或软件
2～100 条长度为 10 000 以内的蛋白质序列	使用 PROBCONS、T-Coffee、MAFFT 和 MUSCLE 比对后将结果在 ALTAVIST 中进行比较。一般来说，PROBCONS 是最准确的，如果有 3D 结构信息最好采用 3D-Coffee
100～500 条序列全局比对	使用 MUSCLE 或 MAFFT 默认选项比对
500 条以上序列全局比对	使用 MUSCLE 的快速选项（推荐 maxiters-2）或 MAFFT 快速算法
2～100 条在难以比对区域上下游有保守区域的序列	使用 DIALIGN
2～100 条结构域有缺失、重复或重排的序列	使用 ProDA
少量但长度大于 20 000 的序列	使用 ClustalW

2. 蛋白质序列比对的手工调整

尽管蛋白质序列相对于其他类型的序列是最易于比对的，但使用软件自动产生的蛋白质比对经常不准确，尤其是空位的位置，需要人为手工调整。这种调整是费时的，更重要的是需要对所研究的蛋白质的结构和功能有深入的认识，同时要有 20 种氨基酸的理化性质的知识，不是初学者很快就能掌握的。蛋白质活性位点的信息、二级结构信息（如 α 螺旋、β 折叠和转角等）对手工调整也很有帮助。

手工调整蛋白质比对需要掌握的氨基酸和蛋白质基础知识如下。

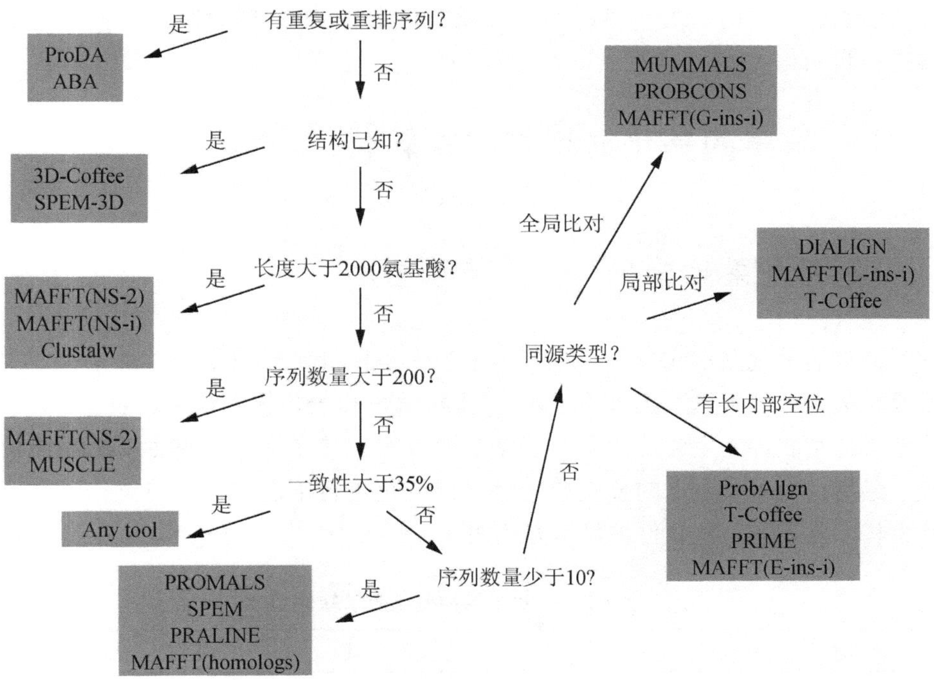

图 5-17　蛋白质序列比对软件选择策略（Do and Katoh，2008）

（1）各种氨基酸相互可变性：极性和带电荷的氨基酸 D、R、E、N 和 K 倾向于突变为与其性质相似的氨基酸，这些氨基酸主要分布在折叠蛋白质的表面，对折叠结构作用不大，因而易于相互取代。

疏水性氨基酸 F、A、M、I、L、Y、V 和 W 相互之间容易发生取代，这些氨基酸主要在蛋白质内部，对折叠有重要作用，在进化上比较保守，突变率较低。

中性氨基酸 C、H、Q、S 和 T 一般可以被其他任何类型的氨基酸取代，没有特别的取代倾向性。

氨基酸 D、R、E、N、K、C、H、Q、S 和 T 一般分布在活性位点等功能重要部位，在进化上应该是最保守的。

（2）蛋白质二级结构特征：了解蛋白质二级结构单位的一些特征，如 α 螺旋和 β 折叠的序列和结构特征。空位一般不在 α 螺旋和 β 折叠上出现，多发生在转角（环）上。氨基酸 P 和 G 不会出现在二级结构元件上，故这两个氨基酸出现的位点一般是在转角区域，因而在比对过程中这些位点上经常出现空位。

（3）蛋白质理化性质：同源蛋白质的亲水性/疏水性图是十分相似的，可以用于比对。

（4）蛋白质的三级结构：如果蛋白质家族的一个成员的三维结构被测出，则可以利用这个结构（包括二级结构和三维结构）信息指导比对。

在计算机自动比对基础上进行手工改进调整确实可以改善比对，但目前还没有一个客观标准来规范此过程，而且不确定这种手工调整是增加了序列同源性还是纯粹增加了相似性而已。同时，用一级序列和二级结构来自动比对从理论上讲是最合理的，但很难进行自动化。

5.7 比对结果的美化显示与格式转化

5.7.1 比对结果的美化和位点信息显示

比对结果的美化图示或打印有两个作用，一是评价比对质量，二是用于发表（系统发生分析数据一般不发表比对的序列）。比对编辑和美化软件很多，表 5-5 列出了其中的一些。这类软件的主要功能是对残基涂色以对比显示变化，对主要的功能位点加以标注，最后，对每个位点的分类单元直接的变化进行汇总显示。位点信息的汇总显示形式多样，常用的一些软件的显示方式如图 5-18 所示。

表 5-5 比对结果的美化显示软件

显示软件	网 址
Jalview	http：//www. jalview. org/
SeaView	http：//pbil. univ-lyon1. fr/software/seaview. html
CINEMA	http：//www. bioinf. manchester. ac. uk/dbbrowser/CINEMA2. 1/
Kalignvu	http：//msa. cgb. ki. se/
GeneDoc	http：//www. nrbsc. org/gfx/genedoc/
STRAP	http：//www. charite. de/bioinf/strap/
ClustalX	http：//www. clustal. org/
BoxShade	http：//www. ch. embnet. org/software/BOX form. html
ALTAVIST	http：//bibiserv. techfak. uni-bielefeld. de/altavist/
Se-Al	http：//tree. bio. ed. ac. uk/software/seal/
TeXshade	http：//alan. smcvt. edu/tex-archive/macros/latex/contrib/texshade

几款常用的软件简介如下。

Jalview：Java 多序列比对编辑器，根据氨基酸理化性质、与一致序列的相似性程度、亲疏水性或二级结构等对序列进行标记；可以编辑空位，能够构建 UPGMA 和 NJ 树；可以对不同格式（Aln、MSF、FASTA、Pfam、PIR、BLC）的序列进行转换。

SeaView：手工编辑比对序列的图形化软件，也可以进行点阵作图和 ClustalW 比对；可以应用 PHYLO _ WIN 进行系统发生分析；可以对不同格式（ALN、MSF、FASTA、MASE、PHYLIP、NEXUS）的序列进行转换。

BoxShade：无编辑功能，仅可以对保守位点进行高亮标记，并能够输出多种图形格式供发表使用。

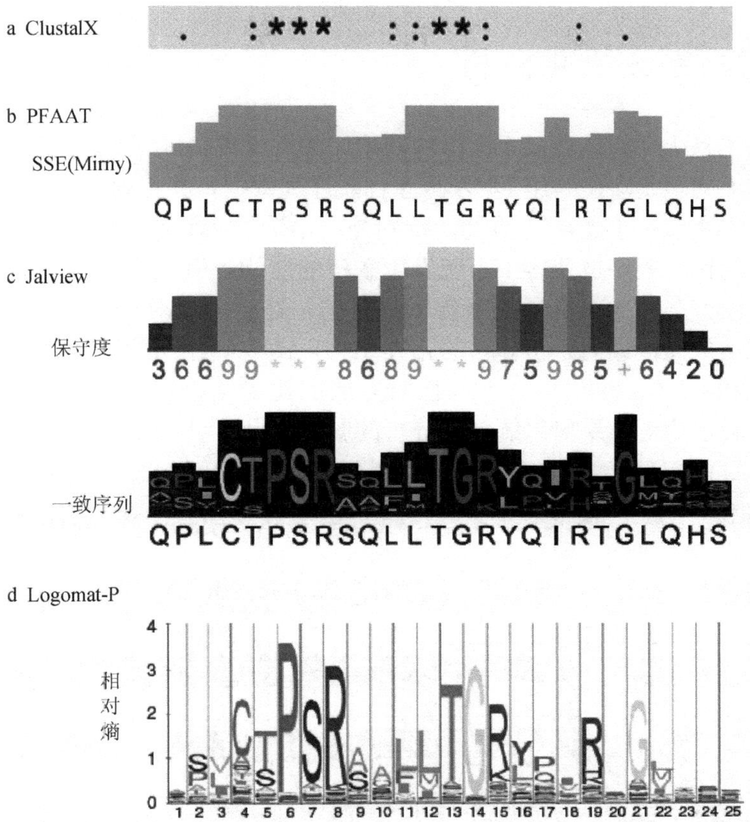

图 5-18　多序列比对结果位点信息显示方式（Procter et al.，2010）（见彩图）

5.7.2　比对结果的格式转化

序列比对完后，后续各种序列分析软件所要求的格式不同，所以需要进行格式转换。专门进行格式转换的软件很多，如 ForCon 1.0、ReadSeq、Concatenator、SeqVerter、DataConvert 1.0、ClustalW _ Convert 等。许多系统发生分析软件具有格式转换功能，不过这种转换不一定是完全正确的，转换后还需确认。

MEGA5 中文件菜单 File 中有一项“convert to mega format”，可以将 Clustal、NEXUS（PAUP* 和 MacClade）、PHYLIP、GCG、FASTA、PIR、NBRF、MSF、IG 及 XML 等格式的文件在编辑器中转换成 MEGA 格式。

PAUP* 中也可以对各种序列格式进行相互转换。在菜单栏中选择“import data”，根据具体情况将 PHYLIP、Hennig、Tab-delimited text、simple text、GCG、MSF、MEGA1.0、NBRF-PR、FREQPARS 格式转换为 NEXUS 格式，另保存文件即可。若需转换 NEXUS 为其他文件，则必须执行（excute）文件后，在菜单栏中选择“export file”选择保存的格式即可。

需要说明的是，很多格式转换软件转换的数据无法被一些软件识别，仍然需要在写字板中按照软件的示范数据格式进行人工编辑。

5.8 比对与系统发生分析

大多数系统发生分析软件没有比对的功能，都需要首先进行 DNA 和蛋白质序列比对。比对的最大问题是对于一组 DNA 或蛋白质序列数据，其正确的比对通常未知。基于比对的建树方法取决于比对的质量，特别是当出现插入和缺失时，更容易影响建树的结果。目前的比对程序也兼容了系统发生重建的功能，但无法对其进行统计学检验，一般很少被采用。多数比对是通过指导树进行的，这样的比对结果输入到系统发生重建软件中，其结果往往偏向于指导树的拓扑结构。图 5-19 显示了 7 种酵母菌的一个可读框（ORF YPL077C）采用 7 种不同比对方法的比对结果和得到的 6 棵不同的系统树，由此可以看出比对结果对系统发生分析的影响之大。

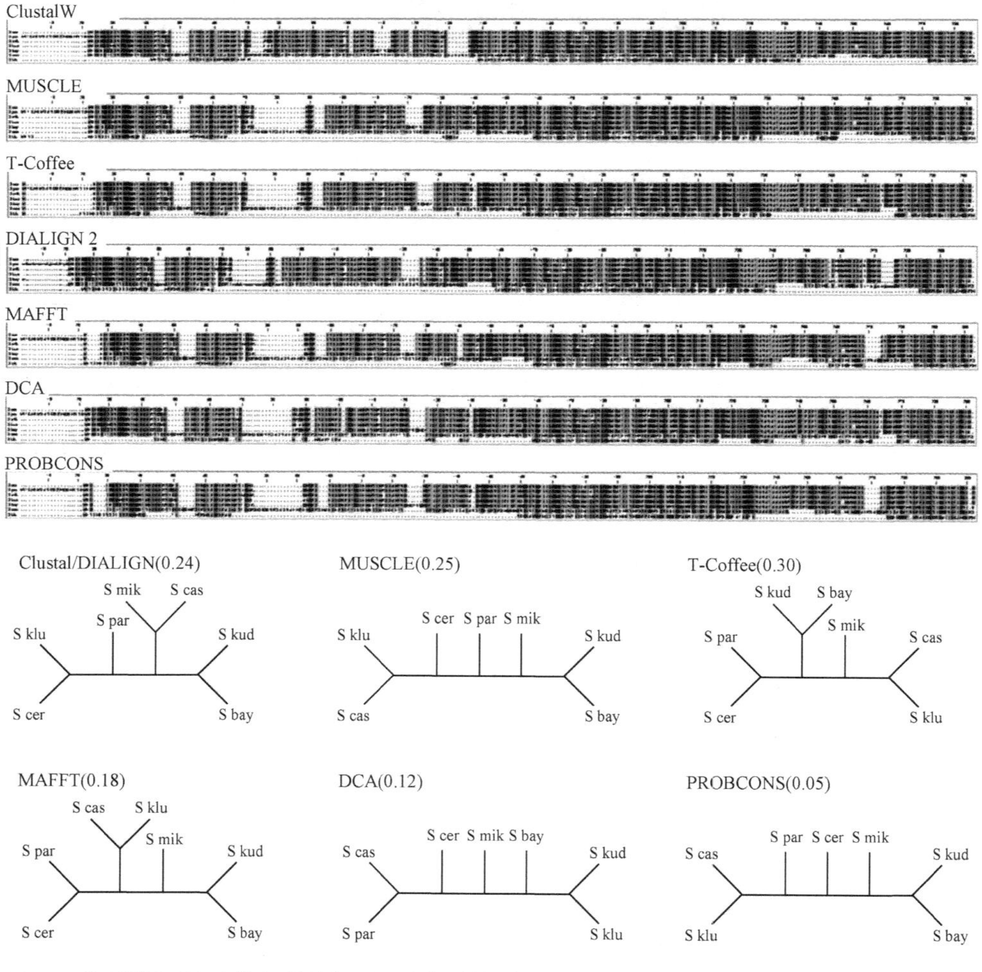

图 5-19 7 种不同比对方法的比对结果（上）和得到的 6 棵不同的系统树（下）(Wong et al., 2008)（见彩图）
括号内的数字代表自举支持度

将序列比对结果用于系统发生分析时，采用以下几种不同的策略。

（1）自动比对的结果作为系统发生输入：直接将自动比对的结果作为系统发生分

析的输入数据是通常的做法，在大多数情况下这种做法是合适的。

（2）编辑后的单一比对作为系统发生输入：多序列比对的部分区域有合理的保守区，而另一些非常大的分歧充满了比对空位，在这些部分位点的同源性往往不能确定。在这种情况下，有些人建议在随后的分析中删去这些区域，因为它们可产生误导作用。这种人为的任意做法使得最后的比对成为不可重复的。更客观的方法是采用一些软件，如GBLOCKS（Castresana，2000），从比对的DNA或蛋白质序列中删除空位或序列分歧很大的区域。

（3）多种比对作为系统发生输入：有些研究者提出了将一组序列数据所有可能的比对用于系统发生重建的方法，以减少单一比对带来的不确定性和误导性，有些人还提出了一种同时考虑插入/缺失和替换的进化过程的方法。它允许将一组序列的所有可能的比对用于进化参数的估计，其偏向性低，准确度高，特别适合于分歧度较高的序列比较。

（4）系统发生分析与序列比对同时进行：序列进化是由替换和indel两种不同的方式构成的。因而，核苷酸替换模型＋indel进化模型＝无比对（alignment-free）系统发生重建，对于大多数数据集，目前还无法在计算上实现。

5.9 数据集中空位、模糊区、多态位点和丢失数据的处理

5.9.1 数据集中空位的处理

在多数比对中，不同比对结果中序列的长度是可变的，这时，不同比对之间就不会完全吻合。即使在一些长度不变的比对中，比对结果也可能不一致，这主要是由空位的加入数量和位置造成的。

在分析序列数据时，空位的不同处理方法对最后的结果有一定的影响。目前，空位在系统发生分析中有5种不同的处理方法：完全删除法、两两删除法、空位性状法、空位距离法和空位模型法。

（1）完全删除法：比对好的序列，从序列全长范围的每个位点之间建立了同源关系假设，大部分的位点上为碱基，少部分位点可能是空位。对准序列中的空位可以分为可靠的空位和不可靠的空位两类。可靠的空位位于高置信度比对区域内，体现了序列进化过程中发生的一种indel进化事件，因此，可靠空位也反映了序列的进化历史，应该与碱基一样作为性状看待。不可靠的空位（ambiguously aligned gap）位于模糊比对区域，属于无把握对准的位点，在系统发生分析时排除在外，不列入分析数据集。完全删除法是目前最常见的处理方法，因为大多数情况下，空位数量较少，计算距离或编码为性状对系统发生信息的贡献不大。

（2）两两删除法：在计算距离或分析过程中，凡是序列两两比较时遇到空位的位点就忽略不计，而该位点在其他OTU之间没有空位时正常使用。

（3）空位性状法：空位作为性状可定义为在比对的序列上两侧有碱基或氨基酸包

围的一个或连续几个位点上无碱基或氨基酸的位点构成一个空位性状。在计算空位性状时，一般不包括 3′端和 5′端的空位（即其中一端无碱基或氨基酸包围），这些部位的空位由人为原因产生。

同源空位（homologous gap）定义为在不同序列中有相同 3′端和 5′端的一个或连续几个空位。两端不同或一端不同的空位不能构成一个同源空位，因为一次 indel 事件不能解释这些空位的起源。

最大简约法是唯一允许把可比对的空位合并，并将其视为性状的方法。其可以通过两种方式达到目的：作为一个附加的性状状态（第 5 种核酸碱基或者第 21 种氨基酸），或者作为一套独立于碱基取代的性状集。当空位占据了不止一个位点的时候，前一个方法行不通，因为每一个空位位点都会被统计为一次独立的性状状态变化。当比对的序列的局部出现很好的可比对的空位时，后一种方法非常有用。我们可以把一套空位性状附加到比对序列数据集中，也可以用额外的碱基程序在适当的位置对空位计分，但是在计分的时候，连续空位位点中只有一个作为空位计分，其余的将会被忽略。

在 PAUP* 4 中，最大简约法将空位编码成丢失的数据（missing data）和核酸的第 5 种性状（the fifth character）或氨基酸的第 21 种性状，最大似然法则只将空位编码成丢失的数据。

Simmons 等（2001）对空位系统发生信息含量、空位性状对建树的影响进行了考察，获得的结论如下所述。

（1）空位性状包含相当重要的系统发生信号。在 38 个序列数据集中，空位性状中平均包含有 8%（从 1%～22%变化）的潜在系统发生信号位点，且不同类型的序列数据中信号位点的变化极显著，非编码区 ITS 和内含子分别为 14.8%和 14.5%，外显子为 4.4%。在所有分析的数据集中空位所占位点的比例平均为 9.8%。

（2）空位性状的同塑水平取决于序列类型，但总的来看显著低于碱基性状。

（3）将序列数据作为性状进行简约法分析时，如果包含空位性状，则可以改变树的分支型式或严格合一树的分辨力，并且提高树上各个分支的自举值。

总之，Simmons 等（2001）的研究结果表明，无论是 rDNA、ITS、编码蛋白质基因的内含子和外显子区域内的空位均可以包括在序列性状的简约法分析中。至于空位长度的影响，Simmons 等（2001）的结果显示单个空位和连续多位点空位一样有效。

（4）空位距离法：Xia 针对 rRNA 基因序列中空位的普遍性提出了基于空位的距离矩阵计算方法，认为在正确比对的前提下，rRNA 基因序列中的空位可以作为良好的性状加以利用。距离法使用空位的方法有两种：①基于空位的距离矩阵。仅计算序列之间在空位位点上的差异，对于任何两条序列，其空位距离的计算公式为

$$D_{ij}=(N_i+N_j)/L$$

式中，N_i和 N_j分别为第 i 和第 j 条序列之间相互不共享的空位的数目；L 为比对的序列长度。②同时考虑碱基和空位的距离。TREECON 中采用的方法。

（5）空位模型法：在 DNA 水平上建立 indel 进化事件模型，在比对过程中同时考虑替换模型和 indel 模型。Indel 模型目前还不太成熟，没有可以利用的软件。

5.9.2 模糊比对序列的处理

Gatesy 等（1993）提出了一种相对客观的区分正确比对区和模糊比对区的方法。通过改变 MALIGN 参数设置产生许多不同的比对结果，如果比对序列中空位的出现位置在不同参数条件下不固定，则这些区域认为是模糊比对区。比对软件 ProAlign 为每一个比对和每一个位点都赋予了后验概率，用来评估不同的 MSA 的优劣并识别不可靠的比对区域。

模糊比对区的处理方法有以下几种。

1. 直接删除法

比对中出现模糊（ambiguous）比对区域时，一般采用直接删除的策略，理由是其可能带来错误的系统发生信息，这对于比对中空位较多的区域尤其如此。传统上删除某些序列都是手工进行的。简单删除这些区域的缺点是可能删除了有用信息。所以，在系统发生分析时，删除与否的标准是是否包含系统发生信息，而不是比对中模糊比对位点的识别。

2. 软件过滤法

将比对结果用 GBLOCKS、trimAL 或 BMGE（block mapping and gathering with entropy）软件进行过滤，除去比对效果差的位点和分歧太大的区域，或在 SOAP 软件中进行手工调整，以删除分歧太大的区域。

GBLOCKS 从 MSA 中根据一组简单的比对位点特征选择模糊比对区域，选择标准包括：一段保守区及其侧翼的最短序列长度，连续非保守位点的最大长度，一个 block 的最小长度等。

BMGE 是一个从 DNA、密码子和蛋白质多序列比对中选择适合系统发生推论区域的程序。对每个性状（即比对位点）BMGE 依据经验进化模型（BLOSUM 或 PAM）计算与熵值（entropy value）相关的一个值，用以区分比对位点上生物学期望的变异与非期望变异，在给定阈值之上的连续位点组成的序列片段因不适合于系统发生分析而被删除。模拟研究显示，对于包含远缘序列的数据集，采用 BMGE 删除不可靠位点后可以增加系统发生分析的准确性。BMGE 要求输入文件必须是比对好的 FASTA 或者 PHYLIP 格式的文件，对比对的序列长度没有任何限制。BMGE 可以把修剪后的多序列比对以 PHYLIP、FASTA、NEXUS 和 HTML 格式输出。BMGE 的主要功能及命令包括如下几种。

（1）比对文件格式的转换：把 FASTA 格式转化为 PHYLIP 或 NEXUS 格式的命令分别为

```
java-jar BMGE.jar-i msa.faa-t AA-h 1-g 1-o msa.phy
java-jar BMGE.jar-i msa.faa-t AA-h 1-g 1-on msa.nex
```

（2）编码序列的转换：把密码子序列转化为 FASTA 格式的氨基酸序列的命令

```
java-jar BMGE.jar-i msa.fco-t CODON-h 1-g 1-ofaa msa.faa
```

（3）将 DNA 序列的 4 种碱基编码转换为简并 RY 编码的命令

```
java-jar BMGE.jar-i msa.fna-t DNA-h 1-g 1-ory msa.phy
```

（4）空位删除：删除空位大于 20%的字符的命令

```
java-jar BMGE.jar-i msa.faa-t AA--h 1-w 1-o tmsa.phy
```

（5）比对序列的修剪：去除 DNA 数据集不变位点性状的命令行

```
java-jar BMGE.jar-i msa.fna-t DNA-m ID-h 0.0005:1-o tmsa.phy
```

氨基酸序列比对的严格修剪命令

```
java-jar BMGE.jar-i msa.faa-t AA-m BLOSUM95-h 0.4-o tmsa.phy
```

氨基酸序列比对的宽松修剪命令

```
java-jar BMGE.jar-i msa.faa-t AA-m BLOSUM30-o tmsa.phy
```

密码子比对的严格修剪命令

```
java-jar BMGE.jar-i msa.fco-t CODON-m BLOSUM95-h 0.4-o tmsa.phy
```

在核苷酸水平上密码子比对的严格修剪命令

```
java-jar BMGE.jar-i msa.fco-t DNA-m DNAPAM50-h 0.4-o tmsa.phy
```

DNA 序列比对的固定修剪命令

```
java-jar BMGE.jar-i msa.fna-t DNA-h 1-g 1-s YES-o tmsa.phy
```

3. 加权处理法

对于分歧程度较大的 DNA 或蛋白质序列，Wheeler（1995）提出了一种比对策略，将一组比对参数（如 gap/change 为 2、4、8、10、16）下的所有合理的比对结果汇合形成主数据矩阵（master data matrix）供系统发生分析使用。该法的效果是对在各种参数的比对中均保持一致的位点给予较大的权值，而对那些对比对参数敏感的位点给予较小的权值。因而该法与其他处理比对模糊区域的方法相比，在最大限度地利用有效信息的同时，也避免了从不同比对结果之间人为选择的缺陷。

5.9.3 多态性状的处理

分类单元内性状的多态性在各类性状中均普遍存在，如何处理这类问题还没有形成统一的标准，现有的处理方法有以下 4 种。

（1）删除在分类单元内变异的性状。

（2）每种仅选择一个个体作为代表，如大多数 DNA 序列数据。

（3）将每个个体或单倍型作为独立的 OTU 看待，如在居群水平和生物地理遗传分化的研究中。

(4) 采用基于多态性性状编码的系统发生分析方法。Wiens (1995) 总结了用于简约法分析多态性性状的编码方法。

5.9.4 丢失数据的处理

丢失数据 (missing data) 一般是指数据矩阵中的某些分类单元的部分性状无法具体指定或编码。这些分类单元的性状无法编码的原因可能有：没有测出序列；所测的序列质量不可靠；某些多态性位点；比对的空位等。丢失数据一般以“?”来编码。Wiens (2006) 全面综述了丢失数据对系统发生分析结果的影响。

数据集中的丢失数据可能意味着下述情况之一：

(1) 物种性状有某种状态，但是它是未知的 (数据是丢失的)。

(2) 性状不适合于该物种 (性状是丢失的)。

(3) 在这个物种中性状是多态的。

5.10 多源数据集组装

数据集组装 (dataset assembly) 是指在系统发生分析前，将不同分类单元或不同数据类型的数据整合到一个特定格式的文件中。如果需要将分子数据与其他数据 (形态、RAPD 和 SSR 等) 组成联合数据集，或者将几个基因或蛋白质序列连接成为一个联合数据集，前提是首先将单个基因或蛋白质进行比对，并要求在每个数据集中序列的名称和顺序必须一致。数据集组装的方法很多，包括以下 4 种。

(1) 在写字板中打开需要连接的序列文件，将格式相同的各个数据集复制到一个文件中编辑保存。

(2) 应用其他数据处理软件连接：包括 BioEdit、PEBBLE、TOPALi、Bosque、Mesquite、ProSeq3、Se-Al、Genious、BioEdit、DAMBE 等软件。

(3) 专业数据连接软件，主要有 SequenceMatrix 和 Concatenator 等。

(4) 在 EXCEL 中连接：在 EXCEL 中以文本方式打开比对的序列，此时序列文件以单元格显示，将多个比对的序列粘贴在一个电子表格上，然后使用连接 (concatenate) 功能，将单元格连接起来，在此情况下可以允许序列的顺序不同。

5.10.1 公共数据库数据的组装

已经开发出许多从数据库搜索结果组装系统发生分析数据集的软件，如 PhyLoTA、Phylo-Blast、NOBLAST、JAMBLAST 和 BLAST-EXPLORER 等。

从公共数据库中零星分布的分类单元和基因序列中构建系统发生分析数据集的策

略有三种（图 5-20）。在图 5-20 中，物种 1 的基因最全，基因 1 的物种数量最多。根据这些数据分布特征，可以构建三个不同的数据集，以达到最大限度地应用这些数据的目的。由物种数量最多的基因 1 构成一个单基因数据集；由基因 1、3 和 4 构成连接三个基因的联合数据集。对于分类单元零散基因的数据集可以进行单基因分析，然后采用超树方法整合。

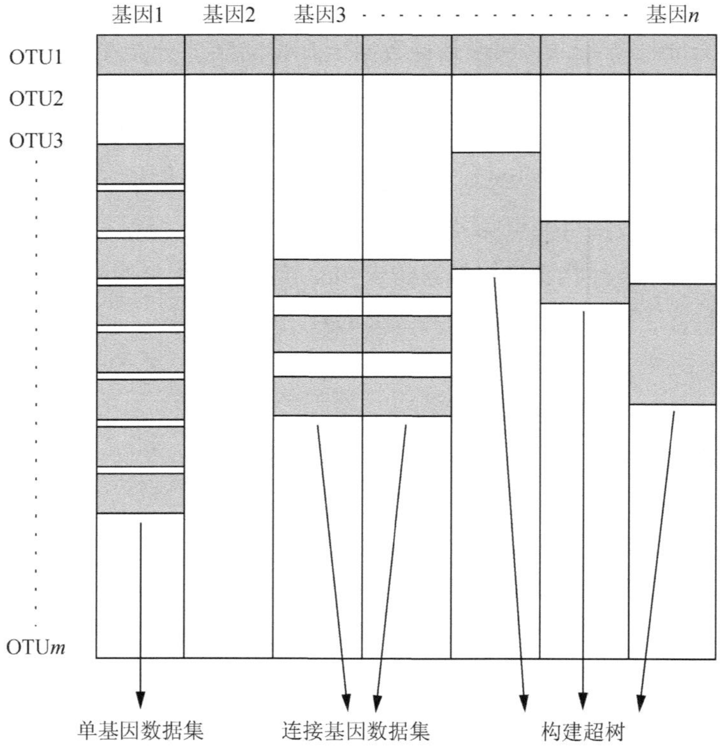

图 5-20　从数据库中零星分布的分类单元和基因序列中构建系统发生分析数据集的三种策略

（Sanderson and Driskell，2003）

5.10.2　多基因数据的连接

多基因数据的连接是分子系统发生分析中的基本操作，前提是必须首先分别对单个基因数据集进行正确比对，然后再连接为一个联合数据集。下面介绍两款优秀的多基因数据连接软件。

SequenceMatrix（http：//code. google. com/p/sequencematrix/）是一款优秀的多基因数据连接软件（Vaidya，Lohman and Meier，2011），在多基因数据处理方面有用的功能包括以下几种。

（1）可以直接将比对好的 FASTA、NEXUS 或 TNT 序列文件拖入其窗口，任意选择需要连接的数据集进行连接，输出格式包括 TNT、NEXUS 和 PHYLIP（图 5-21）。

（2）输入的独立单基因数据集在该软件界面里以单元格（spreadsheet）形式显示，每个单元格代表一个数据集，并显示其序列长度、空位数、模糊碱基（N）数、密码子信息等。也可以直接输入 GenBank 格式的数据并输出。

（3）可以创建分类单元列表（taxon set）显示这些分类单元的性状分布情况，可以包含或排除一些分类单元和基因。

（4）SequenceMatrix 包含了识别污染序列和操作误差序列的工具，其中的一个工具识别由于污染引起的在不同分类单元间相同或十分相似的基因序列，另外一个工具通过序列之间一个基因的成对距离与其他所有基因的成对距离比较判断序列指定是否正确。

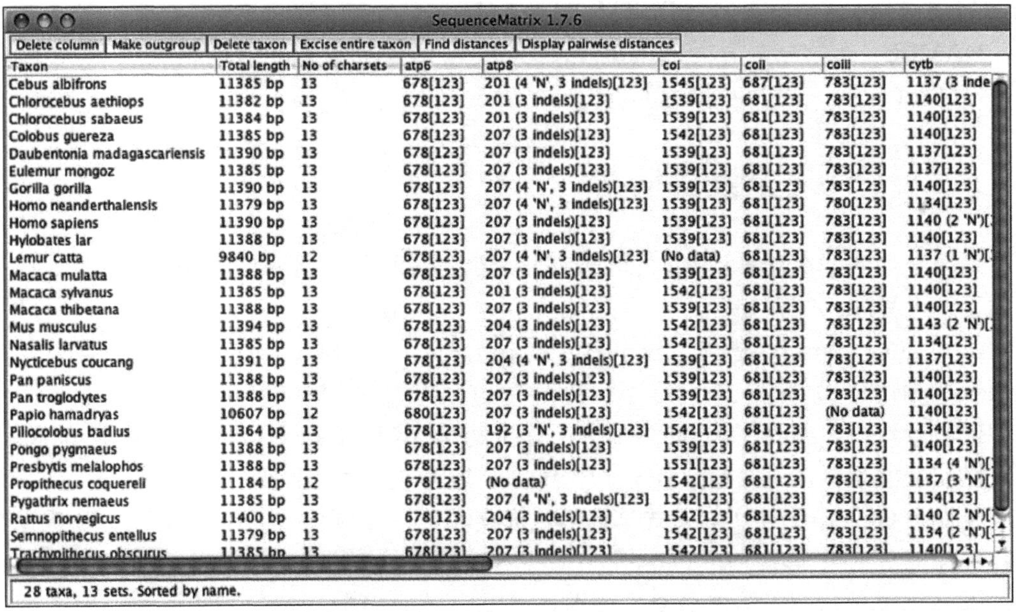

Taxon	Total length	No of charsets	atp6	atp8	coi	coii	coiii	cytb
Cebus albifrons	11385 bp	13	678[123]	201 (4 'N', 3 indels)[123]	1545[123]	687[123]	783[123]	1137 (3 inde
Chlorocebus aethiops	11382 bp	13	678[123]	201 (3 indels)[123]	1539[123]	681[123]	783[123]	1140[123]
Chlorocebus sabaeus	11384 bp	13	678[123]	201 (3 indels)[123]	1539[123]	681[123]	783[123]	1140[123]
Colobus guereza	11385 bp	13	678[123]	207 (3 indels)[123]	1542[123]	681[123]	783[123]	1140[123]
Daubentonia madagascariensis	11390 bp	13	678[123]	207 (3 indels)[123]	1539[123]	681[123]	783[123]	1137[123]
Eulemur mongoz	11385 bp	13	678[123]	207 (3 indels)[123]	1539[123]	681[123]	783[123]	1137[123]
Gorilla gorilla	11390 bp	13	678[123]	207 (4 'N', 3 indels)[123]	1539[123]	681[123]	783[123]	1140[123]
Homo neanderthalensis	11379 bp	13	678[123]	207 (4 'N', 3 indels)[123]	1539[123]	681[123]	780[123]	1134[123]
Homo sapiens	11390 bp	13	678[123]	207 (3 indels)[123]	1539[123]	681[123]	783[123]	1140 (2 'N')[
Hylobates lar	11388 bp	13	678[123]	207 (3 indels)[123]	1539[123]	681[123]	783[123]	1140[123]
Lemur catta	9840 bp	12	678[123]	207 (4 'N', 3 indels)[123]	(No data)	681[123]	783[123]	1137 (1 'N')[
Macaca mulatta	11388 bp	13	678[123]	207 (3 indels)[123]	1539[123]	681[123]	783[123]	1140[123]
Macaca sylvanus	11385 bp	13	678[123]	201 (3 indels)[123]	1542[123]	681[123]	783[123]	1140[123]
Macaca thibetana	11388 bp	13	678[123]	207 (3 indels)[123]	1539[123]	681[123]	783[123]	1140[123]
Mus musculus	11394 bp	13	678[123]	204 (3 indels)[123]	1542[123]	681[123]	783[123]	1143 (2 'N')[
Nasalis larvatus	11385 bp	13	678[123]	207 (3 indels)[123]	1542[123]	681[123]	783[123]	1134[123]
Nycticebus coucang	11391 bp	13	678[123]	204 (4 'N', 3 indels)[123]	1539[123]	681[123]	783[123]	1137[123]
Pan paniscus	11388 bp	13	678[123]	207 (3 indels)[123]	1539[123]	681[123]	783[123]	1140[123]
Pan troglodytes	11388 bp	13	678[123]	207 (3 indels)[123]	1539[123]	681[123]	783[123]	1140[123]
Papio hamadryas	10607 bp	12	680[123]	207 (3 indels)[123]	1542[123]	681[123]	(No data)	1140[123]
Piliocolobus badius	11364 bp	13	678[123]	192 (3 'N', 3 indels)[123]	1542[123]	681[123]	783[123]	1134[123]
Pongo pygmaeus	11388 bp	13	678[123]	207 (3 indels)[123]	1539[123]	681[123]	783[123]	1140[123]
Presbytis melalophos	11388 bp	13	678[123]	207 (3 indels)[123]	1551[123]	681[123]	783[123]	1134 (4 'N')[
Propithecus coquereli	11184 bp	12	678[123]	(No data)	1542[123]	681[123]	783[123]	1137 (3 'N')[
Pygathrix nemaeus	11385 bp	13	678[123]	207 (4 'N', 3 indels)[123]	1542[123]	681[123]	783[123]	1134[123]
Rattus norvegicus	11400 bp	13	678[123]	204 (3 indels)[123]	1542[123]	681[123]	783[123]	1140 (2 'N')[
Semnopithecus entellus	11379 bp	13	678[123]	207 (3 indels)[123]	1542[123]	681[123]	783[123]	1134 (2 'N')[
Trachypithecus obscurus	11385 bp	13	678[123]	207 (3 indels)[123]	1542[123]	681[123]	783[123]	1140[123]

图 5-21 SequenceMatrix 主界面

Concatenator 连接多基因数据集的方法：Concatenator 的主要功能是 FASTA 和 NEXUS 数据格式的相互转换和多基因数据集的连接。可以将 2～5 个独立比对后的数据集连接成为一个单独的 NEXUS 格式数据集，输出格式可以是 PAUP* 使用的 NEXUS 格式或 MrBayes 使用的 NEXUS 格式。用户可以选择输入数据格式、是否保留空位和丢失数据，以及对数据集之间不匹配的分类单元的处理方式等。

5.11 序列管理与数据提交

5.11.1 序列管理

分子系统发生分析过程的不同阶段会产生大量不同类型的数据，如原始测序数据、校正的 FASTA 格式的数据、各种格式的多序列比对数据、不同分析类型的比对文件、分析结果文件等，养成保存、注释并备份这些不同分析阶段数据的习惯，以备随时检查和调用。

对于大型数据集，也已经开发了许多数据管理软件，可以构建本地数据库进行管理。序列数据管理方面的软件如下所述。

Random Cladistics	Bionumerics	Geneious
GDE	W2H	BIRCH
MUST 2000	Phyledit	TOPALi
DNA Stacks	GeneStudio Pro	MBEToolbox
SeqPup	Simplot	PISE
ARB	DPRML	Bosque
DAMBE	NimbleTree	Bioinformatics _ Toolbox
BioEdit	galaxie	EMBOSS

5.11.2 系统发生数据提交

系统发生数据在发表论文时都需要提交到 GenBank 数据库中，NCBI 为序列提交提供了 4 个程序，简介如下。

（1）使用 BankIt 提交：BankIt（http：//www.ncbi.nlm.nih.gov/BankIt/）是 GenBank 为用户提供的三个网络序列数据提交工具之一。提交者可以直接在表格中填写序列信息，加入编码区或 mRNA 特征等生物学注释。BankIt 具有自由格式文本栏、列表栏和下拉菜单，允许提交者不必学习格式规则和描述用语就可以进一步描述序列。在生成提交 GenBank 纯文本格式草稿前，提交者可以回顾检查。BankIt 能够确认提交内容、标记常见错误和使用 Vecscreen BLASTer 软件检查序列中是否包含载体污染序列。BankIt 工具适用于简单提交，特别是只有一条或很少几条记录需要提交时，应该选择 BankIt。另外，BankIt 还可以用于更新数据库中已有的 GenBank 记录。

（2）使用 Sequin 和 tbl2asn 提交：NCBI 还提供了独立的多平台提交程序 Sequin（www.ncbi.nlm.nih.gov/Sequin/index.html），该程序可以与其他 NCBI 序列检索和分析工具交互使用。Sequin 可以处理 cDNA 简单序列及分段条目、系统发生分析、种群分析、变异分析、环境样品和序列相似性比较。而 BankIt 和其他网络提交工具不具备上述这些功能。Sequin 具有简便的编辑和复杂的注释功能及嵌入式的序列质量验证、确认功能。另外，Sequin 还适用于小型基因组（细胞器基因组和微生物基因组）的序列处理，通过简单图表可以读入全部注释内容。提交者可以发送 Sequin 文件到“gb-sub@ncbi.nlm.nih.gov”信箱提交。

对于包含基因和注释很多的基因组数据，使用 tbl2asn 提交比较方便。与直接提交不同，使用注释软件可以将注释表转换成 ASN.1（abstract syntax notation one）码记录，提交给 GenBank。

（3）条形码序列提交：条形码序列提交给 GenBank 的工具（barcode submission tool）允许用户在线批量提交条形码相关信息数据的文件。提交前需要在 NCBI 的 PDA （primary data archive）登录系统注册一个用户账户并登录，提交序列需要的基本信息，包括即将发表的论文名称、FASTA 格式的序列数据、上下游引物名称和序列、样本来源表格、FASTA 格式的蛋白质序列（可选项）、压缩的测序文件（可选项）。推荐的样本来源表格（source modifier）必需栏目包括：Sequence _ ID（序列号）、Collected _ by（采集人）、Collection _ date（采集日期）、Country（采集国家）、Identified _ by（鉴定者）、Lat _ Lon（经度一纬度）和 Specimen _ voucher（凭证标本）。样本来源表格（source modifiers）的详细栏目可以包括：Sequence _ ID，Collected _ by，Collection _ date，CountryIdentified _ byLat _ Lon Specimen _ voucherAuthority，Biotype，Biovar，Breed，Cell _ line，Cell _ type，Chemovar，Clone，Cultivar，Dev _ stage，Ecotype，Forma，Forma _ specialis，Genotype，Haplotype，Isolate，Isolation _ source，Lab _ host，Natural _ host，Note，Pathovar，Pop _ variant，Serogroup，Serotype，Serovar，Sex，Strain，Sub _ species，Subclone，Subtype，Substrain，Tissue _ lib，Tissue _ type，Type，Variety。

凭证标本（Specimen _ voucher）必须指明标本现在存放的机构和编号，格式为：机构缩写:收藏编码:标本编号（institution-code:collection-code:specimen-id），其中标本编号（specimen-id）是必需的。机构缩写和收藏编码需要在 http：//www. biorepositories. org/预先登记注册获得。

第 6 章　数据集系统发生信号评估

6.1　系统发生数据信号描述

任何类型的序列数据通常都包含着相互矛盾的系统发生信号（signal）和噪声(noise)，现阶段对产生这些矛盾信号的进化过程的机制已有了一定的认识。数据集的系统发生信号是进化过程中形成的同源性状状态，其同源性可以通过相同的状态或适当的性状进化模型识别。系统发生噪声是指产生错误系统发生或歪曲真实信号的任何可遗传的性状状态改变，是由多重替换、趋同、平行、协同进化、基因重复和速率变异等分子进化机制及群体大小、谱系分选/深度溯祖等群体过程两类机制产生的。

进行系统发生分析前，需要对数据集的系统发生信号组成和结构有全面的认识，便于选择适当的分析策略和方法。这些系统发生前分析的内容包括：数据描述，进化速率与替换饱和，信号强度，信号结构，组成异质性，数据集相合性（第 18 章），进化模型选择（第 7 章），数据集的性能与功效，数据的实验性分析等。

数据集组成特征描述包括基因数目及比对后各个基因序列长度、数据集划分情况、位点总数、不变位点数目及比例、可变位点数目及比例、简约信号位点数目及比例、单态位点数目等。

完成比对的序列数据中的位点可分成三大类。

1. 对准位点

对准位点指在完成比对的序列中的某一列在各个 OTU 中都有碱基存在的位点。对准的位点按其在 OTU 中的变化情况区分为 4 类。

（1）不变位点（invariant site）：各 OTU 都含有同样的碱基或氨基酸的位点，数据集中不变位点的比例（pinv）等于不变位点数 i 除以位点总数 n。

（2）可变位点（variable site）：各 OTU 中含两种或两种以上的碱基或氨基酸的位点，可变位点的比例为可变位点数除以位点总数。

（3）单态位点：单态位点（singleton site）是至少包含两种碱基（氨基酸）而且最多有一种类型多次出现的位点。MEGA 软件只有在至少有三个序列的该位点是确定的核苷酸或氨基酸时才鉴定为单态位点。对于 DNA 序列，一个单态位点最多只有三种碱基在三个 OTU 中出现，另一种碱基出现在其余 OTU 的该位点上。

（4）简约信号位点（parsimony informative site）：各序列在该位点含两种或两种以上碱基或氨基酸，且至少有两种碱基或氨基酸在比较序列的该位点中至少出现两次。仅简约信号位点可用于 MP 分析，但所有对准位点可以用于 ML 法分析及遗传距离的计算中。

2. 空位位点（gap site）

空位是比对过程中为了确定位点间同源关系而引入的不含碱基或氨基酸的位点，其生物学意义是该位点在进化历史上发生了插入/缺失。空位位点通过特殊的编码方法可用于简约性分析中，但无法用于基于序列进化模型的系统发生分析方法上。

3. 模糊比对位点（ambiguous alignment site）

没有把握对准的所有位点，一般出现在非编码区和 RNA 基因的可变区，也称为不确定区。模糊比对区域的上、下边界可通过所有分类单元之间共享相同残基的前后第一个位点来确定。

有很多软件可以统计这些信息，最常用的是 MEGA5，打开数据后，在 Data explorer 窗口的工具栏点击 C（不变位点）、V（变异位点）、Pi（简约信息位点）、S（单态位点），对应的位点将以黄色高亮显示，在窗口的下方显示出这类位点数目（图 6-1）。对于蛋白质编码序列首先在 Data 菜单的选择密码子中选择适当的密码表指定密码子的情况下，可以计数 0（无简并位点）、2（二重简并位点）、4（四重简并位点）的数目。

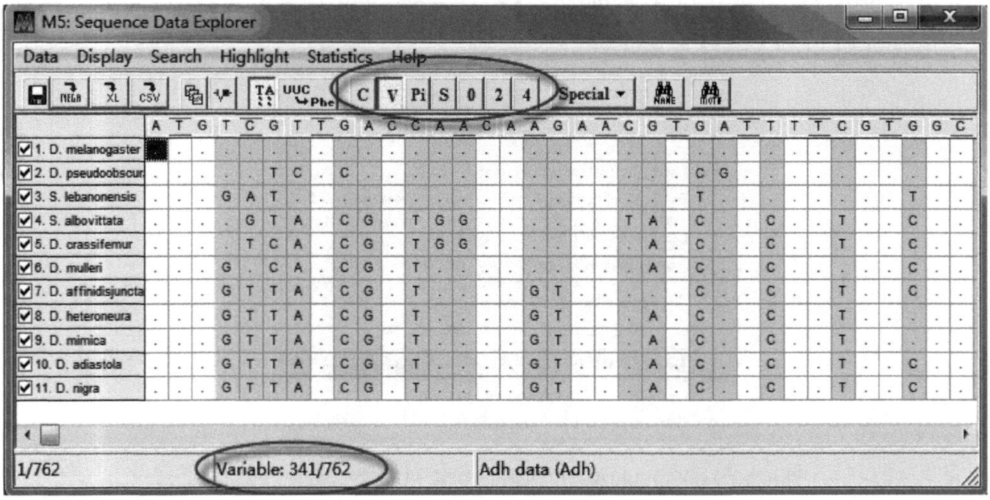

图 6-1　MEGA5 数据统计

6.2　数据集质量的评价

大多数数据集含有误导系统发生关系的信号，主要包括：替换饱和位点、人为比对位点、碱基组成偏向性和分枝长度或替换速率差异引起的长枝吸引现象。在进行正式的系统发生分析以前，需要对数据集的质量进行初步的评估。数据集的质量可以从以下 4 个方面进行评价。

（1）数据集的分子进化特性，包括计算成对序列间的 p 值、所有序列之间的平均 p 值、Ts/Tv、替换饱和程度、替换模式分析等。

（2）数据集对特定系统树的支持特征，包括数据集的分辨力、同型水平测度、分支支持度等的计算。

（3）与已知系统发生结论进行比较，如与基于形态学性状的系统树，或与其他分子数据集的结果，或与模拟数据集的结果进行比较。

（4）各种不同来源的数据集获得的结果的一致性。

其中，后面的三个方面仅在构建系统树以后进行，这里重点介绍第一个方面的评价内容。

6.2.1　数据集组成特征分析

1. 组成频率分析

数据集中碱基/氨基酸组成参数（π）是最基本的信息，可以直接从数据集中统计 4 种碱基/20 种氨基酸的组成频率、16 种碱基对的组成及编码区密码子使用频率等。

MEGA5 打开数据后，在 Data explorer 窗口的菜单 Statistics 中有碱基组成、碱基对组成和密码子使用的统计命令，在主界面的 Model 工具栏也有许多统计工具（图 6-2），可以将结果直接输出到 Excel 表格中。

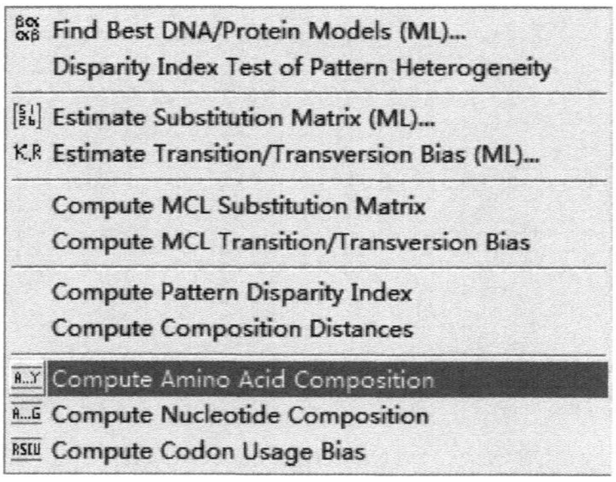

图 6-2　MEGA5 的模型（Model）菜单有残基组成计算功能

如果一个序列中的残基组成频率差异很大，则称为组成偏向性（compositional bias）。如果不同序列之间残基组成频率差异很大，则称为组成异质性（compositional heterogeneity）或非稳态性（nonstationarity）。稳态（stationarity）的碱基或氨基酸组成并不是指 4 种碱基或 20 种氨基酸在不同分类单元都有相同的组成频率（如 A、C、G、T 各占 1/4），而是指特定残基在不同分类单元中有大致近似的组成，如 A 在各个分类单元约占 0.34、C 占 0.15 就是稳态性的。

2. 碱基组成偏向性分析

碱基组成偏向性（base composition bias）是指一个基因组的 DNA 序列上 4 种碱基不是均一地分布，而是个别碱基出现不同程度富集或是偏低的现象。这种偏向性表现在全基因组、单条染色体、基因及基因的密码子不同位置等水平上。蜜蜂的 mtDNA 的碱基组成为43.2%A、41.7%T、5.5%G、9.6%C，该基因组中84.9%的核苷酸为A或T，G为含量最少的核苷酸。蜜蜂mtDNA不同基因中AT含量也不同，在富A+T区，AT含量高达96.0%，tRNA基因中AT含量为87.1%，在srRNA和lrRNA基因中AT含量分别为81.45%和85.3%。

序列碱基组成偏向性及基因或基因组中同义密码子的非随机使用（即密码子使用偏向性）是一个普遍存在的现象。由于这种偏向性是突变、自然选择、随机遗传漂变、水平基因转移和基因组结构等多种因素相互作用的结果，所以它能够反映出特定基因组在结构和进化方面的总体特征。

碱基组成频率是否均衡可以从多个水平或角度进行分析，其中下述4种类型的分析最常用到：①不同分类单元之间总体碱基组成；②密码子第一位位点碱基组成偏向性或均一性；③密码子第二位位点碱基组成偏向性或均一性（疏水区氨基酸与亲水区氨基酸在密码子第二位位点上的碱基组成有偏向性）；④密码子第三位位点碱基组成偏向性或均一性分析（密码子第三位位点的碱基组成一般在基因间或物种间表现出不同程度的偏向性）。

单链组成偏向性指数（strand bias skew index）用于衡量单链组成不对称性程度，常用的包括以下两类指数。

（1）GC和AT偏向性：GC skew＝［C－G］/［C＋G］，AT skew＝［A－T］/［A＋T］。

（2）偏向性指数（skew index，SI，Rota-Stabelli and Telford，2008）：SI描述了每个基因的GC skew值与所有基因的平均GC skew值的偏离程度。计算方法是研究物种的特定基因j的GC skew（GCsj）与该基因j在所有物种的平均GC skew（GCaj）之间差异的绝对值，经基因长度和基因数量正态化处理。

3. 碱基组成异质性分析

碱基组成异质性（base compositional heterogeneity）是指不同分类单元的同源序列之间在碱基组成上的明显差异。碱基组成异质性很早就被认为是影响系统发生分析的因素，如当亲缘关系较远的两个类群由于趋同进化而形成碱基组成上的相似，大多数的系统发生分析方法会错误地将这两个类群聚合在一起。碱基组成异质性较少发生在亲缘关系密切的低级分类阶元水平，而是主要发生在较远缘类群之间。

类群之间有或近或远的共祖关系，它们自共同祖先序列开始分歧以后就出现碱基组成异质性，说明在这些类群之间出现了替换型式的差异，这种进化过程称为替换非稳态性（substitution nonstationarity）。非稳态性替换导致系统发生误差的原因如下所述：如果两个远缘类群之间偶然地享有比近缘类群更多的不变位点分布上的相似性，则在系统发生分析时可能会将两个远缘类群聚在一起，同样地，具有相近碱基组成的两个远缘类群也倾向于聚在一起。由于常用的所有进化模型均假设各支系的碱基组成处于平衡状态，所以在数据分析之前，需要对数据组的碱基组成异质性进行检验，如果存在异质性，则在进行距离法分析时需对数据进行LogDet距离转换，基于性状的MP法、ML法和贝叶斯法分析时也要充分考虑碱基组成特征，采用异质性进化模型。

已经提出的碱基组成异质性的评估方法可以分为 4 类。

1）图表比较法

首先将序列中的不变位点排除，然后使用数字模拟方法或多项式分布方法获得每个序列上变异位点核苷酸或氨基酸平均值及其标准离差的估计，将平均标准离差的估计进行绘图或列表比较（Hashimoto et al.，1995）。这种方法比较简单直观，但当序列数量较多时工作量大。

2）同质性或均一性 χ^2 检验方法

进行 $n \times m$ 列联表（表 6-1），其中，n 为序列数量，m 为残基类型（对于 DNA 序列为 4，蛋白质序列为 20）。

表 6-1　碱基组成偏向性 χ^2 检验的原理

分类单元 i	O_1（E_1）	O_2（E_2）	…	O_i（E_i）	行观测值总计
A	O_{1A}（E_{1A}）	O_{2A}（E_{2A}）	…	O_{iA}（E_{iA}）	$\sum O_{iA}$
C	O_{1C}（E_{1C}）	O_{2C}（E_{2C}）	…	O_{iC}（E_{iC}）	$\sum O_{iC}$
G	O_{1G}（E_{1G}）	O_{2G}（E_{2G}）	…	O_{iG}（E_{iG}）	$\sum O_{iG}$
T	O_{1T}（E_{1T}）	O_{2T}（E_{2T}）	…	O_{iT}（E_{iT}）	$\sum O_{iT}$
列观测值总计	$\sum O_1$	$\sum O_2$		$\sum O_i$	$\sum O$

按照零假设预期的碱基组成频率（以 E_{1A} 为例）的计算方法：$E_{1A} = \sum O_{iA} \times (\sum O_1 / \sum O)$

碱基组成异质性拟合优度检验的原理：数据集中观测到的碱基组成和按照零假设（即碱基组成频率在各个分类单元或基因中相同）预期的碱基组成进行 χ^2 检验。碱基组成异质性可以对整个数据集或各种划分数据集分别进行。Bonferroni-corrected α = 0.001，$P<0.05$，需要对所有序列进行两两检验。

χ^2 统计值的计算公式：$\chi^2 = \sum \{[(O_{iA} - E_{iA})^2 / E_{iA}] + [(O_{iC} - E_{iC})^2 / E_{iC}] + [(O_{iG} - E_{iG})^2 / E_{iG}] + [(O_{iT} - E_{iT})^2 / E_{iT}]\}$

检验的自由度 df =（分类单元数 $n-1$）×（碱基数 $4-1$）$=3(n-1)$。

以计算出的统计值和自由度查 χ^2 检验表中 5%（$P=0.05$）的关键值，如果统计值小于关键值，则说明碱基组成处于平衡的概率大于 5%，不能拒绝零假设，即碱基组成在各个分类单元之间没有偏向性；反之，则说明碱基组成处于平衡的概率小于 5%，可以拒绝零假设。也可以将统计值和自由度输入到 Excel（Excel 的插入菜单→函数→CHIDIST）中计算出支持零假设的具体概率值。

在这类方法中，有些是同时比较所有序列，而有些则是一次比较两个序列。PAUP* 执行的同质性检验可以选择需要比较的序列进行同质性检验，而 TREE-PUZZLE中是将每个序列与所有序列的非加权平均组成进行比较。除 PAUP* 的方法外，其他的方法都没有考虑不变位点组成偏向性的影响。

在 PAUP* 4.0b10 中可以对数据集的碱基组成同质性进行检验（Chi-square test of homogeneity of base frequencies across taxa）。进行碱基组成同质性检验的命令为 base-freqs，给出的结果为

Base frequencies:

Taxon	A	C	G	T	# sites
Lemur catta	0.34525	0.27039	0.09944	0.28492	895
Homo sapiens	0.30469	0.33147	0.10714	0.25670	896
Pan	0.30915	0.32478	0.10156	0.26451	896
Gorilla	0.31027	0.32589	0.10603	0.25781	896
Pongo	0.31397	0.34525	0.10391	0.23687	895
Hylobates	0.31585	0.31920	0.11496	0.25000	896
Macaca fuscata	0.32478	0.30915	0.10268	0.26339	896
M. mulatta	0.32589	0.30357	0.10268	0.26786	896
M. fascicularis	0.31920	0.30580	0.10603	0.26897	896
M. sylvanus	0.33371	0.29353	0.09821	0.27455	896
Saimiri sciureus	0.33819	0.26540	0.11646	0.27996	893
Tarsius syrichta	0.34860	0.25363	0.10726	0.29050	895
Mean	0.32412	0.30402	0.10553	0.26633	895.50

Chi-square test of homogeneity of base frequencies across taxa:

Taxon		A	C	G	T
Lemur catta	O	309	242	89	255
	E	290.09	272.10	94.45	238.37
Homo sapiens	O	273	297	96	230
	E	290.41	272.40	94.55	238.63
Pan	O	277	291	91	237
	E	290.41	272.40	94.55	238.63
Gorilla	O	278	292	95	231
	E	290.41	272.40	94.55	238.63
Pongo	O	281	309	93	212
	E	290.09	272.10	94.45	238.37
Hylobates	O	283	286	103	224
	E	290.41	272.40	94.55	238.63
Macaca fuscata	O	291	277	92	236
	E	290.41	272.40	94.55	238.63
M. mulatta	O	292	272	92	240
	E	290.41	272.40	94.55	238.63
M. fascicularis	O	286	274	95	241
	E	290.41	272.40	94.55	238.63
M. sylvanus	O	299	263	88	246
	E	290.41	272.40	94.55	238.63
Saimiri sciureus	O	302	237	104	250
	E	289.44	271.49	94.24	237.83
Tarsius syrichta	O	312	227	96	260
	E	290.09	272.10	94.45	238.37

Chi-square = 43.909373 (df=33), P = 0.09709419
Warning: This test ignores correlation due to phylogenetic structure.

3）*匹配对同质性检验*（matched-pairs tests of homogeneity）*方法*

通过成对序列上的位点与位点进行比较的方法进行同质性检验，在理论上是最合适的检验碱基组成是否处于稳态条件的方法。

4）*替换型式异质性的差异指数检验*（disparity index test of pattern heterogeneity）*法*

一般地，如果序列以同样的替换型式（即各支系的序列之间在各种碱基之间相对替换速率相似）进化，则所比较的序列可以期望有相似的核苷酸或氨基酸组成。因此，不同进化支系之间在替换型式上的变异可通过比较现存支系序列的碱基组成频率来验证。据此，Kumar 和 Gadagkar（2001）提出了差异指数（disparity index）来对观测到的碱基组成差异进行定量的分析，并提出了基于蒙特卡罗模拟方法的统计检验方法，以检验碱基组成的同质性。这种检验方法无需事先知道替换模型、位点间速率异质性程度或序列之间的进化关系等信息，模拟研究也显示该法比普遍使用的 χ^2 检验功效更强。MEGA5 的模型 Model 菜单中有计算差异指数和进行这种检验的功能。

该检验比较一对序列之间观测的碱基组成 Dc 和根据平衡组成方式进化的期望碱基组成 Nd 之间的差异 ID=Dc－Nd，完全同质性的碱基组成 ID=0，ID 值越高，反映了碱基组成异质性越强。ID 值的统计学显著性是与平衡碱基组成模型下采用蒙特卡罗取样分布进行比较的（P=0.05），需要对每一对序列进行 500～1000 次取样（默认为 500 次）。MEGA5 中的替换型式异质性的差异指数检验结果见图 6-3，计算获得的矩阵上三角是每对序列单位位点上的差异指数（disparity index），下三角为蒙特卡罗模拟法估计的 P 值，即拒绝零假设（序列之间的替换型式相同）的概率，P 值小于 0.05 就表示差异显著，用黄色高亮显示。

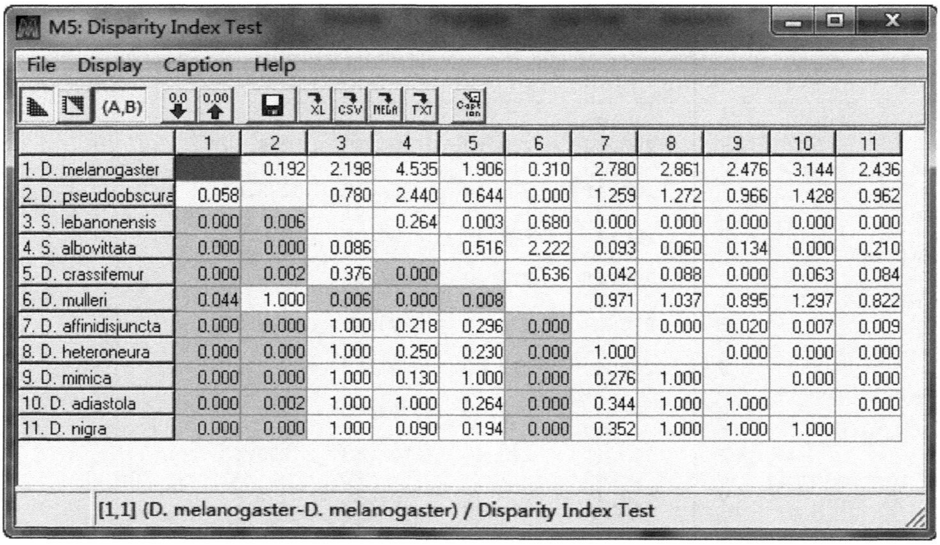

	1	2	3	4	5	6	7	8	9	10	11
1. D. melanogaster		0.192	2.198	4.535	1.906	0.310	2.780	2.861	2.476	3.144	2.436
2. D. pseudoobscura	0.058		0.780	2.440	0.644	0.000	1.259	1.272	0.966	1.428	0.962
3. S. lebanonensis	0.000	0.006		0.264	0.003	0.680	0.000	0.000	0.000	0.000	0.000
4. S. albovittata	0.000	0.000	0.086		0.516	2.222	0.093	0.060	0.134	0.000	0.210
5. D. crassifemur	0.000	0.002	0.376	0.000		0.636	0.042	0.088	0.000	0.063	0.084
6. D. mulleri	0.044	1.000	0.006	0.000	0.008		0.971	1.037	0.895	1.297	0.822
7. D. affinidisjuncta	0.000	0.000	1.000	0.218	0.296	0.000		0.000	0.020	0.007	0.009
8. D. heteroneura	0.000	0.000	1.000	0.250	0.230	0.000	1.000		0.000	0.000	0.000
9. D. mimica	0.000	0.000	1.000	0.130	1.000	0.000	0.276	1.000		0.000	0.000
10. D. adiastola	0.000	0.002	1.000	1.000	0.264	0.000	0.344	1.000	1.000		0.000
11. D. nigra	0.000	0.000	1.000	0.090	0.194	0.000	0.352	1.000	1.000	1.000	

图 6-3　MEGA5 中的替换型式异质性的差异指数检验结果

6.2.2　替换型式分析

1. DNA 数据集替换型式和频率的计算

替换型式（substitution pattern）是指 4 种碱基相互之间发生替换的数量及比例。组成 DNA 的碱基共有 4 种，原则上，每种碱基都有可能突变成另外 3 种中的 1 种，因而共有 12 类不同的碱基替换方式。但实际上，12 类碱基替换发生的频率差异很大。碱基替换型式可以通过几种不同的方法来显示，其中常用的有 Ts/Tv 比例和碱基组成比较两大类。

序列替换型式的信息获取有两种途径：其一是从成对序列之间比较获得的经验替换型式，其二是基于系统树重建序列祖先状态后估计的替换型式，需要以系统树为基础，因为要知道序列之间发生的替换事件，需要重建祖先分类单元的序列，然后沿系统树的分支比较相邻节点之间的序列，以确定发生的替换类型。这种比较和计算并不要求系统树必须准确，只要大体上符合序列进化的实际情况就可以，只要系统树和采用的进化模型合理，就会获得足够的反映数据实际情况的替换型式的数据。

MEGA5 残基组成频率和替换型式的计算：在“Data explorer”窗口中选择菜单 Statistics→Nucleotide pair frequencies→Directional（16pairs），计算结果出现在 Excel 窗口（图 6-4），按照所有位点的平均值和 3 个密码子位点分 4 行列出了相同碱基位点数（ii）、转换数（si）、颠换数（sv）、转换/颠换比（R）和 16 种碱基对的数量。

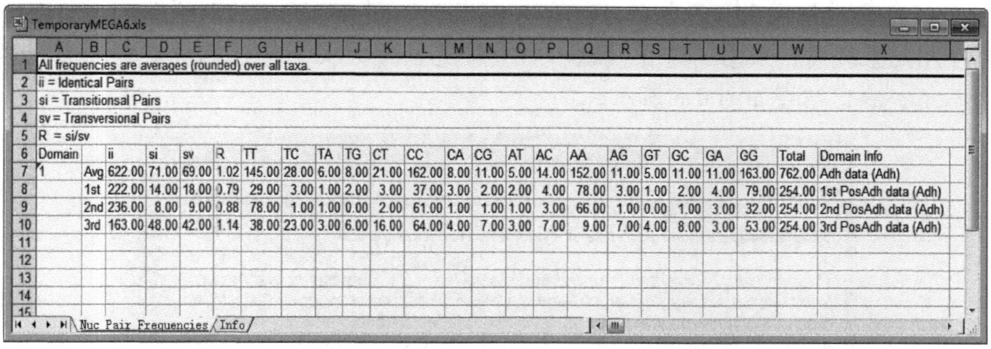

Domain		ii	si	sv	R	TT	TC	TA	TG	CT	CC	CA	CG	AT	AC	AA	AG	GT	GC	GA	GG	Total	Domain Info
1	Avg	622.00	71.00	69.00	1.02	145.00	28.00	6.00	8.00	21.00	162.00	8.00	11.00	5.00	14.00	152.00	11.00	5.00	11.00	11.00	163.00	762.00	Adh data (Adh)
	1st	222.00	14.00	18.00	0.79	29.00	3.00	1.00	2.00	3.00	37.00	3.00	2.00	2.00	4.00	78.00	3.00	1.00	2.00	4.00	79.00	254.00	1st PosAdh data (Adh)
	2nd	236.00	8.00	9.00	0.88	78.00	1.00	1.00	0.00	2.00	61.00	1.00	1.00	1.00	3.00	66.00	1.00	0.00	1.00	3.00	32.00	254.00	2nd PosAdh data (Adh)
	3rd	163.00	48.00	42.00	1.14	38.00	23.00	3.00	6.00	16.00	64.00	4.00	7.00	3.00	7.00	9.00	7.00	4.00	8.00	3.00	53.00	254.00	3rd PosAdh data (Adh)

图 6-4 MEGA5 碱基组成频率和替换型式的计算结果

2. 转换和颠换比

12 种不同的碱基替换类型可以归纳为转换（Ts 或 Ti）和颠换（Tv）两大类型。如果 4 种核苷酸间的替换是随机发生的，则颠换数 Q 应该是转换数 P 的 2 倍，实际上，通常转换比颠换出现更频繁，因此，P 将大于 Q。当序列间的分歧度低时，转换 Ts/颠换 Tv 比用 P/Q（MEGA 中 R=si/sv）估计，这里 P 和 Q 均为实际观察值。在许多核基因中，R 通常为 0.5～2，但在线粒体 DNA 中 R 值为 15～20。对哺乳动物核基因、假基因及编码和非编码区域的 DNA 序列的分析表明 Ts/Tv 比值约为 2，显示了中等程度的替换偏向性。在人类 mtDNA 中，Ts/Tv 比值达到了 15（Tamura and Nei，1993）。

DNA 序列的转换要比颠换发生的频率高很多，这是由于分歧较近的物种间编码区发生较多的同义突变，而分歧关系比较远的物种中转换已趋于饱和，可以观测到的碱基替换形式主要为颠换。Ts/Tv（R 值）随分歧时间的增加而逐渐减小，这是因为随进化时间的延长，可以发生颠换和转换的多重替换，而转换有可能被颠换所掩盖，最终颠换发生数能够积累到一个所谓的临界值，此时的序列差异程度达到最大，而 R 值则达到最小。就昆虫而言，Holmquist 认为该临界值约为 0.4。

估计序列之间的 Ts/Tv 有三种方法。

（1）从所有成对的 OTU 之间计算未校正的 Ts 和 Tv，以 Tv 作为 x 轴、Ts 作为 y 轴作图，将图上各点的回归直线的斜率（slope）作为 Ts/Tv 的比值。

（2）自举重抽样计算法：对所研究的 OTU 产生 10 000 棵随机树，计算在这些随机树上发生的 Ts 和 Tv 的平均数目，并将其作为对实际数据中的估计值。

（3）ML 法估计 Ts/Tv 值：首先用等速率模型（JC69 或 F81）下的 ML 法建树，以该树为基础用 ML 法估计 Ts/Tv 比值，PAML（v1.4）有此项功能。

MEGA5 中有两种估计 Ts/Tv 值的方法：一种是基于标准的最大似然法的估计方法，需要一棵系统树，默认的是 NJ 树，并允许用户设置进化模型；另外一种是称为最大组成似然法（maximum composite likelihood，MCL）的估计方法，是标准似然法的近似方法，无需系统树，采用固定的 Tamura-Nei 模型，因而计算速度比标准似然法快很多。这两种方法的步骤如下所述。

（1）最大似然法估计替换矩阵：在菜单 Model→Estimate Transition/Transversion Bias（ML）中选择用 ML 法估计 Ts/Tv，则出现如图 6-5 所示的对话框，需要选择估计时使用的系统树、采用的进化模型、对空位的处理方式和包含的位点范围等，然后点击 Compute，结果如图 6-5 所示。

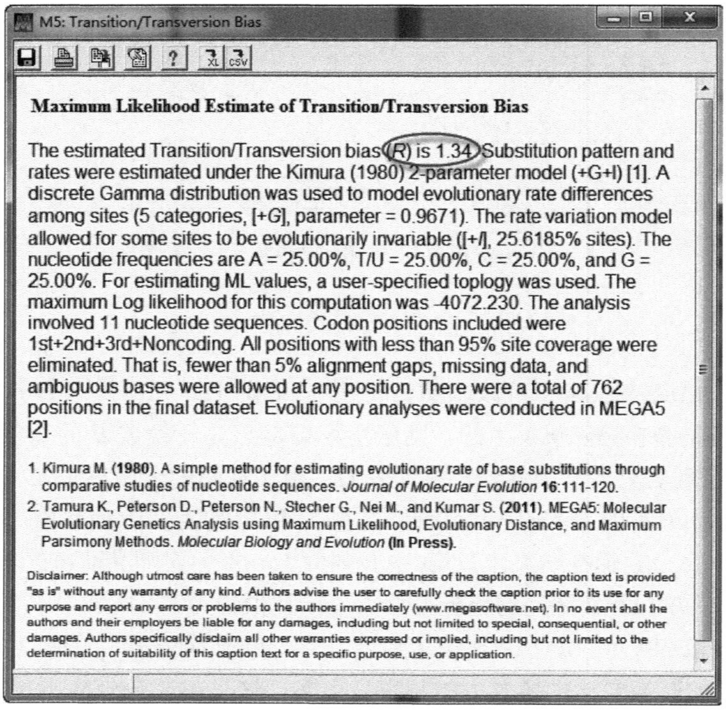
M5: Transition/Transversion Bias

Maximum Likelihood Estimate of Transition/Transversion Bias

The estimated Transition/Transversion bias (*R*) is 1.34. Substitution pattern and rates were estimated under the Kimura (1980) 2-parameter model (+G+I) [1]. A discrete Gamma distribution was used to model evolutionary rate differences among sites (5 categories, [+*G*], parameter = 0.9671). The rate variation model allowed for some sites to be evolutionarily invariable ([+*I*], 25.6185% sites). The nucleotide frequencies are A = 25.00%, T/U = 25.00%, C = 25.00%, and G = 25.00%. For estimating ML values, a user-specified toplogy was used. The maximum Log likelihood for this computation was -4072.230. The analysis involved 11 nucleotide sequences. Codon positions included were 1st+2nd+3rd+Noncoding. All positions with less than 95% site coverage were eliminated. That is, fewer than 5% alignment gaps, missing data, and ambiguous bases were allowed at any position. There were a total of 762 positions in the final dataset. Evolutionary analyses were conducted in MEGA5 [2].

1. Kimura M. **(1980)**. A simple method for estimating evolutionary rate of base substitutions through comparative studies of nucleotide sequences. *Journal of Molecular Evolution* **16**:111-120.
2. Tamura K., Peterson D., Peterson N., Stecher G., Nei M., and Kumar S. **(2011)**. MEGA5: Molecular Evolutionary Genetics Analysis using Maximum Likelihood, Evolutionary Distance, and Maximum Parsimony Methods. *Molecular Biology and Evolution* **(In Press)**.

Disclaimer: Although utmost care has been taken to ensure the correctness of the caption, the caption text is provided "as is" without any warranty of any kind. Authors advise the user to carefully check the caption prior to its use for any purpose and report any errors or problems to the authors immediately (www.megasoftware.net). In no event shall the authors and their employers be liable for any damages, including but not limited to special, consequential, or other damages. Authors specifically disclaim all other warranties expressed or implied, including but not limited to the determination of suitability of this caption text for a specific purpose, use, or application.

图 6-5　MEGA5 采用 ML 法估计的 Ts/Tv 结果

（2）最大组成似然法估计替换矩阵：在菜单 Model→Estimate Transition/Transversion Bias（MCL）选择用 MCL 法估计 Ts/Tv，在出现的对话框选择对空位的处理方式和序列范围，然后点击 Compute，结果与图 6-5 和图 6-6 类似。

Belle 等（2005）分析了 70 种动物 mtDNA *cytb* 的 Ts/Tv 比值，以检验转换偏向性在动物界的普遍性，以及 C←→T 和 G←→A 突变的频率是否相同，如果不同的话，它们的相对速率在不同分类单元之间是否存在变化。人们可能会期望 C←→T 的突变速率与 G←→A 的相同，因为一条链上 C←→T 的突变结果就是另一条链的 G←→A。然而，线粒体 DNA 的碱基组成是不对称的，这意味着两条链的突变型式或所经受的选择压力是不同的。他们的结果显示大多数物种具有转换偏向性，但偏向性的程度在不同物种之间差异很大。在目以下分类单元内部没有显著变异，而在不同目和纲的物种

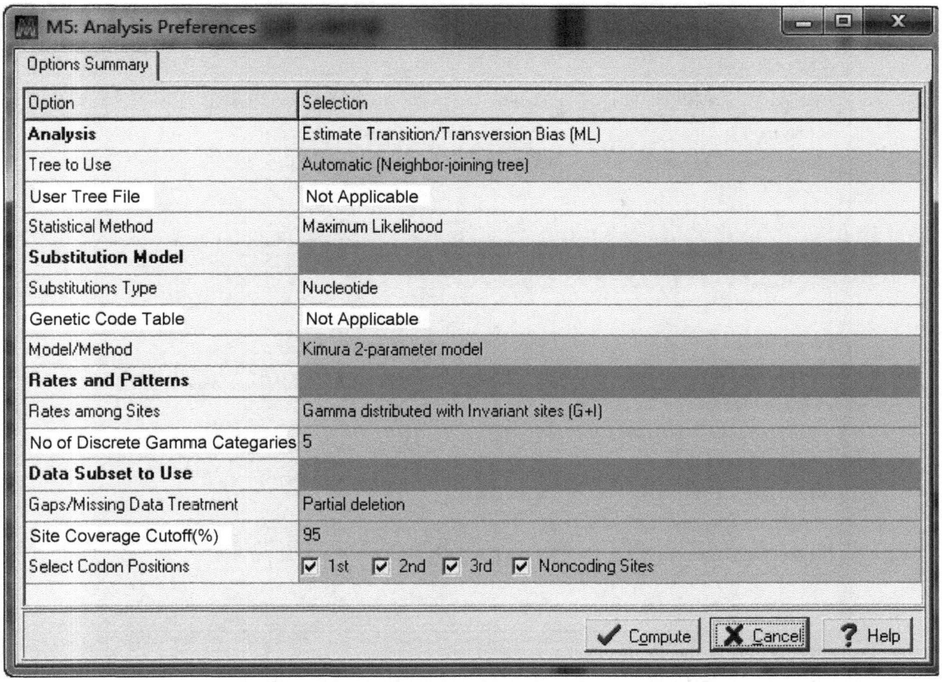

图 6-6　MEGA5 采用 ML 法估计的 Ts/Tv 的设置

之间偏向性的变异显著。他们还检验了 Ts/Tv 比值变异是否与代谢速率有关，没有证据显示代谢速率影响 Ts/Tv 比值。他们还计算了 C← →T 突变和 A← →G 突变的相对速率，总体上它们发生的频率显著不同，并且它们的相对频率在不同物种和纲之间也有显著的变化。大多数动物 mtDNA 四重简并密码子位点上同义转换的多态性比颠换更常见，而植物 mtDNA 则观测到颠换的偏向性，这种转换的过量发生可以作为突变的结果来解释。

3. 替换矩阵计算

替换矩阵（substitution matrix）是指 12 种不同型式的替换发生的相对或绝对数量或频率，也称为 R 矩阵。为了得到序列之间的替换频率，首先需要构建一棵序列的进化树，然后利用这棵树在特定进化模型下估计替换频率（R 矩阵）。计算出的替换频率可以在 Excel 中将其转换为比例形式。将替换频率矩阵转化为速率矩阵的方法很多，其中取自然对数的方法应用最广（Albert and Mishler，1992），经过这样转化的步长矩阵（stepmatrices）通常符合三角不等式公式。

MEGA5 估计替换矩阵的方法与估计 Ts/Tv 一样也有两种，即基于标准的最大似然法的估计和最大组成似然法的估计方法，原理和设置也与计算 Ts/Tv 类似。

（1）最大似然法估计替换矩阵：在菜单 Model→Estimation Substitution Matrix（ML）中选择用 ML 法估计替换速率矩阵，则出现如图 6-7 所示的对话框，需要选择估计时使用的系统树、采用的进化模型、对空位的处理方式和包含的位点范围等，然后点击 Compute，结果如图 6-8 所示。

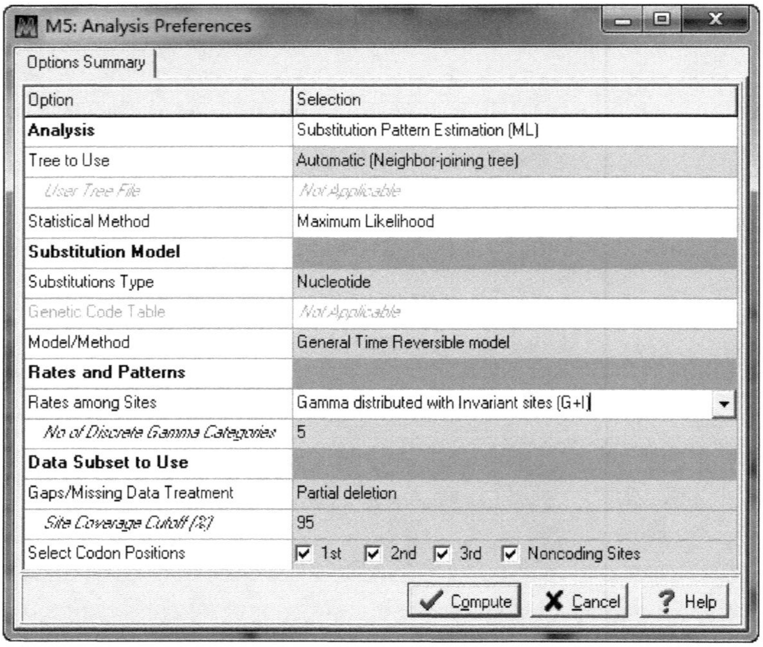

图 6-7　MEGA5 替换矩阵计算设置，黄色标记的栏中用户可以选择不同的选项（见彩图）

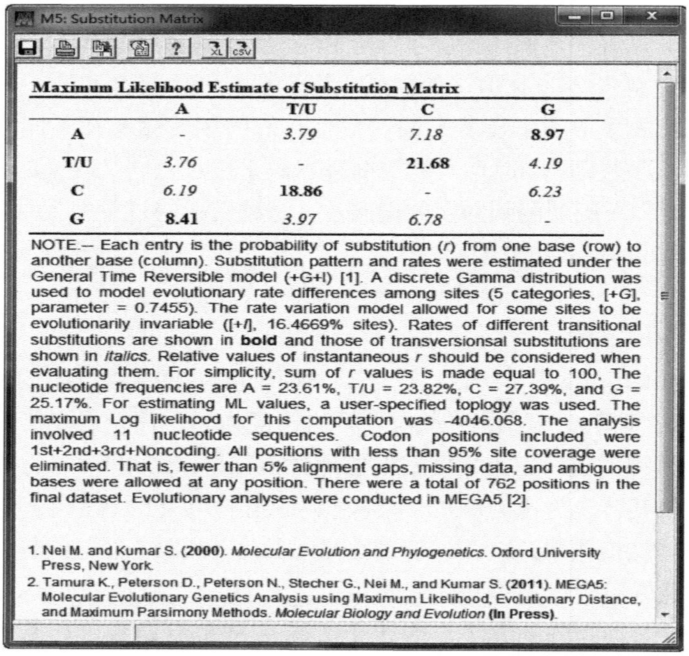

Maximum Likelihood Estimate of Substitution Matrix

	A	T/U	C	G
A	-	*3.79*	*7.18*	**8.97**
T/U	*3.76*	-	**21.68**	*4.19*
C	*6.19*	**18.86**	-	*6.23*
G	**8.41**	*3.97*	*6.78*	-

NOTE.– Each entry is the probability of substitution (*r*) from one base (row) to another base (column). Substitution pattern and rates were estimated under the General Time Reversible model (+G+I) [1]. A discrete Gamma distribution was used to model evolutionary rate differences among sites (5 categories, [+*G*], parameter = 0.7455). The rate variation model allowed for some sites to be evolutionarily invariable ([+*I*], 16.4669% sites). Rates of different transitional substitutions are shown in **bold** and those of transversionsal substitutions are shown in *italics*. Relative values of instantaneous *r* should be considered when evaluating them. For simplicity, sum of *r* values is made equal to 100, The nucleotide frequencies are A = 23.61%, T/U = 23.82%, C = 27.39%, and G = 25.17%. For estimating ML values, a user-specified toplogy was used. The maximum Log likelihood for this computation was -4046.068. The analysis involved 11 nucleotide sequences. Codon positions included were 1st+2nd+3rd+Noncoding. All positions with less than 95% site coverage were eliminated. That is, fewer than 5% alignment gaps, missing data, and ambiguous bases were allowed at any position. There were a total of 762 positions in the final dataset. Evolutionary analyses were conducted in MEGA5 [2].

1. Nei M. and Kumar S. (**2000**). *Molecular Evolution and Phylogenetics*. Oxford University Press, New York.
2. Tamura K., Peterson D., Peterson N., Stecher G., Nei M., and Kumar S. (**2011**). MEGA5: Molecular Evolutionary Genetics Analysis using Maximum Likelihood, Evolutionary Distance, and Maximum Parsimony Methods. *Molecular Biology and Evolution* (**In Press**).

图 6-8　MEGA5 采用 ML 法计算的替换矩阵

（2）最大组成似然法估计替换矩阵：在菜单 Model→Compute MCL Substitution Matrix 中选择用 MCL 法估计替换速率矩阵，在出现的对话框中选择对空位的处理方式和序列范围，然后点击 Compute，结果如图 6-9 所示。

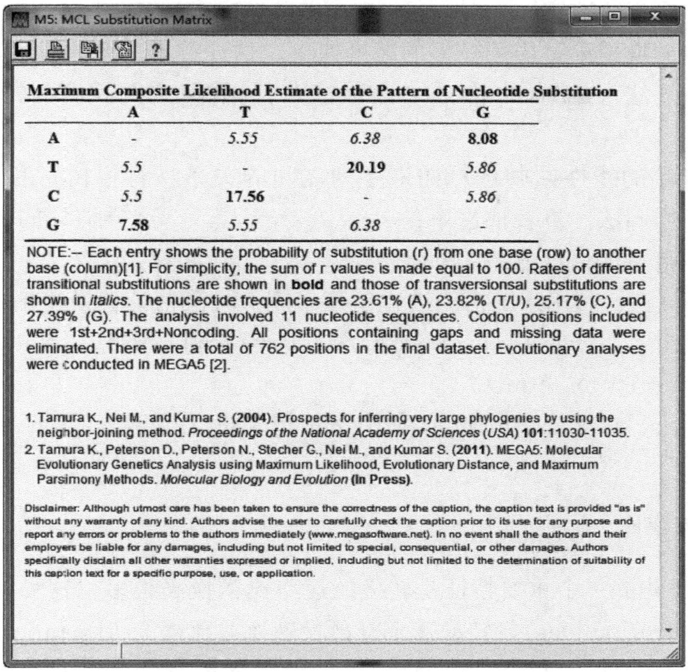

M5: MCL Substitution Matrix

Maximum Composite Likelihood Estimate of the Pattern of Nucleotide Substitution

	A	T	C	G
A	-	*5.55*	*6.38*	**8.08**
T	*5.5*	-	**20.19**	*5.86*
C	*5.5*	**17.56**	-	*5.86*
G	**7.58**	*5.55*	*6.38*	-

NOTE:– Each entry shows the probability of substitution (r) from one base (row) to another base (column)[1]. For simplicity, the sum of r values is made equal to 100. Rates of different transitional substitutions are shown in **bold** and those of transversionsal substitutions are shown in *italics*. The nucleotide frequencies are 23.61% (A), 23.82% (T/U), 25.17% (C), and 27.39% (G). The analysis involved 11 nucleotide sequences. Codon positions included were 1st+2nd+3rd+Noncoding. All positions containing gaps and missing data were eliminated. There were a total of 762 positions in the final dataset. Evolutionary analyses were conducted in MEGA5 [2].

1. Tamura K., Nei M., and Kumar S. (**2004**). Prospects for inferring very large phylogenies by using the neighbor-joining method. *Proceedings of the National Academy of Sciences* (*USA*) **101**:11030-11035.
2. Tamura K., Peterson D., Peterson N., Stecher G., Nei M., and Kumar S. (**2011**). MEGA5: Molecular Evolutionary Genetics Analysis using Maximum Likelihood, Evolutionary Distance, and Maximum Parsimony Methods. *Molecular Biology and Evolution* **(In Press)**.

Disclaimer: Although utmost care has been taken to ensure the correctness of the caption, the caption text is provided "as is" without any warranty of any kind. Authors advise the user to carefully check the caption prior to its use for any purpose and report any errors or problems to the authors immediately (www.megasoftware.net). In no event shall the authors and their employers be liable for any damages, including but not limited to special, consequential, or other damages. Authors specifically disclaim all other warranties expressed or implied, including but not limited to the determination of suitability of this caption text for a specific purpose, use, or application.

图 6-9　MEGA5 采用 MCL 法计算的替换矩阵

6.2.3　分子进化参数计算

对于完成比对的数据集，在进行系统发生分析前后，需要计算数据集的一些分子进化参数，这些参数构成了对于精确的系统发生重建极为重要的数据。

1. 替换速率

替换速率（substitution rate）是突变在群体中传播并固定的速率，计算方法是两条序列独立进化期间发生的替换数目除以进化时间和位点总数，单位为每位点每年的替换数。突变是发生在个体水平的，在一个个体上发生的突变能否传递给下一代，其频率逐渐在群体中增加而固定下来，取决于许多因素，包括群体动态、自然选择和遗传漂变。替换速率以每单位时间（可以是天、年、世代、百万年等）内每个核苷酸位点上的替换数表示。

根据计算过程对不同替换类型或位点的划分，替换速率可以有很多类型，如转换速率（transition rate）和颠换速率（transversion rate），密码子第 1、2、3 位上的替换速率/转换速率/颠换速率，蛋白质编码序列可以分为同义替换速率（synonymous substitution rate）和歧义替换速率（nonsynonymous substitution rate）等。

核苷酸平均替换率是对所有位点的替换计算的速率。要对平均替换速率进行更加全面的估计，可以通过有根树，执行分子钟，获得分枝长度，再将它们从树根到树梢末端沿一条路径长度相加而获得。这个值可用于对所得的其他相同分类单元生物的其他基因进行比较。如果根的年龄是已知的，那么它可以推断出单位时间里每个位点的替换单位（即绝对进化速率）。

转换速率和颠换速率是应用较多的替换速率，估计替换速率的方法如下所述。

（1）直接观测法（naive method）：替换速率 μ=序列之间观测到的替换数/经历的进化时间。

（2）从根到端的线性回归法：如果序列之间的关系（有根树）和分歧时间已知，就可以利用线性回归法计算替换速率：$\mu=d_i/(t_i-t_{root})$。这样估计的替换速率是有误差的，可以采用自举法估计方差。

（3）最大似然法：利用系统树和进化模型采用 ML 法估计替换速率，常用的两个软件是 TipDate（http：//evolve. zoo. ox. ac. uk/software/）和 PAML（http：//abacus. gene. ucl. ac. uk/software/paml. html）。

（4）贝叶斯法 Bayesian MCMC：利用系统树和进化模型采用 MCMC 法估计替换速率。

2. 转换和颠换速率比

DNA 序列进化的一个重要特征是转换的速率比颠换高很多，这种差异一般称为转换的偏向性（transition bias），转换速率与颠换速率之比（Ts/Tv ratio）是衡量转换偏向性的主要参数。估计所分析序列的转换偏向性强弱可以揭示不同基因或不同分类单元的 DNA 序列的进化型式。

转换/颠换速率比值（transition/transversion rate ratio，κ）是某些进化模型和衡量替换型式的重要参数。应该注意区分 κ（kapa）与 R 的关系，如果转换速率为 α，颠换速率为 β，则转换/颠换比值（transition/transversion ratio）$R=\alpha/2\beta$，而转换/颠换速率比 $\kappa=\alpha/\beta$，在 K2P 模型中 $\kappa=2R$。

目前已经提出了许多计算 Ts/Tv 比值的方法，这些方法基本上与系统发生构建方法一样，可以分为四大类，即距离法、简约法、ML 法和贝叶斯法，常用的有以下几种。

在距离方法中有成对方法（pairwise method，Wakeley，1996）和 Ina 法（Ina，1998）。成对方法中计算所分析的每一对序列之间的转换和颠换的总数，然后计算 Ts/Tv 比值。由于有 $N(N-1)/2$ 个可能的序列对的比较，所以最后估计的 Ts/Tv 比值数目是 $N(N-1)/2$。一般地，将所有这些 Ts/Tv 比值的平均值作为全数据集的 Ts/Tv 比值。Pollock 和 Goldstein（1995）提出了一种改进的成对距离法，通过特定的成对估计值加权平均以校正多重替换。

Ina 法与成对法相似，不同之处是首先将全数据集的转换和颠换数目相加，从而获得转换和颠换数目之比的单一比值。

简约法估计 Ts/Tv 比值（Wakeley，1996）的第一步是重建一个给定的系统树的每个内部节点的祖先状态，然后沿着树的每个分枝计数转换和颠换发生的数目，Ts/Tv 比值的估计值就是转换总数与颠换总数之比。但是，由于简约法不考虑核苷酸组成频率的偏向性、位点之间速率变异、树的分支长度变异及转换/颠换比值偏向性等因素，所以简约法的估计有很大的偏差。例如，Wakeley（1994）指出如果不考虑位点间的速率变异，转换/颠换比值偏向性将会低估。核苷酸组成频率偏向性也误导简约法重建祖先状态而导致转换/颠换比值偏向性被低估。因为 Ts/Tv 比值的估计值取决于序列之间分歧的时间长短，所以 Purvis 和 Bromham（1997）及 Wakeley（1996）提出了应用分歧时间进行估计的方法。这种方法需要知道系统树各分枝的分歧时间，故其在应用上有较大的局限性。

ML 法也被用于估计 Ts/Tv 比值，对于给定的一棵系统树和分枝长度，许多软件（包括常用的 PAUP* 和 PAML）能够指定进化模型参数的 ML 法估计。通过使用包含 Ts/Tv 比值参数的模型（如 F84 或 HKY85），就可以计算 Ts/Tv 比值的估计值。

已经有一些学者比较了常用的计算 Ts/Tv 比值估计值的不同方法的性能，Wakeley（1996）对常用的几种方法进行了综述和比较。Purvis 和 Bromham（1997）比较了他们提出的独立成对方法（independent pairs method）与成对方法、校正多重替换的成对方法和 ML 法，发现独立成对方法的估计值比 ML 法的要高，而成对方法的估计值低。Yang 和 Yoder（1999）比较了校正成对法（corrected pairwise method）和 ML 法，结果显示，两种方法都过高地估计了 Ts/Tv 比值，尤其当序列分歧度较低时更加显著，并认为是由于对多重替换过度校正引起的。可以预期，在这些方法中，考虑了多重替换或分歧时间的方法所估计的 Ts/Tv 比值要比没有考虑的（如成对方法和简约法）大些。

Strandberg 和 Salter（2004）采用真实数据和模拟数据比较了几种不同的计算 Ts/Tv 速率之比的方法，包括成对方法（pairwise method）、Ina 法、简约法、独立成对方法、ML 法和贝叶斯法。对成对方法和 Ina 法使用 PAUP* 计数转换和颠换数量，然后计算出 Ts/Tv 比值。在成对方法中，当替换偏向性很强时，可能在某些序列之间会出现没有观察到颠换的问题，因而在计算 Ts/Tv 比值时出现 0 作为分母的现象。Ina 法就没有这种现象，因为该法是对整个数据集进行计算的。ML 法是在 PAUP*（Swofford，1998）上进行的，Ts/Tv 比值的最大似然估计值在给定的树和分枝长度情况下采用 K2P 和 F84 模型进行估计。贝叶斯法是在 MrBayes（Huelsenbeck and Ronquist，2001）中进行的，采用了树与 HKY85 模型参数同时估计的方法。在所有情况下，基于距离的方法和简约法中 Ts/Tv 比值的估计值都被低估了，尤其是当位点间速率变异程度明显时低估更加显著。独立成对方法对所有数据集的估计都比较准确，证明了考虑分歧时间的合理性及有效性。ML 和贝叶斯估计是表现一致的最好估计，十分接近真值。但在 ML 法中显示了模型选择对 Ts/Tv 比值估计有影响，在 K2P 模型下比在 F84 模型下得到的估计值有较大的偏向性。在所有比较的方法中，独立成对方法和 ML 法及贝叶斯法表现得一样好，但独立成对方法的成功取决于系统树和分歧时间的正确指定，因而在实践上是不可行的。因此，作者建议采用 ML 法或贝叶斯法来估计，因为这两种方法只需要选择一个包含 Ts/Tv 比值的模型就可以估计了。同时，该研究还证明，尽管准确计算 Ts/Tv 比值需要已知系统树为前提，但在实际分析时系统树和 Ts/Tv 比值是同时估计的，而且即使是不太正确的系统树也能够得到相当合理和稳健的估计。

在实际的数据分析过程中，Ts/Tv 比值与序列之间的分歧度一样，可以计算出成对 OTU 之间的 Ts/Tv 比值，但一般无须给出 Ts/Tv 比值矩阵，只是说明数据集 Ts/Tv 比值的变化范围和 Ts/Tv 比值的平均值即可。

3. 位点特异性速率及位点间速率异质性参数

理想的情况下，缓慢演变的基因将对深层的系统发生最有用，而迅速进化的基因对新近分歧的是有必要的。不幸的是，大多数的基因无法用一个单一的平均进化速率很好地表征。对于蛋白质编码基因，不同位点的替换速率变异很明显，由于密码子第一、第三位置上的简并，在不同的密码子和氨基酸位置有不同的速率。当允许序列的进化速率在位点之间变化时，需要估计不变位点比例参数 I、位点特异性速率和速率变异分布 gamma 形状参数 a。位点间速率变异研究时数据集的划分按照序列的功能类别进行，如密码子第 1、2、3 位，RNA 二级结构的茎区和环区，内含子和外显子等。很多软件可以完成位点间速率计算。

位点特异性速率计算软件很多，常用的有以下几种。

（1）MrBayes。默认的情况下，MrBayes 在 MCMC 运行过程中不对位点速率进行取样，如果要计算位点速率，需要在 MCMC 后加入命令 report siterates＝yes，此时，程序将以 r（＜site number＞）形式报告速率，如 r（45）就是位点 45 的速率。

（2）MEGA5 中也可以计算位点速率。Rates→Estimate Position-by-Position rate (ML)，在对话框中进行设置后，点击计算，结果将输出在 Excel 表格中（表 6-2，仅显示了前 20 个位点的数据），每个位点报告实际速率、不变位点比例和可变位点最有可能所属的速率类型（这里设置为 4 类，默认为 5 类，所属的类型以方框标出）。该表的

表 6-2　MEGA5 根据指定的模型（GTR＋I＋Γ4）计算的位点特异性速率

Most Probable						
			速率类型			
位点编号	实际速率	不变位点比例	#1	#2	#3	#4
			0.0946	0.4052	0.9557	2.5445
1	0.35098	0.3489	0.3011	0.2127	0.1158	0.0214
2	0.27898	0.3489	0.3470	0.2085	0.0869	0.0087
3	0.35996	0.3489	0.2967	0.2124	0.1185	0.0234
4	2.31039	0	0.0068	0.0920	0.3077	0.5936
5	2.71640	0	0.0005	0.0276	0.2003	0.7716
6	2.65171	0	0.0006	0.0337	0.2243	0.7413
7	2.33852	0	0.0057	0.0837	0.3064	0.6042
8	0.27898	0.3489	0.3470	0.2085	0.0869	0.0087
9	1.89218	0	0.0137	0.1602	0.4151	0.4110
10	1.37519	0	0.0902	0.2836	0.3904	0.2358
11	0.27080	0.3489	0.3536	0.2070	0.0827	0.0077
12	1.06618	0	0.1317	0.3566	0.3832	0.1285
13	1.30886	0	0.0968	0.2980	0.3941	0.2111
14	1.30886	0	0.0968	0.2980	0.3941	0.2111
15	0.27080	0.3489	0.3536	0.2070	0.0827	0.0077
16	0.35098	0.3489	0.3011	0.2127	0.1158	0.0214
17	1.34971	0	0.0929	0.2893	0.3913	0.2265
18	1.31150	0	0.0976	0.2982	0.3913	0.2129
19	0.35098	0.3489	0.3011	0.2127	0.1158	0.0214
20	0.35098	0.3489	0.3011	0.2127	0.1158	0.0214

第一列为位点序号；第二列为相对进化速率，是以所有位点的速率均值为 1 进行标度的；第三列为相应的位点属于不变位点的概率，计算的该数据集的不变位点比例是 19.2782%（可以在 Excel 表格的 caption 页面中找到）；剩余的 4 列是速率分别属于 4 类可变位点的概率，速率类型下第一行为该速率类型的速率均值。

（3）也有专门用于计算位点特异性速率的软件，如蛋白质位点特异性速率计算软件有 Rate4Site（Pupko et al.，2002）和 McRate；DNA 位点特异性速率计算软件有 DNArates（Olsen et al.，1993）等。

位点间速率变异能够通过将数据分割为不同速率类型及分配每个速率类型一个特定的速率（site-specific rates 或 SSR model）而实现。然而，SSR 模型（一个速率类型中的所有位点被假定以相同的速率进化）比 Γ 模型、不变位点比例模型和划分 Γ 模型给出更低的分枝长度估计。尽管忽视位点间速率变异可能不会在所有情况下影响拓扑结构，但是它很可能会对节点支持有影响。Buckley 和 Cunningham（2002）采用 6 个真实的数据集评估了不同的 ASRV 模型对系统发生分析的影响。通过比较从各种不同模型构建的系统树与已经获得很好支持的系统树匹配的情况，他们发现 SSR 模型和平均加权简约法（evenly weighted parsimony）在发现正确拓扑结构中表现较差，以及产生比 Γ 模型和不变位点比例模型还低的分支支持度。

位点间速率异质性参数 a 的计算：MEGA5 中也可以计算位点间速率异质性参数 a 和不变位点比例，方法如下：Rates→Estimate Gamma Parameter for Site Rates (ML)，在对话框中进行设置后（图 6-10），点击计算，结果如图 6-11 所示。

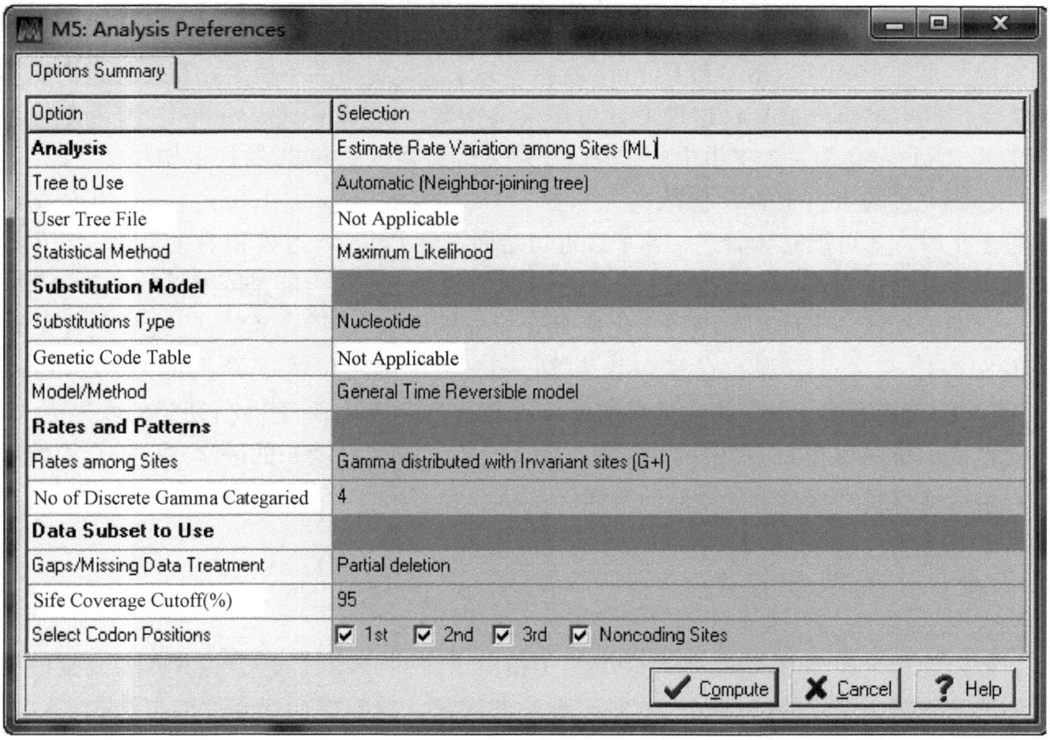

图 6-10　MEGA5 采用 ML 法估计位点之间速率变异参数的设置

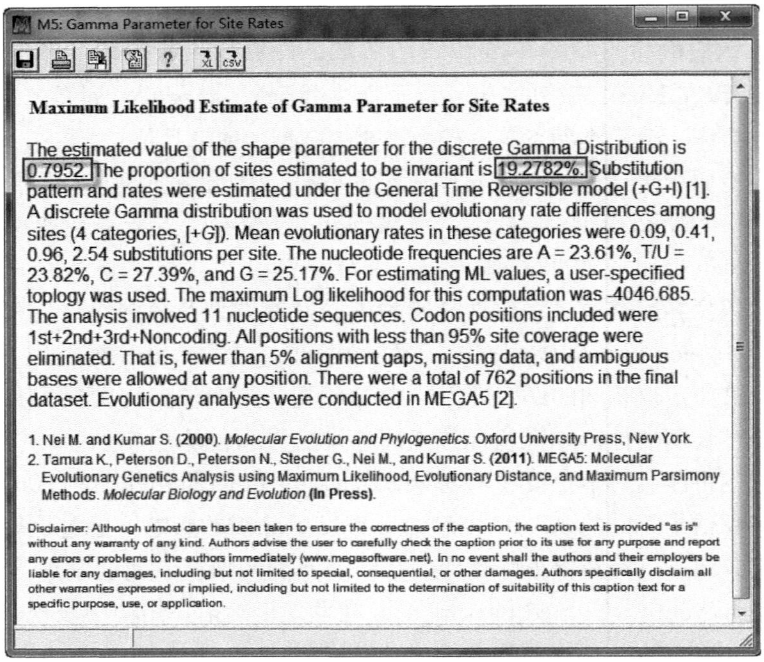

图 6-11　MEGA5 采用 ML 法估计位点之间速率变异参数的结果

4. 支系之间速率异质性参数

无论是在蛋白质还是在 DNA 水平上，分子进化速率的变异性是绝对的，恒定性是相对的。早在 1971 年 Ohta 和 Kimura 就指出分子进化速率并不恒定，相反，它们在不同支系之间有显著的变异，这种变异可用偏离指数（index of dispersion）来测量。偏离指数（R）定义为一个支系中所研究分子序列的替换数的方差/替换平均数。

已研究过的蛋白质的 R 值范围为 0.16～35.55（Gillespie，1986）。只有当 R 接近或等于 1 时，才可能意味着进化速率接近恒定而符合 Poisson 过程和中性理论。当 R 严重偏离 1 时，进化速率的方差很大，此种情况下的分子进化可能是阵发性的。

对哺乳动物几十种基因序列进化速率变异分析显示，密码子第一位碱基上 R 的估算值为 0.10～14.26，第二位碱基为 0.16～15.87，第三位的变异非常大。Gillespie（1986）的分析表明，分子进化速率的变异比理论上按 Poisson 过程所期望的变异更大，由此他提出蛋白质和 DNA 中沉默位点（silent site，同义替换）的进化并不符合中性理论，却能通过自然选择得到最好的解释。

6.2.4　替换饱和作图

替换饱和（substitution saturation）是指由于序列分歧时间太长，DNA 或蛋白质序列的一些快速进化的位点发生了多次替换的现象。检验替换饱和度的方法很多，常用的方法介绍如下。

1. 替换饱和的定性分析

一般情况下，DNA 序列中转换的频率高于颠换，随着遗传距离的增加，如果观察到的转换数目中没有进一步增长时就意味着替换饱和。显示替换饱和的常用的定性方法是饱和曲线（saturation curve）与饱和作图（saturation plot）：碱基替换饱和性分析通常是通过序列两两之间的差异度（一般区分转换 Ts 和颠换 Tv）（作为纵轴）与相应的采用进化模型校准的进化距离（作为横轴）作图来判断的。当距离增加，但观察到的差异数不再增加时（即出现一个明显的平台），则认为此序列达到饱和（Irwin et al.，1991；Graybeal，1994）。

例如，Engstrom 等（2004）在分析三个基因片段时，以每个基因的观测距离 p 为纵坐标，最大似然估计距离为横坐标，作图结果显示两个线粒体基因都达到替换饱和，而核基因内含子没有（图 6-12）。

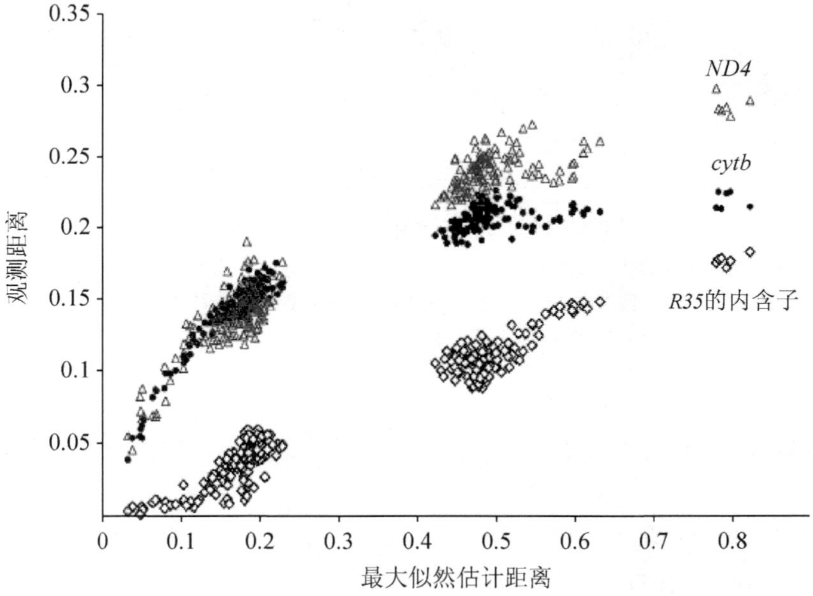

图 6-12　*ND4*、*cytb* 和 *R35* 基因内含子序列的替换饱和作图（Engstrom et al.，2004）

2. 替换饱和度定量分析

已经提出了对替换饱和进行定量分析的三种方法。

1）*趋势线分析法*

Engstrom 等（2004）对饱和图的数据点进行了二级多项式回归线（2nd order polynomial regression line）的拟合。如果内群 OTU 之间的数据的这个回归线的斜率为 0 或负值，就认为替换达到了饱和。他们用此法分析了线粒体的 *cytb* 基因序列，如图 6-13 所示。图 6-13 中，*cytb* 密码子第一位的转换在基质和跨膜区中达到饱和，而在细胞膜间区没有。

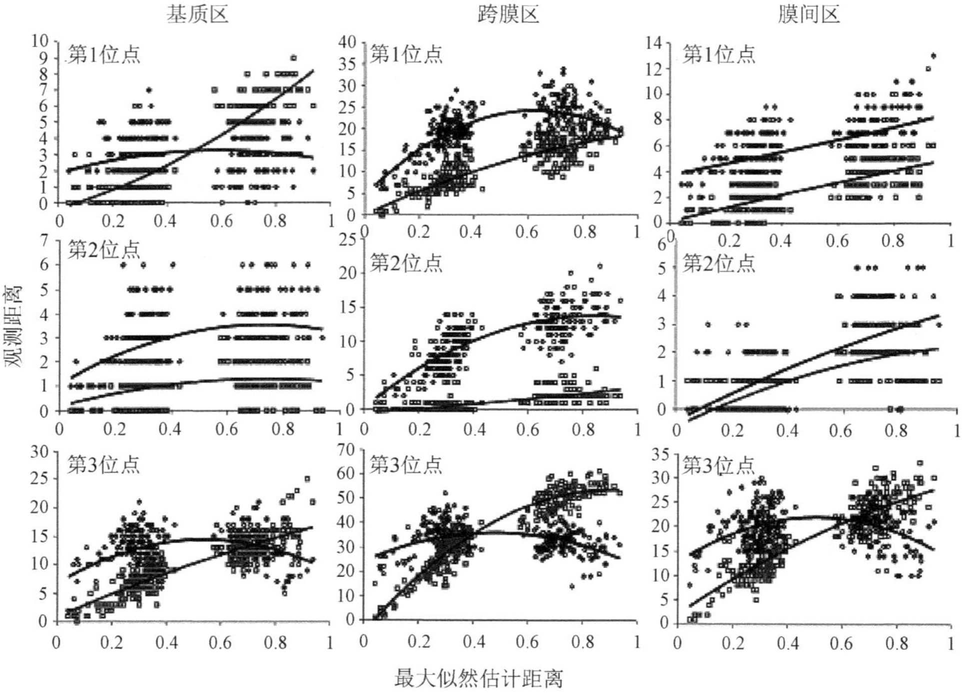

图 6-13　划分数据的替换饱和作图（Engstrom et al.，2004）

cytb 基因的全部数据根据功能区分为基质区、跨膜区和膜间区三段，每段 DNA 再按照密码子位点划分，而每个位点的数据分转换和颠换两种类型分别计算距离。图中转换以圆圈表示，颠换以方框表示，趋势线是二次多项式拟合（best-fit 2nd degree polynomial）

2）Dowton 和 Austin（2002）方法

（1）计算成对 OTU 之间未校正的遗传距离 *p*（即序列差异百分数，使用 PAUP* 或 MEGA）。

（2）选择一种替换模型（常用 HKY85 模型）计算成对 OTU 之间的校正距离（使用 PAUP* 或 MEGA 计算）。

（3）将未校正的距离 *p* 作为横坐标、校正距离作为纵坐标作图，则替换饱和度可以直接从图上成对 OTU 之间的两种距离的交汇点到对角线的垂直距离计算出来。

上述计算中，距离可以分成 Ts、Tv 来计算，也可以按密码子第 1、2、3 位的 Ts、Tv 来计算，这样就可以分别比较 Ts、Tv 或密码子第 1、2、3 位的 Ts 和 Tv 的多重替换水平。

3）DAMBE 中替换饱和指数

Xia 等（2003）认为基于饱和曲线的方法有局限性，主要的问题包括以下三个。

（1）饱和曲线和序列分歧度 *p* 并没有区分位点之间速率变化与同一位点内的速率变异。

（2）饱和曲线未能考虑研究中的 OTU 数目信息。有较多 OTU 的树适合于快速的替换速率，因为树上有较多的分支承担这些替换。Yang（1998）的模拟研究显示，对于有 50 个 OTU 的数据，最适合的替换速率是每一位点 2～4 次替换。

(3) 饱和曲线未表示出序列分歧度与代表这些序列的物种在树上相对数量的关系。在大多数研究中，常常是较少的分支有较大的分歧度，而大多数的 OTU 都有着较小或中度的分歧度。

因此，快速进化的替换已经饱和的数据集在一定程度上也能有效地进行系统发生分析。对于快速进化的序列，建议采取高密度分类单元取样策略。

为此，他们提出了替换饱和指数（I_{ss}，$I_{ss.c}$）的方法，并在 DAMBE 软件中实现了该方法。

替换饱和指数的基本原理来自于信息论中的熵的概念，计算替换饱和指数 I_{ss}（$I_{ss}=H/H_{FSS}$），然后再估计取决于序列长度、OTU 数目和拓扑结构（对称和非对称）的临界值 $I_{ss.c}$，即该值以上时，序列已经达到一定的饱和度，不再能得到正确的系统发生树。比较 I_{ss}和 $I_{ss.c}$，若前者小于后者，则这些序列未达到替换饱和；反之，则已经达到饱和，不适合用于系统发生分析。

序列长度为 L 的 N 条序列，其频率分别为 P_A、P_C、P_G、P_T，在极端的情况下，所有位点均没有替换，每个位点的核苷酸都一样，该核苷酸频率为 1，其他为 0，在信息理论中，该位点的熵值（H_i）为 0，相应的所有位点的 H 平均值和方差都可以计算（观察到的熵值）。当序列达到完全替换饱和时，每个核苷酸位点的期望核苷酸频率即为所有序列的频率 P_A、P_C、P_G、P_T，每个位点的核苷酸频率分布符合（$P_A+P_C+P_G+P_T)^N$的多项式分布，其熵值（H_{FSS}）和方差 Var（H_{FSS}）均可计算。

理论上，替换饱和检验可以通过检验观察到的熵值是不是显著小于 H_{FSS}来完成，如果 H 不是显著小于 H_{FSS}，则该序列达到了严重替换饱和。替换饱和指数定义为 $I_{ss}=H/H_{FSS}$。如果 I_{ss}接近于 1，则显然序列已经达到严重替换饱和。但这种情况只是理论上可行，因为在序列远没达到完全饱和，即 I_{ss}接近于 1 时，这些序列已经无法得到正确的系统发生关系。因此，需要找到一个临界值（$I_{ss.c}$），从这个临界值以后，序列无法得到真正的系统树。一旦已知这个临界值 $I_{ss.c}$，只需要计算序列的 I_{ss}，比较这两个值即可，如果 I_{ss}大于 $I_{ss.c}$，则可以认为这些序列已经达到严重的替换饱和，不能再用于系统发生分析。

$I_{ss.c}$的计算很难用一个计算式来表示，但按理该值应该取决于真实树的拓扑结构、OTU 数目（N_{OTU}）、序列长度（SeqLen）、核苷酸频率和 Ts/Tv。计算机模拟显示，相对于真实树的拓扑结构、OTU 数目（N_{OTU}）、序列长度（SeqLen），Ts/Tv 和核苷酸频率的影响可以忽略。给定拓扑结构和 N_{OTU}时，树长越长，替换饱和度越高，I_{ss}越大。

重建正确系统树的能力随着树长的增加而减小，这种替换饱和效应可以通过增加序列长度得到缓解。$I_{ss.c}$取决于序列长度、拓扑结构和 N_{OTU}，这些因素之间的关系如下所述。

（1）给定序列长度时，$I_{ss.c}$随着N_{OTU}的增加而降低。

（2）$I_{ss.c}$随着N_{OTU}的增加而降低的趋势在非对称拓扑结构中比对称拓扑结构中更严重，即非对称拓扑结构对替换饱和比对称拓扑更敏感。所以，如果怀疑 OTU 之间可能形成非对称拓扑关系时，则应该增加序列长度来减少替换饱和效应，由此可见，非对称拓扑结构需要更多的序列数据来重建。

（3）$I_{ss.c}$值随着序列长度的增加而增加，序列长度的增加可以减缓替换饱和问题。但序列长度再增加时，这种效应减弱。对于高级阶元的系统发生重建，选择高度可变的长序列，而不选择较短但高度保守序列是不明智的。

3. 应用 MEGA5 进行替换饱和分析与作图

应用 MEGA5 进行替换饱和分析与作图的步骤如下。

1）计算序列之间的 *p* 距离

在 Distance 菜单选择成对序列遗传距离选项，激活数据，在出现的计算菜单的 Substitution Model 中选择合适的选项，替换类型选择核苷酸，模型/方法类型选择 *p* 距离，Substitutions to Include 选项设置为 d：Transitions＋Transversions，应用数据选项中，将空位和遗失数据设置为 Pairwise deletion，并选择所有位点，点击计算。计算所得的遗传距离为总替换距离，在结果窗口的工具栏点击 XL 按钮，则结果在 Excel 中以三列的 xls 格式输出。

2）计算序列之间的转换距离

计算时将 Substitutions to Include 选项设置为 s：Transitions only，其他同上。

3）计算序列的颠换遗传距离

将 Substitutions to Include 选项设置为 v：Transversions only，其他同上。

4）Excel 作图

（1）导入数据：将计算获得的三种遗传距离导入同一个 Excel 文件中，按相同的顺序排成三列，列与列之间不要留空白列，每一列数据的标识符号在该列的顶端（分别修改为 *p* 距离、Ts 和 Tv），注意要将 *p* 距离放在第一列（因为 Excel 作图时一般将第一列默认为横坐标）。

（2）作图：选定三列数据，点击主菜单中的“插入→图表”，在弹出的“图表向导—图表类型”窗口中选择“标准类型”中的“XY 散点图”（在进行其他数据分析时可根据需要选择其他图表类型，包括“自定义”类型），点击“下一步”；在“图表源数据”窗口中点击“下一步”；在“图表选项”窗口中设置需要在图表中显示的各种选项：在“标题”标签中可设置“图表标题”、“数值（X）轴（A）”标题、“数值（Y）轴（V）”标题，在“坐标轴”标签中可设置“显示/隐藏坐标轴上的数值”，在“网格线”标签中可设置“显示/隐藏网格线”，在“图例”标签中可设置“显示/隐藏图例”，以及图例与图表的相对位置（包括“底部、右上角、靠上、靠右、靠左”等选项），在“数据标志”标签中可设置“数据标签”（该项设置只有在数据较少时为了方便识别数据才选用，一般情况下均不予选择)，点击“下一步”；在“图表位置”窗口选择图表插入的具体位置，一般选择默认选项“作为其中的对象插入（O)”，点击完成，即会在 Excel 表中插入一个生成的图表（图 6-14）。该图表可直接复制插入到 Word 文档中使用，也可在 Photoshop 软件中转换成独立的“ *.jpg”文件保存备用，需要时再插入 Word 文档中。

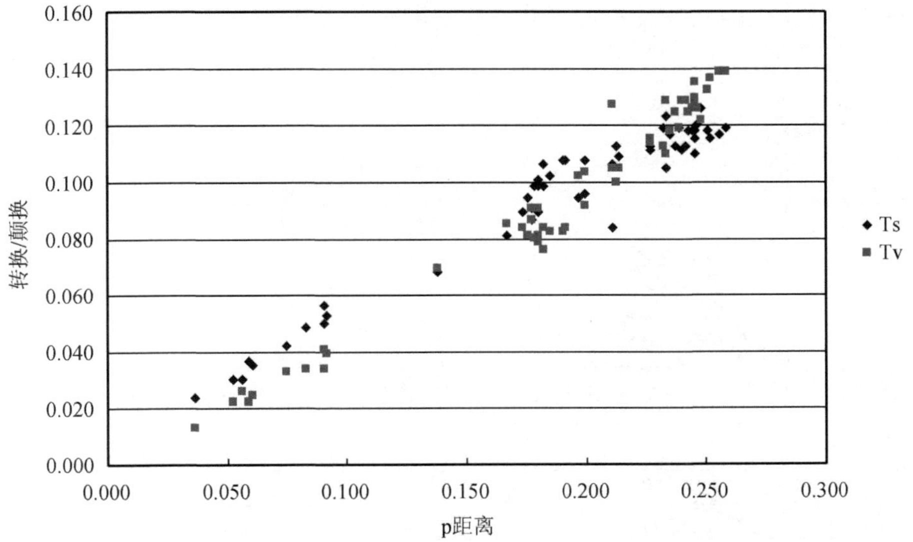

图 6-14　序列的替换饱和作图（见彩图）

4. 应用 DAMBE 进行替换饱和作图

使用 DAMBE 进行碱基替换饱和性分析的优点是可以直接输出图形文件，对大型数据矩阵特别方便；缺点是以 Excel 格式输出遗传距离值时没有同时输出物种对名称；若要将遗传距离与物种对对应起来，需要使用其他命令或方法。

DAMBE 进行碱基替换饱和性分析的步骤如下所述。

作图步骤：打开序列数据，点击命令 Graphics→transition and transversion versus divergence，在弹出的小窗口中选择进化模型，然后点击 Go 按钮，分析结果将显示在一个新的 Graph Tool 窗口中。可以在该窗口下方的 Graph style 选择三种图形中的一种，图 6-15 就是选择 CurveAndSymbols 后的拟合曲线图。

图形文件的编辑和输出：在 Graph Tool 窗口中点击 File→Save file in metafile format 即可将分析结果保存为 *.WMF 格式的图形文件；若选择 File→Save file in bitmap format，则保存为 *.bmp 格式的图形文件，文件较小，但分辨率较低，不能满足发表论文的需要。要编辑坐标轴则点击 Graphic→……菜单进行选择。若要将分析结果以遗传距离的形式保存，则在 Graph Tool 窗口中点击 Edit→Copy data to Excel，然后创建一个 *.xls 文档，将数据粘贴到新建的 *.xls 文档中即可。

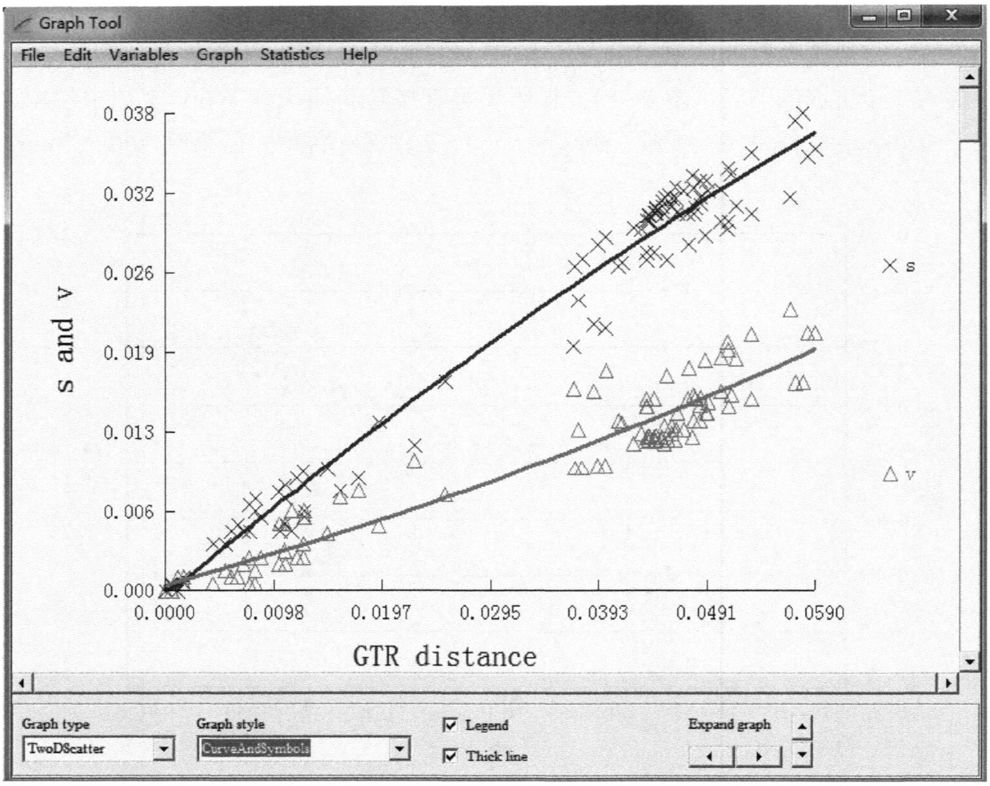

图 6-15 经过 GTR 校正的遗传距离与转换和颠换距离作图

5. 应用 ASaturA 进行氨基酸取代饱和分析

ASaturA 是由 Y. Frickey 编写的用于判断氨基酸取代饱和的 Java 程序，需要 Java Runtime environment 1.4 或更高版本的运行环境。ASaturA 在选定的阈值（cutoff value）下根据常用的氨基酸取代矩阵中的突变概率大小将氨基酸之间的取代区分为常见（frequent）取代和稀有（rare）取代两类，所以，阈值的选择很关键。程序根据选择的阈值，查找指定的取代矩阵，在取代矩阵中大于阈值的氨基酸对之间的取代定义为常见取代，等于或小于阈值的氨基酸对之间的取代定义为稀有取代。然后，程序对每一对蛋白质序列中可以观测到的常见取代和稀有取代的数目与它们之间的进化距离作图。通过改变取代概率的阈值，区分出的常见取代和稀有取代的氨基酸就有变化，谨慎地选择阈值，可以将有突变饱和的数据集中的氨基酸区分成饱和的与未饱和的两类。饱和的氨基酸位点在图上显示出随进化距离的增加观测到的改变数量不再增加，而未饱和的氨基酸位点则呈现线性关系。一旦阈值设定，程序将只选择稀有取代计算遗传距离，并基于该距离构建 NJ 树。

随程序发行的有 14 个氨基酸取代矩阵文件，其中包括常用的氨基酸取代矩阵 PAM、BLOSUM、mtREV24 和 JTT 等，也可以使用用户自定义取代矩阵。

当程序对可能饱和的取代位点作出估计后，蛋白质序列之间的遗传距离就可以根据未饱和的位点计算出来，程序可以根据这个距离矩阵构建 NJ 树。

程序使用步骤：

（1）运行 ASaturA. jar，输入比对好的序列文件，并指定一个取代矩阵。

（2）选择一种距离校正方法，可选的校正方法有无校正（p 距离）、Poisson 校正、Kimura 校正和 Tajima-Nei 校正。

（3）选择阈值有两种方法，一种是在主界面直接输入确定的阈值（如果已知的话）；另一种，也是最常用的方法是点击 choose cutoff value，打开饱和作图界面，在此可以滑动阈值选择按钮，程序默认的是实时计算回归曲线并自动更新作图（update plot realtime 被选中的话），如果没有选中 update plot realtime 的话，可以点击下方的 Compute Regression 按钮，完成在新阈值下回归曲线的计算和作图（图 6-16）。可以选择多个不同的阈值，比较在不同阈值下的回归曲线图，能够使稀有取代（图中的蓝色部分）数量与遗传距离成线形关系的阈值是所需要的阈值。一旦确定阈值，点击 OK 返回主界面。

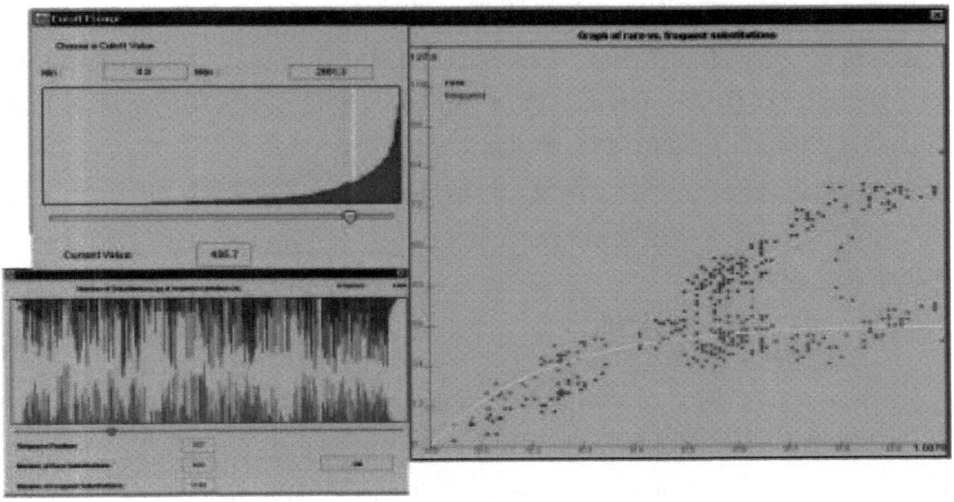

图 6-16　ASaturA 运行界面（见彩图）

（4）确定是否进行自举检验，并给出自举取样重复次数。

（5）点击 Make it so，弹出保存文件对话框，默认的名称是指定的取代矩阵，需要输入新文件名，点击保存后，程序将产生自举重抽样数据集和距离矩阵。完成计算后，在同一路径下将自动产生另外两个文件：mat. out 文件保存 Ratesfile for bootstrap，species. dat 文件保存分析序列的名称和长度信息。

（6）当计算结束后，点击 Draw Tree，程序将从原数据和自举重抽样数据集计算的遗传距离矩阵中采用 NJ 法构建系统树。

（7）点击 View Tree 查看结果。

该程序还可以进行以下操作。

（1）选择分析的物种/序列。

（2）显示取代位点，即对比对序列每一位点上观测到的常见和稀有取代数目作图。

(3) 其他功能：显示序列中的 AA 组成频率；显示 AA 突变性（AA mutability）；计算突变概率矩阵；显示原始矩阵；更新程序矩阵（使程序使用 compute mutation probability matrix 从数据获得的新矩阵）；保存频率或突变矩阵。

6.3 系统发生信号与结构分析

6.3.1 序列数据系统发生信号强弱的评价

DNA 序列含有的系统发生信号变化很大，进化速度慢的基因，其系统发生信号微弱，对较高分类阶元缺乏解析能力；而进化速度快的基因，其系统发生信号随分歧时间增加发生饱和，在较高分类阶元中造成长枝吸引等系统误差。已经提出的评估一个数据集是否适合于所研究系统发生问题的方法可以区分为先验和后验两类。

先验方法有：替换饱和作图法、相对速率比较法、Goldman（1998）提出的基于似然法的定量方法，以及 Townsend（2007）提出的与进化速率关联的系统发生信息量（phylogenetic informativeness，PI）的定量方法。

后验方法有：各种分支支持度度量，包括自举值、似然率检验、Bremer 支持度和贝叶斯后验概率等。但这些度量强烈地依赖于分枝长度，在有些情况下有偏差，并且与多种因素有关。

6.3.2 系统发生信号评估软件与方法

计算机数值模拟研究显示，当应用大量的性状集和少量分类单元时，即使随机序列数据的系统发生分析也能形成单一的最简约树。因此，应用序列数据进行系统发生分析时，需要建立一种能够区分序列数据中系统发生信号和随机干扰的方法。系统发生信号检验常用的有：树长分布偏斜性检验（统计值为 g1）、PTP（permutation tail probability）检验、RASA（relative apparent synapomorphy analysis）、数据分辨力分析。

1. 树长分布偏斜性检验

树长分布偏斜性（tree length distribution skewness，TLD）检验是一种比较常用的考察数据集系统发生信息含量的方法。它通过考察性状支持的系统树在所有可能树或随机样品中树长的分布形状来检验数据层级结构。检验结果给出树长分布柱状图和 g1 统计值。g1 是树长分布图的倾斜度（kurtosis，即最短树在整个分布图中的偏度）的指示值，g1 越小，分布图越偏（skewed），表明数据集系统发生信号对最优树的支持度越高。g1 统计值的显著性由 Hillis 和 Huelsenbeck（1992）计算的关键值（critical value）来评价。树长分布柱状图中，最短树在图中的分布越偏越好。

模拟研究表明，从随机数据集所产生的所有 MP 树的树长分布是对称的，而含有系统发生信号的数据集所产生的所有 MP 树的树长分布是不对称的。可以用 g1 统计量来评估数据集中的系统发生信号，g1 统计量测量随机树（10 000 棵）分布的偏态。

g1 检验的原理：计算出所有树的树长和树长分布的偏斜度，如果树长分布是显著地向左偏斜（g1 为负），则拒绝零假设。树长分布偏斜度的显著性可以通过与 Hillis 和 Huelsenbeck（1992）列出的临界值进行比较后判断。

g1<0，树长分布向左偏移，显示只有少数树具有低的树长，亦即 g1 越小，最短树与真树越接近。Hillis（1991）曾经计算出 g1<−0.67 时，意味着观测到的树长值分布在 99%的树长分布的置信区间以外，但也有人提出 g1 统计值不适合于评估系统发生信号。

在偏斜检验中，g1 统计的临界值随着分类群数目和序列中位点数目的不同而变化。偏斜检验并不评估一个特定的拓扑结构的真实性，而且这个检验对其他的随机数据集中所呈现的信号都很敏感，哪怕只是很少的一点信息。

PAUP* 中进行随机树长分析和柱状图作图的方法：在 PAUP* 中处理数据后，从 File 菜单选择 log output to disk 命令保存 log 文件，运行 randtrees 命令，默认的结果是产生 1000 个随机树（MP 树）。log 文件中有 g1 值及各个树长的树的数量（括号内的为树的数量，图 6-17），将这些数据拷贝下来，替换掉+、#、(、) 等 4 个不需要的符号，只保留树长值和树的数量值 2 列，拷贝到 Word 中将其转换为表格，将表格输入到 Excel 中作柱状图（图 6-18）。

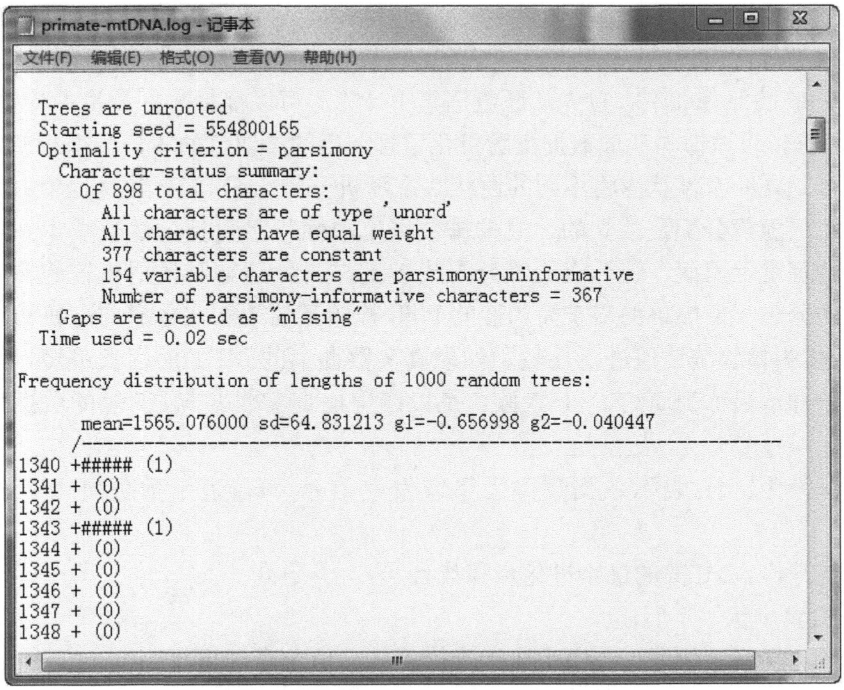
primate-mtDNA.log - 记事本
文件(F) 编辑(E) 格式(O) 查看(V) 帮助(H)

```
  Trees are unrooted
  Starting seed = 554800165
  Optimality criterion = parsimony
    Character-status summary:
      Of 898 total characters:
        All characters are of type 'unord'
        All characters have equal weight
        377 characters are constant
        154 variable characters are parsimony-uninformative
        Number of parsimony-informative characters = 367
    Gaps are treated as "missing"
  Time used = 0.02 sec

Frequency distribution of lengths of 1000 random trees:

      mean=1565.076000 sd=64.831213 g1=-0.656998 g2=-0.040447
      /-------------------------------------------------------------------
1340 +##### (1)
1341 + (0)
1342 + (0)
1343 +##### (1)
1344 + (0)
1345 + (0)
1346 + (0)
1347 + (0)
1348 + (0)
```

图 6-17　PAUP* 随机树命令的 log 文件

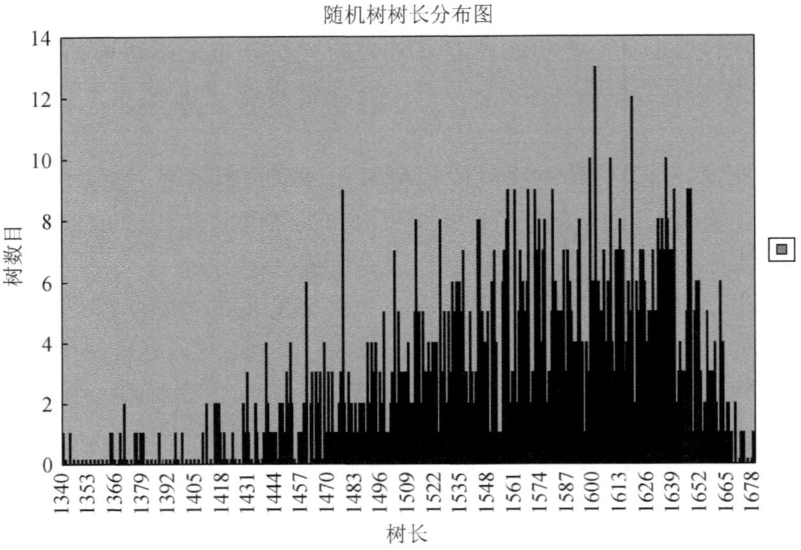

图 6-18　在 Excel 中进行树长分布偏斜性作图

2. PTP 检验

PTP（permutation tail probability）检验是设计用于解决性状数据集中是否存在系统发生信号的统计学方法，被广泛用于简约法中，以评价系统发生的数据质量。由于这种检验是在性状矩阵的随机重排基础上进行的，故也称为矩阵随机化检验（matrix randomization test）。PTP 检验必须导入一个限制树，也就是检验开始前的原始树，以便和随机树进行比较。

PTP 检验的原理如下：首先从原数据集中计算出可以衡量数据质量的检验统计值，即 MPT 树长，将该值与从原数据集随机化重排获得的类似值的零分布进行比较。由于随机化重排是在一个性状内将不同的性状状态随机分配给 OTU，此过程中数据集中的每一个性状的随机分配是独立的，故重排数据集内性状之间相合性被减少到仅由随机期望产生的程度，因而，统计值的零分布代表了与一种可与原数据比较的非系统发生信号数据的分布。最简单的基于简约性的 PTP 检验是使用真实数据与随机重排数据的 MPT 树长作为检验统计值进行比较。如果真实数据集的 MPT 的树长最短，则拒绝零假设。另一种检验称为简约 PTP 检验，是以产生比真实数据 MPT 短的数据集的比例进行的。

检验假设为：H_0 表示数据集中无系统发生信号；H_A 表示数据集中有系统发生信号；

检验统计值：MPT 的最小进化步骤数目。

PTP 检验步骤如下所述。

第 1 步：从原始数据矩阵中生成接近检验统计值分布的重排（permuted）数据集。重排数据集具有与原始数据集相同的行和列，但每列的数据是基于原始数据随机重排的。一般的重排是在简约信号位点组成的矩阵上进行的。

第 2 步：用简约法分析每个重排数据。

第 3 步：将所有从重排数据集构建的 MPT 的树长作图并与原始数据集获得的 MPT 树长进行比较。如果原始数据集含有较强的系统发生信号，则由重排数据集产生的 MPT 的树长分布倾向于极度向左偏斜的。

对 PTP 或矩阵随机化检验的结果的解释，在不能排除零假设的情况下，从数据集得到的系统树就值得怀疑。PTP 检验受到许多批评，主要是由于该法的基本假设——性状状态的随机分布被认为是无效的。

一种依赖于拓扑结构的 PTP 检验（T-PTP）对特殊的系统树的树长进行比较，从而决定这些差异是否可以偶然产生。这个方法并不评估这个进化树或者其中的一部分是否正确。值得注意的是，T-PTP 实验似乎是进一步确认了进化树中那些同 MP 树很接近但是并不在其中的一些分组，这是因为这个方法探测集体的信号，这些信号可以把一个分类群放置在合适的位置，结果可以通过附加的程序使用相关的数据子集进行调整。PAUP* 中包含了这个程序。

在 PAUP* 进行 PTP 检验之前必须载入一棵限制树，可以输入命令 LoadConstr 载入；也可以事先在数据文件的 PAUP 模块中加入限制树的定义，然后输入命令 Permute [options] 进行重复次数和搜索方法设置，最后得到 P 值。在 PAUP* 进行 PTP 检验的命令模块：

```
begin paup;
constraint futz =  ((1,2));
permute test= ptp;
end;
```

PTP 检验时，会跳出对话框提示没有限制树，解决方法是任意指定一棵限制树，重新运行即可。

3. 数据分辨力分析

每个数据集都能确定一个或多个最优树。Goloboff（1991）指出，如果一个数据集支持一组稳定的系统发生关系，则该数据集应该看成是具有分辨力的（decisive），可以用数据分辨指数（data decisiveness index，DD）来测量数据的质量。DD 是数据集相对于所有可能树来说稳健地支持最优树的一种测度，换句话说，DD 表示最优树比所有可能树的平均树长能短多少的程度。对于任何一个数据集，DD 的计算公式为

$$DD=(s-S)/(s-M)$$

式中，s 为数据集的所有可能树的平均长度；S 为数据集的 MPT 的实际长度；M 为数据集的所有性状可能的最少状态变化数目，即完全排除同型性状后 MPT 的树长。s 和 S 一般要使用穷举搜索法搜索所有可能的树后计算出来。当数据集较大时，也可以从数据集产生的 10 万棵以上的随机树中计算近似值。M 值可以从 PAUP* 的性状诊断（character diagnostic）选项中的描述树（describe trees）选项中计算。

上式中，当 S 接近 M 时，DD 接近 1，则数据集仅支持很少量的树，表示数据集有很强的分辨力。当 S 接近 s 时，DD 接近 0，则数据集支持大量的树，意味着数据集的

分辨力较弱。当 DD=0 时，表明所有可能的树等长，此时数据集无分辨力。

4. RASA 系统发生信号统计评估

RASA（relative apparent synapomorphy analysis，相对显著共享衍征分析）是不依赖于树的系统发生信号统计检验方法。RASA 检验系统发生信号的目的是检验下述假设：由客观的进化过程和人为的分类单元取样及性状取样这两类因素联合影响所产生的性状状态在分类单元之间的分布，可以反映出这些分类单元之间的系统发生关系。

RASA 检验原理：系统发生分析的基本分析单位是共享衍征（synapomorphy），简约法分析公认的法则是单系群由共享衍征推导得到。构成系统树的基本元素是三类群陈述（three-taxon statements，TTS），任何树都可以还原为众多的 TTS。TTS 和共享衍征的关系是一个被解析的 TTS 至少需一个共享衍征推导而来。但不同分类单元具有相同的性状状态可能是独立起源的结果（如趋同），不一定是真正的共享衍征，所以由一个特定的共享衍征得到的 TTS 也可能是错误的。因此，两个分类单元间相同的性状准确地应该描述成“近似共享衍征或表面共享衍征”。RASA 检验性状矩阵是否包含自然分支层级结构（natural clasdistic hierarchy），即系统发生信息，这种检验方法是通过确定成对分类单元之间的分支相似性（clasdistic similarity）增加速率是否大于零假设的等概率增加速率进行的。

RASA 算法：为衡量一个表面共享衍征是否真的是真实的进化历史关系，两个分类单元间共享衍征的总数可以提供一些观察到的相似性是否唯一的信息。RAS_{ij}（a relative apparent synapomorphy score）为任何一个分类单元对（i，j）之间单独共享衍征（性状状态）的数目总和，相近的分类单元间的 RAS 值较高，关系较远的分类单元间则 RAS 值较低。RAS 值随着分类单元间相似性的增加而增加，假设 E 为支持 TTS 的性状数目（即计算 RAS 过程中涉及的性状数目），则以 RAS 和 E 作图，RAS 在 E 上观测到的斜率（slope）即可作为系统发生信号的度量，该倾斜度是数据集性状共变性的一种衡量。这个倾斜度并不代表任何信息，因为随机性状分布也能得到正的倾斜度。但如果是无信息的数据组，其 E 和 RAS 在各分类单元中都是以或然率相等分布的，分别为零假设 E_{null} 和 RAS_{null}，通过一个成为 RER（reciporcal equiprobable redistribution of RAS and E）的过程计算相应的零斜率，如果是非随机性状共变，RER 将对数据结构进行重分配，若不是的话，则会对噪声进行重分配。RAS_{null} 对 E_{null} 的最小平方简单回归是一条直线，0 即零假设下的倾斜度（β_{null}），观察到的倾斜度（β_{obs}）与其进行 t 检验——t_{RASA}，其零假设是 β_{null} 和 β_{obs} 没有显著差异，即性状状态没有多余随机分布的系统发生信息，检验自由度为 $[N\times(N-1)/2]-N-3$。

RASA 的缺点包括：二型错误可能性大；分类单元数目太少对结果影响较大；可能数据组中包含相抵触的系统发生信息。另外，Simmons 等（2002）根据模拟数据和经验数据，考察了 RASA 衡量系统发生信息含量、选择外群和鉴定长枝吸引的功能。结论认为，RASA 在这三个方面的功能都是无效的，不能用于任何一种。

6.3.3　系统发生信号组成结构分析

尽管大多数数据集中含有足够的系统发生信号，但这些信号的组成结构却可能有显著的差异，已经提出了多种分析系统发生信号组成结构的分析方法，如 APS 法、邻居网络图法、最大似然值作图法和二分树支持谱分析法等。

1. APS 法

APS 法（amount of possible synapomorphy，Simmons et al.，2004）：每个简约信号性状的 APS 定义为该性状最大可能步骤数目与最小可能步骤数目之差。具有较高 APS 的性状可用于解决系统发生树上的深度分支，而具有较低 APS 的性状可用于解决系统发生树上的浅部分支。因此，所有简约信号性状的平均 APS 提供了可以分辨系统发生树深度分支的信息。

2. 邻居网络图

使用 SplitTree4.0（Bryant and Moulton，2004）从 p 距离矩阵中构建邻居网络分裂图（neighbornet splits graph），从图 6-19 中可以直接观测到相互矛盾的性状的数量和位置。

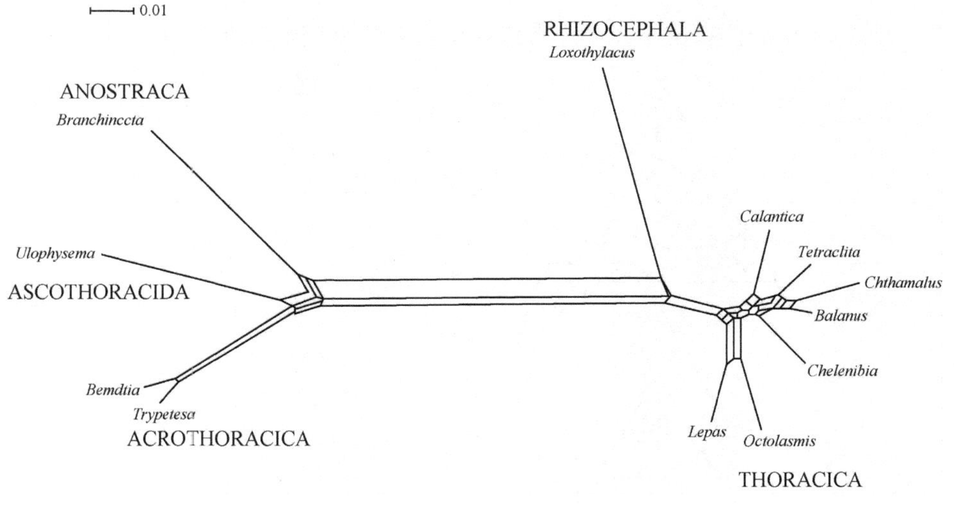

图 6-19　应用邻居网络图显示 18S rDNA 序列信号结构（Wägele and Mayer，2007）

3. 最大似然值作图法

似然值作图分析可以研究性状的系统发生信息的含量和分布。令 $L1$、$L2$、$L3$ 分别表示 4 个分类单元的 3 种不同拓扑结构树 $T1$、$T2$、$T3$ 的似然值，则每棵树的后验概率可以表示为 $Pi=Li/（L1+L2+L3）$，将后验概率 $P1$、$P2$、$P3$ 可以同时表示在等边三角形上，每个角代表一种拓扑结构（图 6-20）。P 值接近的那个顶点，表示该顶点代表的拓扑结构得到最高的支持（似然值最大）。

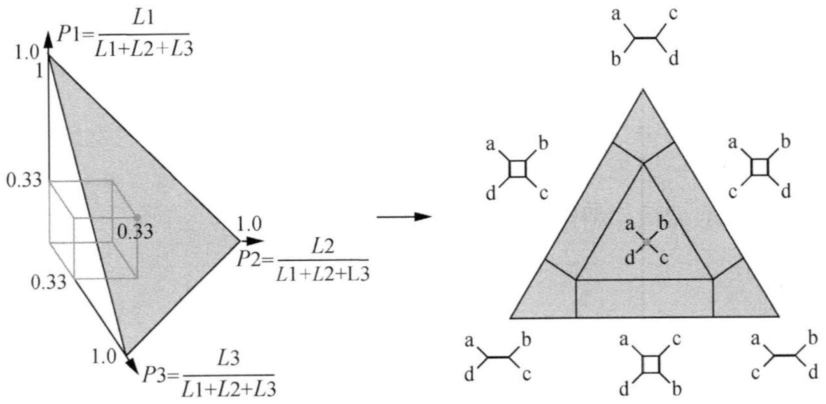

图 6-20 似然值作图的含义（TREE-PUZZLE 手册）

每组 4 枝树 3 个被解析的拓扑结构树的后验权值图示到三维坐标系统中（右图），所有的点都落入三角形灰色表面中

似然值作图分析中将等边三角形内部分成 7 个区域（图 6-21），如果 P 值位于 3 个顶角四边形的区域，表示数据支持该顶角的树，位于 3 个矩形区域表示对 2 棵树的支持均不明显，位于中间的一个三角形表示 3 种拓扑结构均受到数据的支持。如果对所有数据进行似然值作图，汇总 3 个顶角三角形的 P 点的数目，就表示有多少位点支持完全解析的树，3 个矩形的 P 点数表示数据支持不同的树，可以表示为网状树。如果数据中有 20%～30%的位点位于 3 个矩形内，则说明数据的系统发生信号不可靠。

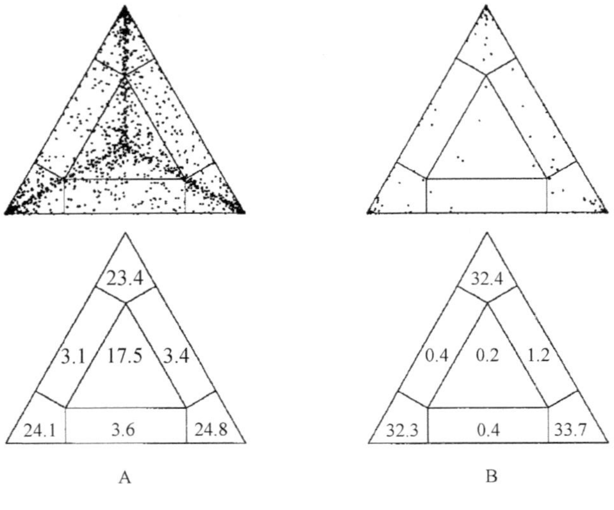

图 6-21 节肢动物主要类群 *cytb*（A）和 rDNA（B）数据集的似然值作图分析

（Strimme and von Haeseler，1997）

上图为模式分布，下图为在 7 个划分区域所占百分比

可以使用似然值作图来对系统树的一个分枝或者全部数据集进行分析，其分析原理是对于每种可能的四枝树，对 3 种不同拓扑结构的树的概率进行单纯作图（plotted in a simplex），$Pi=Li/(L1+L2+L3)$，$P1+P2+P3=1$。其中，Pi 为后验概率，Li

为树 i 的似然值。如果对全树作图，则可以获得有多少四枝树得到满意的解析，如果仅对树的某一分枝作图，则可以获得该分枝在分为 4 个簇（cluster）的系统树上所有可能出现的位置上分别有多少四枝树支持。

最大似然值作图法（maximum likelihood quartet mapping）：在 TREE-PUZZLE 和 QUARTM2 软件包中可以进行最大似然值作图，以检验内部分支的支持度。

TREE-PUZZLE 似然值作图步骤：

（1）运行 TREE-PUZZLE，输入数据文件。

（2）键入 b 及回车，选择似然值作图模型。

（3）确定计算数量 n，默认最大为 10 000，输入 0 强制程序计算所有可能的四枝树。

（4）键入 y 及回车，程序运行。

（5）结果保存为 esp 格式图形。

4. 二分树支持谱分析法

执行二分树支持谱分析法的软件有 SAMS、SPECTRUM 和 Spectronet。其中，后两个软件由于考虑数据集对所有可能二分树的支持而使其无法应用于较大的数据集（OTU>30）。SAMS 对此进行了改进，仅搜索数据集中存在的二分树，因而大大缩短了计算时间，可以应用于大型数据集。SAMS（splits analyses method）（Wägele and Mayer，2007）软件通过二分树支持谱（split support spectra）分析可以识别出保守的支持特定二分树的位点，以探索比对的质量和信噪比（图 6-22～图 6-24）。

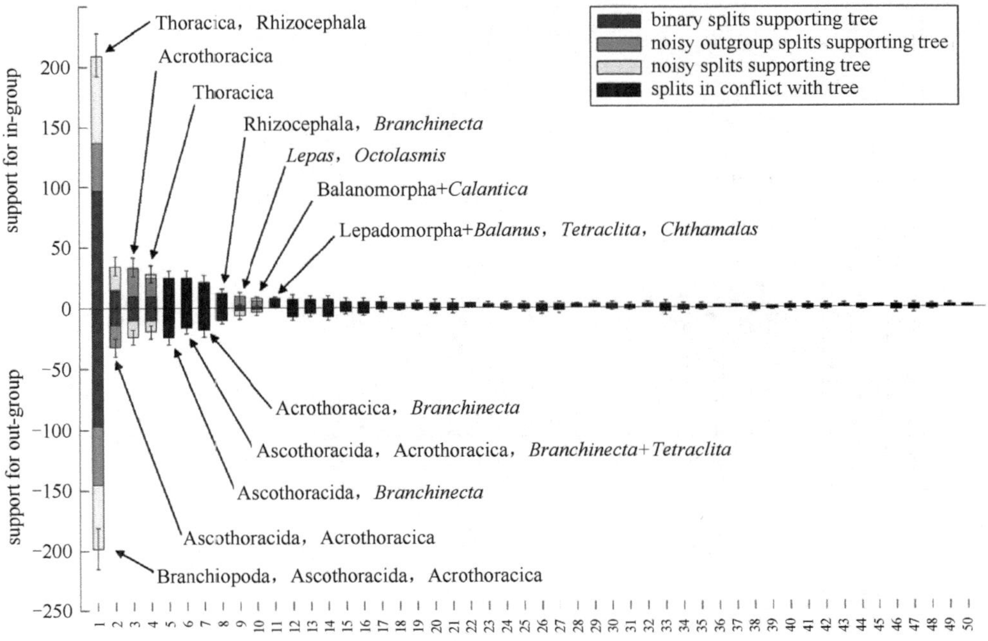

图 6-22 二分树支持谱分析（Wägele and Mayer，2007）（见彩图）

图中水平线上方柱图表示内群分支，下方的柱图表示外群分支，柱的高低分别代表支持这个二分树的序列位点数，图上二分树根据支持位点数目多少排列，蓝色柱图表示与最高支持度不相容的二分树

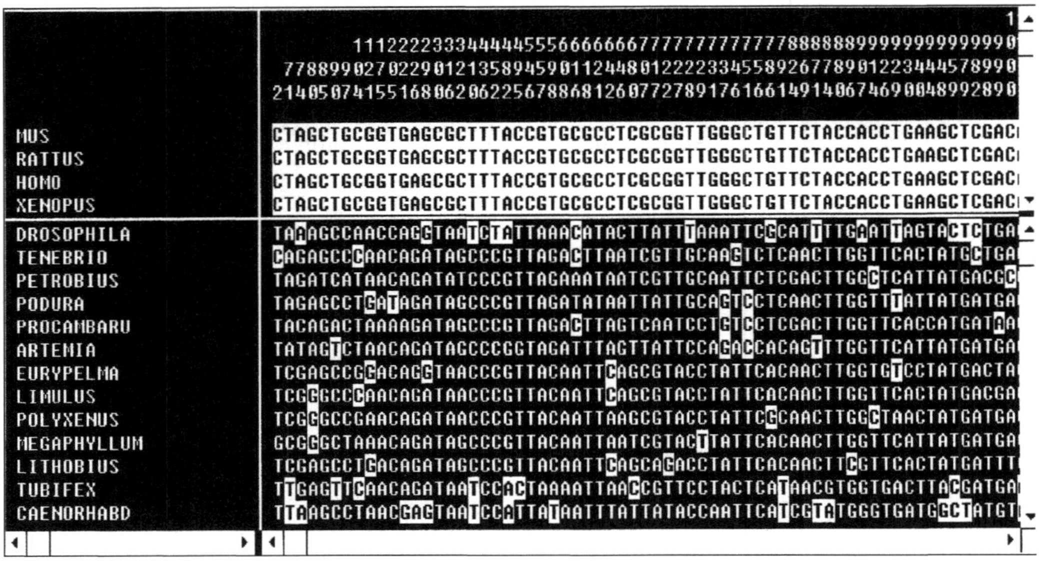

图 6-23　二分树支持位点图解（Wägele and Mayer，2007）

图中显示了数据集前 1000 个位点中支持四足动物（由 tetrapods/remaining Metazoa 构成的二分树）的位点。外群中与内群相同的状态（即噪声）在白框中显示，对称位点有 300、316 和 546；不对称位点有 85、175 和 322；噪声位点有 2、71 和 74 等

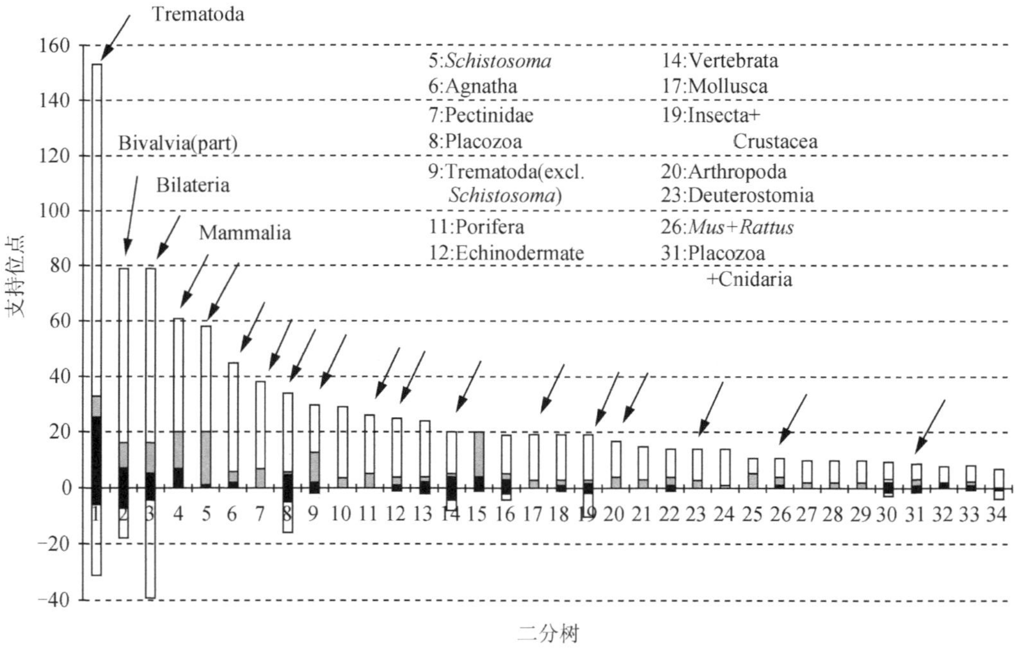

图 6-24　被 18S rDNA 数据支持的前 34 个二分树的支持谱（Wägele and Mayer，2007）

完整的二分树有 2500 个，箭头所指的二分树与最优树相容。柱图的黑色部分代表对称位点数量；灰色代表不对称位点数量；白色代表噪声位点

6.4 系统发生数据探索与实验性分析

6.4.1 数据特征的探索

数据探索（data exploration）方法已经成为系统发生推论的重要环节之一。Grant 和 Kluge（2003）总结了截至目前的数据搜索方法，并将其归结为两大类，分别是质量分析（quality analysis）和灵敏度分析（sensitivity analysis）。

质量分析的目的是识别出数据中准确、可靠的信号，进而评估数据揭示真实系统发生的能力，包括 Wheeler 灵敏度分析、Double decay、总体支持（total support）、分支稳定性指数（clade stability index）、转换系列可加性（transformation series additivity）、方法一致性（methodological concordance）、贝叶斯先验概率敏感度分析（sensitivity to prior probabilities）、偏斜度 Skewness test（即 g1 检验）、自举（bootstrap）、自减（jackknife）、PTP、T-PTP、RT-PTP、HER（同塑性超出比例）、长枝吸引（long-branch attraction）、似然率检验（likelihood ratio test）（基于似然率检验进化模型选择）、证据数量（amount of evidence）、安全分类学削减（safe taxonomic reduction）、系统发生主干（phylogenetic trunk）、RILD 检验、多元回归分析和分支一致性指数（clade concordance index）等。

灵敏度分析揭示系统发生结果对变化的或错误的参数和假设的反应，一般指提供一种评估系统发生支持的度量方法，哪些结论是不可靠的，哪些是稳定的、可信的，主要有：相对速率比较（relative rate comparison）、碱基替换饱和性分析（saturation analysis）、性状兼容性检验（character compatibility）、谱分析（spectral analysis）、RASA 分析（relative apparent synapomorphy analysis）、数据划分分析（data partition methods）或分类学相合性（taxonomic congruence）、拓扑不相合检验（topological incongruence test）、全局相合性（global congruence）、χ^2 检验、MF 不相合性指数（Mickevich-Farris incongruence index）、不相合性长度差异检验（ILD test）、划分数据 Bremer 支持度（partitioned Bremer support，PBS）和已知系统发生的相合性。

这些方法被用在系统发生信号评估、树拓扑结构检验、系统发生假设检验或者数据及性状相和性分析的各个方面，各有其不同的适用范围和优缺点，孰优孰劣，目前尚无法定论，犹如 Grant 和 Kluge（2003）所说，数据探索的研究已经成为系统发生推论的中心任务，所有的方法都具有寻求进化推论的功效，判断它们是否科学的标准应该是这种方法是否符合启发性思想的方法论，一切方法应谨慎地开发和使用。

6.4.2 系统发生数据的实验性分析

系统发生研究不同于生命科学的其他学科之处在于它的历史性质，传统的实验方法无法应用在系统发生研究中。然而，我们可以对数据集进行各种实验性分析，通过实验性分析帮助我们理解数据的系统发生价值和行为，以及对各种不同分析方法的敏感度，而完成这一过程我们需要的仅是计算机的运算时间。

数据的实验性分析常从以下几个方面进行。

（1）数据集对不同建树方法的敏感性：通常进行距离法、MP 法、ML 法、BI 法四类不同分析方法，比较不同方法所构建的系统树之间的异同。

（2）OTU 取样数目变化的实验分析：通过采用分类单元的不同取样策略（如引入中间分类单元、增加或减少 OTU 的取样密度等）来打断长枝或降低碱基组成偏好性差异程度，从而最大限度地降低数据偏差的影响。

（3）性状数目变化的实验分析：通过删除快速进化位点或慢速进化位点的方法增进数据与进化模型的拟合程度。

（4）数据集对不同类型的进化模型的敏感性：采用极大似然法和贝叶斯法分析时，可以选择不同的进化模型和采用不同方法估计的参数进行分析，比较这些分析获得的结果是否一致，由此判断数据集对进化模型和参数的敏感性。

（5）数据集对不同加权体系的敏感性：采用简约法时，可以选择不同的加权体系进行分析，比较这些分析获得的结果是否一致，由此判断数据集对不同加权体系的敏感性。

（6）数据的预分析：可以采用模型校正的距离矩阵方法对数据集进行初步分析（如采用 GTR+I+Γ 模型计算的 ML 距离，再进行 ME 搜索法建树），在 ME 树上将具有显著单系性支持的同一物种的不同个体的序列从数据集中删除，以减少计算工作量。

第 7 章　进化模型及其选择

7.1　进化模型及其在系统发生分析中的作用

进化模型将生物的进化改变以一系列随机突变事件进行数学描述，每一类可能的随机突变事件均有明晰的突变速率。当给定一个系统树和树上的每个分枝的长度后，这些相对速率可用于计算任一分枝上一个性状仍然维持不变或突变为其他性状的概率参数。

模型通常由三部分构成：系统结构、作用于系统的力量（机制）和系统的初始条件。对于进化模型来说，这三部分分别为：①系统树或网络，用于指明生物实体之间的关系；②进化改变的机制，如 DNA 序列的 4 种碱基之间发生的 12 种替换和 indel、各种不同改变类型之间的关系；③初始条件，包括不同碱基之间替换的概率、Ts/Tv 值和核苷酸组成频率等参数。

在给定这三个特征的条件下，我们就可以计算或预测各种分子进化改变的预期型式和频率。

当代成熟的系统发生方法是建立在坚实的统计学基础上的，而统计学的功效和一致性等特征取决于模型的质量。所以，进化模型是基于统计学的系统发生分析方法的基础。进化模型在系统发生分析上有 5 个方面的作用。

（1）用于从观测到的 p 距离计算校正距离。

（2）用于在 ML 法和贝叶斯法分析时估计各种进化参数。

（3）用于在 ML 法和贝叶斯法分析时构建系统树。

（4）用于参数检验并产生模拟序列数据。

（5）用于进化因素、型式、选择作用等方面的研究。

目前的分子进化模型已经相当复杂，可以将分子进化过程的许多事件和因素都整合到一个模型中，如碱基组成、不变位点比例、位点之间速率变异、空位（插入/缺失）、RNA 二级结构和氨基酸密码子等。即使这样，仅在序列水平依然无法模拟实际进化的复杂性，更不要说将基因组、基因和序列位点等不同阶层水平的进化过程整合起来建立分子进化模型。

7.2　系统发生模型

系统发生模型（phylogenetic model）或系统树模型（tree model）是采用数学方法描述系统发生（系统树）的随机模型。系统发生模型可以帮助我们理解大进化的过程与型式，同时也可以作为系统树的零假设进行系统发生假设的统计学检验。早在1924年Yule就采用随机过程模型来表达系统树，此后50年再没有人研究，到20世纪70年代又开始关注。

系统发生结果是由生物在进化过程中物种形成速度与物种灭绝速度决定的。目前已经提出了多个系统发生模型，其中普遍应用的有等速马尔可夫模型和生灭模型。

（1）等速率马尔可夫模型（equal rate Markov model，ERM）：最简单但应用最广泛的模型。该模型假定系统树的每个分支以相同的概率随机发生，并假定谱系多样性的瞬时速率（即物种形成速度与灭绝速度之差）在系统树的各支系之间是相等的。在该模型下系统树不对称性概率的计算公式为：$P=2L/(n-L)$，其中，L为姐妹群中分歧速度较小的一个中的物种数，n为两个姐妹群中所有的物种数。显著的不对称性就意味着拒绝零假设，即两个姐妹群经历了非随机的分歧过程。

（2）生灭模型（birth-death model）：将物种形成（生）和物种灭绝（灭）这两个过程都看成是随机发生的，所以物种形成和灭绝可以有各自的瞬时速度。广义生灭模型的特殊例子有：当假定物种形成速度和灭绝速度在各支系间及不同时段恒定时，称为速度恒定的生灭模型；当假定物种形成速度在各支系间及不同时段恒定而灭绝速度为零时称为纯生模型（pure birth model）。Nee等（1994）提出可以将速度恒定的生灭模型作为谱系多样性的零模型，并发展出了从现存分类单元的分子树上估计物种形成速度和灭绝速度的方法。估计出这两种速度就可以获得大进化的信息，而且对速度恒定的生灭模型的拒绝可以显示进化事件的某些特征，如密度依赖的物种形成、适应辐射、大灭绝和关键进化特征的出现等。

（3）网络（network）模型：当分析种下群体之间和微生物的进化关系时，重组引起的网状进化成为一个重大问题。如果取样的序列之间存在重组，这些序列的进化史就不再适合二分歧进化模型，导致系统树不能准确地描绘出一个合理的谱系关系。在这种情况下，网络方法已得到使用，以代表网状谱系关系（Posada and Crandall，2001）。事实上，这种做法不仅被用来代表从种群取样的序列之间的网状关系，而且还可能更好地代表生命起源时的进化关系（Rivera and Lake，2004）。

Blum和Francois（2006）将系统树的随机模型与系统树数据库（TreeBASE）中保存的树进行了拟合分析，结果显示，Yule模型不能充分代表系统树，而Aldous（1996）的简单分支模型（simple branch split model）与系统树数据相当一致。

7.3　形态性状进化模型

虽然针对形态学上数量和质量两类性状提出了许多进化模型，如针对数量性状的布朗运动中性漂变模型、布朗运动定向进化模型、布朗运动间断进化模型、Ornstein-Uhlenbeck稳定选择模型和Ornstein-Uhlenbeck适应进化模型等。但这些模型大多数都还不成熟，并没有被用于系统发生分析上，目前只有贝叶斯法MrBayes软件采用由Lewis（2001）提出的标准离散模型（standard discrete model）用于分析形态学标准离散性状数据，该模型基本上类似于 JC 模型，但允许有 2～10 种可变数量的状态。

7.4　DNA 序列进化模型

7.4.1　DNA 序列上发生的进化改变

DNA 序列进化就是序列位点上的核苷酸随时间的变化，主要包括碱基替换（substitution）、缺失（deletion）和插入（insertion）。描述这一过程的模型不仅有助于人们对 DNA 进化机制的理解，而且对于系统树的构建具有重要意义。遗憾的是，目前的模型都以碱基替换为目标，较少考虑缺失和插入进化过程。

1. 碱基替换类型与碱基组成频率

DNA 序列由 4 种不同核苷酸（A、T、C、G）组成，如果允许一个碱基替换为任何其他的碱基，则可有 12 种不同类型的碱基替换型式，即 4 对转换型替换（AG、GA、TC、CT）和 8 对颠换型替换（AT、TA、AC、CA、TG、GT、CG 和 GC）。核苷酸替换数的估计是建立在每个序列的核苷酸频率处于平衡态假设的基础上，且此频率不随时间而变化。

2. 多重替换

两条比对好的 DNA 序列的同源位点之间很容易看出碱基的相同或不同。虽然同源序列是由一个共同祖先序列分歧进化而来，但由于无法获得祖先序列，所能做的只是比较现有序列，所以比对好的序列同源位点在漫长的进化过程中实际发生了什么我们仍然知之甚少。

表 7-1 显示了一个祖先序列在分歧进化为两个后代序列的过程中可能发生的替换类型。可以把这些替换区分为 6 类，其中最普遍的当然是单次替换（single substitution）。当进化分歧时间较长时，在已经发生过替换的某些位点上会再次发生，即多重替换（multiple substitution，或 superimposed change，或 multiple hit），多重替换是一个位点上发生了两次以上的替换现象。另外，在两个序列独立进化的过程中有可能在一个同源位点上都发生替换，这种情况被称为同时（coincidental）替换。还有三种无法观测的替换，分别称为平行（parallel）替换、趋同（convergent）替换和回复（back）替换。

在进行序列分析时，这 6 类替换中只有单次碱基替换的观测与实际相同，其他 5 类替换情况下都是观测替换数少于实际发生的替换数。例如，在表 7-1 的两条序列中，进化过程实际发生的替换有 12 次，但我们在分析序列时实际观测到的却只有 3 次。幸好在实际的序列中多重替换并不是这么严重。

表 7-1　DNA 序列在分歧进化为两个后代序列过程中可能发生的替换类型

祖先序列	物种 1 中的序列进化	物种 2 中的序列进化	比对结果	替换类型	实际发生/观测的替换数
C	C	C	CC	无	0/0
T	T	T→G	TG	单次替换	1/1
T	T	T	TT	无	0/0
G	G	G	GG	无	0/0
C	C	C→A→G	CG	序列 2 多重替换	2/1
T	T	T	TT	无	0/0
G	G	G	GG	无	0/0
A	A→T	A→C	TC	同时发生替换	2/1
T	T	T	TT	无	0/0
A	A→G	A→G	GG	平行替换	2/0
G	G	G	GG	无	0/0
C	C→T	C→A→T	TT	趋同替换	3/0
G	G	G	GG	无	0/0
G	G→A→G	G	GG	序列 1 回复替换	2/0

3. DNA 进化模型的参数

DNA 序列的进化模型将 DNA 的进化作为一系列随机突变来描述，并明确定义了 4 种碱基之间相互的替换速率。有了进化模型及其速率，在给定的分枝长度下，就可以计算出某种碱基仍然保持不变或突变为其他任何一种碱基的概率或似然值。

DNA 进化模型定义了碱基之间相互可变性的概率，但 DNA 序列的进化除受到模型所指定的碱基之间相互可变性概率的影响外，还受到进化经历的时间、自然选择压力、群体大小及历史等因素的影响。在假定无自然选择、群体大小无限大等理想状态下，DNA 序列的进化由碱基替换概率和时间两个因素决定，这就是 DNA 序列进化分析的原理。

DNA 进化模型中的参数有 4 类。

（1）碱基组成频率 π（base frequencies）。A、C、G 和 T（分别用 π_A、π_C、π_G、π_T 表示）4 种碱基占的百分比。在进化模型中对碱基组成频率有以下处理方式：

①设定为相等，各为 0.25；②经验频率（empirical），从实际数据集中计算得到；③优化频率，在指定系统树和进化模型的条件下用 ML 法优化估计。

（2）替换速率矩阵（substitution rate matrix）。替换速率矩阵指定了 4 种碱基之间在单位时间内或给定分枝长度下相互替换的概率，这样的替换概率称为瞬时速率矩阵（instantaneous rate matrix）或 Q 矩阵

$$Q=\begin{pmatrix} - & \pi_C r_{AC} & \pi_G r_{AG} & \pi_T r_{AT} \\ \pi_A r_{CA} & - & \pi_G r_{CG} & \pi_T r_{CT} \\ \pi_A r_{GA} & \pi_C r_{GC} & - & \pi_T r_{GT} \\ \pi_A r_{TA} & \pi_C r_{TC} & \pi_G r_{TG} & - \end{pmatrix}$$

由上可见，瞬时速率矩阵 Q 是替换速率乘以碱基组成频率的结果，将它除以碱基组成频率即转换为相应的速率矩阵，这样的速率矩阵称为 R 矩阵（Rmatrix）。R 矩阵可以根据计算需要任意转换，如在 PAUP* 中 R 矩阵就是以 $R_{G\to T}=1$ 进行变换的，称为相对速率矩阵。

概率矩阵 P 是在给定分枝长度下一种碱基替换为另一种碱基的概率。该矩阵的对角线元素值接近 1，表示一个碱基保持不变的概率，一列的元素之和为 1，表示一种碱基保持不变的概率和替换为其他三种碱基的概率之和为 1（满足概率论的全概率事件原理）。

$$P=\begin{array}{c} \\ A \\ C \\ T \\ G \end{array}\begin{array}{c} \begin{array}{cccc} A & C & T & G \end{array} \\ \begin{bmatrix} P_{AA} & P_{AC} & P_{AT} & P_{AG} \\ P_{CA} & P_{CC} & P_{CT} & P_{CG} \\ P_{TA} & P_{TC} & P_{TT} & P_{TG} \\ P_{GA} & P_{GC} & P_{GT} & P_{GG} \end{bmatrix} \end{array}$$

可以对概率矩阵 P 进行对数变换（$\log P$）以使其值乘以 π_i 后的非对角线元素之和为 1。每位点一次替换的 P 矩阵经过这样转换获得的矩阵称为 Q 矩阵。大于一个进化单位的 P 矩阵由下式获得：$P(v)=e^{Qv}$，即瞬时速率矩阵 Q 和分枝长度 v 之积的指数，经过这样转换的概率矩阵对应的是每位点 v 次替换的概率矩阵 $P(v)$。

（3）不变位点比例（proportion of invariable sites）。在比对好的数据中在各序列都没有发生变化的位点所占的比例。

（4）位点之间速率变异。指不同位点之间替换速率的差异。

4. DNA 进化模型的分类

目前已经对 DNA 序列上发生的几乎所有进化改变都提出了模型，最新的模型中已经将结构和功能的信息也考虑进来，可以将分子进化过程的许多事件和因素都整合到一个模型中，如碱基组成变化、不变位点比例、位点之间速率变异、位点特异速率模型、空位（插入/缺失）(McGuire et al.，2001)、RNA 二级结构（Muse，1995；Tillier and Collins，1995）、氨基酸密码子（Muse and Gaut，1994）等。所以，进化模型可以根据很多标准进行分类，如下所述。

根据不同进化改变类型构建的模型有替换模型（substitution model）和 indel 模型等。

根据DNA序列功能构建的模型有编码序列模型、非编码序列模型、蛋白质编码序列模型、密码子进化模型、RNA序列模型等。

Kosiol等（2006）根据进化模型的参数类型将替换模型分为四大类。

（1）同质性模型（homogeneous model）：位点和支系替换型式和速率分布一致的模型。

（2）速率变异模型（rate variation model）：包括替换速率异质性（rate-heterogeneity）模型、替换型式异质性（pattern-heterogeneity）模型和支系异质性（lineage-heterogeneity）模型。

（3）结构依赖性模型（structured dependency model）：蛋白质编码基因模型、RNA基因模型、indel模型。

（4）情景依赖性模型（context dependent model）：序列组成或结构特异性的模型。

7.4.2 同质性模型

1. 基本替换模型

从20世纪70年代以来已经提出了大量的DNA序列进化的同质性模型，这些模型可以归纳为三大类：时间可逆（GTR）系列模型、无限制模型（12个速率参数）及序列特异性模型（如蛋白质编码区模型和RNA编码区协同进化模型等）。

Huelsenbeck等（2004）在允许4种碱基组成频率变化的情况下，让代表6种不同替换型式的速率参数自由组合，这样将GTR系列模型扩大到203种（表7-2）。他们给6类替换速率（按照AC、AG、AT、CG、CT和GT次序）赋予符号值（index value），任何两类替换速率相同时则用一样的符号值，而且规定第一种速率的符号值总是1。因此，111111表示JC69或F81模型，121121代表K80或HKY85模型，或F84模型，最复杂的GTR模型为123456。在这203种模型中，只有1种速率的模型为1个（111111），有2种速率的模型有31个（如121121），3种速率的模型有90个（如123121），4种速率的模型有65个（如112341），5种速率的模型有15个（如123415），6种速率的模型1个（即123456）。

表7-2　所有可能的DNA替换速率组合模型203种（Huelsenbeck et al.，2004）

K	组合模型				
1	M_1=111111				
2	M_2=122222	M_3=121111	M_4=112111	M_5=111211	M_6=111121
	M_7=111112	M_8=112222	M_9=121222	M_{10}=122122	M_{11}=122212
	M_{12}=122221	M_{13}=122111	M_{14}=121211	M_{15}=121121	M_{16}=121112
	M_{17}=112211	M_{18}=112121	M_{19}=112112	M_{20}=111221	M_{21}=111212
	M_{22}=111122	M_{23}=111222	M_{24}=112122	M_{25}=112212	M_{26}=112221
	M_{27}=121122	M_{28}=121212	M_{29}=121221	M_{30}=122112	M_{31}=122121
	M_{32}=122211				

续表

K	组合模型				
3	M_{33}=123333	M_{34}=123222	M_{35}=122322	M_{36}=122232	M_{37}=122223
	M_{38}=123111	M_{39}=121311	M_{40}=121131	M_{41}=121113	M_{42}=112311
	M_{43}=112131	M_{44}=112113	M_{45}=111231	M_{46}=111213	M_{47}=111123
	M_{48}=122333	M_{49}=123233	M_{50}=123323	M_{51}=123332	M_{52}=123322
	M_{53}=123232	M_{54}=123223	M_{55}=122332	M_{56}=122323	M_{57}=122233
	M_{58}=121333	M_{59}=123133	M_{60}=123313	M_{61}=123331	M_{62}=112333
	M_{63}=112322	M_{64}=112232	M_{65}=112223	M_{66}=123122	M_{67}=123212
	M_{68}=123221	M_{69}=121322	M_{70}=121232	M_{71}=121223	M_{72}=122312
	M_{73}=122321	M_{74}=122132	M_{75}=122123	M_{76}=122231	M_{77}=122213
	M_{78}=123311	M_{79}=123131	M_{80}=123113	M_{81}=121331	M_{82}=121313
	M_{83}=121133	M_{84}=123211	M_{85}=123121	M_{86}=123112	M_{87}=122311
	M_{88}=122131	M_{89}=122113	M_{90}=121321	M_{91}=121312	M_{92}=121231
	M_{93}=121213	M_{94}=121132	M_{95}=121123	M_{96}=112331	M_{97}=112313
	M_{98}=112133	M_{99}=112321	M_{100}=112312	M_{101}=112231	M_{102}=112213
	M_{103}=112132	M_{104}=112123	M_{105}=111233	M_{106}=111232	M_{107}=111223
	M_{108}=112233	M_{109}=112323	M_{110}=112332	M_{111}=121233	M_{112}=121323
	M_{113}=121332	M_{114}=122133	M_{115}=122313	M_{116}=122331	M_{117}=123123
	M_{118}=123132	M_{119}=123213	M_{120}=123231	M_{121}=123312	M_{122}=123321
4	M_{123}=123444	M_{124}=123433	M_{125}=123343	M_{126}=123334	M_{127}=123422
	M_{128}=123242	M_{129}=123224	M_{130}=122342	M_{131}=122324	M_{132}=122234
	M_{133}=123411	M_{134}=123141	M_{135}=123114	M_{136}=121341	M_{137}=121314
	M_{138}=121134	M_{139}=112341	M_{140}=112314	M_{141}=112134	M_{142}=111234
	M_{143}=123344	M_{144}=123434	M_{145}=123443	M_{146}=123244	M_{147}=123424
	M_{148}=123442	M_{149}=122344	M_{150}=122343	M_{151}=122334	M_{152}=123423
	M_{153}=123432	M_{154}=123243	M_{155}=123234	M_{156}=123342	M_{157}=123324
	M_{158}=123144	M_{159}=123414	M_{160}=123441	M_{161}=121344	M_{162}=121343
	M_{163}=121334	M_{164}=123413	M_{165}=123431	M_{166}=123143	M_{167}=123134
	M_{168}=123341	M_{169}=123314	M_{170}=112344	M_{171}=112343	M_{172}=112334
	M_{173}=112342	M_{174}=112324	M_{175}=112234	M_{176}=123412	M_{177}=123421
	M_{178}=123142	M_{179}=123124	M_{180}=123241	M_{181}=123214	M_{182}=121342
	M_{183}=121324	M_{184}=121234	M_{185}=122341	M_{186}=122314	M_{187}=122134
5	M_{188}=123455	M_{189}=123454	M_{190}=123445	M_{191}=123453	M_{192}=123435
	M_{193}=123345	M_{194}=123452	M_{195}=123425	M_{196}=123245	M_{197}=122345
	M_{198}=123451	M_{199}=123415	M_{200}=123145	M_{201}=121345	M_{202}=112345
6	M_{203}=123456				

注：K 为替换速率类型的数目。

在这所有的 203 种可能的速率组合模型中，只有 7 种是已经正式提出的，分别是：111111（Jukes and Cantor，1969；Felsenstein，1981），121121（Kimura，1980；Felsenstein，1984；Hasegawa et al.，1984；1985），121131（Tamura and Nei，

1993)，123321（Kimura，1981)，123341（Posada，2003)，123425（Posada，2003)，123456（Tavare，1986)。

GTR 系列的模型根据速率数目和组成频率可以分为 14 种基本模型，它们的名称和相互关系见图 7-1，自由参数数目见表 7-3。

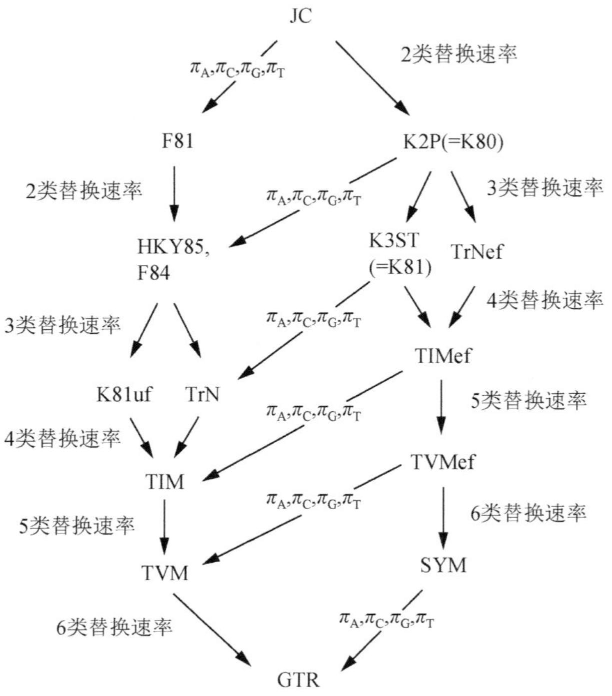

图 7-1　14 种基本替换模型之间的关系

表 7-3　14 种基本模型的参数

模型	速率参数	碱基频率参数	自由参数数目
JC	$a=b=c=d=e=f$	$\pi_A=\pi_C=\pi_G=\pi_T$	1
K80，K2P	$a=c=d=f$，$b=e$	$\pi_A=\pi_C=\pi_G=\pi_T$	2
TrNef	$a=c=d=f$，b，e	$\pi_A=\pi_C=\pi_G=\pi_T$	3
K81，K3ST	$a=f$，$b=e$，$c=d$	$\pi_A=\pi_C=\pi_G=\pi_T$	3
TVMef	a，c，d，f，$b=e$	$\pi_A=\pi_C=\pi_G=\pi_T$	5
TIMef	$a=f$，$c=d$，b，e	$\pi_A=\pi_C=\pi_G=\pi_T$	4
SYM	a，b，c，d，e，f	$\pi_A=\pi_C=\pi_G=\pi_T$	6
F81	$a=b=c=d=e$	π_A，π_C，π_G，π_T	4
HKY	$a=c=d=f$，$b=e$	π_A，π_C，π_G，π_T	5
TrN	$a=c=d=f$，b，e	π_A，π_C，π_G，π_T	6
K81uf	$a=f$，$b=e$，$c=d$	π_A，π_C，π_G，π_T	6
TVM	a，c，d，f，$b=e$	π_A，π_C，π_G，π_T	8
TIM	$a=f$，$c=d$，b，e	π_A，π_C，π_G，π_T	7
GTR，REV	a，b，c，d，e，f	π_A，π_C，π_G，π_T	9

注：速率参数 a、b、c、d、e、f 分别代表 AC、AG、AT、CG、CT、GT 之间的替换速率。

2. 位点间速率变异模型

DNA 序列的进化演变比蛋白质序列更复杂，因为不同的 DNA 序列有多种多样的功能，如蛋白质编码区、非编码区、外显子、内含子、基因侧翼区、重复 DNA 序列和插入序列等。DNA 的替换速率因其功能的不同而存在较大差异。即便单独考虑蛋白质编码区，密码子第一、第二和第三位的核苷酸替换型式也不尽相同。何况，功能上重要的区域比其他区域更易受到自然选择的影响，使得 DNA 的不同区域呈现不同的进化模式。这种在不同位点之间替换速率的差异称为位点间速率变异（rate variation across site，RVAS；或 among-site rate variation，ASRV）。

最早提出位点间速率变异模型（rates-across-sites，RAS model）的是 Uzzell 和 Corbin（1971），他们假定每个位点有其特有的速率，位点之间的速率取值是随机分布的，且这个速率在进化过程中保持不变。自那时以来，提出了许多拟合速率分布的数学方法和经验分布，其中应用最广泛的是 gamma 分布（Yang，1993）。

目前，处理位点之间的速率变异有 5 种方式。

1）不变位点模型

不变位点模型（invariant site model）是指在基本进化模型中考虑进了从不发生变异的位点的替换模型，即基本模型＋不变位点比例。不变位点模型假定位点之间的进化速率可区分为两大类。

（1）不变位点：不变位点也称为稳态位点（stationary site），可以定义为具有稳定碱基组成频率的位点。这些位点由于受到强烈的自然选择作用，在任何情况下都不发生替换，在这些位点上发生的变异都将是致死性的，因而无法固定下来，故在所有支系中不会观测到变异。不变位点比例（proportion of invariable site，pinvar，以 I 表示）是指在数据集中没有变异的位点所占的比例，通常采用 ML 法估计。用 ML 法估计 I 时需要指定一棵树，因而是依赖于指定树的一种估计方法。当指定的树不是最优树时，估计的 I 值会有较大的偏差。I 的取值范围为 0（没有不变位点）到 1（所有位点都不变）。

（2）可变位点：除不变位点以外的其他位点都以特定的速率进化。

Churchill 等（1992）和 Reeves（1992）提出了不变位点模型分析方法，将比对好的序列中不变位点删除后再应用某种替换模型进行分析。该法是以下述观测为依据的：序列中位点间速率的异质性可以近似地假定有一定比例的位点是不变的，而其他剩余位点以固定的速率进化改变着。

2）速率的 gamma 分布模型

在基本模型基础上，允许突变速率在不同位点之间可以是连续变异性的模型（基本模型＋Γ），以更接近序列进化的实际。最早的此类模型是 gamma 模型（Yang，1994），这是一种比较实际的模型，可使模型中的速率参数在比较宽的范围内变异，该模型有两个参数，分别为 α 和 β，其中 α 为关键参数，决定了 gamma 分布形状，β 只是一个标度参数（scale parameter），如果让 $\beta=1/\alpha$，则平均替换速率＝1。

Γ 模型中位点之间速率的变异幅度由分布的偏斜参数或形状参数 α 决定（图 7-2）。

α 代表速率变异系数（coefficient of variation of rates，CV）平方的倒数，即 $\alpha=1/(CV)^2$。如果 CV 值很低，则 α 值就很大；反之，如果 CV 值很大，则 α 值就很小。

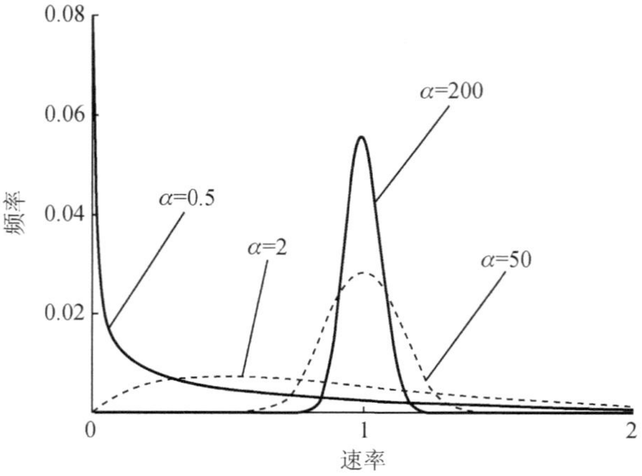

图 7-2　Γ 分布形状参数 α 的取值与速率分布之间的关系

如果 $\alpha>200$，则所有位点以大致相同的替换速率进化，这时替换模型接近于单参数或双参数模型。

如果 $1<\alpha<200$，则表明序列中的位点的替换速率从快到慢在一个宽广的范围内变化。其中：

如果 $\alpha>10$，速率呈现正态分布；

如果 $\alpha\approx 2$，速率类似 Poisson 分布；

如果 $\alpha=1$，速率类似指数分布；

如果 $\alpha\ll 1$，则表明序列中的大多数位点的替换速率很慢，但少数位点的替换速率较快，这种情况是 ASRV 模型的近似（逼近）。

从实际数据估计的 α 值随不同基因和不同分类单元而异（表 7-4），一般经验是 $\alpha<0.7$ 显示有较高的变异，在 0.7～1.5 之间显示有中等程度的变异。在进行系统发生分析时，多数软件可以将 α 值设定为经验值，但一般都作为模型的参数直接从数据中优化估计。

表 7-4　用最大似然法估计的一些基因的形状参数 α 值

基因	种类	α
核基因		
α 和 β-珠蛋白基因密码子 1 和密码子 2 位点	5 种哺乳动物	0.36
白蛋白	5 种脊椎动物	1.05
胰岛素基因	5 种脊椎动物	0.40
c-myc	5 种脊椎动物	0.47
催乳素基因	5 种脊椎动物	1.37
16S rRNA 茎区	5 种	0.29
16S rRNA 环区	5 种	0.58
$\psi\eta$-珠蛋白假基因	6 种灵长类	0.66

续表

基因	种类	α
线粒体基因		
12S	9 种啮齿类	0.16
13 种蛋白质基因密码子 1 和密码子 2 位点	11 种脊椎动物	0.13～0.95
4 种基因的密码子第 1 位	6 种灵长类	0.18
4 种基因的密码子第 2 位	6 种灵长类	0.08
4 种基因的密码子第 3 位	6 种灵长类	1.58
D 环区	25 人	0.17
蛋白质序列		
线粒体 *cytb*	16 种后口动物	0.44

为了计算上的方便，Γ 分布是通过使用一组离散的速率类型来逼近连续分布的（Yang，1994），将连续的速率分布划分为 k 个速率类型，每个类型的所有位点赋予相同的速率（取该类型速率的中值），大多数情况下使用 4 种类型即可。当然，计算的复杂性是与速率类型数量成线性相关的，一般来说，4 种类型的速率的计算时间大约是无位点之间速率变异模型的 4 倍，速率类型越多，计算花费时间。需要说明的是，速率类型的划分并不增加额外的参数。

3）不变位点 I+Γ 模型

将不变位点和速率 Γ 分布相结合形成的新模型，即基本模型+I+Γ。假定一部分位点不变（比例为 I），其余的位点上的替换速率符合 Γ 分布。

4）自相关 Γ 模型

自相关 Γ 模型（autocorrelated gamma model），是标准的 Γ 模型与相邻位点之间速率的空间自相关性结合的模型。该模型的位点之间速率根据自相关 Γ 模型变异，每个位点上的速率在某种程度上取决于其邻近位点上的速率（Yang，1995）。空间上的自相关性由参数 ρ（rhc）度量，其值在 −1（负自相关性，邻近的位点具有十分不同的速率）和 1（正自相关性，邻近的位点具有十分相似的速率）之间。

Yang（1995）认为蛋白质编码序列的 3 个位点趋向于偏离自相关性，即密码子第 1、2、3 位的速率趋向于与邻近的密码子的第 1、2、3 位有相关性，可以根据这种规律来划分位点，并采用一种独立的自相关 Γ 模型来分析每个划分数据集。

5）位点特异性速率模型

将位点分为进化速率类型不同的位点特异性速率模型（site specific rate model，SSR 模型），即基本模型+SSR。SSR 模型中位点速率类型的划分按照位点所在序列功能区域的特征事先确定，一般可以区分出以下几类速率。密码子第 1、2、3 位可分为三类速率，内含子和假基因归属一类，RNA 二级结构的茎区位点为一类，环区位点为第三类。在 SSR 模型中属于同一类型的位点上的替换速率被认为是相同的，而不管这些位点的碱基类型。SSR 的速率类型可以在 PAUP* 中用 ML 法估计，选择 site rate/rate set 选项指定速率类型。

位点特异性模型常被用于蛋白质编码基因序列，该模型允许密码子根据不同位置指定各自的速率，它也可以用于更复杂的数据集划分分析。

SSR 模型的缺陷：

（1）SSR 模型速率参数在不同的数据集之间无可比性，而 a、I 和 γ_{ij} 速率参数有可比性。

（2）密码子不同位置上位点间速率的极端变异通过 SSR 模型也难以解决。

（3）SSR 模型在实际计算上比其他模型都严重地低估了分枝长度和相对速率。

7.4.3 碱基组成异质性模型

同质性假设（homogeneity hypothesis）意味着替换过程最终将达到平衡状态，同时假定替换过程从开始（即在系统树的根部）就已经处于稳态，如果同质性和稳态的假设为真的话，则应该期望在所有序列中碱基组成频率是相同的。而实际情况经常与此期望不同，表明在实际进化过程中违反了碱基替换的同质性假设。

异质性模型允许进化过程中碱基处于非平衡状态，在系统树的不同分支上碱基平均组成可以变化，并设置参数来代表这些分支的碱基组成。这种模型属于时间不可逆的，因而，必须要在有根树上才能应用。此外，目前的异质性模型由于参数数目太多，只能够采用贝叶斯方法进行分析。

目前提出的异质性模型包括以下几种。

Yang 和 Roberts（1995）提出的最广义 N2 模型是基于 HKY85 模型，但对系统树上的每个分支赋予 4 个核苷酸组成参数（其中 3 个自由参数），此外对树根的祖先核苷酸组成专门设置了 4 个参数。因而，该模型的参数很多，需要采用最大似然法从数据集中估计，很费时且误差较大。

Galtier 和 Gouy（1998）的异质性模型是基于 T92 替换模型（Tamura，1992），该模型的碱基组成参数只有 G+C 含量，因而系统树的每个分枝和根均只需要一个参数就可以代表碱基组成，因而，其碱基组成参数只是 N2 模型的 1/4。

Foster（2004）的模型则根据碱基组成频率预先将序列分为不同的簇，每个簇内的所有序列在不同分枝采用一套碱基组成参数，从而有效地减少了参数数目。参数通过贝叶斯 MCMC 取样从联合后验分布中计算出来。

7.4.4 Indel 模型

改变生物序列的基本突变类型有替换、插入和缺失。虽然插入和缺失在序列演化中发挥重要的作用，但目前的系统发生推论往往只考虑替换。因此，需要将插入和删除信息整合到系统发生分析中。在简约法和距离法中，可以将比对数据集中的空位直接纳入到建树信息中，但在统计学方法（ML 法和贝叶斯法）中，需要 indel 的进化模型才能利用这些信息。

与替换进化模型相比，插入和缺失的模型相对滞后，虽然已经提出了一些简单的模型，但大多都没有应用于实际的序列分析中。

（1）TKF91 模型：TKF91 是第一个 indel 模型（Thorne et al.，1991），模型只允

许单残基插入和缺失事件。这种模型使用最大似然法估算两条序列之间的进化距离，按照似然算法计算出所有可能的比对。TKF91 比对采用与空位大小呈线性罚分函数的全局打分策略，之后有人对该模型进行了广泛的分析，并在完全相似和马尔可夫链蒙特卡罗（MCMC）环境下将其发展成为一种多重比对算法。

（2）TKF92 模型：TKF92 模型是 TKF91 模型的变体，在该模型中，序列是由长度固定的不可分割的片段组成的，每个片段由几何分布数目的残基组成。一个 TKF92 进化状态不是一个由残基组成的序列，而是一个由序列片段组成的序列。TKF92 的优势在于它在保持按照 TKF91 可以被准确计算出来的转移概率的同时，允许（同一片段上）多个残基的同时缺失（以引入可能导致比对偏差的隐含信息为代价来实现的）。

（3）“Long indel”模型：这个序列进化概率模型允许任意长度的插入和缺失。用这种方法，使在相同框架内整合概率性序列比对、可信性指标和任意的空位罚分（arbitrary gap penalties）进行系统发生重建成为可能。之前的进化模型仅允许单残基 indel 事件或者引入诸如不可分割“片段”这样的人为产物。“Long indel”模型通过使用速率语法符号（rate grammar notation），允许多残基 indel 事件，而不引入诸如片段这样的隐藏信息。

（4）序列情景模型：该概率模型用于预测在一定序列情景（sequence context）中某个基因组位点出现 indel 的可能性，这种预测是基于该位点在当前基因组中的序列情景。这个模型的关键特征是每个位点相对于推定的 indel 的核苷酸频率和鉴于之前（5′端）的核苷酸的条件概率。

7.5 RNA 进化模型

7.5.1 结构 RNA 序列的进化特征

有许多类型的结构 RNA 序列在几乎所有生物类群中都被测出并能够进行可靠的比对，如 tRNA、5S rRNA、SSU rRNA 、LSU rRNA 和核糖核苷酸酶 P RNA。这些结构 RNA 分子在大范围的生物中有比较一致的二级结构，显示了这些分子受自然选择作用维持其结构以发挥其必需的功能。在二级结构中，螺旋部分（茎区）的序列通常是可变的，说明只要这部分的二级结构得以保持，具体的序列并不重要。

在 RNA 分子的螺旋区中共有 16 种可能的碱基配对，但其中只有 6 种（即 AU、GU、GC、UA、UG 和 CG）配对足够稳定，其他的配对都不稳定，称为错配（mismatch）。螺旋区的一级结构的组成（即核苷酸序列）可以变异，但保持稳定的二级结构（螺旋区）对功能十分重要。在 RNA 基因序列上发生互补行的替换将仍然维持其二级结构，因而在选择上是中性的。这个过程可以通过一步（即同时发生的两个替换）或两步（两次独立的替换）实现。

茎区序列的进化模式是成对补偿中性突变，即茎区一边序列的突变使得二级结构的稳定性下降，而另一边的配对位点的突变又恢复了正常的配对。补偿配对变化是构建 RNA 二级结构和进化研究的基础。

7.5.2 RNA 替换模型

目前提出的 RNA 进化模型可以分为理论模型和经验模型两类。

与 DNA 进化模型一样，RNA 替换的理论模型也是一种马尔可夫模型，但需要将茎区的核苷酸配对作为另一类马尔可夫链的状态对待。RNA 替换模型也可以通过速率矩阵来定义，矩阵中的每个元素 r_{ij} 给出了一对碱基 i 在当前状态下替换到另一对碱基 j 的速率。已经建立的 DNA 单一位点模型的速率矩阵理论也同样能够用在 RNA 替换模型中，所不同的是，RNA 替换模型中状态的数量根据不同模型可以是 6、7 或 16，而 DNA 进化模型的状态是 4。$P_{ij}(t)$ 的意义是在时间为 0 时（即祖先状态）一对碱基 i 在 t 时处于状态 j 的概率。

DNA 进化模型可以用于对 RNA 序列环区的描述，由于环区的核苷酸不受配对结构的约束，位点之间被认为是独立进化的。

表 7-5 列出了 RNA 进化模型分类及参数组成特征。在所有的模型中，状态 1～状态 6 分别代表 6 种主要的匹配碱基对 AU、GU、GC、UA、UG、CG；在 7 态模型中，状态 7 为非匹配碱基 MM（mismatch pair）；在 16 态模型中，状态 7～状态 16 代表以字母顺序排列的 10 种非匹配碱基对。

表 7-5　RNA 进化模型及参数组成特征（Savill et al.，2001）

模型名称	频率参数	速率参数	约束参数	自由参数
6A	6：π_1，$\pi_2 \cdots \pi_6$	15：α_{ij}	2	19
6B	6：π_1，$\pi_2 \cdots \pi_6$	3：α_s，α_d，β	2	7
6C	3：π_1，π_2，π_3	3：α_s，α_d，β	2	4
6D	3：π_1，π_2，π_3	2：α_s，β	2	3
7A	7：π_1，$\pi_2 \cdots \pi_7$	21：α_{ij}	2	26
7B	4：π_1，π_2，π_3，π_7	21：α_{ij}	2	23
7C	7：π_1，$\pi_2 \cdots \pi_7$	10：α_{ij}	2	15
7D	7：π_1，$\pi_2 \cdots \pi_7$	4：α_s，α_d，β，γ	2	9
7E	7：π_1，$\pi_2 \cdots \pi_7$	2：α_s，γ	2	7
7F	4：π_1，π_2，π_3，π_7	4：α_s，α_d，β，γ	2	6
16A	16：$\pi_1 \cdots \pi_{16}$	5：α_s，α_d，β，γ，ε	2	19
16B	16：π_1，$\pi_2 \cdots \pi_{16}$	1：μ	2	15
16C	7：$\pi_1 \cdots \pi_6$，π_m	5：α_s，α_d，β，γ，ε	2	10
16D	4：π_A，π_C，π_G，π_U	4：α，β，λ，ϕ	2	6
16E	4：π_A，π_C，π_G，π_U	3：α，β，λ	2	5
16F	4：π_A，π_C，π_G，π_U	3：α，β，λ	2	5
16G	0	3：α，β，γ	1	2
16H	0	2：μ，λ	1	1

RNA 序列进化的经验模型是比较大量 RNA 序列数据后获得的替换矩阵。Smith 等（2004）提出了一种从比对好的、可以区分二级结构的 RNA 序列中获得经验替换矩阵的方法，该法使用二级结构信息，将欧洲核糖体 RNA 数据库中比对好的 SSU RNA

和 LSU RNA 序列转换成 20 个字符编码的序列，其中，4 种碱基各由一个符号编码，16 个有序的碱基对各由一个符号编码。编码序列中发生的替换以两条序列之间任何特定位点上的观测到的改变定义。对于给定范围（窗口）的序列分歧，采用氨基酸取代频率估计方法计算编码序列之间替换频率矩阵，以估计每个窗口中的实际进化距离。实际进化距离用于估计瞬时速率矩阵，从这些瞬时速率矩阵中计算通用速率矩阵（universal rate matrix），通用速率矩阵即可用于系统发生分析中的进化模型（图 7-3）。Smith 等（2004）的研究证明，经验替换矩阵在模拟数据下表现很好，具有易于使用的优点，20 个符号编码的方法也与蛋白质序列类似，可以直接采用蛋白质序列分析方法和软件分析 RNA 序列。

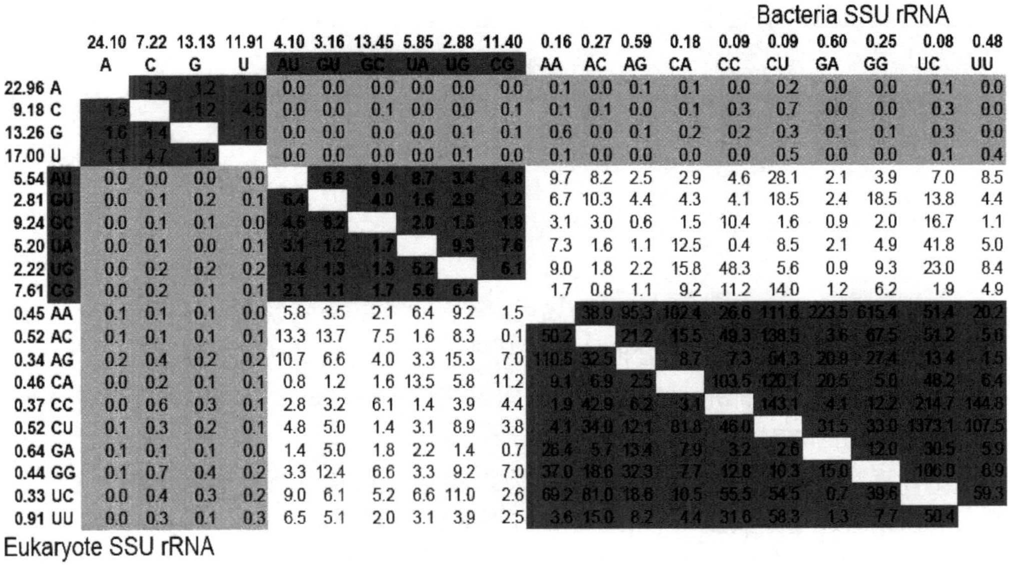

Bacteria SSU rRNA

	24.10 A	7.22 C	13.13 G	11.91 U	4.10 AU	3.16 GU	13.45 GC	5.85 UA	2.88 UG	11.40 CG	0.16 AA	0.27 AC	0.59 AG	0.18 CA	0.09 CC	0.09 CU	0.60 GA	0.25 GG	0.08 UC	0.48 UU
22.96 A		1.3	1.2	1.0	0.0	0.0	0.0	0.0	0.0	0.0	0.1	0.0	0.1	0.1	0.0	0.2	0.0	0.0	0.1	0.0
9.18 C	1.5		1.2	4.5	0.0	0.0	0.1	0.0	0.0	0.1	0.1	0.1	0.0	0.1	0.3	0.7	0.0	0.0	0.3	0.0
13.26 G	1.6	1.4		1.6	0.0	0.0	0.0	0.0	0.1	0.1	0.6	0.0	0.1	0.2	0.2	0.3	0.1	0.1	0.3	0.0
17.00 U	1.1	4.7	1.5		0.0	0.0	0.0	0.0	0.1	0.0	0.1	0.0	0.0	0.0	0.0	0.5	0.0	0.0	0.1	0.4
5.54 AU	0.0	0.0	0.0	0.0		6.8	9.4	8.7	3.4	4.8	9.7	8.2	2.5	2.9	4.6	28.1	2.1	3.9	7.0	8.5
2.81 GU	0.0	0.1	0.2	0.1	6.4		4.0	1.6	2.9	1.2	6.7	10.3	4.4	4.3	4.1	18.5	2.4	18.5	13.8	4.4
9.24 GC	0.0	0.1	0.1	0.0	4.6	6.2		2.0	1.5	1.8	3.1	3.0	0.6	1.5	10.4	1.6	0.9	2.0	16.7	1.1
5.20 UA	0.0	0.1	0.0	0.1	3.1	1.2	1.7		9.3	7.6	7.3	1.6	1.1	12.5	0.4	8.5	2.1	4.9	41.8	5.0
2.22 UG	0.0	0.2	0.2	0.2	1.4	1.3	1.3	5.2		6.1	9.0	1.8	2.2	15.8	48.3	5.6	0.9	9.3	23.0	8.4
7.61 CG	0.0	0.2	0.1	0.1	2.1	1.1	1.7	5.6	6.4		1.7	0.8	1.1	9.2	11.2	14.0	1.2	6.2	1.9	4.9
0.45 AA	0.1	0.1	0.1	0.0	5.8	3.5	2.1	6.4	9.2	1.5		38.9	95.3	102.4	26.6	111.6	223.5	615.4	51.4	20.2
0.52 AC	0.1	0.1	0.1	0.1	13.3	13.7	7.5	1.6	8.3	0.1	50.2		21.2	15.5	49.3	138.5	3.6	67.5	51.2	5.6
0.34 AG	0.2	0.4	0.2	0.2	10.7	6.6	4.0	3.3	15.3	7.0	110.5	32.5		8.7	7.3	64.3	20.9	27.4	13.4	1.5
0.46 CA	0.0	0.2	0.1	0.1	0.8	1.2	1.6	13.5	5.8	11.2	9.1	6.9	2.5		103.5	120.1	20.5	5.0	48.2	6.4
0.37 CC	0.0	0.6	0.3	0.1	2.8	3.2	6.1	1.4	3.9	4.4	1.9	42.9	6.2	3.1		143.1	4.1	12.2	214.7	144.8
0.52 CU	0.1	0.3	0.2	0.1	4.8	5.0	1.4	3.1	8.9	3.8	4.1	34.0	12.1	81.8	46.0		31.5	33.0	1373.1	107.5
0.64 GA	0.1	0.1	0.1	0.0	1.4	5.0	1.8	2.2	1.4	0.7	26.4	5.7	13.4	7.9	3.2	2.6		12.0	30.5	5.9
0.44 GG	0.1	0.7	0.4	0.2	3.3	12.4	6.6	3.3	9.2	7.0	37.0	18.6	32.3	7.7	12.8	10.3	15.0		106.0	6.9
0.33 UC	0.0	0.4	0.3	0.2	9.0	6.1	5.2	6.6	11.0	2.6	69.2	81.0	18.6	10.5	55.5	54.5	0.7	39.6		59.3
0.91 UU	0.0	0.3	0.1	0.3	6.5	5.1	2.0	3.1	3.9	2.5	3.6	15.0	8.2	4.4	31.6	58.3	1.3	7.7	50.4	

Eukaryote SSU rRNA

图 7-3　SSU rRNA 瞬时速率矩阵（Smith et al.，2004）

上三角为细菌 SSU rRNA 矩阵，下三角为真核生物的 SSU rRNA 矩阵。

最上边和左边的数值表示 20 种编码符号出现的频率。

7.6　蛋白质序列进化模型

7.6.1　蛋白质序列进化及建模

发生在蛋白质序列上的进化改变取决于编码蛋白质的 DNA 序列上的变化。与 DNA 序列上的进化改变一样，蛋白质序列的进化改变也分为氨基酸之间的取代（replacement）和插入/缺失两类。而目前蛋白质的进化建模主要针对氨基酸取代进行，还没有针对插入/缺失的蛋白质进化模型。

与 DNA 进化模型类似，蛋白质进化模型中主要由以下 4 类参数组成。

（1）氨基酸取代速率：假定蛋白质序列中的氨基酸位点的进化是独立的，并有相同的稳态（stationary）组成、同质性和可逆的马尔可夫过程（Swofford et al.，1996），在经过时间 t 后氨基酸 i 被氨基酸 j 取代的概率用 $P_{ij}(t)$ 表示，20 种氨基酸之间的取代概率由 20×20 矩阵表示，矩阵中的元素可以由 $P(t)=\exp(tQ)$ 计算，Q 为氨基酸 i 被 j 取代的瞬时速率（instantaneous rate）矩阵。速率矩阵 Q 也可以通过 $q_{ij}=p_j s_{ij}$ $(i\neq j)$ 计算，p_j 为氨基酸 j 的平衡频率，s_{ij} 组成对称矩阵（即 $s_{ij}=s_{ji}$），有时称为氨基酸之间的互变力（exchangeability）。

（2）氨基酸组成频率：在模型中有两种处理方式，即期望频率（1/20）和从数据计算获得的观测频率。在氨基酸模型中引入氨基酸组成频率参数的方法为基本模型＋F（Cao et al.，1994）。

（3）位点之间速率变异：也可以按照不变位点比例、gamma 分布形状参数 a 及 I＋Γ 三种方式纳入建模。

蛋白质序列的进化模型根据建模原理区分为经验模型与机理模型、固定速率模型与可变速率模型。

7.6.2 经验模型

经验模型（empirical model）试图描述氨基酸间的相对置换率，不考虑影响进化过程的确切因素，这些模型往往是通过分析从数据库中获得的大量序列数据而构建的。氨基酸置换的经验模型都是通过在广义时间可逆模型（general time-reversible model）下估计氨基酸间的相对置换率建立的。

由于计算和数据复杂性的问题，蛋白质进化的经验模型倾向于建立在从分歧较大的蛋白质家族组成的大数据集中估计出的经验矩阵的氨基酸之间的相对取代速率之上。已经计算出了许多类似的经验取代矩阵。这些速率固定模型可以允许有不同但固定的稳态组成频率和从大数据集获得的反映蛋白质进化的取代速率，每个模型适合于特定的蛋白质，如哺乳动物线粒体蛋白质的 MtMam 模型。常用的这类模型有以下 12 种。

（1）Dayhoff 模型（Dayhoff et al.，1978）：从 34 个密切相关的蛋白质超家族的 1572 个观测到的可接受突变构建的经验取代矩阵。

（2）JTT 模型（Jones et al.，1992）：采用 Dayhoff 矩阵的方法从当时（1992 年）已知的蛋白质数据库中估计的新矩阵。

（3）WAG（Whelan and Goldman，2001）：采用最大似然法从 182 个远缘蛋白质家族的 3905 种可溶性球状蛋白序列估计的矩阵。

（4）BLOSUM 62 模型（BLOck substitution，Henikoff and Henikoff，1992）：从蛋白质模块数据库（BLOCK）的 500 多个蛋白质家族的 2000 多个保守模块中计算的取代矩阵。

（5）VT 模型（Muller and Vingron，2000）：从序列分歧程度不同的大量蛋白质序列计算的新型速率矩阵，适合分歧较大的蛋白质序列。

（6）cpREV 模型（Adachi et al.，2000）：在广义可逆马尔可夫模型下从叶绿体蛋白质计算获得的取代速率矩阵。

（7）mtREV24 模型（Adachi and Hasegawa，1996）：描述了线粒体基因组编码的蛋白质的进化，是采用最大似然法从 20 种脊椎动物线粒体基因组编码的蛋白质估计的。

（8）MtMam（Cao et al.，1998）：哺乳动物特异性的线粒体基因组编码的蛋白质的进化模型。

（9）MtArt（Abascal et al.，2007）：节肢动物特异性的线粒体基因组编码的蛋白质的进化模型。

（10）rtREV（Dimmic et al.，2002）：反转录病毒 pol 蛋白特异性进化模型。

（11）HIVw/HIVb（Nickle et al.，2007）：艾滋病病毒蛋白特异性进化模型。

（12）FLU（Dang et al.，2010）：流感病毒蛋白特异性进化模型。

7.6.3 机理模型

机理模型（mechanistic model）考虑氨基酸取代中涉及的生物学过程，如 DNA 上的突变偏差、密码子到氨基酸的翻译及接受或拒绝自然选择筛选后的结果。在研究基因序列进化的动力和机制方面，机理模型的解释性更强、更有用。Yang（1998）实现了若干氨基酸置换的机理模型，它们不仅是密码子水平的机理，而且对所涉及的生物学过程（即核苷酸间不同突变率、密码子三联体到氨基酸的翻译及蛋白质在选择压力下接受或拒绝氨基酸等）明确建模。部分机理模型结合氨基酸物理化学性质（如分子大小和极性）来工作，假设不相似的氨基酸间交换率较低。机理模型包括 Poisson、Propotional、REV，其中，Poisson 过程也被称为 Felsenstein1981 模型或比例模型（proportional model）。

1. 等输入模型

等输入模型（equalin）是一种改进的 F81 模型，它在假定取代速率相同的情况下，允许所有的氨基酸的稳态组成频率是有差异的，根据数据实际估计（与 DNA 的 F81 模型类似）。等输入模型有 19 个自由参数（20 个稳态组成频率）需要从数据中估计。

2. Poisson 模型

Poisson 模型（Bishop and Friday，1987）是最简单的固定速率模型，假定有相同的稳态组成频率和相同的取代速率，类似于 DNA 序列的 JC 模型。

3. 广义时间可逆取代模型

氨基酸序列的广义时间可逆取代模型（GTR20 或 REV）允许所有氨基酸组成频率和取代速率自由变化，因而有 20 个氨基酸组成频率参数和 190 个相对速率参数。其中，自由参数包括 19 个频率参数和 189 个取代速率参数。由于参数数量如此之大，要想使估计的参数达到可接受的准确性需要相当大的数据集才行。该模型仍然可用于中等大小的数据集的贝叶斯法分析中。该模型由 Adachi 和 Hasegawa（1996）首先采用

(即 protml 中的 mtREV24 模型)。GTR 瞬时速率矩阵为

$$
Q=q_v\begin{bmatrix}
 & [A] & [R] & [N] & [D] & [C] & [Q] & \cdots & [V] \\
[A] & - & \pi_R r_{AR} & \pi_N r_{AN} & \pi_D r_{AD} & \pi_C r_{AC} & \pi_Q r_{AQ} & \cdots & \pi_V r_{AV} \\
[R] & \pi_A r_{AR} & - & \pi_N r_{RN} & \pi_D r_{RD} & \pi_C r_{RC} & \pi_Q r_{RQ} & \cdots & \pi_V r_{RV} \\
[N] & \pi_A r_{AN} & \pi_R r_{RN} & - & \pi_D r_{ND} & \pi_C r_{NC} & \pi_Q r_{NQ} & \cdots & \pi_V r_{NV} \\
[D] & \pi_A r_{AD} & \pi_R r_{RD} & \pi_R r_{ND} & - & \pi_C r_{DC} & \pi_Q r_{DQ} & \cdots & \pi_V r_{DV} \\
[C] & \pi_A r_{AC} & \pi_R r_{RC} & \pi_R r_{NC} & \pi_D r_{DC} & - & \pi_Q r_{CQ} & \cdots & \pi_V r_{CV} \\
[Q] & \pi_A r_{AQ} & \pi_R r_{RQ} & \pi_R r_{NQ} & \pi_D r_{DQ} & \pi_Q r_{CQ} & - & \cdots & \pi_V r_{QV} \\
\cdots & \cdots & \cdots & \cdots & \cdots & \cdots & \cdots & \cdots & \cdots \\
[V] & \pi_A r_{AV} & \pi_R r_{RV} & \pi_R r_{NV} & \pi_D r_{DV} & \pi_Q r_{CV} & \pi_Q r_{QV} & \cdots & -
\end{bmatrix}
$$

7.6.4 氨基酸频率变异和位点之间速率变异模型

经验模型都是建立在同一个假设基础上，即氨基酸频率处于平衡状态，在进化过程中保持不变。实际中，给定的一组蛋白质序列可能有不同于 Dayhoff 或 JTT 模型的氨基酸模型。因此，Adachi 和 Hasegawa (1996) 建议考虑所分析数据的氨基酸频率，从而构建一个新的 Dayhoff 或 JTT 模型。修正过的 Dayhoff 和 JTT 模型分别称为 Dayhoff+F 和 JTT+F 模型。因为氨基酸频率来自所分析的数据，Dayhoff+F 和 JTT+F 模型显然比原始模型更适合实际数据。类似的修正 (Poisson+F) 可以从 Poisson 模型中获得。所有这些模型中，JTT+F 模型似乎最适合核蛋白数据 (Cao et al., 1994; Yang et al., 1995b)。经验模型整合进氨基酸组成频率数据后，模型中增加了 20 个氨基酸组成频率参数，这些氨基酸组成频率都需要从数据中估计。

一个蛋白质的位点间或区域间的进化过程应该是不同的，这是因为它们在蛋白质结构与功能中所起的作用不同，因而所承受的选择压力也大不相同。氨基酸置换的经验模型可以和不变位点比例参数及位点间取代速率分布的伽马模型相结合 (Yang, 1993; 1994)，由此产生的新模型，如 DAYHOFF+I、DAYHOFF+Γ、DAYHOFF+I+Γ、DAYHOFF+F+I+Γ 等。伽马分布中的形状参数 α 是置换率变异程度的测度，α 值越小，置换率变异越大。

7.6.5 混合模型

标准的蛋白质进化模型对不同生物、化学和物理学特征的氨基酸使用单一的取代速率矩阵，但蛋白质序列位点的进化是高度异质性的，取决于很多因素，包括密码子、溶剂暴露 (solvent exposition)、二级结构、三级结构和蛋白质功能等。所以，单一的取代矩阵无法充分表达进化过程的复杂性。混合模型可以将许多取代速率矩阵整合在一起应用于拟合比较复杂的进化过程。

CAT 模型 (Lartillot and Philippe, 2004) 是专门为解决蛋白质位点特异性速率设计的。在蛋白质序列上，一个位点通常经受特别的选择限制，只允许 20 种氨基酸的一

部分发生取代，考虑这种位点特异性的取代十分重要，可以解决蛋白质模型的拟合程度和改进系统发生分析的长枝吸引。CAT 混合模型假定所研究的序列有 k 类不同的组分或位点类型（site class）。每个组分指定一种取代概率矩阵，即 20 种氨基酸的概率向量（probability vector），这种概率向量确定了这种类型的组分的氨基酸取代过程。

Quang 等（2008）采用 HSSP 从蛋白质比对数据库中构建了组分数量从 20 到 60 不等的混合模型，分析显示，这些混合模型比单一模型获得的似然值有显著的提高，比其他的经验模型（如 WAG 和 JTT）更好地拟合位点之间变异的序列数据或取代饱和数据，这种方法称为序列谱混合模型（profile mixture model）。

7.7 进化模型的选择

模型选择（model selection）是分子系统发生推断的一个至关重要的问题，因为使用不合适的模型或缺乏模型会影响后续的分析。在模型指定有错误时，系统发生方法精确度较差，或显示出不一致性。不论何种数据类型（即核苷酸或者氨基酸序列），确定最合适的模型都是提高准确性和一致性、构建可靠的系统发生分析和种群参数估计等必不可少的。使用最适合模型的问题对于一些新的系统发生分析方法和溯祖方法尤为关键，因为新的系统发生和溯祖方法越来越依赖于清晰的模型，这些方法要求选用经过验证并根据实际数据调整的模型。

虽然在生物的多个进化水平上建立了大量的进化模型，但目前只有在 DNA 和蛋白质水平上的进化模型比较深入，数据量也较多，所以，已经开发出了比较好的模型选择软件。其他类型的数据，如形态、基因组、RNA 等的进化模型，本身执行这些模型的软件就比较少，也没有开发模型选择的软件，只有靠经验或根据特定的分子类型选择。

下面在介绍模型选择一般原理的基础上，以 jModelTest 和 ProtTest 为例，解释了 DNA 和蛋白质进化模型选择软件的使用方法。

7.7.1 进化模型选择原理

选择模型涉及两个主要问题，一是采用什么标准判断模型与数据拟合好坏的问题，二是采用什么方法计算选择模型的目标函数。对于第一个问题，目前提出的方法有似然率检验、AIC 信息标准（information criteria）、贝叶斯因子（BIC 标准）和决策论法等。对于第二个问题，目前主要采用最大似然法和贝叶斯法两种方法计算模型在给定数据集和系统树上的似然值。

7.7.2 LRT 检验法

Felsenstein（1988）首次提出使用似然率检验来检验系统树和模型的差异显著性。

似然率检验（likelihood ratio test，LRT）是用于比较两个模型对数据的拟合优度

(goodness-of-fit) 的一种统计检验方法，它提供了一种选择模型的客观标准。一个相对复杂的模型与一个较简单的模型进行比较，看它是否对该数据更适合。一般地，对于特定的树和数据集，较复杂的模型计算的似然值大于较简单的模型，但这两种模型之间的似然值之差是否达到统计学的显著水平？这就是 LRT 要回答的问题。如果结果是肯定的，则选用较复杂的模型；如果结果是否定的，则说明增加参数（较复杂模型）并不能更适合该数据，由于增加参数只会增加不稳定性，在这种情况下，选用较简单的模型建树比较合适。增加模型的参数通常会使似然值增加，然而当参数的数目增加到一定数目后，再增加参数并不能增加模型对数据的拟合优度。

LRT 检验首先是比较两个模型的似然值，得到 LRT 统计值

$$\delta=2\ (\ln L_1-\ln L_0)$$

LRT 近似地遵循 χ^2 分布。如果较复杂的模型有 m 个参数，较简单的模型有 n 个参数，则 LRT 是有 $m-n$ 个自由度的 χ^2 分布函数。从这些信息中就可以从标准的统计表中找到该统计值的临界值。若检验统计量 LRT 的观察值大于事先指定的 χ^2 临界值，则拒绝零假说，接受备择假说；反之亦然。

Huelsenbeck 和 Crandall（1997）、Frati 等（1997）、Sullivan 和 Swofford（1997）等提出了一个采用分层似然比检验（hLRT）比较嵌套模型选择的方法，通过连续比较成对的嵌套模型，以挑选最适合的模式。这些成对比较都是按照一个特定的顺序进行，直至发现一个不能被拒绝的最优模型。这个方法在软件 ModelTest（Posada and Crandall，1998）中实现并与 PAUP* 联合使用，可以比较 56 种 DNA 进化模型。

LRT 检验中两个需要注意的问题如下所述。

（1）LRT 检验中的模型和自由度：在 LRT 中，自由度就是两个模型的自由参数数目之差。在所有的 DNA 进化模型中，通常将平均替换速率、碱基组成之和设置为 1，采用相对速率参数以使平均替换速率在处于平衡时为 1（Swofford et al.，1996）。这样，各模型的替换速率自由参数为参数数目减 1，碱基组成频率在需要作为参数估计时自由参数的数目为 3。当考虑不变位点比例 I 和位点间速率变异 Γ 分布时，各有 1 个自由参数。由此，最复杂的模型 GTR+I+Γ 的自由参数数目为：5 个速率参数+3 个碱基组成参数+1 个参数 I+1 个参数 α=10 个自由参数。

（2）多重 LRT 检验和 Bonferroni 校正：LRT 是一种模型依赖型的检验方法，所以模型选择对检验结果的影响较大。计算机模拟方法研究了 LRT 在各种不同进化模型下的表现，结果显示，当采用正确的模型时，即使 DNA 序列只有 300bp 长，LRT 的结果也很好，但在不正确模型条件下，LRT 存在着偏差，偏差的程度变化较大，取决于需要检验的假设、模型和序列长度等因素。同时，初步的模拟研究表明，基于参数自举法的 LRT 对进化模型的敏感性比普通 LRT 更严重。因此，采用更适宜的模型可以大大地增进 LRT 检验的效能。

hLRT 虽然对任意模型选择（或没有选择）来说是一个巨大的进步，但最近的研究显示 hLRT 有许多难以预料的特征。首先，hLRT 方法试图在假定所比较的模型中至少有一个模型是正确的假设下寻找最适合数据的模型，即使所有的候选模型都是错误的（即真模型未知）；其次，hLRT 对相同的数据执行多种检验，这将增加假阳性的

概率；再次，无论是从最简单或最复杂的模型开始，模型选择都可能受到成对比较的起点模型的影响，也无法实现模型平均或评估模型选择的不确定性；最后，hLRT 只能提供不同嵌套模型的相对拟合信息，不能评价所选择模型的绝对拟合度（Minin et al.，2003）。

7.7.3　AIC 信息标准法

为了克服 hLRT 的不足，Adachi 和 Hasegawa（1996）在 MOLPHY 软件，Posada 和 Crandall（1998）在 ModelTest 软件中使用了几个基于 Akaike 信息标准（AIC）的估值（AIC difference，Akaike weight）评价模型拟合优度（Posada and Buckley，2004）。在系统发生意义上，AIC 旨在选择最逼近实际的模型，可将其理解为用一个特定的模型逼近真实的核苷酸替换过程时的丢失信息的数量（Posada and Buckley，2004）。

AIC 值是指 Kullback-Leibler（K-L）距离的估计值，K-L 距离定义为一个模型被用于近似地代替另一个模型后信息的丧失。AIC 值给出了模型与多维未知过程产生的数据集之间期望距离的估计值。应用归一化的 Akaike 权重，易于识别不同模型与数据之间的拟合优度。对每一种模型 i，归一化的 Akaike 权重 w_i 是该模型为最好的 K-L 模型证据的权重的估计值。w_i 的贝叶斯统计解释为模型 i 是给定数据最好的 K-L 模型的条件概率。

模型选择的不确定性或与估计最好的 K-L 模型相关的不确定性可以通过归一化的 Akaike 权重来评估。AIC 值、AIC 差值及归一化的 Akaike 权重可以按 Burnham 和 Anderson（1998）的方法计算。

如果要比较两个非嵌套模型，可以用 AIC 比较，只要所考虑的拓扑结构保持一致。AIC 定义为：$\text{AIC}=-2\ln L+2N$。这里，$\ln L$ 是一个给定模型的对数似然值，N 是估计的自由参数数目。例如，具有三个自由参数的等输入模型和具有两个自由参数的 Tamura 模型相互不嵌套，只要是基于相同的拓扑结构计算似然值，这两个模型就可以用 AIC 比较。有人建议，一个模型的统计可预见性在 AIC 低的时候会更高（与 AIC 高相比）。AIC 的公式说明，即使 $-\ln L$ 很低，当自由参数很多时，AIC 可以变高。一个参数少而 ML 值高的模型更好。

在采用 AIC 选择模型时，在实际数据分析中还必须注意，当使用复杂模型时，AIC 值通常比使用简单模型更低。但是，AIC 值低的复杂模型并不一定比简单模型产生更好的拓扑结构。实际上，已知拓扑结构的经验研究显示，AIC 值与获得正确拓扑结构的似然率实际上并无关联。理论研究也表明，一个复杂的模型不一定比简单模型更有可能获得正确的拓扑结构。

与 hLRT 相比，AIC 统计值的优点在于能够同时比较嵌套和非嵌套的候选模型，评估模型选择的不确定性，并允许模型平均参数估计和参数的相对重要性评估。此外，hLRT 往往青睐更复杂的模型，AIC 包括对过度参数化的罚分（Sullivan and Joyce，2005）。除了原有的 AIC，还有几个衍生 AIC 的统计值用于模型的选择。

二阶 AIC（second order AIC），以 AICc 表示，是考虑了样本大小的信息标准，计

算公式为

$$AICc=-2\ln(L)+2N\times[n/(n-N-1)]$$

式中，n 为样本大小（sample size），通常为比对序列的位点数。考虑样本大小后的AICc增加了对小数据集采用复杂模型的相对罚分，当 n 较大时（$n-N-1$）$\approx n$，AICc与AIC近似相等。

样本大小（n）与模型参数数量相比较小时应当使用，因为AIC是一个相对记分值，AIC的差异可以用来对候选模型排序，模型之间AIC差异越大说明可能性越小，可用于评价模型选择的不确定性，对 w 从最大到最小求和来构建模型的95%置信区。

Akaike权重是一个模型的相对似然值，可用于模型平均化。计算Akaike权重的方法是：首先计算每个模型的相对似然值，一个模型的Akaike权重是该模型的相对似然值除以所有模型的相对似然值之和。

执行AIC标准的软件有ModelTest、MrModelTest2、MrAIC.pl、FindModel、jModelTest和ProtTest等。

7.7.4 贝叶斯信息标准法

在一个事先指定的模型下，无论是模型的选择，还是估计模型参数都可以整合在一次贝叶斯 MC^3 分析中。贝叶斯模型选择可以通过三种方式进行，包括使用后验概率PP、贝叶斯信息标准BIC和贝叶斯因子BF。在贝叶斯统计框架内估计一个假设（进化模型）最常见的方法是选择具有最高后验概率的模型；而且根据模型的后验概率可以进行排序以解释模型的不确定性，并根据这些后验概率之和构建95%的置信区间内的模型。但模型后验概率的计算强度很大，贝叶斯信息标准BIC的计算比模型似然值更加容易，BIC统计值同样容许同时比较多个模型。

BIC（Bayesian information criterion）是贝叶斯因子自然对数值的近似解，可以直接用于比较嵌套的和非嵌套的模型。BIC的计算公式为

$$BIC=-2\ln L+N\ln n$$

式中，n 为序列长度；N 为模型中自由参数的数目。

BIC值越小，说明模型与数据的拟合越好。由于在实践中ln（n）的值通常大于2，所以与AIC相比，BIC法倾向于选择较简单的模型。

在模型选择的比较研究中，Huelsenbeck等（2004）发现，无论是选择一个最好的模型或由RJ-MCMC方法进行分析选择95%置信区间的一组模型，AIC、BIC、后验概率、BF和RJ-MCMC方法大体上是一致的。因此，鉴于类似的模型选择，贝叶斯方法具有计算优势。在贝叶斯框架内，也可以进行针对一个数据集的不同的划分（如不同的基因、不同的基因位点或核糖体茎和环）选择不同模型。这可以通过确定先验划分数据集，然后采用上面的方法为每个划分数据集选择模型，并利用这些模型（无论是关联的或不关联的划分数据集）进行混合模型的贝叶斯分析（mixed model Bayesian analysis，Ronquist and Huelsenbeck，2003）。另外一种方法是，一个数据集内可以划分的子数据集的数量通过采用型式异质性混合模型（pattern-heterogeneity mixture model）在系统发生分析过程中确定（Pagel and Meade，2004）。

与标准的 hLRT 相比，贝叶斯模型有几个优点：①能够比较非嵌套模型；②能够基于所有候选模型做出推断（即模型平均，model averaging）；③模型选择不是依靠单一的拓扑结构或模型的一组特定参数，可以使结果更有效（Nylander et al.，2004）。

执行 BIC 标准的软件有 MrAIC. pl、ModelTest、jModelTest 和 ProtTest。

7.7.5 贝叶斯因子法

贝叶斯因子（Bayes factor）也可以比较不同进化模型与数据集之间拟合的优劣。贝叶斯因子是用于衡量在给定数据集下一个模型优于另一个模型的相对程度，贝叶斯因子（BF）的计算公式为

$$BF_{10}=P(D \mid M_1)/P(D \mid M_0)$$

模型 M_i 的拟合数据集的似然值 $P(D \mid M_i)$ 可以用 MrBayes 计算得到，在 MrBayes 的 sump 命令的运行结果中 $P(D \mid M_i)$ 一般是取其调和平均数（harmonic mean）。

贝叶斯因子模型选择可以比较任何类型的模型，而不考虑是否嵌套，同时，也不需要计算模型的自由参数。

尽管对 BF 的解释取决于研究者本人，但已经提出一般的指导是：BF 分值>150，非常支持的模型证据；20～50，强烈支持的模型证据；3～20，积极支持的模型证据；1～3，勉强值得一提的模型证据；BF<1，有证据为相互竞争的模型（Raftery，1996）。但是，由于 BF 通过成对比较进行，这个统计值可能有一些类似于 hLRT 的问题。经验研究显示，BF 对复杂的模型选择有用，但目前还不清楚这个统计值是否代表着模型复杂性与参数估计误差之间取得合理平衡（Nylander et al.，2004）。贝叶斯因子的关键值由表 7-6 给出。

表 7-6　贝叶斯因子的比较与解释

2ln（BF）	BF	否定 M_0 模型的证据
0～2	1～3	证据不显著
2～6	3～20	有证据（positive）
6～10	20～150	有强的证据（strong）
>10	>150	有很强的证据（very strong）

执行 LRT 检验的软件有 MrBayes。

贝叶斯因子法最重要的应用在于允许通过可逆跳跃马尔可夫链蒙特卡罗（reversible jump Markov chain Monte Carlo，简称 RJ-MCMC）同时进行系统树和进化模型参数的贝叶斯估计（Huelsenbeck et al.，2004）。

7.7.6 决策论法

最近 Minin 等提出了一种基于性能（performance-based）的模型选择方法。用 BIC

衍生的决策论（decision theory，DT）将作为测量系统发生性能的相对分枝长度误差整合到模型选择过程的方法。这种方法假定所有候选模型都是错误的，在尽量减少模型参数的情况下试图找出低风险模型（Minin et al.，2003）。该法旨在选择相对分枝长度误差最小的最简单的模型，惩罚过度拟合（over-fitting）模型，即如果较少参数的简单模型与复杂模型有相似的性能，更复杂的模型将受到惩罚。因此，对于相同的数据，DT 选择出的模型一般比 hLRT 选择的简单，而且提供更好的分枝长度估计（Sullivan and Joyce，2005）。作为 BIC 方法的延伸，DT 方法能够同时比较所有竞争的模型。Abdo 等（2005）将 DT 与 BIC、AIC 和 LRT 进行了比较，结果显示，LRT 和 AIC 选择的模型更复杂，在没有增加系统发生准确性的情况下运算时间有显著的增加。然而，整合了系统发生性能罚分的 DT 与贝叶斯和似然法相比尝试寻找最佳模型帮助更准确地估计系统发生，使用 DT 方法的模型选择软件是 DT-MODSEL（http：//www. web-pages. uidaho. edu/～jacks/DTModSel. html）。

7.7.7　进化模型选择注意事项

目前的系统发生软件允许使用具有大量参数的复杂模型，贝叶斯 MCMC 方法也很擅长于处理这类复杂模型，但当使用一个有大量参数的模型时，应该仔细地思考所分析的数据是否有合理的机会能够估计出这些参数。例如，使用 GTR 模型时的一个常见错误是划分数据集中发生替换的数目很少，甚至一些速率类型没有一次观测的替换发生。保证模型中的每一个参数在数据集中至少有一些观测到的替换来估计参数是选择模型的基本前提。

过度参数化的模型（over-parameterized model）常常导致参数估计的收敛和额外的方差。虽然模型中的任何参数都可以证明是很有分辨力的，但是最好的模型并不一定总是拥有最多的参数。相反，参数越少，模型越好，这是因为对每一个参数进行估值都会引入一个相关的变量，而每引入一个附加的参数维度，都会使得整体的变数增加，有时候甚至会对模型起抑制作用。对于一个给定的序列数据，如果模型只有 2 个参数，那么碱基差异的总和要被划分为两个类别；如果模型有 6 个参数，那么碱基差异的总和要被划分为 6 个类别。很明显，如果分为 6 个类别，那么每一个类别中的位点样本数目将会很小，很可能小得无法进行合理的参数估计。

目前，通常使用的模型选择软件一般都包含 LRT、AIC 和 BIC 等多种选择模型的统计标准。对于研究者来说，具体采用哪种统计标准最后选出进化模型往往是一个让人困惑的问题。Luo 等（2010）采用模拟方法比较了 hLRT、AIC、BIC 和 DT 等 4 种现有的主要标准，分析了不同标准的准确性、精确性、差异度和选择偏向性。结果表明，BIC 和 DT 具有较高的准确性和精确性，因此认为它们是目前最佳的模型选择标准。另外，对于同样的数据不同的选择标准经常选择出不同的最优模型，其中 hLRT 和 AIC 的差异度最高，而 BIC 和 DT 之间的差异度则最小。选择偏向性结果表明：当真实模型含不变位点这一参数时，hLRT 的选择准确性较差，而 BIC 和 DT 则总是呈现相似的选择偏向性。总之，研究表明，在进行模型选择分析时，BIC 和 DT 应该作为首选的统计标准。结合模型适度检验，依据 BIC 和 DT 的选择模型理应能促进分子系统发生分析及相关研究的可信性。

模型选择的发展趋势是倾向于使用置信区间（confidence set）内的模型集合、模型平均（model averaging）、混合模型（mixture model）等新思想。

7.8 DNA 进化模型选择

7.8.1 用 PAUP* 选择模型的 LRT 检验

如何选择 DNA 进化模型是系统发生分析的第一步。采用不适当的模型引起建树方法的系统误差和统计学上的不一致性，在导致系统树拓扑结构误差的同时，也造成对许多进化参数估计的误差，如对分枝长度、转换/颠换比值、序列分歧度等参数的低估及对位点间速率变异参数的高估等。

LRT 检验只适合于比较层次嵌套模型（hierarchically nested model），也就是较复杂的模型与较简单模型相比多一个或几个参数。这里的嵌套是指简单模型的所有参数在复杂模型中都存在，因而简单模型是复杂模型的一个特例。例如，JC69 是 K2P 的一个特例，所以 LRT 可以比较 JC69 和 K2P 模型，其自由度为 $2-1=1$。

似然比检验要求被比较的两个模型必须是嵌套的，而且不同模型之间只能两两比较。许多学者也提出了非嵌套模型（nonnested model）的多重比较的对数似然率检验，如 Shimodaria 和 Hasegawa（1999）等。

LRT 兼顾模型的现实性与准确性的选择，在模型与数据的拟合程度及计算时间与参数数目之间找到平衡点的方法有两种。一是从下向上的方法，即从较简单模型开始，与同一系列的较复杂模型进行比较，找出最适模型。Huelsenbeck 和 Crandall（1997）对这种方法进行了详细解释。该法中所比较的模型系列包括：碱基组成频率相同对不同；单速率参数对双速率（Ts、Tv）参数模型；双速率参数模型对三速率参数（两种 Ts 速率和一种 Tv）模型；3 速率参数模型对 6 速率参数模型；加 I 对不加 I 模型；I+Γ 模型对 Γ 模型；分子钟模型对无分子钟模型。在进行上述类型的嵌套模型检验时，Huelsenbeck 和 Crandall（1997）提出要使用 Bonferroni 校正。

另一种方法是 Sullivan 和 Swofford（1997）提出的从下向上的检验方法，该法中所有值得考虑的模型都要与最复杂的模型 GTR+Γ+I 进行比较。LRT 将检验拒绝一些明显的不适模型，在剩余的可以接受的模型中进一步用有分子钟与无分子钟的模型进行检验，以确定最适模型。

LRT 检验过程既可以在 PAUP* 完成似然值计算的基础上手工完成，也可以选用一些软件（如 ModelTest）自动完成。

在 PAUP 中手工完成 LRT 检验的操作过程：

（1）对数据集执行启发式搜索，建立 MPT，作为评估模型的树。

（2）执行命令 Lsocres 或菜单中 Trees>tree scores>likelihood…，根据需要设定

各个模型，计算各模型在 MPT 上的对数似然值（$-\ln L$），记录下每个模型的对数似然值。

（3）根据 $LR=2\times(\ln L1-\ln L2)$，计算所要比较的两个模型之间的 LR 值。

（4）判断 LR 差异显著性，选择最适模型。

如果多个模型都显示同等适合，则可以选择参数较少的模型进行 ML 建树，用 ML 树作为评估树重复以上过程，经过以上反复优化得到最优模型。

7.8.2 DNA 模型选择软件

已经开发了许多 DNA 模型选择软件，这些软件有的是独立运行，有的需要与其他软件联合分析。表 7-7 列出了执行不同选择标准模型选择的常用软件，较详细的软件列表见后文。

表 7-7　执行 DNA 进化模型选择方法的常用软件

选择标准	软件
似然率检验	ModelTest，MrModelTest，jModelTest
Akaike 信息标准	ModelTest，MrModelTest，jModelTest，MOLPHY，MrAIC. pl，FindModel
贝叶斯信息标准	ModelTest，MrModelTest，jModelTest，MrAIC. pl
决策论	DTModSel，jModelTest

DNA 进化模型选择软件：

Modeltest	ProtTest	Kakusan2
MrMTgui	MrAIC	MAPPS
MrModelTest	Modelfit	DART
Porn *	DT-ModSel	Concaterpillar
ModelGenerator	BayesTraits	

这些软件中最常用的有三个，ModelTest 或 MrModeltest（Nylander et al.，2004）与 PAUP* 联合完成进化模型选择任务，Modeltest 对 56 个模型进行检验，MrModelTest 是前者的简化，只对 24 个模型进行检验。jModelTest 是目前应用最多的采用 PhyML 软件计算似然值的核苷酸进化模型选择软件，可以评估的模型有 88 个。

7.8.3 jModelTest 的使用

jModelTest 是采用 PhyML 软件计算似然值的核苷酸进化模型选择软件，包括了 5 种不同的选择策略，并且还可以计算进化模型参数的相对重要性、模型参数的平均估计和模型平均化的系统发生分析（图 7-4）。jModelTest 调用了 4 个软件（图 7-4 的菱形框）进行不同阶段的分析，ReadSeq 软件转化序列数据，PhyML 估计模型参数、建树并计算似然值，Ted 计算树之间的欧氏（Euclidean）距离（DT 标准），Consense 计算模型平均化系统树的加权和严格合一树。

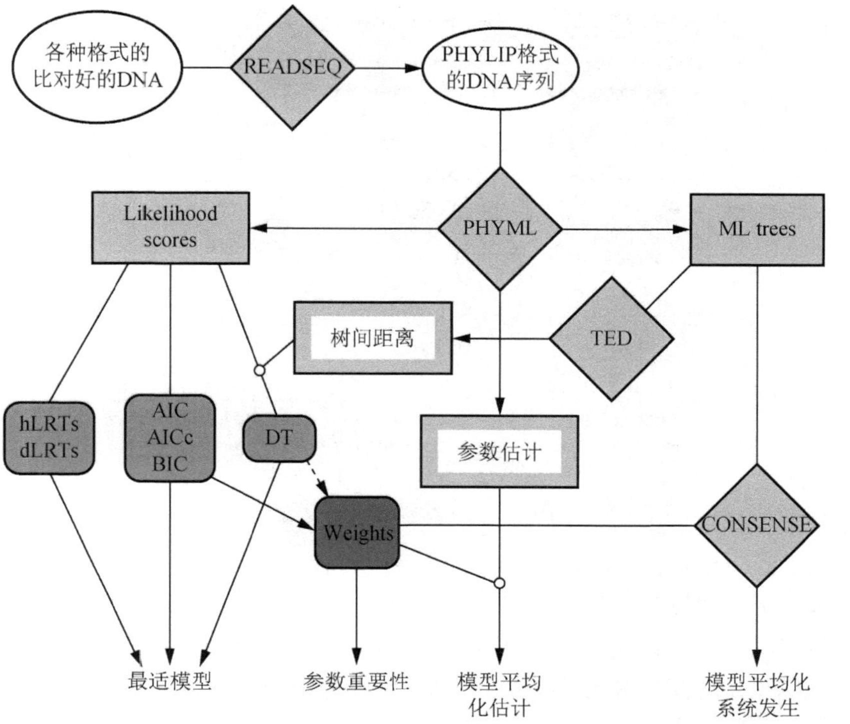

图 7-4　jModelTest 分析流程

目前，jModelTest 采用 10 种不同的核苷酸替换模型，包括 JC69、F81、K80、HKY85、TrN93、TPM（“3－parameter model”＝K81）、TIM（“transitional model”）(Posada，2003)、TVM（“transversional model”）（Posada，2003）、SYM（Zharkikh，1994）和 GTR（Tavaré，1986），这些模型可以与核苷酸组成频率（＋F）、不变位点比例（＋I）和位点间速率变异（＋G，I＋G）结合形成 88 种不同的模型。

jModelTest 的使用步骤：

（1）运行 jModelTest，输入数据。jModelTest 可以接受 ReadSeq 能够识别的任何格式的 DNA 序列，包括 FASTA、PHYLIP 和 NEXUS。输入文件从菜单 File→Load DNA alignment。

（2）似然值计算设置。点击 Analysis→Compute likelihood Scores，在出现的对话框中选择计算似然值时的设置（图 7-5），主要包括模型和树两个方面。

在模型方面，jModelTest 有 88 个模型，包括 11 种不同的替换类型，用户可以通过 3 模型体系、5 模型体系、7 模型体系、11 模型体系，以及碱基频率和速率变异参数等选择 3～88 个模型进行比较。

jModelTest 在计算似然值过程中使用的树有 4 种选择：固定的 BIONJ-JC 树是对所有模型采用 JC69 校正距离的 BIONJ 算法构建；使用用户自定义的树（指定预先构建的 Newick 格式的树文件）；BIONJ 树是对每个模型构建一棵基于 JC69 校正距离的 BIONJ 树；优化的 ML 树对每个模型构建一棵 ML 树。LRT 标准只能采用固定树（即前两个选项）计算的似然值进行选择。所以如果选择的是后两种优化树计算似然值，则在结

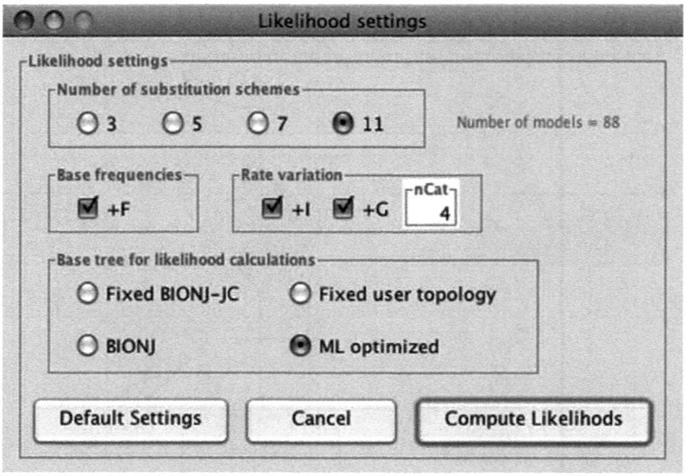

图 7-5　计算似然值的设置

果菜单里的 LRT 标准是无法计算的。采用后两种优化选项时，运行时间将会比较长。对于大型数据集，建议采用优化的 BIONJ 树计算。

（3）模型选择。一旦完成似然值的计算，就可以在菜单“Analysis→Do…”选择 4 个标准（AIC、BIC、DT 和 hLRT）分别进行计算。

在 AIC 标准下，用户可以选择采用 AICc 或 AIC（默认）（图 7-6）。选择“Use AICc correction”，默认的样本大小自动出现（序列长度）。模型的置信区间（默认的为 100%）将根据模型的累积权重构建。此外，它还给出了 PAUP* 的模型设置命令。BIC 和 DT 的选项与 AIC 类似，都可以采用默认设置计算。在优化树条件下计算的似然值无法计算 hLRT 标准值。

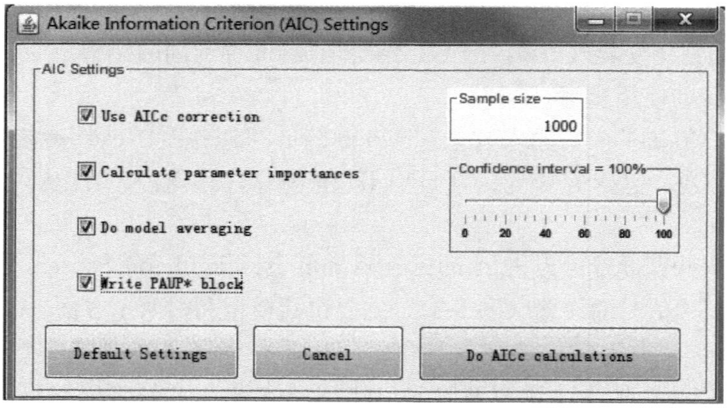

图 7-6　AIC 和 AICc 检验设置

（4）选择结果查看。可以在 Results 中查看不同标准下选择的最优模型（图 7-7）。所有执行的计算结果将在一个窗口中显示，选择的最优模型将以红色表示。

有时不同标准下选择的模型会不一致，在这种情况下，建议选择 AICc 或 BIC 标准的模型进行建树。如果有需要还可以将运行界面的文本通过 Edit→Save console 输出保存。

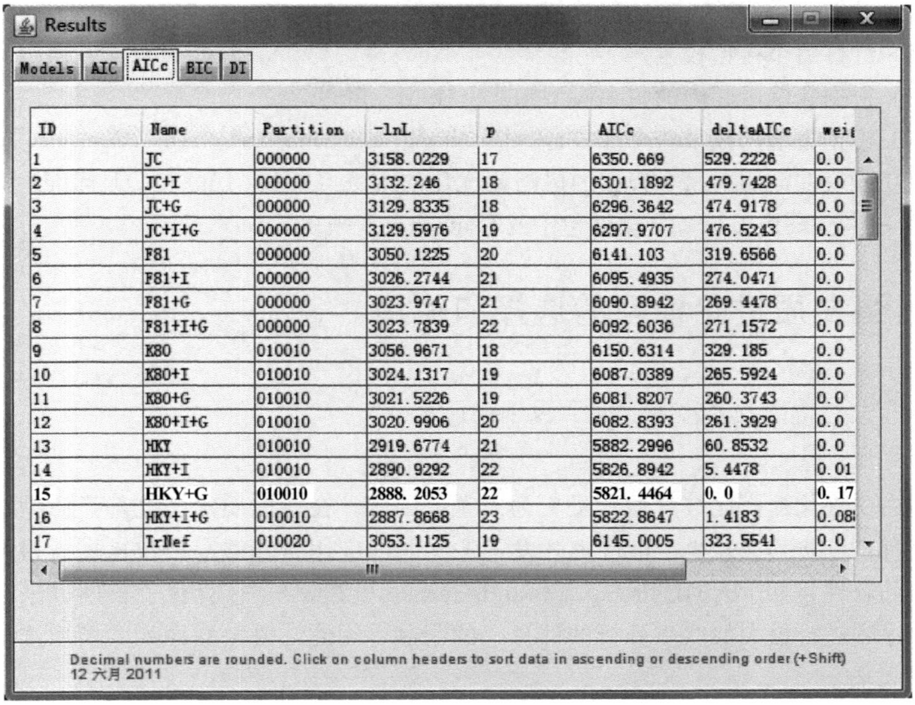

ID	Name	Partition	-lnL	p	AICc	deltaAICc	wei
1	JC	000000	3158.0229	17	6350.669	529.2226	0.0
2	JC+I	000000	3132.246	18	6301.1892	479.7428	0.0
3	JC+G	000000	3129.8335	18	6296.3642	474.9178	0.0
4	JC+I+G	000000	3129.5976	19	6297.9707	476.5243	0.0
5	F81	000000	3050.1225	20	6141.103	319.6566	0.0
6	F81+I	000000	3026.2744	21	6095.4935	274.0471	0.0
7	F81+G	000000	3023.9747	21	6090.8942	269.4478	0.0
8	F81+I+G	000000	3023.7839	22	6092.6036	271.1572	0.0
9	K80	010010	3056.9671	18	6150.6314	329.185	0.0
10	K80+I	010010	3024.1317	19	6087.0389	265.5924	0.0
11	K80+G	010010	3021.5226	19	6081.8207	260.3743	0.0
12	K80+I+G	010010	3020.9906	20	6082.8393	261.3929	0.0
13	HKY	010010	2919.6774	21	5882.2996	60.8532	0.0
14	HKY+I	010010	2890.9292	22	5826.8942	5.4478	0.01
15	HKY+G	010010	2888.2053	22	5821.4464	0.0	0.17
16	HKY+I+G	010010	2887.8668	23	5822.8647	1.4183	0.08
17	IrNef	010020	3053.1125	19	6145.0005	323.5541	0.0

图 7-7 模型选择结果窗口

(5) 模型选择的不确定性：模型不确定性（model uncertainty）在 AIC、BIC 或 DT 标准下，通过计算最佳模型与其他任何模型之间的分值差异，就可以获得所选择模型的置信程度。

采用 AIC、BIC 和 DT 标准选择模型时，对每个候选模型给一个打分值，该分值提供了模型之间比较的客观标准，可以根据这个分值对所有候选模型进行排队。不同模型之间分值的差异可以用于计算支持模型的测度，称为 AIC 或 BIC 权重（weight）。对于 DT 权重的计算仅以重标度的相互 DT 分值 [rescaled reciprocal DT scores (1/DTi) / sum] 表示。

另外一个重要用处是估计每个模型的相对权重：权重可以从贝叶斯统计角度解释为在给定数据下一个模型为真模型的最佳近似的概率。所有模型的权重合计为 1，所以，我们可以通过将模型的权重由高到低加起来到某个阈值（如 95%）而建立最佳模型的置信集合（confidence set of model），这个区间也可以随机地设置。

jModelTest 可以计算模型中的每个参数的相对重要性并通过所有候选模型或选择的模型平均化估计（model-averaged estimate）这些参数。模型中任何一个参数的相对重要性都可以通过汇总包含这个参数的所有模型的权重估计。

(6) 模型平均化估计：当所选择的最佳模型存在不确定性时，可能无须依靠一个模型，而是从所有模型或优化的模型集合同时进行推论，这种方法称为模型平均化（model averaging）或多模型推论（multimodel inference）。模型平均化可以估计进化模型的参数，也可以估计系统发生本身（拓扑结构）。

jModelTest 能够计算系统树拓扑结构的平均估计，这种估计的步骤是：

（1）计算每个候选模型的似然值；

（2）计算每个模型权重；

（3）根据置信区间内的每个模型构建一棵 ML 树；

（4）根据模型的权重获得加权合一树（weighted consensus tree）。

该功能仅在需要对每个模型的树需要优化的方法（AIC、BIC 和 DT 标准）时才可用。合一树是采用 PHYLIP 软件包中的 Consense 完成的。

7.9 蛋白质进化模型的选择和使用

7.9.1 蛋白质进化模型选择概述

蛋白质进化建模比核苷酸水平更为复杂，因而，在蛋白质水平上基于模型的系统发生和种群分析相应较少。最近也开发了一些能够应用氨基酸序列快速进行最大似然法分析的软件，如 PhyML（Guindon and Gascuel，2003），它克服了长期以来在使用氨基酸序列进行最大似然法分析的计算上的限制，因此，氨基酸序列的模型选择也开始重视起来。

目前执行蛋白质进化模型分析的软件如下。

TREEFINDER 中包括的蛋白质进化模型有：GTR20、BLOSUM、cpREV、Dayhoff、JTT、mtArt、mtMam、mtREV、PMB、rtREV、VT 和 WAG。

MrBayes 中包括的蛋白质进化模型有：经验模型/固定速率模型 9 个，0＝Poisson、1＝Jones、2＝Dayhoff、3＝Mtrev、4＝Mtmam、5＝Wag、6＝Rtrev、7＝Cprev、8＝Vt、9＝Blosum；可变速率模型 2 个，Equalin 和 GTR 模型。

由于存在大量的模型，所以模型选择的问题也类似于核苷酸的情况。ProtTest（Abascal et al.，2007）是专门用于选择蛋白质进化模型的软件，用来计算 64 种候选模型的似然值并采用 AIC、AICc 和 BIC 评价这些模型与数据的拟合，也能够计算不变位点、gamma 速率分布、氨基酸组成频率等相关参数的重要性并提供模型的平均估计（Posada and Buckley，2004）。

尽管 ProtTest 可以从最广泛使用的经验矩阵中找出最适合的模型，但仍存在这些经验的候选模型能否反映广泛的蛋白质进化过程的问题。因为常用的经验模型中的大多数是从分歧较大的蛋白质家族构成的大数据集中计算出来的，因而氨基酸之间的相对取代速率也许太一般化，不能很好地拟合特定的蛋白质家族数据集。为了解决这个问题，提出了选择蛋白质进化模型的第二种方法，即采用 MATRIXGEN（http：//www.matrixgen.sourceforge.net）软件从氨基酸序列中直接计算蛋白质家族特异性的经验取代矩阵。例如，如果要构建 rhodopsin 家族的系统发生关系，首先使用 PFAM（http：//www.pfam.wustl.edu）数据库获得已经比对好的 rhodopsin 序列数据，然后使用 MATRIXGEN 计算出 rhodopsin 家族特异性的取代矩阵，再利用这个取代矩阵进行系统发生分析。

7.9.2 蛋白质进化模型选择软件 ProtTest3.0

ProtTest是采用AIC、AICc、BIC和DT标准选择蛋白质序列进化模型的软件，同时也计算各种模型的参数均值（Posada and Buckley，2004）。ProtTest中计算ML值和构建BIONJ树的方法来源于PhyML。ProtTest与选择DNA序列进化模型的ModelTest软件（Posada and Crandall，1998）的区别是它不包括LRT检验方法，因为蛋白质序列的进化模型大多不是嵌套的。

ProtTest3.0的特点如下所述。

（1）包括蛋白质的经验模型14个，以及这些经验模型分别+F、+I、+G、+I+G，共计有120个模型，但目前还没有将机制模型包括进来。ProtTest3中执行的14种基本经验模型为：

WAG（Whelan and Goldman，2001）

Dayhoff（Dayhoff et al.，1978）

JTT（Jones et al.，1992）

mtREV（Adachi and Hasegawa，1996）

MtMam（Cao et al.，1998）

MtArt（Abascal et al.，2007）

VT（Muller and Vingron，2000）

RtREV（Dimmic et al.，2002）

CpREV（Adachi et al.，2000）

Blosum62（Henikoff and Henikoff，1992）

LG（Le and Gascuel，2008）

DCMut（Kosiol and Goldman，2005）

HIVw/HIVb（Nickle et al.，2007）

FLU（Dang et al.，2010）

（2）似然值计算的起始树有4种选择，分别是固定的BIONJ树、每个模型构建的BIONJ树、每个模型构建的ML树和用户自定义树。

（3）有4种模型选择标准，分别是AIC、AICc、BIC和DT。

（4）可以进行模型平均化估计、模型平均化系统发生分析、模型参数估计和参数重要性评估等。

（5）可以采用4种模式运行，即：个人台式机上图形界面运行（XProtTest）、共享内存的多核多节点计算机系统、分布式内存的计算机集群和共享分布式内存的多核计算机集群。

ProtTest3.0安装：在http：darwin.uvigo.es/software/prottest3下载ProtTest3后解压，如果在台式机上只需安装Java虚拟机（JVM包括JRE和J2SE，JRE 6.0以上），则无需安装MPJ Express，在解压生成的ProtTest3文件夹内有许多文件夹和程

序，在 Windows 系统下运行的图形界面版本的命令已经写入 runXProtTestHPC. bat 批处理命令中，只需双击该文件就可以运行。

ProtTest3. 0 使用方法如下所述。

ProtTest3 有 4 种不同的运行方式。在 Windows 下双击 runXProtTestHPC. bat 批处理命令，就可以出现运行的图形界面（图 7-8）。

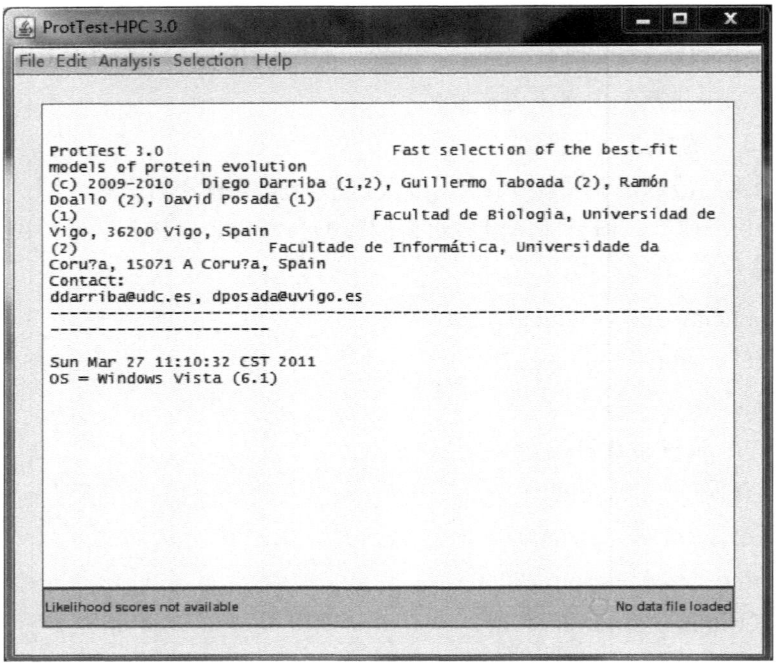

图 7-8　ProtTest3 运行界面

模型选择的操作非常简单，如下所述。

（1）点击 File→Load Alignment，输入比对好的蛋白质序列文件，序列的格式要求是 phylip 格式（interleaved 或 sequential）或 nexus 格式。

（2）点击 Analysis→Compute Likelihood Scores，出现如图 7-9 的似然值计算设置界面，共有 5 个选项（处理器数、取代模型、速率变异、氨基酸频率和系统树）。取代模型可以根据所分析的蛋白质类型选择需要的，排除那些明显与所分析蛋白质不符合的模型。速率变异选项建议采用默认的（即全选）。氨基酸频率选择经验频率。如果没有预先构建的系统树，选择固定的 BIONJ 树比较节省运行时间。其他两种树是对每个模型进行拓扑结构、分枝长度和进化参数的优化，以保证获得最大似然值。但根据 Posada 和 Crandall（2001）研究，只要初始树能够合理地代表真树，模型选择对拓扑结构的变异的反应相当稳健。

（3）上述设置完成后，点击 Compute 开始计算，运行进度在 Running Progress 窗口显示。计算速度取决于数据集的大小和模型数量，全部默认的模型为 120 个，但有许多是病毒和细胞器（叶绿体与线粒体）的蛋白质，如果分析可溶性蛋白质时可以排除。如果数据格式或软件有问题，会出现相应的错误。

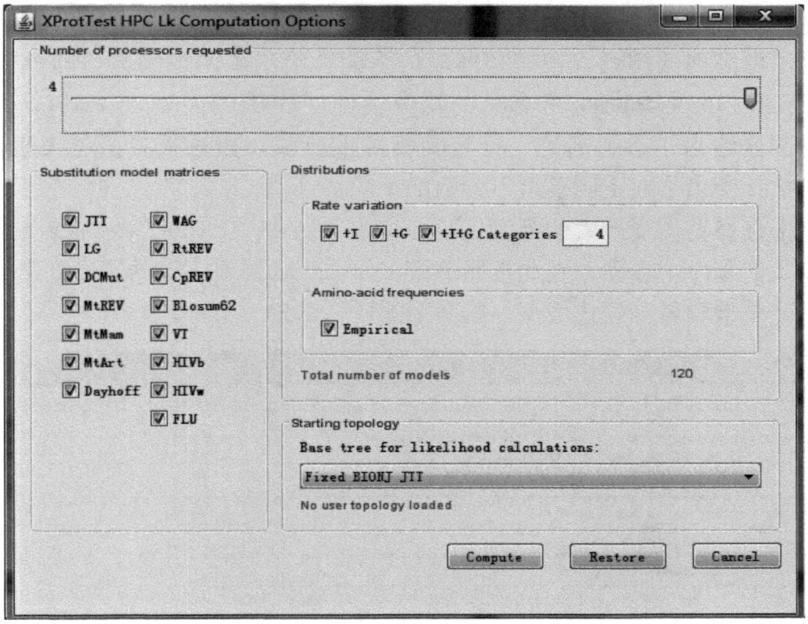

图 7-9　ProtTest3 似然值计算设置

（4）似然值计算结束后，点击菜单 Selection→Result，则出现如图 7-10 所示的模

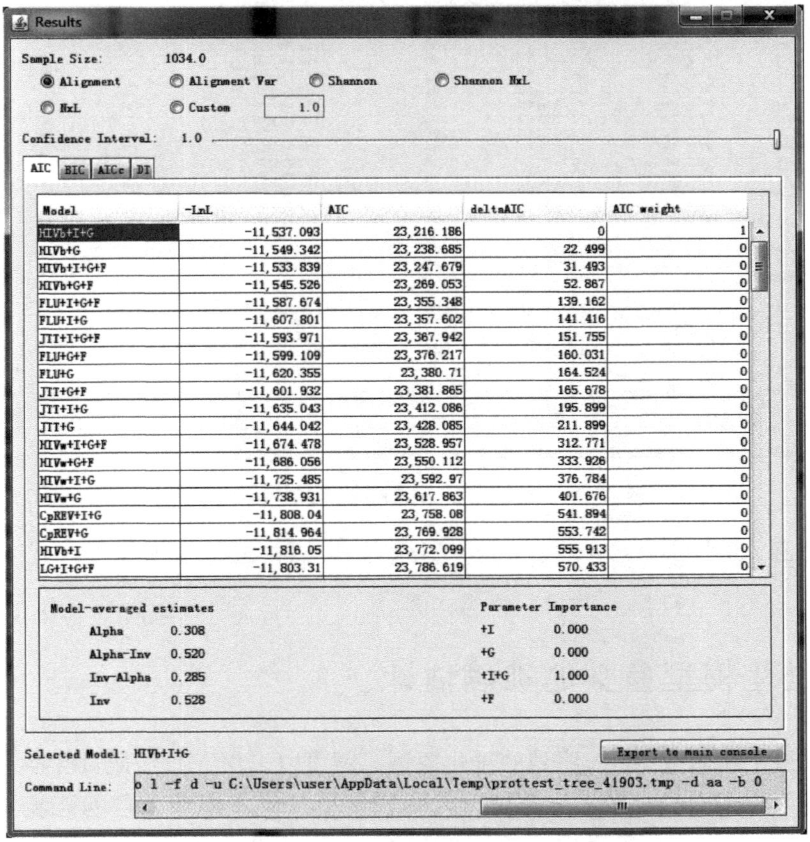

图 7-10　ProtTest3 模型选择结果

型选择结果。点击 4 种选择标准（AIC、BIC、AICc 和 DT）按钮，所有候选模型均按照置信度顺序由高到低排列。在模型列表的下面，给出了两组参数，即参数的相对重要性（parameter importance）和参数的均值估计（model-averaged estimate）。参数的相对重要性部分给出了参数名称、符号和相对重要值，相对重要值越大表示越重要。参数的均值估计给出了在不同模型下参数的平均估计值。

（5）点击选择置信度最大的模型，再点击右下方的“Export to main console”，则计算结果输入到程序主界面，在此按照 AIC、BIC、AICc 和 DT 的顺序列出了 4 个标准下选择的最好模型和各种候选模型（图 7-11）。

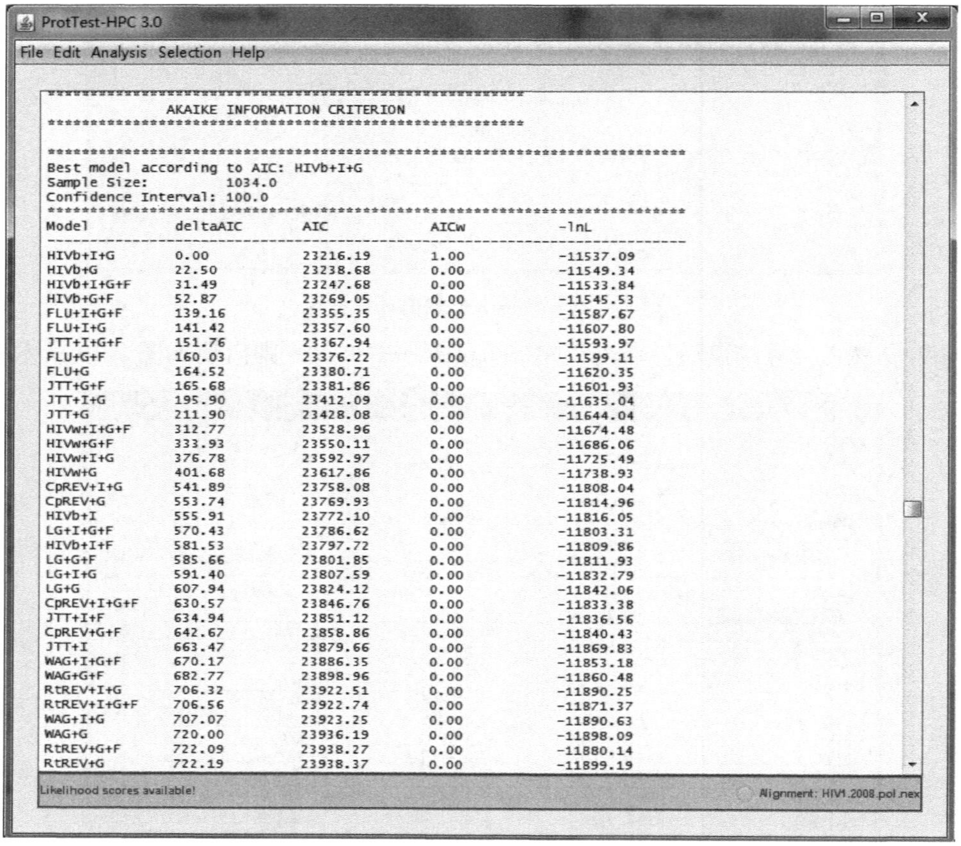

AKAIKE INFORMATION CRITERION

Best model according to AIC: HIVb+I+G
Sample Size: 1034.0
Confidence Interval: 100.0

Model	deltaAIC	AIC	AICw	-lnL
HIVb+I+G	0.00	23216.19	1.00	-11537.09
HIVb+G	22.50	23238.68	0.00	-11549.34
HIVb+I+G+F	31.49	23247.68	0.00	-11533.84
HIVb+G+F	52.87	23269.05	0.00	-11545.53
FLU+I+G+F	139.16	23355.35	0.00	-11587.67
FLU+I+G	141.42	23357.60	0.00	-11607.80
JTT+I+G+F	151.76	23367.94	0.00	-11593.97
FLU+G+F	160.03	23376.22	0.00	-11599.11
FLU+G	164.52	23380.71	0.00	-11620.35
JTT+G+F	165.68	23381.86	0.00	-11601.93
JTT+I+G	195.90	23412.09	0.00	-11635.04
JTT+G	211.90	23428.08	0.00	-11644.04
HIVw+I+G+F	312.77	23528.96	0.00	-11674.48
HIVw+G+F	333.93	23550.11	0.00	-11686.06
HIVw+I+G	376.78	23592.97	0.00	-11725.49
HIVw+G	401.68	23617.86	0.00	-11738.93
CpREV+I+G	541.89	23758.08	0.00	-11808.04
CpREV+G	553.74	23769.93	0.00	-11814.96
HIVb+I	555.91	23772.10	0.00	-11816.05
LG+I+G+F	570.43	23786.62	0.00	-11803.31
HIVb+I+F	581.53	23797.72	0.00	-11809.86
LG+G+F	585.66	23801.85	0.00	-11811.93
LG+I+G	591.40	23807.59	0.00	-11832.79
LG+G	607.94	23824.12	0.00	-11842.06
CpREV+I+G+F	630.57	23846.76	0.00	-11833.38
JTT+I+F	634.94	23851.12	0.00	-11836.56
CpREV+G+F	642.67	23858.86	0.00	-11840.43
JTT+I	663.47	23879.66	0.00	-11869.83
WAG+I+G+F	670.17	23886.35	0.00	-11853.18
WAG+G+F	682.77	23898.96	0.00	-11860.48
RtREV+I+G	706.32	23922.51	0.00	-11890.25
RtREV+I+G+F	706.56	23922.74	0.00	-11871.37
WAG+I+G	707.07	23923.25	0.00	-11890.63
WAG+G	720.00	23936.19	0.00	-11898.09
RtREV+G+F	722.09	23938.27	0.00	-11880.14
RtREV+G	722.19	23938.37	0.00	-11899.19

图 7-11　ProtTest3 AIC 标准下模型选择结果

（6）点击 Analysis→Phylogenetic averaging 可以构建基于模型平均化或多模型的系统树。

7.10　进化模型参数的准确估计

如果知道了所研究 DNA 序列的进化模型，就可以采用 ML 法或贝叶斯法从比对的数据中估计该模型中的参数。尽管模型选择软件也提供了模型参数的初步估计值，但准确估计 DNA 序列进化模型中的参数需要两个先决条件：比对好的序列和显示序列之间进化关系的系统树。在指定系统树和比对序列数据的条件下，可以对进化模型中的参数进行估计。可以使用快速方法构建的 MP 树或 NJ 树估计模型参数，根据这些参数再进行更精确的系统发生分析。

由于序列之间的真实进化关系是历史过程无法观测到的，总是未知的，因而估计进化模型参数所依据的系统树可能是不正确的。当采用不正确的系统树进行参数估计时，对参数的影响是较难解释的，一般认为，比较合理的系统树对进化模型参数估计影响较小，但可能对进化型式的假设检验影响较大。普遍认可的做法是假定合理的拓扑结构能够产生可接受误差范围的参数估计。尽管这样能够造成的估计误差主要局限在系统树较短的分枝上，在这类分枝上发生的进化改变很少，但在大多数情况下，上述假设仍然是成立的。应该记住，有时拓扑结构上的小误差可能导致完全不同的结果。

7.11　混合模型和平均模型

采用单一模型分析具有不同进化特征的基因序列会产生显著的系统误差。一个能提供更多信息的考虑划分数据集之间进化速率和型式变异的方法是使用混合模型（mixture model）。混合模型在假定位点之间的进化是独立的条件下，描述了独立于邻近位点的位点进化过程。在混合模型中，性状被看成是由许多不同分布中的一种产生的，并且这些分布的每一个都在分析过程用于计算似然值。每个模型分布的参数和分配给的加权值是从数据中估计得到的。在分析结束时，每一个性状成为每个模型中的成员都被赋予一个概率。

目前实际使用的混合模型有两类：随机效应模型（random-effects models）和固定效应模型（fixed-effects models）。

随机效应模型假定所研究的序列中存在的结构未知，每个位点具有确定的属于不同进化过程的概率，gamma 分布的速率变异模型是这种模型的特例，在这种模型中每一位点具有给定速率的进化概率。更加普遍的随机效应模型允许对进化过程的异质性因素和受到影响的位点的识别有更好的表征。

固定效应模型假定数据中存在的结构都已经清楚，可以用这些有生物学意义的序列结构的知识将数据划分为不同的进化过程。这些划分包括在连接的序列中的不同基因、三个密码子位点、一个基因的内含子和外显子等。然后对于不同的划分数据集，采用不同的模型进行分析。

有许多种方式能够划分任一数据位点，并且要实施这些方法都是很随意的。当然，对许多基因来说，不清楚什么是划分数据的最好的方法。对蛋白质编码基因来说，第一、第二和第三密码子位点是常用的划分依据。然而，在这种划分的每一类位点中，功能性的限制都有相当大的变化。在第三位点中，位点可以分成二重简并或是四重简并，四重简并位点表现出最大的自由来改变（尽管这些位点也许受到密码子使用偏向性的约束）。另外，信使 RNA 的二级结构、蛋白质的二级/三级结构，以及其他功能性考虑全都影响进化的速率和型式。在 rRNA 中一般划分为配对的茎区和非配对的环区（Springer and Douzery，1996），但是在这些划分的内部都有异质性。

Pagel 和 Meade（2004）提出了一种贝叶斯混合模型并用于分析两种蛋白质（EF1α 和 DDC）以及线粒体 SSU rRNA 数据。对 rRNA 数据来说，他们的程序获得了 4 个速率的矩阵来描述数据的变异型式，但是这些矩阵仅仅是部分地对应于茎区和环区位点。事实上，其中一个矩阵中的加权最重的那些位点是茎区和环区各占一半。类似的，对于蛋白质编码基因，尽管每个 Q 矩阵针对于特定的密码子位置，但是每个矩阵也能够拟合其他的密码子位置。Lartillot 和 Philippe（2004）为研究氨基酸序列的进化开发的一种混合模型 CAT，使用贝叶斯 Dirichlet 先验概率允许每个氨基酸位点以给定的在分析中确定的 Q 矩阵联合。他们使用贝叶斯因子说明了混合模型比标准的氨基酸速率矩阵表现更好。

贝叶斯混合模型在分析对基因或异质性数据集的优点是显著的，采用这种策略时无须预先划分数据，无须采用其他方法而选择出最适合数据集的模型，混合模型允许划分数据集内部位点之间的变异存在，还可以减少分枝长度不均一的系统树的误差。

贝叶斯方法可以通过在模型空间和参数空间移动的算法直接获得模型平均的系统发生估计（Green，1995），这种类型的可逆跳转马尔可夫链蒙特卡罗算法（reversible jump Markov chain Monte Carlo' algorithm，RJ-MCMC）最近已被 Huelsenbeck 等（2004）采用。RJ-MCMC 将模型选择和系统发生构建联合成一个单一过程，在允许筛选大量复杂的候选模型的同时进行系统发生分析。与其他只限于较小数目候选模型的统计值相比，这种方法能够评估所有可能的时间可逆模型，而同时解释系统发生分析过程模型的不确定性。RJ-MCMC 方法采用 MCMC 算法，进行系统发生分析的同时，在模型之间跳跃以与后验概率分布成比例方式访问每个模型，允许计算模型中任何参数的 BF 和所有可能模型的平均化（Huelsenbeck et al.，2004）。

第 8 章　距离矩阵方法

8.1　遗传距离的概念

遗传距离（genetic distance）是一个模糊概念，指以任何对象（序列、基因次序、基因有无、蛋白质结构域等）采用各种方法估计的两个 OTU（个体、群体、物种、种上分类单元或基因家族序列）之间的差异值。相同 OTU 之间的距离为零，而不同 OTU 之间的距离大小与其相似程度成反比。与距离相对的是相似性（similarity），指两个分类单元相似的程度，其值在 1～0 之间变化。有时，距离也可看成是不相似（dissimilarity）的同义语，即距离＝1－相似性。

性状数据的值是赋给单一分类单元的，而相似性或距离数据则提供了成对分类单元或序列之间的比较值，这些成对的相似性或距离组织成 $n \times n$ 矩阵形式（n 为 OTU 数目）。假如有 n 个 OTU，则需要计算的成对距离有 n（n－1）/2 个。

表 8-1 这样的矩阵叫距离矩阵（distance matix）。距离矩阵是对称的，即矩阵对角线两侧的对应元素相等（$d_{ij}=d_{ji}$），所以通常将距离矩阵以矩阵的上三角或下三角表示。有时为了表达和比较的方便，将采用不同方法计算的两种距离分别在上三角和下三角表示。

表 8-1　距离矩阵

	OTU1	OTU2	OTU3	…	OTUn
OTU1	—	d_{12}	d_{13}	…	d_{1n}
OTU2	d_{21}	—	d_{23}	…	d_{2n}
OTU3	d_{31}	d_{32}	—	…	d_{3n}
…	…	…	…	—	…
OTUn	d_{n1}	d_{n2}	d_{n3}	…	—

8.2　距离数据的数学特征和生物学意义

从数学角度看，虽然无法在多维空间显示 OTU 之间的关系，但可以在多维空间来研究它，且在理论上这一多维空间是能度量的空间。OTU 之间的距离应拥有这种可度量（metricablity）特性。度量（metric）是一个服从某些数学条件的函数，由此产生的测量值具有特别适合于表达实体之间距离的特性。

对于任何三个分类单元 i、j、k，如果它们之间的距离函数 d 满足下述公理（Sneath and Sokal，1972）：

（1）恒等分类单元是不可分的，而非恒等分类单元凭借距离函数或可分或不可分，即

$$d\ (i,\ j)\ \geqslant 0,\ d\ (i,\ i)\ = d\ (j,\ j)\ = d\ (k,\ k)\ = 0$$

（2）对称关系，即 $d\ (i,\ j)\ = d\ (j,\ i)$，则 OTU 之间的距离矩阵仅用矩阵的上三角或下三角表示即可。

（3）三角不等式关系：$d\ (i,\ j)\ \leqslant d\ (i,\ \mathrm{k})\ + d\ (j,\ k)$，即三个 OTU 之间的成对距离中任何一对之间的距离小于或等于其他两对之间的距离之和（图 8-1）。

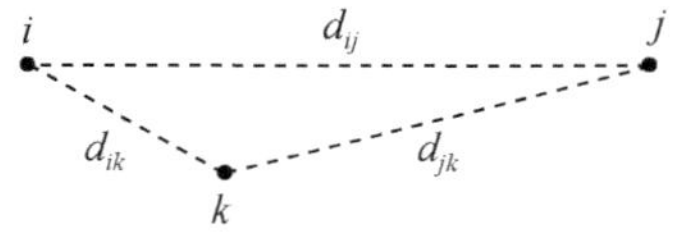

图 8-1　距离的三角不等式关系

（4）若 $i \neq j$，则 $d\ (i,\ j)\ > 0$。两个不同 OTU（分类单元或序列）之间的距离总大于零，则称函数 d 是可度量的（metric），这样的空间就是可度量空间；否则，则称函数 d 为伪度量的（pseudometric）或半度量的（semimetric）。

当上述的公理（3）附加更严格的条件时，则有超度量不等式

$$d\ (i,\ k)\ \leqslant \max\ [d\ (i,\ j),\ d\ (j,\ k)]$$

这时，函数 d 称为超度量的（ultrametric），这样的空间称为超度量空间。

超度量空间和聚类层级之间存在一一对应的关系。任意的超度量集合可以表示为一棵树，在纵轴方向上反映这些对象组织成半径不断增大的逐级嵌套的聚类次序。

由超度量距离构建的树称为超度量树（ultrametric tree）。超度量距离将准确地拟合于一棵树上以使任何两个 OTU 之间的距离等于连接它们的路径长度之和，而且树可以赋根以使所有分类单元到根的距离相等（图 8-2），这一特性与分子钟的概念相对应，即所有支系都以相同速率进化。

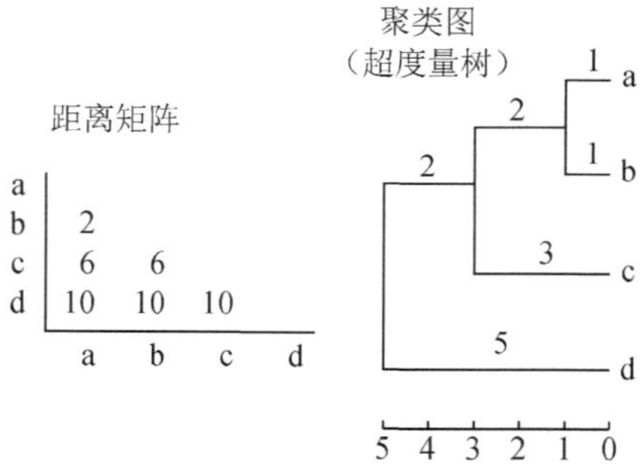

图 8-2　超度量距离构建的超度量树

超度量距离有很大的局限性，首先，即使数据满足超度量性，也并不保证趋异量与分歧时间呈线性关系，尤其是多重替换的影响，可降低变异的观测值，但并不违反超度量特性；其次，获得超度量数据是不可能的，即使进化速率完全恒定，测量时任何有限的取样也将产生统计学上的波动。因此，如果没有无限大的样本，即使恒定的进化速率也不能产生超度量距离。

除超度量的距离外，在系统发生上应用的还有叠加性距离（additive distance），它要求满足四点条件（four-point condition）：对于所有 4 个物种的组合，能找到一种标

记 4 个点（u、v、x、y）的方式，使得下式成立：

$$d_{xy}+d_{uv}\leqslant d_{xu}+d_{yv}=d_{xv}+d_{yu}$$

此时，函数 d 称为叠加性的，四点条件也称为叠加性不等式（图 8-3）。

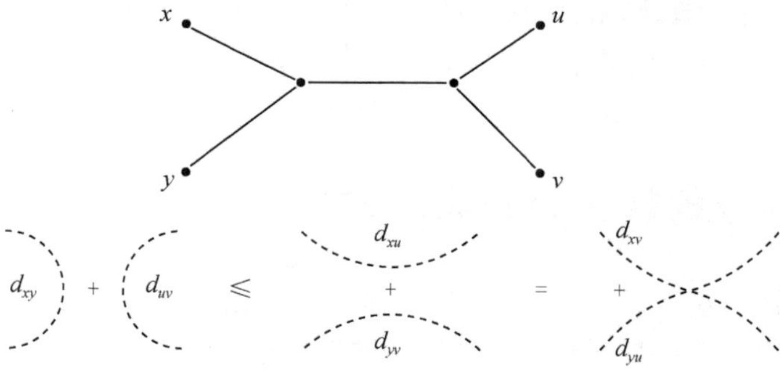

图 8-3　距离的四点条件（叠加性不等式）关系

所谓叠加距离，是指距离矩阵中的值可以完美地拟合到唯一的一棵树上，并且恰好能够确定树上所有分枝的长度，这种由叠加距离构建的系统树也称叠加树（additive tree）（图 8-4）。叠加距离可加入到一棵无根树中而使所有成对距离等于连接相应 OTU 分枝长度的总和（即叠加距离仅能定义一个可度量的网络）。任意一棵系统树都唯一地定义一组满足四点条件的距离矩阵；反之，只要一组距离满足四点条件，则这组距离可定义唯一的系统树。如下图的 bc 通径长度等于 d_{bc}（1+1+1=3），则只存在一个唯一的叠加树。

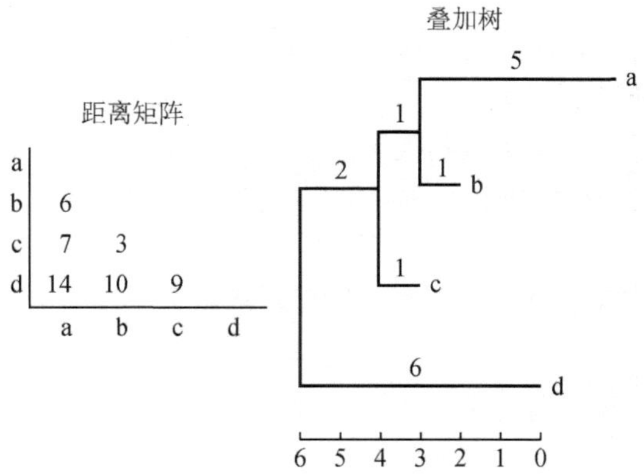

图 8-4　叠加距离与叠加树

理论上，OTU 中已固定突变的总数或任何其他不连续变异事件的积累是一种叠加距离。叠加距离是一种理想距离，在系统误差和随机误差存在时，很少有任何实验数据满足叠加距离条件。如果能从实验观测数据中估算已实际发生改变的数目，通过基于进化模型的数学校正距离可以作为叠加距离来推论叠加树。

直接从数据中估计出的距离称为观测距离（observed distance）。在大多数情况下观测距离是被低估的，因而需要根据进化模型在观测距离的基础上考虑多重替换等因素而重新计算，这样的距离称为校正距离（corrected distance）。

期望距离（expected distance）也称为亲缘距离（patristic distance），是基于有标度的系统树上各个分枝长度计算出来的OTU之间的距离。有标度系统树上任何两个OTU之间的亲缘距离是系统树上连接两个OTU的所有分枝长度之和。一棵系统树上所有OTU之间的亲缘距离组成亲缘距离矩阵（patristic distance matrix）。亲缘距离可用于与OTU差异的其他度量进行比较研究的替换过程，也可用于衡量数据与系统树之间拟合的程度。

8.3　将序列数据转化为距离的方法

采用距离矩阵方法分析序列数据，应首先将比对的序列数据转化成距离形式，然后运用一种或几种距离矩阵分析方法进行系统发生分析。一般情况下，这两个步骤都由软件自动连续完成，有时也需要单独计算出距离用于其他类型的分析。将序列数据转化为距离进行分析有以下优点。

（1）序列本身很少有直观意义，但当转化成距离后，能直观而具体地表达序列之间的差异程度，如DNA条形码中的物种之间遗传距离阈值。

（2）将序列数据转化成距离数据，能够对各自对应的不同进化时间的距离作相应的校正。然而，这种校正只能应用于在进化时间间隔内发生变化的总数（距离），而无法应用于序列本身。

（3）距离矩阵方法运算速度快，可用于大规模数据集的系统发生分析。

然而，将序列数据转化为距离数据进行分析也有缺陷，主要是包括以下三点。

（1）转化过程中信息的丢失。一般认为将序列数据转化成距离后不可避免地引起部分系统发生信息的丧失。

（2）转化成距离数据后无法与其他类型的性状数据联合分析。

（3）只有通过性状分析才能识别特定的有用性状（即序列位点），用距离数据无法达到这一点。

将序列数据转化为距离的方法很多，根据距离数据类型分别介绍如下。

8.3.1　未校正的遗传距离

1. 总替换分歧度

将两个序列的所有同源位点逐一比较，对差异绝对值求和，可以直接获得两序列间发生的总替换数，也可以对indel、转换和颠换分别计数，求出两条序列之间发生的indel数、转换数和颠换数。这些数据除以序列长度就是各自的差异百分比，即未校正的遗传距离（p距离）。

总替换分歧度是根据序列之间的所有类型的差异计算的未校正的遗传距离，可用于DNA和蛋白质序列，在计算过程中可以包括空位，但仅适用于相似性较高的序列。计算公式为

$$p=n_{\mathrm{d}}/n$$

式中，n 为比对后序列长度；n_{d}为两条序列之间不匹配的位点数目。

遗传距离也可以从序列的相似系数中计算。首先，计算已比对序列之间的相似性值（S），然后将 S 转化成差异值（即距离）D。目前从已比对序列中估算序列相似性的方法有两种（Swofford and Olsen，1990）：

$$S=n_i/n \text{ 或 } S=M/L,\ L=M+U+W\times G$$

式中，n_i和 m 同为序列比对后具有相同残基的位点数；n 为所比较序列的位点总数；L 为所比较序列的有效长度；U 为比对序列中非匹配位点数（不包括有空位的位点）；G 为比对序列中所引入空位的位点数；W 为对空位的加权值，权值在 0～1 之间，一般用中间值，即 $W=0.5$。

上述两种方法中，前一种计算简便，但当序列差异较大时误差较大，第二种方法可很好地概括各种不同差异程度的序列之间的关系，由此获得的相似或距离矩阵可直接进行系统发生分析。但在计算序列之间的相似性值时，必须注意以下几点。

（1）序列末端长度变异的处理方法：序列末端长度变异是指从不同物种或同一物种获得的同源分子之间某些同源片段在起始和终止位置上的差异。序列的长度变异产生某些分子中含有其他分子中没有的片段，当序列正确地比对后这些非同源片段（多出的部分）可明显识别出来，计算相似性值时不应包括这类片段。当同时比较许多序列时，所有序列之间的两两成对比较都应该用同样长度的序列位点，因而，已比对所有序列中具有最短序列的分子的位点数即是所比较序列的总位点数。

（2）空位的处理：从比对序列中计算相似性值时，对空位有三种处理方法。第一种是将空位也作为性状状态看待，即作为 DNA 序列的第 5 种状态或蛋白质序列的第 21 种状态；第二种方式是完全删除空位，即凡是出现空位的所有位点都不考虑；第三种是给予折衷处理，对两两删除空位，就是在比较的两条序列之间出现的所有空位位点都删除，而同样的位点上如果在其他序列中出现碱基则仍然计算。具体采用哪种方式要视序列具体情况而定。如果比对序列中存在较多的空位，或序列的相似性较低（不大于随机相似性水平的 2 倍），则应采取删除的处理方法，只有非常相似的序列，才可将空位作为性状看待。

（3）相同残基位点的数目的确定：对于相同残基的定义有两种，一种是严格的定义，只有相同的碱基或氨基酸位点才算相同残基位点；另一种是宽松的定义，对于核酸序列，只计算嘌呤和嘧啶两类碱基（即只计算颠换类型），对于蛋白质序列可将 20 种氨基酸按其生化性质分成 6 组，同组内的氨基酸可视为相同残基。

（4）模糊残基的处理：模糊残基是指在所比较的序列中未能比对的部分位点。如果一个序列中模糊残基位点能与第二个序列比对，则忽视其不确定性，如果这一位点比对的是空位，则计算在空位位点数中。

2. 转换/颠换替换分歧度

通过区分转换替换和颠换替换差异，有助于选择不同的序列进化模型来计算距离系数。在总替换速率具有显著差异的情形下，可能存在颠换率差异不显著的情况。

转换距离（transition distance）：序列对之间发生的转换位点数/序列长度。

颠换距离（transversion distance）：序列对之间发生的颠换位点数/序列长度。

3. 同义/非同义替换分歧度

蛋白质编码基因序列没有引起氨基酸取代的核苷酸突变被称为同义替换；反之，引起氨基酸取代的核苷酸突变被称为非同义替换。同义替换距离（synonymous distance，d_S）和非同义替换距离（nonsynonymous distance，d_N）是研究编码蛋白质的DNA序列进化的最重要的参数。目前已经提出了计算这两个参数的许多方法，基本上可以分为三大类。

（1）突变比例法（mutation fraction method）估计d_S和d_N的步骤如下所示。首先，计算出每条序列的同义替换位点数S和非同义替换的位点数N，然后计算两条序列之间的同义替换差异数Sd和非同义替换的差异数Nd，最后对多重替换进行校正计算出d_S和d_N。属于此类方法的有P80法、MY80法、NG86法、I95法、ZRN98法、YN00法等。

（2）简并位点法（degenerate site method）是将密码子的不同位点按照其简并程度划分为无简并（nondegenerate，0-fold degenerate）、二重简并（two-fold degenerate）和四重简并（four-fold degenerate）三类，这些位点上的所有替换都是同义的，如密码子CGG（Arg）的第一位点是二重简并的，由C→A是同义的，由C→T和C→G则是非同义的；该密码子的第二位点是无简并的，第三位点是四重简并的。为了简化计算，特意将ATT（Ile）、ATC（Ile）和ATA（Ile）的第三位点作为二重简并看待，尽管实际上它们是三重简并位点。

用简并位点法计算d_S和d_N时，首先对每条序列计算出它们的无简并位点数n0，二重简并数n2和四重简并位点数n4，并计算两条序列这三个参数的平均值。然后计算两条序列之间的无简并位点、二重简并和四重简并位点的差异数目，出d_S和d_N。

简并位点法包括LWL85法、PB93法、L93法、C95法和MP97法等。

（3）密码子模型法（codon model method）是建立在序列进化的密码子模型基础上的，采用最大似然法来估计61个有义密码子之间的同义和非同义替换速率（Ks和Ka），然后计算d_S和d_N。这类方法包括MG94法、GY94法、M96法、YN98法等。

这些方法中的一些在MEGA5中有，如NG86法、ZRN98法、LWL85法和PBL93法。可以在distance菜单选择choose models，在新打开的窗口中选择models栏的syn-nonsynonymous子菜单，选择需要的计算方法，点击OK，然后在distance菜单选择compute pairwise…，在新弹出的窗口中点击compute，MEGA5将很快计算出序列的d_S和d_N值。

4. indel 距离

一般的遗传距离在计算时都排除了空位，如果将空位也考虑进来计算的距离称为indel距离（或空位距离，gap distance）。indel距离有两种，一种是只对含有空位的位点进行计算的纯粹indel距离；另一种就是将替换和indel同时考虑的indel距离，这种距离反映了替换和缺失/插入等主要变异，比较全面地反映了序列差异的距离。

TREECON 软件具有计算 indel 距离的功能。例如，TREECON 软件计算 JC69 模型校正距离与 indel 联合距离的公式为

$$d_{AB}=-\frac{3}{4}\ln\left[1-\frac{4}{3}\left(\frac{f_U}{1+f_U}\right)\right]\left[1-\frac{G}{T}\right]+\frac{G}{T}$$

式中，I 为相同碱基位点数；f_U为发生替换位点数；G 为一条序列中相对另一条的空位数，连续的空位作为一次插入/缺失事件对待；T 为比对序列的总长度，即 $T=I+f_U+G$。举例来说，比对的序列为

A G C U G G - - G C N U A
- C U A G A A A G A C U A

则有：$I=6$，$f_U=2$，$G=2$，$T=10$。上式中的前半部分是采用 JC69 模型的校正距离，后半部分是计算 indel。

5. 其他分子数据距离

分子系统发生学中早期的一些实验方法，包括免疫学和核酸杂交，直接产生成对分类单元之间相似性或距离数据。而大多数方法产生的性状数据，如序列数据、限制性位点、等位基因等，经适当的变换可成为距离数据。对于相似数值 s，在进行系统发生分析时，一般也要转换成距离数据 d，常用的三种公式为

$$d=1-s$$
$$d=-\ln s$$
$$d=1/s-1$$

对于非常相似的 OTU，从上述三个公式中得出的值几乎相同。随着差异性增大，不同的公式将给出不同的结果。理想的转换公式的选择应基于相关的进化或实验过程模型，而非随意的选择。

8.3.2　校正距离的计算方法

随着分歧时间的延长，DNA 序列上突变的固定数目也增加，某些快速进化位点上发生多重替换的概率也在增大。由于无法记录这些历史事件，因而多重替换位点中后来发生的变化将消除早期变化的任何痕迹，但这可通过关于进化过程的假设估计出多重替换的数目来进行校正。

如果能够确定速率矩阵 Q（即组成参数 π 和瞬时速率 R_{ij} 固定），则替换模型就可以为两条 DNA 序列之间遗传距离 d 的计算提供统计学的基础。从替换模型出发计算遗传距离有两类不同的方法，即独立估计方法（independent estimation）和同步估计方法（simultaneous estimation）。独立估计方法包括解析公式法（analytical formula）和最大似然法（likelihood method），当序列数据较短时，由于这类方法采用序列之间两两分别比较来估计进化模型的参数，故将引入较大的误差，从而使计算遗传距离的误差也比较大。同步估计方法是同时比较所有成对的序列估计进化模型参数，可以降低误差。同步估计方法是 Tamura 等（2004）提出的基于最大似然法的方法，目前还没有计算软件。

解析公式法是依靠进化模型计算遗传距离 d 和观测分歧度（p、ts、tv、d_S 和 d_N 等）之间的精确关系。在时间 t 后一条序列上可以观测到一个替换的概率为

$$p = 1 - \sum_{i=1}^{n} \pi_i P_{ii}(t)$$

用此式可以从观测到的分歧度 p 计算出校正距离 d。

（1）JC69 校正距离：最早也是最简单的校正多重替换的方法是由 Jukes 和 Cantor（1969）提出的，通过 JC69 模型校正的距离称为 JC69 距离。根据这个模型，两序列之间的遗传距离的估计值 d_{JC} 及其方差分别为

$$d_{JC} = -3/4\ [\log\ (1-4P/3)]$$

$$Vd_{JC} = p\ (1-p)\ /\ [n\ (1-4p/3)^2]$$

（2）K80 校正距离：该法中假设转换和颠换以不同的速率发生，其他的条件同 JC69 方法。应用该法校正遗传距离的公式为

$$d_{K80} = \log\ [1/\ (1-2P-Q)]\ + \log\ [1/\ (1-2Q)]$$

其中，P 和 Q 分别为两条序列之间的转换和颠换位点差异数。

参数较多进化模型的校正距离计算公式太复杂，不在这里列出。

8.3.3 最大似然法估计的校正距离

第二类校正距离计算方法是采用最大似然法估计，称为最大似然距离。距离的 ML 估计是利用 ML 分析中的替换模型来估计在该模型下的成对距离。首先计算似然函数 L（d），即在给定距离 d 的条件下能够观测到两条序列的概率，定义为

$$L(d) = \prod_{s=1}^{l} \pi_{x_{A(s)}} P_{x_{A(s)} x_{B(s)}} \left(-\frac{d}{\sum_{i=1}^{n} \pi_i Q_{ii}} \right)$$

式中，$x_{A(s)}$ 是位点 $s=1,\ 2,\ \cdots,\ n$ 时的状态；$P_{x_{A(s)} x_{B(s)}}$ 为转移矩阵。一个能够使 L（d）最大化的 d 值就是遗传距离的最大似然法估计，称为 ML 距离或 MLE 距离。一般采用数值优化方法找到能够使 L（d）最大化的 d 值，同时也可以计算出最大似然法估计 d 值的标准误差。

如果考虑位点之间的速率变化的伽马分布（Γ），则通过基本模型"＋Γ"来表示，如 JC69＋Γ、K80＋Γ 等，这些距离被称为伽马距离（gamma distance）。考虑位点间的可变速率，将序列距离定义为对所有位点的平均期望置换数。

ML 距离的一个优点是替换模型中的参数在所比较的所有成对 OTU 之间保持一致，而一般校正距离中的参数只能采用成对 OTU 之间的参数。ML 法中这些参数可以由 ML 法来估计，可以通过 LRT 检验选择模型。

MEGA5 软件可以计算最大似然距离和最大组成似然距离，后者是最大似然值的近似估计。PAUP* 和 TREE-PUZZLE 软件中可以按照所选择的模型计算最大似然距离。

8.3.4 LogDet 距离

一般的距离计算都是在假定DNA序列的碱基处于稳态（stationarity）的条件下进行的，当所研究的数据集不服从稳态假设时，计算出的距离将不能反映实际的进化情况。为了能够考虑进化过程中碱基组成的不稳态性，Lockhart 等（1994）提出了 Log-Det 或 paralinear 距离。这种距离在性质上也属于叠加距离。LogDet 代表了对行列式（determinant）进行对数运算的意思，LogDet 距离的计算公式为

$$d_{xy} = \frac{\left\{-\ln[det(F_{\pi_y})] + \frac{1}{2}\ln[det(\Pi_x \Pi_y)]\right\}}{r} = \frac{1}{r}\ln\left(\frac{det(F_{xy})}{\sqrt{det(\Pi_x \Pi_y)}}\right)$$

式中，Π_x 和 Π_y 分别为两条序列性状状态频率矩阵的对角线元素值；r 为性状状态数目（对于 DNA/RNA 序列 $r=4$，对于蛋白质序列 $r=20$）。

虽然 LogDet 距离可以校正由于碱基组成频率差异引起的距离误差，但 LogDet 距离也有缺陷，它无法对多重替换和速率变异进行校正。

8.3.5 基因组距离

基因组距离（genomic distance）是指从一个基因组进化到另一个基因组所发生的遗传改变事件的最小数目。基因组的进化改变包括大小、组成、序列、三维结构等方面，它是一种多层次、多水平、具有整体效应的过程。因此，基因组之间的差异可以通过其不同层面来度量，包括：基因含量距离（gene content distance）、基因重复距离（gene duplication distance）、基因重排距离（gene rearangement distance）、字符串向量距离和蛋白质结构域距离等。

一个基因组所包含的所有基因称为该基因组的基因含量（gene content）。不同基因组中基因数量的差异是比较基因组最简单和最直接的方法。一般认为，亲缘关系越近的物种间拥有的相同基因的数量越多。换言之，物种间的亲缘关系同它们拥有的相同基因的数目成正比。因此，两个物种间的相似性可以定义为：两个物种拥有的相同基因数目除以它们总的基因数目。

利用基因含量数据进行系统分析的方法大致可以分为两种类型：基于直源基因对的有和无的方法，或称直源方法；基于基因家族有和无的方法，或称同源方法。

直源方法的基因组距离是基于两个基因组间共享直源基因的百分比，由此定义的基因组距离代表的是基因获得（acquisition）或丢失（loss）的进化事件数量。这种方法可以克服由于不同基因组大小产生的假象，但受横向基因转移和共享基因的缺失或非共享基因复制事件影响较大（Eisen，2000）。

同源方法的基因含量数据包括基因组中基因家族的存在或缺失，即基因组中一个基因家族的缺失、单拷贝或双拷贝方式的存在。判别一个基因家族的存在或缺失比识

别基因成员要容易和准确许多，但同源方法受基因组大小影响较大。

基因组重排（genome rearrangement）是基因组进化的重要方式，重排导致部分基因组的重构。基因组重排包括反转（reversal）（通常指 inversion）、转位（translocation）、转座（transposition）、断裂（fission）和融合（fusion）等方式。基因组重排导致基因组间基因次序的改变。基因次序（gene order）是基因在染色体上的排列顺序。基因次序在亲缘关系近的物种间具有较高的保守性，随着亲缘关系由近及远，基因次序保守性逐渐降低。染色体间的转位（translocation）是同源染色体间片段的交换，染色体内部的反转往往造成基因组片段的逆向排列。已经提出了大量的计算基因组重排距离的方法和软件，如 GRIMM（genome rearrangements in man and mouse）、GeneContent 和 SHOT 等。

8.3.6 蛋白质遗传距离

蛋白质序列的遗传距离和 DNA 序列类似，也可以计算 p 距离、indel 距离、LogDet 距离，以及各种基于蛋白质进化模型的校正距离和 ML 距离等。TREE-PUZZLE 软件有大量蛋白质序列进化模型，可以计算校正的遗传距离。

蛋白质的 p 距离计算公式与 DNA 一样，即

$$p=n_d/n$$

其中，n 为比对后序列长度；n_d 为两条序列之间不匹配的位点数目。

蛋白质序列的 Poisson 校正距离为

$$d=-\ln(1-p)。$$

蛋白质的 Dayhoff 的 PAM 经验模型校正距离的 Kimura 经验近似公式为

$$d=-\ln(1-p-0.2p^2)。$$

蛋白质位点之间速率变异的 gamma 距离为

$$d_G=a\left[(1-p)^{-1/a}-1\right]$$

其中，a 为 gamma 形状参数。

除序列数据外，同源蛋白质 3D 结构之间的距离是在结构比对的基础上用于衡量结构相似程度。目前有大量的评估方法，许多都是针对特定的结构比对方法的，其中早期的一种被称为均方差（RMSD）的评估方法被广泛地使用。当两个结构以最佳的重叠方式比对时，两个蛋白质上对应的残基在空间上会尽可能地靠近。测量这些对应残基 C_α 原子之间的空间距离并计算均方根差，则

$$\text{RMSD}=\sqrt{\frac{1}{N}\sum_i d_i^2}$$

式中，d_i 为第 i 对残基的 C_α 原子间的空间距离；N 为对应的 C_α 原子对的数目。如果两个片段的结构相同，那么 RMSD 值将是零，因为它们按最优方式叠合后 C_α 原子将直接重叠在一起（零距离）。RMSD 值越大，说明这两个结构之间的相似度越低。一般地，如果 RMSD 值在 0～1.5Å 之间，表示结构之间非常相似。显然，通过多数残基计算出来的小 RMSD 值要比通过少量残基计算出来的小 RMSD 值更加可靠，因为在结构比对

中全局结构相似要比局部结构的相似更加有效。

8.3.7 计算遗传距离的软件

很多情况下需要计算序列数据集的距离矩阵进行统计分析，如果仅满足于采用距离法建树，则可以将距离计算和建树合二为一执行，就像大多数距离法软件中那样。可以计算遗传距离的软件很多，但没有一个软件能够计算上述介绍的所有距离，不同软件计算的距离类型不同，可以根据需要进行选择。这样的软件有

PHYLIP	Darwin	Accelrys Gene
PAUP*	T-REX	QuickTree
MEGA	sendbs	Simplot
MacT	nneighbor	ProfDist
ODEN	DAMBE	START
TREECON	weighbor	STC
DISPAN	DNASIS	NimbleTree
RESTSITE	MINSPNET	CBCAnalyzer
NTSYSpc	PAL	PaupUp
METREE	Arlequin	galaxie
GDA	vCEBL	Geneious
Hadtree	HY-PHY	BIRCH
SeqPup	Vanilla	SEMPHY
Phyltest	GelCompar II	FASTML
Lintre	Bionumerics	Rate4Site
WET	qclust	SWORDS
Phylo_win	TCS	IDEA
POPTREE	Populations	FAMD
Gambit	Winboot	Bosque
gmaes	SYN-TAX	GAME
DENDRON	PTP	Bioinformatics_Toolbox
BIONJ	SplitsTree	TreeFit
TFPGA	FastME	EMBOSS
MVSP	APE	phangorn
ARB	MacVector	FastTree

在这些软件中，最常用的有：PAUP*、MEGA5、TREECON、DAMBE、DnaSP 和 TREE-PUZZLE 等。

1. MEGA5

MEGA5 可以计算各种距离及标准差。MEGA5 可以对序列数据的核苷酸频率、密码子频率和转换/颠换比等基本统计属性进行计算。在 MEGA 中我们可以对某条序列

或所有序列的核苷酸和氨基酸残基的相对频率进行计算。对于编码的 DNA 序列而言，MEGA 会另外增加一列来显示密码子第 1、2、3 位置处的核苷组成；若数据组中含有多个域，那么所有结果将依域为单位显示。氨基酸序列的情形相似。

距离计算中的分析设置中有分析（Analysis）、包含位点（Include Sites）和替换模型（Substitution Model）三个项目。分析选项中包括计算（Compute）和标准误计算（Standard Error Computation By）两项；包含位点项中包括“Gaps and Missing Data”、“Codon Positions”和“Labeled Sites”；替换模型项目下包括“Model”、“Substitutions to Include”、“Transition/Transversion Ratio”、“Pattern among Lineages”和“Rates among Sites”。此外，用户可以通过“Select Distance Options”选择距离类型，并进行相关设置。

MEGA5 可以计算的核苷酸遗传距离有：差异数量 No. of differences（Nucleotide），p-distance（Nucleotide）及常用模型的校正距离（JC69、TN、K2P、gamma 距离）等（图 8-5）。MEGA5 可以计算的氨基酸取代距离有：No. of differences、p-distance、Equal Input Model、Poisson Correction（PC）distance 和 Gamma distance。Dayhoff and JTT Models：PAM 和 JTT 距离依据替换速率矩阵中的氨基素替换模式，对多重替换进行了校正；PAM 距离采用 PAM 001 矩阵（Dayhoff，1979），JTT 距离采用 JTT 矩阵（Jones et al.，1992）。

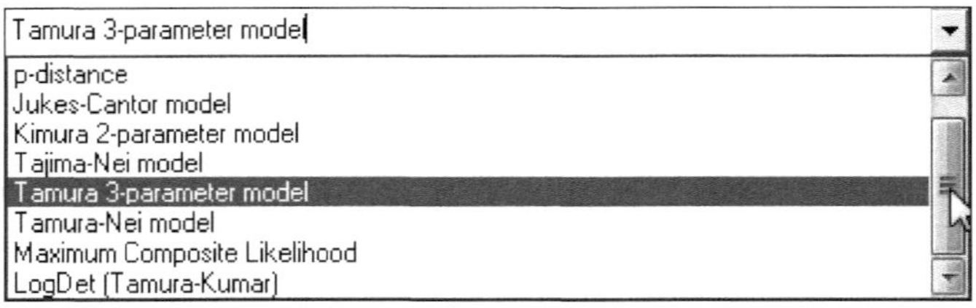

图 8-5　MEGA5 计算 DNA 序列之间距离的选项菜单

在 Distances 菜单下，还可以计算序列间的平均距离和配对距离、群内和群间的平均距离，以及多个群体的序列分歧度统计。

2. PAUP* 遗传距离的计算

在 PAUP* 中采用基于 GTR+G 模型估计最大似然距离的方法：

```
nj;[构建 NJ 初始树]
dset distance=ml;[将距离设置为最大似然距离]
lset nst=6 rmatrix=estimate rates=gamma shape=estimate;[设置进化模型]
showdist;[显示距离矩阵]
```

在 PAUP 中采用最大似然法估计 Ts/Tv 比的方法：

```
dset distance=ml;
lset nst=2 tratio=2.5[指定模型]
variant=f84;
showdist;
```

3. 亲缘距离的计算

PATRISTIC 是从系统树上计算树生距离的 Java 程序。

PAUP 也可以计算亲缘距离：第 1 步，以矩阵表达形式保存带分枝长度的树文件；第 2 步，重新打开保存的树文件，将分枝长度作为权重用于所有性状；第 3 步，重新构建树并计算树亲缘距离。这些命令分别为

```
matrixrep brlens=yes file=mytreefile.nex;
execute mytreefile.nex;
assume wtset=brlens;
hs;
describetrees 1/patristic=yes;
```

这样计算的亲缘距离将等于系统树通径上的分枝长度之和。

8.3.8　校正距离的选择和使用注意事项

一般来说，一棵基于遗传距离重建树的准确性至少依赖以下两个因素：距离的线性关系和距离测度估计的标准误或变异系数。目前，还没有一种普遍适用的统计学方法来选择合适的距离测度以构建树的拓扑结构。然而，计算机模拟和经验研究得出了一些能用于拓扑构建的指导原则。Jin 和 Nei（1990）对如何选择校正方法提出下述原则。

（1）当不同序列之间每一位点上的碱基替换数目的 JC69 距离估计值 $d \leqslant 0.1$ 时，无论是否存在转换/颠换频率偏差，或替换速率因位点而异，都可应用 JC69 距离。此种情况下，K80 距离基本上与 JC69 距离相等。

（2）当 JC69 距离的 d 值为 $0.1<d<0.3$ 时，如果转换频率很高，应该用 K80 距离；否则，仍可用 JC69 距离。

（3）当 $0.3<d<1.0$，且碱基替换速率随不同位点强烈变化时，应用 Γ 距离。

（4）当 $0.3<d<1.0$，且 4 种碱基的组成频率相差较大时，应选择 Tajima 和 Nei（1984）校正距离。

（5）当 $d>1.0$ 时，由于 d 的标准差大，序列比对误差很大，由这种距离构建的系统树不可靠，最好放弃这类序列的分析，或删除快速进化的序列片段，只分析慢速进化的序列；如果是编码蛋白质的序列，应将其转化成蛋白质序列进行分析。

（6）当分析编码蛋白质基因序列数据时，应区分同义替换和非同义替换位点，分别计算这两类位点的遗传距离。当同义替换位点的遗传距离 $d<1.0$，且分析的是近缘种类的较长序列时，可以用这种距离构建系统树，这样可以减少因不同位点上替换速率差异引起的系统发生误差。但当比较的序列是远缘种类时，应用非同义替换位点的遗传距离效果较好。

遗传距离在用于构建系统树的同时，也用于衡量物种之间遗传分化程度和判断物种分类地位（种界确定），尤其是在 DNA 条形码数据分析过程中，种内和种间遗传距离的间断大小是主要的种界确定参数。在使用遗传距离时，必须注意以下几点。

（1）进行距离法建树时，必须基于选择出的最适进化模型估计的距离矩阵。

（2）距离数据用于分类单元之间遗传分化程度比较时，必须严格基于相同基因的相同计算条件获得的距离，因为遗传距离值受基因片段和计算条件的影响很大。不同的基因，甚至同一基因的不同片段，选择不同的进化模型，以及对空位的处理方法（两两删除、完全删除，还是包括）获得的遗传距离之间不能直接进行比较。

8.4　距离矩阵方法概述

距离矩阵方法（distance-matrix method）是指以距离系数矩阵为基础的各种系统发生分析方法，这些方法基本上可以区分为系统树和网络两大类（表 8-2），其基本原理可以用图 8-6 说明。这类方法首先要求原始数据以成对分类单元之间的距离形式表示，对于性状数据编码后要转换成距离数据，然后选择一种方法进行分析。

表 8-2　距离矩阵法分类

系统树法	基于算法的方法	聚类分析 邻接法
	基于标准的方法	最小进化法 最小平方法，平均距离法，转换距离法，Wagner 距离法，邻居法
网络法	网状图法，邻接网法，最小平方法，Pyramids 法	

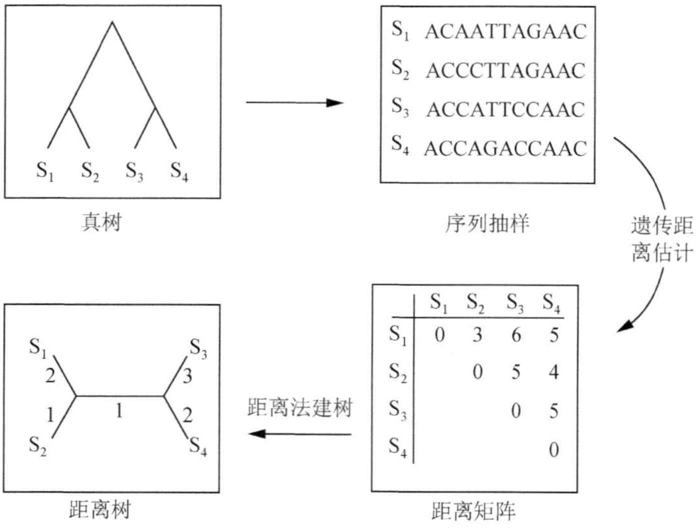

图 8-6　距离法建树原理

当距离关系满足超度量特性时，可以直接应用聚类分析方法构建超度量树，否则就要用 NJ 法、ME 法或叠加树法。本章主要介绍基于距离矩阵的系统树方法，虽然这些方法中的大多数只在 20 世纪 70～80 年代曾经广泛使用，现在已经不太使用了，但为了系统起见，仍然对其进行比较详细的介绍。基于距离矩阵的网络方法将在第 12 章介绍。

8.5　聚类分析方法

聚类分析（cluster analysis）是以相似或距离矩阵为基础形成分类的一类方法，这类方法是多元统计分析中的一类，被数值分类学家应用在生物分类上。如果距离数据满足超度量特性，则聚类结果能准确地反映数据的实际情况，反之，数据则不能正确地拟合到超度量树上，因而引入系统误差。

聚类分析方法在概念上十分简单。所有比较的分类单元的成对距离构成一个 $n\times n$ 方阵，令 d_{pq} 为第 p 和第 q 个分类单元（以下统称类群）之间的距离，则聚类分析方法可分成以下几步：

（1）对一给定的距离矩阵，寻找最小距离值 d_{pq}；

（2）定义类群 p 和 q 之间的分枝长度 $l_{pq}=d_{pq}/2$；

（3）如果 p 和 q 是最后两个类群，则聚类过程完成，否则合并 p 和 q 成一个新类群 r；

（4）定义并计算 r 到其他各类群 i（$i\neq p$ 和 q）的距离，这一步不同的聚类方法采用不同的计算公式，见后面的讨论；

（5）回到第 1 步，在矩阵中消除 p 和 q，加入 r，矩阵减少一阶。

不同聚类方法的运算过程一样，所不同的只是当类群合并以后新距离系数的计算方法不同。所有聚类分析方法计算新距离系数的一般公式可写成

$$D_{ir}^2=\alpha_p D_{ip}^2+\alpha_q D_{iq}^2+\beta D_{pq}^2+\gamma\mid D_{ip}^2+D_{iq}^2\mid$$

其中，D 表示下标所代表的两个类群之间的距离系数，D 前面的参数可按表 8-3 进行选择。

表 8-3　不同聚类分析方法距离系数计算参数表

方法名称	α_p	α_q	β	γ
最短距离法	1/2	1/2	0	−1/2
最长距离法	1/2	1/2	0	1/2
WPGMA 法	1/2	1/2	0	0
中线法	1/2	1/2	$-1/4\leqslant\beta\leqslant0$	0
离差平方和法	$(n_i+n_p)/(n_i+n_r)$	$(n_i+n_p)/(n_i+n_r)$	$n_p/(n_i+n_r)$	0
重心法	n_p/n_r	n_q/n_r	$-n_p n_q/n_r^2$	0
UPGMA 法	n_p/n_r	n_q/n_r	0	0
可变类平均法	$(1-\beta)n_p/n_r$	$(1-\beta)n_q/n_r$	$\beta<1$	0
可变法	$(1-\beta)/2$	$(1-\beta)/2$	$\beta<1$	0

注：表中 n_i、n_p、n_q、n_r 分别表示类群 i、p、q、r 中所含的分类单元数目，由于 r 是 p 和 q 合并的类群，故 $n_r=n_p+n_q$。

在上述聚类分析方法中，应用最广的是 UPGMA 法（unweighted pair group method using arithmetic average，未加权配对算术平均法），其过程如图 8-7 所示。由于 UPGMA 法比较直观和简单，运算速度快，所以应用很广。这种方法的缺点是当分子进化速率变异较大时，在建树过程中会引入系统误差。此外，聚类分析只是一类算法，未对最优树作出定义。

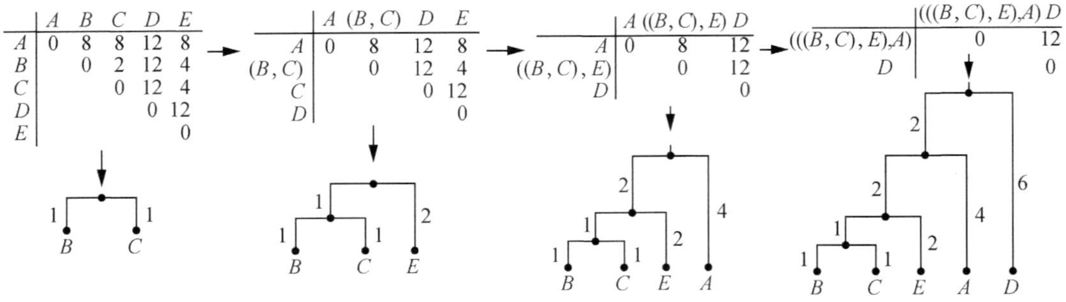

图 8-7 UPGMA 聚类分析过程

MEGA 软件中检验 UPGMA 树时，使用了 Nei 等（1985）的内部分支检验（interior branch test）和自举法检验，两者均检验了树的各个内部分支的可靠性。如果每一个分支皆证明为正值，则该树在统计学上是可靠的。然而，当被检验的物种数目较大时，内部分支检验方法将会复杂化。较简易的检验方法是考虑无根 UPGMA 树的自举法。如果此值大于 95%（也可以是 99%，由预期置信度的水平而定），内部分支即可视为统计学显著（Felsenstein，1985）。

当用关系较近的 DNA（或蛋白质）序列构建 UPGMA 树时，由相同距离可得两个或多个树（等价距离树）。这些等价树的产生是由于在同一距离矩阵中偶尔出现两个或多个相同的距离值。可以列举出所有可能的等价树，但这并没有什么意义，因为这些树最先都是由距离估计时的抽样误差造成的，彼此之间也很相似。解决这一问题的更好方法是建立自举合一树。这种合一树的每个内部分支也都有一个自举值，也可用与处理上述具自举值的 UPGMA 树同样的方法处理。这样，就可获得 UPGMA 树上每一分支的可靠性。当由已知数据只得到一个 UPGMA 树时，自举合一树通常和原始的 UPGMA 树相同。

8.6 邻接法

8.6.1 邻接法原理

邻接法（neighbor joining method，NJ）是 Saitou 和 Nei（1987）根据最小进化原理提出的一种推论叠加树的方法，在概念上与聚类分析相近，但有两点重要区别。首先，它不要求距离符合超度量特性，但要求数据应非常接近或符合叠加性条件，因而该法中对距离的校正是很关键的一步；其次，邻接法在成聚过程中连接的是分类单元之间的节点而不是分类单元本身。邻接法中原始距离数据用于估算系统树上所有分类单元之间的距离矩阵，校正后的距离用于确定节点之间的连接顺序。NJ 法并不检验所有可能的拓扑结构，但在每次聚类时，都要应用最小进化原理。NJ 方法中一个重要概念就是邻居（neighbor），无根树中，一个节点所连接的两个分类群互为邻居。通过寻找这些邻居对，就可以获得树的拓扑结构。

NJ 法本质上是一种寻找最优拓扑结构的聚类算法，同时给出系统树的拓扑结构及分枝长度。其优点是可以较快地构建系统树，并且能够较方便地进行自举检验。NJ 法是距离法中使用最广泛的方法，尤其适用于分析大数据集（100～1000 的类群）并作为其他方法的初始树。

NJ 法也有许多改进和变化的版本。BIONJ 就是考虑了进化距离方差的一种改进（Gascuel，1997），加权 NJ 或 Weighbor 算法（Bruno et al.，2000）是采用 ML 估计节点距离的一种改进方法。

8.6.2　邻接法的算法

用 NJ 法建树时首先从星状树开始，即假设不存在聚类群。因此，如果估计一棵星状树的分枝长度并计算出所有分枝的总和（S_0），那么这个数值应该比真实树或最终树的分枝的总和 S_F 大。由于我们并不知道哪一对分类群是真正的邻居，所以把所有的 OTU 对当作潜在的邻居，然后计算从第 i 个到第 j 个分类群的分枝长度，随后再选出有最小 S_{ij} 值的分类群 i 和 j。当然，真实距离值可能受随机误差影响，因而在这种方法中挑选出的不一定是真正的邻居。一旦一对邻居被确认以后，它们就组成一个聚类群。不断地重复这个步骤，直到建立起一棵完全解析的无根树。通过逐步寻找新的邻居，使最终生成的树的分枝的总长度达到最小。

邻接法的运算过程可分以下几步。

（1）对于给定距离矩阵 d 中的每一端节 i，用下式计算 i 与其他分类单元之间的净趋异量（r_i），即

$$r_i = \sum_{k=1}^{t} d_{ik}$$

其中，t 为矩阵中的分类单元数。

假如有 6 个 OTU 的距离矩阵

	A	B	C	D	E	F
A						
B	5					
C	4	7				
D	7	10	7			
E	6	9	6	5		
F	8	11	8	9	8	

r(A) =5+4+7+6+8=30，同理，r(B) =42，r(C) =32，r(D) =38，r(E) =34，r(F)=44。

（2）设立一个速率校正距离矩阵 M，其元素由下式确定：$M_{ij}=d_{ij}-(r_i+r_j)/(t-2)$，本例中，$M(AB)=d(AB)-[r(A)+r(B)]/(t-2)=-13$，据此计算所有的 M_{ij} 元素，得到矩阵 M：

	A	B	C	D	E
B	−13				
C	−11.5	−11.5			
D	−10	−10	−10.5		
E	−10	−10	−10.5	−13	
F	−10.5	−10.5	−11	−11.5	−11.5

（3）选择矩阵中 M_{ij} 为最小距离者定义一个新节点 u，u 的三个分枝分别与节点 i、j 和树的其余部分相连，并且将 u 到节点 i 和 j 的分枝长度定义为

$$S_{iu}=d_{ij}/2+(r_i-r_j)/[2(t-2)]$$

$$S_{ju}=d_{ij}-S_{iu}$$

本例中 A 与 B、D 与 E 同时为最小距离对，按照顺序首先将 A 与 B 作为邻居，计算新节点 u 到 A 与 B 直接的距离

$$S(AU)=d(AB)/2+[r(A)-r(B)]/2(N-2)=1$$

$$S(BU)=d(AB)-S(AU)=4$$

（4）定义 u 到树的其他节点 k（$k=i$ 和 j 外的所有节点）的距离：$d_{ku}=(d_{ik}+d_{jk}-d_{ij})/2$。本例中，

$$d(CU)=d(AC)+d(BC)-d(AB)/2=3$$

$$d(DU)=d(AD)+d(BD)-d(AB)/2=6$$

$$d(EU)=d(AE)+d(BE)-d(AB)/2=5$$

$$d(FU)=d(AF)+d(BF)-d(AB)/2=7$$

（5）从距离矩阵中删除 i 和 j 的距离，矩阵减少一阶，形成的新矩阵为

	U	C	D	E
C	3			
D	6	7		
E	5	6	5	
F	7	8	9	8

（6）如果矩阵还多于两个节点，重复步骤（1）～（5），否则除最外两个节点的分枝长度未确定外，树上其余节点都确定。最后使剩余的两结点的分枝长度 $S_y=d_{ij}$。

上述每一步都产生一个内节及与该节点相连的两个分枝的长度，从这些数据中可绘出如下的 NJ 树（图 8-8）。

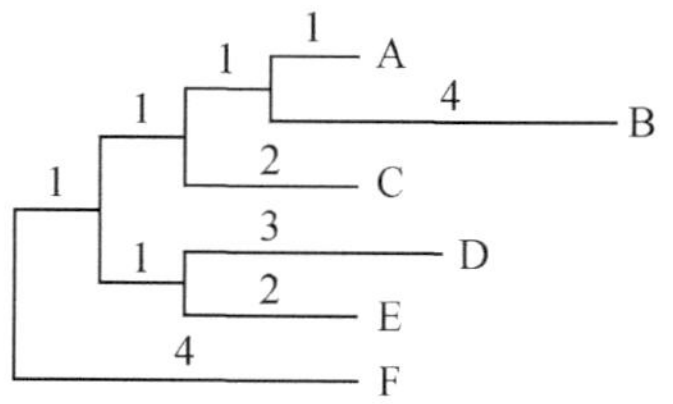

图 8-8　NJ 树

与其他距离矩阵方法相比，邻接法的计算过程十分简单，算法中既包括了不同分支型式树的比较，也给出了分枝长度的值。

NJ 方法是基于最小进化原理的，但它只产生一个带有分枝长度估计的拓扑结构，一些学者因此批评它并建议使用 ME 方法。事实上，也可以通过修正来获得更多拓扑结构。Kumar（1996）提出了一种算法，其中每一个 S_{ij} 运算循环中最小的 S_{ij} 和与之相近的几个 S_{ij} 值均被认为是邻居的标志。这个方法可以产生足够多的拓扑，而且可以让我们比较不同拓扑的 S 值，由此可以选择最小的 S 值，这是 ME 和 NJ 的杂交方法。

一般采用距离法建树的系统发生分析软件都有 NJ 法。

8.7　最小进化法

最小进化法（minimum evolution，ME）的想法最早由 Edwards 和 Cavalli-Sforza（1963）提出，Kidds 和 Sgaramella-Zonta（1971）建议分枝总长度［$L(S)$］可由所有分枝长度估计的绝对值（$|bi|$）求和得到。最小进化法的思想是：在所有可能的拓扑结构中，选择分枝长度之和 S 最小的作为最优树，这是一种全局优化思想（Edwards and Cavalli-Sforza，1963）。

ME 法的理论基础是 Rzhetsky 和 Nei（1993）的数学证明，即当使用无偏的进化距离估计时，无论序列数（m）为多少，真实拓扑结构的 S 预期值将会达到最小。这是一个很好的统计特性，但是，具有最小 S 的拓扑结构并不一定是真实拓扑结构的无偏估计。后来，Saitou 和 Imanishi（1989）对算法作了简化。对于有 n 个 OTU 的无根二叉树，有 $2n-3$ 个分枝。假定 l_i 为某棵树上第 i 个分枝的长度，则该树的所有分枝长度之和为

$$L=\sum_{i=1}^{2n-3}\ln\,(l_i)$$

计算所有分支型式树的 L，具有最小 L 值的分支型式的树即为最优树（ME 树）。

最小进化法的两条辅助标准：树上所有分支的距离大于零，即 $l_i>0$；树上 OTUi 和 j 之间的距离 p_{ij} 永远大于实际观测距离 d_{ij}，即 $p_{ij}\geqslant d_{ij}$。

该法不受平行和回复突变的影响，如果距离数据满足叠加性条件，一般能给出正确的树。

如同 LS 法一样，ME 法要先检验所有可能的拓扑结构，然后找出具有最小 S 值的一个。Rzhetsky 和 Nei（1993）建议首先构建 NJ 树，然后对一系列与此 NJ 树相近的拓扑结构进行检验，以找到一个 S 值最小的树（此为暂时的 ME 树）。新的一系列与此暂时的 ME 树相近的拓扑结构（除去已被检验过的部分）再次被检验，以找到 S 值更小的树。此过程一直持续到没有 S 值更小的树被发现，而具有最小 S 值的树即为最终的 ME 树。上述方法的理论基础是：当 m 值相对较小时，ME 树和 NJ 树通常很相似，甚至相同，这样，当 m 值较大时，NJ 树可以作为起始树。

另一种选择相关拓扑结构的方法是：用拓扑距离 $d_T=2$ 和 $d_T=4$ 检验所有与暂时的 ME 树不同的拓扑结构。这一过程重复多次，免去所有已被检验的部分，即可得 ME 树或与其相近的树，该过程称为近邻交换（close neighbor interchange，CNI）算法。

8.8 叠加树法

8.8.1 原理

理论上从共同祖先进化而来的分类单元之间发生的所有遗传事件的完整记录应构成一组叠加距离，因此有理由将实验观测计算的距离系数作为这一理想值的近似值看待，为了强调这一观测值的不确定性，特称之为距离估计值（distance estimate）。叠加树法是将一棵树拟合于一个成对距离矩阵上，树上每一对分类单元间的通径长度称为期望距离值（expected distance）或亲缘距离。通过这种期望距离与实际观测距离的最佳拟合（goodness of fit）的测度，选择观测值与期望值之间差异最小的树为最优树（图 8-9）。

Fitch 和 Margoliash（1967）在分析蛋白质序列数据时首次提出叠加树法，Cavalli-Sforza 和 Edwards（1967）提出最小平方法。此后又提出了许多其他的方法，这些方法基本上可分成三类：第一类是将叠加距离转换为超度量距离，再应用聚类分析方法分析，包括转换距离法和邻接法等；第二类方法是以 4 个分类单元为单位寻找具有最大一致性的叠加树方法，如 STf 法（Sattath and Tversky，1977）及 Fitch（1981）的方法；第三类是通过依次加入分类单元的方法构建叠加树，如 Wagner 距离法等。

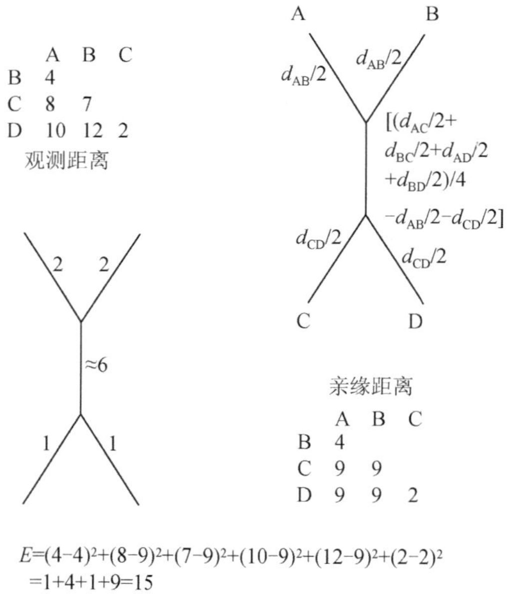

图 8-9　将观测距离拟合到一棵树上的最小平方法

对于一组成对距离观测值，可以用很多方法使其拟合到一个叠加树上，首先需要具体定义一个叠加树与距离数据集之间的净差异值，即一个需要极小化的目标函数 E

$$E=\sum_{i=1}^{t-1}\sum_{j=i+1}^{t}W_{ij}\ |d_{ij}-e_{ij}|^{\alpha}$$

其中，E 为距离观测值拟合到叠加树上的误差，E 最小的树即为最优树；t 为所研究的分类单元数；d_{ij} 为距离观测值，即距离矩阵中的元素；e_{ij} 为叠加树上连接分类单元 i 和 j 的期望距离；α 为常数，当 $\alpha=1$ 时，表示 E 的加权绝对值标准，当 $\alpha=2$ 时，表示 E 的加权最小平方标准。如果距离观测值的误差在各分类单元中的分布一致，则用最小平方标准较好。

W_{ij} 是区分分类单元 i 和 j 所用的权值，4 种最常见的加权方法如下所述。

（1）$W_{ij}=1$，Cavalli-Sforza 和 Edwards（1967）最小平方法采用。

（2）$W_{ij}=d_{ij}^{-1}$，PHYLIP 软件包采用。

（3）$W_{ij}=d_{ij}^{-2}$，Fitch 和 Margoliash（1967）所采用。

（4）$W_{ij}=\sigma_{ij}^{-2}$，σ_{ij} 为观测值 d_{ij} 的期望方差。

如果有合理的测量 σ_{ij} 的方法，则式（4）应用效果较好。前三种加权中含有关于测量值有误差的假设，其中式（1）假定所有的观测值具有相同的误差幅度；式（3）假定观测值含有相同百分比的误差；式（2）为折中方案，假定观测值的误差与其平方根成比例。

为了寻求使 E 值最小的叠加树，首先是对一给定分支型式的树使分枝长度最佳配置以使 E 值最小，其次在所有可能树中寻求使 E 值最小的分支型式。后一步在所有系统发生分析方法中都是共同的（见第 2 章系统树搜索），这里讨论第一步。为了发现 E 值最小的分枝长度，需计算不同分枝长度配置下的 e_{ij}。对于有 t 个分类单元的无根树，有 $2t-3$ 个独立的分枝可确定 e_{ij} 值，如以 $\mathbf{A}$ 表示分枝长度与通径长度之间关系的矩阵，如果分枝 k 是连接分类单元 i 和 j 通径的一部分，则元素 $A_{(ij)k}$ 等于 1，否则等于 0，因此

$$e_{ij}=\sum_{k=1}^{2t-3}A_{(ij)k}S_k$$

将上式代入定义 E 的公式中，则有

$$E=\sum_{i=1}^{t-1}\sum_{j=i+1}^{t}W_{ij}\left|d_{ij}-\sum_{k=1}^{2t-3}A_{(ij)k}S_k\right|^{\alpha}$$

因此，只要加权系数 W_{ij}、α 值和树的分支型式选定，唯一不确定的值就是分枝长度 S_k，而能够使 E 最小化的 S_k 值可通过多种数学方法来求解。

以上讨论了叠加树方法的原理和基本步骤。不同叠加树法的差异在于对分类单元之间 E 值的计算方法不同，而所有叠加树法的共同点在于它们都假设距离是叠加性的。期望距离的叠加性意味着分类单元之间的期望距离与进化时间成比例，亦即系统树上任何分类单元之间的分枝长度都有明显的进化改变值。观测距离的叠加性意味着两分类单元自共同祖先之后所有的进化改变都被检测出来，而实际观测数据很难满足叠加性假设，所以常需要依据进化模型对观测距离作出校正，以尽可能接近叠加性条件。如果距离的叠加性假设成立，叠加树方法还要满足统计学上的一致性特性，这样才能获得正确的系统树。

8.8.2　平均距离法

平均距离法（average distance）是 Fitch 和 Margoliash（1967）提出的一种叠加树

方法。这种方法每次只考虑三个类群，如让 A、B、C 代表三个分类单元，x、y、z 分别代表相关分枝的长度，其值由下式计算：

$$x=(d_{AB}+d_{AC}-d_{BC})/2$$
$$y=(d_{AB}-d_{AC}+d_{AC})/2$$
$$z=(-d_{AB}+d_{AC}+d_{BC})/2$$

如果分类单元 A、B、C 的距离已知，则可按上式求出树上每一分枝的实际长度。当分类单元数多于三个时，可让 C 代表除 A、B 以外的所有其他单元。具体步骤如下所述。

（1）选择具有最小距离值的两个分类单元，分别以 A、B 表示，它们和 C 之间的距离分别是 A、B 与 C 中所有分类单元之间距离的平均值，即

$$d_{AC}=(d_{A3}+d_{A4}+\cdots+d_{At})/(t-2)$$
$$d_{BC}=(d_{B3}+d_{B4}+\cdots+d_{Bt})/(t-2)$$

（2）将 A 与 B 连起来看成一个类群（AB），重新计算新类群（AB）与其他所有类群之间的距离，矩阵减一阶。

（3）在新矩阵中找出距离最小的两个类群分别以 A、B 表示，其他的类群以 C 表示，用同样的方法计算 d_{AB}和 d_{BC}。

（4）重复上述过程直至所有的类群都连起来。

平均距离法最后得出的是无根树，当有外群可用时，可确定根的位置（即外群分枝的位置），当无外群利用时，要决定根的位置需要额外的信息或假设。

8.8.3　转换距离法

当进化速率随不同支系变异而观测距离满足叠加性条件时，可以用它们与共同祖先之间的差值加以校正，这样就可以避免因进化速率不同而造成的误差，从而改进用聚类分析方法所建的系统树。但是祖先分子是未知的，因此 Li（1981）及 Klotz 和 Blanken（1981）分别提出可用一种现存生物（参证物种）来代替共同祖先校正距离，故这种方法也称“今祖法”（present-day ancestor），应用时一般以外群作为参证物种，转换公式为

$$d'_{ij}=(d_{ij}-d_{ir}-d_{jr})/2+d_r$$

其中，d_{ir}和 d_{jr}分别为类群 i 和 j 与参证物种 r 之间的距离；d_r是所有 d_{ir}的平均值，引入 d_r的目的是使转换后的距离 d'_{ij}为正值。

转换距离法不论进化速率如何变异都能较好地推论系统发生关系，但当不满足叠加性条件时也可能产生不正确的分支型式。此外，用该法只能构建分支型式，未提供分枝长度的估计值。只要分支型式确定，分枝长度也可应用平均距离法或其他方法来估算。

8.8.4　最小平方法

最小平方法（least squares method，LS）是一种成熟的参数估计的统计方法。当

变量呈正态分布时，它与最大似然法一样有效。在这种情况下，如果被检验的核苷酸或氨基酸数目足够多的话，R_S将呈正态分布（Rzhetsky and Nei，1993）。所以，LS 法可以为分枝长度（b_i）提供较好的估计。

最小平方法的原理如图 8-11 所示。亲缘距离是观测距离在一棵树上的分布的期望值，假定所有观测距离呈正态分布，并且距离之间是相互独立的，这样可以简化计算。

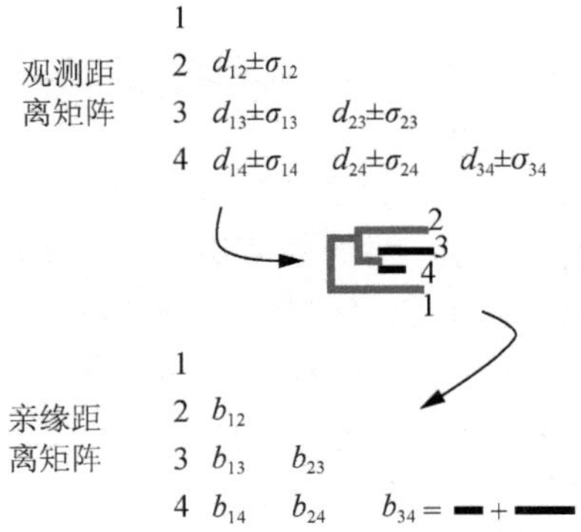

$$L(b_{ij},\sigma_{ij}) = (\sigma_{ij}\sqrt{2\pi})^{-1}\ \exp\left[-\frac{(b_{ij}-d_{ij})^2}{2\sigma_{ij}}\right]$$

$$\ln L(\mathrm{B}) = -\sum_i\sum_j \ln(\sigma_{ij}\sqrt{2\pi}) - \sum_i\sum_j\frac{(b_{ij}-d_{ij})^2}{2\sigma_{ij}}$$

图 8-10　最小平方法的原理［根据 Wróbel，(2008) 绘制］

8.8.5　其他叠加树方法

1. Wagner 距离法

Wagner 距离法（distance-Wagner method）是由 Farris（1972）提出的一种叠加树方法。该法假定距离数据满足叠加性条件，在没有任何定义的最佳拟合测度的情况下，将叠加树拟合于观测距离上，选择最优树的标准限制在期望距离大于观测距离的树上，最后只产生一棵树。在无明确定义的选择标准情况下，该法只能按 Farris（1972）给出的算法应用。Tatena 等（1982）和 Faith（1985）分别从两个不同的方面对 Wagner 距离法作了改进。

2. 邻居法

邻居法（neighborliness method）是由 Sattath 和 Tversky（1977）根据叠加树的四点条件提出的构建叠加树的方法。具有 n 个分类单元（$n\geqslant 4$）的树上，假定分类单元 1 和 2 是一对邻居，即 1 和 2 在二叉树上由单一内节相连，如 d_{ij} 为 i 和 j 之间的观测距离，则对于一叠加树，以下不等式成立：

$$d_{12}+d_{ij}<d_{1i}+d_{2j}，d_{12}+d_{ij}<d_{ij}+d_{2j}，$$

其中，i 和 j 为任一分类单元（$3\leqslant i<j\leqslant n$）。对于实际数据，由于干扰距离叠加性的因素，上述条件并不保证，为此 Sattath 和 Tversky（1977）及 Fitch（1981）提出了能使上述条件最大数目成立的树的算法。

8.9 距离树可靠性评价

普通的自举检验可以用于各种距离方法构建的系统树的可靠性检验。此外，也提出了一些距离法特有的检验方法，如 Dopazo（1994）提出了一种用于距离树检验的自举内部分支检验方法。与通常的自举检验不同的是，它试图检验一个给定树的每个内部分支的可靠性。与自举检验法相似，对原始序列中随机抽样形成与原始数据数目相等的核苷酸（或者氨基酸），再用从原始序列数据获得的树拓扑结构来计算所有分枝长度。对同一种拓扑结构重复数百次。一个内部分枝的长度估计（b）将随着重复次数而不同，且可能为负值。最后，可以计算 b 的平均值及标准误，并进行 Z 检验。

8.10 距离矩阵建树方法的比较及应用

以上系统地介绍了常用的距离矩阵方法，这些方法具有不同的假设和选择最优树的标准，因而在系统发生分析上的表现不同。然而由于分子数据的随机误差大，因此这些方法的具体表现与理论预测不一定很符合。

许多人对各种距离矩阵方法进行过模拟研究，其主要结论如下：UPGMA 法在构建物种树或期望距离的基因树方面一般优于其他距离矩阵方法，但在估计每一分枝的实际进化数量方面则其他方法较好。另外，如果进化速率恒定，则 UPGMA 法的表现也优于其他方法。对近缘种类的比较，无论进化速率是否恒定，Wagner 距离法优于其他方法，但当进化速率剧烈变化时，转换距离法和平均距离法表现较好。

最常见的距离聚类方法是邻接法和非加权配对算术平均法（UPGMA）。不过，UPGMA 的缺点是分枝长度必须满足分子钟的限制。由于大部分数据不符合这个假设，UPGMA 对不等分枝长度现象极其敏感，产生严重的误导结果。相比之下，NJ 法无分子钟假定。模拟研究显示，NJ 有良好表现，NJ 方法合理的准确性和快速运算速度允许进行非常大数据集的系统发生推论等方法，而对这些大数据集的其他方法在计算上是不可能的（Tamura et al.，2004）。

距离矩阵方法与性状数据分析方法相比，各有优缺点。距离矩阵方法的两个主要优点如下所述。

（1）方法的简单性：除 Wagner 距离法的算法较复杂外，其他距离矩阵方法的算法都比性状数据分析方法简单直观。

（2）结果的稳定性：距离矩阵方法只假定了距离系数的超度量或叠加性，对进化过程没有其他更多的假设，因此遵循不同进化规律的数据集或进化模型中参数的改变对距离矩阵方法的分析结果的影响较小，系统发生分析结果表现出较强的稳健性（robustness）。

距离矩阵方法的主要缺点表现在以下几个方面。

（1）需将原始数据转变成距离数据，数据转变过程不可避免地引起某些信息的丢失。

（2）大多数距离矩阵算法没有检查比较巨大数量的次优树的能力。

（3）在序列数据的分析中无法考虑不同位点上进化速率的差异或序列中可变位点数目。

（4）为使距离符合叠加条件，需要对远缘种类之间的距离数据进行校正，这种校正需要进化过程和进化特征方面的知识。

（5）距离矩阵方法本身及其运算结果的统计学分析比较困难，目前还未建立起系统树上分类单元之间的期望距离分布的概率模型。

尽管如此，距离矩阵方法对大多数的数据集都能给出满意的结果。

距离矩阵方法曾经是一类主要的建树方法。但随着统计学方法的发展成熟，目前距离方法的结果已基本上不用于正式的系统发生分析上，其主要有以下两个方面的应用。

（1）距离矩阵法分析的结果常作为 ML 法模型选择、参数估计和最优树搜索的初始树。快速的距离方法（NJ）可以为更彻底的基于启发式搜索最优化的方法产生相当准确的起始树，从而大大降低现有方法的计算时间（Guindon and Gascuel，2003）。

（2）用于大型数据集的分析，如 DNA 条形码数据的分析。

8.11　距离矩阵法建树软件

距离矩阵法软件有

PHYLIP	MVSP	qclust
PAUP*	RSTCALC	Populations
RAPDistance	Genetix	Winboot
MULTICOMP	DISTANCE	FSTAT
Microsat	Darwin	SYN-TAX
DIPLOMO	sendbs	Phylo _ win
OSA	K2WuLi	Phyltools
DISPAN	GeneStrut	MSA
RESTSITE	Arlequin	APE
NTSYSpc	DAMBE	YCDMA
TREE-PUZZLE	DnaSP	NSA
Hadtree，Prepare and Trees	PAML	T-REX
GCUA	puzzleboot	LDDist
DERANGE2	PAL	DIVAGE
POPGENE	Vanilla	Genepop
TFPGA	GelCompar II	START
REAP	Bionumerics	Swaap

Swaap PH	SWORDS	GenoDive
SPAGeDi	rRNA phylogeny	analysis
CBCAnalyzer	FAMD	TreeFit
PaupUp	GAME	EMBOSS
SEMPHY	Bioinformatics _ Toolbox	Murka

快速距离矩阵方法软件包括 Neighbor-Joining、WEIGHBOR、BIONJ 和 FASTME 等。

8.11.1 PAUP* 4 距离法建树

用 PAUP* 4 进行距离法分析的基本步骤如下所述。

（1）用处理模式打开 NEXUS 数据文件。

（2）按需要对数据集进行排除/包含数据点的处理，如 delete x；或 restore x;。此处，x 为 OTU 在数据集中的序号。如要显示数据，则键入 showmatrix;。

（3）设置距离建树标准：set criterion=distance;。

（4）距离矩阵方法下的设置：输入 dset 命令进行设置，包括以下 5 个方面的设置。

① 设置距离类型：可以选择标准距离（standard distance）或 DNA/RNA 距离。PAUP* 默认的距离为 DNA/RNA 距离下的 p 距离。要查看距离设置键入 dset?;

各距离模型定义见表 8-4。

表 8-4　PAUP* 4 中可以使用的距离类型

距离类型	定义	类别
USER	自定义距离，数据文件中包含自定义距离矩阵时才能被选择	
TOTAL	总性状差异数（total character difference）	标准距离
MEAN	平均性状差异数（mean character difference）	标准距离
ABS	绝对差异数（absolute differences）	DNA/RNA 距离
P	未校正的 p 距离（uncorrected p distance）	DNA/RNA 距离
JC	等碱基频率，一个替换类型	DNA/RNA 距离
F81	碱基频率不同，一个替换类型	DNA/RNA 距离
TN	Tajima 和 Nei（1984）；碱基频率不同，一个替换类型	DNA/RNA 距离
K2P	等碱基频率，Ti，Tv	DNA/RNA 距离
F84	碱基频率不同，Ti，Tv	DNA/RNA 距离
HKY85	碱基频率不同，Ti，Tv	DNA/RNA 距离
K3P	等碱基频率，三种替换类型	DNA/RNA 距离
TN	碱基频率不同，三种替换类型	DNA/RNA 距离
GTR	碱基频率不同，6 种替换类型	DNA/RNA 距离
CUSTOM	用户自定义碱基频率和替换类型	DNA/RNA 距离
ML	在 ML 当前设置条件下估算似然距离	DNA/RNA 距离
LOGDET	log-determinant 一般在分类单元间碱基组成存在偏向性时采用的校正距离	DNA/RNA 距离
UPHOLT	限制位点距离	限制位点数据
NEILI	限制位点距离	限制位点数据

从 JC 到 GTR 的距离模型属于 GTR 系列模型，这些模型还可以同时添加两个参数，一是不变位点比例（PINVAR，proportion of invariable sites），另一个是位点间速率变异的 G 分布（rates＝gamma）。ML 距离的设置同似然法设置。

如果选择 GTR 距离，则 dset distance＝gtr；

PAUP* 可以从三种不同类型的数据中计算遗传距离：标准数据（standard）、DNA/RNA 和限制性酶切位点。默认情况下计算的距离是基于 DNA 序列的未校正的 p 距离，此时，如果数据集中包含其他数据，PAUP* 在计算时将排除这些数据，并出现类似的如下信息：

如果需要计算包括空位在内的所有信息的距离，需要选择“total”或“mean” distance，如

```
dset distance=mean;
```

GTR 最大似然距离计算：PAUP* 中计算最大似然距离有固定参数和优化参数两种方法。

采用固定参数（如碱基频率、Ts/Tv 等）计算所有两两距离：计算前首先要确定模型的参数，一般是采用 ModelTest 选择模型，然后估算模型参数，之后将这些参数用于距离的估计。PAUP* 完成这些任务的命令为

```
nj;[构建 NJ 树]
lscore 1/nst=6 rmatrix=estimate basefreq=estimate;[依据 NJ 树估计 GTR 模型参数]
lset rmatrix=previous basefreq=previous;[在似然法设置中将参数固定为上一步估计的值]
dset distance=ml;[将距离设置为最大似然距离]
showdist;[显示计算的距离矩阵]
```

采用优化参数时，每次计算两两距离时都估算各自的参数。PAUP* 完成这些任务的命令为

```
nj;
lscore 1/nst=6 rmatrix=estimate basefreq=estimate;
dset distance=ml;
showdist;
```

距离矩阵的保存命令：SAVEDIST [options]；

② 选择距离建树的目标函数（objective function）：PAUP* 中距离矩阵法有三种目标函数，一种是默认的最小进化（minimum evolution，ME）标准，另两种是加权和非加权的最小平方拟合法（least square fitting，LSFIT），power＝0 对应非加权，power＝1 或 2 对应加权法。设置命令为

```
dset objective=lsfit;power=n;(n=0,1 或 2),或 dset objective=me;。
power=0:非加权最小平方法建树。
power=1:加权最小平方法建树。
power=2:Fitch-Margoliash(FM)法建树。
```

③ 替换限制（substitution restriction）：SUBST＝ALL | TV | TI | TRATIO，即定

义距离计算时考虑所有替换、转换、颠换或转换/颠换。

④ 缺失位点和模糊位点的处理：MISSDIST＝INFER | IGNORE，前者将以上位点按比例分布到非模糊位点中，后者则选择忽略影响距离计算的位点。

⑤ 枝长为负值时的处理方式（negative branch-length handling）：

```
NEGBRLEN=PROHIBIT|ALLOW|SETZERO|SETABSVAL，
NEGBRLEN=PROHIBIT:限制分支长度不能为负，最符合生物学实际，但运行速度很慢；
NEGBRLEN=SETZERO，默认设置，允许负值，但计算目标函数时设置为 0；
NEGBRLEN=ALLOW:允许负值计算。
NEGBRLEN=SETABSVAL:采用分支长度的绝对值计算。
```

（5）选择距离建树方法：在 PAUP* 中，UPGMA 和 NJ 法是基于算法的建树方法，无须对树分布空间进行搜索。这类分析每次仅产生一棵树，且在大多数情况下重复分析的结果是一致的。但在建树过程中当距离矩阵出现相同的距离（ties）时，则重复建树的结果可能不同。此时，PAUP* 将发出警告信息："note：ties were encountered；UPGMA tree may not unique."可以通过改变 ties 的设置（随机或指定种子数字）来获得不同的树。

另外，按照距离法的 ME 标准和最小平方拟合标准（LSFIT）进行 ME 和 LS 建树时，与 MP 搜索一样有三种：启发式 hs、分支限界法 bandb 和穷举搜索 alltrees。

在距离法的启发性搜索中，默认的起始树是 NJ 树（addseq＝nj），如果要改变成为随机添加：hsearch/addseq＝random nreps＝100；

PAUP* 也允许输入用户计算的 NEXUS 格式的距离矩阵进行距离法分析。

UPGMA 法建树命令：UPGMA [options]；

邻接法建树命令：NJ [options]；

PAUP*（4.0b10）以后的版本中，NJ 命令下增加了 BioNJ 选项，需要采用该法的命令为

```
begin paup;
nj bionj=yes;
end;
```

BIONJ 在各种情况下所构建的系统树的拓扑结构都优于 NJ 树，尤其是当替换速率较高且在不同支系之间存在变化时，其优越性更加突出。当分类单元数量较少时，BIONJ 和 NJ 树一般都一致或接近。BIONJ 可以应用于大数据集的分析（大于 1000taxa），采用 GAMMA 距离的 BIONJ 法对速率变异较大的大数据集效果很好。

最小进化法设置：

```
set criterion=distance;
dset objective=me;
```

最小平方法设置：

```
set criterion=distance;
dset objective=lsfit;(默认设置=加权最小平方法 weighted least squares)，或
```

```
set criterion=distance;
dset objective=lsfit power=0;(非加权最小平方法 unweighted least-squares criterion)
```

其他 dset 设置举例：

```
dset dist=jc;showdist;nj;[ JC69 距离,显示距离矩阵,NJ 法建树]
dset dist=k2p;showdist;nj;[Kimura 2-parameter 距离,显示距离矩阵,NJ 法建树]
dset dist=hky;showdist;nj;[HKY85 距离,显示距离矩阵,NJ 法建树]
dset dist=tamnei;showdist;nj;[Tamura-Nei 距离,显示距离矩阵,NJ 法建树]
dset dist=gtr;showdist;nj;[GTR 距离,显示距离矩阵,NJ 法建树]
```

采用 GTR 距离的 ME 法建树：

```
set criterion=distance;
dset objective=me dist=gtr;
hsearch;
```

查看 ME 树在 FM 加权最小平方法下的距离值：

```
dscores/objective=ls power=2;
```

（6）查看、描述和保存距离树的操作：showtree；或 showtree 1—3;，显示第 1 至第 3 棵树。Descibetrees/plot＝phylogram；则会给出树长和分枝长度。dscores/objective＝ls power＝2；查看距离树在 FM 加权最小平方法下的距离值。

（7）距离树的支持度分析

距离树的 bootstrap/jackknife 支持度分析同 MP 法。

```
set crit=dist;
bootstrap nreps=1000 search=nj;[1000 次自举重抽样,用 NJ 法建树]。
```

8.11.2　MEGA5 的距离法

MEGA5 执行 NJ、ME 和 UPGMA 三种距离建树方法（图 8-11）。

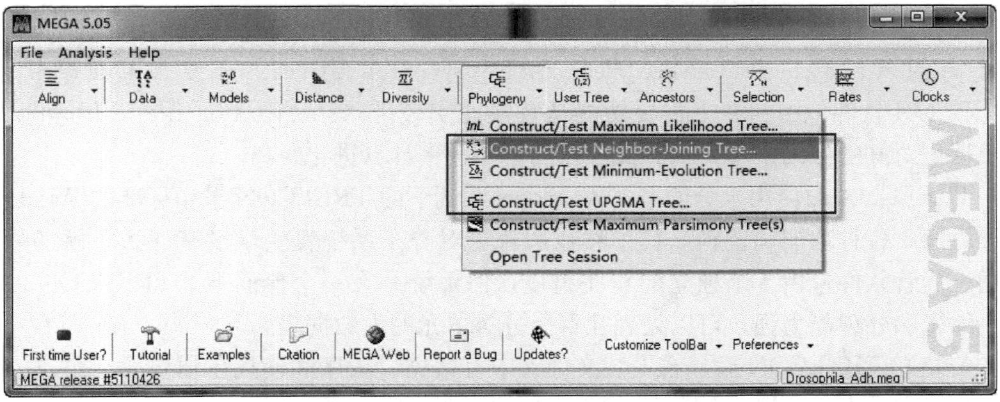

图 8-11　MEGA5 执行的三种距离建树方法

运行 MEGA5，在 Phylogeny 菜单选择一种距离建树方法，在弹出的对话框中选择激活数据文件，并在分析设置（analysis preference）对话框中设置距离类型等，点击计算，返回结果如图 8-12 所示。获得的系统树可以在 File 菜单中保存为 Newick 格式，或在图像菜单中直接拷贝或保存为三种不同的图像格式。

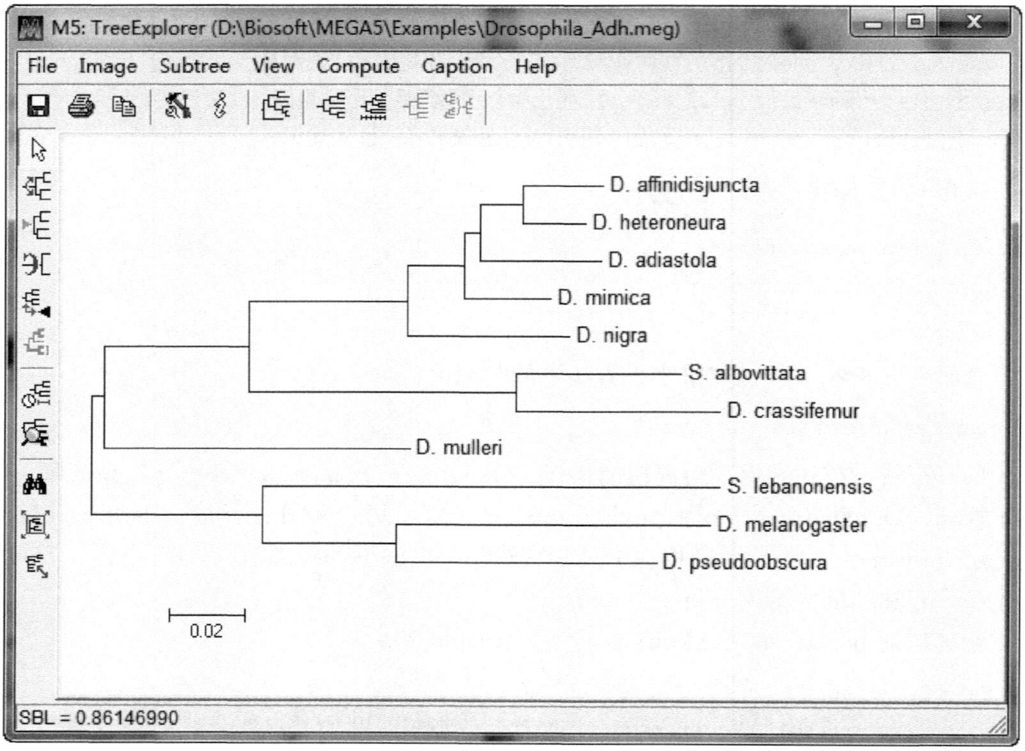

图 8-12　MEGA5 软件 NJ 法建树结果

8.11.3　TREECON 使用

TREECON 主要是基于从核苷酸和蛋白质序列计算的遗传距离基础上构建和绘制系统树的软件包，由 Van de Peer 和 De Wachter（1994）开发，为共享软件。TREECON 软件包中的一个重要功能是替换速率较准（substitution rate calibration），是根据比对好的序列中单个核苷酸位点的替换速率计算进化距离。

TREECON 的使用十分简单。Windows 系统下的 TREECON 采用标准的 Windows 图形界面，各种功能和设置一目了然，适合于对分子系统发生学没有深入了解的用户使用。尽管软件包由 5 个独立的程序组成，但都统一在一个界面下。TREECON 的系统树编辑和处理能力强，可以处理几百个分类单元的大数据集。

安装好 TREECON 后，在安装文件夹中有数据、程序和使用手册 3 个文件夹，其中的程序文件夹中有以下 6 个 TREECON 的主要程序（图 8-13）。

图 8-13　Treecon 的 6 个主要程序图标

其中的 treeconw. exe 是主程序，双击它出现如图 8-14 所示的界面。

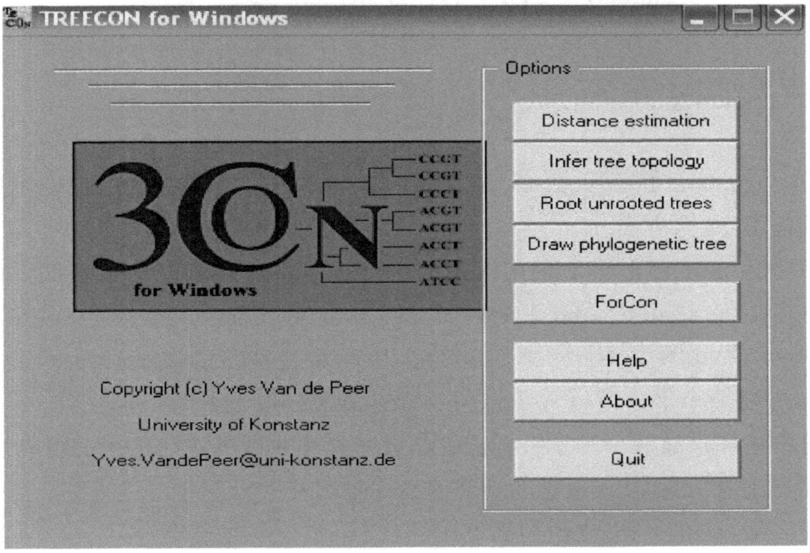

图 8-14　Treeconw. exe 的主界面

在 TREECON 的主界面中有距离估计、推论树的拓扑结构、无根树赋根和绘制系统树等功能列表供选择，这些功能都分别由上述的独立程序完成。

TREECON 遗传距离的计算步骤如下所述。

(1) 双击 TREECON 图标打开 TREECON 主界面。

(2) 选择 Distance estimation，则出现 Distance estimation 程序界面。

(3) 在 Distance estimation 程序界面中选择 Start distance estimation。

(4) 在选择文件路径对话框选择分析的序列文件，会出现一个数据类型和格式对话框，选择适当的数据类型和格式后，单击 OK，则出现选择序列对话框，在此可以通过 Ctrl 键＋鼠标来选择需要分析的序列并将其保存为新文件。选择好分析的序列后，单击 OK，则出现计算距离选项对话框，需要从进化模型、序列位点划分、空位处理和是否进行自举分析 4 个方面设置计算距离的参数，确定后单击 OK，则程序运行，结束后提示完成 (finished)，点击 OK，则程序结束。

TREECON 系统树构建步骤如下所述。

(1) 在主菜单中选择 Infer tree topology，则出现 inferring tree topology 程序界面。

(2) 选择 Start inferring tree topology，则出现建树方法（有 NJ 法、变换距离法和聚类分析三类）和自举分析选项对话框，选好后单击 OK，则程序运行，结束后提示完成 (finished)。

TREECON 系统树赋根的方法如下所述。

(1) 在主菜单中选择 Root unrooted trees。

(2) 在出现的 Root unrooted trees 程序界面中，选择 Start rooting unrooted trees。

(3) 在 Options 选择赋根方法后，点击 OK。

(4) 在出现的列表中选择一个序列作为外群。

(5) 在 Job status 菜单中出现 finished 后，选择 OK。

8.11.4 T-REX 软件使用

T-REX (tree and reticulogram reconstruction) 是基于距离的进化树构建软件，主要特征包括以下 12 个方面。

(1) T-REX4.01 集中了 6 种用序列或距离矩阵快速有效重建系统发生树的方法，包括：ADDTREE (Sattath and Tversky，1977)、NJ (Saitou and Nei，1987)、BioNJ (Gascuel，1997)、UNJ (Gascuel，1997)、环序重建法 (Circular order reconstruction method) 和加权最小平方法 (Weighted least-squares method)。

(2) 自举法和自减法两种重抽样法评估系统发生重建的进化关系的可靠性。

(3) 序列比对工具 ClustalW 也包含在这个软件中。

(4) 大多常用的序列进化模型都可用。

(5) 有加权树和网状进化树。

(6) 部分距离矩阵中 4 种树重建的方法。

(7) 网状图重建算法来检测网状演化过程，包括杂交或重组事件。

(8) 两种算法检测基因水平转移。

(9) 使用分层、轴向或径向类型绘树图和网状图。

(10) 允许在树上或网状图上选择根源。

(11) 允许给树的分支、对象和边缘选择颜色。

(12) 允许以图像和位图复制，以各种格式读取数据矩阵，以 Newick 格式保存和操纵树中的文件。

T-REX 的使用方法包括以下两个步骤。

(1) 下载安装 T-REX4.01，开始—程序—运行 T-REX4.01。从文件 (File) 菜单中打开数据文件，如图 8-15 所示。

(2) 从 T-REX 菜单选择 Reconstruct a tree 命令，出现建树方法选择对话框 (图 8-16)。在这里选择距离法建树方法、自举重复次数、校正距离模型等主要设置，点击 OK。运行结束后出现系统树和距离两个窗口。

T-REX 菜单中有重建树、重建网状图、重建基因水平转移的网状图及从部分距离矩阵中重建树等选项。

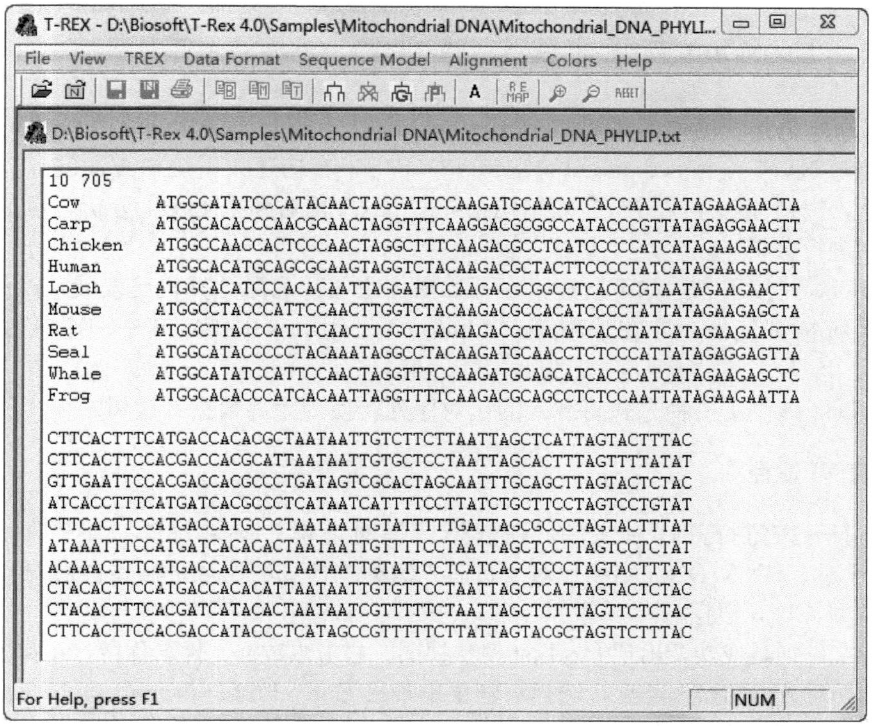

图 8-15　T-REX 运行界面

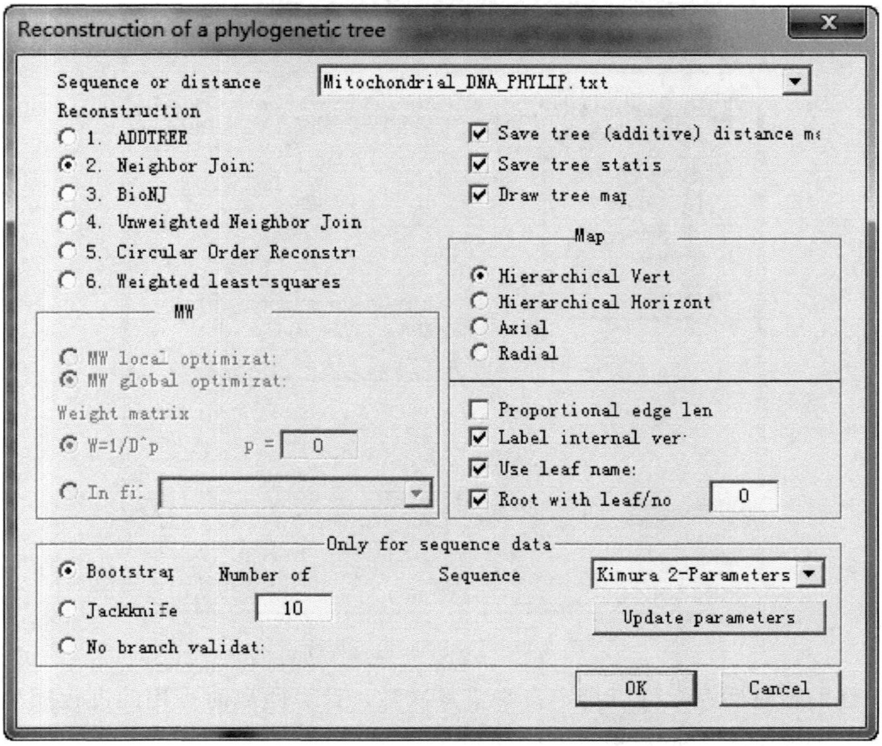

图 8-16　T-REX 建树方法选择对话框

8.11.5 ProfDist 使用方法

ProfDist 是基于序列谱距离（profile distance）采用 NJ 法构建大系统树的免费软件。序列谱 NJ 法（profile neighbor joining，PNJ）在构建大系统树方面的计算效率很高，此外，它还能够手工进行二级结构指导的 RNA 比对和系统发生分析，也能够对蛋白质序列进行分析。

ProfDist 的使用方法如下所述：在开始操作之前，确保计算机已安装 TreeView 或 NJplot 系统树浏览器，并在选项菜单 Options—Settings 中指定其中一个软件的安装路径。

ProfDist 提供了三种方式将载入的比对序列转换为距离数据并建树。

1. 序列谱 NJ 途径

点击打开按钮打开比对文件，在数据选择对话框中必须选择以下选项：RNA/DNA 的比对、RNA/DNA 结构比对（带有二级结构信息的比对）和蛋白质对比，选择合适的类型，打开数据。

如果文件加载成功，出现 ProfDist 树状视图。右击该数据文件名称栏，在弹出的操作选项中选择对数据的操作类型，选择级联菜单条目 Run—Profile Neighbour Joining，程序将进行 PNJ 运算（图 8-17）。

图 8-17　ProfDist 运行界面

在出现的新对话框中可以指定自举重复次数，计算距离时采用的进化模型，定义用于 PNJ 的序列谱包含的源数据，必须定义至少三个序列谱，或者在下边的选择框中确定各个序列谱的序列（图 8-18）。

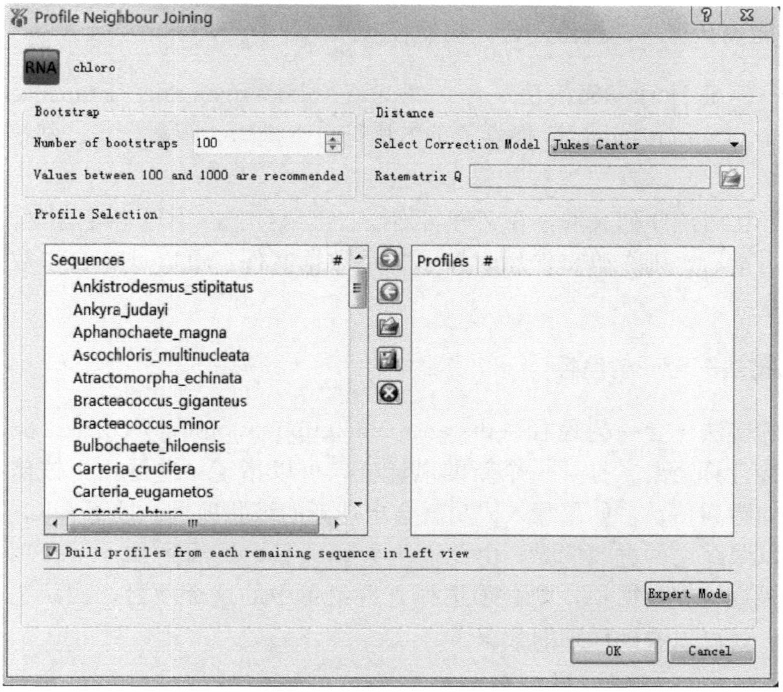

图 8-18　ProfDist 序列谱分析设置

在这个对话框中，有如下参数可以选择自举次数、校正模型及至少要选择三个 profiles 进行分析。点击 OK 出现一个新任务进展，就可以找到运行的结果（图 8-19）。可以改变路线到其他数据类型。运行结果附在序列后，可以通过 View 菜单查看结果。

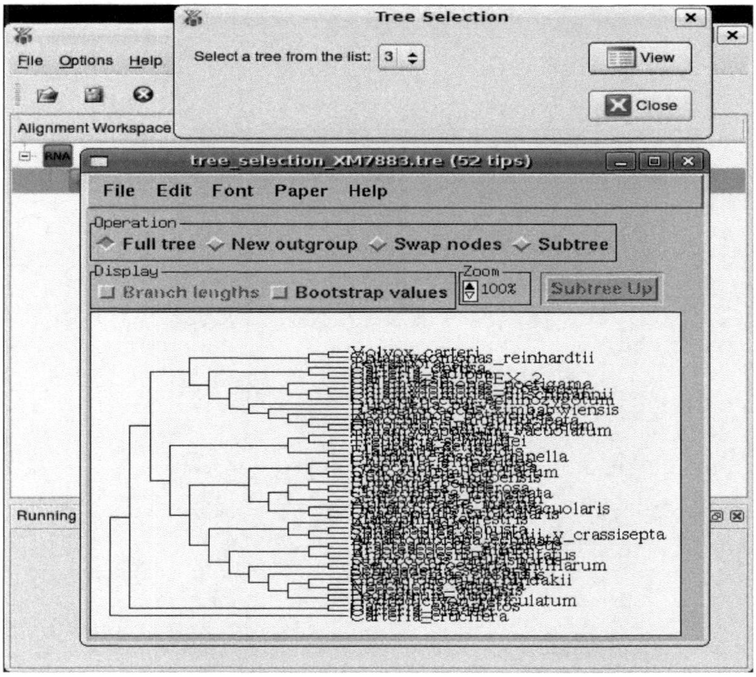

图 8-19　ProfDist 运行结果

2. 自举法—距离计算—邻接法—合一树途径

自举法—距离计算—邻接法—合一树途径（bootstrapping-distance calculation→neighbour joining→consensus）提供了手工执行自举操作、距离计算、邻接法和合一树的选择。

首先打开比对的序列文件，在文件名称栏右击鼠标，在 RUN 菜单选择 Bootstrap，当程序完成自举后，则在源文件后附加了自举数据文件。可以计算自举数据集距离矩阵，再进行建树。

3. 距离—邻接法—合一树途径

距离—邻接法—合一树途径（distance—neighbour joining—consensus）无须自举从数据中直接计算距离。打开一个新的对话框，可以指定一些导入，该修正模型计算过程中使用的距离估计，如果载入成功就会出现新的级联项目。按下 OK，新的任务就会开始，可以跟踪它的进展情况。由此产生数据项目，然后附加一个分项目，从源头上对齐。如果想检查数据项，则必须选择查看菜单中的这个项目，或从工具栏选择查看。打开后，就可以看到详细的数据。

4. 专家模式

ProfDistS 在 PNJ 对话框中提供了有复杂选项的专家模式供复杂数据分析，在此用户可以定义两个产生序列谱的阈值（threshold），即选择根据序列一致性水平产生序列谱，选择根据自举支持度产生序列谱；用户还可以选择自动和手动产生序列谱。

第 9 章 简 约 法

9.1 简约性方法原理

Ockham 的简约性原理（principle of parsimony）在科学研究中被广泛接受，其含意可表达为：在同样的解释能力下，简单的假说比复杂的假说更好。基于简约性标准推论系统发生的分析方法称为简约性方法（parsimony method）。

系统发生分析中的简约性标准是指在所有可能的系统树中，解释数据集中性状状态改变需要最小额外进化步骤数目的树为最优树，这就等同于“分类单元之间所拥有的共同特征都应归结于是从共同祖先遗传下来的”这一简单的进化解释。当性状之间不相合时，额外的假设是不可避免的，亦即要借助于平行、趋同、回复进化等额外进化步骤解释这种不相合性，但要使这种额外进化步骤的数目最小化。这一过程由性状优化（character optimization）完成。当给定一组性状后，简约分析首先确定每个性状在任一给定树上优化后的进化步骤数，所有性状在一棵树上的进化改变总数称为树长（tree length），可以解释数据集所有性状状态分布的最小树长的树称为最简约树（most parsimonious tree，MPT）。

在分子系统发生学上，简约性方法将核苷酸或氨基酸序列位点看成是性状，而将位点上出现的不同核苷酸或氨基酸看成是性状状态。假设 4 种核苷酸（或 20 种氨基酸）可突变为与自身不同的任何一种，这样对于任一给定的拓扑结构，可以推断每个位点的祖先状态。对这一拓扑结构，可以计算出用来解释整个进化过程所需核苷酸（或氨基酸）的最小改变数目。将所有可能正确的拓扑结构进行这种计算并挑选出所需改变数的最小拓扑结构作为最优树。

如果每个序列位点没有回复突变或平行突变（即没有同型性状），且取样位点数非常多，则简约性方法肯定能获得正确的系统树。然而，实际上，序列通常受回复和平行突变的影响，取样位点数也相当小。在这种情况下，简约性方法会给出不正确的拓扑结构。Felsenstein（1978）进一步指出，即使核苷酸序列无限长，但当不同生物的核苷酸替代率变化很大时，MP 方法也会产生不正确的拓扑结构。在某些条件下，即使替换率在所有支系中都相同，这种情况仍会发生。在这种情形下，真实系统树的长（或短）分枝可能连在一起或在重建树中彼此吸引。因此，这种现象通常称为长枝吸引或短枝吸引，是简约法的一个最主要的系统误差。

基于简约性标准直接从性状数据推论系统发生的方法是应用最广的方法之一。分子系统发生分析中简约性标准最早是由 Edwards 和 Cavalli-Sforza（1963；1964）提出的，他们称之为最小净进化方法（minimum net evolution）。简约性（parsimony）一词首先是由 Camin 和 Sokal（1965）采用的，Eck 和 Dayhoff（1966）首次用简约法分析蛋白质序列数据。Kluge 和 Farris（1969）提出了计算状态之间在系统树上改变值的算法，Fitch（1971）和 Hartigan（1973）发展了一种更严谨的用于计算核苷酸之间改变值的算法。真正使简约法普及的是 PAUP* 软件包的出现，它可以执行 DNA 和蛋白质序列的多种简约法分析。

9.2 简约法的分析过程

9.2.1 性状分布模式

采用简约法分析时，首先需要筛选出对系统发生分析有信息的位点，因为在已比对的序列的所有位点中，并不都含有系统发生信息。根据位点上残基在各序列中的变化情况，将已对准的位点分为多型位点和单型位点两类，多型位点（polytypic site）是指在所比较的序列中存在两种或两种以上不同类型的残基的位点，单型位点（monotypic site）是指在所有序列中都具有相同残基的位点。如果多型位点中出现的残基中的每一类在所比较的序列中至少出现两次（即至少在两个序列中出现），则这类位点称为简约信号位点（parsimonious informative site）。残基在各个序列中都不相同的多型位点或都相同的单型位点均称为无信号位点（uninformative site），前者属于自体衍征，后者属于祖征，它们都不含有区分分类单元分支关系的信号。

例如，在图 9-1 数据的 30 个位点上，第 2、7、15、19、22 和 28 为简约信号位点，这些位点可用于确定分支关系。

a

位点	1	2	3	4	5	6	7	8	9	10	11	12	13	14	15	16	17	18	19	20	21	22	23	24	25	26	27	28	29	30
OTU A	A	C	A	T	C	G	G	T	G	C	C	C	A	T	G	G	G	A	G	T	T	G	C	G	T	T	G	T	C	T
OTU B	A	C	A	T	T	A	G	T	G	T	C	C	A	T	G	G	G	A	G	T	T	G	C	G	T	T	G	A	C	T
OTU C	A	T	A	T	C	G	C	T	G	T	C	C	A	T	A	G	G	A	A	T	T	A	C	G	T	T	G	T	C	T
OTU D	A	T	A	T	C	G	C	T	G	T	C	C	A	C	A	G	G	A	A	T	T	A	C	G	T	T	G	A	C	T
外群	A	C	A	T	C	G	G	T	G	T	C	G	A	T	A	G	G	A	G	T	T	A	C	G	C	T	G	A	C	T

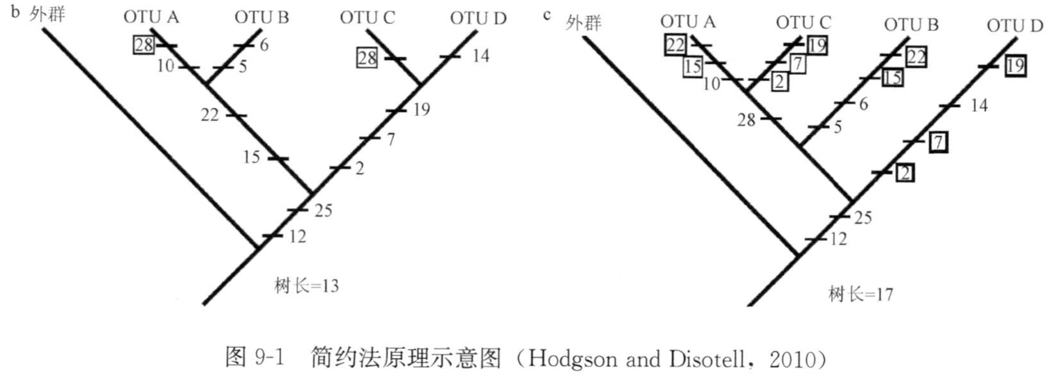

图 9-1　简约法原理示意图（Hodgson and Disotell，2010）

a. 4 个内群和 1 个外群比对好的 DNA 序列；b. 最简约拓扑结构树（树长=13，有 1 个同型性状 28）；c. 非简约拓扑结构树（树长=17，有 5 个同型性状，分别是 2、7、15、19 和 22），图上同型性状用方框表示，其余为共享近裔性状

比对好序列中的空位在简约分析时有以下三种处理方式：完全删除；两两删除；作为第 5（DNA 序列）和第 21 种（蛋白质序列）状态对待。

通过上述位点残基类型的分析，具有系统发生信号的位点构成简约法分析性状集，在这个数据集中所有性状都作为无序多态性状看待。

9.2.2 性状优化

获得最简约树的两个主要问题是：根据选定的性状进化模型（即步长矩阵）计算所有可能分支型式的一棵树上性状状态改变的最小步骤数；发现具有最小状态改变数的所有分支型式的树。前一问题实际上是图论中求解 Steiner 树的特例，已有多种成熟的算法，而后一问题对于较大数目的分类单元，目前还没有精确的方法（见最优树的搜索）。

MP 法性状优化算法的基础是由 Fitch（1971）和 Hartigan（1973）提出的，这两种算法都可对给定树同时计算出树长和各内部节点上性状的最简约状态集（most parsimonious state set）。Ronquist（1998）等提出了可以对几个性状同时进行优化的算法，极大地提高了性状优化的计算速度。Rice 等（1997）在用 PAUP 3 分析 500 个分类单元的数据集时，用传统算法计算了三个半月仍没有发现 MPT，而采用 Goloboff（1999a）并行优化算法分析同样的数据集平均只要 10 min 即可发现 MPT。由此可见，MP 法在性状优化过程中并行算法的威力。Fitch（1971）的算法虽然很容易实现二歧树上性状的并行优化，但不能用于多歧树，Goloboff（2002）发展了在 Fitch（1971）的算法基础上可以在多歧树上进行性状并行优化的算法。

所有简约性方法的分析步骤都相同，但这些方法在性状优化过程中对性状进化的假设各不相同，常用的这些假设及相应的简约性性状优化标准如下所述。

（1）Farris/Wagner Additive 优化（Farris，1970）：允许衍征多次起源和多次丧失，最简约树的标准是性状变换的数目最少。其中，对于多态性状，如果状态只允许按顺序一次变换一步，则称为 Wagner 简约法。

（2）Fitch 非叠加性优化（Fitch，1971）：允许衍征多次起源和多次丧失，最简约树的标准是性状变换的数目最少。其中，对于多态性状，如果状态之间允许随机变换，则称为 Fitch 简约法。

（3）动态程序法或广义简约法（dynamic programming，generalized parsimony）（Sankoff，1975；Sankoff and Cedergren，1983；Wheeler，1996）。

（4）Dollo 优化：每一衍征只允许起源一次，但可以多次丧失，选择最优树的标准是衍征丧失次数最少，这种方法称为 Dollo 简约法。

（5）Camin-Sokal 优化：相同衍征允许在同一树上独立起源一次以上，选择最优树的标准是衍征独立起源次数最少，这种方法称为 Camin-Sokal 简约法。

（6）颠换简约法（transversion parsimony）优化。

（7）多态性简约法：假定衍征状态只能通过多态性状态达到，并假定任意两状态之间的多态性仅起源一次，允许任何性状具有中介的或多态性的状态，最简约树的标准是多态性状态持续次数最少，这种方法称为多态性简约法。

1. Wagner 简约法

Kluge 和 Farris（1969）首次提出未指明祖征和衍征，也无需进化不可逆假设的支序分析方法，他们称之为 Wagner 简约法，有时也称最简约法（maximum parsimony）。Wagner 简约法是最简单的简约法之一，假定性状从一种状态向另一种状态的变换是通过由顺序关系确定的中介状态完成的，如下例中从 0→2 的变换是 0→1 和 1→2 两次变换之和，允许性状状态之间的可逆性变换，特别适合于可叠加的有序性状。假如一个性状有 4 种状态 0、1、2 和 3，则 Wagner 简约法的性状状态变换为：0→1→2→3。Wagner 简约法的步长矩阵为

	0	1	2	3
0	—	1	2	3
1	1	—	1	2
2	2	1	—	1
3	3	2	1	—

在后面进行性状优化计算过程的描述中，将只考虑一个性状的计算方法。根据性状独立性的假说，所有性状的树长是其每一性状树长的总和。Wagner 简约法的计算包括两次横穿树各分枝的计算过程，第一次是从外（末梢）向内（根）的横穿过程，第二次是由内向外的横穿。具体方法如下（Swofford et al.，1996）。

（1）对任一可能的无根树的每个端节 i，赋予性状数据集中相应的状态集 S_i。树长初始值定为 0。

（2）访问一个内结 k，该内结的状态集 S_k 还未定义，但 k 的两个直接后裔的状态集已经确定。让 i 和 j 代表 k 的两个直接后裔，则 k 节点的状态集 S_k 的值由下述规则赋给：①如果节点 i 和 j 的状态集的交集（intersection）是非空集的话，即 $S_i \cap S_j \neq \varnothing$，则节点 k 的状态集就等于这个交集，$S_k = S_i \cap S_j$，状态集的交可由一个闭区间 $[a_k, b_k]$ 来表示；② 如果 $S_i \cap S_j = \varnothing$，则 S_k 等于 i 和 j 状态集中所有元素的最小闭区间 $[a_k, b_k]$，树长增加值为（$b_k - a_k$）。

（3）如果节点 k 是位于树最基部的分叉，则计算过程完毕，接步骤（4）继续，否则返回步骤（2）。

（4）如果赋给树的根结（r）的状态（x_r）未包含在刚赋给树的最基部分叉节点的状态集 S_k 中，则树长由 x_r 增加到 S_k，增加值计算为：如果 $x_r < a_k$，则增加值等于 $a_k - x_r$；如果 $x_r > b_k$，增加值等于 $x_r - a_k$。

经以上 4 步的计算足够获得任一给定树的任何性状所要求的最小长度，但这种方法并不能保证对假想祖先（内结）赋以最适状态集以产生最简约树。为此还需第二轮横穿树的计算，这次计算与第一轮的过程相反，是从树的根向端结进行，具体方法如下所述。

（5）访问节点 k，其最适状态集 x_k 还未确定，但 k 的直接祖先的最适状态集已经确定，并用 m 表示。在第一次进行这一步时，$x_m = x_r$（r 为根结的状态）。

（6）对节点 k 赋以从第一轮计算出的状态集 S_k（$S_k = [a_k, b_k]$）中最接近 x_m 状态的值。如果 x_m 值被包含在 S_k 中，则让 $x_k = x_m$；否则，如果 $x_m < a_k$，则 $x_k = a_k$，或 $x_m > b_k$，则 $x_k = b_k$。

（7）如果所有的内结都访问过，则计算完毕，否则重复步骤（5）和步骤（6）。

为具体说明上述计算方法，下面以5个分类单元（A、B、C、D、E）中的一个多态性状（状态分别为0、0、2、1、3）为例，计算图9-2a无根树的树长过程如下所述。

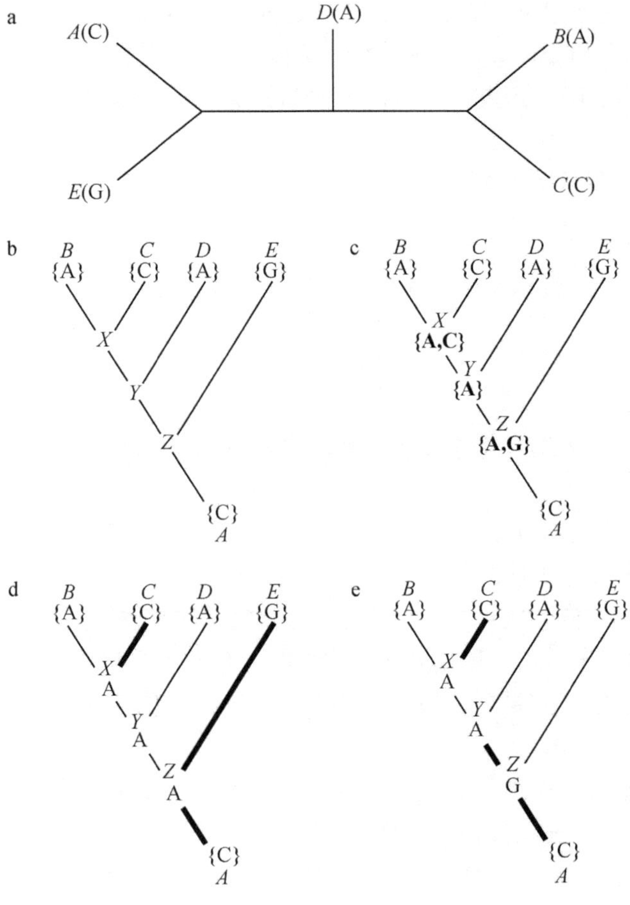

图9-2 Wagner简约法性状优化过程（Swofford et al.，1996）

首先对无根树a赋根（假定端结A为根），形成有根树b。然后按照步骤（1）对图9-2b中各端结赋给各自的状态集（此处仅一个性状，状态值在花括号内），树长初值为0。第一次应用步骤（2）中的规则访问内结 x，可以看到 $S_B \cap S_C = \{0\} \cap \{2\} = \varnothing$，故对节点 x 赋的状态集 S_x 为一闭区间［0，2］，树长增加2－0＝2。同样地，第二次应用步骤（2），S_y＝［1，3］，树长增加3－1＝2；第三次应用步骤（2），$S_x \cap S_y$＝［0，2］∩［1，3］不是空集，故 S_z＝［1，2］。由于根结 X_r＝0，其值不是 S_z 的元素，树长要增加1－0＝1。至此，该性状在这一树上进化改变的最小值计算出来了，等于5（图9-2c）。

应用步骤（5）～（7）的过程如图9-2d所示。首先，对节点 z 赋以状态值1（［1，2］中最接近0的值）。然后对节点 x 赋值以状态1，对 y 赋以状态1，状态的改变值仍为5。应用这种算法只能发现单个最简约树，图9-2e也是树长为5的最简约树。

Wagner简约法是应用最广的简约法，这种方法对性状进化的假设少，所以建成的树一般都具有较少的进化改变（树长最短）。

2. Fitch 简约法

Fitch 简约法是与 Wanger 简约法相近的方法，是最简单的简约法，该法对性状状态之间的变换未作任何限制，允许性状状态之间的任何形式的变换，亦即假设状态向不同方向改变的概率相等，如从 0→2 的变换和 0→1 的变换一样，其结果是所建的树可在任何位置赋根而不改变树长。Fitch 简约法适合于无序性状，状态之间的转换是非叠加性的。

Fitch 简约法的步长矩阵为

	0	1	2	3
0	—	1	1	1
1	1	—	1	1
2	1	1	—	1
3	1	1	1	—

Fitch 简约标准下内结状态集和树长的计算与 Wager 简约法很相似，只有以下几处不同。

步骤（2）中的①应改成：如果赋给节点 i 和 j 的状态集的交是非空集（$S_i \cap S_j \neq \varnothing$），则让 k 的状态集等于该交集，即 $S_k = S_i \cap S_j$。

步骤（2）中的②应改成：如果节点 i 和 j 状态集的交是空集（$S_i \cap S_j = \varnothing$），则让节点 k 的状态集等于节点 i 和 j 状态集的并集，即 $S_k = S_i \cup S_j$，树长增加 1。

步骤（4）应改成：如果赋给根结的状态值（x_r）未包括在刚赋给树基部分叉处节点的状态集中，树长增加 1。

步骤（5）应改成：如果 x_r 被包含在第一轮赋给节点 k 的状态集 S_k 中，则将该状态值赋给 k，则从 S_k 中任选一状态值赋给 k。

图 9-3 显示了性状状态分别为 T、T、A、G、G 的 5 个 OTU 的 Fitch 性状优化过程，其中，图 9-3a 是由外向内的优化过程，图 9-3b 是由内向外的优化过程。无论采用 ACCTRAN 还是 DELTRAN 重建模糊的 {A，G} 节点，该性状的树长均为 2。

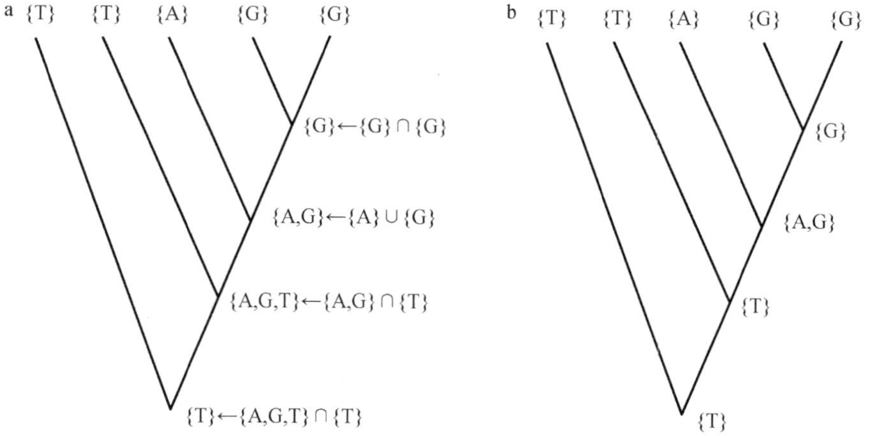

图 9-3　Fitch 性状优化过程

3. Dollo 简约法

Wagner 和 Fitch 简约标准假定性状改变的概率是对称的，这一假设对某些数据，如限制位点数据可能是不合理的，因为在任何特定位置上一个限制位点的丧失比获得要容易得多。由于性状改变的不对称性，Le Quesne（1974）提出 Dollo 简约模型，经 Farris（1977）明确定义后形成。

Dollo 简约法是基于 Dollo 原理，即复杂表型的丧失是不可逆的，如果假定状态 1 为较复杂的衍征，状态 0 为简单的祖征，则可找出使状态 1 可能起源次数最少的简约树，性状之间的不相合性可通过可逆进化（由 1→0）来解释。Dollo 简约法允许性状在给定树上仅有一次前进进化改变（由 0→1），该性状在给定树上的其他变换只允许用可逆进化（由 1→0）解释，具有可逆改变次数最少的为最简约树。Dollo 简约法的步长矩阵为

	0	1	2	3
0	—	1	2M	3M
1	1	—	1M	2M
2	2	1	—	1M
3	3	2	1	—

Dollo 简约标准能用于二态的或易于极化的线性有序多态性状，按这一标准最简约树具有最少可逆进化步骤，但性状状态的重建（即树长的计算）必须与每一衍征只能起源一次这一限制相一致。

应用 Dollo 简约标准也可不包含假想的祖先，也能用于无根树的分析。换句话说，虽然 Dollo 标准要求指定性状的极性，但并不要求知道内群单元的最近祖先中的状态。在无根 Dollo 模型中，以后的赋根既不影响对内结赋给的状态集，也不影响树长。无根 Dollo 方法对限制位点数据特别方便，因它不要求假想祖先，只需要一个或几个外群。如果一个位点在内群的一些种类中出现，并在一个或几个外群中也出现，则内群的最近共同祖先被假定也有这个位点，以后分析的目的是寻求这一位点在树上所有分支的丧失次数最少。另外，如果一个位点在某些内群中发现，在外群中不存在，则该位点被认为在内群祖先中不存在，以后分析时假设该位点在内群的一个合适位置独立起源一次。

4. 其他简约法

1）Camin-Sokal 简约法

Camin 和 Sokal（1965）首次提出了对不连续性状的简约性分析方法，这种方法提出了现有简约法中最严厉的假设：进化是不可逆的，或者说衍征不能转变成祖征，但允许衍征有多次起源。在这些假设下通过找出具有多次起源次数最少的树，即为最简约树。

2）颠换简约法

由于DNA序列进化中转换发生的频率远大于颠换，所以有人认为转换可在较短的进化时期内产生干扰信号，因此在系统发生分析时应完全不用转换信息。最简单的方法是将4种碱基状态看成是嘌呤类和嘧啶类两种状态，再用Wagner简约法分析重新编码的二态性状矩阵，这种二态性状矩阵都是由颠换替换产生的。以DNA序列为例，如果按转换Ts:颠换Tv=1:5进行加权，则步长矩阵为

	A	C	G	T
A	—	5	1	5
C	5	—	5	1
G	1	5	—	5
T	5	1	5	—

对于DNA序列，如果万一从数据集中估计出Ts:Tv=5:1，则不能在PAUP中赋给$\alpha=5$，$\beta=1$来构建步长矩阵，而$\alpha=2$，$\beta=1$是可以的。作为一般规则，不能给Ts大于Tv两倍的权值，这是因为给Ts大于Tv两倍的权值将违反三角不等式规则。如果按$\alpha=5$，$\beta=1$加权，则从C→T（转换）的改变为5，而从C→G→T所经历的两次颠换为2，这就违反了遗传距离的数学原则。

这种方法的缺点是完全排除转换信息。实际上，转换在分析近缘种类之间关系时很有用，因而合理的方法是对颠换给以比转换更大的权值。

3）多态性简约法

多态性简约法（polymorphism parsimony）是由Farris（1978）和Felsenstein（1979）提出的，它允许性状之间的不一致性通过多态性存在而解释，即允许衍征起源后与祖征共存一段时间，也允许一支系从这种多态性状态返回到衍征或祖征中的任一固定单态状态。以二态性状（0，1）为例，假定存在第三种状态（01）是一种多态性状态，并假定状态1在系统树上只起源一次，在其他支系中出现时被认为是状态1起源后群体中仍保留一段时间的01多态性状态，接着在一些支系中状态0丧失而成为状态1，在另一些支系中状态1丧失而成为状态0。选择最简约树的标准是使所有性状的多态性状态在树的各节点存在次数最少。

5. 一般简约法

所有上述简约法标准都可归纳在一种广义简约性（generalized parsimony）标准下（Sankoff，1975）。一般简约法中对每一性状状态向其他状态的改变赋以不同的权值，这一值可用$m\times m$矩阵S来表示，m为一个性状所有可能的状态数目，矩阵的元素S_{ij}代表与状态i向j改变时相关的树长增加值。这种$m\times m$加权矩阵也称步长矩阵（stepmatrix），因为它指定了系统树上一个性状的不同状态之间改变的代价或权值。在给定$m\times m$加权矩阵的情况下，可以利用动态规划算法计算出性状在一棵树上的最小进化步骤（树长）（图9-4）。

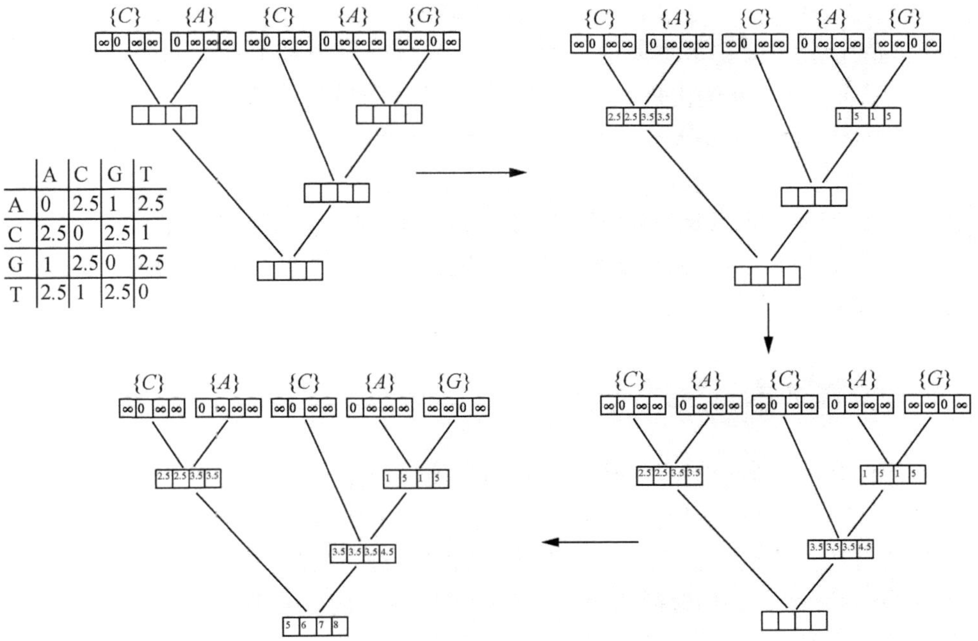

	A	C	G	T
A	0	2.5	1	2.5
C	2.5	0	2.5	1
G	1	2.5	0	2.5
T	2.5	1	2.5	0

图 9-4 Sankoff 广义简约性算法原理

9.2.3 多态性内部节点祖先状态的重建方法

性状优化是一个性状的状态在指定系统树上发生进化改变的重建过程。在简约法中，当出现树长相同的性状状态的不同重建时称为歧义或模糊（ambiguous）性状优化。解决歧义性状优化的方法很多，其中最常用的是由 Farris（1970）提出并被 PAUP* 软件采用的两种方法。

（1）加速转换法（accelerated transformation，ACCTRAN）：在优化过程中尽快实现状态的转换，因而性状转换发生接近树的根部，有利于回复（reversal）进化现象（图 9-5a）。

（2）延迟转换法（delayed transformation，DELTRAN）：在优化过程中尽量延迟实现状态的转换，因而转换发生接近树的端部，有利于平行（parallelism）进化现象（图 9-5b）。

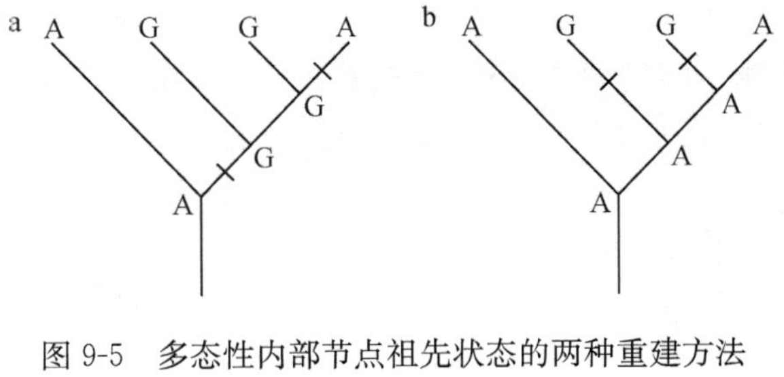

图 9-5 多态性内部节点祖先状态的两种重建方法

a. 加速转换法；b. 延迟转换法

对每个歧义性状优化可以有很多不同的解决方案，ACCTRAN 和 DELTRAN 代表了两种极端的优化方案。平均来说，ACCTRAN 优化是内部节点之间的分枝长度的最高估计，而 DELTRAN 优化是外部分枝的分枝长度的最高估计，其他的优化则介于这二者之间。对于需要利用分枝长度信息的分析要额外重视这种现象（Agnarsson and Miller，2008）。

ACCTRAN 和 DELTRAN 对性状优化的实际表现并没有进行过深入研究，但根据 Agnarsson 和 Miller（2008）的数据，在发表的文献中，应用 ACCTRAN 进行优化的远多于 DELTRAN。

9.2.4 性状加权

对所有性状的各类状态改变给予相同的权值进行简约分析是最简单的一种分析方法，这种方法将数据集中同型性状数目最小化，将同源性状数目最大化，从而使树长最小。如果对某些性状状态的改变给予不同的权值进行简约分析，则称为加权简约法（weighted parsimony）。加权简约法并没有使同型性状数目最小化和同源性状数目最大化，而是使树上每一性状状态改变乘以其权值所得的加权总和最小化。

加权简约法（weighted parsimony）是用于分析分子数据集中碱基组成频率不均衡、Ts/Tv 替换偏好、序列位点速率异质性等因素的简约性分析方法。

性状加权包括以下三种方法。

（1）后验加权（posteriori weighting）：应用在系统发生分析期间得出的信息或推论对性状加权，加权步骤在逻辑上位于系统发生分析之后。

（2）先验加权（priori weighting）：在进行系统发生分析之前对性状进行经验性加权。

（3）等值加权（equal weighting）：对所有性状给予相等的权值（亦即不加权）。

加权简约法可以在一个给定的位点对不同类型的替换赋以不同的权值，这个权值也称为加权参数。不同碱基之间发生替换的权值组成的矩阵称为加权矩阵（weighted matrix）。加权矩阵是一种步长矩阵，这是因为权值用于简约分析时计算 MP 树分支上碱基替换位点的进化改变量，从这个意义上说，简约法中的加权矩阵与 ML 法模型中的替换速率相当。不同分子数据的加权方法在第 15 章有专门的介绍。

DNA 序列分析最常用的方法是以替换频率转化的步长矩阵进行加权分析。替换频率是序列之间特定核苷酸对发生替换的数目，也称为 R 矩阵。为了得到序列之间的替换频率，首先需要构建出序列的进化树，然后利用这棵树在特定进化模型下估计替换频率（R 矩阵）。将替换频率矩阵转化为速率矩阵的方法很多，其中取自然对数的方法应用最广（Felsenstein，1981；Albert and Mishler，1992），经过这样转化的步长矩阵通常符合距离的三角不等式公式。

序列替换模型可以用于距离校正、ML 法和贝叶斯法分析中，但无法直接用于 MP 分析中。将分子进化假设模型与 MP 结合的一条途径是构建适合所分析序列的步长矩阵。从这个意义上说，MP 法构建并选择步长矩阵就如同 ML 法等方法中选择模型及估计参数功能一样。构建步长矩阵最重要的是估计数据集中 Ts/Tv，而准确估计这些参数需要一棵树，这里有点逻辑上的循环，即我们需要树来估计 Ts/Tv，然后用这个 Ts/Tv 组成步长矩阵再用于建树。这里，我们通常所做的是构建一些能够反映出树上不同部分进化特征的步长矩阵，一般是使用几种不同的步长矩阵来建树，以确定步长矩阵对树拓扑结构的影响。如果获得相同的树，则表明数据分析没有问题。

9.2.5 最简约树搜索

1. 一般搜索策略

当所研究的 OTU 数目较小时（一般在 15 以下），可以计算出所有可能树的长度并确定 MP 树，这类寻找 MP 的方法称为穷尽搜索。当 OTU 数目较大时（一般在 15 以上），就基本不可能检查所有的拓扑结构。此时，采用分支限界法（branch-bound），它虽是穷尽搜索但速度很快，能保证找到所有的 MP 树。当 OTU 数目很大时（一般在 25 以上），分支限界法也很费时间。这时，必须使用启发式搜索（heuristic search）的方法，该方法只检验所有可能树的一部分，不保证找到最优 MP 树。传统的启发式算法分两步：首先用随机逐步添加法（random stepwise addition）建立初始树，方法是随机地选择 OTU，并将其逐个加入到能使树最优化的位置，重复这一步骤直到所有 OTU 都加入进来。然后，在初始树的基础上运用分支交换法（NNI、SPR 和 TBR，见第 2 章）寻找最优树，在分支交换过程中保存尽可能多的中间树。当 OTU 数目多时，分支交换过程需要大量的计算时间。

2. 大数据集建树方法和搜索策略

传统的 MP 算法无法分析大数据集，近几年提出了几种新算法，包括简约性棘轮法（parsimony ratchet，Nixon，1999）、分组搜索法（sectorial search）、树融合法（tree-fusing）及树移动法（tree-drifting，Goloboff，1999a）等。

（1）简约性棘轮法：由于数据集大小的增加，即使对较快的 MP 法，传统的启发式爬山算法已变得计算上不可行了。解决 MP 法运算瓶颈的一个方法就是棘轮法（Nixon，1999）。简约性棘轮法是当 TBR 搜索过程中树长处于停滞状态时将数据扰动，然后用该树在扰动的数据集基础上再进行 TBR 搜索，接着使用从扰动的数据集中产生的树为初始树，再以原始数据集为基础重新进行 TBR 搜索。实现扰动数据集有几种不同的方法，如对一部分性状（10％～15％的性状）给予较高的加权或删除部分性状等。

棘轮法采用以下几个步骤（Nixon，1999）：①产生一个初始树；②通过随机性状重新加权打乱数据集；③使用新加权矩阵对当前树进行分支交换，保存一棵或数棵树；④回到原来的数据，从步骤③开始进行分支交换；⑤返回步骤②，利用从步骤④获得的树作为新的初始树并重复。

简约性棘轮法的有效性是由于扰动数据集使得树的一部分改变但并未改变树的整体结构。在每一轮的 TBR 搜索中发生的改变仅仅是树的一小部分，每一轮改变期望可以促进树的这一小部分，最终由简约性棘轮法引起的改变由性状的不相合性决定，只有当某些性状实际上倾向于支持其他的分支时，一个给定的 TBR 重排才能改善扰动数据集的树。因为决定局部优化的存在是性状不相容性首次出现的地方，因而简约性棘轮法的核心是解决局部优化问题。

(2) 分组搜索法：分组搜索法是将所分析的 OTU 分成大小适当的组（sector）以便使 TBR 算法能够有效而合理地处理，从而建立一个缩小的数据集以构建相应缩小部分的子树。分组数据集的分析由 RAS＋TBR 来完成，然后将这个组对应的最优树被置换到整个树上。上述过程通过选择几组不同的 OTU 而重复多次。组的选择可以是随机的，或基于由其他方法所建立的系统树。

分组搜索法比单纯的 TBR 搜索在发现最短树方面要快许多，但分组搜索法本身若独立分析则无法发现大数据集的最优树。因而分组搜索法只能与 TBR 联合用于初步分析阶段的搜索。

(3) 树融合法：树融合法是取两棵树进行比较，找出两棵树之间具有相同 OTU 组成的所有可以互换的子树，保留那些能够改善树长值的子树交换。树融合法最好是连续地融合几对树，因而它需要几棵树作为输入树。这些树可以通过几次重复的 RAS＋TBR 获得，一般是接近最优树的次优树。因为这些次优树尽管在整体上未优化，但每个组都处于优化状态，树融合法正是将不同次优树上这些已经优化的组分汇合在一棵树上。从这个意义上讲，只有次优树上某些组分处于优化状态时，树融合法对于不能获得整体优化的系统发生分析才十分有用。树融合法可以在十分短的时间内极大地改进树长值。

(4) 树移动法：树移动法的原理与简约性棘轮法十分相似，也是基于几轮的 TBR 搜索，与普通 TBR 搜索的不同之处在于同时保存最优树和次优树，在树移动期间，可以接受的次优树取决于从该次优树估计的概率。所以树移动法最主要的任务是决定可以接受的次优树的概率函数，这个概率函数是基于树长差异的绝对值和性状不相合性的测量这两个方面的因素。性状不相合性的测量是通过相对拟合差异（relative fit difference）表示的，为两棵树之间所有性状获得和保存的进化步骤数之比。在 TBR 交换过程中出现的优于或等价于当前树的所有树都将被保存。

(5) 限制搜索法：搜索进化树的一个有效的方法是比较无约束搜索和有约束的搜索，约束条件是必须搜索与一个特殊拓扑结构相联系的最优化进化树。一般将从许多 MPT 获得的合一树上自举值大于 70％且有良好解析的分支整合在一起作为进一步分析的基础，这种根据已有的知识预先确定了一些或全部分支关系的系统树称为拓扑结构限制树（topological constraint tree），限制树上受限制的分支不再改变，而不受限制的分支仍可进行各种重排以便获得最优树。限制树可通过多个软件或手工构建，然后导入 PAUP* 中进行特定优化标准下最优树的搜索。在用限制树进行深入分析的同时，还要同时使用与限制树分析相同的参数对非限制树（即一般初始树）做同样的分析以供比较。除了简单比较树长或似然值外，还可以把限制树同随机排列检验、似然比检验、K-H 检验及参数自举评估方法结合起来。

(6) 直接优化法：MP 搜索的另一种做法是直接优化（direct optimization，DO），是在没有先创建多序列比对的情况下评估拓扑结构（Wheeler，1996；2003）。

9.2.6 简约树分枝长度和树长的计算

一棵有 n 个 OTU 的无根二歧树上有 n 个端部节点代表 OTU，$n-2$ 个内部节点代表假想祖先，以及 $2n-3$ 个分枝连接上述节点。如果 τ 是一个从所有可能树中随机选择的有特定拓扑结构的树，则该树的树长 L 定义为

$$L(\tau) = \sum_{j=1}^{N} l_j$$

式中，N 为比对序列的位点（性状）数；l_j 为第 j 个位点的树长。l_j 是一个位点 j 上出现的所有状态在该树上进行最简约重建获得的状态改变量，其计算方法为

$$l_j = \sum_{k=1}^{2N-3} c_{a(k),b(k)}$$

式中，a（k）和 b（k）是分支 k 两端节点上的性状状态，$c_{a(k),b(k)}$ 是从状态 a（k）到 b（k）的改变值，由步长矩阵给出。

计算 l_j 的常用算法有 Farris（1970）、Fitch（1971）以及 Sankoff 和 Rousseau（1975）的算法。

简约法采用两种方法来估计分枝长度，包括加速变换法（Acctran）和延迟变换法（Deltran）。在 Acctran 法中，核苷酸的进化变异被假设成从根开始发生，而在 Deltran 法中，变异假设为远离根发生的（Swofford and Maddison，1987）。祖先节点核苷酸的确定在 Acctranif 法和 Deltranif 法中相当不同，从而使分枝长度的估计也不同。但涉及关系较近的序列时，这两种方法所估计的分枝长度之间的区别并没有想象的那么大。

一般来说，由简约法获得的分枝长度估计比真实值要小，尤其是序列变异度很高时。避免低估分枝长度的一种办法是在用 MP 法确定树拓扑结构后，采用最小二乘法或 ML 方法。在某些条件下，MP 法在寻找正确树结构方面可能比距离法或 ML 方法更优越。因此，上述方法可以给出一个更可靠的树结构和更可靠的分枝长度估计。

9.2.7 最简约树的选择

在简约性支序分析中，常碰到树长相等而拓扑结构不同的多个最简约树并存的情况，这时可以应用以下 5 种方法解决。

(1) 将所有最简约树都作为系统发生假说对待。当最简约树在 5 个以内时，可以用此法，但如果最简约树多时，此法不可取。

(2) 重新分析所有的树，以有一定事实依据的推测、预测或性状稳定性为基础选择其中一棵为最优树。

（3）通过某种形式的性状加权常可以减少最简约树的数目，为一种常用的方法。

（4）构建合一树方法。

（5）应用除简约性以外的其他最优标准，选择一个或一组最简约树。目前提出的其他最优标准有：F 值（F-value）、D 值（D-value）、OCCI（optimal character compatibility index）和 OPLI（optimum parsimonious likelihood index）。

9.2.8 MP 树分支支持度计算

MPT 的可靠性一般以数据对各个分支的支持度来衡量，目前针对简约法提出了许多分支支持度的方法，包括：随机重抽样技术（bootstrapping 和 jackknife）、分支稳定指数（clade stability index）、分支次序的符号秩检验（signed rank test of branch order）、层次信号（heirachic signal）、衰退指数（decay index）、总体支持度（total support test）、一致性指数（consistency index）、条件概率（conditional probability of reconstruction，CPR）等，其中目前最常用的两种是自举支持度（BS）和衰退指数（DI）。

1. 自举支持度

检验 MPT 可靠性的有效途径之一是使用自举重复抽样技术。Felsenstein（1985）提出从自举树建立一个合一树，并将其作为一个新的推断树。新的推断树可能和初始的推断树不同，但由于它是许多自举树的一个平均树，可能比初始的更可靠，虽然还没有证据可以证明这一点。对这种 MP 树，这个方法的优点就是通过一个较低百分比的多数合一树来避免多分歧树。但一般接受的是直接分析原始数据集产生的 MPT，并将采用自举重抽样方法计算的该树上每个分支的支持度标注上去。

2. 衰退指数

衰退指数（decay index，DI）也叫 Bremer 支持度（Bremer support），是由 Bremer 提出的一种衡量简约法所构建的 MPT 分支可靠性的度量（Bremer，1988；1994）。DI 表示一个分支在系统树上消失（即该分枝与最邻近的节点融合）所需要的格外步骤数。对于给定的数据集，系统树上某一分支的 DI 的计算方法是：包含与不包含该分支的最短树的性状进化最少步骤数之差。DI 为正时表示该分支被数据集支持，衰退指数越大则对该分支的支持度越高；DI 为零或负值时，表示该分支不被数据集支持。

衰退指数分析原理：在简约分析中，分支支持度可以通过衡量该类群是否也在非最大简约树中出现来评价。一个分支的衰退指数是包含该分支的最简约树和不包含该分支的最简约树的树长差值，即消除某分支所需的额外进化步骤。一棵树的总体支持度是所有分支衰退指数的和。

计算 MPT 每个分支 DI 的两种方法如下所述。

（1）保存树长逐渐降低的简约树，同时生成相应的严格合一树直到完全不合。

（2）运用反向拓扑限制树来决定缺少某分支的最短树，程序 Autodecay 和 TreeRot 可以完成这项工作。

那么，DI 为多大时就认为数据集对这个分支有较强的支持？相对于 BS 来说，DI 值的统计学特性还不清楚。就目前的知识，DI 的解释应该遵循两条原则：DI 在比较简约树的分支支持度方面的作用是有限的；在任何情况下 DI$<$4 可以看成是对分支的支持不显著。也可以采用 T-PTP 检验来判断具有某一数值的 DI 是否可由随机数据产生，或采用参数自举法检验某一数值的 DI 在该分支并不是真树的一部分时出现的概率大小。

一般来说，衰退指数值越大，对该分支的支持度越好。如果数据本身是错误时，则衰退指数也可能是误导。和 BP 不同的是，衰退指数不在 0～100 之间，而且对于该指数，没有一个明确清晰的可接受的标准。衰退指数和 BP 的值一般来说是相关的，即是互相不矛盾的。

9.3 数据集中同型性状水平的分析和评价

数据集中性状支持联合树的程度是衡量数据集中同型水平的重要参数，也是简约法分析过程中不可靠性状识别的主要方法。目前常用的测量数据集与系统树符合性的方法有以下几种。

1. 一致性指数

一致性指数（consistency index，CI）由 Kluge 和 Farris（1969）提出，定义为一组性状的共享衍征的最小数除以一个支序图上解释所有这些性状所需变换数目的最小值。对一个给定的树来说，可以对单个性状或整个数据集计算单个性状一致性指数或整体一致性指数。

一致性指数仅仅采用从矩阵估计的性状改变的最小可能数量来代表一个给定拓扑结构的实际性状改变的一部分。对于单个性状，CI$=m/s$，其中，m 为该性状可能变化的最小值，等于该性状状态数减 1；s 为系统树上解释该性状状态变换的最小次数。当 $s>m$ 时，意味着该性状在系统树上变换用同型性来解释。数据集中所有性状的 CI 是各单个性状 CI 之和。对于一个数据集，当无同型性状时，CI$=$1，随着同型性状数目的增加，CI 值下降，因此具有较高 CI 值的数据集优于较低 CI 值的数据集。由于 CI 的简单性，在支序分析中广泛应用。但 CI 与研究的分类单元数目和数据集中包含的性状数目呈负相关，还对数据集中无信息性状状态（如自体衍征）敏感，因此，又提出了重标度一致性指数（rescaled consistency index，RCI）。

2. 保留指数

在 HENNIG86 软件中，Farris（1988）提出保留指数（retention index，RI）以克服 CI 的缺陷，计算公式为 RI$=(g-s)/(g-m)$，其中，g 和 m 分别是某性状在任

一树上所需的最大和最小变换数，s 是该性状在给定树上的变换数。所有性状的 RI 值是各单个性状 RI 值之和。在效果上，RI 反映了系统树上作为共享衍征解释的性状相似性的比例，因而 RI 作为支持归类的测度优于 CI。RI 即为一个给定拓扑结构的数据中保留作为实现衍征的潜在衍征部分（Farris，1989）。

Goloboff（1991）指出，CI 与 RI 能充分地比较同一个矩阵所得到的简约树。CI 在比较不同数据集中的平行进化中也非常有用，而 RI 则反映一个给定矩阵的有信息的数据对一个特定拓扑结构拟合的程度。

在计算中，整体 CI 值随自体衍征的增加而增加。基于相对树长的不一致性指数也同样被数据集中自体衍征所影响（Cunninghan，1997b）。当这些衡量标准是重复树权重的来源时，像 CI 与 RI 这样衡量指数的数据集规模的依赖性对拓扑结构之间的比较有直接的影响。重复或连续加权是一种递归方法，可以减少等价简约树的数目，有利于选择最优树（Carpenter，1988）。

3. 同型指数

同型指数（homoplasy index，HI）是衡量数据集中同型性状多少的参数，CI 的补数就是非同源相似，即平行演化的部分。简单地说就是 1 减去一致性指数，即 HI＝1－CI。

4. 同型性状超出比例

同型性状超出比例（homoplasy excess ratio，HER）由 Archie（1989）提出，定义为系统树上额外变换的数目（即同型性状数目）除以随机数据构建的树长减去最短树的树长之差。此外，Meier 等（1991）还提出一种 HSR（homoplasy slope ratio）的方法。

同型水平重要参数计算实例如下：

假定有 5 个 OTU 的 7 个位点，空位以丢失性状看待，MPT 的拓扑结构为（（（1，2），3），（4，5）），则每个性状在该树上观测到的改变次数（Obs L）、最小改变次数（Min L）、最大改变次数（Max L）和 CI 值如下：

OTU 1	A	C	A	T	T	T	A	
OTU 2	A	C	G	A	T	T	A	
OTU 3	A	G	G	A	T	A	G	
OTU 4	G	A	A	A	A	C	?	
OTU 5	G	A	T	A	?	C	G	
Obs L	1	2	3	1	1	2	1	＝11
Min L	1	2	2	1	1	2	1	＝10
Max L	2	3	3	1	1	3	2	＝15
CI	1	1	0.67	1	1	1	1	＝0.91
RI	0	0						

对所有性状进行加和，则

MPT 树长＝1＋2＋3＋1＋1＋2＋1＝11

性状总体最小改变次数＝1＋2＋2＋1＋1＋2＋1＝10

性状总体最大改变次数＝2＋3＋3＋1＋1＋3＋2＝15

一致性指数 CI＝Min L/Obs L＝10/11＝0.91。CI 受无信息位点影响，如排除第 4 和第 5 位点后，MPT 树长＝9，总体最小改变次数＝8，CI′＝0.89。

同型指数 HI＝1－CI＝0.09

保留指数 RI＝（Max L－Obs L）/（Max L－Min L）＝5/6＝0.83

重标度一致性指数 RCI＝RI×I＝0.83×0.91＝0.76

RCI＝RI×CI′＝0.83×0.89＝0.74

简约法分析软件一般都具有对全部数据集和每个位点在指定系统树上计算上述参数的功能。

9.4 简约法分析结果

在报告简约法分析结果时，需要说明的信息应该包括以下一些内容。

（1）MP 树：简约法分析结果可以是有根树（当指明外群时）或无根树。最简约树的数目可以是一棵，也可能有许多，甚至几十棵。把树长相同但拓扑结构不同的 MPT 称为等价简约树（equally most parsimonious tree)，树长稍长于最简约树的称为次简约树（suboptimal parsimonious tree)。有时，当 MPT 仅一棵时，或 MPT 与现有观念不同时，需要检验次简约树。

（2）性状进化假设：每一棵 MPT 都有与其对应的性状进化假设（即性状状态转换次数)，MPT 与数据集之间的拟合程度可以用多种方法进行评价。因而对每一个数据集的每一棵 MPT 都应给出 7 个统计数值：数据集大小（比对好的序列长度)、简约信号位点数目、获得的 MPT 数目、MPT 树长、CI、RI、MPT 的自举值或 Bremer 支持度等。

（3）因不同的性状优化方法获得的结果可能不同，在给出 MPT 时，应指明获得 MPT 的简约标准及采用的树的搜索算法，还应给出树长、CI 值、RI 值，并在树的每一分支标出自举值及 Bremer 支持度。

（4）如果是用合一树代表一组 MPT，则除给出上述的各项数值外，还应指出合一树是由多少 MPT 获得的、采用了哪种合一性方法等信息。

（5）最简约树可以是标度树，其枝长表示相对进化改变量；也可以是未标度树，仅表示分支关系。标度 MPT 反映数据集的信息全面，但 OTU 之间的关系往往不是一目了然的，而无标度 MPT 则可以直观地显示出 OTU 之间的关系。

（6）有时 MPT 可能并不是实际上的最优树，此时将次优树作为一种备择假设。

9.5 简约性方法的优缺点

在各种简约性方法中，Fitch 和 Wagner 简约法能应用于各类性状，对于近缘种类的分析一般都能给出正确的简约树，所以应用最广泛。其他的简约方法多应用于某些特定类型的数据。

简约性方法与其他系统发生分析方法相比有以下几个方面的优点。

（1）它直接应用原始性状数据，并不需要将原始数据转换成距离数据，避免了不可逆转的信息丢失。

（2）与其他性状分析方法（极大似然法或贝叶斯推论法等）相比，简约性方法是最少依靠关于序列进化的假说，或至少能依靠一种更符合实际的、简单的进化假设方法。由于任何现行的数学模型都是对现实情况的粗略估计，当序列分歧度较低时，无需模型的 MP 法可以获得比其他方法更可靠的系统树。事实上，计算机模拟已经表明，当序列分歧度很低（$d\leqslant 0.1$）、核苷酸替代率较恒定且被检核苷酸数目很大时，MP 法通常比距离法能更好地获得真实的拓扑结构（Sourdis and Nei，1988）。

（3）大多数简约法的计算机算法及程序比其他方法更成熟，运算速度较快，并允许对数据的系统发生信号和序列进化的动力进行更深入的分析。

（4）简约性方法可以同时将分子、形态、行为等各种来源的性状联合在一起进行分析。

（5）简约性方法可以对序列中出现的空位编码后进行分析，这一点对于某些插入/缺失较多的分子数据非常有用。

简约法的主要缺陷表现在以下 5 个方面。

（1）统计学不一致性。MP 法的统计学不一致性有两种情况：其一是长枝吸引，其二是长通径吸引（long-path attraction）。即使 MPT 各分枝长度相近（即无长枝吸引现象），树上内部节点到顶端的通径的长度存在不平衡时，也会产生统计学不一致性，Kim 称之为长通径吸引（Kim，1996）。

（2）当系统树上不同支系在进化改变量上不等时也会引起误差。

（3）简约分析中，很难在一个统计框架中推断系统发生，因为没有现成的方法来计算由简约标准获得的最小替换数的均值与方差。

（4）用简约法进行分析时还不能很好地将不同分类单元之间碱基组成频率的信息考虑进来，而在距离矩阵法和极大似然法中，考虑分类单元之间碱基组成频率的信息已成为常规要求。

（5）简约法只适用于亲缘关系密切的种类或序列之间的分析，对于进化时间较长的物种或序列，由于多重替换、平行和回复突变的干扰，会得出不正确的结果。

9.6 简约法分析软件

执行简约法标准的建树软件很多，不完全列表如下：

PHYLIP	MALIGN	NimbleTree
PAUP*	POY	PaupUp
HENNIG86	Gambit	Notung
MEGA	TNT	galaxie

RA	GelCompar II	BIRCH
Nona	Bionumerics	IDEA
PHYLIP	Network	PSODA
CAFCA	TCS	PRAP
Phylo _ win	GAPars	SeqState
sog	CRANN	Bosque
gmaes	Mesquite	PhyloNet
LVB	PAST	EMBOSS
GeneTree	FootPrinter	phangorn
TAAR	BPAnalysis	Murka
ARB	Simplot	Freqpars
DAMBE	Parsimov	

其中影响最大的有 PAUP* 4、TNT、NONA、WinClad、Random Cladistics 和 HENNIG86 等。

9.7　用 PAUP* 进行 MP 法分析

PAUP* 也许是最著名的系统发生分析软件，早期的版本（3.0 以前的版本）就是专门进行简约法分析的，只是在 4.0 以后的版本中增加了其他方法。关于 PAUP* 的一般介绍见第 4 章。

9.7.1　利用 PAUP* 进行简单简约法分析

使用 Windows 命令行版本的 PAUP* 进行简约法分析的一般步骤如下所述。

(1) 将编辑好的 NEXUS 格式的数据文件拷贝到 PAUP* 文件夹，用处理模式打开 NEXUS 数据文件。

(2) 按需要对数据集性状类型和权值进行定义：PAUP* 简约标准有 Camin-Sokal 简约法（不连续性状）、Wagner 简约法、Fitch 简约法、颠换简约法和加权简约法。其设置命令为

```
CTYPE type-name:character-list[,type-name:character-list]…;
```

type-name 必须是标准的性状类型，共有 9 个选项：ORD、UNORD、DOLLO、DOLLO. UP、DOLLO. DN、IRREV、IRREV. UP、IRREV. DN 或自定义的 usertype，其中，ORD 对应 Wagner 简约法；UNORD 对应 Fitch 简约法；DOLLO 简约法对应三种设置 DOLLO、DOLLO. UP、DOLLO. DN，后两者的区别在于对祖征状态设定不同，DOLLO. UP 是设定观察的最低状态为祖征，而 DOLLO. DN 则相反，最高状态为祖征；同样，IRREV 简约法也包含 IRREV、IRREV. UP 和 IRREV. DN。character-list 是要设置性状类型的性状列表。

如果要选用自定义，则必须在数据集中事先定义步长矩阵，如：

usertype 2 _ 1=4 [给颠换两倍于转换的权值]

	a	c	g	t
[a]	.	2	1	2
[c]	2	.	2	1
[g]	1	2	.	2
[t]	2	1	2	.

给性状加权的命令：

```
Weights character-weight:character-list[,characterweight:character-list]…;
```

命令中的 character-weight 即有效的权值，character-list 即需要赋以该权值的相应性状。

(3) 设置 MP 建树标准：set criterion=parsimony;

如要查看 MP 法当前设置，输入命令 pset ?;

改变 MP 设置的命令：pset [options]。设置内容包括：MP 设置之前必须说明简约标准和性状权重方案（上一步）。简约设置选项需要 5 个方面来设置。①一般搜索选项（general search options)。②性状优化方法（character-state optimization)：有三种方法可选，ACCTREAN (accelerated transformation，为默认设置）、DELTRAN (delayed transformation) 及 MINF (minimum F-value)。采用加速变换时，树上状态之间的改变发生较早（远离端枝），因而状态的回复突变（reversal）的数目增加；如果采用延迟变换，则状态在树上的改变发生较迟（接近端枝），因而状态独立获得的数目增加。PAUP* 默认的 MP 优化为 ACCTREAN，如要改变为 DELTRAN，则输入 pset option=deltran;。③步长矩阵选项：STEPMATRIX=OBSONLY | ALLSTATES | THREEPLUS1，用于设置节内性状状态，默认设置为 THREEPLUS1 (3+1 test)，表示可以给节内赋以不在末端分类单元出现的性状状态，但必须是有 3+1 检验鉴定为可能捷径的性状状态。ALLSTATES 表示可以赋以所有可能的性状状态。OBSONLY 则只能赋以末端分类单元中观察的性状状态。④多状态分类单元选项：MSTAXA=UNCERTAIN | POLYMORPH | VARIABLE，分别表示不确定、多态或可变位点。当选为可变位点时，“{}”表示可变位点，“()”表示多态位点。⑤空位处理（gap handling)：GAPMODE=MISSING | NEWSTATE，分别定义空位为缺失性状或新的性状状态。

(4) 选择搜索最优树的算法：PAUP* 中 MP 法建树标准下有三种搜索算法：启发式、分支限界法和穷举搜索，命令分别为 hs、bandb、alltrees。每种搜索方法都有不同的选项设置，如 hs nbest=2;，意思为启发式搜索并保存最好的两棵树。

例如，使用 bandb 搜索树长小于 500 的所有树，然后将这些树综合成一棵合一树，完成这些任务的命令依次为：

```
bandb=500;[用 bandb 搜索树长小于 500 的所有树]
showtrees;[显示搜索到符合条件的所有树]
contree strict[用严格合一法构建合一树]
```

```
save trees;[保存内存中的所有树]
cleartrees;[清除内存中的所有树]
gettrees treename;[将指定名称的保存树载入内存中]
```

对于大数据集的快速启发式搜索算法设置举例：Hsearch addseq=random nreps=100 nchuck=2 chuckscore=1;。

当使用 MAXTREES unlimited 及用 TBR 分支交换法时，大数据集计算时间太长而无法应用，此时可以采用下述策略。①用 TBR 分支交换法以简单添加法、随机加入法或多个随机树等三种初始树之一开始搜索 MPT。②从使用较低的 MAXTREES 设置获得的一组树再用于下一轮启发式搜索的初始树，新一轮的搜索可以将 MAXTREES 设置增加为 1000～5000，并使用不同的算法，包括 TBR、SPR 和 NNI。如果这些分析的结果能改进树的记分，则选择其中的最优树保存，同时作为下一轮 TBR 搜索的初始树，这一轮的搜索中将 MAXTREES 设置增加为 10 000～unlimited。③最后，将上述获得的 MPT 的严格合一树作为限制树分析，由此产生的最优树再用于最后一轮的 TBR 搜索的初始树，并将 MAXTREES 设置为 unlimited。

(5) MPT 统计值的计算：用 pscores 命令计算一棵指定树的简约法分析统计值，如 pscores 1/ci=yes ri=yes rc=yes;，意思为计算内存中第一棵指定树的简约法分析统计值 CI、RI、RC。pscores 命令的参数选项很多，常用的包括：

PSCORES[tree-list][/options];简约树统计值

- SINGLE=NO|VAR|ALL 单一特征输出(不输出、只输出变异位点、输出所有位点)
- RANGE=YES|NO 范围
- TOTAL=YES|NO 整体
- TL=YES|NO 树长
- CI=YES|NO 一致性指数
- RI=YES|NO 保存指数
- RC=YES|NO 重新标度的一致性指数
- HI=YES|NO 同型指数

pscores 命令的结果如下：

```
Lengths and fit measures of trees in memory:
  Character-status summary:
      Of 898 total characters:
          All characters are of type 'unord'
          All characters have equal weight
          377 characters are constant
          154 variable characters are parsimony-uninformative
          Number of parsimony-informative characters= 367
  Gaps are treated as "missing"
```

(6) 查看和描述所建的 MP 树：首先给树赋根，root outroot=mono;。然后输入命令 showtree; 或 showtree 1—2;（显示第 1 到 2 棵树）在显示器上显示所搜索到的最简约树。

DescribeTrees，给出树型图及树长等相关信息：

```
Describetrees 1/plot=phylogram;set outroot=mono;diagnose;
```

就是以谱系树方式显示树 1，并以表格方式列出每个性状在树 1 上的进化改变步骤、最大和最小的可能进化步骤及几个性状拟合参数（CI、RI、RC、HI、G-fit）。

```
    Sum of min. possible lengths= 749
    Sum of max. possible lengths= 1749
Tree #          1
Length       1153
CI          0.650
RI          0.596
RC          0.387
```

（7）保存当前树：SaveTrees [options];，这里特别注意，如果要保存包含树长信息的有根树，命令行则必须为 SaveTrees file=tree-file-name root=yes brlens=yes。

（8）如果在简约树搜索结果中得到多棵同等简约树，则可以按照需要计算各种合一树：ConTree all/strict。如果这些简约树就在当前内存，则可以直接执行上面操作；如果不在当前内存，则应该用命令 gettrees 载入内存，然后执行上面的命令。

（9）MP 树的自举支持度分析：bootstrap [bootstrap options][/hsearch options];，查看其设置的命令 bootstrap/jackknife ?;，其中，最重要的就是重复次数和搜索条件的设置，默认重复次数 nreps 为 100 次及启发式搜索。如要改变设置，则必须改变选项设置，如下所述。

bootstrap nreps=500 search=bandb; [自举重复次数 nreps 为 500 次，使用分支限界法分析自举重复数据集]。

bootstrap nreps = 200 treefile = boot. tre search = heuristic/start = stepwise addseq = random nreps=10 swap=TBR; [自举重复次数 nreps 为 200 次，将自举产生的树保存到 boot. tre 树文件中，使用启发式搜索分析自举重复数据集，启发式搜索设置为：由随机逐步添加法产生起始树，产生 10 次重复，采用 TBR 分支交换]

当自举分析结束后，输入保存自举合一树的命令：

```
savetrees file=bootMajRule.tree from=1 to=1 savebootp=nodelabels;
```

PAUP 将自举合一树和每个节点上的自举支持度保存在指定的树文件中。该命令必须指定保持自举合一树的范围（from/to 命令）和自举支持度数值（savebootp=nodelabels），这样保存的自举合一树可以在大多数系统树查看软件中显示。

这时得到的结果如图 9-6（b）所示。

有时需要将几个计算机上运行的自举分析结果整合到一个合一树上，做法是：

```
gettrees file=boot.tre StoreTreeWts=yes mode=3;
contree all/strict=no majrule=yes usetreewts=yes treefile=bootMajRule.tre;
```

该命令对输入的树有两个重要选项：树权重（tree weights）和模式（mode）。

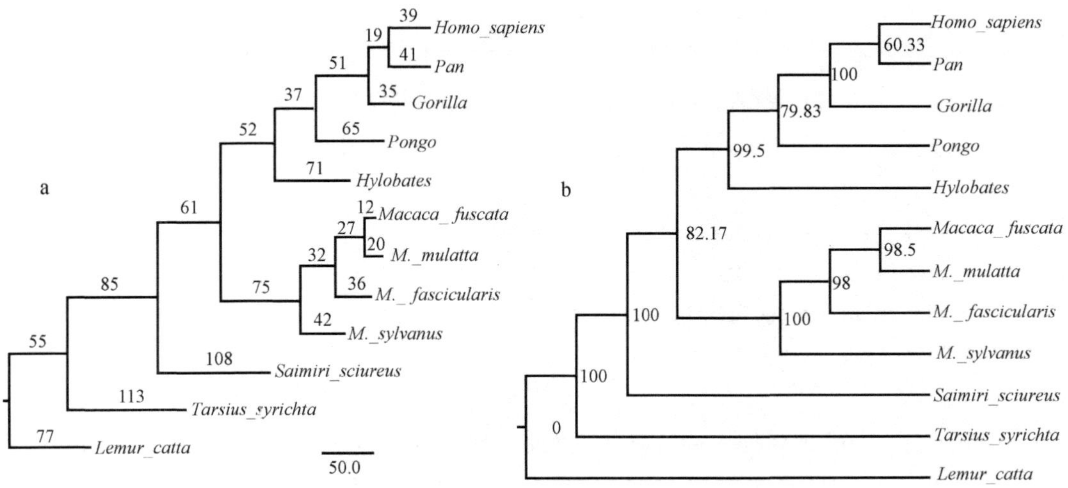

图 9-6 简约法获得的最优树（a）和自举合一树（b）

以 PAUP 示范数据集 primate-mtDNA. nex 为例根据上述命令进行简约法分析获得的结果。

自举支持度应该从重抽样数据集计算，某些自举重抽样数据会产生多棵最简约树，为了消除这种影响，对自举数据集有多棵 MPT 的给予树数目倒数的权重。PAUP 在保存自举分析的树时将包含权重信息，在构建多数规则合一树时，选项“USETREEWTS=YES”可以使用这些权重信息，该选项也可以使不同时间或计算机上的自举分析结果联合在一起构建合一树。

模式选项指 PAUP* 处理输入树的方法，共有 7 种不同的模式。

mode=1 只保留单独在文件中存在而在内存中没有的树。

mode=2 只保留在文件中和内存中都有的树。

mode=3（默认选项）用文件中的树取代内存中的所有树。

mode=4 保留内存中有而文件中没有的树。

mode=5 只保留单独在文件中存在或内存中存在的树，不保留在二者中都存在的树。

[没有 mode=6 的选项]

mode=7 将文件中的树添加到内存已有的树中。

自举或 jackknife 分析得到的标有大于或等于 50%分枝支持度的拓扑结构可能与 MPT 不一致，这种情况下需要手工将其转化为与 MPT 一致的拓扑结构。

（10）MPT 的衰退指数/Bremer 支持度的计算：衰退指数/Bremer 支持度的计算可以在 MacClade 和 PAUP 的联合分析下完成，也可以通过 Autodecay 或 TreeRot v2 程序和 PAUP* 共同完成。

PAUP* 4 中计算 DI 的步骤如下所述。①构建数据集的 MPT，记录其树长。②对 MPT 上需要估计衰退指数/Bremer 支持度的每个分支分别构建一棵限制树并保存。③分别载入限制树，选择“enforce converse constraints”—“Keep Trees that are not compatible with the constraints”；计算限制树的树长，减去 MPT 的树长即是该分支的衰退指数/Bremer 支持度。命令如下：

```
Constraint name=(taxa1,taxa2),taxa3);
HSerach enforce constraints=name converse addseq=random nreps=100;
```

假定有 MPT (O，((A，B)，(C，D)))，则定义限制树的命令为

```
begin PAUP;
    ctype ord:5;
    outgroup Fias_syster;
    constraint ab=(O,(A,B),C,D);
    constraint cd=(O,A,B,(C,D));
    constraint
end;
```

在 PAUP* 中处理新加入的限制树的数据集后，用 showconstraints all 命令显示所有的限制树，每个限制树应该只保留一个分支，其他均为多歧枝。如果限制树正确，就可以用 PAUP* 搜索不包括限制分支的最短树，该树的树长一般比 MPT 要大，它们之间树长之差就是该限制分支的衰退指数。上例中搜索 ab 限制树的命令是：AllTrees enforce＝yes constraint＝ab converse＝yes；。

此外，TreeRot 软件和 AutoDecay 软件是专用于消失指数计算的软件。

衰退指数/Bremer 支持度在 TreeRot v2 和 PAUP* 的联合计算方法为：在 TreeRot 程序所在的文件夹中保存待检验的 MPT，导入 TreeRot 程序，生成一个限制树文件和一个 PAUP* 的 log 文件，继续在 PAUP* 中运行限制树文件（但需改变一些搜索设置：默认的搜索条件 hsearch addseq＝random nreps＝20 修改为原 MPT 的搜索条件，如 BANDB addseq＝furthest)，得到 PAUP* 运行限制树后的 log 文件，再将该 log 文件导入 TreeRot 程序，计算出相应分支的 BS 值。

(11) 查看性状在树上的进化：如果想要查看某一个性状（如第 x 个）在树上的优化情况，可以使用 reconstruct 命令或，如：

```
reconstruct 10;[查看第 10 个性状在树上的优化情况];
set opt=deltran;[改变性状优化算法为 deltran]
reconstruct 10;[查看在 deltran 算法下第 10 个性状在树上的优化情况]
mprsets;[查看第 10 个性状在当前树上重建的可能简约状态集的总结]
```

另外，MPRSets 命令可以查看某性状在当前树上重建的可能简约状态集（MPR）的总结，如 mprsets 11；。

9.7.2　加权简约法分析

DNA 序列的加权简约法分析主要针对 Ts/Tv 值、密码子第三位点及 RNA 基因的茎区和环区等。对密码子第三位点的转换给予较低权重，首先划分密码子位点，然后在假设模块建立步长矩阵定义转换和颠换的权重，最后在 PAUP* 模块中仅对密码子第三位点使用 ctype 命令并使用步长矩阵。

```
begin assumptions;
charset coding=2-457 660-896;
charset noncoding=1 458-659 897-898;
charset 1stpos=2-457\3 660-896\3;
charset 2ndpos=3-457\3 661-896\3;
charset 3rdpos=4-457\3 662-.\3;
usertype 5_1 stepmatrix=4 acgt
    - 5 1 5
    5 - 5 1
    1 5 - 5
    5 1 5 -
    ;
end;
begin paup;
ctype 5_1:3rdpos;
end;
```

在分析蛋白质编码序列时，如果转换已经饱和，只进行颠换性状分析的设置（ctype）为

```
usertype transvpars stepmatrix=4 acgt
  - 1 0 1
  1 - 1 0
  0 1 - 1
  1 0 1 -
  ;
  end;
```

转换/颠换（Ts/Tv）给予不同的权重进行简约法分析的方法如下所述。

转换/颠换加权权重的估计方法：在非加权 MPT 上采用一般进化模型（如 HKY+G）估计 Ts/Tv 比。PAUP 估计的“exp. ratio”是单位时间转换概率/颠换概率，“Kappa”是转换瞬时速率/颠换瞬时速率（instantaneous rate）。具体步骤如下所述。

（1）定义性状类型（Ts 和 Tv）。

（2）输入数据。

（3）选择性状类型及对应的权重：ctype 3 _ 1：all；。

（4）进行自举分析：bootstrap bseed=3；。

此时，进行非加权自举分析的命令为：ctype unord：all；bootstrap bseed=3；[将所有性状状态恢复为无序]。进行自举分析时，将随机种子数固定为一个特定的值可以保证重抽样方法的一致性，这种情况下不同加权体系自举支持度的变化来自加权而非自举取样差异。

对比对序列中的特定位点进行加权的方法如下所述。

最有效的方式是在假设模块中建立性状组（charset），然后在 PAUP 模块中使用“weights”命令对不同的位点进行不同权重的加权，如：

```
begin assumptions;
charset coding=2-457 660-896;
charset noncoding=1 458-659 897-898;
end;
begin paup;
weights 3:coding;[对编码序列给予权重 3,也可以 weights 3:2-457,3:660-896;[对 2-457,
660-896 位点给予权重 3]]
end;
无论性状状态数目多少赋予相同权重
wts scale:all;
wts 2:1-10,scale:11-.;
```

9.7.3 PAUP* 限制树搜索

限制树可以分为主干（backbone）限制树和单系性限制树两类。单系性限制树（monophyly constraint）是强制属于单系群的所有分类单元构成一个单系群，但这些分类单元之间的关系可以是未解析的，在进一步搜索时确定。限制树的第二种用法是主干限制树（backbone constraint tree），通常为充分解析的但缺少部分分类单元的系统树。这样的限制树主要用于启发性搜索。

定义限制树的方法：constraints name（monophyly）＝（1，4，6，8，10，（2，3，5，7，9））;，该命令将所有 OUT 分为两个类群。这里，name 为限制树名称，monophyly（或 backbone）为限制树的类型，默认时为 monophyly，所以也可以写成：constraints name＝（（2，3，5，7，9））;

限制树可以有多种来源：通过 MacClade 构建，或用手工构建，或其他分析方法所建立的树。

限制树文件一般放在 PAUP 模块中，以下就是一个限制树文件：

```
begin paup;
constraints tree1=(((((1,2)/(3,4))/5)/6)/(7,8));
constrainta tree2=((2,4)/(6,8));
end;
```

在 PAUP 中查看限制树的命令：showconst tree1;

如果 PAUP 模块中没有限制树命令，则可以使用“LOADCONSTR [options];”命令来载入，可以从任何进化树文件或者任何数据文件的进化树模块中，把一个或者多个进化树的定义输入到限制树中。选择限制树要限定“hsearch”命令（ENFORCE＝YES | NO CONSTRAINTS＝constraint-name），可以通过“help loadconstr”和“help hsearch”命令查询命令行的语法。

对于比较复杂的限制树，也可以以系统树文件的形式载入，假如用限制树文件 1. tree 定义了限制树，则可以用 loadconstr 命令输入：loadconstr file＝1. tree;（默认为 monophyly），如果属于主干限制树，则必须加关键词“asbackbone”：loadconstr file＝1. tree asbackbone;。

在进行启发式搜索时，可以强制应用预先定义好的限制树：hsearch constraints=name enforce=yes;。

9.7.4 PAUP* 4 简约法的脚本命令运行

鉴于 PAUP* 命令比较多，输入麻烦，将所有命令集合在一起写成的命令脚本成为运行 PAUP* 的标准方式。

（1）运行 PAUP*，以编辑模式（edit mode）打开 NEXUS 数据文件。

（2）将光标移到文件末尾的“End;”处，按回车键，在新的一行开始输入下述命令：

```
begin paup;
set criterion=parsimony maxtrees=100 increase=auto;
Hsearch start=stepwise addseq=random nreps=1000 savereps=yes nchuck=2 chuckscore
=5 dstatus=none;
savetrees file=treename1 brlens=yes;
set root=outgroup;
outgroup out-group-name/only;
gettrees file=treename1;
contree all/majrule=yes treefile=treename2;
End;
```

上述命令中的 treename1 是保存 MPT 的文件名，treename2 是保存从这些 MPT 中计算的严格合一树和多数规则合一树的文件名，这两个文件名可根据自己的爱好填写。out-group-name 必须是数据集中外群的名称，当有多个外群时只列出其中的任何一个。

（3）从 file 菜单中选择“save as”，在弹出保存改变数据对话框中输入新版本的名称（如 xxx-mp)，保存改变后的数据集为一新文件，mp 表示是进行 MP 法分析的数据集。关闭编辑窗口。

（4）从 file 菜单中选择“open”或“execute”，打开刚保存的新文件，PAUP 即开始进行 MP 分析。如果输入的命令有问题，则在运行时出现警告对话框，关闭运行对话框后，出现数据编辑窗口，并将光标移到有问题的命令上，可以修改后保存，再重新运行。运行结束后在与数据集同样路径的文件夹中生成 treename1 和 treename2 两个树文件。

（5）需要查看系统树时，运行 TreeView 打开树文件。在 TreeView 中对树进行编辑、赋根，或另存为图像格式以供图像编辑软件使用。

（6）MPT 的自举支持度计算：重复上述的步骤（1）～（4)，即：运行 PAUP*，以编辑模式（‘edit’ mode）打开 NEXUS 数据文件。将光标移到文件末尾的“End;”处，按回车键，在新的一行开始输入下述命令：

```
begin paup;
set maxtrees=100 increase=auto;
bootstrap nreps=500 conlevel=50 treefile=treename3 keepall=yes cutoffpct=50/
```

```
start=stepwise addseq=random nreps=1000
savereps=yes nchuck=2 chuckscore=5
dstatus=none;
savetrees file=treename3;
set root=outgroup;
outgroup outgroup-taxon-names]/only;
End;
```

从 file 菜单中选择“open”或“execute”，打开刚保存的新文件，PAUP* 即开始进行 MP 分析。运行结束后在与数据集同样的文件夹中生成 treename3 树文件。注意自举分析获得的树的文件名称应该与 MPT 文件有别。

9.8　TNT 软件

TNT（tree analysis using new technology，Goloboff et al.，2003；2008）是对大数据集进行简约法分析的软件，为 Windows 图形界面（图 9-7）。该软件采用分组搜索法（sectorial search）、简约性棘轮法、树移动法（tree drifting）和树融合法（tree fusing）4 种新搜索算法以实现大型数据集的分析，并允许用户通过改变搜索参数来识别特定数据集规模下的最佳搜索参数。TNT 的基本使用方法如下所述。

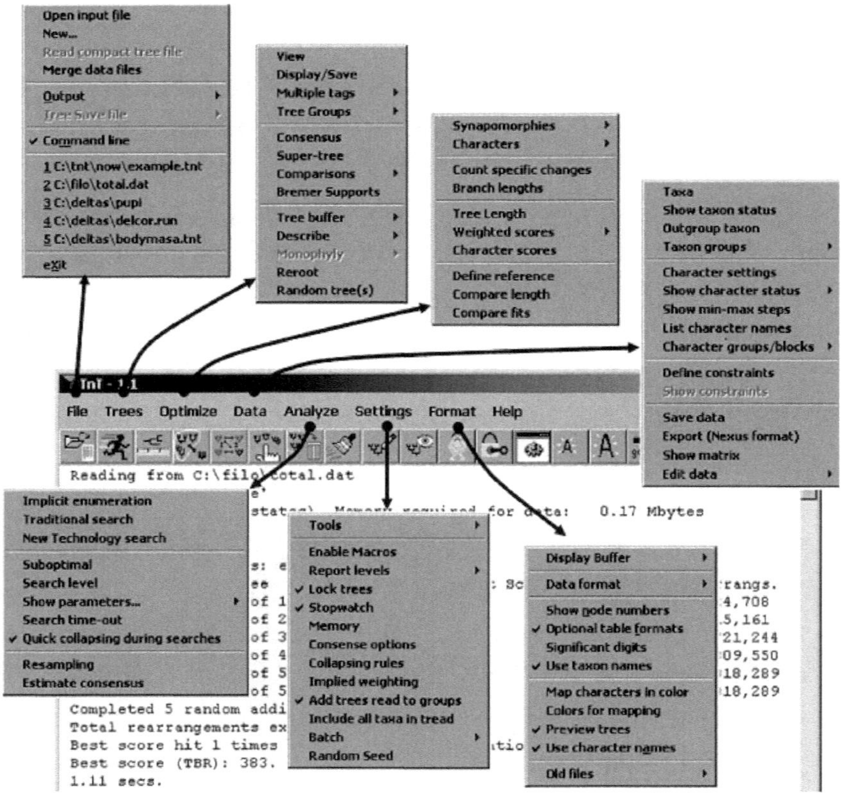

图 9-7　TNT 的各菜单和工具栏

(1) 运行 TNT，从文件菜单 file 打开输入文件。要求输入的数据为 NEXUS、HENNIG86 或 NONA 格式，TNT 对输入的文件格式有特定的要求，常用的 NEXUS 格式只有最基本的可以被识别，可根据程序的示范数据标记数据格式以符合要求，并保存为扩展名为 tnt 的文件。

(2) 在 Analyze 菜单选择一种搜索策略，然后进行搜索参数设置，点击 OK 进行搜索。TNT 中执行三类搜索，即分支限界法、传统的启发式（多次随机添加的分支交换）和 4 种新搜索技术。对于大多数数据集搜索速度很快，结果除获得的一棵或多棵 MPT 外还有最优树的一些统计值。分支限界法适合于 15 个分类单元以内的数据集，再大的数据集（50 以内）可以常用启发式算法。利用 4 种新搜索算法，TNT 可轻松处理 100～1000 个 OTU 的数据集，在这个范围内，对于较小的数据集，通过简约性棘轮法和（或）树移动法分析最好；对于较大的数据集，只能通过分组搜索法和树融合法来分析。这一步是运行 TNT 的关键步骤，需要采用许多不同的搜索策略以获得最优 MPT。

(3) 在 Trees 菜单中选择 tree-viewing 查看 MPT。在 tree-viewing 模式下可以查看和编辑树、选择节点进行标记。如果树查看功能关闭，树形图将在内存中自动生成文本，暂时保存。如果预览（pre-viewing）打开，则一棵树的文本全屏显示显示在一个单独的窗口，按 Escape 键返回到程序主界面。

(4) 如果获得多棵等价最优树，则需要计算合一树，在 Trees 菜单中选择合一树命令 Consensus，在弹出的对话框中选择一种合一树方法（如 majority rule），点击 OK 以构建多数规则合一树。

9.9 WinClada 和 NOVA

WinClada 是一个数据和系统树的浏览器和编辑器，可以与命令行运行的 NONA、PIWE 和 HENNIG86 等简约法分析软件联合使用（图 9-8）。WinClada 代替了 DOS 程序 DADA 和 CLADOS，它综合了以上两者的功能，并且增添了新的功能。

WinClada 能读取 DADA、CLADOS、NONA、PIWE 或 HENNIG86 产生的大部分文档，也将读取大多数简单的 NEXUS、GDE 或 FASTA 格式文档。

NONA 安装后可以作为 WinClada 的一个姐妹程序来运行。为了顺利地联合运行这两个程序，需要把 autodada. dad 的文档放到当前的工作目录下，在 autodada. dad 文档中，必须把一个与 WinClada 直接相连的路径名称放到正确的 NONA 的可执行文件中。例如，如果 nona. exe 存在于目录“c:\cladistics”中，就可以放到 autodada. dad 的下一个目录中：nonapath c:\cladistics\nona;。如果在 Windows 下有关 NONA 的一些程序不能正常运行，则需要下载最新的 Windows 版本。NONA 只识别 *. ss 格式。

WinClada 的使用方法如下。

(1) 运行软件，点击 File→Open file，打开所要建树的数据文件。WinClada 默认的文件后缀为 . ss 或 . winc，如果是符合格式的、后缀为 . txt 的文本文件也能够打开。

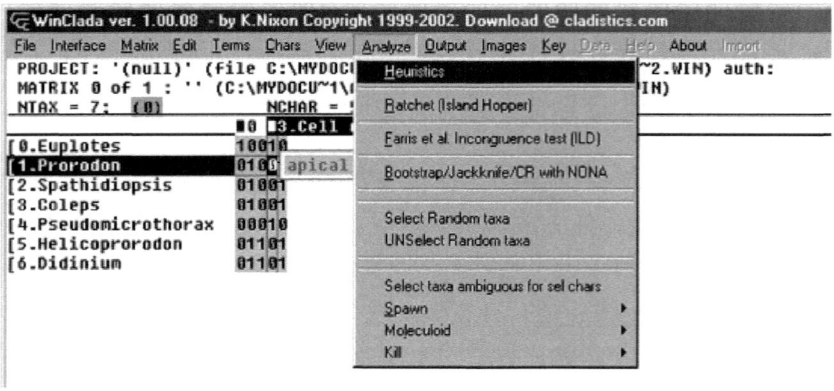

图 9-8　WinClada 运行界面及分析菜单的主要功能

（2）打开数据后即可进行编辑。默认状态下数据是上锁保护的，如果需要进行编辑，在 Edit 菜单选择解锁（Unlocked）。WinClada 可以把编辑过的数据保存为 *.ss（HENNIG86/NONA）、*.winc（WinClada）、*.nex（PAUP/MacClade format）和 *gde/*.fst 等常用格式。

（3）进行数据集或系统树的编辑。

（4）在 WinClada 上运行 NONA 进行简约法分析：从 WinClada 上运行 NONA 进行简约法分析有两种途径。①在菜单 Analyze→Spawn→NONA，选择 enter path，指定 NONA 安装路径，并将目前的路径作为默认路径。接着，在菜单 Analyze→Spawn→NONA，运行 NONA，提交当前激活的数据集（current matrix），WinClada 将显示出当前性状设置窗口（current character setting），显示数据集中的性状和加权情况。点击 yes 后将启动 NONA。键入 quit 或 z 退出 NONA，返回 WinClada 界面。②在菜单 Analyze 选择一种搜索选项并键入适当数值，WinClada 将自动指导 NONA 进行简约法分析。分析结束后，NONA 将自动关闭并将结果反馈给 WinClada，并在系统树查看窗口（WinClados）显示出来。在 Interface 菜单中选择 WinDada 就可以从系统树查看窗口转换到数据集窗口。

当数据集输入到 NONA 后，就可以执行以下命令进行简约法分析。NONA 的主要命令有：

```
help;
whennig;或"w;"构建 Wagner 树。运行结束后键入 tplot;或 tp;显示系统树。
sv* my.tre sv/;保存当前内存的树。
Quit;或 z;退出 NONA,返回 WinClada 界面。
```

第 10 章　最大似然法

10.1　最大似然法原理及其在系统发生分析上的应用

最大似然估计（maximum likelihood estimate，MLE）是 Fisher 于 1921 年创立的用于对不连续函数进行点估计的通用统计学方法。最大似然法估计的基本思想是：设函数的总体分布已知，但有未知参数 θ，θ 可以取很多值，在 θ 的一切可能取值中选一个使样本观察值出现的频率为最大的 θ 值作为其估计值，记作 $\hat{\theta}$，并将其称为 θ 的最大似然估计值。这种求估计值的方法称为最大似然估计法。

设用 D 表示数据，θ 表示模型中的参数，则可用 P（D；θ）表示给定参数 θ 时观测到数据 D 的概率，如果数据 D 已知，可将 P（D；θ）看成是参数 θ 的函数，即 P（D；θ）$=L$（θ；D），而使 L 最大的 θ 值即可作为参数 θ 的估计值。

Fisher 的学生 Cavalli-Sforza 和 Edwards（1967）是最早采用最大似然法构建系统树的学者，他们分析当时的最新数据类型——等位基因频率数据。首次将最大似然法用于核酸序列数据分析的是著名统计学家 Neyman，Kashyap 和 Subas 此后对 Neyman 的方法作了改进和扩展，Felsenstein（1973）及 Thompson（1975）发展了构建最大似然树的算法。上述都是以均匀布郎运动模型为基础的，所以未能广泛应用。对于蛋白质或核酸序列数据，Poisson 过程模型或其他概率模型较接近真实情况，因而 Felsenstein（1981）及 Barry 和 Hartigan（1987）根据 Poisson 模型大大简化了最大似然法的计算方法，使之在序列分析上开始应用。Kishino 等（1990）使用了 Dayhoff 等（1978）的取代矩阵将该方法扩展到蛋白质序列数据。

最大似然法可以解决许多重要的生物学问题，如可用于识别比对序列中包含的极端转换偏向性、最保守的位点及最受到选择约束的位点。最大似然法的应用主要有以下几个方面。

（1）ML 法提供了准确的参数估计的点估计方法，在系统发生分析时常被用于计算序列之间的各类距离（最大似然距离、gamma 距离）和序列分歧度等。

（2）最大似然法为一个估计的不确定性提供了计算置信区间（CI）的方法，而 CI 将为从多个竞争的假设中选择一个最好的假设提供必要的信息。CI 是可以相信的从数据中估计出参数的一个简单测度，大的 CI 范围意味着一个参数较难估计，而小的 CI 则是参数估计准确性的指标。因而，CI 取值范围可用于检验假设准确性的测度。

（3）最大似然法中的似然值比率检验 LRT 通过比较不同模型与实际数据拟合的程度提供了一种比较不同假设优劣的强有力工具。

（4）最大似然法可用于计算系统树的置信度和比较树的拓扑结构，如 SH 检验、AU 检验、SOWH 检验和 KH 检验。

（5）最大似然法可用于分子测年、推论祖先状态等。

10.2 最大似然法建树原理

最大似然法（maximum likelihood method，ML）是应用统计推断构建系统发生关系的方法。其原理非常简单：将系统树的拓扑结构、分枝长度及进化模型参数等的全部或部分作为需要估计的参数 θ，在给定数据集和进化模型的基础上，用最大似然法的标准——似然值最大化来估计这些参数。一般情况下采用最大似然法主要是估计拓扑结构和分枝长度，如果指定拓扑结构，则可以估计分枝长度和进化模型参数。

用最大似然法建树时，先选择一个适合数据集的进化模型，然后对指定拓扑结构的一棵树优化分枝长度以使所计算的该拓扑结构的似然值最大化。通过计算不同拓扑结构树的似然值，将具有最大似然值的树看成是指定模型下的能够产生观测数据的最佳估计。

在 ML 法中，所估计的参数有三类，即树的拓扑结构、树的分枝长度和进化模型中的各种参数。在这些参数中，进化模型的参数可以是在模型选择过程中已经确定的，也可以通过迭代方法采用最大似然法估计，而树拓扑结构是通过比较搜索过程获得树的似然值大小确定的，所以计算过程中主要考虑的是如何优化一个拓扑结构树的枝长，以实现该拓扑结构的似然值最大化。因此，最大似然法分析中计算似然值的模型实际上包括了两部分——关于性状状态改变的概率模型（如 DNA 序列替换模型）和有一定分枝长度的系统树。

似然值（likelihood）是当模型（树 T 和进化参数 θ）为真时能够得到实际观测数据的概率。应该注意的是，似然值是观测数据（即序列）的条件概率，其条件为计算似然值时依据的模型，而不是模型为真的概率。

最大似然法系统发生分析用数学语言可表述为：一棵树（T）的似然值（L）是产生该树的观测数据（D）与进化模型（M）的概率——L（D，T，M），在给定 D 和 M 的条件下，不同分支型式和分支长度的树有不同的似然值，最大似然法的选择标准是具有最大似然值的树。一棵树（T）的似然函数 L 可以写成

$$L(T)=f(x;\theta)$$

其中，x 为一组被观察的核苷酸/氨基酸序列；θ 为数学模型中使用的一组参数，如分枝长度、核苷酸频率、替换参数等。所有这些参数可以通过最大化 L 来估计。

似然值的最大化是通过数值计算实现的。计算的 ML 值依赖于所用的数值方法和所希望的精确度。因此，不同的计算程序对同一组数据也可能产生略微不同的似然值。

10.3 最大似然法建树过程

用最大似然法进行系统发生分析的过程可分为以下 4 步。

（1）选择进化模型。进化模型是最大似然法分析的关键。原则上，不同类型的分子或数据应有不同的进化模型或模型中的参数取值不同。目前最大似然法用于核酸序

列数据分析时常用的进化模型有数百种，用于蛋白质序列分析的氨基酸取代模型也有近 120 种。模型选择的原理和方法见第 7 章。

(2) 最适模型确定后，以 MPT 或 NJ 树为基础采用 ML 法估计模型中的各个参数。目前的模型选择软件也可以同时估计出最优模型中的各个参数。

(3) 应用步骤 (2) 和 (3) 确定的模型和参数，从 MP 树、NJ 树或其他类型的起始树开始进行 ML 分析，以发现似然值最大的树。

(4) 用统计学方法从多个 ML 树中选择最优 ML 树，并进行 ML 树的可靠性检验。

下面对这些过程进行详细的介绍。

10.3.1 进化模型的选择及参数计算

1. 序列进化模型

即使目前最复杂、参数最多的模型也无法描述序列进化的真实情形，而且参数越多，估计参数引入的误差越大。所幸的是，完美的模型并非系统发生重建所必需的前提。

DNA 序列的 14 种基本模型可以在 4 种不同的条件下使用，因而至少有 56 种不同的基本模型。4 种条件为：位点间无速率变异、位点间速率变异的 Γ 分布、不变位点比例 I 及 $\Gamma+I$。此外，基本模型还可以在分子钟假设及支系速率变异条件下使用。不变位点比例 I 由 ML 法从数据集估计获得。Γ 分布形状参数 α 由 ML 法从数据集估计获得。碱基组成频率（$\pi_i=\pi_A$、π_C、π_G、π_T）可以设置为经验值（直接从数据中估计），或者由程序优化估计。

蛋白质编码序列可以从三种不同的层次选择模型分析——核苷酸替换模型、密码子模型和氨基酸取代模型。但这些模型的似然值计算时间差别很大。密码子模型需要估计的参数最多（61×61），似然值的计算时间最长，是标准的 4×4 核苷酸模型速率矩阵的 200 倍；氨基酸取代模型有 190 个氨基酸之间相互取代的速率参数和 20 个氨基酸频率参数，似然值的计算是标准的核苷酸替换模型的 25 倍。

蛋白质序列的进化模型虽然很多，但被纳入系统发生分析软件的只有经验模型。ProtTest 3 中有 14 种经验模型，通过加入氨基酸组成频率 F、不变位点比例 I、位点间速率变异的 Γ 分布及 $\Gamma+I$，共计有 120 个模型可以选择。蛋白质的经验进化模型中的取代速率都是从实际数据中估计出来的固定常数，这样的话，如 JTT$+I+\Gamma+F$ 模型需要估计的常数只有 I、α 和氨基酸组成频率 F 的 19 个自由参数。

2. 给定拓扑结构下模型中参数的估计

ML 分析过程需要优化的模型参数包括指定系统树的所有分枝长度和进化模型中的所有参数。理想的方法是在系统树搜索过程中在发现的系统树上同时优化所有参数，但实际上这些参数相互之间是依赖的，并取决于树的拓扑结构，而且计算量巨大，在实际分析中无法同时估计，所以提出了连续近似的迭代估计策略（Sullivan and Swofford,

1997)：首先构建起始树（简约树或NJ树)，在起始树上估计进化模型参数的值，然后利用这些进化参数估计值进行ML分析，如果分析获得的新树的拓扑结构与似然值同前一个树一致，则停止分析；否则，重复上述分析直至拓扑结构和似然值不再变化为止。

模型的参数值原则上应该对每一棵树优化参数值以使似然值最大化。各种替换速率、R（Ts/Tv)、gamma形状参数α、不变位点比例I等参数的初始值可在ML分析过程中直接从数据集中估计出来，或在进行ML分析前从已建立的MPT上估计出来。需要注意的是，在估计不变位点比例I时，最好排除外群序列，这样可以降低由于外群引起的较大数量改变对参数估计造成的影响。任何进化树的这些参数都可以在PAUP* 中得到评估，在打开数据集的条件下，先在内存中导入要评估的树，执行“LSCORES”命令，所有参数选项设定为“estimate”即可得到。

10.3.2　系统树搜索方法

ML法分析中的一个问题是随着OTU数目的增加，可能的树状图的数目迅速增加。n个OTU所有无根二歧树的数目为$(2n-5)!/[(n-3)!\,2^{n-3}]$（Edwards and Cavalli-Sforza，1964)。由于每一步均需要优化参数，越来越复杂的进化模型及更大的数据集使得ML法成为计算强度最大的方法。因此，ML法研究的重点一直放在改进搜索策略及减少计算时间方面，近年来不断有各种新算法提出。这些算法基本上都是基于随机理论，如Lewis（1998）提出的针对DNA数据的遗传算法、Salter和Pearl（2001）发展的模拟退火算法（simulated annealing algorithm）等。目前ML法中采用的搜索算法主要有以下4种。

1. 启发式搜索方法

在进行ML分析时传统启发式搜索算法（PAUP* 软件执行）包含以下步骤。

（1）通过NJ树或逐步添加序列的方法构建一个初始树。

（2）以初始树为基础通过各种分枝交换方法（NNI、SPR和TBR）计算似然值，将获得最大似然值的树保存，并作为下一轮重排的初始树。

（3）重复进行分枝交换直到不能增加似然值为止，在重排最后获得最大似然值的树即是ML树。

PhyML（Guindon and Gascuel，2003）中采用的快速算法是首先基于距离方法快速构建一棵初始树，对这棵初始树从拓扑结构和分枝长度两个方面同时做简单的启发式搜索。这个同步调整是一个在运算速度和准确性之间的折中，要求只有少数几次重复就能够达到最优树。

2. 四枝树解谜法

四枝树解谜法（quartet puzzling，Strimmer and von Haeseler，1996）是为了克服ML法中巨大的计算工作量，缩短计算时间而采用的一种搜索策略。该法的思路是将常规启发式搜索中全部 OTU 放在一起的搜索过程分为两步。

第一步，先用 ML 法计算出所有可能的 4 个 OTU 组合的最优树，这种只有 4 个 OTU 的最优树称为四枝树。由于每一个四枝树只有三种可能的拓扑结构，故这一步的计算速度很快。虽然每组四枝树只有三种不同的拓扑结构，但对于有 n 个分类单元的数据集，存在着 $\binom{4}{n}=n!/4!\ (n-4)!$ 种不同的四枝树，所有不同拓扑结构的四枝树为 $3\times\binom{4}{n}$。

第二步，使用合一树方法将所有的最优四枝树联合形成单一树。如果所有的最优四枝树是相互相容的话，则可以构建唯一的一棵最优树。但大多数情况下，最优四枝树之间或多或少地表现出不相容性，因而可以构建出许多不同的树，而且树的拓扑结构取决于建树过程中加入的次序。为了避免最优四枝树加入次序的影响，需要采用不同的最优四枝树加入次序进行多次分析，这一步也称解谜过程（puzzling step），是该法的关键和独特步骤。解谜过程一般要重复 1000～10 000 次，然后从这些重复构建的树中计算出包含所有 OTU 的多数规则合一树。最后，树的拓扑结构的支持度通过对已解析的分支型式的解谜支持度（puzzle support）来指示。

四枝树解谜法（TREE-PUZZLE）构建系统树分以下 4 步。

（1）进化模型及参数估计：从输入的序列中计算出成对距离并构建 NJ 树，然后采用最大似然法估计 NJ 树的分枝长度和进化模型参数；根据最大似然法估计的参数重新计算距离矩阵并构建 NJ 树。重复进行，直至估计的参数稳定。

（2）最大似然法分析：对所有 $3\times\binom{4}{n}$ 棵四枝树计算似然值，保存每组四枝树中似然值最高的拓扑结构的树。

（3）解谜过程：根据保存的四枝树拓扑结构集合，以随机添加的方式构建中间树（intermediate tree），并且以不同的加入次序重复构建很多中间树。

（4）合一树构建：采用多数规则从中间树的集合中构建合一树，这样的树称为四枝解谜树（quartet puzzling tree），树上每个分支在中间树的集合中出现的百分比称为解谜支持度。

执行四枝树解谜法算法的软件有：

TREE-PUZZLE	Darwin	STC
SplitsTree	PhyloQuart	Quartet Suite
Phyltest	Gambit	LEVEL2
GEOMETRY	IQPNNI	Bosque
PICA		

3. 遗传算法

遗传算法（genetic algorithm，GA）是一种进化计算方法，使用一套模拟生物进化过程（即突变、重组、选择和繁殖）的规则扰动（perturbed）树群体，然后让树以其相对适合度为基础的概率进行繁殖，再合并以产生更好的树（Lemmon and Milinkovitch，2002）。

遗传算法模拟自然界生物进化的原理来发现最优树：个体＝1棵树，群体＝由许多个体（树）组成，适合度＝ln$L$，世代＝不同群体树构成。由问题的解（在这里是由特定拓扑结构和分枝长度及进化模型参数的树，被称为个体individual）组成一个群体的进化，每个个体基于其ln$L$值赋予一个适合度（fitness）。遗传算法搜索树的过程是先以快速的方法（如逐步添加法）得到许多不同的树作为亲代树，在其中挑出少数几个似然值较高的树，再对这几个树进行突变，在每个世代个体的某些组分中产生随机突变（即通过NNI、SPR和TBR对树进行分枝交换和分支长度与进化模型参数的改变）和重组（两个树中大分支的互换），以此产生众多子代树，重新计算突变后的ln$L$，然后，这些个体按照其ln$L$值大小的比例作为下一世代的亲本（即选择过程）。这种过程重复很多世代，则群体中的个体将进化为适合度较高的个体，而具有最高适合度的个体将自动在群体中保持下来，确保它们不被随机遗传漂变所丢失。进行这种启发式搜索时必须先决定种群大小（population size），也就是每次保留的最佳树数目，此数值越高，进行的树搜索也越彻底，越可能获得最佳树形，但是所需的时间也越长。每棵树的相对适合度是一个最优评分函数，随着时间的推移，树群体的平均得分得到改进。GA继续让树群体演化，直至达到一个临界点，或树群体的评分停止改善为止。

遗传算法在20世纪90年代中期引入到系统发生分析中，目前有三个软件执行该算法，它们是：GARLI（Zwickl，2006）、MetaPIGA 2.0（Helaers and Milinkovitch，2010）和GAML（Lewis，1998），其中，前两种的应用较多。

在执行遗传算法的软件中，MetaPIGA依靠相互作用的两个或两个以上的树群体的异质群体设置（metapopulation setting，metaGA），GARLI将使用的突变类型分为拓扑结构突变、模型参数突变和分枝长度突变三类。拓扑结构突变由标准的NNI和SPR分支交换的重排类型组成，突变的拓扑结构紧跟着进行一些粗略的分枝长度优化。模型突变只是简单地选择模型的参数并乘以一个均值为1的gamma分布变量。分枝长度突变是选择大量的分支，将其当前值乘以一个不同的gamma分布变量。GARLI比PhyML更准确，而运算速度对少于1000个序列的数据集来说与RAxML的速度接近。

4. 模拟退火算法

从一棵起始树开始，以类似于MCMC的算法在树分布空间取样，似然值大于起始树的所有树都被接受，而似然值较小的树以一个合理的概率接受，随着取样过程的增加，接受较小似然值树的概率逐渐降低，这个降低的过程就像是退火的冷却过程（cooling schedule）。在冷却过程中接受的树越来越少，最后发现ML树。采用模拟退火算法计算ML树的软件有SSA（Salter and Pearl，2001）和RAxML-SA（Stamatakis，2005）。RAxML是目前分析大于1000个序列的数据集最快最好的ML法。

10.3.3　分枝长度的优化

对于任一给定的拓扑结构，需要优化的分枝长度数为$2n-3$个。分枝长度（速率和时间之积）的优化是将其与似然值对数作图（图10-1），似然值最大时对应的值就是分枝长度的最大似然估计值。分枝长度的单位以每位点的替换数表示。

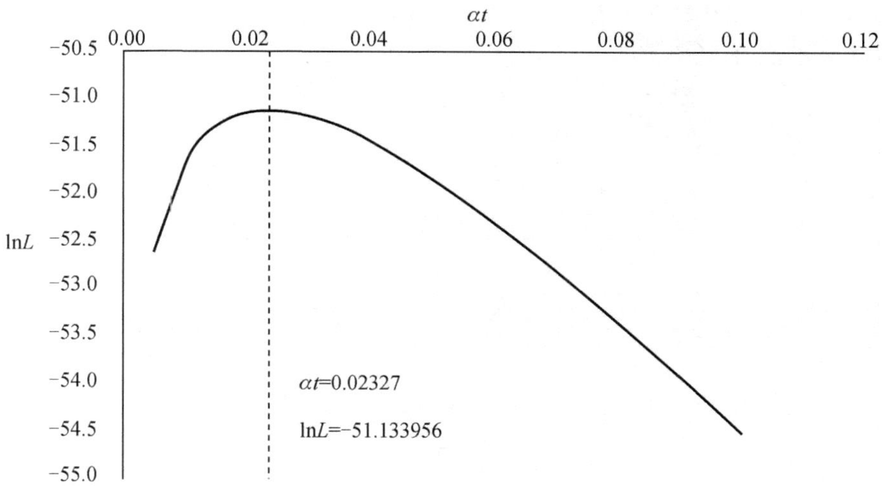

图 10-1　分支长度的优化原理

10.3.4　似然值的计算

1. 似然值的计算原理

似然值是一种概率，之所以给一个特别的名称，是强调它是给定模型和参数下获得观测到数据的概率。给定一个特定拓扑结构的进化树和观测到的碱基频率，可以计算出在一个指定进化模型下该树能够进化产生观测到序列数据的似然值。具体方法是要计算一个位点遵循一个特定替换过程时所得到的变化模式的概率，似然值就是把这个特定的替换过程中每一个可能替换的再现的概率进行加和。所有位点的似然值相乘就得到了整个序列在进化树上的似然值（图 10-2）。所以，似然值的计算原理其实就是概率论中的两个基本原理。

（1）全概率事件的概率加法原理：最大似然法分析中对每个性状在一个拓扑结构上内部节点的所有可能的状态计算概率之和。

（2）独立位点的概率乘法原理：最大似然法分析中假定每个性状是独立的，因而树的似然值是数据集中所有性状的似然值之积，即

$$L = \prod_{i=1}^{k} L_i$$

由于似然值是很小的概率值，为方便起见，采用似然值的自然对数值表示，称为对数似然值。

$$\ln L = \sum_{i=1}^{k} \ln (L_i)$$

最大似然法将数据集中的每个位点都看成是独立进化的性状，每列性状（位点）在一棵树上的似然值是观测到这种特定模式的概率，即在考虑分枝长度和进化模型参数的条件下，在所有内部节点上可能的性状分布模式概率之和。由于位点是独立的，

每个位点的似然值之积就是总似然值。总似然值是一个很小的概率，将其进行对数变换后成为对数似然值（图 10-2）。

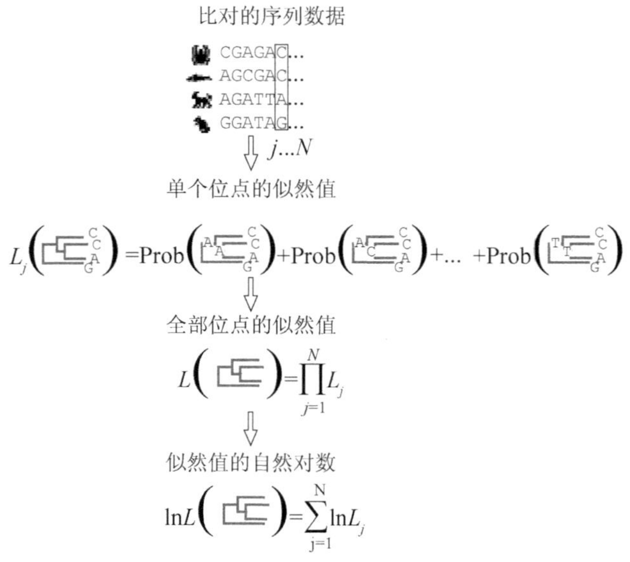

图 10-2　系统树的似然值计算原理（Wróbel，2008）

2. 似然值计算的简化

由于要对数据集中的每个位点在每棵可能的树上计算似然值，所以计算似然值的工作量也很大。为此，对这个计算过程进行了一些简化，其中最主要的两种简化方法如下所述。

（1）子树的似然值相同，只需计算一次：不同拓扑结构的树之间会有一些相同的分支，即共同子树，对这些子树只需计算一次似然值即可。

（2）有共同分布模式位点的似然值相同，只需计算一次。共同分布模式位点就是碱基在 OTU 之间分布一致，如

1 AACGTTGC…

2 AGCGTTGC…

3 AGCCTTCC…

上述数据中共出现了 5 种模式，其中 GGC 模式出现了 3 次，TTT 模式出现了 2 次，其他模式出现 1 次。一般地，对于 n 条 DNA 序列，所有可能的模式有 4^n 种。在计算似然值时，碱基分布模式相同位点的计算公式一样，故仅需要计算一次即可，这样就可以将位点似然值计算公式简化为

$$\ln L(\tau) = \sum_{a=1}^{4^n} f_a(\ln L^a(\tau))$$

式中，f_a 为第 a 种模式的出现次数；$\ln L^a$（τ）为所有模式 a 位点在拓扑结构 τ 上的似然值。

3. 似然值的计算实例

这里根据 Foster（2001）似然值计算为例介绍如下。

似然值计算的前提需要瞬时速率矩阵 Q、以期望改变量为单位优化的分枝长度估计值和进化模型参数估计值。

对于一条序列的进化，假定碱基组成的平衡频率为 $\pi=[0.1, 0.4, 0.2, 0.3]$，P 矩阵（以 A、C、G、T 顺序给出）为

$$P=\begin{bmatrix}0.976 & 0.01 & 0.007 & 0.007\\ 0.002 & 0.983 & 0.005 & 0.01\\ 0.003 & 0.01 & 0.979 & 0.007\\ 0.002 & 0.013 & 0.005 & 0.979\end{bmatrix}$$

则序列 A（CCAT）演变到序列 B（CCGT）的似然值为

$$\pi_c P_{c\to c}\pi_c P_{c\to c}\pi_a P_{a\to g}\pi_t P_{t\to t}$$
$$=0.4\times0.983\times0.4\times0.983\times0.1\times0.007\times0.3\times0.979=0.000\,030\,0$$

如果已知序列 A 和 B 来自共同祖先，并且有如图 10-3a 的分枝长度，P 矩阵的元素取值随着分枝长度而变，那么，我们只需估计出一个单位进化距离（分枝长度）的 P 矩阵，n 个进化距离的 P 矩阵通过自乘 n 次获得。假如分枝长度分别为 0.1、0.2 和 0.3 时的 P 矩阵分别为

$$P(0.1)=\begin{bmatrix}0.886 & 0.047 & 0.031 & 0.036\\ 0.012 & 0.918 & 0.024 & 0.046\\ 0.016 & 0.047 & 0.902 & 0.036\\ 0.012 & 0.062 & 0.024 & 0.902\end{bmatrix}$$

$$P(0.2)=\begin{bmatrix}0.787 & 0.089 & 0.057 & 0.067\\ 0.022 & 0.847 & 0.045 & 0.086\\ 0.029 & 0.089 & 0.815 & 0.067\\ 0.022 & 0.115 & 0.045 & 0.819\end{bmatrix}$$

$$P(0.3)=\begin{bmatrix}0.7 & 0.126 & 0.08 & 0.094\\ 0.031 & 0.786 & 0.063 & 0.119\\ 0.04 & 0.126 & 0.74 & 0.094\\ 0.031 & 0.159 & 0.063 & 0.747\end{bmatrix}$$

则这两条序列第一个位点 C 的似然值为

$$=\pi_a P_{0.1,a\to c}P_{0.2,a\to c}+\pi_c P_{0.1,c\to c}P_{0.2,c\to c}+\pi_g P_{0.1,g\to c}P_{0.2,g\to c}+\pi_t P_{0.1,t\to c}P_{0.2,t\to c}$$
$$=0.1\times0.047\times0.089+0.4\times0.918\times0.847+0.2\times0.047\times0.089+0.3\times0.062\times0.115$$
$$=0.3145$$

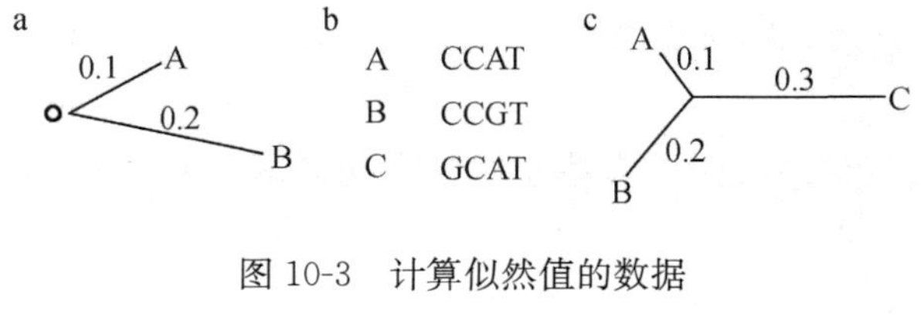

图 10-3　计算似然值的数据

对于三个分类单元，如果比对好的数据集如图 10-3b 所示，它们之间的分支关系及优化的分枝长度如图 10-3c 所示，不同分枝长度对应的 P 矩阵如上所示，碱基组成的平衡频率为 $\pi=[0.1, 0.4, 0.2, 0.3]$，则第一个位点的似然值为

$$\begin{aligned}L1&=\pi_a P_{0.1,a\to c}P_{0.2,a\to c}P_{0.3,a\to g}+\pi_c P_{0.1,c\to c}P_{0.2,c\to c}P_{0.3,c\to g}+\pi_g P_{0.1,g\to c}P_{0.2,g\to c}P_{0.3,g\to g}\\&\quad+\pi_t P_{0.1,t\to c}P_{0.2,t\to c}P_{0.3,t\to g}\\&=0.1\times0.047\times0.089\times0.08+0.4\times0.918\times0.847\times0.063\\&\quad+0.2\times0.047\times0.089\times0.74+0.3\times0.062\times0.115\times0.063\\&=0.0204\end{aligned}$$

同样地，可以计算出 $L2=0.245$，$L3=0.00368$，$L4=0.166$。这样，该数据集在这个拓扑结构树上的似然值 $L=L1\times L2\times L3\times L4=3.04\times10^{-6}$。

10.3.5　分支支持度计算

传统最大似然法的主要问题是由于计算时间的限制而无法进行常规的自举重抽样分析。因此，除传统的自举方法以外，还提出了许多快速和近似的方法以适应 ML 的分析需要，这些方法包括 PhyML 的 aLRT 等执行的近似似然率检验法、TREE-PUZZLE 的 QP 支持值和 TREEFINDER 软件联合信息标准的 LR-ELW 分支支持度等。

PhyML v3.0 采用一种新的称为近似似然率检验（approximate likelihood ratio test，aLRT）的方法快速估计分支支持度，以取代十分费时的 ML 自举方法。aLRT 与传统的 LRT 相关，检验的零假设为分枝长度等于 0，标准的 LRT 采用的统计值为 2（L_1-L_0），其中，$L1$ 为检验树的似然值，L_0 为分支塌陷后检验树的似然值。aLRT 通过近似的方式计算统计值，即 2（L_1-L_2），在此，L_2 对应于 NNI 搜索的第 2 个最优树上被检验分支的似然值。这种方法之所以快速，是因为 L_2 的似然值仅通过优化被检验的分支来计算，而其他参数都是固定的（即最优树的优化值），仅需要优化一次。aLRT 分支支持度与非参数自举分支支持度的区别是：aLRT 值来源于假设检验，而自举值来源于重复抽样的测度。aLRT 分支支持度的意义与自举分支支持度类似，具体数值也比较相似。

PhyML v3.0 采用 aLRT 方法可以获得三种支持度。

（1）从 χ^2 分布计算的参数分支支持度（parametric branch support）。

（2）基于 SH 检验计算的非参数分支支持度。

（3）上述两种支持度的综合，即二者的最小值。默认的是第二种。

四枝树解谜法软件 TREE-PUZZLE 对每个内部分枝估计支持值，这种 QP 支持值（quartet puzzling support value，QP）可以与自举支持度一样进行解释。分支的 QP 在 90%～100%可以看成是被强烈支持的，70%～90%之间的也是可信的，但最好与其他分支型式的树进行比较。

TREEFINDER 软件系统树可靠性通过自举法或联合信息标准的 LR-ELW 分支支持度来评估。近似自举支持度 LR-ELW 将期望似然值权重（expected-likelihood weight）应用于拓扑结构局部重排（local rearrangements of tree topology，LR-ELW）

时可以用于评估分支的可靠性（strimmer and rambaut）。LR-ELW 分支支持度（edge support）可以直接解释为自举支持度，故称为近似自举支持度。其过程如下：对无根树的每个内部分支生成邻近该分支的所有可能的最近邻居交换（NNI），二歧树上每个分支都有两种可能的 NNI，故将形成两个新的拓扑结构。对每个拓扑结构在保持所有参数相同的情况下重新估计分枝长度，对新拓扑结构和原树计算期望似然值权重，将该权重赋予原树的那个分支作为支持度（以百分比形式）。LR-ELW 比常规的自举法快很多。

TREEFINDER 软件还特别提供了将不同计算机上运行的自举结果联合在一起的工具。首先在不同计算机上设置较少的重复次数进行自举分析，并保存分析结果，然后通过“Utilities→Join Sample Files...”实现联合，最后通过“Analysis→Consensus Tree...”从联合自举数据中计算合一树。

10.4　最大似然法建树结果的表示

用最大似然法构建的系统树称为 ML 树，在报告最大似然法建树结果时，需要说明以下主要信息。

（1）ML 树的似然值：ML 树的似然值表示在特定替换模型及特定参数赋值下获得的该树与数据集之间的最大似然值，一般表示形式为：$-\ln L=2008.23$。

（2）分枝长度：ML 树的每一分支的长度表示发生在该分支上的相对进化数量（一般以每位点多少次核苷酸替换或氨基酸取代表示）。

（3）使用的模型及参数：每一棵 ML 树都应指明用于产生该树的进化模型，以及模型中各种参数的赋值，以便于重复及验证。

（4）ML 树的支持度：一般进行自举检验，计算出每个分支的支持度。

10.5　最大似然法的优缺点

10.5.1　最大似然法的优点

（1）理论上，最大似然法是具有统计学一致性的最有效和最可靠的系统发生分析方法之一。最大似然法本身是一种较成熟的参数估计的统计学方法，当样本很大时似然法将获得参数估计的最小方差。因此，当人们可以用公式表达一个涉及未知参数的似然函数（在一个给定的概率空间内）时，这个方法就经常被使用。Nei（1991）的模拟研究显示，只要使用正确的进化模型，对一个给定拓扑结构用 ML 方法进行分枝长度的估计也可以，而且其在获得正确的分支型式树方面有很高的效率，但当假设的条件不成立时，其结果比其他方法差。

（2）最大似然法的另一个特点是对进化过程有着明确的模型假设，而且这些假设都可用统计学方法来检验。

（3）最大似然法是一种稳健的系统发生方法，无论是在 DNA 水平还是蛋白质水平，都已经提出了参数数目不等的大量进化模型，因而可以根据特定的基因选择最适合的模型。

(4) 最大似然法所获得的结果可以用统计学理论进行显著性检验。

10.5.2 最大似然法的缺点

(1) 最大似然法的最大缺陷是计算量巨大。因为对于每个拓扑树，该法都需利用非线性最优化算法求解分枝长度等模型参数，计算该树所对应的似然值，所以，当OTU数目大于50时，目前的算法在普通计算机上无法应用。

(2) 计算上的复杂性：计算上的复杂性与所采用的进化模型和所比较的序列多少有关，一般都需要大量的计算时间。

(3) 进化模型的问题：由于对进化过程的了解有限，加之计算上的限制，目前所用的进化模型都未能反映出序列进化的真实情况。

(4) 现有的算法易于陷入系统树分布空间上局部最大似然值。

(5) 根据Yang (2006) 的意见，目前的ML方法中，似然函数并不包含拓扑结构这一参数。因此，我们不是通过最大似然法来估计一个拓扑结构，而只是在“有好的分枝长度的估计值的拓扑结构可能是真实树”这一假设条件下，选择一个具有最大ML值的拓扑结构。该假设不一定成立，实际上，当核苷酸替换率在分支间存在广泛变异时，不正确的拓扑结构可能比正确的拓扑结构更容易被选中，甚至在被检测的核苷酸数 (n) 很大时也可能如此。也可能发现这样的例子，即ML方法比MP方法和一些距离方法获得正确拓扑结构的概率更低。应该注意，ML估计的渐近特性所要求的规则条件（似然函数的连续性和可微分性）在系统发生重建中不能被满足。Nei等 (1998) 也说明了当n相对小时，ML方法比其他方法更容易获得不正确的拓扑结构。

最大似然法与简约法的比较如下所述。

最大似然法与简约法的共同之处在于它们都是基于性状数据的分析方法，获得的最优树的可靠性都要通过自举法来分析的，但它们之间仍存在以下不同。

(1) 简约法只考虑简约信号位点，而最大似然法则计算了除含有空位位点以外的所有位点。

(2) 简约法无需关于进化模型的假设，而最大似然法则主要依靠进化模型的假设进行统计推断。

(3) 简约法可以处理空位位点信息，而最大似然法则不能处理空位。

(4) 简约法计算速度快，而最大似然法计算量巨大。

10.6 最大似然法分析软件

执行最大似然法的软件很多，其中最常用的有：PAUP*、TREE-PUZZLE、PhyML、RAxML、TREEFINDER、P4、Leaphy、IQPNNI、HyPhy等。另外，PAML可以对编码蛋白质的基因序列（用CODEML程序）和编码RNA的基因序列（用BASEML）分别进行ML法分析。

下面着重介绍几个最常用的软件进行ML分析的基本方法。

10.6.1 PAUP*4 的 ML 分析方法

用 PAUP* 进行 ML 法分析的基本步骤如下所述。

（1）用处理模式打开 NEXUS 数据文件，或在命令窗口输入文件处理命令：Execute filename. nex;。

（2）按需要对数据集进行排除/包含数据点的处理。

（3）设置 ML 建树标准：set criterion=likelihood;。如果想查看当前最大似然法的设置和可能的选择，键入如下的命令：lset ?;，则出现：

```
Current PAUP LSET commands
Keyword- ---Option type--------------------default setting--
NST            1|2|6                                      2
TRatio         <real-value> |Estimate|Previous         2
RMatrix        (<rAC> <rAG> <rAT> <rCG> <rCT> )|
               Estimate|Previous                        (1 1 1 1 1)
RClass         (<cAC> <cAG> <cAT> <cCG> <cCT> <cGT> )    (a b c d e f)
Variant        HKY|F84                                       HKY
BaseFreq       Empirical|Equal|Estimate|Previous|
               (<frqA> <frqC> <frqG> )                    Empirical
Rates          Equal|Gamma|SiteSpec                         Equal
Shape          <real-value> |Estimate|Previous         0.5
NCat           <integer-value>                              4
RepRate        Mean|Median                                   Mean
PInvar         <real-value> |Estimate|Previous         0
SiteRates      Partition[:<charpartition-name> ]|
               Rateset[:<rateset-name> ]|Previous      <none>
Wts            RepeatCnt|Ignore                             RepeatCnt
InitBrLen      Rogers|LS|<real-value>                     Rogers
LCollapse      No|Yes                                         Yes
MaxPass        <integer-value>                             20
Delta          <real-value>                                1e-06
UseApprox      No|Yes                                          Yes
ApproxLim      <real-value>                                5
AdjustAppLim   No|Yes                                        Yes
LogIter        No|Yes                                      No
ZeroLenTest    No|Full|Crude                             No
Recon          Marginal|Joint                            Marginal
AllProbs       No|Yes                                     No
Clock          No|Yes                                     No
UserBrLens     No|Yes                                     No
MinMemReq      No|Yes                                       No
```

```
StartVals     ParsApprox|Arbitrary               ParsApprox
ParamClock    Standard|Rambaut|BrLens|SplitTimes|
              MDRambaut|Thorne                        Standard
MLDistforLS   No|Yes                                 No
ShowQMatrix   No|Yes                                 No
```

（4）ML 法分析是 PAUP* 中最复杂的方法，首先需要了解 ML 分析法设置：lset [options]。其选项共有 6 项。

① 替换模型（substitution model）：PAUP* 中将基本替换模型按所含的替换类型数目（number of substitution type，NST）分为三类。NST＝1（all rates equal，1ST），为 JC69 和 F81 模型；NST＝2（Ti rate≠Tv rate，2ST），为 F84 和 HKY85 模型；NST＝6（general time-reversible，6ST），为 GTR 模型及 GTR 亚模型（如 TAMNEI 的三种替换）。PAUP* 默认的模型为 Ti/Tv＝2 的 HKY85 模型。

应该特别指出，GTR 模型系列中 Rclass 命令的意义就是将速率归类，GTR 模型中的替换速率矩阵 rmatrix 中的元素被分成 a、b、c、d、e、f 六类，分别对应 AC、AG、AT、CG、CT、GT 之间的替换速率，即

$$\begin{pmatrix} - & a & b & c \\ a & - & d & e \\ b & d & - & f \\ c & e & f & - \end{pmatrix}$$

GTR 亚模型（也就是限制类别）则可以由用户自由指定归为几类，如 Tamura-Nei model（TAMNEI，rclass＝（a b a a c a)；）就是其中一种，只有三种速率。另外，如果 rmatrix 中所计算的速率相等，则可以使用 rclass 命令将速率参数的数目减少，如 rclass＝（a b c d b f)；亦即 b＝e，速率参数由 6 个减少为 5 个。

② 碱基组成频率：可以有 4 种设置选择，设置为相同的频率（equal，仅适合于 JC69 和 K80 模型）；从数据集中估计出平衡时的碱基频率（empirical)；使用 ML 法估计（estimate)；人为指定频率（set to)。

由替换模型和碱基组成频率相互组合就构成了序列进化的基本模型，其组合形式见表 10-1，命令举例为：lset nst＝6 rmatix＝estimate rclass＝（a b a a c a)；。

表 10-1　PAUP* 软件中执行的 DNA 进化模型

替换模型	参数类型	对应模型
NST＝1	Basefreq＝equal	JC69
NST＝1	Basefreq＝empirical/estimate	F81
NST＝2	Basefreq＝empirical/estimate，variant＝HKY	HKY85
NST＝2	Basefreq＝empirical/estimate，variant＝F84	F84
NST＝2	Basefreq＝equal	K2P（K80）
NST＝6	Rmatrix，Rclass，BaseReq	GTR 模型系列

③ 位点间速率变异（among-site rate variation，ASRV)：位点间速率有三种选择，

一是不考虑速率异质性，则 rates＝equal。二是采用 Γ 分布，即 rates＝gamma。PAUP* 中通过使用均值为 1 的不连续分布逼近 Γ 连续分布来表示位点间速率变异情况。使用的速率类型越多，就越接近连续 Γ 分布，但计算速度就越慢。模拟研究表明，将 ASRV 分为 4 类是最好的折中方案，故 PAUP 的默认 ASRV 速率类型为 4 类（Ncat＝4），这就是说，DNA 序列中可变位点的替换速率分别属于 4 类，每一类位点的碱基替换速率的概率是相同的，每一类位点的替换速率可以用该类的平均值（mean）或中值（median）来代表。Γ 分布的形状参数 α 可从数据中估计（shape＝estimate）、人为指定（shape＝指定值）或采用前面分析采用的值（shape＝previous）。三是采用基于划分数据集位点特异性速率（rates＝site-specific），一般在数据文件中必须定义好不同的数据集（charpartition），这个选项才可选。可以给一组性状赋以一定的速度，如

```
charpartition genes=g1:1-300,g2:301-600,g3:601-700;
lset rates=sitespec siterates=partition:genes;
```

不变位点比例（proportion of invariants，pinvar）：即考虑在序列中有些位点属于高度保守的不变位点，可以单独划出，而其他位点则赋予上面指定的速率。

PINVAR＝*real-value* | ESTIMATE | PREVIOUS，即直接赋给 I 某一值，I 值由软件从数据中估计或采用前值。

④ 初始参数值（starting parameter values）：ML 法中估计模型参数和分枝长度是通过一次初步估计后，再经过多轮的微调（smoothing passes）来完成最优估计。

初始值的设定命令：STARTVALS＝PARSAPPROX | ARBITRARY ［初始值通过简约法来估算或者给以任意值］；INITBRLEN＝ROGERS | LS | *real-value* ［起始分支长度可以用 Rogers-Swofford 方法或最小平方法得到，当然也可以指定一个值］；USEAPPROX＝YES | NO ［搜索到的树估算的似然值超出目标值 5%时即拒绝或者采用其他方法筛选］。

⑤ 参数微调（performance tuning）：MAXPASS＝*integer-value* ［默认值为 20，值越小则计算速度越快，但目标函数不能最优化］；DELTA＝*real-value* ［默认值为 1e－06］；

⑥ 其他（miscellaneous）：包括分子钟的指定、性状加权、指定分枝长度、分枝长度为零时塌陷等。

（5）进化模型及参数设置：了解了以上 ML 设置后，设置选择好的适合数据集的进化模型及参数。PAUP* 默认的模型为 Ti/Tv＝2 的 HKY85 模型。可以根据需要输入设置模型的命令，如设置为 JC69 模型的命令为：lset nst＝1;。PAUP* 常用进化模型的设定命令：

```
lset nst=1 basefreq=equal;[JC69 model]
lset nst=2 basefreq=equal;[K2P model]
lset nst=1 basefreq=empirical;[F81 model]
lset nst=2 basefreq=empirical variant=f84;[F84 model]
lset nst=2 basefreq=empirical variant=hky;[HKY model]
lset nst=6 basefreq=empirical;[GTR model]
```

```
lset nst=6 base=estimate rmat=estimate rclass=(a b a a e a); [TrN model]
lscores 1/nst=6 basefre=est rmat=est rclass=(a b a a e a)pinv=est rate=gam shape=est; [TrN+I+G model]
```

TrN 模型有三个速率参数（一种 Tv 速率，两种 Ts 速率）和 4 个碱基频率参数。PAUP* 的 6 个速率参数顺序，即 A<－>C A<－>G A<－>T C<－>G C<－>T G<－>T，速率相同时可以采用一样的字母表示。

估算进化模型参数时首先需要指定一棵起始树，起始树可以是导入的树，也可以直接搜索一棵 NJ 或 MP 树等。然后输入命令 lscore，按照以上 ML 设置对应的模型指定相应模型，并将所有的参数指定为估算（estimate），也就是根据起始树估算数据集在该模型下的参数值。以采用最复杂的 GTR＋I＋G 为例，替换速率矩阵 rmatrix 和参数 α 及 pinvar 从数据中估计，则需要多个命令完成设置：

```
lset nst=6 rmatrix=estimate basefreq=estimate rates=gamma shape=estimate pinvar=estimate;
lscore;
```

上述命令的运行结果是 NJ 树的似然值、碱基组成频率、6 个速率（rate matrix R）、不变位点比例和速率变异形状参数的列表。

或者通过 PAUP* 迭代优化获得，即

```
lset nst=6 rmatrix=estimate;[GTR 模型,替换速率矩阵从数据中估计]。
likelihood;或 hs;[likelihood 命令下 PAUP 将使用内存中的树估计;hs 命令下将搜索所有可能树以优化替换速率矩阵]
lset rmatrix=previous;[设定替换速率矩阵为上一步估计值]
lset rate=gamma shape=estimate;[将位点间速率变异设置为 Γ 分布,参数 α 从数据中估计]
hs;[搜索所有可能树以优化参数 α]
lset shape=prev;[设定 Γ 分布形状参数 α 为上一步估计值]
lset pinvar=estimate;[估计不变位点比例]
lik;或 hs;
lset?;[查看上面估计的各种参数]
```

至此，我们已经完成了进化模型的第一轮优化过程，接着重复这个优化过程直到所估计的各项参数值不再改变为止。

在 PAUP* 中应用模型 HKY 计算转换/颠换比：

```
set criterion=likelihood;
lset nst=2 basefreq=empirical variant=hky;
lset tratio=estimate;
```

速率的 gamma 分布制图命令：GAMMAPLOT [*options*]；

设定位点间速率异质性模型，如不连续 gamma 分布有 4 种类型，形状参数 0.2：

```
set criterion=likelihood;
lset rates=gamma ncat=4 shape=0.2;
```

使用 4 种类型不连续 gamma 分布模型时估计不变位点比例和形状参数：

```
set criterion=likelihood;
lset pinvar=estimate;
lset rates=gamma ncat=4 shape=estimate;
```

PAUP* 默认的速率类型为 4，如果想知道每个位点属于哪类速率，可以使用 lscore 命令中的选项 options sitelikes and categlikes，PAUP* 将输出每个位点属于一个速率类型的概率。命令为

```
lscore 1/rates=gamma shape=est sitelikes=yes categlikes=yes scorefile=myscore-
file.out;
```

结果为

```
Correct output values in scorefile for beta 10:
Site-lnL(RateCat1)(RateCat2)(RateCat3)(RateCat4)max
897 2.27360114 0.57881376 0.32554579 0.09272111 0.00291934 1
898 2.27360114 0.57881376 0.32554579 0.09272111 0.00291934 1
```

计算不变位点比例的命令，即

```
set criterion=likelihood;
lset pinvar=estimate;
```

设定位点特异性速率，即

```
set criterion=likelihood;
charpartition codons=firstpos:1-.\3,secondpos:2-.\3,thirdpos:3-.\3;
lset rates=sitespec siterates=partition:codons;
lset rmatrix=estimate;
```

不同基因或不同密码子位点在 ML 法中的进化速率可以单独估计，先对数据进行划分，然后设置命令：lset rates＝sitespec

设置 6 参数＋密码子特异速率模型（GTR＋SS model）的命令为

```
set criterion=likelihood
charpartition codons=firstpos:1-.\3,secondpos:2-.\3,thirdpos:3-.\3;
lset nst=6 rates=sitespec siterates=partition:codons;
lset rmatrix=estimate;
```

三种似然法设置的意义为

lset rates＝sitespec：对每个性状子集的估计速率

siterates＝partition：对每个性状子集定义一个特定的速率

siterates＝rateset：rateset 命令仅定义了性状子集，没有定义性状子集特有速率，下面的命令：rateset genes＝1：1—300，2：301—600….；其中，“1”和“2”是应用于性状子集 1—300 和 301—600 的速率，整个速率集的名称为“genes”。要将该速率集中指定的速率类型应用于分析中，需要输入命令：lset rates＝sitespec siterates＝rateset：genes;，在此，位点 301—600 的进化速率被设定为位点 1—300 的 2 倍。注意，在速率集中的速率设定是相对的，为了技术的方便，调节相对速率大小以使所有位点上速率的平均值为 1。

在 PAUP* 使用已经估计出的位点特异性速率的几种不同方式如下所述。

① 在一给定的树上计算速率，然后用以前的选项使用这些速率。下面的例子中，划分数据集定义了三个基因，每个基因的位点特异性速率在 NJ 树上估计出来，最后使用从 NJ 树上估计的速率进行启发式搜索：

```
charpartition genes=g1:1-300,g2:301-600,g3:601-700;
[charpartition codons=one:1-.\3,two:2-.\3,three:3-.\3;]
nj;
lscore 1/rates=sitespec siterates=partition:genes;
lset rates=sitespec siterates=previous;
hsearch;
```

② 首先定义性状集，然后对估计的速率定义一个清晰的速率集（rate set）。下例中，密码子 1、2、3 位点的速率分别被赋予 2、1 和 3。

```
charset 1stpos=2-457\3 660-896\3;
charset 2ndpos=3-457\3 661-896\3;
charset 3rdpos=4-457\3 662-.\3;
rateset codonrates=2.0:1stpos,1.0:2ndpos,3.0:3rdpos;
lscore/rates=sitespec siterates=rateset:codonrates;
```

大多数模型选择软件在选择最优模型的同时也估计出了模型的参数，并将结果以 NEXUS 格式的命令模块输出，只需要将该模块拷贝到数据集即可。

目前 PAUP* 4 还不能为不同的划分数据集指定不同的模型。最接近的方法是位点特异性速率模型（site specific rate model），就是允许对不同的划分数据集在相同的模型下有不同的速率并可以估计这些位点特异性速率。两个基因联合分析时不同基因在 ML 法中模型和参数设置的方法为

```
set criterion=likelihood;
charpartition genes=geneA:1-200,geneB:201-.;
lset rates=sitespec
siterates=partition:genes;
```

（6）将估算的参数加载到当前 ML 设置中，所有的参数设置为 previous，命令行为：lset NST＝6 rmatrix＝previous basefreq＝previous;。

（7）选择搜索最优树的算法：PAUP* 中在 ML 法建树标准下有三种搜索算法，即启发式 hs、分支限界法 bandb 和穷举搜索 alltrees，这些设置同 MP 和距离法类似。其中，启发式中又有三种不同的分支交换算法，或稍微复杂一些命令：hs nbest＝3;，意思为采用启发式搜索并保存最好的三棵树。对于较大的数据集或进行自举检验时，启发式搜索也可能要花费太多的时间，ReconLimit＝x 命令是分支重排后连接距离（reconnection distance）超过 x 值的不再需要计算，这样可以大大减少分支重排的次数。对于 30 个以上的数据集，x=12，可以大大减少运算时间。

PAUP* 搜索大数据集的 chuckscore/nchuck 选项的含义：chuckscore 和 nchuck 值的指定需要技巧，一般获得的方法是：进行很多次的随机添加序列搜索，将搜索所发

现的最好树的记分作为“chuckscore”值进行另一轮的搜索。例如，如果随机添加序列搜索中发现最好树的分值为 500，则可以设置下一轮搜索中只保留树的分值大于 500 的三棵树，如果搜索中发现了分值小于 500 的树，就不再考虑分值为 500 的了。这种设置的命令为

hsearch addseq=random nreps=100 rseed=0 reconlimit=2; [第一次随机添加序列搜索获得“chuckscore”值]

hsearch addseq=simple chuckscore=500 nchuck=3; [下一轮搜索]

用 PAUP* 进行最大似然法分析的界面如图 10-4 所示。

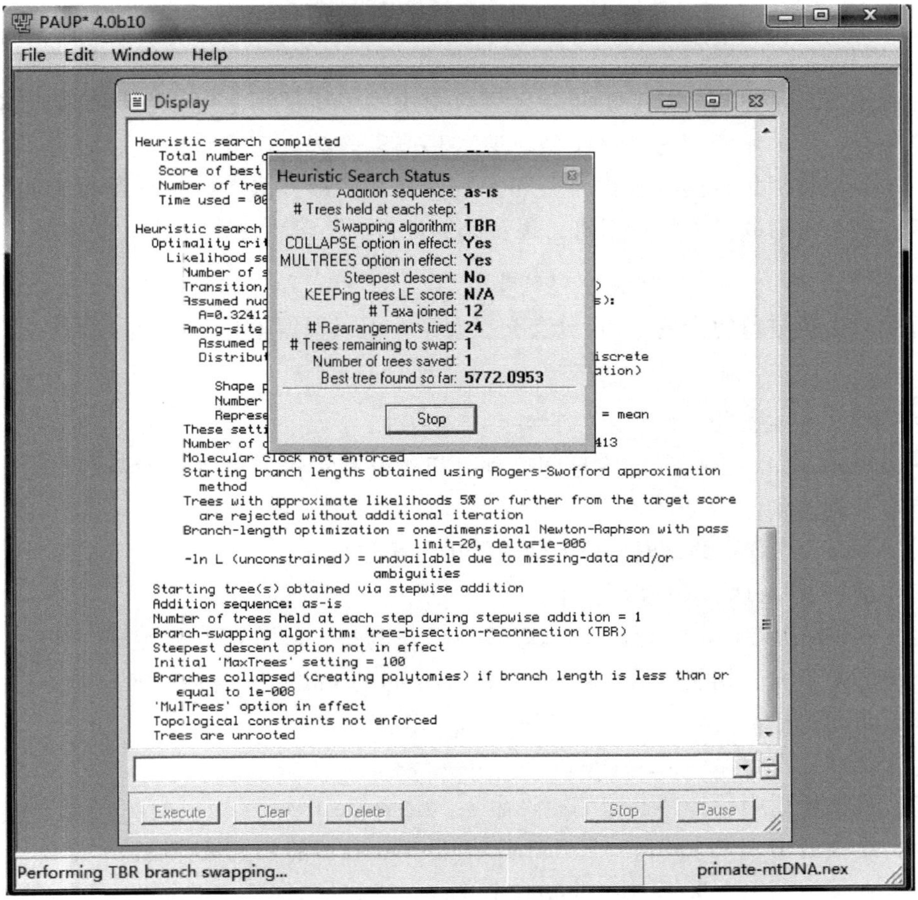

图 10-4　PAUP* 最大似然法

(8) 按照最后优化的最佳参数重新搜索得到最似然树。命令 lscore 可以得到似然值 (−ln *L*) 和相应参数。PAUP* 在运行 ML 法后给出的树值为负对数似然值 (−ln *L*)，其他软件（如 DNAml 和 fastDNAml）则给出的是对数似然值。对于任何数据集计算的对数似然值都是一个很大的负数，PAUP* 采用负对数似然值，使得选择最优树的标准与其他建树方法的树长标准一致，即对数似然值越小的树越好。

获得数据集中每个位点在计算机内存树上的似然值的命令：lscores 1/sitelikes; (注意：必须首先设定为 likelihood criterion，并确认进化模型)。

强制 PAUP* 使用指定的分枝长度计算数据集每个位点的似然值的命令：如果树文件“*.tre”含有分枝长度信息，可以读入该树并保存分枝长度信息，然后计算，即

```
gettrees file=* .tre storebrlens;
lscores 1/sitelikes userbrlens;
```

注意，必须首先将标准设定为 likelihood criterion，并确认进化模型。

（9）查看、描述和保存 ML 树的操作基本同 MP 法。

（10）ML 树的支持度分析：一般似然法搜索要求的计算量最大，所以如果进行重复抽样的 bootstrap/jackknife 支持度分析，计算量会更大，一般要运行几天，原则上如果一天可以运算完，则可以进行分析，如果几天都运行不完，则建议不进行分析。

在利用 ML 法进行自举分析时，自举数据集的分析原则上应该与原始数据集的分析完全一样，即采用相同的进化模型、参数和搜索方法，在实践上，一般对自举数据集采用与原始数据集相同的进化模型和参数，但在搜索方法上则根据运行时间要求进行改变。最节省时间的方法是仅进行逐步添加分析而不进行分支交换，命令为

```
bootstrap nrep=1000 search=faststep;
```

比较好的方法是进行完全的 TBR 分支交换搜索，但只保留单一最优树，命令

```
set maxtrees=1 increase=no;
bootstrap nrep=1000 search=hs keepall=yes;
```

DeBry 和 Olmstead（2000）研究证明这种分析策略获得的节点支持度与完全分支交换的没有显著的差别。

用 PAUP* 进行 6 参数模型最大似然法的分析过程如下所述。

（1）运行 PAUP*，处理数据集。

（2）在 PAUP* 默认的设置下构建 MPT，作为进一步分析的初始树，初始树对最后的结果影响不大。初始树命令：hsearch/addseq＝random nreps＝100;。

（3）将建树标准改变为最大似然法：set crit＝lik;。

（4）似然法设置命令：lset nst＝6　rmatrix＝estimate;。

（5）从初始树中估计替换速率矩阵命令：describe trees;。

运行结束后出现两个矩阵：R-matrix 和 Q-matrix，前者就是替换速率矩阵。

（6）在编辑菜单下选择 edit display buffer，在此我们可以进行 R-matrix 的格式编辑。删除 R-matrix 左边的所有空格，使 R-matrix 左移，然后将 R-matrix 中数字之间的空格用 Tab 键代替。经过这样编辑的 R-matrix 就可以直接拷贝到 Excel 中。同时将 R-matrix 连同其前面的 usertype 和后面的；号拷贝到 PAUP* 文件的任何一个 end 后面的位置。

用 PAUP* 进行 6 参数模型分析的批处理命令：

```
Begin paup;
    Set autoclose=yes warntree=no warnreset=no;
    Log start file=ML.log;
```

```
Execute filename. nex;
Set criterion=parsimony;
Hsearch addseq=random nreps=100; [搜索 MP 树作为 ML 的起始树]
lscore 1/nst=6 rmatrix=estimatebasefreq=estimate rates=gamma shape=esti-
mate; [对应 GTR+G 模型参数估算]
set criterion=likelihood; [将建树标准改变为最大似然法]
lset rmatrix=previous basefreq=previous shape=previous; [设置似然法模型及其参
数]
hsearch addseq=asis;
end;
```

10.6.2　PAUP* 与 ModelTest 联合运行选择进化模型

ModelTest（Posada and Crandall，1998）或 MrModelTest（Nylander et al.，2004）是早期 DNA 进化模型选择软件，它们需要调用 PAUP* 计算似然值，然后进行模型与数据拟合程度比较，选择出最合适的模型。ModelTest 对 56 个模型进行检验，MrModelTest 是前者的简化，只对 24 个模型进行检验。PAUP* 与 ModelTest 联合运行选择进化模型的步骤如下所述。

（1）下载并安装最新版本的 ModelTest（http：//darwin. uvigo. es/）。

（2）运行 PAUP*，以编辑模式（‘edit’ mode）打开 NEXUS 数据文件。将光标移到文件末尾的“End;”处，按回车键，在新的一行开始输入下述命令：

```
default lscores longfmt=yes;
```

将该文件另存为 likelihood start 和 likelihood analysis 两个拷贝。

（3）以编辑模式（‘edit’ mode）打开 likelihood start 的 NEXUS 数据文件。将光标移到文件末尾的 End; 处，按回车键，将 ModelTest 运行命令拷贝粘贴在新的一行开始处。

（4）在 PAUP 中运行保存的 likelihood start。获得的模型检验结果将自动保存在 model. scores 文件中。

（5）关闭 likelihood start 数据文件。

（6）下载并安装 ModelTest 图形界面辅助软件 mtgui。在第一次运行 mtgui 时，需要指定 PAUP* 和 ModelTest 可运行程序的安装路径，关闭 mtgui 后重新打开。在 mtgui图形界面右侧点击 select file，选择该文件保存路径打开 model. score，然后在 mtgui 图形界面右侧点击 ModelTest，则 mtgui 会调用 ModelTest 分析 model. score 数据，获得的结果显示在 mtgui 的主界面上，我们所需要的只是最佳进化模型和估计的模式参数，mtgui 在 hLRT 和 AIC 的后面都列出了最佳模型及其参数的 nex 命令模块（PAUP* Commands Block），即

```
Lset Base=(0.3581 0.3186 0.0846)Nst=6 Rmat=(3.9989 40.5786 3.4119 2.3908 40.5786)
Rates=gamma Shape=0.3752 Pinvar=0;
```

在 mtgui 主窗口中找到这个 nex 命令模块，选择并复制所需要的设置参数粘贴到 ML 分析命令中。

（7）在 PAUP* 以编辑模式打开 likelihood analysis nexus 文件，将下述命令拷贝到数据集文件最后：

```
Begin paup;
Set criterion=likelihood;
[paste the Lset commands from the previous step here]
Hsearch start=nj nchuck=2 chuckscore=5
dstatus=none;
savetrees format=nexus brlens=yes append=yes
file=treename5;
lscores 1/scorefile=treename5.sf
append=yes;
set root=outgroup;
outgroup outgroup-taxon-name/only;
showtrees all;
End;
```

（8）保存并处理 Execute 该 NEXUS 文件。运行经过将产生 ML 树（以 nex 格式保存在 treename5 文件）和 ML 树的似然值（保存在 treename5. sf 文件中），前者可以用 TreeView 查看，后者可以用写字板打开。

10.6.3 TREEFINDER 软件使用方法

TREEFINDER 是采用最大似然法构建系统树的 Java 程序，可以通过图形界面运行，也可以采用命令行运行。该软件的功能包括以下 6 个方面。

（1）可以对大量的 DNA 和蛋白质序列进行快速最大似然法分析。

（2）在进化模型方面可以采用复杂的速率变异模型和划分数据分析，能够对数据集划分分别指定不同的模型。所有的参数可以直接从数据集中估计。

（3）系统树的搜索可以基于用户建立的起始树或限制树。

（4）系统树可靠性通过参数自举和非参数自举法评估，也可以进行多种方法的配对位点检验（包括 ELW、BP、KH、SH、WSH 和 AU），或联合信息标准的 LR-ELW 分支支持度。对所有数值都可以给出统计值和置信区间。

（5）可以对数据和系统树进行编辑，显示碱基组成频率，计算合一树，计数拓扑结构等。

（6）可以通过速率光滑法估计分歧时间。

TREEFINDER 安装：首先确定计算机是否安装 Java Runtime Environment，如果没有则需下载并安装。若使用下载的压缩文件，将解压缩产生的 TREEFINDER 文件夹移至任何特定的路径，执行其中的 install. js，将产生的 TREEFINDER 快捷方式移至桌面上，双击快捷方式即可运行程序（图 10-5）。

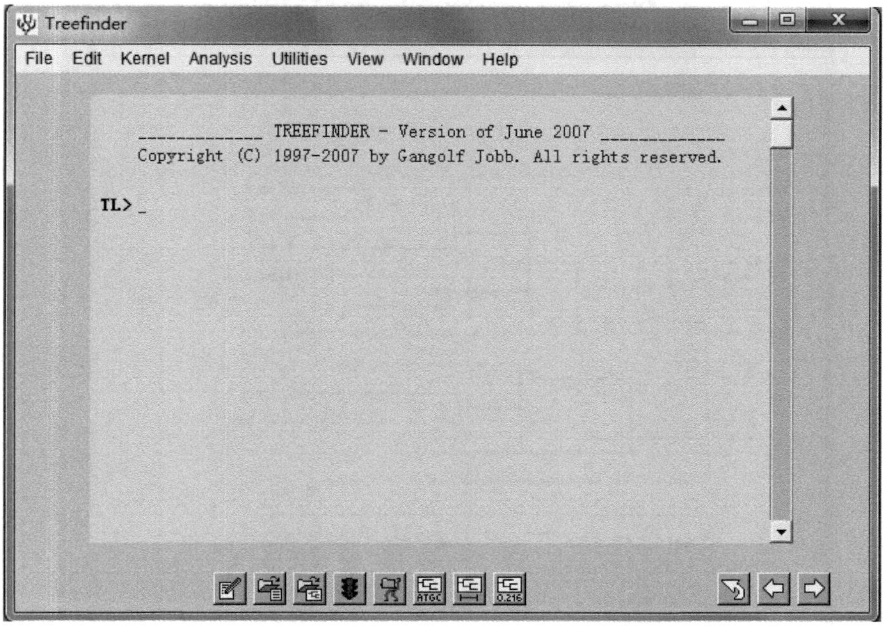

图 10-5　TREEFINDER 主界面

TREEFINDER 数据格式：接受并自动识别许多常用的序列数据格式，包括 FASTA、PHYLIP、NEXUS 格式等。可以识别或者输出多种系统树数据格式，包括 Newick、NEXUS 和 TL 表达式。

TREEFINDER 使用方法如下所述。

（1）运行 TREEFINDER，由菜单点选 Application→Reconstruct Phylogeny。

（2）在出现的对话框中（图 10-6），由 Sequence File 右方的 Choose 按钮选择 *.phy 格式数据文件，高级选项对数据进行划分等。在模型选项栏按右侧的 Set…键，选择合适的模型。TREEFINDER 以遗传算法作为启发式搜索方法，按 OK 执行，运行结果如图 10-7 所示。

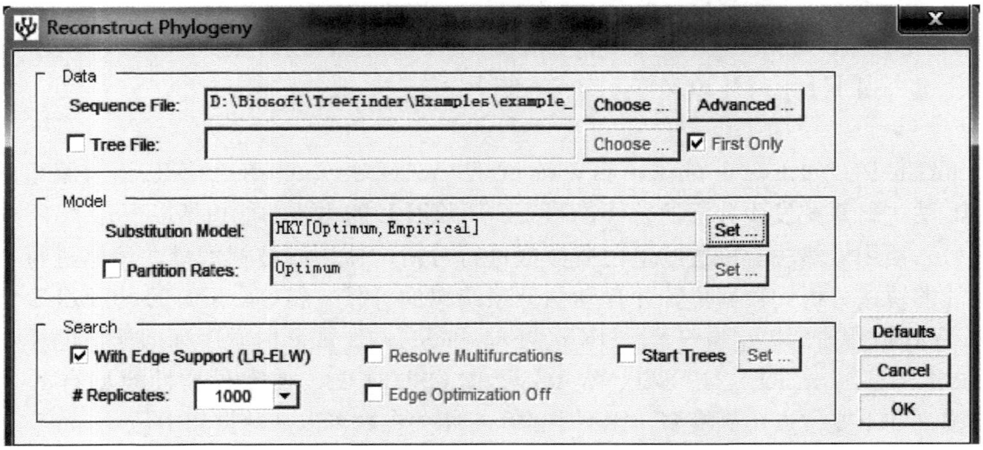

图 10-6　TREEFINDER 系统发生分析界面

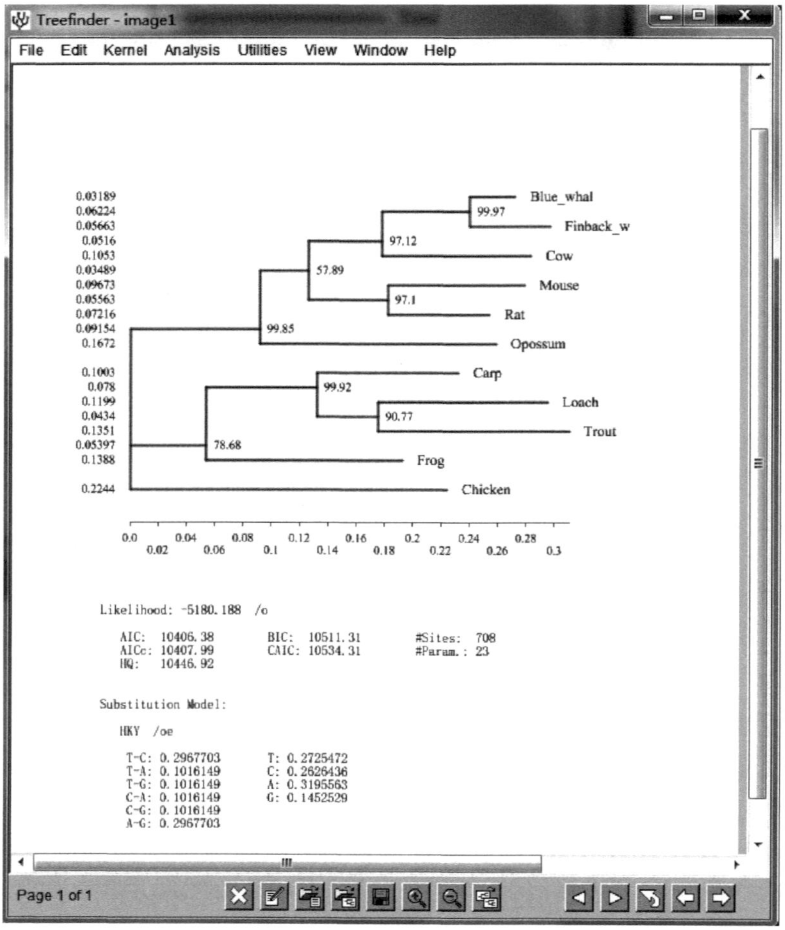

图 10-7 TREEFINDER 系统发生分析结果界面

所产生的树可以由 File>Save as 储存为 Postscript 格式的图形文件，可用 Adobe Photoshop 或其他图形处理软件打开，或借由 File>Export tree 储存为 NEXUS 树形文件，再通过系统树编辑软件打开查看。

10.6.4 TREE-PUZZLE 软件使用方法

TREE-PUZZLE 5.0（http：//www.tree-puzzle.de/）是用 ANSIC 语言编写的使用 ML 法进行系统发生分析的软件，TREE-PUZZLE 的主要功能包括以下几个。

（1）使用似然法对核酸或蛋白质数据进行分析，使用四枝树解谜法策略进行树搜索，能够快速分析大数据集，并自动估计系统树的分枝支持度。TREE-PUZZLE 计算 DNA 序列似然值的模型有 TN、HKY、F84 和 SH，计算蛋白质序列似然值的模型有 Dayhoff、JTT、mtREV24、VT、WAG 和 BLOSUM 62。速率异质性模型有 gamma 分布模型和不变位点比例模型，模型中的所有相关参数可以从数据集中估计。

（2）计算在指定的系统树上序列对之间的最大似然距离和在分子钟假设条件下的分枝长度。

（3）可以进行多种统计检验，如碱基组成同质性的 χ^2 检验、分子钟的似然率检验和拓扑结构的 KH 检验。

（4）提供了一种新的估计一个内部分支的支持度而无需计算整个树的支持度的似然值作图法（likelihood mapping），以及对一个序列比对的系统发生信息含量的可视化方法。

TREE-PUZZLE 的主要缺陷包括以下三个方面。

（1）OTU 数量越多，分支支持度越低，有时导致完全的未解析树。

（2）采用 quartet puzzling 算法构建的树通常有未解析的分枝。

（3）所获得的 QPT（quartet puzzling tree）并不是具有最大似然值的树，而是被 ml-quartets 所支持的树，解析分支的分枝长度由最大似然法计算。

利用 TREE-PUZZLE 分析核酸序列的一般流程以下所述。

（1）将输入序列数据编辑为 phylip 间断格式。

（2）双击 TREE-PUZZLE，出现运行界面，如果没有 infile. phy 文件，则提示需要运行的文件名称，输入文件名，则程序根据输入文件自动识别序列类型。如果 TREE-PUZZLE 检测到有 intree 输入树，则自动切换到输入树模式。最好将序列数据文件拷贝到 TREE-PUZZLE 运行程序文件夹中，这样就可以直接输入文件名称而无需指定路径。打开所有的输入文件后，程序出现类似 PHYLIP 的默认的选项界面（图 10-8）。

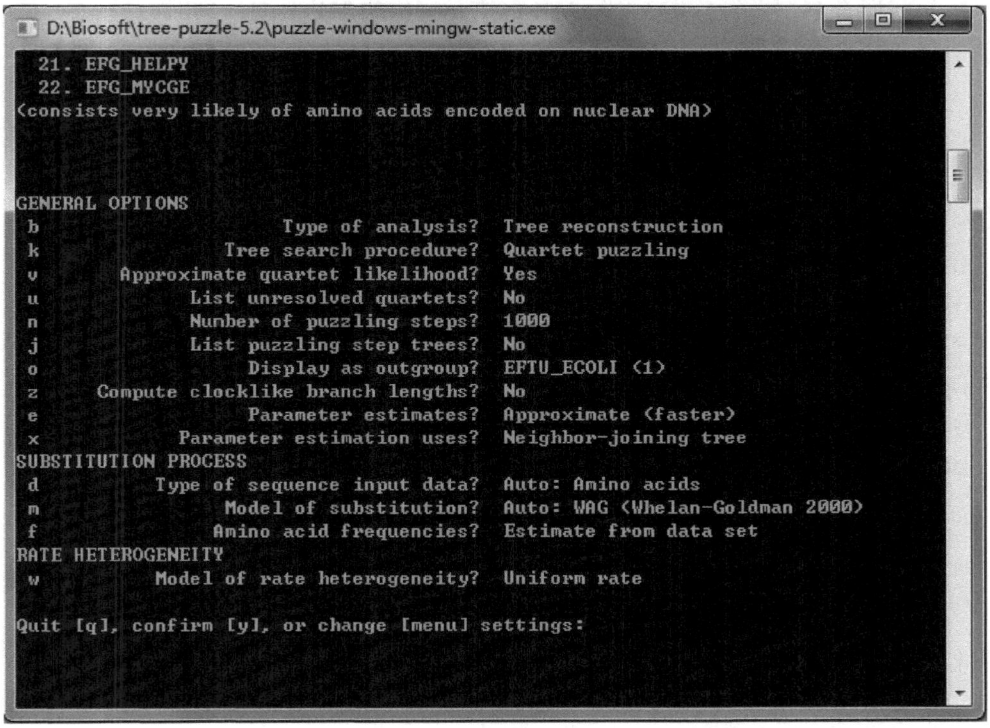

图 10-8　TREE-PUZZLE 运行界面

（3）根据需要改变所有选项的设置。TREE-PUZZLE 的菜单选项分为 general option、substitution process、rate heterogeneity 三类，每个选项最左边为选项命令，中间为选项名称，右边为选项值。改变选项的方法很简单，即输入选项菜单最左边的字母，然后按回车键，相应选项的右边的选项值发生改变，可以重复操作，直至出现所需要的选项。

(4) 待一切选项确定后，输入 y 回车后，开始运行程序。当分析完成后，产生的所有输出文件（outfile，outtree，outdist，outqlist，outlm.eps，outpstep，outptlist or INFILENAME .puzzle，INFILENAME.tree，INFILENAME.dist，INFILENAME.qlist，INFILENAME.eps，INFILENAME.pstep，INFILENAME.ptorder）与输入文件保存在同一文件夹中。

(5) 查看结果。*.puzzle 或 *.outfile 文件最重要，它们总结了分析的所有结果。outdist 文件显示距离矩阵；outtree 文件就是 Newick 格式的 ML 树。用 TreeView 打开 "INFILENAME.tree" / "outtree" 文件，选择 Phylogram 表示系统树，选择 "Show internal edge labels" 显示分枝长度。

10.6.5 RAxML

RAxML 使用新的快速自举算法并与 ML 搜索合用推断系统树，是目前分析真正的大型数据集（多基因或 1000 个以上的分类单元）的最好软件，并且能够对比较复杂的数据集执行混合模型进行分析。RAxML 将执行完全的 ML 分析，即对原始比对序列搜索的最优 ML 树和进行一定次数的自举分析。

RAxML 使用 MP 初始树进行 ML 的优化分析。这些 MP 初始树通过使用随机添加序列而获得。当所有序列被插入时，一系列具有固定重排距离的子树重排（也称为子树修剪重接枝）被用于进一步改善 MP 分值。使用随机 MP 初始树而不是许多其他 ML 程序使用的 NJ 初始树的观念被认为是 RAxML 的一个优点。这一观念允许程序每次从巨大拓扑搜索空间中的不同起始点启动 ML 拓扑结构优化。因此，如果运行几次，RAxML 更有可能发现好的 ML 树。

RAxML 是命令行程序，随不同的分析目的和策略，运行参数变化较大。运行步骤如下所述。

进入 DOS 环境（点击开始→所有程序→附件→命令提示符或点击开始→运行），改变当前工作路径到 RAxML 文件夹下。

如果只执行一次 ML 分析，输入命令：

```
RAxML-7.0.3-WIN.exe -x<integer-value> -p<integer-value> -# <integer-value> -s<se-
quence-file-name.phy> -n<name-for-this-run> -m<substitution-model-name> ”
```

按回车键即开始分析，若序列文件格式正确，结果将自动保存在同一文件夹下。

也可将上述命令写入一个批处理文件 RAxML-7.0.3-WIN.bat，并将该批处理文件拷贝到序列数据和 RAxML-7.0.3-WIN.exe 所在的文件夹中。具体操作是：新建一个 *.txt 文本文档，将 RAxML 命令写入文档中保存，并将文件的后缀名改成 "bat" 即成为一个 RAxML 批处理文件 *.bat；双击 *.bat 文件或选定文件后单击右键，使用弹出菜单中的打开选项可以直接运行程序，选定文件后，单击右键，使用弹出菜单中的编辑选项可以打开文件编辑命令选项。

如果想要执行全面分析，即同时进行 ML 搜索和自举分析，则键入：

```
RAxML-7.0.3-WIN.exe -f a -x 12345 -p 12345 -#100 -s<sequence-file-name.phy>-n<name-for-this-run>-m<substitution-model-name> ”
```

按回车键。在上述命令中，“RAxML-7.0.3-WIN.exe -s＜sequence-file-name.phy＞-n＜name-for-this-run＞-m＜substitution-model-name＞”为必选项，其他命令选项为可选项。当命令中仅包含必选项时，程序将按默认设置对数据进行一次快速分析。若要对数据进行比较准确的分析，则还是需要增加一些可选项命令。

10.6.6　PhyML

PhyML 是采用最大似然法估计核苷酸或氨基酸序列系统发生分析的软件。PhyML 旨在分析中等到大型的数据集，主要特点是采用多项改进的算法来减少运算时间，这些改进的算法包括：采用 BIONJ 构建完整的起始树；采用 fastNNI 优化起始树。

PhyML 采用几种快速的同步 NNI（simultaneous NNI）搜索方法，将拓扑结构的局部交换和分枝长度的调整同步进行，这正是 PhyML 速度快于 fastDNAml 的原因。PhyML 在似然函数最大化方面也优于基于 NNI 的标准贪婪搜索算法。但与基于 SPR 的算法相比，PhyML 有时易于陷入局部优化，当 OTU 的数目在 50～100 以上时更加明显。为此，PhyML3.0 执行一种新的基于 SPR 的搜索方法，首先采用快速距离法（BIONJ）或 MP 法过滤掉 SPR 搜索中不能增加似然值的拓扑结构，这样大大减少了需要计算似然值的拓扑结构数目，该算法在发现高似然值的树方面十分有效。该法在计算负担上要重于同步 NNI 法，故速度比同步 NNI 法慢，但不太易于陷入局部优化。

PhyML 3.0 还提出了包含 NNI 和 SPR 的中间选择。首先，采用同步 NNI 搜索直至似然值不再改进为止；接着，应用 SPR 搜索，如果一个或多个 SPR 的结果增加了似然值，保留其为最优树。重复进行下一轮的同步 NNI 和 SPR，直至似然值无法改变为止。这种算法的速度比单纯的 SPR 快，比 NNI 慢，但没有 SPR 准确度好。

PhyML v3.0 采用一种新的、称为近似似然率检验（approximate likelihood ratio test，aLRT）的方法快速估计分支支持度，以取代十分费时的自举方法。aLRT 与传统的 LRT 相关，检验的零假设为分枝长度等于 0，标准的 LRT 采用的统计值为 $2(L_1-L_0)$，其中，L_1 为检验树的似然值，L_0 为分支塌陷后检验树的似然值。aLRT 通过近似的方式计算统计值，即 $2(L_1-L_2)$，在此 L_2 对应于 NNI 搜索的第 2 个最优树上被检验分支的似然值。这种方法之所以快速，是因为 L_2 的似然值仅通过优化被检验的分支来计算，而其他参数都是固定的（即最优树的优化值），仅需要优化一次。aLRT 分支支持度与非参数自举分支支持度的区别是：aLRT 值来源于假设检验，而自举值来源于重复抽样的测度。

PhyML v3.0 采用 aLRT 方法可以获得三种支持度：①从 χ^2 分布计算的参数分支支持度（parametric branch support）；②基于 SH 检验计算的非参数分支支持度；③上述两种支持度的综合，即二者的最小值。默认的是第二种。

aLRT 分支支持度的意义与自举分支支持度类似，具体数值也比较相似。

PhyML v3.0 中执行的进化模型相当广泛，分述如下。

核苷酸替换模型：JC69、K80、F81、F84、HKY85、TN93、GTR 和 CUSTOM（用户自定义）。

氨基酸取代模型：WAG、Dayhoff、JTT、Blosum62、mtREV、rtREV、cpREV、DCMut、VT 和 mtMAM。

PhyML v3.0 可以在命令行下键入 phyml 或点击 PhyML 图示启动，有两种不同的用户界面，默认的是 PHYLIP 风格的文本接口。两种界面的功能选项有所不同，有些选项（如复杂模型设置等）只有通过 PHYLIP 风格的界面提供。序列数据必须在相同的文件夹中。当输入序列文件后，则会出现运行设置子菜单。目前的版本有 4 个子菜单（sub-menus），如下所述。

Input Data：指定输入的数据类型和格式，以及数据集的划分。

Substitution Model：选择替换模型。

Tree Searching：选择搜索策略。

Branch Support：选择计算分支支持度的方法。

子菜单之间通过＋和－键进行切换。一旦模型指定，就可以键入 y 或 Y 开始运算。

使用 PhyML v3.0 时选择适合于所分析数据集的一种搜索方法是最关键的，最快的是局部和同步 NNI 法，NNI＋SPR 和 full-SPR 搜索树空间更加彻底。软件作者推荐的策略如下所述。

(1) 对于没有计算时间限制的单个数据集，最好的选项是完全 SPR 搜索方法。如果只是对物种直接的系统发生关系感兴趣，使用几个随机树以避免陷入局部优化。如果目的是估计复杂模型（如密码子模型）的参数，则 NNI＋SPR 或 NNI 也可以使用。分支支持度可以采用自举法或 aLRT。

(2) 对于有计算时间限制的单个数据集，三种搜索方法的选择取决于允许的计算时间和数据集大小。小于 50 个分类单元的数据集，NNI 一般表现很好。大于 50 个分类单元的数据集，如果系统发生信号较弱，推荐使用完全 SPR 算法。此种情况下自举分析一般无法应用，只有使用 aLRT。

(3) 对于没有计算时间限制的多个数据集（如比较基因组中的多基因家族数据集），对系统树没有严格要求时可以使用 NNI 算法，对系统树有严格要求时可以使用更耗时的算法 NNI＋SPR 和完全 SPR。在此种情况下，内部分支支持度无关紧要，可以使用 aLRT。

(4) 对于有计算时间限制的多个数据集，只能选择 NNI 和 aLRT。

(5) 替换模型的选择，需要在分析前采用模型选择软件（ModelTest 或 ProtTest）选择最佳模型。

10.6.7 MetaPIGA

MetaPIGA v2.0 是采用几种不同的随机启发性系统树搜索策略（包括模拟退火算

法、经典和混合种群遗传算法）构建最大似然系统树的软件。该软件可以使用复杂的进化模型，采用 LRT、AIC 和 BIC 标准选择进化模型，可以进行数据的划分分析，其最大的优势是可以对大数据集进行复杂模型下的最大似然法分析（图 10-9）。

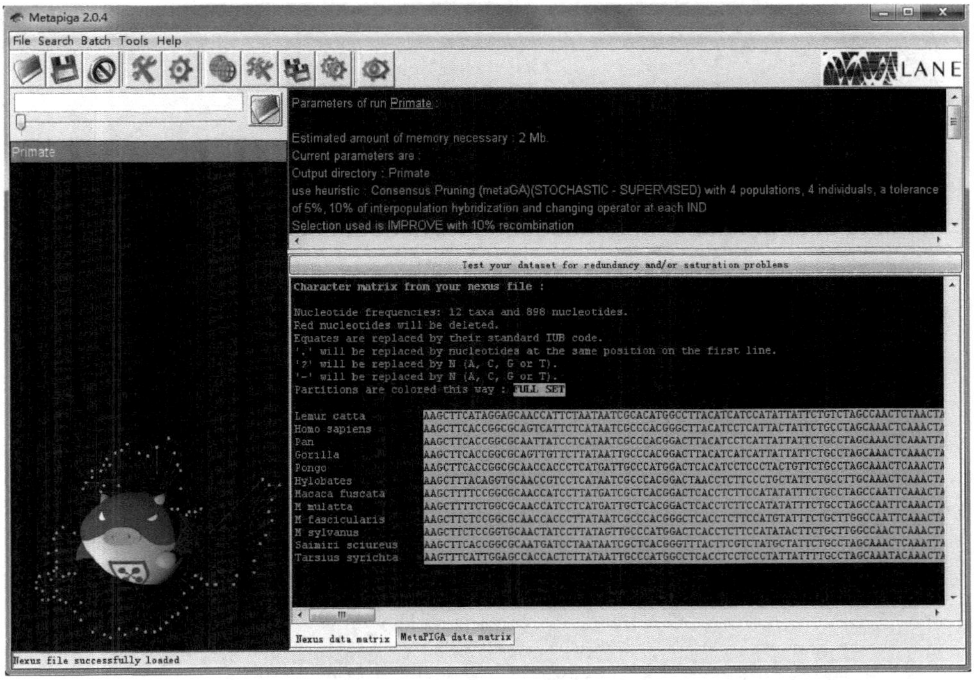

图 10-9　MetaPIGA 的数据输入窗口

10.6.8　IQPNNI

IQPNNI 是一个基于 DNA 或蛋白质序列的构建物种之间进化关系的程序。在蛋白质编码序列情况下，可以完成一些密码子模型，从而推断正向选择。IQPNNI 将两种构建系统树算法 IQP（important quartet puzzling）和 NNI（nearest neighbor interchange）结合在一起执行，故大大提高了系统树搜索的速度。IQP 算法首先把包含 n 个序列的集合 S 划分为大小为 4 的子集（每个这样大小为 4 的子集称为一个 quartet），然后利用某种算法来推断每个 quartet 的拓扑结构，最后利用某种重组方法将所有 quartet 的拓扑结构合并到一起形成一个包含所有 n 个序列的进化树。

最近邻居交换算法 NNI 属于分枝交换的一种。在这个方法中，每个内部节点定义 4 个分枝的关系，即 NNI 允许通过交换分枝一端的子树与另一端的一棵子树来从当前树移动到两棵被择树。对 n 个物种而言，一棵无根树有 $n-3$ 个内枝，因而，NNI 算法生成 2（$n-3$）个直接邻居。因此，NNI 可用于系统树的优化。

作为 IQP 和 NNI 两种算法的结合，IQPNNI 具有以下两个优点：①应用 NNI 在优化步骤中删除并重新插入一些分支可以避免建树过程中陷入局部优化；②缩短了计算时间。

软件的使用方法如下所述。

运行 iqpnni-332-windows，输入 phy 格式的核苷酸或氨基酸序列，出现主界面（图 10-10）。根据选项中各个参数所显示的信息，可重新设置参数，设置好参数后输入 y 并回车确认，等待程序运行输出结果。

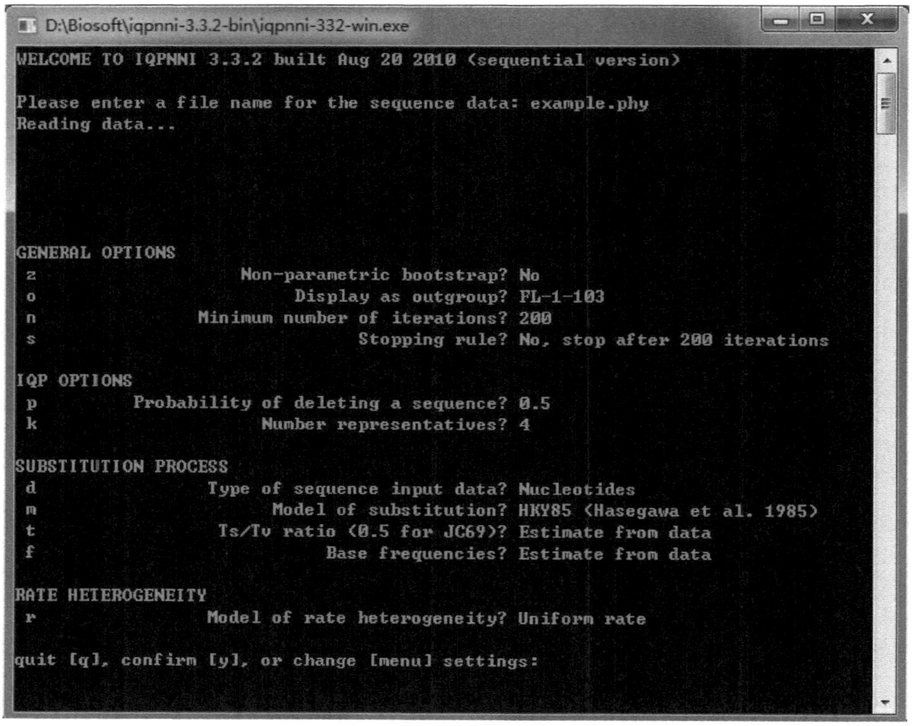

图 10-10　IQPNNI 运行界面

在输出的结果文件 *.phy.iqpnni 中，可以得到输入数据的信息和输出信息、建树的参数设置、Nweick 格式形式的 ML 树及树状图，并可以得到每个分枝的长度。文件 *.phy.iqpnni.bionj 中可得到初始步骤中用 BIONI 建立的进化树，但需用软件 Dendroscope 查看。文件 *.phy.iqpnni.treefile 中可以得到各个物种的进化关系及分枝进化长度。

10.6.9　GARLI

GARLI 是进行 DNA 和蛋白质序列数据的最大似然法系统发生分析的软件。GARLI 最主要的特征是采用遗传算法来同时估计能够使 ln$L$ 最大化的拓扑结构、分枝长度和模型参数。GARLI 中的 DNA 序列的进化模型是 GTR+I+G4 系列，与 PAUP 中的完全一致，故二者所计算的对数似然值可以直接比较，模型中的所有参数都可以从数据中估计。

GARLI 是从预先保存的配置文件（configuration file）中读入它的所有参数设置，默认的设置文件是 garli.conf，但其他的配置文件名称也能够在命令指定的情况下应用，如“garli myconfig.conf”。随 GARLI 安装有 5 种基本分析的配置文件，一般地，典型的设置都是采用默认值而无需改变。

第11章　贝叶斯系统发生推论法

11.1　贝叶斯系统发生分析原理

11.1.1　贝叶斯统计原理

贝叶斯统计源于英国学者 Bayes 发表的一篇论文——《论有关机遇问题的求解》。在这篇论文中，他提出著名的贝叶斯公式和一种归纳推理方法。20 世纪 50 年代以来 Robbins 等将经验贝叶斯方法和经典方法相结合，引起了统计界的广泛注意，使这一方法成为统计学领域相当活跃的研究方向。尽管贝叶斯学派的理论和经典概率论有过长期的争论，但贝叶斯统计最终打破了经典统计学一统天下的局面。

贝叶斯学派的基本观点是：任何一个未知量 θ 都可看做一个随机变量，能够用一个概率分布来描述 θ 的基本状况。这个概率分布是在抽样前就有的关于 θ 先验信息的概率陈述。这个概率分布称为先验概率分布。有关贝叶斯统计的基本概念简述如下。

(1) 先验概率（prior probability）是指根据历史资料和主观判断所确定的各事件发生的概率。该类概率未经实验证实，属于检验前概率，所以称为先验概率。先验概率一般分为两类：一是客观先验概率，即根据过去历史资料获得的概率；二是主观先验概率，指无历史资料或历史资料不全时，根据人们的主观经验判断获得的概率。在无先验信息可以利用时，如果还要考虑先验，就用无信息先验。已经提出了很多种无信息先验分布形式。有部分先验信息可以利用时就采用最大熵先验。人们往往用边缘分布确定先验，当先验分布中超参数（先验分布中所含的未知参数）难于确定时，可以对超参数再给出一个先验，第二个先验成为超先验，由先验和超先验决定的一个新先验称为多层先验。

(2) 后验概率（posterior probability）是指利用贝叶斯公式，结合实验或调查等方式获得了新的数据后，对先验概率进行修正得到的更符合实际的修正概率。由贝叶斯公式可以获得后验概率的公式为

$$P(M \mid D)=\frac{P(M \mid D)P(M)}{P(D)}=P(M)\times\frac{P(D \mid M)}{P(D)}$$

其中，后验概率 $P(M \mid D)$ 表示观测到数据集 D 后重新计算模型 M 为真的概率，先验概率 $P(M)$ 表示在没有得到任何数据之前所估计的模型 M 为真的概率，$P(D \mid M)$ 是在模型 M 下数据 D 的似然值。

(3) 联合概率（joint probability）也称为乘法公式，是指两个随机事件概率的乘

积，或称为交事件的概率，这是和经典概率论通用的概念。事件 A 和 B 概率的乘积等于 A 的概率（其概率不为 0）与 B 的条件概率之积，或者是 B 的概率（其概率不为 0）与 A 的条件概率之积，由条件概率公式有

$$P(\mathrm{AB}) = P(\mathrm{A})P(\mathrm{B} \mid \mathrm{A}) \quad [P(\mathrm{A}) \neq 0]$$

条件概率（conditional probability）：在另外一个事件已经发生后一个特定事件发生的概率。

（4）全概率公式：设事件 A_1，A_2，…，A_n构成一个完备事件组，并且 $P(\mathrm{A}_i) > 0$，$i=1$，2，…，n，则对任何一事件 B，有

$$P(\mathrm{B}) = \sum_{i=1}^{n} P(\mathrm{A}_i)P(\mathrm{B} \mid \mathrm{A}_i)$$

此公式称为全概率公式，它是概率论的一个基本公式，当计算 B 复杂时，用全概率公式计算较容易。使用全概率公式的关键是找出与 B 相关的一个完备事件组，特别是事件 A 及与 A 对立的事件构成一个完备事件组，全概率公式为

$$P(\mathrm{B}) = P(\mathrm{A})P(\mathrm{B} \mid \mathrm{A}) + P(\overline{\mathrm{A}})P(\mathrm{B} \mid \overline{\mathrm{A}})$$

（5）贝叶斯公式：贝叶斯公式也称为后验概率公式或逆概率公式，又称为贝叶斯法则。贝叶斯公式用于在某一事件 B 发生后，再来判断是完备事件组 A_1，A_2，…，A_n中哪一个发生的概率。在全概率公式下有贝叶斯公式

$$P(\mathrm{A}_i \mid \mathrm{B}) = \frac{P(\mathrm{A}_i)P(\mathrm{B} \mid \mathrm{A}_i)}{P(\mathrm{B})} = \frac{P(\mathrm{A}_i)P(\mathrm{B} \mid \mathrm{A}_i)}{\sum_{i=1}^{n} P(\mathrm{A}_i)P(\mathrm{B} \mid \mathrm{A}_i)}$$

（6）贝叶斯假设：贝叶斯假设是贝叶斯学派的重要观点，它断言如果没有任何以往的知识来帮助确定先验概率 $P(M)$，可以用均匀分布作为其分布，即参数在它的可能取值范围内，取到各个值的机会是均等的。

贝叶斯假设在直觉上易于为人们接受，但在处理未知参数无界的无信息分布时有很大的困难。经验贝叶斯估计（empirical Bayesian estimator，EB）把经典的方法和贝叶斯方法结合起来，用经典的方法获得样本的边际密度 $P(X)$，然后计算先验分布。

11.1.2　贝叶斯系统发生推论法历史和现状

根据 Huelsenbeck 等（2002）的综述，1996 年有三个研究小组同时独立地将贝叶斯统计理论应用于系统发生分析中，这三个研究小组分别是 Rannala 和 Yang（1996）、Mau（1996）及 Li（1996）。其中，Rannala 和 Yang 提出了对少量 OTU 在生灭先验（birth-death prior）模型下如何计算贝叶斯推论的核心数据——后验概率。后两组的工作是从事统计学专业的学位论文，他们分别提出了如何在简化的先验条件下计算系统树的后验概率。

自 1996 年以来，有许多重要的论文发表，实现了贝叶斯系统发生推论的软件。研究论文主要涉及系统树的后验概率计算问题。在这些研究中所使用的计算系统树的近

似后验概率的数值方法都是具有很坚实概率论基础的马尔可夫链蒙特卡罗（Markov chain Monte Carlo，MCMC）。

在贝叶斯推论法理论研究的同时，贝叶斯方法应用于实际数据分析中的研究也在进行。自 2002 年以后，贝叶斯推论法的应用激增，与 ML 法并驾齐驱，这主要归功于成功开发了功能强大的软件，其中，MrBayes（Huelsenbeck and Ronquist，2001）和 BEAST（Drummond and Rambaut，2007）应用最广。

在贝叶斯统计推论应用于系统发生分析的同时，该法与最大似然法一样也开始向祖先状态估计、进化模型选择、协同进化、分子定时、选择位点的检测和群体水平分析等方面推广。

贝叶斯推论法是与极大似然法一样有着坚实统计学理论基础的系统发生分析方法，所以，最大似然法所具有的优势贝叶斯法也有，而且贝叶斯法在某一些方面还要优于最大似然法（具体参见下述），可以预见，该法的应用会越来越多，成为与简约法和最大似然法一样的常规性状数据分析方法，尤其是它在计算效率上的优越性，是大数据集分析的必选方法之一。

11.1.3　贝叶斯系统发生推论原理

系统发生的贝叶斯推断法首先涉及三个基本概念：进化树的先验概率（prior probability）、后验概率（posterior probability）和似然值（likelihood）（图 11-1）。树的先验概率是指对进化树未进行分析前的概率，通常是假定所有可能分支型式的进化树都有相同的概率；树的后验概率是指通过观测数据确定的进化树的条件概率，即在给定的序列数据条件下某进化树正确的概率。因此，后验概率最大的树为最优树。系统树的似然值是在指定进化模型和树的分支型式条件下从观测数据（比对好的序列）计算得到的。按照贝叶斯定律，进化树的后验概率分布 $P(T \mid D)$ 与先验概率分布 $P(T)$ 和似然值 $P(D \mid T)$ 有关，即

$$P[T \mid D] = P[D \mid T] \times P[T] / P[D]$$

任一棵树的后验概率可以被理解为该树正确的概率，所有可能树的后验概率的总和为 1。有关类群历史的推断就是根据树的后验概率进行的。具有最高后验概率值的树即可作为对于有关类群系统发生关系的最佳估计。

因为后验概率不仅涉及所有可能的树，而且对于每一棵树还考虑分枝长度和替换模型参数值的所有可能组合，所以不可能采用常规的计算方法解决。所幸的是，一系列数值模拟方法可以近似地获取后验概率，其中最有用的就是马尔可夫链蒙特卡罗算法。其思想是：虽然我们无法直接计算每一棵树的后验概率（因为所有可能树的数目太大），但可以相对容易地计算出其后验概率的分布密度和相对比例。后验概率的密度（posterior probability density）通过 MCMC 方法近似估计，即马尔可夫链的稳态分布就是后验概率的密度分布。

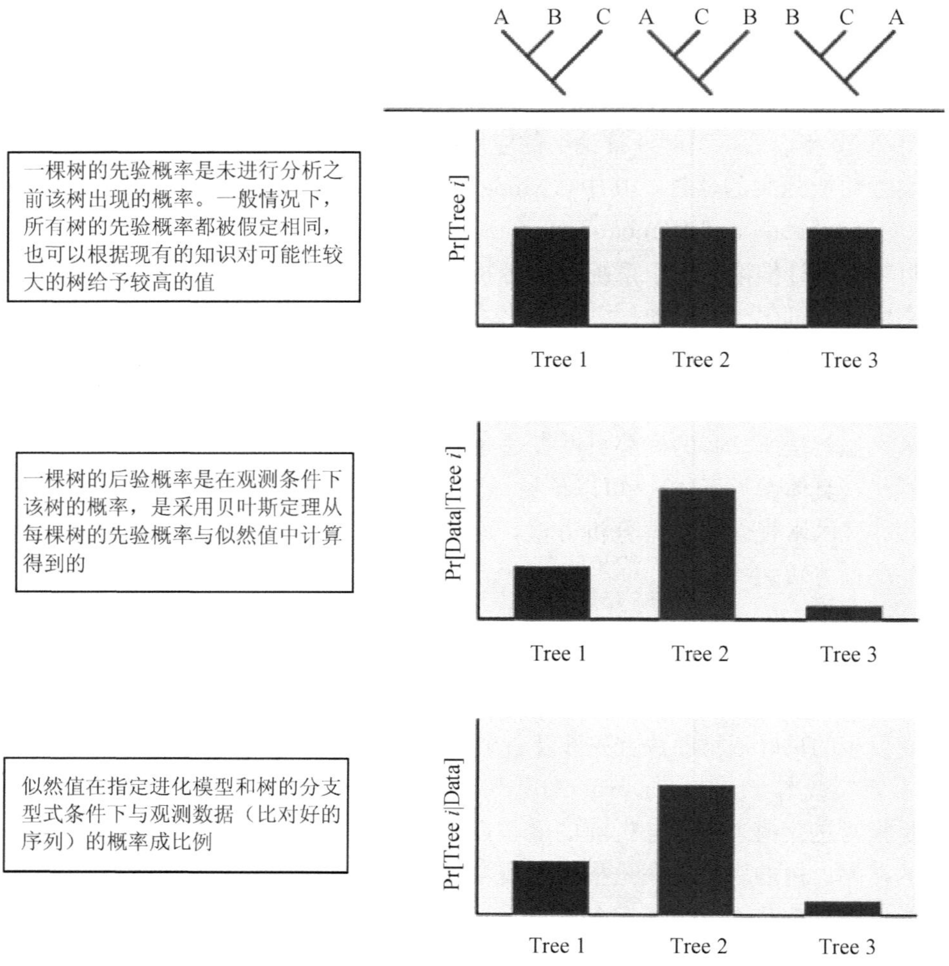

图 11-1　贝叶斯分析的主要要素（Huelsenbeck and Ronquist，2001）（见彩图）

使用蒙特卡罗方法进行模拟计算是按照以下步骤进行的：构造出一条马尔可夫链，该链的状态空间为统计模型参数和不变后验分布参数。链的构造由多步完成，每步状态空间的状态都被推荐为链的下一个连接点。首先在状态空间中随机挑选一个状态作为链的当前状态，随机扰动当前状态各参数，从状态空间中提议一个新状态，计算提议的新状态的相对后验概率密度，若提议状态的后验概率密度高于当前状态，则链的移动被接受，提议状态则作为下一循环的当前状态。若提议状态的后验概率密度低于当前状态，则计算由 Metropolis 等和 Hasting 提出的提议状态与当前状态后验概率的比值，该值接近 1 时接受提议状态，接近 0 时则拒绝提议状态，此时，当前状态作为自身的下一个连接点。对上述过程重复几十万到几百万次，最终马尔可夫链将停留在后验概率较高的状态，某种状态的后验概率就是马尔可夫链停留在该状态的时间分值。每一次状态的改变都伴随着系统树拓扑结构、分枝长度或碱基替换模型参数的改变。

如果参数的目标分布具有多个由低谷分隔开的峰，MCMC 方法中马尔可夫链也许很难从一个峰移动到另一个峰，结果链只会停留在一个峰上，导致取样不能正确地逼近于后验密度。对系统发生重建而言，这是一个严重的实际问题，因为大数据集的树空间中存在多重局部峰。一种改进多重局部峰混合问题的策略为 Metropolis-偶联 MCMC 或称 MCMCMC（MC^3）算法，它类似于模拟退火算法。在 MC^3 中，具有不同稳态分布的 m 个链是并行运行的，其中第一条链称为冷链（cold chain），而其他链为热链（hot chain）。只有冷链会收敛于正确的后验密度，热链是用来改进混合行为的。因为热链容易访问局部峰，热链和冷链间的状态交换会让冷链偶尔跳跃低谷，形成更好的混合。当局部峰被深谷隔开时，MC^3 也可能不太有效。运行结束时仅用冷链的输出结果，而丢弃热链结果。该算法的一个明显缺点在于 m 个链都在运行但只有一条链可用于推断。理想状况下，MC^3 适合在并行机器或网络工作站上实现，因为通常在每个循环中每条链都需要相同计算量，且链间相互作用很小（Yang，2006）。

11.2　贝叶斯分析过程

11.2.1　贝叶斯方法选择模型

贝叶斯方法既可以在一个事先指定的模型下进行分析，也可以将模型选择、估计模型参数和系统树后验概率整合在一次贝叶斯分析中。贝叶斯方法选择模型是在给定数据下识别真模型，与 hLRT 相比有如下优点：能够比较非嵌套模型，能够基于所有候选模型作出推断［即模型平均（model averaging）］，此外，贝叶斯模型选择不是依靠单一的拓扑结构或模型的一组特定参数，可以使结果更有效（Nylander et al.，2004）。

贝叶斯模型选择可以通过以下 5 种方式进行。

（1）后验概率最大：在贝叶斯统计框架内估计一个假设（进化模型）最常见的方法是后验概率最大化；而且根据模型的后验概率可以进行排序以解释模型的不确定性，并根据这些后验概率之和构建 95％的置信区间。

（2）贝叶斯信息标准（BIC）：BIC 的计算比模型似然值更加容易，BIC 统计值同样容许同时比较多个模型。

（3）贝叶斯因子（BF）：与 hLRT 类似，BF 通过比较数据计算的两个竞争模型的证据进行多重的两两比较，并且已经用于系统发生中（Huelsenbeck et al.，2004；Nylander et al.，2004）。尽管文献上不同作者对 BF 的解释有差异，但已经提出普遍的指导原则为

BF 分值＞150，非常支持的模型证据；

BF 分值 20～50，强烈支持的模型证据；

BF 分值 3～20，积极支持的模型证据；

BF 分值 1～3，勉强值得一提的模型证据；

如果 BF＜1，有证据为相互竞争的模型。

但是，由于 BF 通过成对比较进行，这个统计值可能有一些类似于 hLRT 的问题。实际数据研究显示，BF 对复杂的模型选择有用，但目前还不清楚这个统计值是否代表着模型复杂性与参数估计误差之间取得合理平衡（Nylander et al.，2004）。

（4）模型平均化方法：贝叶斯方法的另一个好处是有能力通过在模型空间和参数空间移动的算法直接获得平均模型的系统发生估计，这种类型分析也称为可逆跳转马尔可夫链蒙特卡罗算法（reversible jump Markov chain Monte Carlo'algorithm，RJ-MCMC），最近已被 Huelsenbeck 等（2004）采用。RJ-MCMC 将模型选择和系统发生构建联合成一个单一过程，在允许筛选大量复杂候选模型的同时进行系统发生分析。与其他只限于较小数目候选模型的统计值相比，这种方法能够评估所有可能的时间可逆模型，同时解释系统发生分析过程模型的不确定性。RJ-MCMC 方法采用 MCMC 算法，在进行系统发生分析的同时，在模型之间跳跃以与后验概率分布成比例方式访问每个模型，并通过计算 AIC 或 BIC 权重获得每个模型的概率，或通过贝叶斯因子确定每个候选模型的后验概率，从而允许进行所有可能模型的平均化估计（Huelsenbeck et al.，2004）。

（5）混合模型方法：在贝叶斯框架内，也可以针对一个数据集的不同划分（如不同的基因、不同的密码子位置，或核糖体 RNA 茎和环）选择不同模型。这可以通过确定先验划分数据集，然后采用上面的方法为每个划分数据集选择模型，并利用这些模型（无论是关联或不关联的划分数据集）进行混合模型的贝叶斯分析（mixed model Bayesian analyses，Ronquist and Huelsenbeck，2003）。另外一种方法是，一个数据集内可以划分的子数据集的数量通过采用型式异质性混合模型（pattern-heterogeneity mixture model）在系统发生分析过程中确定（Pagel and Meade，2004）。

在模型选择的比较研究中，Huelsenbeck 等（2004）发现，无论是选择一个最好的模型或由 RJ-MCMC 方法进行分析选择 95%置信区间的一组模型，AIC、BIC、后验概率、BF 和 RJ-MCMC 方法大体上是一致的。

11.2.2 先验概率的设置

系统发生重建从统计学角度可以看成是一个模型选择的问题，而不是参数估计的问题，具有不同似然值和不同分枝长度的系统树相当于许多非嵌套模型（non-nested model）。贝叶斯参数估计在采用适宜的模型和有更多的数据可用时比较简单，其后验概率主要由似然值决定。相比之下，贝叶斯的假设检验或模型选择则相对困难，即使一个微弱的有关模型的先验信息也会有较大的影响。Yang 和 Rannala（2005）全面分析了先验概率指定对后验概率计算的影响并提出了解决这一问题的建议。

贝叶斯分析中需要指定的参数的先验概率有 4 类，它们的先验概率设置如下所述。

（1）树的拓扑结构的先验概率：一般采用离散均匀分布（discrete uniform distribution），如将树的先验概率分布设置为均匀分布，则三个 OTU 形成 3 棵有根树，每棵树的先验概率均为 1/3。

（2）$2n-3$ 个分枝长度的先验概率：树上各个分枝长度的先验概率可以设置为均匀分布、指数分布或 gamma 分布三种方式。一般建议采用指数分布，将分枝长度的先验概率设置为指数分布，则分枝长度均值为 μ 的指数分布为 $f(b/\mu)=\exp(-b/\mu)/\mu$。

在目前的 MrBayes 3.0 版本中，先验的设定是对无根树的所有分枝设置成均匀或指数分布的，而设置为指数分布时只能有一个均值的指数分布，不能有两个或多个均值的指数分布。Yang 和 Rannala（2005）的研究显示，将内部分枝和外部分枝分别设置为具有不同均值的指数分布可以极大地改进后验概率的真实性。

（3）替换模型中的速率参数的先验概率（包括不变位点比例 I 和速率变异参数 a）：对于 GTR 系列模型采用 Dirichlet（a，b，c，d，e，f）分布。

（4）核苷酸组成频率的先验概率：Dirichlet（a，b，c，d）分布。当 $a=b=c=d$ 时为 flat；如果 $v=a=b=c=d$ 且 v 较大（如 300）时，所有碱基频率接近 0.25。

11.2.3　马尔可夫链运行设置

MrBayes 软件中采用的是 Geyer 提出的 MC^3 来搜索树的分布空间。MC^3 法以逐步方式（stepwise fashion）搜索树分布空间，每一步代表了马尔可夫链的一个世代，根据 MHG 算法（Metropolis-Hastings-Green algorithm，MHG）计算每一步的接受概率以决定接受或拒绝一个新提议。无论该步骤是被接受还是被拒绝，都被记为一个世代（generation）。所有的世代都被记入取样树的计数器中用以计算后验概率。MC^3 算法采用同时运行几条链的搜索方法，所以其搜索效率更高，一般由三条热链（heated chains）和一条冷链（cold chain）组成，热链的加热是以后验概率的指数比例增加的，用以消除链陷入后验概率较小的树分布空间的局部低谷。在指定的间隔交换冷链与热链，以防止冷链陷入树分布空间的后验概率较小的局部低谷。

树的结构每隔 10 个世代，就依据最近邻居交换（NNI）法或子树修剪（SPR）法进行重建。每个世代，随机挑取的树枝长度被从正态分布得到的数值 δ 修改。当树枝的长度变为负值时，下述特殊的规则将被应用，以使树的结构得以改变：如果是内部树枝，最近的两个树枝之一将被交换，新的内部树枝的长度被设定为 $y=|x+\delta|$；假如树枝是末端枝，NNI 方法就不能应用，而代之应用其镜像。

从一棵随机树和随机赋值的分枝长度开始的马尔可夫链计算的似然值通常是很小的，随着链的运行次数增加，似然值上升得很快，并最终达到一个称为稳态期（stationary phase）的平台，此时意味着链的运行到了参数的目标分布区域，如果 MCMC 始终运行于稳态期则称为收敛（convergence）。把将链从开始运行到收敛到稳态分布前的世代常常称为老化（burn-in）过程。将运行世代与相应的似然值作的图称为示踪图（trace plot），它是监测 MCMC 运行性能（如老化世代、是否收敛、混合行为等）的重要手段。

运行 MCMC 的 10 个关键问题如下所述。

（1）注意在先验概率的设置上有无人为的截尾先验（truncated prior），即先验设置没有覆盖其所有可能的分布空间。

（2）分枝长度的先验设置最为重要。

（3）注意非常短的分枝一般有很高的后验概率。

（4）对数据的划分要谨慎，划分数据集越少越好，因为数据划分减少了估计参数可用的数据量。

（5）运行 MCMC 世代数量应该由参数数目确定，参数越多，运行世代越多。

（6）计算参数被更新的次数。

（7）注意参数的估计值。

（8）在没有数据的情况下运行 MCMC 以探索先验概率设置是否有效。

（9）运行 MCMC 尽量多的链和世代。

（10）选择模型时应该考虑先验的影响。

11.2.4　提议、混合与接受

提议（proposal）是 MCMC 在参数状态空间中随机挑选一个状态作为马尔可夫链的当前状态的过程，包括 4 种提议机制。①滑动窗口（sliding window）提议是最简单的一种，在当前值为中值的一定宽度的滑动窗口内的均匀分布范围内提议。窗口宽度是可以设置的，宽度越大，提议的结果变化就大，但接受的概率就小；而宽度越窄，提议的结果变化就小，但接受的概率就大。②正态分布提议是以当前值为中值的正态分布范围内提议。正态分布的方差大小决定新提议的变化程度和接受概率。③倍数（multiplier）提议是滑动窗口提议乘以一个数值以扩大提议范围，从而克服滑动窗口提议在分布范围有变化时遇到的问题。④beta 和 Dirichlet 提议是以当前值为中值的 beta 和 Dirichlet 分布范围内提议。

在贝叶斯分析中，将马尔可夫链达到目标后验概率分布区域的快慢速度称为混合（mixture）或混合行为（mixing behavior），混合得越充分，链达到后验概率目标区域的速度就越快。因此，混合行为决定了老化的速度。混合行为在一定程度上是由提议的参数控制的。如果提议的新参数与原参数十分接近，混合行为就不佳，需要花更多世代才能达到稳态区域；相反，如果提议的新参数与原参数相差太大，大多数的新提议将不被接受，链将在同一个区域运行很长时间，这样也会造成混合行为不佳。所以，最好的混合行为是在提议参数的适中范围并且接受概率也在适中范围。

接受率（acceptance rate）也是衡量混合行为的重要指标，在 0.10～0.70 范围内比较正常。如果链之间交换的接受率不高，就应该降低温度参数（MrBayes 默认为 0.2），这样可以减少链之间的温度差异以增加链交换次数。尽管较高的温度使得一条链容易在树分布空间附近移动，但它也允许链移动到感兴趣的分布空间以外，这样可以导致链的交换。温度增幅（incremental heating）的参数 temp 是在 MCMC 过程的每一步中如何选择一个新参数，运行 MCMC 比较少的世代，以试验不同的温度参数值并查看接受率，这样就可以获得链之间的温度差异对接受率的影响信息。在每个运行的 MCMC 的最后 MrBayes 都会输出链之间交换的接受率矩阵（a matrix with acceptance rates between chains）。应该关注该矩阵显示的接受率大小，Ronquist 建议该接受率应该为 0.1～0.7。

11.2.5　贝叶斯推论法克服局部优化的方法

面对信号结构复杂的数据集，所有启发式搜索都可能陷入局部最优，贝叶斯推论法也不例外。以下几种策略可以克服局部优化。

（1）从不同的起始树开始独立运算 2～4 次 MCMC，比较不同运算中稳态水平是否一致。

（2）采用 MrBayes 3.0 中执行的 MC^3 算法，增加马尔可夫链寻找整体最优树的能力。该法通过不断增加热马尔可夫链使其可以彻底地搜索参数分布空间。在热链与感兴趣的链之间，参数的随机交换可以有效地降低参数空间优化峰之间的距离，以防止陷入局部优化区间。可以使用 4 个不断增加的热马尔可夫链。

（3）对从每个独立分析获得的单一分支的后验概率进行相合性比较。

11.2.6　评估和促进后验概率分布收敛的方法

判断一次马尔可夫链运行是否达到收敛的参数可以分为两大类：MCMC 是否达到稳态的参数，包括二分树频率（split frequency）和似然值作图；在稳态期的抽样是否能够代表目标分布，包括有效样本大小（effective sample size，ESS）、PSRF（potential scale reduction factor）和参数密度作图（parameter density plot）。

实际上，可以从以下 5 个方面判断一次马尔可夫链运行是否达到收敛。

（1）通过似然曲线（likelihood curve）的作图：这是判断单一链运行是否收敛的最直接的方法。x 轴为运行的马尔可夫链的世代数，y 轴为对数似然值（图 11-2），也称为示踪图（trace plot）。从图 11-2 中可以直接看出是否达到平台（稳态），但对于少数有收敛很慢的情况使用这种方法有困难。

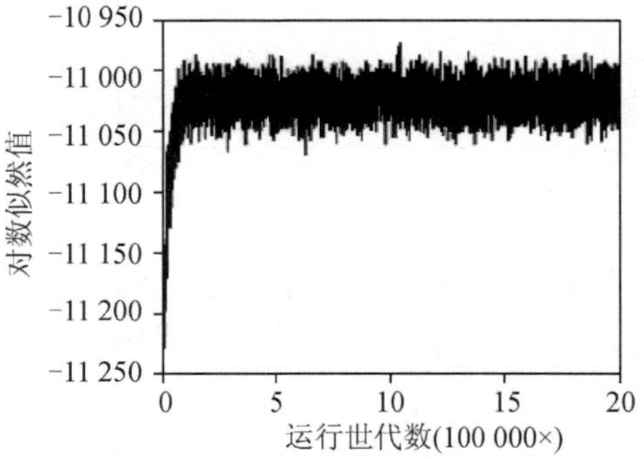

图 11-2　似然值与运行世代的作图

（2）系统树是否收敛要看平均或最大的二分树（split frequency）频率标准差 ASDOSS [averaged standard deviation of split support (or split frequency)]，二分树频率标准差接近 0 表示收敛。MrBayes 默认的是比较两次独立的运行链，每 1000 世代报告一次二分树频率标准差，如果两个独立运行的 MCMC 链的二分树频率标准差小于 0.01，就可以认为收敛到同一个稳态分布上。

（3）运行没有数据的链，检验先验设置与后验概率是否一致。在无信息数据的情况下，运行 MCMC 获得的后验分布应当同所比较的解析先验分布一样。理论期望常常也可用于无限数据，因此，可以在一套固定参数下模拟非常大的数据集，并用正确模型下分析模拟的数据来确认贝斯点估计是否变得越来越接近真实值。该检验依赖一个事实，即贝叶斯估计是一致性的（杨子恒，2008）。具体做法是：将数据文件 *.nexus 中的 nchar 修改为 1，删除每个 OTU 的所有序列，仅以一个丢失性状“?”代表数据，在数据模块后加入 MrBayes 模块直接运行。这种情况下程序无需计算似然值，运行很快，可以执行更多的世代。

（4）最简单的诊断方法是自相关时间（autocorrelation time）及有效样本大小（ESS），ESS 是样本总数除以自相关时间。一次分析的 ESS>100 或更加理想的是>200，表明从稳态分布中所取的样代表了目标分布。如果样本取样太频繁，就会使自相关性水平升高，ESS 不容易改进。增加 ESS 的最可靠的方式是增加运行世代并联合两次或多次独立运行的结果。

（5）对连续变量参数收敛的诊断采用 PSRF，PSRF 接近 1 表示达到了收敛。贝叶斯分析中的进化速率和分枝长度等均为连续标度参数，Gelman 和 Rubin（1992）提出诊断这类参数收敛的方法 PSRF。也可以将感兴趣的参数或其函数对运行世代作图，链会对某些参数收敛而其他参数不收敛，所以监控多数乃至所有参数都很重要。

当对链运行的收敛分析后发现问题时，应该采取以下措施改进 MCMC 运行，以促进其收敛。具体的促进 MC^3 收敛的方法如下所述：

（1）改变提议参数使得接受率介于 10%～70%的范围内。

（2）扩大提议的范围；

（3）使用不同的提议机制；

（4）增加运行世代数；

（5）增加运行热链的数目；

（6）采用适合的进化模型。

11.2.7 影响系统树后验概率计算的因素

树或分支的贝叶斯后验概率是在给定数据、进化模型和先验分布时树或分支为真的概率。在进行贝叶斯系统发生分析时，有时会出现虚高的后验概率。影响树或分支后验概率大小的因素包括以下三个方面。

（1）贝叶斯计算过程：若 MC^3 不能适当探索参数空间，只访问到空间的一个人为小子集，访问的树的后验概率将非常高，这主要是因为没有收敛和在执行 MCMC 算法中没有充分地混合。这种计算过程的问题可以导致马尔可夫链只停留在一个较狭小的参数空间内，从而使某些分支具有极高的后验概率。这类问题可以通过运行较长的马尔可夫链及使用更好、更有效的算法解决。

（2）替换模型不适合。使用不适合数据集的进化模型对贝叶斯后验概率的计算影响已经有许多研究，这一问题理论上可以通过用更可靠的替换模型或采取模型平均化

(model-averaging) 的方法来解决 (Huelsenbeck et al.，2004)。在这一点上，使用过度复杂模型能生成精确的后验模型，即使真实模型是一个特例。与似然法不同，贝叶斯推断显得更能忍受多参数模型。

(3) 设定的先验概率不适合。Yang 和 Rannala (2005) 专门针对这个问题进行了分析，证实树的后验概率对先验概率十分敏感，即使在选择了正确的模型和正确的计算条件下，仍然会出现很高的后验概率。分析显示有较高上限 (10 或 100) 的均匀分布的分枝长度的先验概率时常被认为是无信息的，但却可以导致支系后验概率的增加；相反地，使用较小均值的指数分布的分枝长度先验概率可以避免这一问题。

11.3　贝叶斯法运行结果汇总

由于运行的世代数很大，一般不会对处于稳态期的每个世代抽样，而是每隔 50 或 100 世代抽取一个样本，这种行为称为链的削薄 (thinning)，削薄的样本减少了跨越世代的自相关。但即使它们是相关的，理论上使用所有样本会更有效，可以以较小方差产生估计值。然而，MC^3 算法产生出巨大的输出文件，削薄工作会减少硬盘占用并使输出小到足够为下一步进程所使用。

在遗弃老化样品和评估马尔可夫链收敛性后，剩余的样本供进一步汇总分析。每个样本包括一个树的分支型式、分枝长度和替换模型的各类参数值。分支型式被用于形成 50%的多数规则合一树，含有合一树分支的样本的百分比代表该分支的后验概率，大于或等于 95%的后验概率表明该分支被显著支持。替换模型的各类参数值的集合分析后确定参数的平均值、方差和 95%的置信区间 (credibility interval，CI)。

贝叶斯法估计的进化模型参数属于连续变量，其后验概率的分布使用统计值，如样本平均数、中数或众数可作为参数的点估计使用，而 HPD 或均尾置信区间也可从样本中构建。例如，可通过对变量的 MC^3 输出结果分类来构建 95%的置信区间，然后用 2.5%和 97.5%的分位数。95%的置信区间意味着在给定的模型、先验概率和数据的条件下，有 95%的可能性包含了真值。

贝叶斯法估计的系统树及其分枝长度数据的汇总要比参数的汇总复杂些。一种方法是将具有最大后验概率的树拓扑结构作为真实树的点估计，称为 MAP 树 (Rannala and Yang，1996)，等同或类似于相同模型下的 ML 树。也可以根据后验概率大小依次将拓扑结构排列，将具有最高后验概率的树收集成一组树，其总概率达到或超过预先设置的可信阈值，如 50%、75%、95%等，相应地，这组树就构成了 50%、75%、95%可信树集 (credible set，Rannala and Yang，1996)。

但最常用的汇总方法是构建一棵多数原则合一树，将最被支持 (后验概率最大) 的分支汇合。完整的单一树的后验概率可以非常低，尤其是当树中包含大量物种而数据缺乏足够信息量时更是如此。因而，常用程序汇总 MCMC 进程中访问过的树间共有的分枝构建基于多数原则的合一树，对合一树上的每个分支给出包含该分支的抽样树比例值 (Larget and Simon，1999)。这一比例值称为后验分支概率 (posterior clade probability)，是给定数据和模型下该分支为单系群的概率估计值。

关于分支概率的应用出现了一些实际问题。首先，多数合一树可能不能识别树之间的某些相似性，因而可能成为一个不好的汇总。所以，检测完整的单一树的后验概率总是值得的。其次，可以固定 MAP 树上的分支概率，以代替合一树分支上的附加概率。当合一树和 MAP 树不同时，这种做法显得更有理由，类似于构建不包括点估计的参数置信和可靠区间，而采用合一树在逻辑上是有困难的。最后，Pickett 和 Randle（2005）指出在树拓扑结构具有均匀先验的情况下，分支概率取决于分支大小和树上的物种数；具有太少或太多物种的分支比中等大小的枝具有的先验概率更高。这一影响在较大树上会很大，可能导致错误（非单系）分支上虚高的后验概率。

贝叶斯法估计的系统树的分枝长度数据的汇总最困难，一般是输出合一树枝长的后验均值和置信区间。树枝的后验均值是对共有相关枝（或分支）的样本树取平均来计算的。这一方法显然不是完全合理的，因为不同树的枝长具有不同生物学意义（即使它们共有同一分支）。如果对枝长特别感兴趣（如分子定时），合适的做法是运行另一个 MCMC，对具有固定拓扑结构的树的枝长抽样，重新估计各个分枝长度。

贝叶斯推论法的一个重要方面是将系统发生统计推断的重点从假设检验（即 P 值）和点估计（即发现单一最优树）转移到对系统树不确定性的充分估计上来。不确定性（uncertainty）的特性是通过使用一个参数的后验概率分布来决定的，其中的那个参数是由给定数据的参数的观测值的条件概率来定义的。

与 ML 法一样，贝叶斯法对每一棵树也都给出了对数似然值，有时候还需要计算似然值的平均值。调和平均数（harmonic mean）是边际似然值的近似估计值。n 个数的调和平均数的计算公式为

$$m_h=\frac{1}{\left[\frac{1}{x_1}+\frac{1}{x_2}+\frac{1}{x_3}+\cdots+\frac{1}{x_n}\right]\times\frac{1}{n}}$$

根据这个公式，可以计算出 2 和 4 的调和平均数是 8/3。MrBayes 和 P4 可以计算似然值的调和平均数。

11.4　贝叶斯推论法结果的分析、判断与表示

贝叶斯推论法分析结果的内容应该包括以下三个方面。

（1）MCMC 收敛鉴别特征：如稳态曲线（即对数似然值对运行世代次数作图获得的曲线）、ASDOSS、ESS 和 PSRF 等。

（2）进化模型参数：要报告替换模型各类参数的平均值、方差、95%CI 值和后验概率分布，对于常用的 GTR＋Γ＋I 模型来说，6 个碱基替换速率（rate of substitution）参数包括 γ_{AC}、γ_{AG}、γ_{AT}、γ_{CG}、γ_{CT}、γ_{GT}等。特别地，要报告估计参数的 PSRF 值，因为它是衡量 MCMC 运行是否收敛的重要指标。最后要给出 4 个碱基频率（base frequency）π_A、π_C、π_G、π_T及 gamma 参数（shape parameter α）等。

替换速率的后验概率分布图如图 11-3 所示。

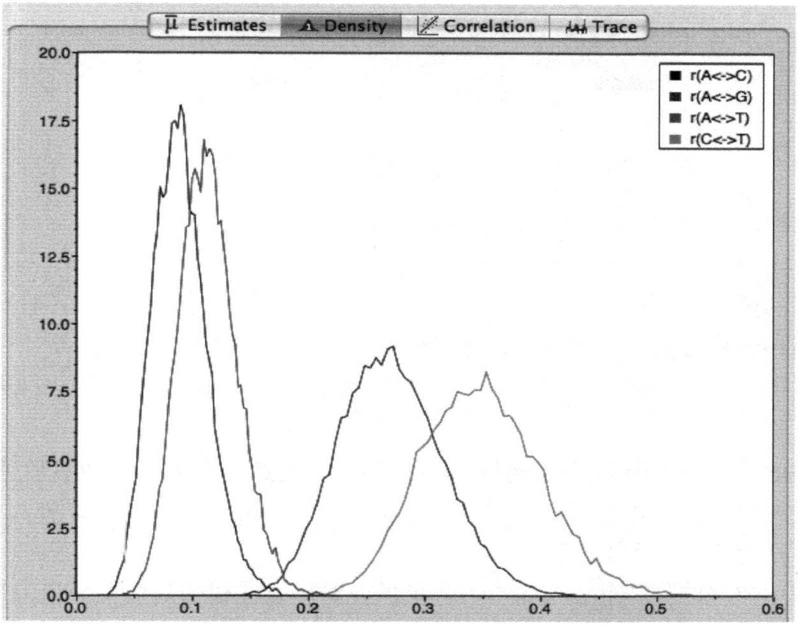

图 11-3　替换速率的后验概率密度分布（见彩图）

（3）贝叶斯系统树：一般以 50%多数规则合一树作为贝叶斯树，树上的分支标出后验概率（0～1 之间），并说明该树的平均对数似然值、方差和 95%CI 值，以及二分树频率（split frequencies）的标准差（一般以小于或等于 0.01 为收敛的标志）。

取样贝叶斯树的拓扑结构显示如下（部分）

```
tree rep.1  = ((((((((((((20:0.100000,25:0.100000):0.100000,(17:0.100000,
tree rep.100 = (((21:0.100000,((6:0.078773,(((16:0.100000,10:0.100000):0
tree rep.200 = (((4:0.100000,((((((36:0.158581,(12:0.100000,15:0.100000)
tree rep.300 = (11:0.144885,(((4:0.125199,(((12:0.100000,15:0.100000):0.
tree rep.400 = (((30:0.089941,5:0.000548):0.177471,(((8:0.091381,((10:0.
tree rep.500 = (((37:0.147623,40:0.100000):0.139431,(((23:0.139949,(((33
tree rep.600 = (((((21:0.044149,(27:0.067027,(33:0.119715,(32:0.114822,(
tree rep.700 = ((((21:0.044149,(23:0.044917,(29:0.050973,(27:0.068540,((
tree rep.800 = (11:0.144885,(((4:0.058084,8:0.120806):0.021326,(((29:0.0
tree rep.900 = (11:0.071804,(((8:0.041127,((4:0.067207,7:0.056907):0.004
tree rep.1000 = (11:0.064124,(((((8:0.064210,(4:0.058641,7:0.056907):0.0
```

系统树的后验概率分布为

i	τ_i	$f(X \mid \tau_i)$
1	(Gi, Hu, ((Ch, Go), Or))	0.000
2	(Gi, (Hu, (Ch, Go)), Or)	0.026
3	(Gi, (Hu, Or), (Ch, Go))	0.000
4	(Gi, ((Hu, Or), Go), Ch)	0.000
5	(Ci, ((Hu, Or), Ch), Go)	0.001
6	(Gi, Hu, ((Ch, Or), Go))	0.000
7	(Gi, (Hu, Go), (Ch, Or))	0.000
8	(Gi, ((Hu, Go), Ch), Or)	0.037
9	(Gi, ((Hu, Go), Or), Ch)	0.000
10	(Gi, (Hu, (Ch, Or)), Go)	0.001

续表

i	τ_i	$f(X \mid \tau_i)$
11	(Gi, Hu, (Ch, (Go, Or)))	0.001
12	(Gi, (Hu, (Go, Or)), Ch)	0.001
13	(Gi, (Hu, Ch), (Go, Or))	0.004
14	(Gi, ((Hu, Ch), Go), Or)	0.919
15	(Gi, ((Hu, Ch), Or), Go)	0.009

系统树的最大后验概率 MAP（maximum a posteriori）估计是 MC^3 输出中发生频率最多的拓扑结构，如上述结果中的拓扑结构 14。

分支支持度以后验概率衡量：一个类群的后验概率就是该类群在取样树中出现的频率。

系统树的 95％置信区间：将树按照后验概率由大到小排列，累积后验概率到 0.95 时包括的系统树。如上述结果的 14＋8＋2＝0.919＋0.037＋0.026＝0.982，表示 95％置信区间包括第 14、8 和 23 棵系统树。

对数似然值（log-likelihood score）：最后要给出合一树的对数似然值 $\ln L$。

11.5 贝叶斯系统发生软件及使用

11.5.1 贝叶斯系统发生软件

贝叶斯系统发生已经成为当前系统发生分析的主流方法，尤其是分析复杂数据和大数据集时，更加离不开贝叶斯法。目前开发的基于贝叶斯推论的系统发生分析软件列于表 11-1 中。在这些软件中，MrBayes 和 BEAST 分别在系统发生和种群遗传中应用最多，PhyloBayes 采用复杂模型分析蛋白质数据，而 BEST 则是谱系基因组学领域采用基因树模型的著名软件。

表 11-1　贝叶斯系统发生分析软件

软件名称	主要功能
MrBayes	在各种序列进化模型下构建系统树
BEST	阶层结构的溯祖模型下对多基因数据构建系统树
BEAST	应用序列数据同时进行构建系统树、估计分歧时间和计算进化速率
SimulFold	应用 RNA 序列数据同时进行比对、结构和系统树估计
PhyloBayes	应用序列数据在位点特异性混合模型下构建系统树
BayesPhylogenies	应用序列和形态数据在标准或混合模型下构建系统树
PHASE	应用 RNA 序列数据在保守二级结构模型下构建系统树
P4	应用序列数据在各种模型下构建系统树
BAli-Phy	比对和系统树同时估计的软件
AWTY	马尔可夫链收敛诊断工具
Tracer	运行结果图形化显示工具

11.5.2 MrBayes 3.2 使用方法

1. MrBayes 3.2 简介

MrBayes 是采用贝叶斯法进行系统发生分析的免费软件（下载地址：http：//mrbayes. csit. fsu. edu/）。Windows 系统的 MrBayes 下载后解压，产生一个包含 MrBayes 可运行程序和一些示范数据文件（example data file）的文件夹，示范数据供使用手册上提供的各种类型的练习使用。MrBayes 维基手册 MrWiki manual（http：//mrbayes. csit. fsu. edu/wiki/）有十分详细的使用手册和操作指导。

MrBayes 对输入文件格式的要求是 Nex 格式，但 MrBayes 只能识别 Nex 文件中的 MrBayes 模块和数据矩阵模块，Nex 文件中的其他模块均不识别，所以在进行 MrBayes 分析前必须删除许多在 PAUP 中需要但在 MrBayes 分析中多余的模块。如果数据是间断的，则必须在数据模块加入 interleave＝yes。数据可以是核酸或氨基酸序列，也可以是限制性位点或以 0、1 表示的形态数据。MrBayes 可以执行批处理或逐条执行命令。为了防止数据无法输入，要严格按照程序所带的示范数据的格式编辑所分析的数据集。如果数据集有“Equate”和“Symbols”等标记必须删除，MrBayes 不接受这些标记。

2. MrBayes 命令的输入

MrBayes 有丰富的命令，所有的命令都可以在 MrBayes>命令提示符下输入。

在 MrBayes 提示符下 Ctrl＋V 的粘贴功能无效，只能手写输入命令。若要使用复制-粘贴功能输入命令，只能从 edit→paste（编辑→粘贴）菜单执行；具体操作是：从已经写好的命令集脚本（script）中复制需要输入的命令，然后将鼠标移到 MrBayes 命令窗口的蓝色边框上，点击右键，在弹出的菜单中选择 edit→paste 即可将命令粘贴到 MrBayes 的命令行（command line）中。

在 MrBayes 提示符下 Ctrl＋C 的复制功能同样无效。若要复制 MrBayes 界面中的相关信息，也只能从 edit→copy（编辑→复制）菜单执行；具体操作是：将鼠标移到 MrBayes 命令窗口的蓝色边框上，点击右键，在弹出的菜单中选择 edit→mark，然后用鼠标选定需要复制的内容，再将鼠标将鼠标移到 MrBayes 命令窗口的蓝色边框上，点击右键，在弹出的菜单中选择 edit→copy 即可将选定的内容复制到剪贴板上，再用 Ctrl＋V 命令或右键快捷粘贴命令粘贴到指定的文档中即可。

尽管在命令行中一个输入命令为用户随时改变参数和快速探索不同参数的效果提供了方便，但这并不是使用 MrBayes 的好方式，更方便的方式是将命令通过 MrBayes 命令模块写入输入文件。MrBayes 命令模块放置在数据集的最后。一个 MrBayes 命令模块以 begin mrbayes；开始，end；结束。命令之间都以分号；隔开。例如：

```
begin mrbayes;
charset 1stpos=1-720\3;
```

```
charset 2ndpos=2-720\3;
charset 3rdpos=3-720\3;
partition bycodon=3:1stpos,2ndpos,3rdpos;
lset nst=6 rates=sitespec sitepartition=bycodon;
usertree=(((FR,MS2),GA),((SP,NL95),((M11,MX1),QB)),PP7);
mcmc ngen=1000 printfreq=100 samplefreq=10 nchains=4 savebrlens=yes;
end;
```

这段命令来自示范数据 replicase. nex。前 4 行定义了性状集（charset），“charset 1stpos＝1－720 \ 3；”定义了名为“1stpos”的 1～720 由每隔 3 个性状组成的性状集。charset 命令的格式为 charset＜name＞＝＜character numbers＞。接下来定义了名为 bycodon 的、由三个部分（1stpos，2ndpos，3rdpos）组成的数据划分。应该注意这里的性状集 1stpos、2ndpos 和 3rdpos 必须是在 charset 命令中定义的名称。接着设置似然模型的参数 lset，nst＝6 指定了进化模型为 GTR，rates＝sitespecific 指定了位点间速率变异为位点特异性速率模型，sitepartition＝bycodon 设置了用于位点特异性速率的位点划分的名称为 bycodon，同样地，该名称也必须是前面定义过的。usertree 以 Newick 格式定义了起始树，起始树必须是严格的二歧树，否则 MrBayes 将发出错误信息。如果用户没有定义起始树，MrBayes 将选择随机树作为起始树，在大多数情况下都可以以随机树开始。最后，MCMC 命令指导 MrBayes 运行 1000 世代（ngen＝1000），每 100 世代在屏幕上显示一次（printfreq＝100），每 10 个世代将取样的树保存（samplefreq＝10），同时运行 4 个 MCMC 链（nchains＝4），并将树的分枝长度保存在树文件中（savebrlens＝yes），该命令同时也是开始运行的命令。

3. 运行 MrBayes 的具体步骤

（1）将比对好的序列数据的 *. nex 文件与 mrbayes. exe 可执行文件拷贝到一个新建的文件夹下（数据文件与 mrbayes. exe 可执行文件必须放在同一个文件夹中才能运行，因为 MrBayes 要求所有输入/输出的文件必须在相同路径的同一文件夹中）。

（2）将编写好的 MrBayes 命令模块复制粘贴到数据的 *. nex 文件末尾，保存。

（3）运行 mrbayes 3. 2，输入命令 execute [待处理文件名，如 primates. nex]，按 Enter 键，将产生如下的输出结果：

```
Running Markov chain
Starting likelihoods
1---6429.147-6429.147
2---6388.254-6388.254
3---6678.446-6678.446
4---6597.156-6597.156
100---19215.03--(-6045.46)[-5929.31](-6088.02)(-6238.81)2s
200---18522.17--(-5878.95)[-5819.39](-5833.47)(-5834.11)4s(4～2)
300---18292.23--[-5732.10](-5725.53)(-5821.09)(-5810.95)6s
400---18139.18--(-5712.11)(-5703.27)(-5780.78)[-5693.39]8s
500---18092.13--(-5702.02)(-5684.19)(-5762.62)[-5680.81]9s
```

```
600---18036.97--(-5696.36)(-5680.07)(-5701.56)[-5671.27]11s
700---18018.36--(-5682.72)(-5679.98)(-5700.30)[-5662.94]13s(4~1)
800---17981.18--(-5679.95)(-5666.39)(-5684.34)[-5649.37]15s
900---17970.38--(-5684.04)(-5663.26)(-5669.62)[-5647.99]17s
1000---17959.28--(-5684.56)[-5657.12](-5657.73)(-5648.36)19s(4~2)
Continue with chain? (yes/no):
```

当回答 no 时，结束运行；当回答 yes 时，MrBayes 要求输入继续运行的世代数。

在这个输出界面上，第一列为运行世代数，第二列是该世代的 4 条链上取样的树计算的自然对数似然值的和。

接下来的 4 列是 4 条链对应的树的似然值，其中的冷链用方括号表示。最后一列显示的是运行时间，凡是链之间成功交换世代则以（4～2）、（4～1）等标记。

注意，第二列的自然对数似然值的和（ln likelihood sum）从开始的－19 215.03 到 1000 世代时的－17 959.28，最终将在达到稳态时趋于收敛。当自然对数似然值的和收敛后，MrBayes 就会根据它们的后验概率对树取样。取样的树被用于计算合一树。

若运行次数 N_{run}＝2，则第一列为运行世代数；第 2～5 列为 run1 的 4 条链的对数似然值，第 6～9 列为 run2 的 4 条链的对数似然值，其中，冷链的对数似然值在方括号内，热链的在圆括号内；最后一列为完成所设置的运行需要的估计时间。二分树频率的平均标准离差（average standard deviation of split frequency）将显示在界面的最末尾，只有当平均标准离差小于 0.01 时才说明达到了收敛。

在默认情况下，MrBayes 将从不同的随机树开始运行两个独立的分析（mcmc nruns＝2），在运行期间计算和显示分枝频率的平均标准离差（mcmc mcmcdiagn＝yes diagnfreq＝1000）并将其写入文件中（.mcmc）。每个二分树频率的标准离差和分枝长度用 sumt 命令计算，而所有进化模型参数用 sump 命令计算。

（4）当运行结束后，程序首先报告运算过程的统计参数。例如，①能够接受的各种交换的时间百分比，理想的时间百分比应该为 20%～40%，但只要不在极端（如 1%或 99%）范围就可以；②状态交换信息（state exchange information）报告了冷链与热链的交换次数和交换成功次数的比例（在右下方）。

程序运行完成以后在相同文件夹下自动生成 5 个文件，以 mcmc 为后缀的一个是运行 mcmc 的值，其他的 4 个分别是以 run1.p、run2.p、run1.t 和 run2.t 为后缀的文件，是 MrBayes 运行 150 000 世代得到的 15 001 棵树、似然值和模型对应的参数。

filename.nex.mcmc　（保存运行 mcmc 数据的值）
filename.nex.run1.p　（保存 run1 被取样的参数的值）
filename.nex.run1.t　（保存 run1 被取样的树的值）
filename.nex.run2.p　（保存 run2 被取样的参数的值）
filename.nex.run2.t　（保存 run2 被取样的树的值）

（5）参数汇总：在 MrBayes 提示符下，键入命令：

```
sump filename=<filename.p>burnin=<number of trees to be ignored>
```

将产生一个粗略的运行时间与对数似然值关系的图示：紧接着图的是边际似然值的算术平均值与调和平均值（harmonic mean）。调和平均值被用于计算 Bayes 因子，而贝叶斯因子用来确定模型。

注意，当 MrBayes 程序运行完毕后，若在原始序列数据和分析结果尚未退出缓存时（即分析结束后未关闭程序时）执行 sump 命令，则不需要指定文件名（即输入 sump 命令选项时可省略此项），程序将自动对所有分析结果进行统计。若 MrBayes 程序运行完毕后没有马上执行 sump 命令，而是关闭了程序，则下次运行程序执行 sump 命令时需要指定被统计的文件名（执行 MrBayes 分析时使用的文件名，即在“execute <filename>”使用的原始比对序列文件名）。

burnin 值一般设置为取样世代的 1/4～1/2。如总运行世代为 100 000，每隔 100 代取样一次，则 burnin＝（100 000/100）×1/4＝250。

运行结果列的最后部分很有用，列出了模型中参数的后验概率的平均值、中位数、方差和 95％的置信区间。如果 kappa 的置信区间为 3.8～6.8，就是说在所分析的数据中 95％的 kappa 取值介于 3.8～6.8。参数 TL 代表了所有分枝长度的总和（树长）。

（6）系统树汇总：在 MrBayes 提示符下，键入命令

```
sumt filename=<name>burnin=<number of trees to ignore>contype=<allcompat or halfcompat>showtreeprobs=yes。
```

命令 sumt 用于总结保存在 name.nex.run.t 中的有关树的信息。Contype 是合一树类型（consensus type），Halfcompat 等价于 50％多数规则合一树，allcompat 等价于 50％多数规则合一树但显示出所有二分树（bipartition）的频率。

该命令的输出结果包括一个二列的表，列出了运行期间所取样的树的中发现的每一分支的后验概率。表后是根据多数规则构建的合一树（以 cladogram 形式表示），包含了取样的树中后验概率在 0.5 以上的所有分支，并标注有每个分支的后验概率。如果选择了在运行期间保存分枝长度的话，MrBayes 将会给出显示分枝长度和后验概率成比例的另一棵标度树（以 phylogram 形式表示），该树的分枝长度是从所有取样树上相应分枝长度的平均值计算的。最后是在各种由大到小排列的置信区间内出现的不同分支型式树的数目，MrBayes 是根据每棵树在所有取样中出现的频率由大到小排列的。

同时，该命令还在相同文件夹下生成三个总结数据的文件，分别是 filename.nex.con、filename.nex.parts 和 filename.nex.trprobs，这些文件可以被系统树查看软件打开做进一步处理。

filename.nex.trprobs 文件列出了树及相应的后验概率（当选择 showtreeprobs＝yes 时），树按照后验概率由大到小依次列出，P 表示累积后验概率（cumulated probability），是构建 95％置信区间的依据。该文件充分显示了贝叶斯法和最大似然法的区别，它并不是发现 1 棵最优树，而是给出了可能从大到小的一系列树（一般选择 95％置信区间内的所有树）。

4. MrBayes 命令脚本的编写

序列数据准备就绪后，即可根据数据的特征编写合适的 MrBayes 命令脚本备用。

虽然 MrBayes 提供了非常丰富的命令选项，但在一般情况下不需要用户另外设置，只要使用默认选项即可，在没有弄清楚前不要改变默认选项。

其实，MrBayes 最核心的命令只有“lset”和“mcmc”。下面是一个简单的 MrBayes 命令模块，该模块包含了用户在分析数据时可能需要自行设置的主要命令。

```
begin mrbayes;
delet<name and/or number and/or taxset>;删除分类单元命令
outgroup<number>/<taxon name>;指定外群命令
charset 1st_pos=1-. \3;定义数据划分
charset 2nd_pos=2-. \3;
charset 3rd_pos=3-. \3;
partition by_codon=3:1st_pos,2nd_pos,3rd_pos;数据划分命令
set partition=<partition id>;
prset<parameter>=<option>……<parameter>=<option>先验设置命令
lset nst=6 rates=<model name>nucmodel=4by4 code=<genetic code table>;模型指定
命令
mcmc nruns=2 ngen=1500000 printfreq=100 samplefreq=100 nchain=4 startingtree=
random diagnfreq=1000 savebrlens=yes;
end;
```

若不定义性状集和进行性状划分，则 charset、partition 和 set partition＝＜partition id＞；等命令选项可以省略。若对数据集中的全部数据进行分析，则 delet 命令也可省略。若省略 outgroup 命令选项，获得的将是没有指定外群的无根树。

若对性状进行了划分，则可在 lset 命令中使用 applyto 选项对不同的性状集设置不同的似然值参数（若对所有性状使用相同的似然值参数设置，则不需对数据进行性状划分）。

命令模块中各命令的具体含义如下所述。

delet 命令：该命令用于指定数据集中不予分析的数据。如果用户只想对数据集中的部分数据进行分析，常规的方法就是将不分析的数据从数据集中删除。该命令允许用户在不删除原数据集中的数据的情况下对其中的部分数据进行分析。可以用数据在数据集中的序号、数据名称及分类单元集指定不予分析的数据。例如，delete 1 2 Homo _ sapiens 表示删除分类单元 1 和 2 及标记为 Homo _ sapiens 的分类单元。

outgroup 命令：该命令用于指定外群。可以用分类单元在数据矩阵中的顺序号来指定，也可以用分类单元名称来指定。MrBayes 分析时只能指定一个分类单元为外群。例如，outgroup 3 表示将数据矩阵中的第 3 个分类单元指定为外群，outgroup Homo _ sapiens 表示将数据矩阵中名为 Homo _ sapiens 的分类单元指定为外群（假设数据矩阵中存在一个以该名称命名的分类单元）。该命令告诉 MrBayes 对树进行赋根时，以指定的 OTU 与其他 OTU 相连的分支为根。

charset 命令：该命令用于定义性状集，性状集名称中间不能有任何空格。例如，charset first _ pos＝1－720 \ 3 定义的性状集名称为 first _ pos，这个性状集包括 1～720 位的每 3 个位点的组成，可以用“.”表示数据矩阵中的最后一个性状。该命令最

好不要在 MrBayes 命令行中使用，而是作为序列数据文件中 MrBayes 命令模块中的一行。若要定义多个性状集，则需要使用多行独立的 charset 命令。

partition 命令：该命令用于指定一个性状划分。例如，partition by _ codon＝3：1st _ pos，2nd _ pos，3rd _ pos 表示指定的性状划分的名称为 by _ codon，该划分由三部分组成（第一、第二、第三密码子位点，即用 charset 命令设置的形状集的名称）。用多个独立的 partition 命令可以设置多个形状划分。

set 命令：该命令用于设置一些模型或程序运行的一般特性。使用 set 命令可以设置 5 种参数，其中最常用的是 partition 特性。例如，set partition＝by _ codon 设置了用于位点特异性速率的位点划分的名称为 by _ codon。

lset 命令：该命令用于设置似然模型的参数。例如，lset nst＝6 rates＝gamma 指定了进化模型为 GTR、位点间速率变异为 gamma 的分布速率模型。

mcmc 命令：该命令用于设置执行马尔可夫链蒙特卡罗分析的参数并启动分析。例如，mcmc ngen＝100 000 nchains＝4 temp＝0.5 表示将运行一次由 4 条链组成的、温度设置为 0.5 的 MCMCMC 分析，运行世代数为 100 000。

运行世代数（ngen＝）：默认的世代数为 1 000 000。

抽样频率（samplefreq＝100）：每 100 个世代取样一次，保存树及相应的参数。

显示频率（printfreq＝100）：在电脑屏幕上每 100 个运行世代显示一次进展信息。

运行链数（nchains＝4）：运行 4 条平行链，一般运行 3 条热链（heated chain）和 1 条冷链（cold chain）。冷链用于取样，热链用于在参数分布空间中快速移动以发现概率分布高峰。冷链可以和其中的一条热链交换。

起始树（startingtree＝random）：使 MrBayes 从随机树开始运算。

收敛诊断（convergence diagnostic）频率（diagnfreq＝1000）：默认情况下 MrBayes 从两个完全独立的随机树开始重复运行两组（称为 run1 和 run2）4 条链。由于起始树不同，所以在开始的一些世代所取样的树和参数将十分不同，但随着运行世代的增加，两个重复运行将趋于一致或数学上的收敛（convergence）。收敛诊断频率一般设定为总运行世代的 1/4。在每个收敛诊断世代，MrBayes 将计算两个重复取样树的相似性测度平均标准离差（average standard deviation of split frequency）。只有当平均标准离差小于 0.01 时才说明达到了收敛。

保存分枝长度（savebrlens＝yes）：让 MrBayes 在保存取样树的同时保存分枝长度数据。

prset 命令：该命令用于设置系统发生模型的先验概率。在 Bayesian 分析中必须为似然模型参数指定一个先验概率分布。先验概率分布代表了评价数据前对参数的先验信任。先验概率分布主要包括分支型式、分枝长度和进化速率三个方面的概率分布。

例如：

```
prset brlenspr=unconstrained:exp(10.0)
```

上述命令指定了树的分枝是非限制性的（即无分子钟假设），且每一分枝长度的先验分布是均值为 1/10 的指数分布。应该注意的是，这里设置的数值是均值的倒数。

```
prset shapepr=exp(1.0)
```

这个命令指定了用于速率异质性模型中的 gamma 分布的形状参数是均值为 1.0 的指数分布。

```
prset tratiopr=beta(1.0,1.0)
```

上述命令指明了使用 beta（1.0，1.0）分布作为 Ts/Tv 比值的先验分布。

```
prset statefreqpr=dirichlet(1.0,1.0,1.0,1.0)
```

上述命令规定了用于碱基组成频率的先验分布为平坦的狄利克雷分布（flat Dirichlet distribution），这意味着碱基组成的任何组合将给予相等的先验权值，如（0.1，0.7，0.2，0.0）的碱基组成与（0.25，0.25，0.25，0.25）的碱基组成出现的概率有相同的先验概率。如果想使碱基组成频率不要过度偏离平衡频率（0.25，0.25，0.25，0.25），则可将其设置为对称的狄利克雷分布：

```
prset statefreqpr=dirichlet(10.0,10.0,10.0,10.0)
```

利用 MrBayes block 来设置在运行过程中的参数的同时，对那些需要变化的参数用命令输入，这种方式称为 semi-batch mode。这种情况下需要在 MCMC 的设置中使用 mcmcp命令，这样，MrBayes 软件只读入数据和参数而不运行 MCMC，手工输入 MCMC 命令开始运行。但此时在 MrBayes block 中不能有 supt 和 sump 等分析结果的命令，否则程序将报告错误信息。

5. MrBayes 似然值分布分析

1）似然值对运行世代作图

MrBayes 将最后的运行结果分别保存在几个不同的文件中，这些文件以列表的方式保存有取样参数，可以导入到 Excel 等表格处理软件中进一步分析。

文件 filename. nex. out. p 是包含了各种参数值的以列表方式显示的文本文件，可以用图表处理软件 Excel 打开。然后以横坐标为运行世代、纵坐标为对数似然值作散点图（scatterplot）。从散点图上可以观测到似然值达到收敛的世代数，作为设置 burnin 的参考。Excel 中的作图过程如下所述。

（1）将 . p 文件中的世代数目（Gen）与似然值（ln$L$）导入 Excel 中。首先用写字板打开 . p 文件，将其中所有内容粘贴到 Word 中，选择“表格”—“转换”—“文件转换成表格”，选择“制表符”，则转换成表格形式。然后将世代数目（Gen）与似然值（ln$L$）这两列粘贴到 Excel 中。

（2）选择“图表向导”—“xy 散点图——无数据点平滑线散点图”，选择“数据区域”，选定数据，下一步，在“标题”下，定义图表标题（贝叶斯分析似然值分布图）、x 轴（generation）和 y 轴（ln$L$），点击完成。同样，可以根据需要对坐标轴格式、字体等进行修改。

Excel 作图显示似然值分布如图 11-4 所示，20 000 世代之后似然值已经达到饱和。

2）用 Tracer 软件分析

Tracer 是用于取代 Excel，专用于对 MrBayes 的运行结果的数据进行图形化总结的辅助软件，可以从 Oxford Evolutionary Biology Group web site 免费下载（http：//

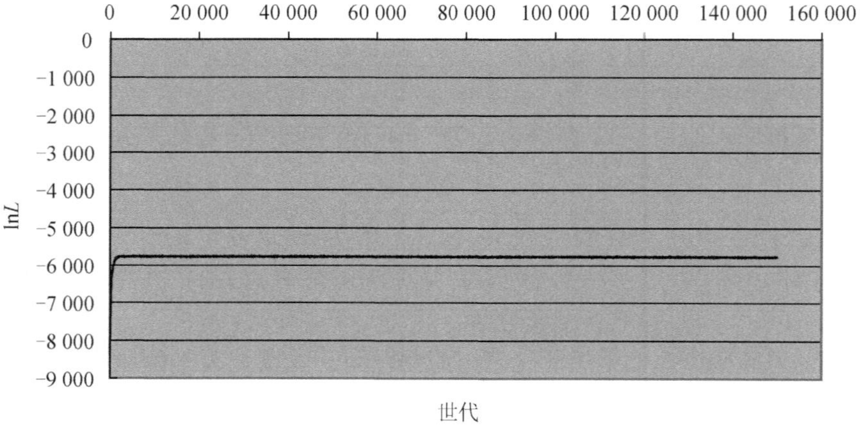

图 11-4　似然值对运行世代作图

beast. bio. ed. ac. uk/Tracer）。其使用非常简单，双击 Tracer 开始运行，从 File→Import…选择需要分析的文件，然后点击 Open 打开需要分析文件。可以看到，在 Tracer 的主窗口的左边有由 8 列数据组成的列表。第 1 行对数似然值（ln*L*）是默认的显示内容，Tracer 的主窗口的右边显示对数似然值的直方图和总结性统计值（图 11-3）。

11.6　贝叶斯系统发生推论法优缺点

贝叶斯法可根据多种分子进化模型，利用马尔可夫链蒙特卡罗方法产生所有参数的后验概率估计值，这些参数包括拓扑结构、分枝长度和进化模型各参数估计。该方法不仅可以对模型的参数进行直接估计，而且可以分析很大的数据集，因其以后验概率来表示各分支的可靠性而不需用自举法进行检验。

具体地说，贝叶斯系统发生推论法的优点包括以下 8 个方面。

（1）贝叶斯推论法是基于进化模型的统计推论法，有完整而坚实的数学和统计学基础。

（2）目前贝叶斯推论法软件所执行的算法完成同样大小的数据集所需要的运算时间比 ML 法要少得多。对于大数据集，贝叶斯法解决了 ML 法运算量巨大的问题，可以比 ML 法节省 80%以上的时间。Leaché 和 Reeder（2002）使用 mtDNA 的 3668bp 的序列对蜥蜴（*Sceloporus undulatus*）的 56 个种群和近缘种总共 78 个 OTU 进行了 MP 法、ML 法和贝叶斯法分析，结果表明，ML 法与贝叶斯法的结论一致，但后者减少运算时间 80%。

大数据的分析实践获得的结果表明，一般地，MP 法和 BI 法获得的树相似，但在基部常不同，简约法低估了进化改变数量和参数。

（3）贝叶斯推论法的应用范围与 ML 法一样广泛，可用于系统树及其参数的推论，如系统树的分支型式、分枝长度、分支发生时间、性状祖先状态估计和寄生虫-宿主协同进化等方面。

（4）可以将现有的系统发生知识整合或体现在先验概率中。

（5）很容易对数据进行复杂的划分并对不同的划分数据集采用不同的模型进行分析。

（6）可以采用贝叶斯因子选择最适合的模型。

（7）贝叶斯结果很容易解释，系统树分支上的后验概率就表明了该分支可靠性的有效参数，并且可以和以往广泛应用但统计学性质不甚明了的自举值进行比较。具有最高后验概率的树可以被视为对系统发生关系的最佳估计。虽然无法通过分析性公式直接计算后验概率，但却可以运用马尔可夫链蒙特卡罗的数值方法近似地获得后验概率。因此，没有必要用自举法来计算系统树的支持度。

（8）贝叶斯法的一个巨大的优势是它可以处理复杂而接近实际情况的进化模型。

系统发生研究所采集到的生物数据是有限的，但是真实的生物进化历程却是未知的，因此，对系统发生的人为估计极易带来不确定性。这种不确定性不但体现在树的枝长，而且体现在树的拓扑结构上。贝叶斯推论法也不例外，最主要的缺点包括以下三个方面。

（1）应用 MCMC 方法时，马尔可夫链也会无法计算出稳定分布的后验概率。造成这种结果的其中一种原因就是似然值曲线的局部最大化无法访问所有的参数区间的高概率区域。不过，不成熟的方法本身和（或）没有运行马尔可夫链达到足够的次数是导致数据缺陷的主要原因。遗憾的是，并不总是可以很容易地辨别出是何种原因造成这种缺陷。一般的建议是运行 MCMC 链达到足够的长度，监控几个模型参数的产生情况（因为只监控似然值是不够的），使用随机树的起始位点重复同一实验，以检验是否所有的链给予相似的结果（如替换模型参数、一致性和似然值等）。

（2）不好的提议机制和（或）运行世代数不足通常是最主要的缺陷。

（3）贝叶斯分析结果对进化模型比较敏感，模拟研究显示，当采用正确的进化模型、参数不足的模型或中度过参数化模型时，分支的后验概率还是可信的。过度参数化模型或在有速率异质性的数据中采用简单模型会造成后验概率估计误差。

11.7　贝叶斯法与最大似然法的联系及区别

贝叶斯法和最大似然法的相似之处都是选定一个进化模型，然后通过程序搜索模型和树的参数分布空间，从数据集中计算似然函数，获得最优系统树，因而理论上 BI 与 ML 法在相同的进化模型下应该得出一致的结果。

BI 与 ML 法的区别在于贝叶斯推论法对给定的系统树计算了其为真树的概率，而 ML 法则提供在指定树和模型下能够产生观测到数据的概率。最大似然法是以观察数据的最大概率来拟合系统树。贝叶斯法正好相反，它是通过系统树对数据及进化模型的最大拟合概率而得到系统树。最大似然法给出的是系统树产生数据的概率，而贝叶斯法给出了模型（系统树）的概率。贝叶斯推论法中应用 MCMC 算法产生系统树的所有参数（包括分支型式、分枝长度和替换模型的各类参数值）的后验概率分布的近似值，从这些后验概率分布中以稳态方式（即不考虑马尔可夫链的初始值）取样，可以直接估算出模型中每个参数的统计值。

在参数估计原理上二者存在根本区别：最大似然法采用联合估计（joint estimation）的思想，目标是发现参数分布的最高点，搜索得到单一的最优系统树；而贝叶斯法采用的是边际估计（marginal estimation）思想，目标是参数后验概率分布的最大面积，得到的是具有大致相等似然值的系统树的集合。所有系统树的后验概率加在一起等于1，任何分支上的后验概率就是所有系统树该分支的后验概率之和。将所有系统树按照后验概率大小排列，然后将具有最大后验概率的系统树加在一起，直至后验概率大于0.95，这些树组成的合一树就是贝叶斯分析的结果。由于参数的先验指定影响参数后验概率的分布，因而先验概率对贝叶斯分析结果的影响很大。

对于相同的数据、模型和拓扑结构的树，ML法和BI法计算的对数似然值没有可比性，或者说，我们不能从这两种方法的似然值来衡量树的优劣，因为这两种方法度量的不是相同的空间，ML法搜索似然值分布的峰值，并将其中搜索到的最大值作为最佳估计，而BI分析搜索概率面积。因而，BI法计算的最大似然值低于ML法，尽管一般情况下都十分接近，MCMC也许永远也达不到ML搜索得到的最大值。

BI采用的MCMC算法比ML法运算快的原因是前者并不试图寻找整体ML最优值，同时，BI对分支的支持度与建树过程同时进行，故无须进行额外的自举分析计算支持度，大大节省了运算时间。

11.8 贝叶斯后验概率与自举支持度的关系

贝叶斯法得到的系统树不需要利用自举法检验，其后验概率直观地反映了系统树的可信程度。一棵树或一个分支的后验概率是该树或分支在给定数据和模型（包括先验概率和替换模型）条件下为真的概率。

对贝叶斯后验概率（Bayesian posterior probability，BPP）的特征和分布进行了大量的模拟和实际数据的分析，一致的结论是BPP是置信度的无偏（less bias）估计，一般情况下与正确概率十分接近。同时也发现了一些BPP的缺点，主要包括以下两个方面。

（1）Alfaro等（2003）分析发现，BPP与BS相比对序列数据的信号更敏感，比较短的分枝倾向于有较高的BPP值。即使不正确的短分枝也可能由于进化的随机性质在贝叶斯估计中给予较高的BPP。所以，在实际分析时对BPP值较小（如＜90％）的短分枝需谨慎，防止过高的估计。

（2）BPP对先验概率的设置比较敏感。Yang和Rannala（2005）采用模拟和实际数据分析了分枝长度的先验概率的设置对后验概率计算的影响，发现系统树和分枝的后验概率对内部分枝的先验概率十分敏感，设置有较长内部分枝先验概率时将产生较高的后验概率，尤其是有较高上限（10或100）的均匀分布的分支长度的先验概率将产生极高后验概率的支系。

Simmons 等（2004）采用模拟法探讨贝叶斯后验概率与其他方法的自举支持度之间的关系，发现自举支持度太保守，而后验概率太自由。Yang 和 Rannala（2005）及许多其他研究者对有关这两种支持度关系的研究显示，这两种支持度是根本不同的系统发生准确性度量，在某些情况下二者符合，而在另外一些情况下二者表现不同，其保守性和自由程度不一样。

第 12 章　系统发生网络、超树和无比对方法

12.1　系统发生网络

传统系统发生分析方法是在建立数据同源位点基础上构建二分歧的系统树。由于数据来源和系统发生模式的多样性，传统的系统发生分析有时无法适应这种多样性模式，此时，网络、超树、建树与比对同时执行和无比对系统发生方法等非传统系统发生分析就应运而生。本章将介绍这些非传统系统发生分析方法的基本概念和应用范围。

12.1.1　网状进化型式与机制

网状进化（reticulate evolution）是指进化过程不能充分地被树状进化所表示的一种进化型式。网状进化表现出谱系之间缺乏独立性，当一个网状进化事件发生时，两个或更多的独立进化谱系在一定水平上相互联系起来。网状进化关系在自然界普遍存在，主要包括下述进化现象。

（1）基因水平转移（lateral/horizontal gene transfer，LGT/HGT）是遗传物质从一个支系向另一个支系的直接转移，在所有生物类群中都存在，但在原核生物中最普遍。古细菌和真细菌可以通过基因水平转移获得新基因而提高适应新环境的能力。在原核生物中基因水平转移的主要机制是转化、接合和转导，而在真核生物中则主要是非同源重组。

（2）杂交物种的形成是另一种典型的网状进化。如果新种的染色体数与亲本一样，这个过程称为二倍体杂交，如果新种的染色体数是双亲染色体的总数时，称为多倍体杂交。杂交的主要机制是同源多倍体杂交、异源多倍体杂交和双倍体杂交。通常同源多倍体并不引起网状事件，而植物中较常见的异源多倍体是网状杂交事件的主要来源。

（3）遗传重组。重组涉及导致遗传物质新组合的所有过程，如种内地方群体间的微进化过程，包括异域群体间的遗传分化、由迁移引起的基因流等。重组产生谱系内的网状进化，影响多个不同水平的进化，并且是有性生殖自然群体内的大量遗传多样性的来源。重组导致嵌套基因，使得基因的不同区域也许有不同的系统发生史。如果取样的序列之间存在重组，那么这些序列的进化史不再适合二分歧进化模型，所以系统树就不能能准确地描绘出一个合理的谱系关系。

12.1.2　系统发生网络的构建方法

Sneath（1975）总结了当时已知的有关网状进化的生物学证据，并首次提出用改

进的分支图来表示网状进化。但自那以来的二十几年里，有关网状进化关系重建方法的研究较少，只是近十几年才又受到重视，《分类杂志》（*Journal of Classification*）在 2000 年的某一期中刊登了 6 篇论文，以讨论网状图的构建及其在进化上的应用。

目前用于构建系统发生网络的大多数方法类似于构建系统树的简约法和距离法。对于简单性状组成的数据集，大多数系统发生网络方法将产生大致一样的结果，但是随着性状复杂性的增加，这些方法形成的系统发生网络将有较大的差异。以下简单介绍一些较常用的构建方法的原理及其相应的软件。

1. 网状图法

网状图法（reticulogram）是一类基于距离法的网络构建方法，最早由 Legendre 和 Makarenkov（2002）提出。网状图的构建算法是如下所述：首先通过距离矩阵推断出一个系统发生树，然后将网状分支一次一个逐渐添加到系统树上，添加网状分支是基于最小化的一个最小二乘丢失函数或是一个加权的最小二乘丢失函数，当到达一个拟合优度标准的最小值时，网状分支的添加终止，有 4 个这样的拟合准则，即 Q1、Q2、AIC 和 MDL，每一个标准考虑了最小二乘丢失函数和网状图的分支总数，这个算法需要 O（kn^4）次以添加 k 个网状分支。这个方法包含在软件包 T-REX 中且已用于多个生物学问题，如杂交、水平基因转移和生物地理网等。

2. 统计简约法

统计简约法（statistical parsimony）根据性状状态差异的大小依次地连接相应的分类单元，直到达到简约上限（parsimony limit）或是已经连接了所有的单倍型，这是简约法作为一个可靠系统发生分析法的限度，默认值是 95%。这个方法可用于假定存在的重组和同型性状的鉴定，性状冲突的表达类似简约树（如每个分支代表一个特定的性状状态变化），但是由于某些可能存在的性状变化在网上没有表示出来，所以分析是不完全的。同样，生物学的解释也类似简约树，祖先节点可清楚地推断出来，而且，群体遗传中的溯祖理论允许无外群的系统树根的推断。此方法适合较简单的性状变化，随着性状复杂性的增加，这个方法将产生几个不联系的网而不是一个单一网，这意味着将有很多错误的负值（FN，即存在于构建的系统发生网络上的分支，而不存在于用同样的数据构建的系统树上）的存在。此方法包含在 Tcs 程序中。

3. 中间网

中间网（median network）是一个基于性状的用于二态数据的方法，由 Bandelt 等（2000）提出，目标是同时表达分类单元间的所有性状状态差异，这样可以保证包含所有的最简约树。中间网的算法是如下所述。序列首先被转化成由二态性状（binary character）组成的矩阵，二态性状采取 0 和 1 值，进而确定哪些性状是相容的，或是不相容的。相容的所有性状形成一个小组（clique），进一步形成系统发生树；不相容的性状形成另一个反小组（anticlique），是形成中间网空间维数的根源。随着所研究序列的增多，不相容位点也会增多，此时必然会使网的空间维数增加而不易于分析。中间网法衍生出了许多不同方法，包括简化中间网法（reduced median network）、中间连接网（median-joining network）、贪婪简化中间网（greedy reduced median network）（Morrison，2005）和一致网法（consensus network，Holland et al.，2005）。

4. 二分树分解法

二分树分解法（split decomposition）是一个可以将性状变化以距离或简约原则转化成一系列微相容组合的方法，目标是将所研究分类单元的所有可能的相容组合表现在系统发生网络上，最早由 Bandelt 和 Dress（1992）提出。

这个算法并不是选择距离之和最小的拓扑结构为其最优系统发生，而是每一步排除最不可能的那个结构，所形成的网状图称为二分树图（splits graph），包含分类单元的所有可能拓扑结构，正是这个原因，此图包含由二分树组成的一系列等长平行边，这些平行边的长度代表给定种群某一组合的隔离指数（isolation index）。同样地，针对较简单的性状冲突的分析结果较好，随着性状冲突复杂性的增加，将产生无信息的网状分支。因此，一个多歧分支究竟是代表不充足的信息或是过多的冲突信息，是无法从所构建的系统发生网络上得到解释的。当性状冲突的复杂性降低时，此法类似中间网法。

5. 邻接网法

邻接网法（neighbornet）是一个基于距离法的方法，由 Bryant 和 Moulton（2004）提出，可用于较复杂性状冲突的表达，且随着性状复杂性的增加分析效果较好，这也使其成为分析复杂进化模式的最好选择。一个系统发生网络可以表达数据中的所有性状冲突，这对任一网络构建方法来说都是至关重要的，因为这是避免错误推断所必不可少的，也是系统发生网络用于统计检验所必需的，邻接网法符合这个特性，如果在邻接网法中输入的是网络距离（reticulate distance）参数，那么将产生一个精确代表这个距离的网络，如果输入叠加距离（additive distance），那么将产生一个系统树，即邻接网法是统计上一致的方法。目前还有一种类似邻接网法的 Qnet 法，通过计算数据中的一系列环状权重的分裂边而构建一个系统发生网络，如果距离数据不充足或是基于性状数据时可以采用这个方法。

上述的这些方法基本上可以区分为两种类型：表达性状相容性的系统发生网络或是二分裂网络，如中间网法、二分裂法和邻接网法等；精确表达真实进化史的网络称为网状进化网（reticulate network），如杂交和重组网。

12.1.3 网状图的构建软件

目前已经开发了许多系统发生网络推论软件，如表 12-1 所示。

表 12-1　系统发生网络构建软件及其特征（Posada and Crandall，2001）

软件	方法	输入数据	进化模型	统计学检验
SplitsTree	二分法，距离法，简约法等	多态性状	有	有
T-REX	网状图法，最小平方法	距离	无	有
Pyramids	Pyramids 距离	距离	有	无
Statgeom	Geometry 距离	多态性状	有	有
Network	中位数连接网；距离法	多态性状	无	无
TCS	统计简约法；距离法	多态性状	无	无
Arlequin	分子变异简约法	多态性状	有	有
PAL	似然网络法	多态性状	有	有

虽然有许多不同的方法和软件可用于估算网状关系，但它们的应用还不太普遍。Cassens 等（2005）比较了 ARLEQUIN 软件的最小生成网（minimum-spanning network）、Network 软件的中位数连接网（median-joining networks）、TCS 软件的统计简约法及他们自己提出的 UMP 算法（union of maximum parsimonious trees），使用模拟的无重组序列，他们发现，UMP 法的性能好，UMP、统计简约法和中位数连接网法在对内部节点取样的比较宽广的条件下能够提供更好的真实拓扑结构的估计。而最小生成网络显示极差的性能，尤其是当内部节点取样很少时。Woolley 等（2008）采用计算机模拟方法，比较了数据集的替换速率、重组率、序列长度、分类单元数量、进化模型等因素对常用的 8 种网络构建方法的性能影响。

12.1.4　系统发生网络的应用

系统发生网络的多歧分支表达了所研究数据的性状冲突，包含三种含义。①代表数据中的不确定性，如抽样误差和系统误差。②代表进化中的相似事件，通常是由趋同、平行和回复突变形成的同型性状。③代表系统发生史上的同源事件，如重组、杂交和水平基因转移。

1. 表达网状进化关系

杂交和水平基因转移是网状进化的主要机制，它们属于谱系间的网状进化事件，也是物种多样性的主要来源。但是所有的系统树都有一个本质的缺点，它们仅能表现垂直遗传。进化生物学家普遍认为大多数微生物的进化史是镶嵌的，存在大量的水平遗传，只有通过一个合适的网络模型，才能同时处理垂直和水平遗传，以便更好地理解微生物的生物特性和动态变化（图 12-1）。同样地，植物中普遍存在的杂交现象也只能通过合适的系统发生网络来表达，图 12-2 即为由 Supernetwork 法构建的十字花科多个种的杂交网。

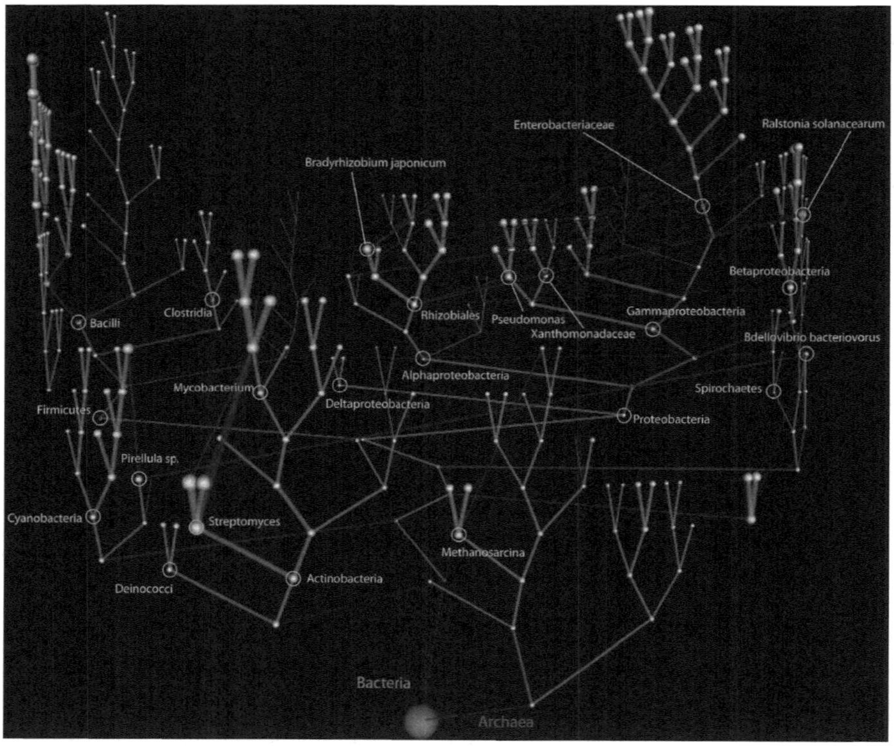

图 12-1　生命网络的三维表示（Kunin et al.，2005）（见彩图）

树的骨架结构由平均基因相似性方法产生，最下面正中间的球体代表树根，细菌和古细菌的分支用不同的颜色表示，骨架之间的红线代表分支之间发生的 HGT，节点的直径代表基因家族数量

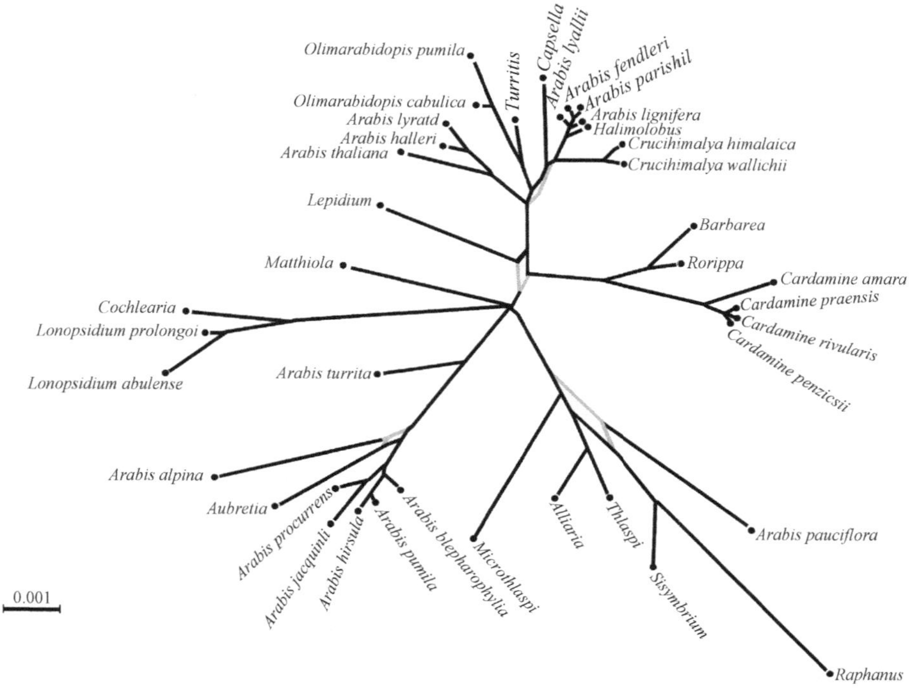

图 12-2　十字花科多个种的杂交网图（Posada and Crandall，2001）

图中的淡色环表示推测的杂交事件

2. 种内系统发生关系

使用网状图的方法可重建单倍型之间的亲缘关系，并辅以影响种群变动的原因，从而更加深入地了解物种演化过程。相较于传统树形图，网状图能获得较多的信息，如古老的祖先型和可能的传播途径等。一般在种内谱系的重建上，除了解彼此的关系外，亦着重于进化机制探讨，如检测重组事件的发生、种界确定、物种形成模式、了解种群历史与结构及基因型与表型间的相关关系等。图 12-3 显示了 69 个亚洲人 mtDNA 编码区序列的系统发生网络（Herrnstadt et al.，2002）。

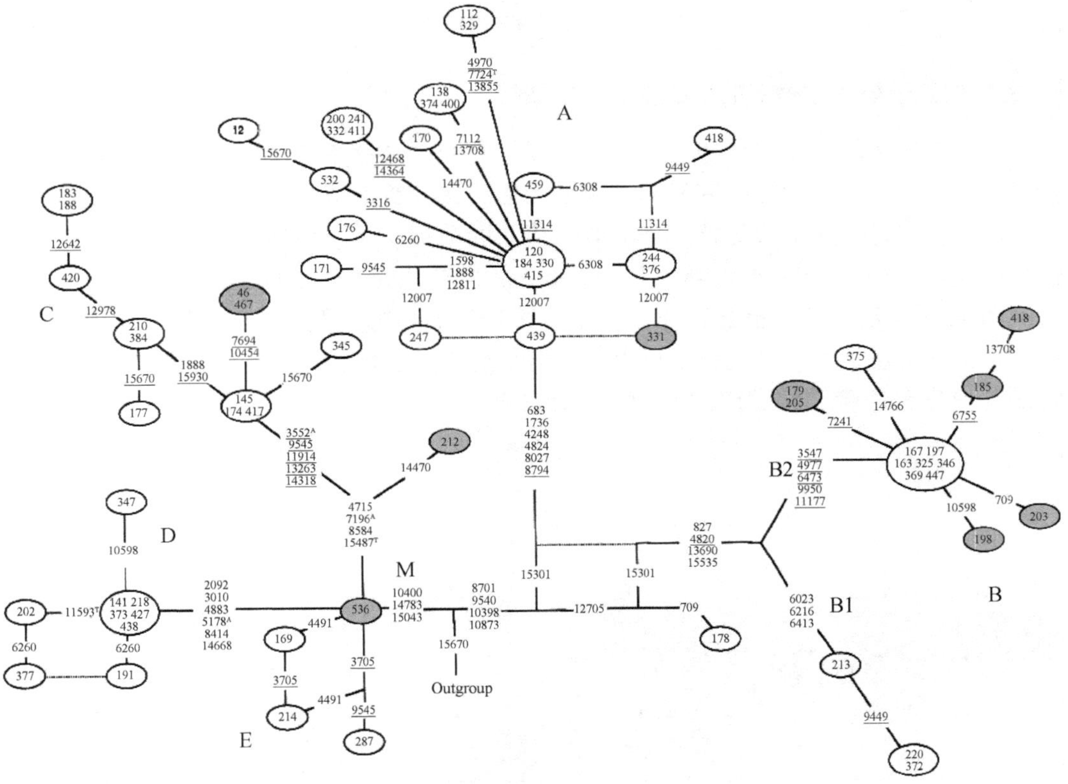

图 12-3　69 个亚洲人 mtDNA 编码区序列的系统发生网络（Herrnstadt et al.，2002）
节点里的数字代表 mtDNA 单倍型数目

系统发生网络可用于由重组引起的谱系内微进化的分析。这类进化事件发生在有性生殖群体内，因为在形成配子的过程中，双亲贡献给后代的基因组各自发生了不同的减数分裂重组，导致后代来自两个亲本的基因组具有不同的进化史，也就是所谓的性重组（sexual recombination），从而导致群体水平的微进化。种内个体的分歧度较种间个体低，包含较少的性状变化，因此，在进行种内群体之间的系统发生分析时，降低了传统系统发生分析法的能力；而且起源于重组的网状进化事件是不能用系统树来说明的，只能用网状图表达，图 12-4 就是表示一个群体 9 个单倍型之间进化关系的网络，图中，a～i 代表黑腹果蝇乙醇脱氢酶的 9 个单倍型，该重组网的数据集来自这 9 个单型组成的二态性状，采用软件包 splitstree4 中的重组网法构建（Huson and Kloepper，2005）。

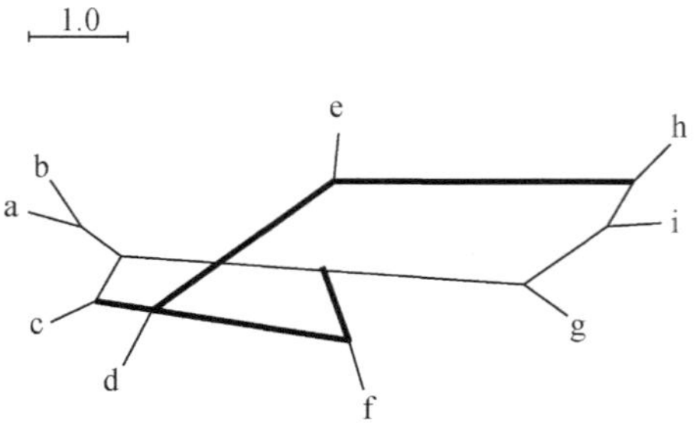

图 12-4　黑腹果蝇乙醇脱氢酶位点 9 个单倍型的重组网（Huson and Kloepper，2005）
加粗分支代表重组事件

3. 表达相互矛盾的数据集的系统发生分析结果

位点和谱系间进化速率的变异是产生错误系统发生推断的重要原因之一。Huson 和 Bryant（2006）的比较研究显示，网络构建法在分析矛盾数据时明显优于简约法和似然法。位点进化速率的变异违背了似然值法的前提，且对似然法的影响大于对简约法的影响，所以，Kolaczkowski 和 Thomtonzai 才会认为简约法优于似然值法。

图 12-5 显示了已经测出基因组序列的 298 种微生物之间基于基因组距离的邻接网络图（Neighbor-net），从网络上可以区分出细菌和古菌的主要门类（阴影部分），而基部的网状分支显示了距离矩阵中相互矛盾的信号（Beiko，2011）。

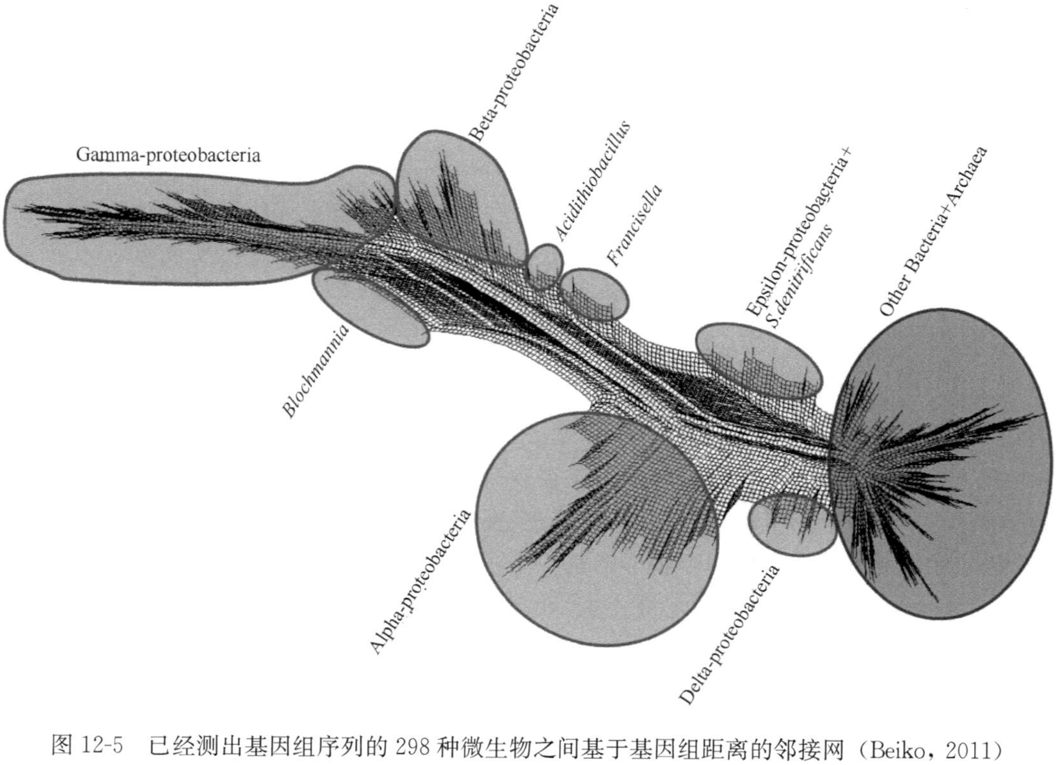

图 12-5　已经测出基因组序列的 298 种微生物之间基于基因组距离的邻接网（Beiko，2011）

12.2　系统树的整合方法——超树

12.2.1　超树的概念

系统树的集合或一组系统树 C，只有当存在着能够代表 C 中的每棵树的一棵树 T 时，称 C 中的每一棵树是相容的（compatible）。

合一树和超树都是以一组系统发生树为输入，以一棵或一组树为输出，只不过合一树的源树具有相同的 OTU，而超树的源树之间可以允许有少量共同的 OTU。因此，合一树可以看成是超树的特例，超树问题是合一树问题的推广（Semple and Steel，2000）。

如果 T 表示超树，t 表示源树，则只有当删除在 t 树上没有的 OTU 及与其相连的内部分支后，T 树等同或完全解析了 t 树时，才能说明超树 T 代表了源树 t（图 12-6）。

随着生物类群系统发生研究的深入和扩大，构建超树的方法也开始流行，如目前已经建立了灵长目所有现存物种的超树（Purvis，1995a）、食肉目所有现存物种的超树（Bininda-Emonds et al.，1999）及哺乳纲所有现存科级分类阶元的超树（Liu et al.，2001）。超树法也被认为是解决有疑问分类单元的关键方法。

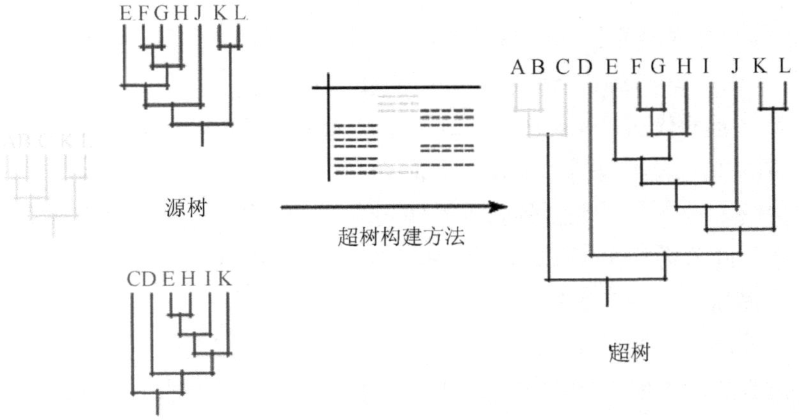

图 12-6　超树的构建原理（Bininda-Emonds，2004b）（见彩图）

12.2.2　超树构建方法

目前提出构建超树的方法有以下 4 种。

（1）矩阵表达简约法（matrix representation with parsimony，MRP）（Baum，1992；Ragan，1992），包括加权 MRP 法和非加权 MRP 法，是目前应用最广泛的超树方法。

MRP 法应用 Farris（1970）提出的叠加二态编码（additive binary coding）方法，

将系统树的阶层结构转化为一系列的矩阵元素，每个源树上的每个节点由二态矩阵中的一个元素代表。然后应用非加权 Fitch 或 Wagner 简约法分析该矩阵，以总结源树中含有的阶层信息，从而产生一棵或几棵复合树（composite tree）。如果获得的结果是多个等价最简约的复合树，再用严格或半严格合一树法构建一致复合树（consensus composite tree）。加权 MRP 法是按照源树某一分支的支持度（自举值）进行性状加权分析的 MRP 法。

目前提出的源树的编码方法是将树的节点（node）作为树的“性状”看待，编码成 0/1 二态性状矩阵以代替源树，不同源树的矩阵元素可以联合在一个矩阵中，以缺失（?）代表在一个源树中没有的 OTU 或节点。Wilkinson（2001）从编码方法、对源树的相对加权方法及应用不同的简约性分析方法三个方面综述了 MRP 方法的发展。目前提出的编码方法有以下几种：Baum（1992）和 Ragan（1992）分别独立提出的编码方法，将含有 OTU 的节点编码为 1，所有剩余的编码为 0，源树上没有的 OTU 编码为缺失?；Purvis（1995b）改进了上述编码方法。

Salamin 等（2002）用三种不同编码方式的 MRP 法分析了禾本科（Poaceae）的 403 个分类单元，显示超树法很容易产生大量分类单元的整合系统树，也能给出类群之间较满意的系统发生关系的估计。

（2）严格超树重建法（strict supertree reconstruction method）（Steel，1992）将一组源树直接组装在一起形成超树，要求源树之间相互相容（即源树之间没有矛盾的分支）。不相容的源树不能加入到超树中，由于这一限制，该法很难在实践上应用。

（3）MiniCut Approach（Semple and Steel，2000）。

（4）分类单元替代法（taxon substitution method，Wilkinson et al.，2001）

构建超树的影响因素包括以下几个方面。

（1）源树的影响：源树数目的多少及源树 OTU 的多少单独或联合地影响着所构建超树的准确性。随着源树上 OTU 数目的增加，超树的准确性明显下降，而增加源树的数目能显著地提高超树的准确性。

（2）源树编码方法的影响。

（3）建树方法的影响：大多数情况下，加权 MRP 法优于非加权 MRP 法。

（4）源树不相合性的影响：当源树之间完全相合时，超树法产生与总体证据法相似的树（一致性≥85%）；当源树之间的不相合性增大时，超树的准确性下降。可以通过加权来改进因源树之间的不相合性而引起的超树的准确性下降。

（5）不同分类单元集之间的影响。

12.2.3 超树方法的优缺点

超树方法的优点：超树可以将许多较小规模的、零散的系统发生信息整合到单一的、有更多包容性且保持良好分辨率的系统树上。在许多情况下，目前传统的系统发生分析方法还不能对整个大类群进行综合系统发生分析。例如，总体证据法要求可相容的不同数据集的联合，而分类学相合性要求所研究的数据集有同样的分类单元。超树方法正是集中了上述两种思想的优点而同时避免了各自缺点的一种分析方法。正如分类学相合性一样，超树的构建使用源树的分支型式，从而允许系统发生推论使用所有可以利用的数据，与此同时，仍能维持很好的分辨力；像总体证据法一样，构建超树可以将含有不同 OTU 的数据集进行联合而获得一种用单个数据集无法获得的有良好分辨力的系统发生关系。总之，超树方法在系统发生推论及基于所有可利用信息重建生命之树的终极目的方面显示了极大的前景。

超树方法的主要缺点有：超树法所建之树不是直接来源于原数据集；有时超树会给出错误的结果。

12.3 无比对方法

无比对（alignment-free）方法是指建树前无须比对的系统发生分析方法。尽管没有建树前的比对，但比对的步骤是少不了的，一般是将建树和比对同时进行。

传统系统发生分析的前提条件是序列比对，但序列比对也是系统发生分析方法论上一个被广泛质疑的做法，因为在系统树指导下完成的序列比对再用于构建系统树会造成逻辑上的循环。无比对方法是将建树和比对同时进行，优化序列比对的同时完成系统树的构建，因此其受到方法论意义上的关注。但其在实际应用方面还不成熟，主要受运算时间等方面的限制。

无比对方法可以分为两大类：一类是将比对和系统树构建同时完成的方法，另一类是完全无比对方法，即不寻求同源关系的方法。

12.3.1 比对和系统发生的联合估计方法

大多数系统发生分析都需要先比对 DNA 和蛋白质序列，但其对比对中的插入/缺失信息不能很好地利用。比对的最大问题是对于一组 DNA 或蛋白质序列数据，其正确的比对通常未知。基于比对的建树方法取决于比对的质量，特别是当出现插入和缺失时，更容易影响建树的结果。有些比对程序也兼容了系统发生重建的功能，但无法对其进行统计学检验，一般很少被采用。其比对是通过引导树（guide tree）来进行的，这样的比对结果输入到系统发生重建软件中，其结果往往偏向于引导树的拓扑结构。当用自举法检验时，结果可能会出现引导树拓扑分支高置信值的假象。系统发生重建的各软件都没有比对的功能，需要运用其他程序比对后输入。总之，目前一般的比对程序都是产生一个单一的比对结果，用于系统发生重建，容易产生误导。

基于这些考虑，已经提出了基于 MP、ML 和贝叶斯框架的同时估测比对和树的系统发生分析方法。但将比对和系统发生估计联合起来需要很大的计算量，甚至对中等规模的数据集（分类单元数目约 50 左右）在普通计算机上也无法完成。

1. 简约性直接优化法

POY 软件采用直接优化（direct optimization，DO）（Wheeler，1996），通过最小

化突变的数目（替换和 indel）在 MP 或 ML 优化标准下最大化记分来同时估计祖先序列及其成对比对。POY 在树的搜索和性状优化两个方面为用户提供了完全的控制权，用户可以选择执行大多数最近开发的树空间搜索算法和 4 种性状优化算法。POY 和 POY* 可以用于大型数据集的分析，但分析的准确性达不到常规系统发生分析方法。

2. 贝叶斯法同时估计法

Redelings 和 Suchard（2005）利用马尔可夫链蒙特卡罗的贝叶斯体系提出了一个新的进化模型和算法，可利用后验概率同时估计并评估多序列比对和系统树的可靠性。该法的吸引之处是在估计系统发生关系的时候允许考虑大数量的近优比对。这些比对通过其后验概率给予加权，为比对的不确定性和考虑比对模糊区的信息提供了客观的估计。此外，该法允许比常规系统发生分析方法更精确的替换模型和 indel 模型。基于贝叶斯的统计考虑了替换和 indel 的序列进化模型的无比对方法需要大量的计算负荷，无法应用于大数据集，其中 ALIFRITZ 可以分析约 30 条序列的数据集，而 BAli-Phy 仅能分析 10 条序列。

BAli-Phy（Bayesian alignment and phylogeny estimation）是采用 MCMC 同时进行比对和系统树构建的贝叶斯分析软件（Suchard and Redelings，2006），它可以整合所有不确定的比对结果来估计系统发生关系，因而可以分析远缘序列。BAli-Phy 也能够产生高质量的高度分歧序列的比对结果，采用了复杂模型，如考虑 indel 的模型。BAli-Phy 可以产生比对不确定区（alignment uncertainty，AU）并以不同的颜色表示出来。

BAli-Phy 可以采用核苷酸、氨基酸和密码子等多种水平的复杂模型进行分析，如 GTR＋Gn、WAG＋log-normal［n］＋INV、M0、M7 等；也可以用于估计替换速率、组成频率及 indel 速率。

StatAlign 是一个联合了多重比对、系统进化树和进化参数的对蛋白质、DNA 和 RNA 序列进行贝叶斯分析的软件包。它应用马尔可夫链蒙特卡罗法在多重比对、进化树和进化参数的贝叶斯分析的联合分布空间进行系统发生、比对和进化参数联合后验分布的取样。该软件包采用图形界面，运行时可以启动和监督分析，跟踪马尔可夫链的位置并保存结果，还提供了高效快速的结果总结工具。

StatAlign 可以灵活地选择任何替换模型，插入和删除的背景模型是一个修改版的 TKF92 模型（Thorne et al.，1992），也很容易在软件包中添加新的替换模型。

StatAlign 将多重比对、系统树和进化参数在马尔可夫链蒙特卡罗的框架里综合评价，使结果的准确性更为可靠。这种方法通过增加运行时间消除了传统方法中遇到的假象，这些假象包括构建系统发生依赖单一的（可能是不理想）比对和偏向指导树，该指导树是比对的根据。

3. 最大似然法同时估计法

采用最大似然法同时构建比对和系统树的软件 SATé（simultaneous alignment and

tree estimation，www. cs. utexas. edu/users/tandy/science-paper. html）将序列中的空位作为丢失性状，以加快运算速度，可以处理较大的数据集。

12.3.2　完全无比对方法

无比对或免比对（alignment-free）方法最早是 20 世纪 90 年代应用于 DNA 序列比较和分析的方法，其原理是基于 CGR（chaos game representation），可以从序列的字符组成或签名序列（signature）角度进行分析，CGR 是一种广义的无标度的马尔可夫概率表，CGR 空间是可以编码所有可能的核苷酸变化的连续参照系统，也可以产生一种新的无标度的马尔可夫模型。该方法可以对基因组水平的 DNA 序列进行有效的比较，已经被用于检测 LGT、系统发生分析和 meta-genomic 研究上。

完全无比对（alignment-free approach）方法是在整个分析过程都没有比对步骤，该方法在建树前有两个关键步骤：首先是从序列数据中提取信息；然后是将这些信息作为性状或转换为距离矩阵；最后，它还采用基于性状或距离的方法进行系统发生分析。

从同源序列可以提取的信息类型有：共享字符（k-mers）、共享子字符的特征、共享模式（shared pattern）、序列复杂性的信息学测度（CGR）和结构等非序列特征。

1. 转换距离方法

将替换序列之间的信息转换为距离的方法有以下几种。

1）基于字符特征的距离转换公式

欧氏距离 d^E（Blaisdell，1986）：

$$d^E(X,Y)=\sum_{i=1}^{w}(c_i^X-c_i^Y)^2$$

标准欧氏距离 d^S（Wu et al.，1997）：

$$d^S(X,Y)=\sum_{i=1}^{w}(f_i^X/s_i^X-f_i^Y/s_i^Y)^2$$

共享字符串比例 d^F（Edgar，2004）：

$$F(X,Y)=\sum_{i=1}^{w}C_i^{XY}/[\min(n,m)-k+1]$$

$$d^F(X,Y)=-\log(\varepsilon+F)\ (\varepsilon=0.1)$$

共享字符串概率 d^P（van Helden，2004）：

$$P(x\geqslant C_i^{XY})=\begin{cases}[1-F^P(C_i^{XY}-1,E_i)]^2 & \text{if } C_i^{XY}>0,\\ 1 & \text{else.}\end{cases}$$

$$d^P(X,Y)=\left[\prod_{i=1}^{w}P(x\geqslant C_i^{XY})\right]^{1/w}$$

组成距离 d^C（Hao and Qi，2004）：

$$V^X=(C^X-E^X)/E^X$$

$$\cos(X,Y)=\frac{\sum_{i=1}^{w}v_i^Xv_i^Y}{\left[\sum_{i=1}^{w}(v_i^X)^2\times\sum_{i=1}^{w}(v_i^Y)^2\right]^{1/2}}$$

$$d^{C}(X, Y)=\frac{1-\cos(X, Y)}{2}$$

W 距离 d^{W}，(Vinga et al.，2004)：

$$d^{W}(X, Y)=\sum_{i=1}^{w}\sum_{j=1}^{w}(f_i^X-f_i^Y)\cdot(f_j^X-f_j^Y)\cdot W_{ij}$$

2) 基于模式的距离转换公式

dPB-ML 和 dPB-SIM 是最大似然法估计的两种模式距离。

平均共享子字符串距离 d^{ACS} (Ulitsky et al.，2006)：

$$d^{ACS}(X, Y)=\frac{1}{2}[d(X, Y)+d(Y, X)]$$

LZd^{LZ}距离 (Otu and Sayood，2003)：

$$d^{LZ}(X, Y)=\frac{c(XY)-c(X)+c(YX)-c(Y)}{\frac{1}{2}[c(XY)+c(YX)]}$$

2. 编码性状方法

如果在一条序列中存在一个 k-mer 或模式 (pattern) 就编码为 1，不出现时编码为 0，从而构成一个 0、1 二态性状矩阵。根据这个性状矩阵，采用简约法或贝叶斯法建树。

k-mer	AA	AC	ACTT	GGGC
序列 1	1	0	1	0
序列 2	1	0	0	0
…	…	…	…	…
序列 n	0	1	1	1

上面介绍的方法虽然可以快速构建出基因组水平的系统树，但这些方法一般都缺乏坚实的同源基础，所以在准确性方面还无法与基于比对的方法相比拟。所以，无法作为系统发生关系的独立证据使用，仅仅作为同源方法的参证之一使用。在所有的这类方法中，适当参数化的模式提取方法优于 k-mers 方法。

第 13 章　系统发生假设检验

13.1　系统发生假设检验概述

由于系统发生是一种历史过程，在绝大多数情况下真实的系统发生关系是无法用实验证实的，所以，从分子数据集中构建的任何系统树都称为一种系统发生假设(phylogenetic hypothesis)。作为科学假说的系统树，应该能经受来自各种证据的验证。原则上，任何树都得经过基于不同数据集的统计检验，只有在没有检验拒绝它时，这个树才能被接受。

系统树的评价要从树的整体上（即拓扑结构）和树上的各个分支的支持度两个方面着手才比较全面。树上各个分支的支持度虽然也可以看成是拓扑结构可信度的一部分，但对整个系统树拓扑结构的支持则需更全面的考虑。本章主要介绍系统树整体拓扑结构差异显著性的统计检验，而对系统树各个分支可靠性的评价和检验方法将在下一章中介绍。

系统发生假设检验（phylogenetic hypothesis testing）是用统计学方法检验两个或多个不同系统树的差异是否有统计学上的显著性。系统发生假设的统计学检验需要数据集、进化模型和两棵以上的系统树这三个基本要素。假如我们研究一组 OTU 之间的关系，预先知道 A 和 B 组成一个单系群，在经过系统发生分析后发现数据集不支持将 A 和 B 归在一起，包含 A+B 支系的最短树比最优树差异多大才算显著？这就是系统树拓扑结构检验要回答的问题。这种检验是通过比较树之间的树长、似然值或距离实现的，因而采用不同最优标准所建的树之间的检验方法有所不同。

已经提出了大量的系统发生假设检验方法（图 13-1）。从统计学角度看，目前使用的拓扑结构的检验可以分为频度检验和贝叶斯检验（frequentist and Bayesiantest）两种类型。频度检验也称为配对位点检验（paired-sites test）（Felsenstein，2004），可以分为参数检验和非参数检验两种。这些检验之间的区别主要表现在两个方面：一是检验先验树（即所检验的所有系统树独立于系统发生分析，即检验先前获得的树），还是后验树（即所检验的系统树中至少有一棵来自系统发生分析）；二是所比较树的数量多少。

系统发生假设检验的应用范围如下所述。

(1) 可以通过系统发生假设检验来判断竞争树的优劣。

(2) 通过限制树分析发现备择树 (alternative tree)。

(3) 使用 SH 或其他方法检验备择树。

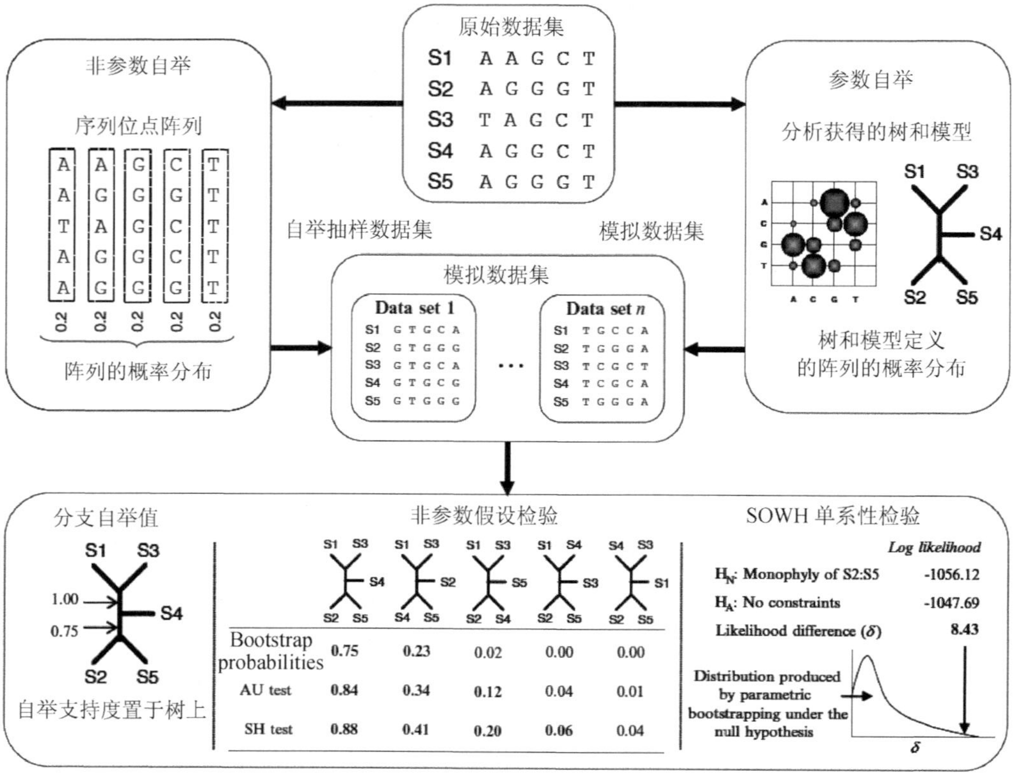

图 13-1　系统发生假设检验方法分类

13.2　似然比检验

似然比检验（LRT）可以用于不同拓扑结构的比较，其原理就是计算不同拓扑结构的树的似然值（$-\ln L$），似然值最小的树就是最优树，然后用 χ^2 检验最优树是否与其他树有显著差异，χ^2 检验的自由度是系统树的分枝数目（$2n-3$）。应用 LRT 检验来选择系统发生进化树存在不少问题，尤其是 LRT 检验要求模型之间必须是嵌套的，而不同系统树之间一般是不嵌套的。

似然比检验仅适用于 ML 分析，评估一个次优化的似然值对于最优化模型中的正规的误差分布极为重要。在理想情况下，误差曲线被假定为一个 χ^2 分布，因此，检验统计值应该是最优化数值和检验数值之差的两倍，而其自由度则是不同参数的数目。

13.3　数据随机化检验

数据随机化方法是通过检查随机排列的数据中性状之间的协变型式（pattern of co-variation）来检验系统树的可靠性，其基本思想是真实数据集中性状的协变应比随机产生的数据集要大得多。

13.3.1　比较双树检验

比较双树检验（compare 2 test）的目的是判断数据集对树 1 的支持是否显著地强于对树 2 的支持。这是一种排列（permutation）检验，是将原始数据集混合后再随机分派以获得统计值的零分布。当比较两棵树时，首先计算出各自的树长，两棵树的树长之差就是检验的统计值。当数据集是随机和完全无信号时情况会怎样？此时仍然有不同树长的树，问题是：在真实数据集计算出的树长之差是否小到可以以完全随机数据的原因来解释，或者说，树长之差是否大到可以明显反映出系统发生信号存在的水平。

比较双树检验的零假设为：数据集完全是随机的，则数据集对两棵树的支持应该相同，两棵树之间的树长之差是由随机因素引起；备择假设为：数据集有显著的系统发生信号，两棵树之间的树长之差不可能由随机因素产生。

在比较双树检验中，首先计算树 1 和树 2 的树长及其差异值，然后将每一个性状的所有观测到的状态重新随机地分派给每一个 OTU。当数据集的全部性状随机化后，进行两次搜索，第一次搜索只保存与树 1 相容的树，第二次搜索只保存与树 2 相容的树，计算出两类树之间树长之差的分布，如果树 1 和树 2 的树长差异值落入树长差异分布的 5%尾部，则拒绝零假设。

执行这个检验需要了解限制树的概念。PAUP 要求所比较的树以限制树的方式输入（用于搜索与树 1 和树 2 相容的树），与通常保存在内存中的树不同。PAUP* 比较双树的检验步骤如下所述。

（1）保存分析获得的两棵树（树 1 和树 2）：SaveTrees [*options*]。

（2）将树 1 和树 2 作为两棵限制树输入，命令 LoadConstr;。

（3）输入比较双树检验命令：permute test＝compare2;。确认两棵限制树是正确的，设置重复次数为 100 次（nreps＝100），开始运行。

（4）显示结果为树长差异分布图、重排数据集树长的差异说明和拒绝零假设的 P 值。

如果 $P>0.05$，接受零假设，数据集对两棵树同等支持。

13.3.2　PTP 检验和限制树 T-PTP 检验

PTP（permutation tail probability）检验就是一种随机化检验方法，详见 6.3.1 节。

限制树 T-PTP 检验是 Faith 单系性检验（monophyly test）的推广。在单系性检验中，仅将需要证明单系群的分支进行限制，而限制树 T-PTP 检验是将整个树进行限制分析。T-PTP 检验的目的是在无系统发生信号的数据集中是否也能产生需要检验的分支支持度（常为 DI）为 x 的分支。

限制树 T-PTP 的检验过程为：将从实际数据集获得的最优树与该树任何部分都不

相合的最短树的树长之差作为统计参数，与由随机产生的数据集获得的最优树的树长差异的零分布进行比较。一般以 1000 次随机产生的数据集计算零分布，如果 1000 次重排的单尾概率小于或等于 0.05，则随机重排数可以增加到 5000～10 000，以增加零分布尾侧的解析力。零假设的排除被看成是数据集对特定最优树的显著支持。

PAUP* 中这些 T-PTP 检验的步骤如下所述。

（1）将需要检验的树保存为限制树。

（2）检验命令：permute test＝T-PTP；。

PAUP* 将对数据集随机化重排，然后进行两次搜索。一次搜索保存包含需要检验的分支的树，另一次搜索保存不包含需要检验的分支的树，建立包含需要检验的分支的树与不包含需要检验的分支的树之间的树长之差的分布，如果观测到的 DI 值落入这一分布的 5%的尾部，则拒绝零假设。

13.4　配对位点检验

配对位点检验（paired-sites test）最早是在 Templeton（1983）采用 MP 法分析限制性位点数据时提出的，Kishino 和 Hasegawa（1989）提出了类似的用于 ML 树的 KH 检验方法。

配对位点检验的基本思想是采用 MP 或 ML 方法按数据集中每个位点逐一比较两棵树的树长或似然值，然后采用一种统计参数检验两棵树的差异是否显著。已经提出的这类检验方法有以下 5 种。

（1）支持位点检验（winning sites test）。

（2）z 检验：假定差异是呈正态分布的，用 z 检验可以检验差异之和是否显著。

（3）t 检验：做自由度为简约信号位点数 $n-1$ 的配对的 t 检验。

（4）Wilcoxon 秩和检验（Wilcoxon ranked sums test）：将两棵树在每个位点上的记分差异的绝对值排序，然后将这种排序数据进行符号检验，这些值的总和被用于检验的参数。

（5）RELL 检验：采用自举重抽样所有位点，得到总体差异的分布（Kishino and Hasegawa，1989）。

配对位点检验方法中，非参数的 ML 是使用最广泛的，包括 KH 检验、SH 检验、WSH 检验及近似非偏检验（approximately unbiased，AU）。KH 检验（Kashino-Hasegawa test，Kishino and Hasegawa，1989）用于估算指定的两棵系统树的对数似然值之间差异的标准误差和置信区间。Shimodaira 和 Hasegawa（1999）提出了类似的检验（Shimodaira-Hasegawa test，SH 检验），制订了适当的近似方法以比较先验和后验拓扑结构，并对多重比较进行了校正。不过，Strimmer 和 Rambaut（2002）指出，SH 检验在所比较的树较多时可能过于保守，WSH 检验可以克服这个缺陷。Shimodaira（2002）提出的 AU 检验使用新设计的多标度自举技术（multi-scale bootstrap technique）来纠正与多重比较相关的偏差，这种方法没有 SH 那样保守，并且可以同时比较几个拓扑结构。所有这些 ML 拓扑结构检验方法都可以在 PAUP* 和 CONSEL 中执行（Shimodaira and Hasegawa，2001）。多种系统发生软件中有 KH 和 SH 检验，CONSEL 是专门用于 AU、SH、KH 检验的软件（http：//www. is. titech. ac. jp/～shimo/prog/consel/index. html）。

13.4.1　Templeton 检验

Templeton 检验（Templeton，1983）是用一个数据集拟合到两棵不同树（最优树和次优树）上产生的树长差异值进行 Wilcoxon 秩和检验，其检验结果可以解释为数据集与次优树相容性程度。如果数据集在两棵树上的树长差异显著（使用 two-tailed Wilcoxon signed ranks test)，则该数据集与次优树显著不相容。Templeton 检验也可以用于最优树和次优树拓扑结构差异显著性的检验。

Templeton 检验的原理如下所述。

先找出在两棵树上有不同树长值的性状，而在两棵树上有相同优化过程的性状在决定两棵树的好坏方面无可用信息而不予考虑。如果比较这些性状在两棵树上的树长值，就会得到每个性状在树 1 和树 2 上的树长的差异值。然后将这些性状在两棵树上的树长的差异值由大到小进行排序，由此可以获得各个性状更倾向于哪棵树的信息及次序。

检验的零假设为：两棵树为等价最优树，因而性状在两棵树上的树长差异值正负应该各占一半，即 50%的性状支持树 1，另 50%的性状支持树 2。检验的统计值为性状树长差异值排序中支持次优树的性状秩级（rank）的总和。将两棵树的树长差异值与 Wilcoxon 秩和分布进行双尾检验，判断对树 1 的支持是否显著强于对树 2 的支持。

如果不考虑性状支持两棵树的秩级，只计算支持树 1 和树 2 的性状数目，则可用 Winning-site 检验（这个检验在 PAUP* 进行 templeton 检验时可同时进行），但这种方法没有 Templeton 检验有效。

用 PAUP* 进行 Templeton 检验和 Winning Sites 检验的步骤如下所述。

（1）内存中有需要进行检验的两棵树（不能是限制树）和数据集，树可以是当时生成的两棵树，也可以是用 GetTrees 命令载入的两棵树。

（2）输入命令 pscores nonparamtest=yes;。

（3）运行结束后将给出每个性状拟合到树 1 和树 2 上的进化改变次数（树长），同时给出树 1 和树 2 的树长差值及绝对值的秩级，+表示支持树 2 的性状。举例如下。

```
Comparison of tree 1(best)to tree 2:
                           ------Changes------                  -----Ranks-----
Character                  Tree 1      Tree 2   Difference      Positive Negative
-----------------------------------------------------------------
103                              2           1          -1                   -3.5
120                              1           2           1        3.5
127                              1           2           1        3.5
273                              2           3           1        3.5
441                              3           2          -1                   -3.5
```

```
539                      2        3         1        3.5
-------------------------------------------------------------------
Totals                                       2        14       -7

Templeton(Wilcoxon signed-ranks)and winning-sites(sign)tests:
                          ----------Templeton----------  --Winning-sites--
Tree          Length  Rank sums*     N          z    P* *      counts        P* *
----------------------------------------------------------------------
   1          362       (best)
   2          364        13.0        6  -0.8165  0.4142          4      0.6875
                         -7.0                                   -2
```

* Wilcoxon signed-ranks test statistic is the smaller of the absolute values of the two rank sums.
* * Approximate probability of getting a more extreme test statistic under the null hypothesis of no difference between the two trees(two-tailed test). Asterisked values in table(if any) indicate significant difference at P< 0.05. Consult a table for critical values of Wilcoxon rank sum when N is 25 or less.

13.4.2 KH 检验

KH 检验（Kishino and Hasegawa，1989）用于由性状数据所建的两棵 MP 树之间或 ML 树之间的差异显著性检验。

KH 检验方法在 PAUP* 中执行，可以用来检验一个特定的次优 ML 树或者 MP 拓扑结构同最优的拓扑结构相比是否显著不同，当然必须假定用来产生最优进化树的模型是正确的。该法不能用来评估任意选择的拓扑结构，因为不同的拓扑结构可能会拥有不同的似然函数，在某个模型下一个统计学上较差的进化树，在另一种模型下其统计学意义可能会变得很好。为了避免这个问题，可以把本方法同参数自举法结合起来。

PAUP* 中 ML 树的 KH 检验步骤如下所述。

对于 ML 树，KH 检验是检查所比较的树的成对位点（sitewise 或 paired site）的似然值差异的方法。H_0：两棵树均被数据支持；H_A：两棵树被数据支持的程度不同。

首先，按位点逐一计算所比较的两棵树的似然值差异（δ）。

然后，计算位点之间对数似然值差异的方差（σ^2）

采用 RELL 方法产生 10 000 次以上的自举重抽样，计算其位点似然值。

如果 δ/σ 大于关键值，拒绝零假设，即两棵树被数据同样好地支持。

起初作者假定差异是正态分布的，另外，零分布也由自举法产生，以克服零分布偏离正态分布的问题。但由自举法产生零分布的计算量极大，因为每次树的分枝长度都需要重新计算。一种折中的方法是采用 RELL 自举法。

RELL 自举法由两个主要步骤组成：首先对每个位点计算 ln L 值，然后仅对 ln L 值进行自举重抽样，不再重新优化计算。

PAUP* 对内存中的两棵 ML 树进行 KH 检验的命令：

```
set criterion=likelihood;
lscores 1-2/khtest;
lscores all/SHtest=RELL
lscores all/SHtest=RELL Nst=6 Rmat=(3.8047 30.0543 3.1745 1.0656 18.3693) Rates
=gamma
Shape=0.3704 Pinvar=0;
```

注意需要确认进化模型。

进行 KH 检验时不要选择正态分布，而应选用 RELL 作为检验分布：lscore 1 2/khtest =rell;。

为了统计学上的有效性，KH 检验所比较的树应该是事先选好的。但许多研究人员用此法检验先验指定的树与后验 ML 树。在这种情况下，δ 的期望值必须小于 0。一种简单的校正是 KH 检验作为单尾（one tailed）而不是双尾（two-tailed）检验，这种校正应该使检验结果保守些，但对多棵树的比较仍然有问题。

对于 MP 树，设树 A 和树 B 分别是树长为 n_A 和 n_B 的两棵竞争树，则树 A 和树 B 之间的距离 $d_{AB}=n_A-n_B$；计算的 d_{AB} 方差，用配对 t 检验检验以下零假设。H_0：$d_{AB}=0$，H_A：$d_{AB}\neq 0$。检验中计算树长差异的方差的方法是找出在两棵树之间有不同树长值的所有位点（特称为信号位点），这些位点在两棵树上的树长差异值减去平均树长差值，再经过校正后的平方即为树长差异的方差。通过将树长差异、树长差异方差、信号位点数目等转换成 t 统计值，自由度为信号位点数目减 1，t 统计值将告诉我们在观测到的支持度的方差下树 1 和树 2 的树长之差是否显著。PAUP* 对缓存中的两棵树是否存在显著差异进行 KH 检验的命令：

```
set criterion=parsimony;
pscores 1-2/khtest;
```

结果显示如下：

Kishino-Hasegawa test:

Tree	Length	Length diff	s.d.(diff)	t	P*
1	362	(best)			
2	364	2	2.45024	0.8162	0.4147

* Probability of getting a more extreme T-value under the null hypothesis of no difference between the two trees(two-tailed test). Asterisked values in table(if any) indicate significant difference at P<0.05.

在不同的软件中执行的 KH 检验的假定有所不同，使用时应该注意。此外，KH 检验由于需要指定一个最优树，这在大多数情况下很难满足，因而现在较少使用。

13.5　非参数自举法

非参数自举法（nonparametric bootstrapping）所要解决的问题是在没有其他可利

用信息的情况下，数据集对哪棵树的支持度最强。非参数检验使用非参数的自举法从原始数据集中产生用于构建零分布的重抽样数据集。对于最优树上的每一个分支，都可以计算出有多少重抽样数据集的最优树能产生相同分支。

非参数自举法检验的优点是对产生数据集过程的假设很少限制，只假定性状是独立的且性状的分布是一致的。但该法的检验功效较低（即较保守），适合于大数据集的检验。Buckley 等（2001）的研究证明，SH 检验中的这些假设的结果和 KH 检验中的是相关的。因为这些原因，以及因为由非参数检验所采用的零假设的性质，SH 检验和 KH 检验通常是比参数检验更保守的检验方法。

非参数 ML 检验由 Shimodaira 和 Hasagawa（1999）提出，也称 SH 检验，与广泛使用的 KH 检验有关。KH 检验只适用于两棵树之间的检验，SH 检验适用于任何数目的树的检验。

SH 检验最早由 Shimodaira（1993）提出，是一种基于似然法的检测方法。2000 年以前，基于似然法检验拓扑结构相合性广泛采用 Kishino-Hasegawa 检验（KH test）（Kishino and Hasegawa，1989），但是后来发现这种方法只适用于作为先验的拓扑结构，实际研究中的系统发生分析结果多数不适合使用这种检验（Goldman et al.，2000）。因此，Shimodaira 和 Hasegawa（1999）在 Shimodaira（1993）的基础上完善了 SH 检验的方法，使其可以对随意选择的拓扑结构进行非参数统计学比较，从而取代了 KH 检验。

SH 检验方法可以实现对数据集间的相互检测，即可以用一个给定数据集来检测其他数据集的拓扑结构，反过来也可以用其他的数据集来检测这个给定数据集的拓扑结构。由此，可以对数据集之间的相互冲突有更深入的认识。如果合并分析的结果没有和任何一个独立数据集产生冲突，就可以认为数据集之间没有不相合性（Goldman et al.，2000）。PAUP4.0（Swofford，2000）和 CONSEL（Shimodaira and Hasegawa，2001）等软件都可以进行这种检测。

13.5.1　SH 检验

Shimodaira 和 Hasegawa（1999）提出了检验多棵树时校正 KH 的方法，这种方法称为 SH 检验（Shimodaira-Hasegawa test）。SH 检验是一种基于非参数自举法的比较多棵树的方法，检验的零假设 H_0是所有树同样好地解释了数据，被检验的假设是只有其中的一棵树最好地解释了数据。SH 检验克服先验选择树的方法是将 ML 树与零分布进行比较。此外，这种检验是单尾的，而且当所比较的树的数目较多时在拒绝零假设方面十分保守，可以有效地控制Ⅰ型误差，其结论可以保证获得真树。但该法倾向于发生Ⅱ型错误，也对候选树数目增加十分敏感，这些偏差可以由加权 SH 检验（weighted SH test，WSH）克服（Shimodaira，1993；1998）。

SH 检验的基本原理是将一个数据集所得到树的似然值用某个特定数据集或合并分析所得到的最优树的似然值来进行差异评估，从而确定一个数据集得到的拓扑结构是不是与其他数据集得到的拓扑结构相合。具体步骤是：假如有 M 个需要比较的树，先计算所有树与某个被比较树 a 的对数似然值的差的最大值 $T\alpha$，对 L_1，L_2，……L_M（L 表示对数似然值）进行 N 次自举抽样，得到 $M\times N$ 的矩阵。然后对矩阵进行中心化（centering），也就是每项减去这行的平均值。再对每一列计算 $T\alpha$ 值，用结果替换矩阵中的项，最后统计每行中有多少个值大于 $T\alpha$，P 值就等于这个数除以 N，通过 P 值与给定显著差异值比较，确定不相合性（Shimodaira and Hasegawa，1999）。

SH 检验也应该用于先验定义的树的比较，零分布由自举法产生。理想情况是，产生零分布的一组树应该包含所有可能的树，但这在计算上无法实现。

KH 检验只适用于两棵树之间的检验，SH 检验适用于任何数目的树的检验。

13.5.2　AU 检验

Shimodaira（2002）也建议采用基于自举重抽样产生大小不同的重复数据集来计算零分布，这种方法称为近似无偏检验（approximately unbiased test，AU）。AU 检验是一种多尺度自举过程，具体做法为：通过将数据集中的序列改变为与原数据集不同的长度而获得几组自举重复数据集，零假设被不同重复数据集支持的次数，计数每一组不同序列长度的数据集获得的自举值，AU 检验通过计算随着序列长度改变而引起的自举值变化的近似的无偏 P 值进行。AU 检验几无偏差，可以有效地控制Ⅰ型误差。当使用 ML 优化标准时，AU 检验可对几千棵树进行。AU 检验也可以用于 MP、ME 和最小平方法标准最优树的检验。

Strimmer 和 Rambaut（2002）提出期望似然值加权法（expected likelihood weight，ELW）。ELW 检验在 TREE-PUZZLE（http：//www. tree-puzzle. de）软件中有执行。

在实践上，自举法十分简单有用，但有偏差；KH 检验也有偏差，SH 检验和加权 SH 检验是为克服 KH 检验的偏差而设计的，AU 检验是为纠正自举法的偏差而设计的。AU 检验比 KH 和 SH 检验的偏差小。

13.6　参数自举法

系统发生学上的参数统计检验的思想来源于序列数据和系统树的模拟研究，最早是由 Huelsenbeck 等（1996）提出的。参数自举法的目的是比较两棵树长之间的差异是否由随机因素引起。首先计算出两棵树的树长之差，然后使用模拟数据集来决定这种差异水平是否显著。在参数自举检验方法中，由总体分析获得的最优树作为性状进化改变的框架进行重抽样产生模拟数据集。这样的计算机模拟产生的数据集具有与产生原数据集相同的进化参数和拓扑结构。分析每个模拟数据集获得该数据集的最优树，这些树就形成了拓扑结构的零分布。参数自举法比其他方法更直接地检验一棵树是否与数据集相合，可用于 MP、ML 和距离矩阵法。

Goldman（2000）将拓扑结构的参数最大似然法检验称为 Swofford-Olson-Waddell-Hillis（SOWH）检验。SOWH 检验的目的是当判断两棵不相合的系统树中的一棵为真时，两棵树之间的差异是否由系统误差引起。

SOWH 检验假设为：H_0：T_0为真树；H_A：备择树 T_1为真树。

检验统计值：似然率检验统计值 δ 为两个拓扑树之间的似然值之差。

SOWH 检验步骤如下所述。

（1）使用 T_0在指定替换模型及参数下模拟生成 n 个数据集。这里的替换模型及参数是在 T_0拓扑结构和分枝长度下优化获得的。模拟数据集一般使用 Seq-Gen 软件生成 1000 个。

（2）使用从原始数据集估计的替换模型的最优参数，建立每个模拟数据集的最优树。

（3）计算每个模拟数据集的最优树与 T_0的似然值之差，由此产生统计值 δ 的零分布。

（4）从统计值的零分布判断 δ 的差异显著性。

SOWH 检验是检验先验系统发生假设的最好方法，该法的最大一个优点是没有在 KH 检验中那样的树先验选择的偏向性问题。该检验是模型依赖性的，如果对模型的参数或模型本身选择不当，检验结果的可靠性就值得怀疑，而且易受分支长度异质性的影响（Buckley，2002；Huelsenbeck et al.，1996；Shimodaira，2002）。此外，与 SH 检验相比，SOWH 检验有较高的错误地拒绝零假设的机会，即Ⅰ型误差率高。

PAUP* 中进行参数自举法检验的步骤如下所述。

（1）准备 NEXUS 格式的数据集，选择最优替换模型并计算出模型的参数，进行 ML 分析获得最优 ML 树（H_1）。

（2）提出零假设树（H_0），可以通过多种方法提出，如形态树、其他分子标记树和限制树搜索结果等。

（3）使用 PAUP* 中的 LRT 确定零假设树的进化模型和参数。

（4）将带有分枝长度的零假设树保存为单独的树文件，并记录下进化模型的参数估计值。

（5）在 PAUP* 编辑方式下打开保存的零假设树文件，在树模块前加入如下的命令模块：

```
begein taxa;
dimension ntaxa=xx
taxalabels OTU1 OTU2 …;(OTU 为序列名称)
end;
```

保存编辑好的文件。

（6）用模拟软件（Seq-Gen）打开新保存的零假设树文件，生成模拟数据集。模型参数使用 ML 法估计之值。

（7）在 PAUP* 中运行模拟数据集。

（8）打开 logfile，查看在模拟数据集搜索中有多少树的树长短于产生模拟数据集的树。

13.7　贝叶斯统计检验法

贝叶斯统计检验法由 Rannala 和 Yang（1996）提出，采用 MCMC 从后验概率分布的取样数据估计对树拓扑结构估计的不确定性。拓扑结构的贝叶斯检验一般依赖贝叶斯因子来比较由两个不同拓扑结构计算的边际似然值（marginal likelihoods）。边际似然值可以采用 MCMC 计算的似然值的调和平均值来近似表示。

贝叶斯统计检验法使用 MrBayes 软件进行，该软件中使用 MCMCMC 算法，每个马尔可夫链开始于一个随机树，运行 2×10^6～5×10^6 次循环。对每隔 100 次循环的链取样，以使输出的文件体积最小，并使所取的样品完全独立。在温度为 0.2 的条件下 4 条链同时运行，最初循环的 10%作为 burn-in 废弃，每个分析重复两次，以确认达到收敛。运行完毕后，输入“sump”命令后，从获得的结果中可以得到两次重复边际似然值的算术平均值和调和平均值，据此计算贝叶斯因子（贝叶斯因子的计算和判断见 7.7.5 节）。

与极大似然法相比，贝叶斯统计检验法有以下优点。

（1）据 Lewis（2001）研究，贝叶斯统计检验法中的后验概率比 P 值能更直观地提供估计的不确定性。

（2）使用 MCMC 从后验概率分布中取样提供了拓扑结构的点估计的不确定性的测度，从而避免了 ML 检验中对大量自举重复数据集的反复优化过程。

（3）MCMC 模拟法将各种来源的不确定性整合进了计算概率的过程，而在 ML 法中很难实现这一点。

贝叶斯统计检验法的缺陷：很难将先验概率定量化；采用不适合的模型；MCMC 算法还未实现后验概率分布的收敛。因此，对贝叶斯法的使用仍需要做大量的理论研究和实际数据的验证工作。

Buckley（2002）采用已经建立了稳定系统发生关系的类群的 5 个数据集，对 3 种拓扑结构检验方法在指定模型有误差的条件下所表现的特性进行了比较研究，以检查在真实数据集情况下这些统计检验方法的稳健性及对进化模型的敏感性。其研究结果和以前的研究（Strimmer and Rambaut，2001）结论一致。SH 检验远比 SOWH 检验保守，当零假设为真时（亦即当次优树为正确树时），SOWH 检验比其他检验更容易产生 I 型误差。此外，在 SOWH 检验发生错误的分析事件中，贝叶斯检验法也同样发生错误。研究还发现，所有的概率检验结果都强烈地受到替换模型的影响，简单的模型，尤其是允许位点间速率变异的模型，有较高的 I 型误差发生率，也更容易产生错误的后验概率。

13.8　PAUP* 执行的系统发生假设检验方法

PAUP* 中集合了一些常用的系统发生分析过程中需要做的统计检验方法，这些方法主要是在简约法和最大似然法标准下进行的，关于这些方法的应用和操作步骤已经在相关章节介绍过。表 13-1 汇总列出了 PAUP* 中执行的所有检验的一般命令。

表 13-1　PAUP* 可以执行的检验及其命令

检验方法	PAUP 命令
PTP	Permute Test=PTP
G1	randtrees nreps=100000 fdtype=barchart
Partition Homogeneity	HomPart Partition=<partition name>
Bootstrap	Bootstrap
JackKnife	JackKnife
T-PTP	Permute Test=TPTP
Compare-2	Permute Test=Compare2
Winning Sites	Pscore NonparamTest=yes;
Templeton Test	Pscore NonparamTest=yes;
简约法 KH Test	Pscore KHTest=yes;
最大似然法 KH Test	lscore 1 2/khtest=rell;
SH Test	lscores all/SHtest=RELL

13.9　CONSEL 软件使用

CONSEL 是由 Shimodaira 编写的专门用于 AU、SH 和 KH 检验的软件，其下载网址为 http：//www. is. titech. ac. jp/～shimo/prog/consel/index. html。

输入文件是按位点逐一排列的对数似然值，这些值可以直接来自常用的系统发生分析软件，如 PAUP*、Molphy 和 PAML 的 scorefiles 文件。

软件执行的功能有 AU 检验、加权/未加权的 KH 检验、加权/未加权的 SH 检验、自举概率计算和后验概率计算等。

CONSEL 与 PAUP* 的联合使用方法如下所述。

（1）构建需要检验的限制树。

（2）在 PAUP* 软件中搜索限制树的最优拓扑结构。

（3）将所有需要进行检验的树的文件连接在一个树文件中。

（4）运行 PAUP*，计算树文件中的每棵树的总的对数似然值和每个位点的对数似然值，将计算结果保存到 scorefile 文件中。

（5）使用任何文字编辑器打开 scorefile 文件，删除无用的信息，如进化模型的参数等。

（6）用 CONSEL 打开 scorefile 文件。运行 CONSEL 常用的命令包括以下几个。

产生自举子样本（bootstrap subsamples）的命令：makermt-paup scorefile. txt

执行检验的命令：consel scorefile

将检验结果输出到一个文件中的命令：catpv scorefile

CONSEL 检验原理：Makermt 命令从 scorefile 文件的逐一位点对数似然值中产生多标度自举子样本（multiscale bootstrap subsample），这是 RELL 检验方法。多标度自举产生的子样本的大小不同于原数据集，默认情况下，makermt 产生 10 组重复样本，每组有 10 000 个子样本，大小分别是原数据集的 0.5、0.6、0.7、0.8、0.9、1.1、1.2、1.3、1.4 和 1.5 倍，以及另外一个有 10 000 个子样本的与原数据集相同大小的一组样本。CONSEL 使用与原数据集相同大小的一组样本计算 KH、SH 和自举正态分布，使用多标度自举样本计算 AU 和多标度自举的概率。

CONSEL 的输出界面如下所示。

```
catpv summarises the results of the test(the probability values)

# reading nm.pv
# rank  item    obs     au      np  |   bp      pp     kh     sh     wkh     wsh
#   1     1   -15.8  0.957   0.942 | 0.944  1.000  0.936  0.994  0.936  0.999
#   2     6    15.8  0.064   0.055 | 0.054  1e-07  0.064  0.415  0.064  0.218
#   3     5    35.2  0.005   0.002 | 0.002  5e-16  0.006  0.079  0.006  0.027
#   4     4    36.3  0.002   0.001 | 4e-04  2e-16  0.005  0.063  0.005  0.019
#   5     7    56.8  7e-15   1e-04 | 2e-04  2e-25  3e-04  0.012  3e-04  0.001
#   6     2   129.4  2e-64   5e-21 |     0  6e-57      0      0      0      0
#   7     3   142.2  4e-06   5e-06 |     0  2e-62      0      0      0      0

rank= tree ranking
item= no. of tree in treefile
obs= log likelihood difference
au= p-values of the approximately unbiased test
np= p-values of the multiscale bootstrap
bp= p-values of the "normal"bootstrap
pp= posterior probabilities
kh= Kishino-Hasegawa test
sh= Shimodaira-Hasegawa test
wkh. wsh= weighted Kishino-Hasegawa and Shimodaira-Hasegawa tests
```

第 14 章　系统发生分析的可靠性与影响因素

14.1　系统发生分析方法的可靠性

系统发生分析的可靠性包括两个方面的内容，一是系统发生分析方法的可靠性及不同方法之间的比较，二是特定系统发生推论（系统树）的可靠性。近十年来，系统发生可靠性研究十分活跃，对各种方法的可靠性有了比较清楚的了解，也提出了许多系统树可靠性评价的理论和方法。

14.1.1　方法可靠性的评价标准

众多的系统发生分析方法在分析实际数据中表现如何？是否都能给出可靠的结果？这些方法之间相对优劣如何？本节将首先介绍评价系统发生分析方法的标准，然后介绍目前常用的比较系统发生分析方法的研究方法及其研究结果。

Penny 等提出了比较不同系统发生分析方法的 5 条标准，即一致性（consistency）、有效性（efficiency 或 power）、稳健性（robustness）、计算速度和判别能力。Hillis 等（1994）又增加了全能性（versatility）标准。虽然上述 6 条标准在评价一种方法时都很重要，但由于我们更关注所建系统树的分支型式的准确性，因此前三项标准是最重要的。

（1）一致性：一致性是统计学上评估一种统计推断方法的标准，可定义为：当数据量趋于无穷大时，在给定进化模型下系统发生分析方法所产生的结果收敛于真树的特性。一般地，当系统发生分析方法各自的假设都满足时，所有的方法都是一致性的。

一致性常被用于评价系统发生分析方法，然而离开特定的树或进化模型来评估一种系统发生分析方法是否具有一致性是毫无意义的。因此，一致性研究也为识别系统发生分析方法中是否隐含进化假设提供了的一种方法，即如果一种系统发生方法的所有明确假设都满足时，该方法还不一致，则这种方法肯定还隐含其他假设。

对于距离矩阵方法，当遗传距离经过合适的替换模型校正后，NJ、ME 和 LS 法都是一致性估计（Saitou and Nei，1987；Rzhetsky and Nei，1992）。当使用合适的核苷酸替换模型时，ML 亦如此（Yang，1994）。相反，MP 有时是不一致的，主要表现为长枝吸引现象。然而，实际上，序列长度通常在数百至数千之间，这样，NJ、ME、LS 和 ML 也有可能和 MP 一样不能给出正确的树。

（2）有效性：统计学上有效性是指当观测数据增加时，一种分析方法能接近所估计的真值的速度。对于系统发生分析方法，有效性可通过在给定概率下发现正确系统树所需要的性状数目来测量，或对一个给定数据集某种方法能获得正确系统树的概率来表示。对一个给定的树和进化模型，两种系统发生分析方法可能是一致的，但它们以较高概率发现正确树所需要的信息量（即有效性）可能相差很大。

（3）稳健性：系统发生分析方法的稳健性是指一种方法对其假设的依赖程度，即在违反某些假设的条件下，一种系统发生分析方法获得正确树的能力。各种系统发生分析方法都建立在明确或隐含的对进化过程的假设基础上，但实际数据在不同的程度上无法满足所有的假设，这些假设被违反的程度将影响系统发生方法的表现。

（4）计算速度：每种建树方法的计算速度依赖于各自所使用的算法和计算机类型。就目前常用软件的算法而言，基于距离矩阵的方法比基于性状的建树方法要快得多。在距离矩阵方法中，基于算法的方法（即 UPGMA 和 NJ）要比基于优化标准的方法快，UPGMA 和 NJ 两种方法均可在个人计算机上处理大量序列（$n>1000$），也很容易进行自举检验。MP、LS、ME 和 ML 方法在寻找最优树时，需检验所有可能的拓扑结构，由于可能的拓扑结构随 n 的增长而快速增长，因此当 n 很大时难以运用这些方法。在 ME 中如 NJ 那样的快速搜索法在获得正确树方面，与穷尽式搜索一样有效。近年来，又提出了许多 ML 快速算法，加之随着个人计算机运算速度的提高，对于 OTU 数目在 500 以内的数据，即使采用 ML 进行系统发生分析的计算速度也不再成为限制因素。

14.1.2　系统发生分析方法的比较研究

研究系统发生分析方法之间相对可靠性的主要困难是，对任何一组分类单元，它们之间的真正系统发生树是未知的，因而难以判断不同分析结果之间的准确性。目前这一困难可用两种方法解决，即模拟研究和已知系统发生的参证研究。此外，在无法得知真正的系统发生关系的情况下，相合性研究常被用于评估分析方法和结果的可靠性。

1. 系统发生分析方法的模拟研究

应用计算机模拟技术来比较各种建树方法的研究越来越受到重视，它为快速比较不同条件下各种计算方法得出的结果的质量提供了便利。

Saitou 和 Imanishi（1989）及 Hasegawa 等（1991）应用模型树和计算机模拟方法比较了最大简约法、邻接法、转换距离法、最小进化法和最大似然法，结果表明，在进化速率恒定的前提下，最大简约法比邻接法略差；最小进化法和邻接法相近；最大似然法的结果质量则依赖于序列进化模型的确定。在进化速率可变的前提下，最大简约法略差于转换距离法和邻接法的结果；最大似然法的结果最优。然而，如果转换速率大大高于颠换时，邻接法要优于最大似然法的结果（Tateno et al.，1994）。

Huelsenbeck（1995）运用大量的进化模型来比较 ML 和 NJ 方法的稳定性，结论与 Tateno 等（1994）相反，无论是否偏离假设，ML 都比 NJ 稳定。Edwards 提出，系统发生研究中都是后验评估，所以 ML 法是最好的。一系列的计算机模拟研究也显示 ML 一般比其他方法在很多不同情况下都会比较好一点。ML 法具有良好的统计特性，但在实际应用中，它要求大量简单化的假设，而这些假设与真实数据并不相称，所以需要考虑偏离这些假设时对此方法的影响。

计算真实拓扑结构的概率（P_T）是比较建树方法的最好标准，但也是最难研究的问题。这需要对真树有所了解，但除了计算机模拟没有别的途径。如果运用合适的数学模型，就可以由给出的模型树模拟 DNA 序列的进化演变，从而可以对人工模拟产生的序列用各种方法建树，再把构建的树和模型树的拓扑结构作比较。这样的过程重复多次，就可以估算获得真实拓扑结构的概率（P_T），它还可用于比较不同构树方法的效率。

虽然计算机模拟很容易求出任何给定的拓扑结构的 P_T值，但模拟所得到的结论可能并不能应用于真实数据，与 P_T相关的一个量是重建树和真实树的拓扑距离（d_T）。虽然 d_T一般和 P_T密切相关，但当 P_T值很小时，d_T更为有用。

当所检验的数据数目（n）很小（4 或 5）时，就可能在 NJ、LS 和 MP 法中分析估算 P_T。研究表明，当 4 个或 5 个序列进化速率或多或少恒定时，NJ 的 P_T值比 MP 稍大，Fitch 和 Margoliash（1967）的 LS 法的 P_T值更小（Saitou and Nei，1986）。在获得正确拓扑结构方面，普通和广义的 LS 法都不如 ME（Rzhetsky and Nei，1992b），这一弱点部分是由于 LS 法经常得出负的分枝长度。然而，当 n 很大时，很难进行 P_T 的解析估计，因此上述研究所获得的结论不可能推广到更大范围中去。

使用计算机模拟方法，有可能估计出在各种进化条件下的 P_T，因而，近 20 年来，人们已做了大量的计算机模拟工作。因为不同的研究者考虑的是不同的研究模型，使用的计算机算法也不同，所以很难总结这些研究的一般结论。

尽管近年来做了很多计算机模拟，对于结果的解释却并不像开始预料的那样直接明了。对于不同方法的相对有效性的深入研究看来是十分必要的。目前公认的是，没有一种方法尽善尽美，有的时候一种方法会比另一种方法更好；除非进化速率在不同进化谱系中发生剧烈变化，大多数方法一般能给出相同或相近的拓扑结构。计算机模拟还得出影响重建树精确性的最重要因素之一是每条序列中所用到的核苷酸或氨基酸的数目。如果这一数目较小，则无法构建可信的树。

2. 已知系统发生的参证方法

研究系统发生分析方法可靠性的另一类方法是已知系统发生类群的参证方法。目前应用的已知系统发生（known phylogeny）有两类：一类是保存完整记录的农业和实验生物品系，另一类是为检验系统发生方法而由人工产生的实验生物品系，Hillis 称之为实验系统发生学（experimental phylogenetics）。这两类已知系统发生的类群为检验系统发生分析方法可靠性提供了真实的材料。Hillis 等（1992；1994）用已知系统发生关系的噬菌体 T7 的祖先及各克隆系的末端支系的限制性位点数据比较了 5 种系统发生分析方法（图 14-1），结果表明，5 种方法构建的系统树的分枝形式与真正树一致，但不同方法对分枝长度的估算值与实际值不同；简约性方法正确预测出祖先限制位点的准确率达 98%；简约性方法产生的树与真树的相关性最大，UPGMA 的相关性最小。

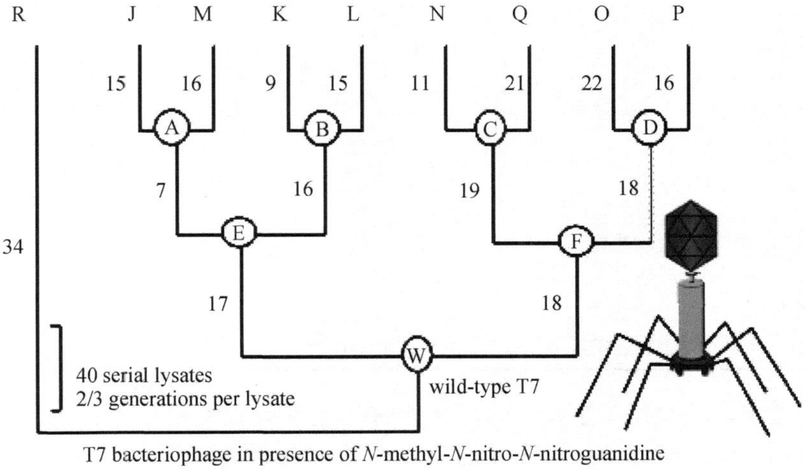

图 14-1　T7 噬菌体的实验系统发生分析

已知系统发生参证方法的最大问题是已知系统发生的类群很少，而且大多属于种下不同品系之间，没有较高阶元的参证，因而在实际应用上有很大的局限性。

另外，有少数基于古生物学和形态学方面的有机体的系统树已经建立，可以利用这些稳健的系统树作为不同方法或数据集分析结果比较的参证，如 Russo 等（1996）考察了线粒体 13 种蛋白质编码基因和不同的建树方法对一个已知系统发生关系的类群（11 种脊椎动物）重建的效率。一般选用较长基因时结果较好，13 个基因全数据组能得到正确的系统发生树。不同模型和算法的比较显示，NJ 和 ME 方法中，泊松校正、gamma 距离并没有比未校正 p 距离结果好。MP 的加权法和未加权法结论类似，尽管一般认为加权 MP 比未加权的 MP 要好，但本研究显示它们获得正确树的效率基本一致。不同建树方法的比较显示，简单建树方法，如 NJ 和 ML 的星树分解算法结果与其他费时的 ME、MP 和 ML 结果一样好，但后几种方法的优势在于能给出几棵可能树，给予统计显著性评估。无论进化速率如何，选择较好的基因、较多的核苷酸和氨基酸数目的序列比选择建树方法（不管这些建树方法的理论优势如何）更重要。

14.1.3　不同构树方法的优缺点

当序列间的分歧度不高且序列较多时，所有方法所构建的系统树往往具有相似的拓扑结构；当序列间的分歧度较高且序列差异程度变化较大时，距离法、简约法、似然法和贝叶斯法所构建的系统树往往具有不同的拓扑结构。表 14-1 从多个方面比较了基于性状的三类系统发生分析方法的异同。

表 14-1　基于性状数据的系统发生分析方法的比较

比较的项目	简约法	最大似然法	贝叶斯法
原理	简约性	似然法统计	贝叶斯统计
序列信息利用	仅简约信号位点	全部位点	全部位点
进化模型	无	有	有
模型参数	—	优化	概率分布
目标函数	树长	似然值	后验概率
函数计算	性状优化	似然函数	似然函数
树搜索	有	有	无（模拟）
结果	MP 树	ML 树	树和参数的后验概率
可靠性评估	自举法，衰退指数	自举法	后验概率
系统误差	较严重	一般	一般
运算速度	快	慢	快
混合性状分析	可以	不能	可以
适用范围	相近序列	所有序列	所有序列

在距离法中，UPGMA 法在不同支系间进化速率有较大差异或有同源序列的平行进化时常得出错误的拓扑结构，而且当进化树的状态空间较大时，UPGMA 法的可操作性极差，因而该建树方法的使用极为有限。

NJ 法的运算速度最快，但该算法每迭代运算一次均只搜索最近邻居，对其他可能的组合不加考虑，最终只生成单一的最优树，可能会遗漏一些拓扑结构更合理的次优树。为弥补缺陷，William 等提出广义邻接法（generalized NJ），将一些最接近的树也包含在搜索算法中，逐步叠加，期望找到更好的 NJ 树。目前，NJ 法一般用于初始树的构建和大型数据集的分析。

ME 与 LS 法从所有可能的进化树中挑选树长最短的作为最优树，是距离法建树中两种相对较好的方法。

BI、ML、MP 属于性状方法，即直接分别考虑每个核苷酸位点，从而避免了从性状转化为距离时的信息丢失。

MP 法利用的只是数据集的简约信息位点，从而得到最少进化步骤的一棵或多棵树。一般来说，MP 法适用于符合以下条件的多序列。

（1）所要比较的序列的碱基差别小。

（2）对于序列上的每一个碱基有近相等的变异率。

（3）没有过多的颠换/转换偏向。

（4）所分析的位点数目较多。

简约法是不依赖任何进化模型的方法，能快速分析出大量序列之间的系统发生关系，所构建的树中的短分支更接近真实。但简约树的树长完全决定于所有重建祖先序列中的最小突变数，而突变是否按照事先假定的核苷酸最少替换的途径进行是不得而知的。此外，所有分支的突变数不可能相同，由于没有考虑核苷酸的突变过程，使得长分支末端的序列由于趋同进化而显示的趋同现象违背了简约法则，导致的结果是对长枝吸引的敏感。因此，当序列单位位点上核苷酸替代数相对较大时，MP 法则极可能得出错误拓扑结构的树。

ML 法是应用统计学模型推断构建系统发生关系的典型方法，以一个特定的替代模型分析既定的一组序列数据，使获得的每一个拓扑结构的似然率均为最大，从中选出似然率最大的拓扑结构作为最终树。其分析的关键在于替换模型，目前根据碱基频率的相等或不等、转换和颠换速率的相等或不等、位点间替换速率异质性的有无及不变位点比例的高低等特征提出的替换模型很多。相对于 MP 法而言，最大似然法得到的是在所有树中选择最可能得出观察数据的一棵。

最大似然法分析时考虑了所有可能的突变路径，能完全利用数据的系统发生信息。然而，最大似然法构建的系统树在很大程度上依赖于对核苷酸替换模型的选择，不同位点的核苷酸替换速率不一致，在一般核苷酸替换模型中包含了反映进化过程的参数，如颠换和转换的偏向性及替换率变异的分布模型，但并非替换模型越复杂，结果就越理想。似然法运算强度极大，对于分类群较多时十分费时，这也是似然法应用的最大障碍。似然法并没有评估拓扑结构的优劣，而是假定分枝长度估计最精确的拓扑结构为最优树。实际上，系统发生所关心的是树的拓扑结构，有时，分枝长度反而成为计算上的负担。

BI 法和 ML 法相似，同样依赖多种分子进化模型。但是，根据马尔可夫链蒙特卡罗方法产生所有参数的后验概率估计值，包括拓扑结构、分枝长度及替换模型各参数。贝叶斯推断法与最大似然法紧密相关，不过它衡量分支的支持率所用的 MCMC 法要比似然法的自举法要快得多。似然法的目的是寻找参数空间中的最高点，因而最终结果仅取决于某个点的数值；贝叶斯推断法的分析结果则取决于所有可能的参数值，寻找对参数的最广泛的支持，因而能得到比似然法更好的结果，尤其相对参数来说，数据量较少时，似然法常得出不合理的结论。当然，应用 MCMC 法估算后验概率时，对于何时才能使得马尔可夫链运行足够充分，从而得到合适的样本并不知晓。此外，后验概率对先验概率十分敏感，而先验概率分布与进化模型参数（分枝长度、拓扑结构和核苷酸替代模型）息息相关，其值完全依赖于数学上的计算，和最大似然法一样都没有考虑生物学背景知识，这一点应值得注意。

BI 法和 ML 法的不同在于，贝叶斯法是通过系统树对数据及进化模型的最大拟合概率来得到系统树，最大似然法则是以观察数据的最大概率来拟合系统树。贝叶斯法给出了模型（系统发生）的概率，而最大似然法给出的是数据的概率。最大似然法搜索单一的最相似系统树，贝叶斯法得到的是具有大致相等似然的系统树集合（徐广等，2003）。

如果单考察运算速度，距离法最优，其次为 MP 法和 BI 法，ML 法运算速度最慢，如果同时进行自举检验计算量浩大，极为耗时。但是从有效性（efficiency）、稳定性（robustness）、运算速度（computational speed）、判别能力（discriminating ability）方面来说，一般地，其他三种方法要优于距离法。简约法对进化过程的假设比较少，能够采纳由空位提供的重要系统发生信息并对性状加权，不需要采用进化模型，方法简单，运算速度快。理论上统计学方法（ML 和 BI）是最佳的建树方法，它能够使数据得出最可能的进化系统发生的最大似然预测，具有良好的参数估计的统计学方法，技术和模型成熟。

从一致性角度看，四类方法都是对真实树的推论，皆存在一定的缺陷。ML 法和 BI 法在实际应用时对序列进化要求大量简单化的假设，而这些假设与真实数据并不一定相称，所以需要考虑偏离这些假设时系统误差的影响。距离法是一个常用的算法，构建的树相对准确，数据转化过程不可避免丢失信息，对于存在替换饱和等进化噪声时，进化模型的校正存在着局限性。BI 法存在很难将先验概率定量化及有可能后验概率未达到收敛的缺陷。当回复突变和平行突变（同型性）较大而不是较小时，MP 法存在不一致性。

由此可见，各种建树方法各有千秋，在进行系统发生分析时，最好同时使用多种方法建树，如果多种方法所获系统树一致，则可以佐证结果的可靠性，尽管多种分析方法产生相同的结果并不能为任何一种方法自我证明其合理性。

14.2 系统树的可靠性

14.2.1 系统树的两类误差

系统树上有两类误差：拓扑结构误差和分枝长度误差。前者是指重建树和真实树在分支型式方面存在的差异，后者则是估计的分枝长度与真实（或期望）分枝长度间的偏差。若真实拓扑结构已知，就可评估拓扑结构误差的程度。实际上，真实拓扑结构几乎都是未知的。因此，树的拓扑结构可靠性通常以检测各个分支的统计置信度来检验。

如果一个树的拓扑结构不正确，人们可能会认为分枝长度的估计毫无意义。但是实际上，分枝长度的估计和拓扑结构推导有着密切联系，且分枝长度估计的统计检验对于检查拓扑结构的精确性和估计分枝长度本身都是非常重要的。分枝长度估计的可靠性可以通过解析法或自举法来检验。

只要由分析的数据能够得出正确的拓扑结构，对于分枝长度可靠性的估算就很简单了。理论上，ML、LS、NJ 和 ME 给出的分枝长度估算要比 MP 可靠。

14.2.2 系统误差和随机误差

系统发生研究与所有的实验科学研究一样也伴随着两类误差，即随机误差和系统误差。这两类误差分别或同时能够影响系统树的拓扑结构和分枝长度估计。

即使我们对进化的分析方法完全符合进化本身的规律，但在应用有限数量的数据时，因为取样和数据分析过程的随机因素也许仍无法推论出正确的系统树，这种由于分析时的随机因素引起的系统发生误差称为随机误差。在统计学上，一般选择某一水平的概率（如 0.05），低于这一水平（Ⅰ型误差）的结果可排除一个零假设。然而，除极大似然法和贝叶斯法外，其他系统发生分析方法的假设检验是难以实现的。

系统发生分析过程中的随机误差来源包括：序列取样；序列比对中同源位点识别错误；进化模型选择；进化模型参数估计；最优树搜索；遗传距离计算等方面（图 14-2）。

避免随机误差的最好方法是获得全基因组数据集，这样只要数据分析方法在统计学上是一致的，就可保证获得正确的结论。但这一要求对绝大多数的研究都是不切实际的，因此只能采取估计可靠性的其他方法，Penny 和 Hendy（1986）提出了详细的可靠性估计的方法，其中最常用的有相合性分析和统计学分析方法。

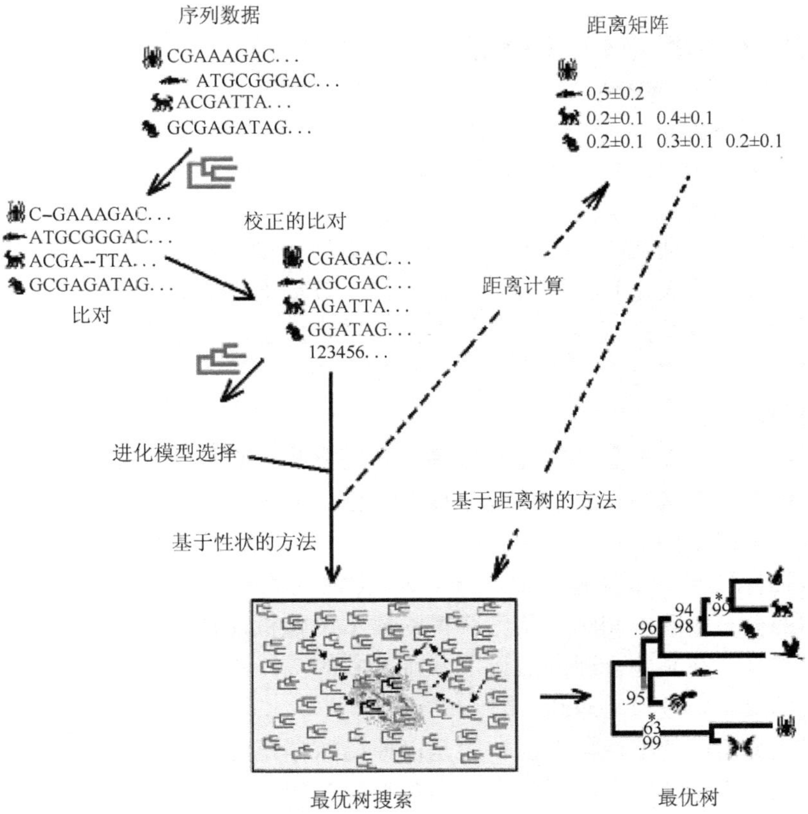

图 14-2　系统发生分析过程中的不确定性来源（Wróbel，2008）

当某种系统发生分析方法的假设违反进化过程，或数据类型不满足所应用的系统发生方法的假设时，应用该法时可将系统误差引入所建的树上，形成对树上一些分支支持的上升和另一些分支支持的下降。如果这种误差较大，也许会造成错误的分支型式。由于这种效应是系统性的，加入更多的数据将更趋向于获得错误结论，故称系统误差（systematic error or bias），也称为系统发生假象（phylogenetic artefact）（Delsuc et al.，2005；Brinkmann and Philippe，2008）。

14.2.3　检验系统树可靠性的统计学方法

由于真实拓扑结构和分枝长度完全未知，因此，系统树的可靠性通常以检测各个分支的统计置信度来检验。估计系统树的置信度及比较不同系统树与数据集之间拟合程度好坏的统计学分析方法是随着系统发生的统计学方法一起发展起来的。很早就认识到系统树构建是一个统计推断问题，目前已经形成基于最大似然统计和贝叶斯统计的统计学理论及方法框架。大多数的系统发生分析方法只产生一棵或几棵树，未能提供关于每一棵树的置信水平的信息，只有贝叶斯法提供了关于树和每个分支的置信水平的信息。此外，由于形成可能树的数目很大，当研究的分类单元大于 50 个时，准确的统计分析无法应用，只能采用近似的分析方法。

14.3 随机误差及统计分析

14.3.1 评估分支支持度的方法

节点支持的测量通常比整个系统树信息含量的测量更能令人满意，因为大部分系统发生树的某些进化枝比其他的有更好的支持。节点支持的测量能提供数据对一个系统树所显示的关系支持的概括。不充分支持的系统发生关系在进化的研究中是不太有用的。当然，很高的支持值并不意味着一个节点是正确无误的，仅仅只是它能被数据很好地支持而已。

评估系统树上分支可靠性的方法很多，有些方法（如自举）适用于所有系统发生分析方法，而有些方法则仅限于特定的系统发生分析方法（图 14-3）。总结一下，这些方法可以区分为以下四类。

（1）重抽样技术：重抽样（resampling）方法是统计学上用于估计误差的一类方法。在样本的分布空间未知时，从已获得的样本中随机地抽样，以寻求原本估计值在经验上的变异性。在某些合理的假设下，所关心的统计值分布可以从重抽样产生的重复样品估计的分布中近似地达到（图 14-4）。

系统发生分析中的重抽样方法一般是以原始数据矩阵中的性状为对象进行的，性状根据它们在每次重抽样中出现的次数而被加权。如果从这些重复抽样形成的新数据集中获得的系统树中一个类群（或分支）以 95%或更高的频率出现，则可以得知这一分支是在 95%水平上获得明显支持。此外，新数据的分析还可以从经验上评估不同性状之间的矛盾性程度。如果不同性状之间不相合，则新数据集结果的置信水平低，置信区间宽。

目前应用于系统树可靠性分析的重抽样方法有两类：自举法（bootstrapping）和自减法（jackknifing）。

（2）内部分支检验法（interior branch test）：检验内部分支长度是否显著大于零的方法，如 Dopazo 检验法。

（3）基于性状的方法：包括 Bremer 支持度法、划分数据的 PBS（partitioned Bremer support）、relative fit difference（RFD，Goloboff and Farris，2001）、似然值作图法（likelihood mapping）和贝叶斯后验概率。

（4）基于模型的方法（model-dependence method）：也称灵敏性分析（sensitivity analysis，SA，Wheeler，1995）。Saltelli 等（2000）提出 SA 研究一个模型的输出结果是如何定性的或定量的成比例地随不同来源的变量而产生变化的，以及研究特定模型是如何依赖于输入到模型中的参数的信息的。基于此，Saltelli 等（2000）主张 SA 是在何种条件下建模及在任何领域使用模型的一个必要条件。在系统发生研究上，SA 分析即是探索在各种可能的比对结果/距离估计/进化模型/模型中不同参数等条件下用某种系统发生分析方法获得的系统发生假设的差异情况。

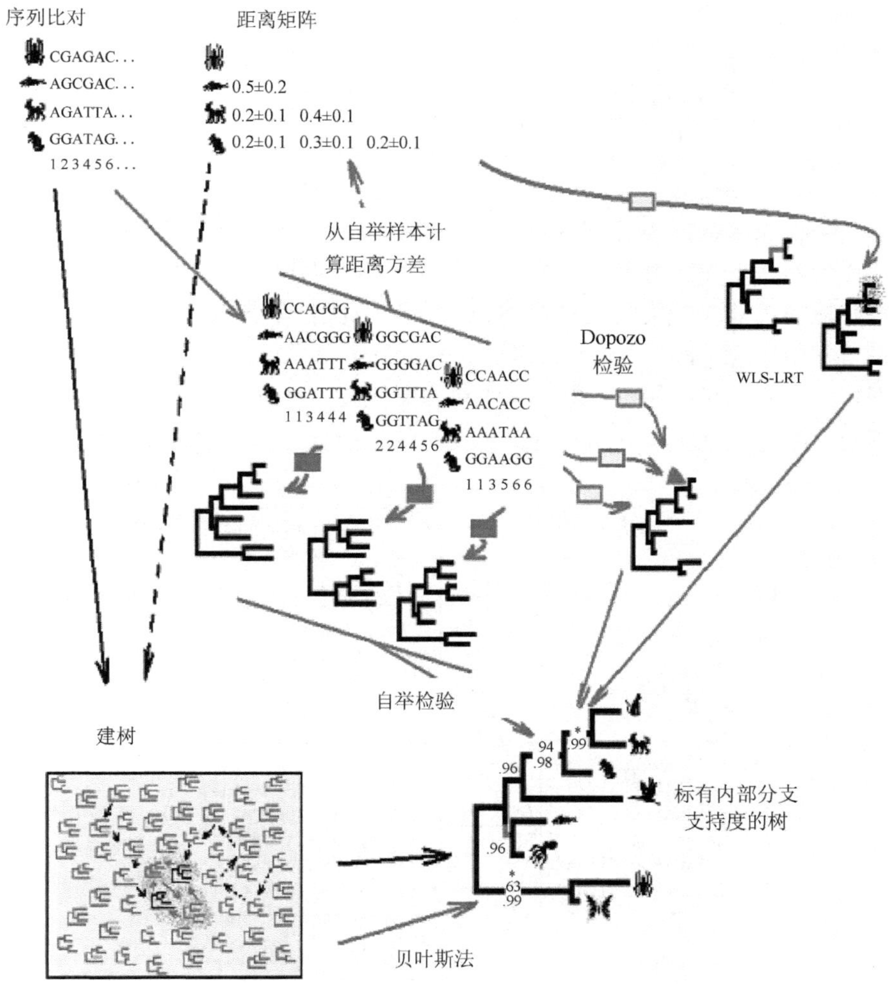

图 14-3　内部节点分支支持度的计算方法（Wróbel，2008）

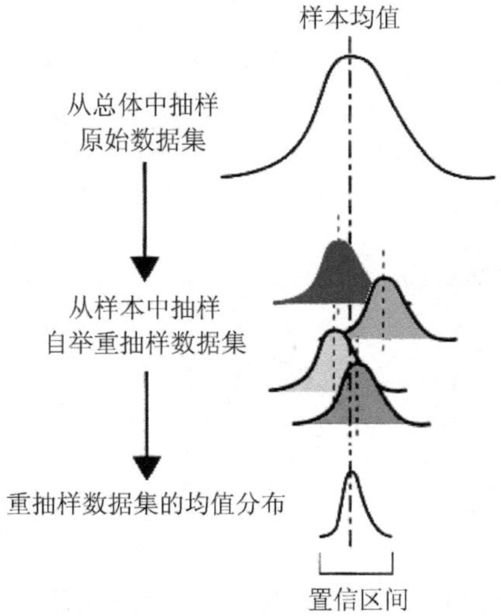

图 14-4　重抽样估计置信区间的原理

14.3.2　自举法

1. 自举法原理

自举法是将原始数据矩阵中的性状用自举（bootstrapping）随机抽样形成一个与原矩阵一样大的新矩阵，由于原始数据集中每列位点都以相同的概率（$P=1/L$，L 为位点总数）被随机抽取，某些性状将不包含在某一次自举重复中，而另一些性状将在一次自举重复中出现 1 次、2 次或很多次。分析每个自举重复（bootstrap replicate）形成的数据矩阵，构建相应的树，然后从大量自举重复（100～1000 次）获得的树的统计分析中确定原估计（系统树分支和分支长度）的标准误差和置信区间（图 14-5）。

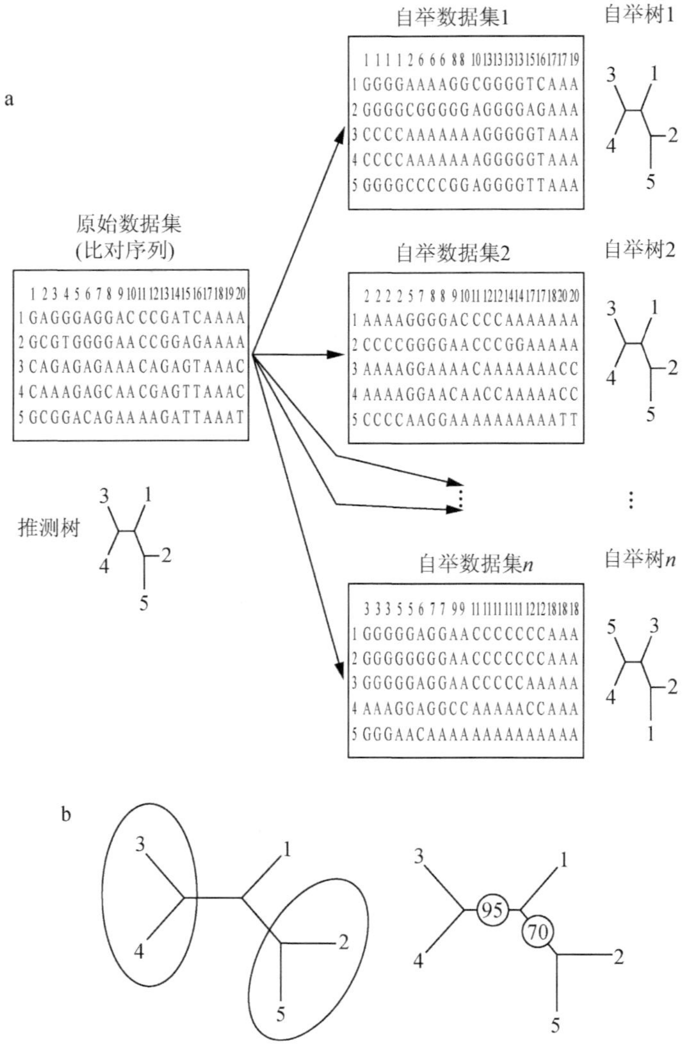

图 14-5　自举法估计分支支持度的原理

自举重复的次数根据数据集的大小在 100～1000 次之间变化，用快速法可以达到 5000 次以上。每个自举重复数据集重建的树综合后形成一个合一树，自举合一树上每一分支出现的频率称为自举支持度（bootstrap proportion or bootstrap support）。在进行分子测年等分析时也可以通过自举重复数据计算系统树每个分枝的标准误差和置信区间。

学习自举法最简单的方法是运行 PHYLIP 软件包的 Seqboot 程序。以原始数据集为输入，默认的是生成 100 个自举重复数据集。然后以这些自举重复数据集的文件为输入文件，运行距离计算和（或）系统发生分析程序，把 m 选项设置为 100 即可生成 100 个树，从这 100 个树中再用 CONSENSE 程序生成合一树。如果合一树与最优树一致，就可以直接把对应分支节点的自举值拷贝到最优树上，个别不一致的分支节点需要在输出文件的二分树频率中找到。

自举法是由 Felsentein（1985）首先引入系统树的统计检验上的，目前已成为除贝叶斯法外的系统发生分析方法中分支可靠性评估的必备步骤。许多人将自举法估计的结果作为对某些特定分支型式反映真实历史的概率看待。Felsenstein（1985；1988）提出了应用自举法时应注意的一些问题，主要包括以下 4 个方面。

（1）在有效的置信限内，必须事先验证类群的单系性，否则应用自举法将陷入多重检验（multiple test）的困境。

（2）自举法只假设所处理的数据是所研究总体分布的代表，因而变量的估计可通过对该分布中其他数据的抽样来获得。如果数据没有代表性，或系统发生分析结果不正确，则产生的置信区间是无意义的。

（3）除非原始样本数很大，否则由重抽样方法获得的置信区间仅是一个近似值。

（4）不同数据集获得的树的自举值不具有可比性。

2. 计算自举值的注意事项

在进行自举分析时，要注意以下事项。

（1）自举建树参数选择：尽量选择与原始数据集一致的分析参数和方法。

（2）抽样数据：对于 MP 树进行自举检验时，应指明自举抽样的数据集是原数据集还是仅由 PI 位点组成的。其他方法都对所有位点进行自举抽样。

（3）对于少于 25 个 OTU 的数据集可以采用分支界限法进行建树，25 个以上 OTU 的中等大小的数据集一般采用启发式搜索策略，而对于大数据集则采用无分支交换的快速自举法。从计算的角度，自举抽样对大数据集十分费时，克服这一困难的方法是应用简化的搜索策略建树，如 PAUP* 4 采用快速自举（fast bootstrap）算法快速建树（不进行分支交换），可用于分析 200 个以上 OTU 的大数据集，或对一般数据集进行更多重复次数（如 5000 次以上）的计算。

（4）增加重复次数对自举值的影响：自举重复次数增加后，自举值的误差明显下降。理论上，假定要在 95％的置信度上估计 95％的支持度的一个分支需要 2000 次的重复，分支支持度越低，95％置信度下重抽样获得这一数值所需的次数越大。但在实际应用中推荐使用 1000 次的中等程度的重复。

（5）自举支持度 BS≥85 表示该分支被数据集强烈支持；BS 为 70～84 表示中等程度的支持（大约对应于 95%的置信区间）；BS 为 50～70 表示有微弱程度的支持；BS<50 表示该分支未能正确地重建，大多数性状不支持。

Felsenstein 最初提出的自举检验不是检验从原始数据集构建的一个树的可靠性，而是检验一个自举合一树的可靠性，此树是由考虑所有从自举抽样数据集产生的合一树而得到的。Felsentein 的原始版本在 PHYLIP 和 PAUP* 及 MEGA4 等系统发生分析软件中执行。

在自举检验中，需要对每一重复抽样的数据集构建一个系统树。因此，此检验中建树所要求的时间便成为一个重要限制因素。

3. 改进的自举法

已经对传统的自举法进行了许多改进，以获得比较接近准确性的 BP 值，这些改进包括重复自举法（Rodrigo et al.，1993）、完整的和局部的自举法（Zharkikh and Li，1992）及近似无偏法（AU）(Shimodaira and Hasegawa，2001)。Efron 等（1996）也描述了一类重复自举的方法，这一方法通过在数据集中重取样来明确估计Ⅰ型误差。

Felsenstein 的简易自举法需要重复次数大于 100，这不适合用于大系统树的分支评估。为此，一些软件采用了快速的分支支持度评估方法，如 PhyML v3.0 采用一种新的称为近似似然率检验（approximate likelihood ratio test，aLRT）的方法快速估计分支支持度，以取代十分费时的自举方法。

4. 自举值的意义

自举值或自举百分比（bootstrap proportion）或自举支持度（bootstrap support，BS）很难解释，早期的研究者在文献中对 BS 的解释有三种（Berry and Gascuel，1996）。

（1）可重复性测度（Felsenstein，1985）：认为 BS 是通过自举重抽样从相同数据集产生和相同分析条件下获得同样分支的概率，这种可重复性的含义要求重抽样完全能够反映源数据的分布，但 Hillis 和 Bull（1993）指出，BS 在不同重抽样的数据集之间变化太大，不能作为可重复性的测度。

（2）作为星状树零假设的Ⅰ型错误率（type-I error rate）或置信度（Felsenstein and Kishino，1993）：如果在星状树模型下产生许多数据而该分枝不出现，则该分枝在树上估计的概率小于 $1-P$，Efron 等（1996）认为这种解释只是一种近似，需要一种更复杂的二步骤的自举过程将自举支持度转化为标准的置信区间。

（3）作为系统发生的准确度（accurancy）：一个自举支持度为 P 的分支表示该分支为真的概率是 P（Hillis and Bull，1993）。这是当前普遍接受的解释，这种解释等价于贝叶斯后验概率，Efron 等（1996）也认为二者在理论上是接近的。

尽管自举值的有效性和解释长期存在争论，但它仍然是目前对节点支持进行评价的最广泛的方法。自举法提供了一个对准确性的有偏估计（Holmes，2005），在此准确性定义为获得一个正确的系统发生重建的概率。有偏估计的原因是与系统树空间的复杂几何学及位点模式空间（site pattern space，即在所有分类单元中具有相同状态的位点集合）相关的。一套观察到的数据集位于取样分布中，一般认为这个取样分布是真实的。因为自举重复的数据是由观察到的数据（取样的基因序列）产生的而不是由整体（全基因组）产生的，位于每个区域内的重复数据集的比例可以是不正确的，它们反而使自举法产生偏向。更多复杂的自举法技术用来纠正这种偏向性（Shimodaira，2002），但很少被用来测量系统树的节点支持。

然而，这并不是说除非所有内部分支都有高的自举值，否则系统树毫无价值。实际上，每个系统树都是在所用重建算法下所能构建的最完善的树。因此，即使一个树的许多内部分支没有很好的自举支持，这个树也不能被丢弃。虽然这是个假设的树，但它可能是正确的。实际上，计算机模拟表明，即使没有很高的自举值的支持，很多推断得到的树的分支型式也还是正确的。但如果想要排除其他可能来确定某一特定的分支型式，高的自举值还是必需的。

14.3.3　自减法

自减法是从原始数据集中一次随机抽出 k 个数据点（datapoint，指矩阵中的行或列），重新计算剩余的 $n-k$ 个数据点的系统发生关系。一般地，k 值设定为 1，因而从 n 个数据点中随机抽取一个，从剩余的 $n-1$ 个数据点中计算伪估计（pseudoestimate），即 $n-1$ 个数据点的系统发生。平均来讲，每取掉一个数据点引起的估计的改变是总体的 n 次观测计算结果的 $1/n$，这样可通过对总体的伪估计来获得样本变异的方差。

Mueller 和 Ayala（1982）首次用自减法检验系统树分枝长度的可靠性，他们是用基因频率数据通过每次抽取一个座位后组成的新数据集进行估计的。Lanyon（1985）用自减检验距离矩阵法的结果，是通过每次减去一个分类单元后组成的新数据集进行估计的。

自减法重抽样与自举重抽样的不同之处在于每次重抽样的数据集比原数据集小，因而自减数据集包含的信号比自举数据集少，自减值一般要比自举值低，且变异也大，故应用不及自举法广泛。执行自减法分析的软件不是很多，PAUP* 就是其中一个。

14.3.4　贝叶斯后验概率法

采用贝叶斯后验概率测量节点支持度的研究越来越多，由此引起了一场关于两种方法的争论（Huelsenbeck and Rannala，2004）。来源于实际数据和模拟数据的研究结果发现，后验概率可能比 ML 法的非参数自举值有更大极端性的趋势，尽管这两个方法的趋势是相关的。

为什么分析相同的数据集时自举值和后验概率有差异？将后验概率和自举值作比较是困难的，因为它们代表了根本不同的量。一个节点的后验概率是在观察到的数据和采用的模型（包括先验模型和似然模型）条件下一个给定节点可以在真正的系统树中出现的概率。此外，后验概率是在假定所有模型参数的先验概率分布基础上计算出来的，这些模型参数包括系统树的分枝长度和拓扑结构，并且这些先验概率在许多情况下将会影响后验概率，这种对先验概率分布的依赖性也使两种支持测量方法的比较复杂化。Yang 和 Rannala（2005）证明了分枝长度先验概率分布是如何能够使节点的后验概率变得极端。Lewis 等（2005）同样也证明了在存在多歧分支（polytomy）时，如果先验概率分布不包括零长度分支，则后验概率也能产生偏向性，同时证明了如果存在多歧分支而没有在先验概率分布中包括，那么这个多歧分支的解析将会是随意的，并且该节点的后验概率与 ML 自举值相比异常高。与 Yang 和 Rannala（2005）所指出的问题一样，这个问题可以通过采用合适的先验概率分布或使用 RJ-MCMC 算法允许数据不支持的内部分支愈合成为多歧分支而加以克服（Lewis et al.，2005）。

另一个来自于模拟和经验数据的观察是选择错误模型如何影响后验概率和自举值的。Huelsenbeck 和 Rannala（2004）的模拟研究及 Buckley（2002）的实验研究显示了后验概率是如何以一种比自举法或枝举法拓扑结构检验更极端的方式对模型指定错误作出反应的。这个问题可能会由分枝长度的不均一性和系统树不同分支之间有高速率的改变而使之加重，分枝长度的不均一性和系统树不同分支之间有高速率的改变又代表着许多 mtDNA 数据集的典型特征。这个问题能明显地通过使用更复杂的模型而被矫正；然而，这并不能保证目前可用的软件包中使用的模型是足够的。因为我们对典型的系统发生研究中关于数据和模型的拟合程度只有很少的知识，对当前执行的贝叶斯推论中选择错误模型的问题严重性所知甚少。最后，未达到收敛的 MCMC 算法是一个被低估的问题，尤其是大数据集。但目前还没有发现未达到收敛的 MCMC 算法将导致不正确的后验概率（Huelsenbeck et al.，2002）。

这些问题中，哪一种是最好的量化系统发生支持的方法呢？要回答这个问题是困难的，因为它部分依赖于一些统计推论的哲学方法。然而，如果想要的支持度测量是在给定的数据集和模型下一个节点是正确的概率，那么唯一的计算方式是通过贝叶斯定理。一些研究者已经尝试了使贝叶斯法与自举法联合的方法，这种方法是对自举法产生的重复数据集进行多重贝叶斯法分析，所以被称为贝叶斯自举法（Bayesian bootstrap）（Douady et al.，2003）。但是，这些值的确切的统计说明是一点也不明显的，并且这种明显不同的统计方法的结合还没有被验证。从实用的角度来说，当前的贝叶斯系统发生需要更多地强调将重点放在发展更现实的模型、检查先验概率的影响和监测后验概率的分布是否收敛方面。

14.3.5　计算分支支持度的软件

由于计算分支支持度是系统发生分析的必需步骤，所以一般的系统发生分析软件都具有这方面的功能。Windows 操作系统下可以计算分支支持度的软件有

PHYLIP	Bionumerics	PICA95
PAUP*	Populations	TAXEQ2
DAMBE	MrBayes	RAPD-PCR
DNASEP	ABLE	Gambit
SEPAL	Random Cladistics	MEGA
PAL	DISPAN	CONSEL
MEGA	Phyltest	LVB
Gelcompar II	poptrfdos	

14.4 系统误差的消除方法

14.4.1 系统误差的来源

从系统发生分析方法的假设角度，Felsenstein（1978）首次证明了简约法在 4 个 OTU 情况下发生不一致性的可能（即长枝吸引），后来，Hendy 和 Penny（1989）证明当数据不符合分子钟时多于 4 个 OTU 的简约法也可能产生不一致性。同时，当数据违反距离和 ML 法假设时，距离矩阵法和 ML 法也存在着不一致性。

根据建树所用的进化模型是否适合分子数据的实际情况，关于系统误差有三个因素需要特别关注。

（1）碱基组成非稳态性所导致的系统误差。目前常用的进化模型都假设同一基因在不同生物类群中进化时都遵循相同的碱基替换模式，因而对同一基因而言，不同的类群拥有相似的或稳态的碱基频率。当这一假设不成立时，如类群间因碱基替换偏向性（biased substitution）或选择等因素使碱基频率显著不同时，具有相似碱基频率的类群就会被错误地聚为一支，尽管这种相似是独立获得的，而并非由具有最近共同祖先所致。这种情况下，避免系统误差的唯一方法是采用碱基组成异质性进化模型，或考虑碱基组成异质性的方法。

（2）类群之间进化速率的异质性。不同生物类群之间由于世代长短、居群大小、选择强度、DNA 复制酶的忠实度和 DNA 修复效率等方面的差异，导致类群之间进化速率不同。考虑到核苷酸只有 4 种状态，当类群间进化速率高度不一致时，进化较快的类群可能因为多重突变在某些碱基位点随机地获得相同的碱基，当这种非同源相似足以掩盖序列中真实的历史信息时，就会造成长枝吸引。这种情况下避免系统误差的唯一方法是采用速率异质性进化模型。

（3）位点特异性的速率异质性（又被称为 heterotachous signal 或 heterotachy）。目前常用的替换模型已经考虑了基因内部的不同碱基位点因功能约束不同而具有相异的进化速率（Yang，1994），但几乎所有的方法都假设功能约束不随时间改变，反映在进化速率上，即特定碱基位点的替代速率随着时间推移在类群之间保持恒定。然而，在实际的分子进化过程中，基因组某一特定位点的进化速率在类群之间是不同的，且不同位点的速率变异可能是独立的。例如，用考虑这种特定碱基位点速率差异的协变（covarion）模型对 10 个蛋白质编码基因和 1 个核糖体基因进行分析后发现，对其中 9 个基因而言，协变模型被证实明显比不考虑位点速率差异的模型能更好地拟合现实数据（Huelsenbeck，2002）。

14.4.2　导致系统误差的条件

对目前所用的系统发生分析方法中易于产生系统误差的条件已有很深的了解，分别陈述如下。

（1）简约性方法：如果序列中每一位点上的实际改变数目很小，则在足够大的数据条件下，简约性方法能给出正确的系统发生估计。随着序列位点改变数目的增加，这些改变中属于同塑性的比例也将增加，此种情况下，如果系统树的分枝相对较密集，则这些同塑性改变能检测出来。但在长而不分支的支系上同塑性状不易被检测，因而在这些长分枝之间可能形成一种人为的联合分类单元。

（2）聚类分析：如果超度量性假设成立，而且数据矩阵中任何两个姐妹群之间的距离均不缺失的话，那么聚类分析方法将不受系统误差的影响。但如果两个支系与其较疏远的第三个支系的距离不等（未满足超度量性）则将引入系统误差。

（3）叠加树法：如果距离系数满足叠加性条件，并且姐妹群之间的距离不缺失，则用迭加树法可免除系统误差的干扰。叠加树法本身特有的统计学一致性将系统树准确性的关键放在距离系数的估计和变换上，而不是树的推论计算过程上，因而对距离的估计和校正是叠加树的核心任务。如果不进行距离的校正，在一定程度上，叠加树法易受系统误差的影响。

（4）ML 法和贝叶斯法：基于统计学架构的方法中，违反模型假设是统计学推论的主要误差。所以，进化模型指定问题是主要的系统误差来源。进化模型选择的误差包括过度参数化和参数不足两类，后一种误差的影响比较大。

14.4.3　系统误差的识别

当所构建的系统树表现出以下几方面的特征时，有可能指示该系统树包含系统误差。

（1）系统树对特定分类单元的敏感性：如果系统发生分析方法是理想的，则分析一个数据集的任何两个子集都应获得相合性树。但实际上，由于随机和系统误差的存在，可使树产生一定程度的变形，因而所推论的树的分支顺序是所研究分类单元数的函数。如果这种分支顺序的改变对某些特定的分类单元（尤其是趋异程度大的单元）特别灵敏，则有理由怀疑存在系统误差。

（2）单个分类单元对最优标准的影响：如果某一特定分类单元在系统树上的位置有疑问，则将此单元从系统树删除常常会引起该树的最优标准不成比例的大改变，此种情况常由系统误差引起。

（3）不同性状集之间的相合性：理论上，从两个或多个性状集获得的系统发生是相合的，如不相合，有可能其中一种树存在系统误差。

14.4.4　系统误差的消除方法

目前有许多方法能帮助削除系统发生分析中的系统误差，主要包括以下几个。

（1）删除较长的分枝：多数系统发生分析方法都对较长分枝的估计产生较大的误差，因而与其他分枝差异较大的长分枝应避免在树上出现。距离矩阵方法趋向于低估较大的距离，因而如果树上有较多的大距离分类单元将使误差复杂化。为了克服这一困难，距离矩阵法中外群的应用应保持最小的数量。相反地，简约性方法中一般应选择多个外群，因为外群可使树上最长的分枝变短，消除误差。单系类群内长的分枝也能引起系统误差，如果不能通过外群的选择使其变短，则可以删除。

（2）删除不可靠的数据：删除数据集中某些明显不可靠的数据（如远缘类群之间快速进化的位点和 RNA 的环区等）可以防止其对可靠数据产生影响。

（3）性状的加权：不可靠性状的识别也是避免系统误差的有效方法，通过对违反某种方法假设的性状赋以低的权值，可使系统误差发生降至最低限度。

（4）选择适合的进化模型。普遍认为，当所选择的进化模型与所研究的数据集经历的进化过程一致时，准确的系统发生树可以从正确比对的序列中构建出来。若进化过程在谱系之间和不同时间段上是稳态的话，即使对比较短的序列，指定相对简单直观的模型也可以产生准确的系统发生结果（Steel and Penny，2000）。当进化过程在谱系之间或谱系内部不同时间段上不同的话，指定的模型必须能够明确地解释进化过程发生的非稳态性，要做到这一点较难。因此，对于任何数据集，稳态的序列组成将能够更有效地重建系统发生，因为稳态的序列不会将有趋同的碱基组成的类群聚合在一起。因此，稳态的标准对于系统发生分析中选择基因是十分有效的。一般地，当使用少数基因时避免有强烈偏离碱基组成平衡的基因是有效的重建准确的系统发生的有用策略。

（5）选择正确的模型参数或先验概率。

14.5　系统发生分析疑难解答

系统发生分析的影响因素很多，在实践上也会碰到各种各样的问题，这里参考 Sanderson 和 Shaffer（2002）对系统发生分析方面的疑难解答的综述，并结合本书作者的经验，将系统发生分析过程中可能遇到的一些问题及解决方法汇总如下。

14.5.1　有异常分支的系统发生

有异常分支的系统发生是指在构建的系统树上出现明显与传统分类学不一致的分支的情况。如果异常分支涉及的物种在形态分类上没有争议，则很可能是分子系统发生研究过程中出现了明显的误差，首先应该考虑以下三种情况。

（1）是否存在操作误差：实践证明大多数有异常分支的系统发生结果是由于人为操作误差引起的（详见下述）。

（2）检查系统误差：进化模型是否适当，有无长枝吸引、组成异质性、速率异质性等。

（3）如果上述都没有问题，而异常分支又得到了数据的高度支持，那就应该考虑是否存在真实的生物学事件来解释该异常，主要包括假基因、LGT、重组、重复基因在不同物种的随机丢失，这些生物学事件的引入还需要借助额外的信息确认，如重要的 indel 和共享的结构域的存在等。

对于意外结果的处理：如果只有个别样品的位置出现意外，首先应该确认标本鉴定是否正确，然后检查是否属于实验操作误差，但仍需要进一步分析以后再确定最后的结论，这些分析包括以下 7 个方面。

（1）检查序列比对情况，尤其是有空位的比对是否正确；采用多种比对策略和软件进行比对，比较不同比对方法结果的异同。

（2）对于序列差异较大的数据集，排除模糊比对数据后看结果有无变化。

（3）排除外群进行分析，看是否是由于外群不当引起。

（4）如果没有办法达成一致结果，可以采用系统发生检验方法从统计学上检验数据集最支持哪种系统树。

（5）PCR 重组子序列：虽然 PCR 重组子发生概率比较小，但也不是没有可能。

（6）PCR 产物测序中的杂合位点问题。

（7）DNA 来源问题：寄生物和共生物的 DNA 扩增产物。

14.5.2 随机误差

随机误差指由于实验操作问题、测序、序列比对、物种鉴定等人为因素引起的误差，包括以下几个方面。

测序误差：未校准的序列、PCR 重组子、PCR 杂合子和反向序列（对于 RNA 基因和非编码区）。

物种鉴定错误：没有经过有经验的专业分类学家鉴定经常会导致物种和属级的鉴定错误。

实验操作问题：当两个序列出现较大的差异时，首先要想到是否与其他物种的样品混淆了，如 DNA 样品是否加错、离心管标记是否有误等。每种取样两个个体，可以有效地预防在实验操作中产生的误差。

序列分析时的随机误差：包括序列方向问题（对于 RNA 基因和非编码区由于没有密码子限制，更需要注意链的方向）；序列指定错误（将不同物种的序列名称标记错误）。

PCR 产物测序中的杂合位点问题：如果测序峰图上杂合位点较多，在碱基识别时将产生自然界不存在的序列，就有可能引起异常的分支。在这种情况下，采用克隆测序，了解杂合性程度和范围，确定正确的代表序列。

14.5.3　分类单元抽样

分类单元抽样影响系统发生分析是被长期关注的问题，涉及分类单元的单系性和代表性、问题分类单元及长枝吸引等多个方面，特别需要注意的是问题分类单元和长枝吸引。问题分类单元（problematica，problematic taxa）传统上多指化石类群无法放置于适当的分类系统中，在分子系统发生分析中，指系统树上不稳定的分类单元，即个别分类单元的加入使得整个系统树发生很大的变化，而且不同数据或分析方法获得的结果差异也很大。因此，传统的方法是排除这类不稳定的分类单元后进行分析。

Jenner 和 Littlewood（2008）对后生动物中存在的问题分类单元进行了综述，认为存在问题分类单元的主要原因是没有进化出足够的系统发生信号，或系统发生信号由于灭绝等原因消失，或由于非系统发生噪声掩盖了真正的信号。他们提及的问题分类单元包括 Placozoa、Chaetognatha、Ectoprocta、Pogonophora、Pentastomida、Tardigrada 和 Myxozoa 等，同时提出了识别问题分类单元的标准，如下所述。

（1）存在几种不同的姐妹群假设。

（2）几种不同的姐妹群假设涉及的分类单元散布在较大的分类阶元范围内。

（3）性状同源评估存在争议。

（4）缺少有系统发生信号的性状。

（5）被基于清晰数据集的系统发生分析排除。

Anderson（2001）提出了检验被删除 OTU 对系统树拓扑结构发生影响的一种方法，并称之为系统发生主干法（phylogenetic trunk method），意指在多个最简约树之间地位有变化的分支中寻找一个稳定的主干。该法允许使用所有不完整数据的分类单元参与系统树拓扑结构的重建，并借此来识别、删除或后验探索那些有问题的分类单元对系统树拓扑结构的影响。Anderson（2001）利用这种方法分析了含有 21.8%的以“?”编码及 26.8%的以“未知”或“不可用”编码的数据集，仍然获得了满意的结果。系统发生主干法的分析步骤如下所述。

（1）用含有缺失数据在内的所有分类单元的数据集分析建树，并将这次分析中产生的所有 MPT 构建 Adams 合一树。采用 Adams 合一树的原因是它在降低不稳定性 OTU 到其最接近的类群的同时维持了树上稳定的 OTU 的分支关系。

（2）在 Adams 合一树上找出可能有问题的 OTU 的位置，并根据这些 OTU 在成分树（component tree，即产生 Adams 合一树的 MPT）上占据的不同位置的次数来排出次序，将拥有位置变化次数最多的 OTU 从数据集中删除，重新分析新数据集。如果两个 OTU 具有同样大小的位置变化次数，每次删除一个以确定删除哪一个 OTU 可产生最少数目的 MPT。如果删除了两个 OTU 获得相同数目的 MPT，则该分支被看成是二分支的，下一步对两组 MPT 进行合一树分析。如果可变的 OTU 是一个支系上的成员，则删除其中数据最不完整的一个，重复进行这些分析直到系统树的分辨率保持稳定为止。由此产生的树即为系统发生主干，它是进一步分析的基础。

（3）将有问题的 OTU 重新引入到系统发生主干树上，通过分析主干树上在引入有问题的OTU后发生的改变而逐个地分析，以这种方式考察性状的不相容性比同时分析许多有问题的OTU更容易理解。

这种方法允许最大限度地包含数据不完整但在系统树上位置稳定的分类单元，因而最后获得的系统树比较完整。

系统发生主干方法的分析过程比较复杂，一种简化的方法是逐一地删除每一个有问题的OTU以发现哪一个分类单元的删除可以产生最少数目的MPT，重复这一步骤直到达到所要求的分辨率为止。

14.5.4 序列长度与类型

分子系统发生学的一个统计学难题是确定能获得被研究类群之间系统发生关系的最低分辨率所需要的最少位点数。这一问题涉及序列信息和系统树大小与形状两方面的因素，目前还没有得到很好的解决。序列信息包括长度、系统发生信息含量和种内序列多态性水平等诸多因素。不同DNA片段由于其进化速率不同，其系统发生信号也不一样，解决系统发生问题所需的最少位点数也就不同。快速进化的片段对于新近分歧的类群有较强的信号，可用较短的序列；而对系统树基部分支来说有很弱的信号，需要较长的序列。对于大多数序列数据，其系统发生推论的稳定性和可靠性随序列数据的增加而加强。系统发生误差与DNA序列长度之间呈现负指数关系，如果以N表示序列长度，则系统发生误差约等于$32\times N^{-0.826}$（Pollock，2002），曲线形状如图14-6所示，DNA序列长度超过1000bp后，增加序列长度对改进系统发生误差的效果不显著。

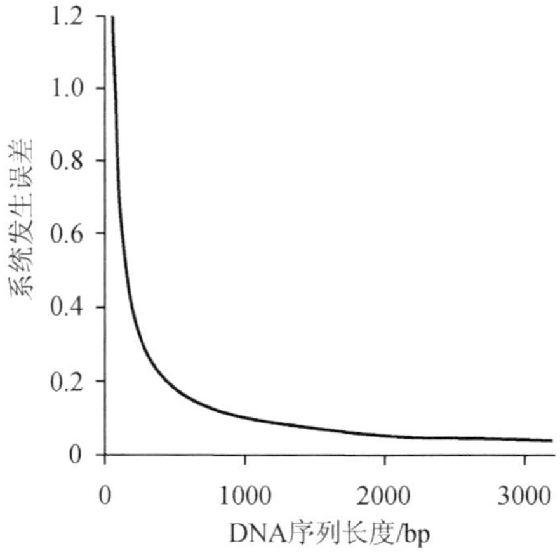

图14-6 系统发生误差与DNA序列长度之间的关系（Pollock，2002）

另外，获得序列数据在时间、经费等方面是高强度的投入，因此分子系统发生学上仅用一个个体代表其所属的分类单元，这样做的前提是种内多态性不影响系统发生推论的结果，但这种假设并未得到实践上和统计学上的支持。目前已经开始多个体的多等位基因数据。

发现真树需要的序列长度因基因和分类单元而异，这是序列取样的一个重要标准。Russo等（1996）在对不同基因重建系统树效率的研究中，强调了序列长度对重建结果影响的重要性。在脊椎动物中，系统发生分析性能好的基因序列长度一般较长（1000～1800bp），而性能差的一组序列长度一般较短（160～700bp）。然而，Zardoya 等认为基因性能并不是简单地与其长度相关；Hardman 等（2006）发现基因间的长度差异还是非常明显的（*P* 值为 0.007～0.045），取样策略足以解释其不准确性，基因性能的优劣是否与其长度有关还有待研究。

基因组学产生的大量序列数据燃起了人们对于重建准确而可靠的系统发生树的理想和希望。这种希望是建立在这样的假设基础上的，即系统发生的准确性可以通过基因数量的增加而得到持续地改进。为了获得正确的系统发生，增加基因数量的策略是必需的，因为目前还没有任何可以预测一个基因的系统发生有效性和表现的参数（Gee，2003；Rokas et al.，2003a；2003b）。

Rokas 等（2003b）使用酵母菌属 8 个种的 106 个蛋白质编码基因来分析建立稳健系统发生所需要的基因数量和。Rokas 等分别独立、联合分析了这些基因，显示单个基因有时支持相互矛盾的拓扑结构，尽管在联合数据集中存在相当数量的性状不相合性，同时分析由所有 106 个基因组成的联合数据集产生了所有分支支持度均为 100%的一棵树。他们将这棵树作为真树，用随机产生的不同大小的连接数据集做了一系列的分析，以确定在给定的统计学显著性水平上建立可靠物种树所需要的最小数据量。他们得出了以下三个重要的结论。①获得有显著置信度的系统树需要最少 20 个随机选择的基因的连接数据；②不存在可识别的、能够用于系统地解释或预测一个基因的系统发生表现的指标（predictor）或参数；③从连续基因序列分析获得的系统树的自举支持度较低，支持度的方差较大，而从随机取样的直源基因序列得到的系统树的自举支持度较高，它的方差较小，并将这个结果作为基因内部序列位点之间由于进化非独立性而导致系统发生噪声信号的证据。

如果这些结论正确的话，对那些时间和预算有限但却想从 DNA 序列中重建系统发生关系的人来说就需要提高警惕。Collins 等（2005）重新分析了 Rokas 等（2003b）的数据，认为这些结论需要修改。首先，Rokas 等所使用的数据集中密码子第 3 位点上的核苷酸组成频率有显著的偏向性；其次，通过对一系列分析显示，碱基组成稳态的数据集明显优于碱基组成非稳态的数据集，使用碱基组成稳态的数据集重建可靠系统发生所需要的基因数量要比 Rokas 等估计的少得多；最后，Rokas 等关于随机直源基因取样优于连续基因序列的结论是由两种不同取样体系造成的人为结果。

关于系统发生分析中序列取样方法的问题，Rokas 等（2003b）建议随机选择直源基因的核苷酸序列优于连续的基因序列。随机选择直源基因序列的优点是避免了在一个功能基因内部核苷酸之间的非独立性。Rokas 等（2003b）的研究显示了在相同的取样水平下随机取样的核苷酸有相当高的自举支持度，并且自举支持度的方差较低。但事实上该图没有显示置信区间，而实际上置信区间与数据点作图时完全相互重叠。这个结果主要是对随机选择的和连续的基因序列采用了不同的自举抽样引起的人为结果。对连续的基因序列采用一种典型的非参数自举，而对随机取样的直源基因序列却采用了 PAUP* 中的可变长度自举方法（variable-length-bootstrap），这种可靠性估计方法上的不同解释了为什么 Rokas 等分析中随机抽样数据的置信区间非常小的原因。当随机取样的直源核苷酸与连续的基因序列用同样的方式进行自举分析时，自举支持度的方差也很显著。Collins 等（2005）发现从组成稳态的划分数据集（stationary partition）中随机取样的直源核苷酸序列优于组成非稳态的划分数据集，这与理论预期一致，从一个基因内取样的核苷酸将比随机取样的核苷酸有较高程度的非独立性；但对系统发生分析的影响（如果有的话），也比 Rokas 等所期望的要小。Collins 等（2005）重新分析了 Rokas 等（2003b）的数据，指出在 Rokas 等的结果中关于获得可靠系统发生所需要的基因数量的估计过高，这是由于数据中包含的非稳态基因（nonstationary gene）导致的信号异质性（signal heterogeneity）。如果采用稳态的基因序列，则只要 8 个基因就可以达到 20 个基因的显著水平（图 14-7）。此外，Collins 等发现单个基因第三密码子位点上的碱基组成的稳态（base compositional stationarity）可以显著地促进数据集的系统发生性能。

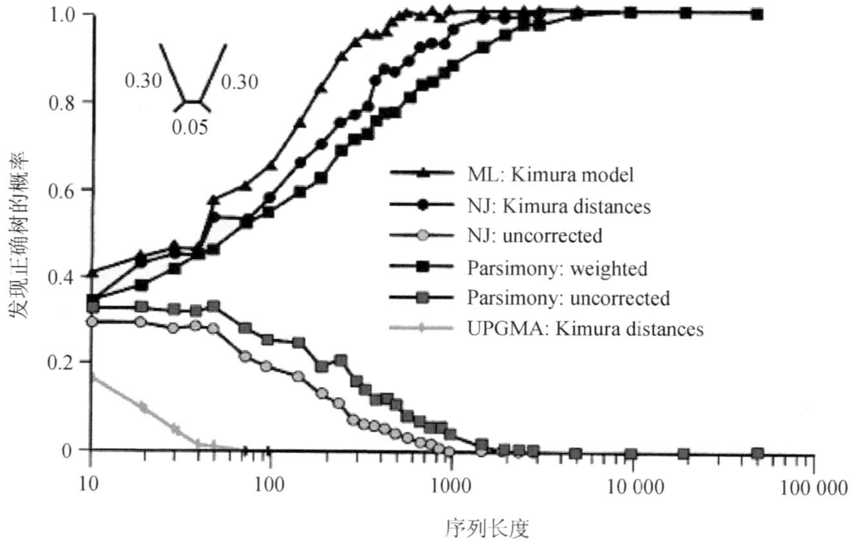

图 14-7　在有长枝吸引的情况下 4 种方法分析不同序列长度的数据发现正确树的概率（Collins et al.，2005）

14.5.5　序列比对问题

序列比对是序列数据分析中最关键的环节，因为系统发生分析是建立在序列位点同源性基础上的。序列比对在许多情况下是较容易的，但差异较大的多重序列比对仍然很困难。

要谨记，数据决定结果，但比对决定数据。小心比对过程可能产生的与序列实际进化不符合的位点之间的同源关系；当应用多序列比对软件时，弄清楚比对结果对所选择比对参数变化的敏感程度；删除可信度较低的比对区域。

序列比对问题主要发生在 RNA 基因的可变区及分歧较大的 DNA 或蛋白质序列之间。起初，18S rRNA 数据支持鸟类与哺乳动物为姐妹群，而其他分子数据和形态性状则支持鸟类与鳄鱼为姐妹群。Xia 等（2003）重新分析了 18S rRNA 数据后，认为这种不一致性主要是由于以下原因引起的：①序列比对的错误；②频率参数使用不合适；③序列质量较差。当在 18S rRNA 二级结构指导下实现序列比对，并对所有位点估计序列组成频率参数后，18S rRNA 数据的分析结果与其他分子数据和形态性状一致。

关于序列比对准确性与系统树重建误差的关系，Kumar 和 Filipski（2007）模拟了 16 个 OTU 组成的不同拓扑结构和分枝长度的 50 个数据集（图 14-8），结果显示，只要 60%以上的位点能够正确比对，ML 法和贝叶斯法就可以获得相对稳定的系统树。

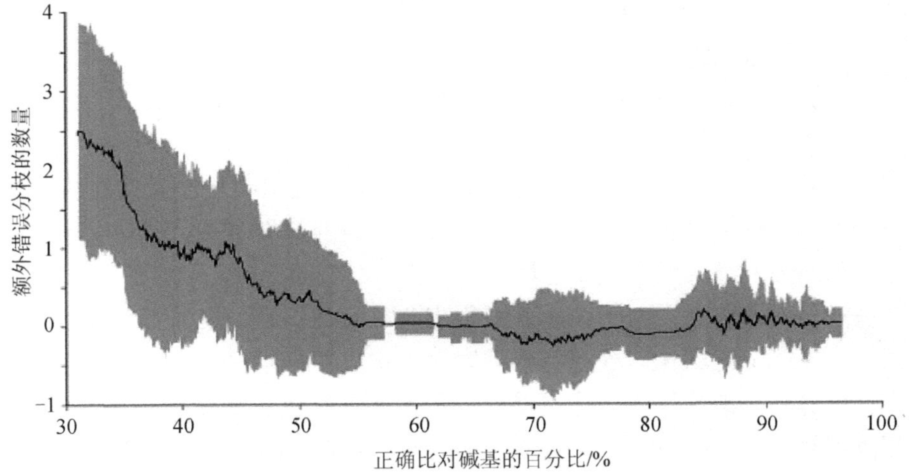

图 14-8　大规模模拟研究获得的序列比对准确性与系统树重建误差的关系（Kumar and Filipski，2007）

x 轴为序列比对的平均准确性，y 轴为不准确比对构建的系统树上的错误分支数量与正确比对系统树错误分支数量之差。阴影部分表示正负标准误

14.5.6　进化模型选择问题

越复杂的模型需要估计越多的参数，而每个参数的估计都会引入误差，因而在模型的复杂性与区分不同假设的能力之间存在着一种均衡（trade-off）的选择。通过比较不同模型下系统树的似然值，可以很容易地确定复杂模型与数据集的拟合是否显著优于简单模型。

（1）在应用 ML 法和距离矩阵法时，使用过于简单的模型因为不适合于数据而表现不好。

（2）采取多种方法探索数据中可能存在的偏差及数据与模型要求的假设偏离的情况和程度。

（3）使用较复杂的模型以使模型更接近于数据集的进化实际。使用较简单的模型可能导致分析方法产生误差，如长枝吸引等。

（4）目前的替换模型由于未考虑序列进化过程中的插入和缺失，因而对于比对后含有较多空位的数据集并不适应。

（5）对复杂多基因数据集应该采用混合模型或平均化模型。

14.5.7　建树方法的选择

虽然存在着大量的系统发生分析方法，但并不是所有的方法都可以应对所有已知的问题。目前基本上以基于统计学框架的 ML 法和贝叶斯法为主，适当考虑简约法，而距离法仅作为初始树使用或在大数据集分析时采用。系统发生网络仅用于群体数据、网络进化（杂交、重组和 LGT）及矛盾数据集信号显示等方面。

14.5.8　搜索算法选择

就搜索方法来说，要清醒地意识到，仅仅是因为序列出现在输入文件的顺序不同，程序也可能给出不同的进化树。PAUP 及其他系统发生软件提供了许多搜索选项，可以按照不同的策略和输入顺序重新运算。

对于分类单元数为 8～25 的中小规模数据集，可以应用能保证发现所有最优树的精确算法（exact algorithm），包括穷尽搜索和分支定界两种方法；而对于大型数据集，如果采用精确算法，即使目前运算速度最快的大型计算机也要花费很长时间，因而不得不采用近似算法（approximate algorithm）或启发式（heuristic）算法，包括动态规划（dynamic programming）、爬山算法/贪婪算法（climping/greedy algorithm）、马尔可夫链蒙特卡罗、模拟退火（simulation annealing）、人工神经网络（artificial neural network）和遗传算法（genetic algorithm）等。这些算法在不同的软件中执行。

在系统树搜索过程中 ML 法存在着局部优化问题，BI 存在着马尔可夫链的稳态或收敛问题，随着分类单元数量增加，这个问题更加严重。所有的优化策略的主要问题之一就是多重最优部位的存在，这在 MP 和 ML 中是众所周知的。随机优化方法（如模拟退火法或遗传算法）根据不同的策略力求避免由于随机背离全局最优距离而产生的局部结果，其中有些方法在大型数据集中搜寻时明显要快于传统的启发式（Salter and Pearl，2001）。

14.5.9　分子进化速率对系统发生的影响

序列替换速率通常是重建一个系统树的决定因素。缓慢进化的基因序列（如核糖体蛋白和 SSU rRNA）用来推断远亲相关类群，快速进化的基因（如动物线粒体基因和蛋白质编码基因的第三密码子位置）用来推断密切相关的生物之间的系统进化史。快速进化的基因不能用来推测远亲相关类群的原因是过高的进化速率导致的同一位点多个替换及由此所致的系统进化信号的饱和，将导致不正确的树的重建。

尽管人们对替换饱和的影响很关心，但许多实际分析却表明高度分歧的序列比分歧度低的序列含有更多的系统发生信号。Yang（1998）用计算机模拟技术分析了序列进化速率对重建系统发生准确性的影响，结果如表 14-2 所示。

表 14-2　Yang（1998）对随机树 OTU 数目与最适进化速率的模拟研究结果

OTU 数量	最适树长
4	0.2～0.4
5	0.4～0.5
6	0.3～0.4
7	0.4～0.6
8	0.4～0.6
9	0.5～0.8
50	4
100	10
200	15

模拟研究显示，系统发生分析最适的分子进化速率在一定程度上取决于所分析序列的长度和所包含的 OTU 数目，以及不同分支上进化改变量的分布是否均匀等因素。Yang（1998）的模拟研究表明，在大多数情况下，最适宜的进化速率为 0.3～0.5。据此，Yang（1998）将判断替换饱和的标准提高了一倍，提出 30%～40%的未校正序列分歧度是替换饱和的起点，并指出在任何进化速率下，成对 OTU 之间的序列分歧度并不是数据集系统发生信号含量的很好的指标。

Yang（1998）的模拟研究的结论如下所述。

（1）MP 法和 ML 法对同一位点上的多重替换有很强的容忍能力。

（2）由于缺乏系统发生信号，分歧度较低的序列的可用性应认真研究，尤其是当所分析的序列较短时。

（3）相对于 ML 法来说，MP 法的表现随着分子进化速率的增加并未下降，因而人们对 MP 法分析中同型性状的担忧可能是过分了。事实上，如果同一个位点由于进化速度太快而发生多重替换，只要在树的各个分支上都保持速率一致，MP 法与 ML 法表现一样好。

（4）序列分歧最适水平比以前提出的替换饱和的上限还可以更高。Meyer（1994）提出判断替换饱和的标准是未校正的序列分歧度在 15%～20%以上。这一数值对应的 K80+Γ 校正距离为 0.2～0.3 次替换/位点。表 14-2 中分子进化速率以树长来测量，树长为每一位点上期望的碱基替换总数。方法的比较分析显示，MP 法和 ML 法最适的树长无明显的差异。

应用快速进化的分子时易碰到的问题如下所述。

（1）比对困难。

（2）多重替换问题。

（3）高速进化的序列在不同类群之间在碱基组成频率上多不均一。不等的碱基组成频率意味着在不同类群之间替换过程是不同质的。在这种情况下，许多系统发生分析方法都倾向于将具有相同碱基组成的类群聚在一起。

14.5.10　替换速率变异

位点间速率变异是序列进化的一个普遍特征，尤其是编码蛋白质和结构 RNA 的基因更是如此。在进行系统发生分析时，如果忽视了这个问题，将严重影响系统树的分支型式、分枝长度、替换模型参数和自举值的估计，同时也影响 LRT 检验的功效和 KH 检验中 P 值的大小。具有强烈的位点间速率变异的 DNA 序列与中度或无位点间速率变异的序列相比，所含有的系统发生信息少，这是因为某些位点的替换速率高而多次发生（即多重替换），导致同塑性状比例增加。当进化速率在不同支系间有变异时，位点间速率变异问题更加复杂和敏感。

Yang（1996）综述了位点间速率变异对系统发生影响的各个方面。位点间的速率变异主要是由选择压力不同引起的，按自然选择作用的范围可分为两个方面。一方面是由于位点间受不同的选择压力，如编码蛋白质基因的不同密码子位点，这类速率变异可通过基于密码子模型来校正。另一方面起因于选择压力作用于不同的 DNA 片段，由于基因的不同片段具不同的功能重要性，功能重要部分的位点比功能次要部分的位点在进化上保守，这类速率变异在导致位点间速率变异的同时也产生相邻位点间速率的自相关性（autocorrelation），这类速率变异可通过基于自相关性模型来校正。

位点间速率异质性问题可以从模型和方法两个方面解决。模型上有不变位点模型和 gamma 模型。在分析方法上，尤其是基于贝叶斯法的分析，可以事先对数据进行划分，然后对不同的划分数据集进行各种模型和参数的联合或独立设置。目前的主流方法是根据基因/密码子/RNA 茎环结构等划分数据，每个划分数据集采用独立的替换模型和参数，但在计算树的拓扑结构和分枝长度时联合基因。分析方法上的另外一种策略是基于混合模型的贝叶斯法分析。

目前提出的解决位点间速率变异对系统发生影响的方法有以下 4 种。

（1）在建树过程中选择合适的替换模型。即使在分枝长度和 Ts/Tv 比值不同时，不同的位点间速率变异模型总是收敛于相似的拓扑结构上。由于位点间速率变异对推测的分枝长度有非线性的影响，用不同模型计算的分枝长度的差异十分显著，特别是对树的长分枝更明显。因此，为了获得准确的分枝长度，尤其是对于分歧较早的类群，应该选择切合生物学实际的进化模型。而且，可靠的分枝长度的计算对应用分子钟估计内部分支起源年代也十分重要。Buckley 等（2001）用 mtDNA 的两个基因序列通过 6 种不同替换模型研究了不同进化模型对系统树分支型式、分枝长度、替换模型参数和自举值的影响，其结果如下：系统树的分支型式相对地对所选择的替换模型不太敏感，但分枝长度、自举值和相对替换速率随不同的模型变化较大。另外，GTR+Γ、GTR+I、GTR+Γ+I 模型均能较好地符合密码子第 1、2、3 位碱基位点间的速率变异，而 GTR+SSR 模型的表现劣于上述三种模型。

（2）Churchill 等（1992）和 Reeves（1992）提出了不变位点模型分析方法，将比对好的序列中不变位点删除后再应用某种替换模型分析。该法是以下述观测为依据的：序列中位点间速率的异质性可以近似地假定有一定比例的位点是不变的，而其他剩余位点以固定的速率进化改变着。不变位点模型可以与 logDet/paralinear 变换距离一起使用，在进行 logDet 校正时，首先要估计比对好的序列中含有不变位点的比例 I，可以采用 ML 法或 capture-recapture 方法估计 I。

（3）用隐马尔可夫 HMM 模型（Felsenstein and Churchill，1996）分析序列，

HMM 模型分析时没有要求某一位点上相对速率的条件，也不要求位点间速率变异遵循某种 Γ 分布，它可以包含不变位点，也可以通过增加格外的参数以解释位点间替换速率的空间相关性。基于上述理由，HMM 模型未来会有更多的应用。

（4）删除进化速率过快的位点。

总之，研究者应该选择各种可能的替换模型来分析数据，以选择适合特定数据集的模型及其参数，对所选定的模型，不仅要看它对分支型式的影响，还要看对分枝长度和分支支持度的影响。目前广泛使用的各种模型无一能适应所有的数据，各种模型在一定程度上都存在偏差。

14.5.11　碱基组成偏向性的影响

虽然在大多数情况下无须考虑 DNA 链碱基不对称性对系统发生的影响，但在有些情况下也确实存在着这种现象，尤其是在分析线粒体基因组不同链编码的基因时。

NTE 法（neutral transitions excluded）可以减少 DNA 链碱基不对称性对系统发生产生的影响（Hassanin，2006）。在 NTE 方法中，凡是影响链组成不对称的原始数据中的所有中性或近中性转换进行重新编码，中性转换均为同义替换，是发生在密码子第三位点上的转换和亮氨酸密码子（TTR 和 CTN）第一位点的转换；近中性转换（quasi-neutral transition）是易于互变的氨基酸之间的非同义转换，如 ACN↔GCN（T↔A）、ATN↔GTN（I/M↔V）、CTN↔TTY（L2↔F）、ACN↔ATN（T↔I/M）、GCN↔GTN（A↔V）。所有密码子第三位点、密码子 CTN（L2）和 TTN（L1 和 F）第一位点，以及 ACN（T）、ATN（I 和 M）、GCN（A）和 GTN（V）密码子的第一和第二位点上的嘌呤编码为 R，嘧啶编码为 Y。NTE 法中，密码子第一和第二位点数据使用 GTR+I+C 模型，二态替换模型+I+C 用于密码子第三位点数据。

14.5.12　碱基组成异质性的影响

碱基组成异质性影响系统发生分析是因为目前的所有系统发生分析方法都是建立在替换型式相同的基础上的，如果出现碱基组成的异质性，说明分类单元之间的替换型式是不同的，会引起系统发生分析的系统误差。

替换型式（substitution pattern）是指 4 种碱基之间发生替换的数量及比例。替换型式对系统发生准确性和计算分枝长度十分重要。序列替换型式的信息获取有两种途径：其一是从成对序列之间比较获得的经验替换型式，其二是基于系统树重建序列祖先状态后估计的替换型式。

替换型式在不同分类单元之间的变化也能导致系统树的误差。在系统树的不同分类单元之间出现不同替换型式称为非稳态（nonstationarity），产生的原因有系统树不同支系间碱基组成上的差异或不同支系间可变位点分布不同。非稳态导致系统发生误差的原因是：如果两个原本亲缘关系较远的分类单元由于随机因素享有比两个亲缘关系较近的分类单元更相似的可变位点或碱基组成，则在系统发生分析时它们倾向于错误地相互连在一起。

14.5.13 外群选择与系统树的赋根问题

选择外群同选择内群一样对于分析的影响是相当大的，尤其是当外群与一个或者几个内群拥有一个相同的、不同寻常的属性（如组成偏好或者速率相似）时，问题就会复杂化。因此，合理的做法是采用若干个外群进行分析，检查内群拓扑结构的一致性。

在多数系统发生学的研究中，系统树根的产生是一个相对会被忽视的部分，往往认为是直接产生的，其实系统树赋根是系统发生分析中是最不稳定的环节。事实上，所有系统树的使用者都想要一颗有根树，因为进化方向的变化和单系群的概念本身仅对有根树而言才有意义。在默认情况下，系统树重建软件通常会生成无根树（尽管它们可能会显示为有根）。Rota-Stabelli 和 Telford（2008）提出了选择外群的标准，包括以下几点。

（1）替换速率较低。

（2）G+C 组成与内群相似。

（3）单链组成偏向性指数（strand bias skew index）：衡量单链组成不对称性程度。

（4）具有克服随机分支效应的效果。

（5）最近姐妹群。

系统树赋根有两个困难的问题。第一，如果合理地选择了存在的潜在外群，但它们与内群的亲缘关系很远，应该怎么做？第二，当没有可以被明显识别的潜在外群存在时，何种方法是有用的？

（1）对远缘外群的处理：对研究基础较好的类群，可以有根据地推测出与内群密切相关的分类单元。即使这样，有时获得的外群序列与内群差异非常大，在极端情况下，外群可能仅仅是代表随机化序列，对内群来说是完全饱和序列。已经提出的改善外群选择以正确赋根的建议包括以下几点。

首先，以赋根为目的，试图在外群中识别和找出哪些是姐妹群。一般来说，与远缘外群相比，这个姐妹群的序列会更接近内群，因此内群树的根将会更可靠。

其次，增加额外的外群数量。理想情况下，这些附加的外群应通过能打破第一个外群与内群之间分枝的方法选出来，从而减少与根的定位有关的任何长枝吸引问题。另一种情况下，增加的额外外群超出了内群加第一外群的范围，那样可能只是增加了树基部的长分枝，对于解决赋根问题是没有多少意义的。正确地选择多重外群需要了解它们彼此间及其与内群之间关系的先验知识，而这些知识往往都是不可用的。有时已灭绝的化石支系比现存的类群更加贴近外群，在这种情况下，单独的形态学数据或与分子组合的数据可以用来建一棵有根树。

最后，如果姐妹群只是一个单一的物种，或一组关系很密切的物种，就应该检测赋根是否相对较稳定。这类方法主要包括：①添加有差异的外群可以确定根的位置是否有改变、是不是可信（Dalevi et al.，2001)；②从数据矩阵中识别并去除一些高变异位点，因为它们很可能促成任何长枝吸引问题。在后一种情况下，高变区在内群中很可能是有益的，在这种情况下所有的位点都可以用来构建内群树。这种拓扑结构可以被固定，高变站点可以被删除，且外群也可以加入到新的分析中。

(2) 没有明显的已知外群时：当对那些知之甚少的类群进行系统发生研究，或该类群在生命之树的基部时，可能没有特别接近的外群。在这种情况下，用不同方法进行探索性试验可能是有用的。一种可能性是使用中点赋根法，这样就可以把根赋在树上的路径最长的两个末端类群之间的中点。这种方法可以不涉及一个外群而构建一棵正确的有根树（Swofford et al.，1996)。另一种可能性就是，各种各样的外群可用于测试和比较它们对内群拓扑结构及根的位置的影响。如果所有给出的结果都相同，而且与中点赋根法匹配得更好，这样就对正确根的位置提供了支持。

14.5.14　谱系缺失的影响

谱系缺失（missing lineage）主要指研究对象中的某些类群已灭绝或没有完整取样，导致分析中缺少某些类群，从而产生不真实的系统发生历史。如果在分析中每次删除一个主要谱系，获得的结果可能给出关于谱系缺失对系统发生结果影响的许多有用信息。

在构建一个大类群的生命之树的过程中，由于数据量太大引起的计算负荷问题，通常可以由代表性样本来代表一个大的谱系。代表性样本的使用可以预告基部类群中取样缺乏所致的系统发生分析误差，在这种情况下，应该在分析中加入更多的分类群。但是，在基部类群中有大量分类群灭绝的时候，分析的结果就会不确定。从对被子植物的分析中可以看出，每一谱系中样本的减少都可轻易地改变树的拓扑结构，说明代表样本的使用可能误导分析结果。

14.5.15　数据缺失对系统发生分析的影响

Maddison（1993）区分出系统发生分析中的三种类型的缺失数据（missing data)：选择的分类单元不完整、分类单元的性状记录不完整及数据含有多态性性状。其中，第三种类型（性状多态性）并非由于数据的缺失，之所以将其包括在内是由于目前流行的系统发生分析软件不能处理多态性性状。

缺失数据对系统发生分析结果的影响曾被 Novacek（1992）和 Anderson（2001）进行过较为深入的研究。缺失数据的情况在涉及化石类群的数据中较为普遍，在形态和分子数据集中也常遇到。避免缺失数据对系统发生分析影响的一般方法是基于数据完整性的标准事先删除那些有问题的 OTU。删除的 OTU 将无法参与系统树拓扑结构的确定。

尽管许多研究认为一定比例（通常为 12.5%～25%）的数据缺失是可以容忍的，但是大量的缺失数据会让分析结果缺乏可靠性。

14.5.16 基因水平转移

大量研究证明基因水平转移广泛存在于所有生物中，其在基因组进化上的重要性是显而易见的。但发生转移的程度的估计存在较大的分歧，在原核生物中估计的 LGT 相差 30 倍，从 2%到 60%之间变化（Dagan and Martin，2006），在真核生物尤其是后生动物中相对较少发生。

14.5.17 序列和位点同源关系

所有系统发生方法的假设认为，所输入的数据都由一组有同源特征的序列组成，这就意味着这些序列是同源的，而且它们的同源位点是完全比对准确的。作为系统发生推论的一个前提，多重序列比对却很少受到系统发生学家关注。

在通过序列数据构建物种树时，把并系同源基因（通过基因重组产生的基因）错误地理解为直系同源基因（物种形成时产生的基因）也可能出现系统发生上的错误。采用正式的算法从基因家族树来推断物种树（Page and Cotton，2002）是可行的，但是对基因家族的抽样的完整性来说是非常敏感的。

在位点同源上，对不确定的比对很少有一致和可用的策略，解决这些问题有三种可能的方法。

（1）消除有问题的位点：消除有问题的比对区段是最保守的，但这可能导致分辨率降低。

（2）用不同参数重复地进行多重比对，得出多个串联序列（Wheeler et al.，1995）。

（3）根据不同的比对，从构建的树的结构中遴选出共同的系统发生信息（多重分析法）。

14.5.18 选择作用的影响

大量分析显示，在 DNA 和蛋白质序列水平上，自然选择依然发挥着作用。但自然选择的作用对系统发生的影响却较少被提及，仅有一篇文献专门涉及这个议题（Edwards，2009）。如图 14-9 所示，图 14-9a 表示由中性或稳定选择主导进化过程的 5 个物种的基因树；图 14-9b 表示定向选择导致的支系之间的速率变异；图 14-9c 表示近缘物种之间中性进化的座位上共享的等位基因多态性；图 14-9d 表示近缘物种之间由选择性消除（selective sweep）作用驱动的等位基因之间的相互单系性；图 14-9e 表示异速进化（heterotachy）现象；图 14-9f 表示平衡选择作用引起的跨物种进化（trans-species evolution）现象；图 14-9g 表示选择作用驱动的趋同进化。

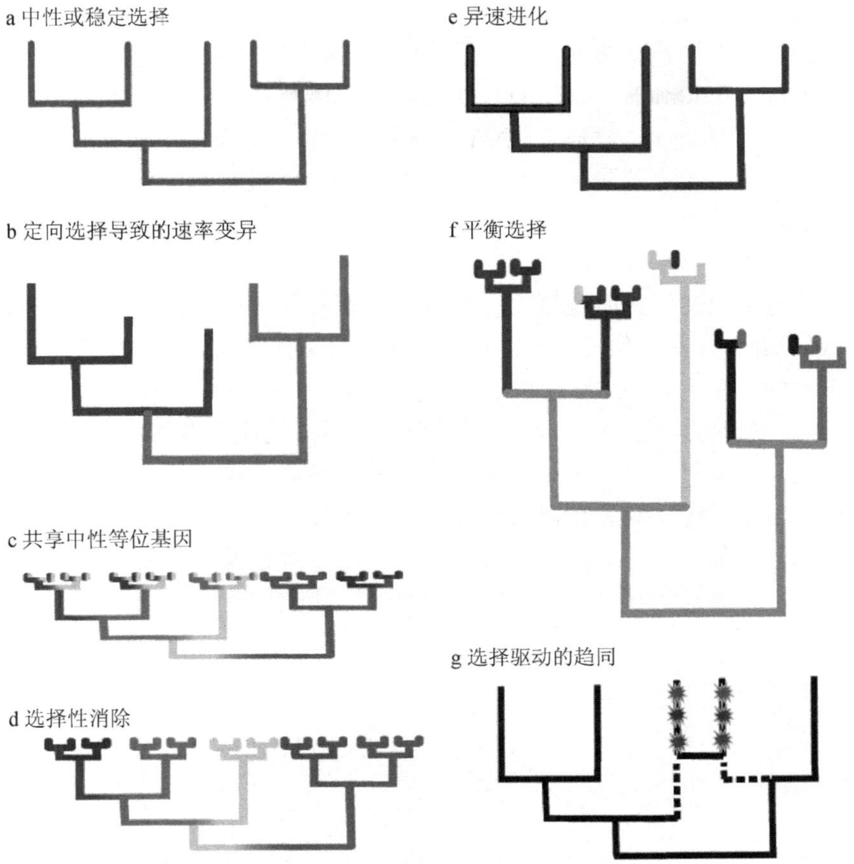

图 14-9　自然选择影响系统发生分析的途径（Edwards，2009）（见彩图）

一般来说，自然选择作用引起的序列趋同进化不会造成系统发生分析的误差，引起替换型式的改变、碱基组成偏向性及不同支系进化速率的差异等可以通过采用适当的进化模型进行分析。然而，较强的定向选择将造成不同支系之间的趋同进化，较强的分歧选择会引起替换型式的改变和碱基组成偏向性，以及不同支系进化速率的差异，只有在平衡选择条件下序列才能够比较好地反映进化历史。平衡选择是指稀有的等位基因有较高的适合度，它能够在连续的物种形成事件中维持基因谱系的多样性，维持基因的多样性可以防止谱系分选。

14.5.19　重组的影响

基因重组是指由于不同 DNA 链的断裂和连接而产生的 DNA 片段的交换和重新组合，以形成新的 DNA 分子的过程。重组的新 DNA 分子中含有原来的两个 DNA 分子的片段。严格说来，所有 DNA 均是重组 DNA。基因重组是所有生物都可能发生的基本遗传现象，无论在高等生物体内，还是在细菌、病毒中，都存在基因重组。不仅在减数分裂过程中会发生基因重组，在高等生物的体细胞中也会发生基因重组。基因重组不仅可以发生在细胞核内的基因之间，也可以发生在线粒体和叶绿体的基因之间。

可以说，所有 DNA 都有可能发生重组。

通过重组，单个染色体发生的突变可以扩散到同源序列对，甚至其他染色体上，这种突变的混编（mutation shuffling）使得后裔个体与任何一个亲本都不相同。重组会增加基因演化的复杂性，对基于 DNA 分子的系统发生分析结果造成影响。重组只影响种内系统发生。由于生殖隔离，有性生殖的物种之间没有基因流，故对种上系统发生分析没有影响。

由于基因重组的存在，物种内部不同基因拷贝之间的演化关系就不能再用简单的二歧式拓扑结构来描述了，而应该用一种网状的拓扑结构来描述。对于有种间基因交流的生物（如细菌），其进化树虽然也是一种网状的拓扑结构，但由于重组机制的多样性及物种进化的机制不同，进化树也不一定会和基因树相一致。

在图 14-10 所示的物种 A、B 和 C 系统树上，可以重建正确系统发生关系的基因序列发生了重组，在树根，有一对不同颜色表示的姐妹染色体，假定在进化过程中这些染色体片段发生了重组，变为在树的端部显示的那样，重组能够使一个支系中可以反映进化历史的等位基因（箭头所指）消失，根据这个等位基因重建的物种树将是错误的拓扑结构。

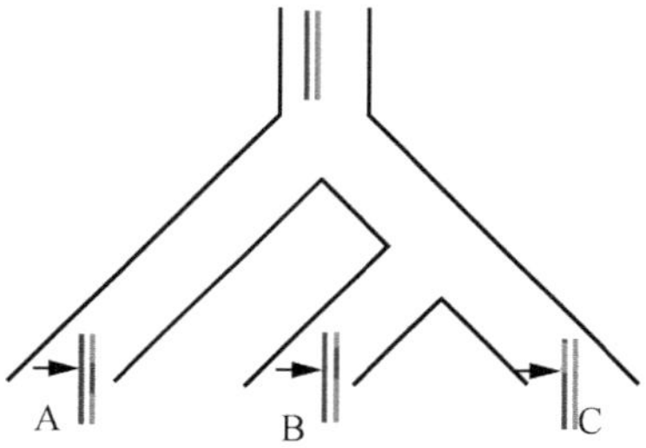

图 14-10　重组对系统发生重建的影响（见彩图）

14.5.20　分支支持度低的问题

当数据集较小或数据中的信号比较复杂时，分子系统发生分析获得的系统树的部分分支支持度可能很低。在这种情况下，取样更多的序列数据也许能够改善支持度。在有些情况下，即使基于大量的序列数据，系统树的部分分支支持度仍然可能很低。

一种经常遇到的情况是系统树的一个或几个分支的支持度特别低，这样的类群在不同分析方法中位置也会发生变化。这种不稳定很有可能是由丢失数据、替换速率的升高导致趋同性，或者在进化枝内外有极低的替换速率等造成的，所有这些都有可能导致支持度很低。面对这种情况，一个普遍的方法是在自举树中找出最大一致性子树（Steel and Penny，2000），删除地位不稳定的个别分类单元，以使剩余的类群之间的关系在所有的系统树之间都是一致的。比起原始的树来说，最大一致性子树仍然是一个比较模糊的说法，但它反映了一个具有更高价值的真实结果。

计算大型数据集的分支支持度通常使用快速自举法，选择搜索方法时通常会运用一种启发式的快捷方式，就像在 PAUP 中选择快速自举一样，为了节约时间而不进行严格的搜索。DeBry 和 Olmstead（2000）的模拟研究表明快速自举除了在有非常高支持度的进化枝中（>90%）有效外，随着分类群的增加，快速自举法将变得很糟。为了避免这种情况的恶化，应该增加启发式搜索的严格性，至少包括一些最起码的分枝交换可能是很有必要的。

14.5.21　计算时间太长的问题

分子数据集包含成千上万条序列的数据日趋普遍，而目前系统发生算法和计算机的计算能力有限，系统发生学家在等待分析结果完成上花费的时间比以往任何时间都要多，尤其是对于采用复杂模型的最大似然法需要耗费很长时间。采用自举法估计系统树的置信区间比单纯建树更是增加了几个数量级的处理时间。这种情况下，如果等待的时间太长，可以选择以下几种策略。

（1）使用快速算法：决定系统发生算法运行时间的主导因素是序列数量 N。没有任何一个方法可以保证找到 MP 或 ML 最佳建树程序在运行时间方面比指数好（e^N）。常用启发式方法，如在 PAUP* 或其他程序中，运行时间采用多项式模式，如 N^k，其中，k 是个常量，代表在运行时间上巨大的改善。

先将数据集划分为子集，构建相应的树，然后再进行重新组装。四分树解谜法（Strimmer and Von Haeseler，1996）和最近的一些快速算法在运行时间上可以达到 N^4 的规模，这些方法主要用于 ML 搜索，要比标准启发式搜索策略更快，因为搜寻许多小树要比一个大树快的多。Ota 和 Li（2000；2001）利用这种方法在一个完全不同的方向上对 ML 与 NJ 进行了混合，它通过 NJ 确定了有较好支持度的子树，然后通过 ML 对支持度较少的节点执行限制搜索。

随机优化方法（如模拟退火法或遗传算法）在大型数据集中进行搜寻时明显地要快于传统的启发式方法（Salter and Pearl，2001）。

（2）减少参数降低模型的复杂性：在使用有许多参数的复杂模型的最大似然法过程中开发出了一些减少运算时间的捷径，这些捷径是通过使用对多个参数估计近似值实现的。典型的策略是在单一有根树估计替换模型的参数，如一个由快速邻接法或最大简约法分析获得的树，然后用在多个树中通过启发式搜索于一个树上获得的判断来修正参数。PAUP* 软件的很多特点促使了这些捷径的产生。在中度大小的数据集中（小于 100 条序列），运行速度可以通过数量级而改善，或者可能会更好。

（3）增加基因序列：对于同一类群来说，解决运行时间问题的长远方法可能就是获得更多的序列数据。在大数据集中数据的添加可以明显地降低启发式搜索的运行时间，这可以通过噪声信号比的增强而推断出来（Hillis，1996）。需要注意的是，不同进化史的基因（不论是由于重组、祖先多态性的谱系分类或其他过程产生的）增加可能会产生相反的作用，因为在一个数据集中算法被强迫用来对明显有冲突的分区进行分类。因此，在联合前就应该进行基因间系统发生信号同质性的检验。

（4）对一致支持的树而不是最佳树的评估：一个完全不同的策略是用来通过大量的尝试以获得最理想的树，这一策略也只能估计出这一树上最被支持的部分（Goloboff and Farris，2001）。

（5）使用更快的硬件：虽然电脑硬件的改善不可能对大量的系统发生优化问题进行精确的解决，但它们一定可以加快启发式搜索的速度。处理程序的运行速度每 1.5 年可翻两倍（Moore's law），但现在的高性能计算几乎总是需要一些并行处理形式。既实用又廉价的计算机集群对系统发生学家很有吸引力，但利用这些资源的软件并没有得到广泛的使用。

（6）并行算法：系统发生分析过程中的许多随机方法（如自举法、遗传算法或 MCMC 法）仅需要简单重复，可以在操作系统水平分配计算而无需编写真实的并行代码。目前针对 MP 法（Gladstein and Wheeler，1997）、ML 法（Ceron et al.，1998；Stewart et al.，2001）、Quartet Puzzling 法（Schmidt et al.，2002）和遗传算法（Katoh et al.，2001）的真正的并行优化软件也已推出，但更加迫切需要的是附加工具的开发。

14.5.22 总结

总的说来，到目前为止，在进行系统发生分析中，最重要的因素不是进行系统发生推断所采用的方法，而是输入数据的质量。序列选择和比对过程的重要性无论怎么强调都不过分。即使是最复杂的系统发生推断方法也不能校正输入数据的错误。

采用各种不同的分析策略和方法，从尽可能多的角度观察数据。使用四类主要方法（距离法、简约法、最大似然法、贝叶斯法）中的每一个，然后比较它们所建立的进化树的一致性。同时，要清醒地意识到不能只是因为所有这些方法产生了相同的进化树，就认为已经达到了相对于真实系统发生的一个较好的评估。通过不断增加数据量和数据类型获得的一致系统树才有可能接近实际的进化历史。

第 15 章　不同类型数据的分析策略

15.1　不同类型数据的特点

系统发生分析的难易程度和结果的可靠性主要取决于数据质量，任何时候都要铭记系统发生分析的两条基本原理，即性状的同源和独立同一分布（i. i. d.）。只要是满足这些原理的数据，采用常规的分析方法都能够获得可靠的结果；否则，无论采用多么高级复杂的方法，都无法获得可靠的结果。

从上述意义上讲，蛋白质序列也许是最容易分析的数据，因为蛋白质序列的同源关系易于建立，独立同一分布易于满足，进化模型比较成熟。

编码蛋白质的基因序列分析的难易程度介于蛋白质序列和 RNA 序列之间。DNA 编码序列的替换常发生在密码子第三位点上，插入和删除一般以三个位点为单位发生，可以将比对好的蛋白质序列转换为 DNA 序列，故一般可以建立比较可靠的位点同源关系。

RNA 序列和非编码序列是最难分析的，主要困难在于：位点同源关系（比对）难以建立；插入和删除发生频率高，序列长度变化大；在配对区存在协变位点等，进化型式复杂。

本章主要讨论分子系统发生上常见的这三类数据的特点和分析策略。

15.2　DNA 序列分析策略和方法

15.2.1　用 DNA 序列还是蛋白质序列

如果是蛋白质编码序列，到底是选择蛋白质还是 DNA 作为分析对象，取决于所要研究的类群和想要解决系统发生问题的范围。在进行分歧时间久远类群之间的系统发生研究时，蛋白质序列数据是更为可取的，因为蛋白质相对于 DNA 而言，其更低的氨基酸替换率可能降低替换饱和性，减少同型性状数量。在进行低级分类阶元的系统发生研究中，DNA 序列可能更合适，因为它比研究蛋白质获得了更为丰富的信息量。

然而，有些情况下只能使用 DNA 序列，包括以下几种。

（1）当研究非编码序列，如结构 RNA 基因、非编码序列（内含子、假基因等）时，必须使用 DNA 序列或 RNA 序列。

（2）当研究种群水平或近缘种之间时，在蛋白质水平上没有或仅有很少的取代，此种情况下必须使用 DNA 序列。

（3）在有些情况下，当一个基因进化改变非常慢，或者关系非常近的序列，或者要研究的基因非常小时，蛋白质序列就可能包含了太少的信息，不能用来解析进化树，此时 DNA 序列是较佳的选择。

使用 DNA 序列数据的优点如下所述。

（1）编码蛋白质的那部分 DNA 可以发生同义或者非同义替换。比较非同义替换率（d_N）和同义替换率（d_S）可能会显示出物种是发生正选择还是负选择。如果 d_S大于 d_N，这就暗示 DNA 序列可能发生了负选择或者净化选择。负选择是对相应的氨基酸序列改变的限制，这种选择发生在蛋白质的结构和（或）功能是临界的和不能发生替换的时候。当 d_N大于 d_S时暗示正选择的发生。

（2）通过分析两条序列并且参考其祖先序列可能可以推论出大量在两个（或者更多）直接序列比对中得不到的有关进化的有用信息，包括平行替换、趋同替换和回复替换。

（3）DNA 序列的信息量比相对应的蛋白质序列大。非编码区（如内含子、5′端和 3′端的非翻译区）能用于分子系统发生分析。

（4）DNA 序列的进化模型丰富，同样大小的数据集使用统计学方法（ML 和贝叶斯法）分析所需的计算时间比蛋白质序列少得多。

（5）可以采用密码子模型进行分析。使用密码子模型的优点是同时考虑了 DNA 和蛋白质序列的进化特点。

使用 DNA 序列数据的缺点是远缘非编码序列比对困难；容易产生同型性状；比氨基酸序列更易于发生组成异质性等。

15.2.2　编码蛋白质 DNA 序列的分析

编码蛋白质的 DNA 序列和蛋白质序列是相同信息的两种不同编码方式。在许多研究中，这两种编码方式都被应用，在研究近缘种类时通常只采用 DNA 序列，而当研究远缘种类时只使用蛋白质序列。推荐将 DNA 和蛋白质序列都进行分析，尤其是在研究中级分类阶元时，然后比较两种分析结果的异同。

1. DNA 水平上的分析

理论上，编码蛋白质的 DNA 序列应比相应的蛋白质序列有更多的系统发生信息。但实践上，下述两种因素使这一想法落空。首先，由于同义替换发生频率高，使序列中密码子第三位碱基组成很快趋于随机化，从而使这一位点成为无信号位点。其次，密码子第三位上的碱基组成在一些种中显示出与分类学相关的变化模式，意味着它受到至少是中度选择力量的影响。这种方向性选择力量的存在可引起一个支系内这一位点上强烈的趋同进化，因此造成系统发生推论的误差。

考虑到上述因素，在分析蛋白质基因序列时，可采取下述 5 种不同的策略之一或联合其中几种策略进行分析。

（1）对于差异较小的近缘种类的序列，直接基于已比对序列进行简约性分析或转化成距离进行分析，而不作进一步的位点加权或距离校正处理。

(2) 对于差异很大的远缘种类的序列，将分析仅限制在每一密码子的前两个位点上，放弃对密码子第三位的分析，因为当趋异时间较长时，第三位碱基是随机化的，不具有系统发生信号。

(3) 将密码子按简并程度不同区别对待。按密码子简并程度进行区分的分析方法有多种。Li（1993）和 Li 等（1985）将位点分成四重简并、二重简并和非简并三类进行分析。Nei 和 Gojobori（1986）将密码子按同义替换和非同义替换两类分别处理。

密码子的不同位点按简并程度可分成 4 类。

四重简并位点（four-fold degenerate site）指密码子位点中所有类型的碱基替换（即另三种碱基中的任一种替换）都是同义替换的位点，在 61 种有义密码子中有 32 种密码子的第三位点属于四重简并位点。

三重简并位点（three-fold degenerate site）指在其他三种碱基替换中有两种是同义替换的密码子位点，属于这类位点的只有异亮氨酸三种密码子的第三位。

二重简并位点（two-fold degenerate site）指在三种其他碱基的替换中只有一种是同义替换，这类位点包括 24 种有义密码子的第三位、亮氨酸 4 种密码子的第一位和精氨酸 4 种密码子的第一位。

非简并位点（nondegenerate site）指任何替换都能引起氨基酸取代的密码子位点，除上述提及的外，所有剩余的密码子位点都是非简并位点。

(4) 按能引起实际观测到的或理论期望的氨基酸取代的碱基替换途径的处理方法，如按 Dayhoff 等（1978）的氨基酸取代矩阵的加权分析方法。

2. 蛋白质水平上的分析

蛋白质水平上的分析是从 DNA 序列推导出相应的蛋白质序列，然后对蛋白质序列数据进行系统发生分析。

3. 采用密码子模型的分析

采用密码子模型的分析兼有 DNA 和蛋白质序列分析的优点。但密码子模型参数数目巨大，要求大量数据集和高强度的计算速度。

4. 将 DNA 和蛋白质联合在一起进行简约法分析

Agosti 等（1996）试图将同一个基因的 DNA 和蛋白质序列联合起来构成一个数据集进行分析。

15.2.3　DNA 序列的加权简约法分析

系统发生分析中的共享衍征是系统发生信号，但同一位点上的多重替换可以掩盖这种信号，降低位点在建立系统树时的可靠性。多重替换也可因趋同而产生错误信号，尽管少量的趋同并不影响由强大的系统发生信号构建的系统树，但当系统发生信号较弱时就不可靠了。多重替换随着替换速率因不同支系的变异而更加严重，因此，经历过多重替换的位点不应该用于建立序列间的分支型式和计算分枝长度，克服这一困难的方法是对多重位点进行适当的加权并选择处于不同演化位置的分类单元。

DNA 序列的加权有一些基本的加权规则。首先，应当区别三种不同类型的序列变化，即转换、颠换和插入/缺失（indel）。这种区分对于使用具有较高转换/颠换比的 DNA 作远缘种的比较时尤其重要。DNA 序列的加权简约法基于以下 4 个前提。

（1）Ts 比 Tv 更容易发生。

（2）不同类型的 Ts 和 Tv 之间发生的频率也不一样。

（3）密码子第 1、2、3 位上的替换速率差异很大。

（4）不同的性状在系统树上的拟合显示其可靠性差别很大。

Simon 等（1994）的综述描述了如何通过设计基于模型的校正和类似的加权方案来纠正能够误导系统发生和分子钟分析的核苷酸单一位点上的多重替换。现有的 DNA 序列数据的加权方法，从总的方面看可分两大类，一类是基于进化理论模型预期的特定不连续值的加权方法，另一类是从观测数据本身计算出的替换概率作为加权参数的方法。这两类方法都试图识别最保守的性状（即最不可能经历多重替换的位点）并给予这些位点以较大的权值，对高变区及高变位点给予较小的权值。

1. 基于进化模型的不连续值加权

分子进化过程的知识和理论可用于预测序列的哪些位点以较快的速率进化，哪些位点以较慢的速率进化，按照不同区段或位点之间进化速率的差异分别给予不同的数值。

（1）密码子三位点加权体系：编码蛋白质的 DNA 序列可按密码子第 1、2、3 位的不同位点进行加权，或按密码子位置的简并程度的实际情况进行加权。密码子第三位点进化最快，应赋予最低的加权值；而密码子第二位点最保守，故应予以最高的加权值；第一位点的进化速率居中。据此可以分别给第 1、2、3 位加权：$W_1=3$，$W_2=5$，$W_3=1$。也可以对密码子第一和第二位点取代（包括转换和颠换）的加权值等同于第三位点颠换的加权值，而第三位点转换的加权值为 0。对于较复杂的蛋白质基因，还可以按蛋白质功能对相应的 DNA 区域作细分，如 Sennblad 和 Bremer（2000）将 *rbcL* 基因序列按其所编码氨基酸的功能分为 5 类：二级结构、三级结构、四级结构、活性位点和无功能位点，其中前 4 类有可能有重叠。当然，这样划分加权类型是建立在对蛋白质功能完全清楚的基础上的。

（2）序列进化的一个显著特征是转换比颠换发生频率高，因而许多人建议序列分析时对转换给予较小的权值。Irwin 等（1991）的研究发现，当趋异时间大于 5MY 时，同义颠换与非同义替换一样也可用于系统发生分析上，同时，颠换大致与 80MY 范围内的趋异时间呈线性相关。

动物线粒体基因组的转换/颠换比普遍较高，一般常用的加权规则是，先确定转换/颠换的比率 R，若赋予转换的加权值为 1，则颠换的加权值为 R。对于远缘种的比较，如果转换已趋于饱和，就可完全忽略转换而仅使用颠换。至于近缘种的比较，由于转换尚未趋于饱和，因而并不包含很多进化杂音，可以赋予相同的加权值。DeSalle 等

(1987) 在研究果蝇 mtDNA 部分序列时，对近缘种类的分析用所有的变异位点（主要是转换），而对远缘种类的分析则仅用颠换型位点（给转换以零权）。给所有转换的权值为 0，颠换的权值为 1，这样转换变化被完全忽略，只有颠换才被考虑，这种 MP 方法称为颠换简约法。

(3) 对 indel 的加权没有统一的看法。多碱基的缺失/插入，在没有明显证据表明是由多次缺失/插入积累而形成时，一般可以认为是由多个碱基的一次缺失/插入形成的，即可以作为一个变异特征。在缺失/插入很少发生的区域，如蛋白质编码区，indel 的加权值或许应该高于颠换。而在 indel 经常发生的区域，其加权值或许近似于转换。也有人主张干脆忽略涉及 indel 的区域。分析 DNA 序列时常用的两个空位加权步长矩阵如下：

	A	C	G	T	—
A	0	1	1	1	2
C	1	0	1	1	2
G	1	1	0	1	2
T	1	1	1	0	2
—	2	2	2	2	0

	A	C	G	T	—
A	0	1	3	7	14
C	1	0	1	0	2
G	0	1	0	3	10
T	1	0	1	0	5
—	1	1	1	1	0

(4) 对于 rRNA 和 tRNA 序列，可按不同结构或功能域的进化特征给予不同的权值。

2. 基于实际观测的替换概率的加权方法

这种加权方法中，对序列性状状态的变异性的评估可在比对后就进行先验加权，也可在系统发生关系推论完成后进行后验加权。在后一种情况下，由原始数据获得的初始树可用于识别高变区域和位点，这些高变位点将在后一轮的建树中给予较小的权值。

(1) 先验加权方法：进行系统发生分析之前就对序列数据进行加权的方法有相容性加权法和 EOR 法。相容性加权由 Penny 和 Hendy (1985；1986) 首先采用，主要是计数性状之间不相容的数目，并将这个数目与由随机过程所期望的不相容数目比较。一个性状的相容性程度越高，对该性状赋的权值越大。EOR (expected to observed ratio) 法由 Knight 和 Mindell (1993) 提出，基本方法是通过对已比对序列的比较识别出变异位点，并计算出 6 类替换类型中的每一类与其期望值的偏离程度，通过这种观测值与期望值的偏离程度对每类替换赋予不同的权值。这种方法的缺陷是缺乏估算期望替换的数学模型，且无法应用于有碱基组成偏向性的序列，Collins 等 (1994) 对 EOR 作了重要的改进。

(2) 后验加权方法：这类方法中有 Olsen (1987) 的方法和 Farris (1969) 的方法。这些加权方法的缺点是最后的结果主要取决于初始树，因此初始树的可靠性对权值估计很重要。常用的后验加权方法如下。

a. 根据重新标度一致性指数（rescaled consistency index，RCI）标准进行后验加权。

b. 基于随机挑选的MPT，采用ML法估计出Ts/Tv后，用双参数加权法再进行简约分析。估计Ts/Tv时，可以采用较复杂的模型，如GTR+I+Γ，这样估计的加权值比较符合序列进化特征。

c. Cunningham（1997a）提出了一种后验加权参数的估计方法，如下所述。①用非加权简约法分析数据集，建立MPT。②在MPT上绘出数据集中性状的变化，由此计算出每类替换发生的比例。③采用下式计算加权矩阵，即

$$K_{ij}=-\ln(X_{ij}/X)$$

其中，K_{ij}为碱基i替换为j时的权值；X_{ij}为碱基i和j之间在MPT上相互替换的数目；X为MPT所有碱基发生替换的总数。K_{ij}的估计方法很多，Cunningham发展的另一种方法是：以MPT为基础采用ML法用GTR模型估算6种替换速率，即γ_{AG}、γ_{CT}、γ_{AT}、γ_{AC}、γ_{CG}和γ_{GT}。

Kjer等（2007）采用17种哺乳动物线粒体基因组数据评估了目前广泛使用的11种加权体系（表15-1），结果显示，那些最广泛使用的加权体系（颠换加权、密码子位点加权和氨基酸取代加权）在试验数据上表现得最差，而那些比较复杂的加权体系相对表现较好，但没有一种加权方法适合各种数据，而是不同方法各有千秋。

表15-1　Kjer等（2007）采用的11种不同的加权简约法

方　法	加权原理
EP	等权简约法
SW	根据EP树的最优RC进行加权
Tv only	由颠换权重1和转换权重0组成加权矩阵
C110	密码子第1和第2位点权重分别为1，第3位点为0
C241	密码子第1位点权重为2，第2位点权重为4，第3位点权重为1
6P	6个速率参数组成加权矩阵，参数估计基于EP树的GTR+I+G模型的最大似然法
GIP	TNT软件（kappa=3）执行的隐性加权（implied weighting）
PR	根据1000棵自举重复EP树的best CI进行加权
AA	翻译为氨基酸进行分析
AA100	将氨基酸取代给予权重100后与DNA序列联合起来一起分析
Tri-level	4种核苷酸、嘧啶和嘌呤，以及翻译为氨基酸序列三个水平上联合起来同时分析

15.2.4　DNA序列的ML和贝叶斯法分析

基于进化模型的最大似然法和贝叶斯法是DNA序列数据系统发生分析的最佳方法。这种分析的核心是数据划分和模型选择：数据必须依据位点的进化特点进行适当的划分，对于不同的划分数据集应该选择不同的进化模型，也可以采用模型平均化或混合模型方法分析。

DNA序列的最大似然法分析软件有：PAUP*、IQPNNI、PhyML、RAxML、FastDNAml、SEMPHY和TREEFINDER。其中，对于中小型数据集（＜50），PAUP*仍然是首选软件，对于大型数据集可以选择PhyML和RAxML等。

DNA序列的贝叶斯法分析软件有：MrBayes、BEST、BEAST、PhyloBayes、BayesPhylogenies、PHASE和P4等。

15.3　蛋白质序列分析策略和方法

15.3.1　蛋白质序列数据的获得

蛋白质序列数据从 20 世纪 60 年代中期就开始应用在分子进化和系统发生研究中，Eck 和 Dayhoff（1966）等首先利用细胞色素 c 序列数据构建其序列进化树及相应的物种进化树。近 30 年来，已经建立了较成熟的蛋白质序列数据的分析方法，应用这些方法分析了许多脊椎动物类群的系统发生关系。蛋白质序列数据可通过两种途径获得：一种是测定组成蛋白质多肽链一级结构的直接方法，另一种是通过测定编码蛋白质的 DNA 序列来推测出多肽的氨基酸序列的间接方法。目前大部分蛋白质序列数据都是经过以下两种途径获得的：从基因组 DNA 注释的蛋白质产物，或由 mRNA 获得的 cDNA 注释的蛋白质。

15.3.2　必须使用蛋白质序列的情况

虽然 DNA 序列的分析有很多优点，但是在很多情况下，人们还是倾向于使用蛋白质序列，尤其是进行高级分类阶元之间的比较时，在 DNA 水平上替换已经饱和，此时使用蛋白质序列效果好。蛋白质有 20 种氨基酸，而且蛋白质序列的改变要比 DNA 序列慢得多，是研究远缘序列或进化特别快基因的首选。

尽管与相应的 DNA 序列相比，蛋白质序列数据中信息含量要少，但蛋白质序列数据却具有下述优势。

（1）在分子和位点两个水平上，蛋白质序列之间易于建立同源关系。每种蛋白质在细胞内都有可识别的特定生化功能，因而从功能上很容易确定一组蛋白质分子之间的同源性。蛋白质上的许多氨基酸即使在较高阶元的类群之间也保持不变，因而蛋白质序列易于比对。

（2）即使在编码蛋白质基因的密码子碱基组成有明显偏向性的物种中，亦未发现相应蛋白质中有明显的氨基酸组成上的偏向性，加之每一位点上的氨基酸残基的可能状态有 20 种，因而蛋白质序列进化过程中的同型现象要比 DNA 少得多。

15.3.3　蛋白质序列的分析策略

1. 蛋白质序列数据的距离分析方法

蛋白质序列数据本质上是一类性状数据，其每一位点可看成是独立的性状，有 20 种可能的状态。应用距离方法分析已比对的蛋白质序列时，应首先将序列数据转化成成对序列之间相似或差异的估计值，当序列之间差异较大时，还需要根据蛋白质序列进化模型对观测距离作出校正，然后选择一种距离方法进行分析。

在数据转化过程中，蛋白质序列对于相同残基的限定有几种不同的方式：严格的定义是只有同种氨基酸才看成是相同残基；还有一种宽松的定义，即将 20 种氨基酸按化学性质分为 6 组，同组内氨基酸之间的取代称为同义取代，因而同组内的不同氨基酸都看成是相同残基，后一种方法适合于分析差异较大的蛋白质序列。

2. 蛋白质序列的简约法分析

Eck 和 Dayhoff（1966）首先使用 MP 法分析蛋白质序列数据。他们将 20 种不同的氨基酸作为性状状态，并假定蛋白质序列进化过程中 20 种氨基酸可以向任何方向改变，然后用简约法构建了 MP 树。Dayhoff 等对不同的蛋白质序列使用了这种方法，获得了非常可靠的进化树。在 PAUP* 和 MEGA 中均有该方法的计算机程序。

理论上，Dayhoff 等的方法是近似的，因为很多氨基酸取代需要两个或三个核苷酸替换，尽管另外一些变化可以用一个核苷酸替换来解释。此外，某些氨基酸在生化性质上与另一些很相似，从而在相似的氨基酸间的取代比在不相似的氨基酸间取代更频繁出现。已经提出了很多蛋白质简约算法，这些算法用来计算氨基酸之间最少核苷酸替换数，并对这些数求和来计算树长。

3. 蛋白质序列的最大似然法分析

蛋白质序列进化建模比 DNA 序列进化模型复杂，因而在蛋白质水平上基于模型的系统发生分析相应地比 DNA 要少，主要是采用各种简约性方法。近年来也开发了一些能够应用氨基酸序列快速进行最大似然法分析的软件，如 PhyML、TREE-PUZZLE 和 TREE-FINDER 等，克服了长期以来在使用氨基酸序列进行最大似然法分析的计算上的限制，因此，氨基酸序列的模型选择也开始重视起来，目前已经有一些比较成功的蛋白质模型选择软件，如 ProtTest 等。

由于存在大量的模型，所以模型选择的问题也类似于核苷酸的情况。ProtTest（Abascal et al.，2005）是专门用于选择蛋白质进化模型的软件，用来计算 64 种候选模型的似然值并采用 AIC、AICc 和 BIC 评价这些模型与序列数据的拟合，也能够计算不变位点、gamma 速率分布、氨基酸组成频率等相关参数的重要性并提供模型平均估计（Posada and Buckley，2004）。尽管 ProtTest 可以从最广泛使用的经验矩阵中找出最适合的进化模型，但仍存在这些经验的候选模型能否反映广泛的蛋白质进化过程的问题。因为常用的经验模型中的大多数是从分歧较大的蛋白质家族构成的大数据集中计算出来的，因而氨基酸之间的相对取代速率也许太一般化，从而不能很好地拟合特定的蛋白质家族数据集。

为了解决这个问题，提出了选择蛋白质进化模型的第二种方法，就是采用 MATRIXGEN（http：//www. matrixgen. sourceforge. net）软件从氨基酸序列中直接计算蛋白质家族特异性的经验取代矩阵。例如，如果要构建 rhodopsin 家族的系统发生关系，首先使用 PFAM（http：//www. pfam. wustl. edu）数据库获得已经比对好的 rhodopsin 序列数据，然后使用 MATRIXGEN 计算出 rhodopsin 家族特异性的取代矩阵，之后再利用这个取代矩阵进行系统发生分析。

由于 PAUP* 4 中只有简约法和距离矩阵法分析，没有蛋白质序列的进化模型和对蛋白质序列进行最大似然法分析的算法。所以，蛋白质序列的 ML 分析需要其他软件，最主要的蛋白质软件见表 15-2，其中主要有：PhyML、TREE-PUZZLE4. 0、PROT-ML2. 2 和 TREEFINDER 等。其中，PhyML（Guindon and Gascuel，2003）应用最多，首先基于距离方法快速构建一棵初始树，对这棵初始树从拓扑结构和分枝长度两个方面同时做简单的启发式搜索，再计算时间显著改善。这个同步调整是一个运算速度和准确性的折中，并要求只有少数几次重复就能够达到最优树。另一 ML 快速算法 TREEFINDER（Jobb，2005）允许混合模型（即针对不同的数据分区采用不同模型）和自举过程。最近对 ML 启发式的另一项改进是采用遗传算法（GA）（Lemmon and Milinkovitch，2002）。

表 15-2　蛋白质序列的最大似然法分析软件

软　件	网　址
DPRml	http：//www. cs. nuim. ie/distributed/
GARLI	http：//www. bio. utexas. edu/faculty/antisense/garli/
IQPNNI	http：//www. cibiv. at/software/iqpnni/
MultiPhyl	http：//www. cs. nuim. ie/distributed/multiphyl. php
PhyML	http：//atgc. lirmm. fr/phyml/
PhyNav	http：//www. cibiv. at/software/phynav/
RAxML-VI	http：//icwww. epfl. ch/～stamatak/index-Dateien/Page443. htm
TREE-PUZZLE	http：//www. tree-puzzle. de/
TREEFINDER	http：//www. treefinder. de/
MetaPIGA	http：//www. ulb. ac. be/sciences/ueg/html _ files/MetaPIGA. html
MOLPHY	http：//www. ism. ac. jp/ismlib/softother. e. html
SEMPHY	http：//compbio. cs. huji. ac. il/semphy/

4. 蛋白质序列数据的贝叶斯分析方法

贝叶斯法系统发生软件包含来自大量复杂的蛋白质进化模型，是进行蛋白质序列分析的主要方法，其中最常用的有 MrBayes 和 PhyloBayes。

MrBayes 采用了很多蛋白质进化模型，大概可以分为两类：固定速率模型和可变速率模型，前者假定氨基酸的组成频率处于稳态，并且取代速率固定，而后者两类参数中的一类或二类是从数据中估计得到的。固定速率模型包括 Poisson 模型、Dayhoff 模型、mtREV 模型、mtmam 模型、WAG 模型、rtREV 模型、cpREV 模型、Vt 模型及 Blosum62 模型。这些模型适合于特定的蛋白质。例如，哺乳动物线粒体蛋白有 mtmam 模型，设置的命令是 prset aamodelpr＝fixed（mtmam）；。

MrBayes 软件允许使用一种方便的方式从蛋白质序列中估计固定速率模型，无须事先指定模型。当选择这种方式时，MrBayes 将采用 MCMC 取样所有的固定速率模型，当 MCMC 达到收敛后，每个模型将按照它的后验概率的比例对结果产生影响。例如，如果分析的是哺乳动物的线粒体蛋白，很可能 mtmam 模型将在后验概率中占的比例最多，但其他的模型，如 mtREV 模型也可能有相当大的贡献，这种进化模型应用策略称为模型跳跃（model jumping），在 MrBayes 分析时设置为混合模型：prset aamodelpr＝mixed。

MrBayes 在运行时将所采用的模型索引输出到 .p 文件的 aamodel 列中，模型的索引如下：0＝Poisson，1＝Jones，2＝Dayhoff，3＝Mtrev，4＝Mtmam，5＝Wag，6＝Rtrev，7＝Cprev，8＝Vt，9＝Blosum。当使用 sump 命令时，将获得有氨基酸模型名称及其后验概率的表。

在 MrBayes 中有两个可变速率模型。等输入（equalin）模型是一种改进的 F81 模型，它在假定取代速率相同的情况下，允许所有的氨基酸的稳态组成频率是有差异的。等输入模型有 19 个自由参数（即 20 个稳态组成频率）需要从数据中估计。另外一个可变速率模型是改进的 GTR 模型，它允许所有的稳态组成频率和取代速率变化。该模型有 19 个自由的稳态组成频率参数和 189 个自由的取代速率参数。由于贝叶斯法的 MCMC 方法处理多参数模型的不确定性很好，因此，该模型仍然可用于中等大小的数据集的分析中。但由于参数数量较大，要想使估计的参数达到可接受的准确性，需要相当大的数据集才行。GTR 模型也可用于表达 MrBayes 中没有而用户自定义的固定速率模型，要完成这种分析需要将稳态组成频率和 GTR 的取代速率设定为所需要的值，需要 prset 命令的两个选项：prset aarevmatpr＝fixed（＜190 comma-separated values＞），prset statefreqpr＝fixed（＜20 comma-separated values＞）。一旦在分析之前做好这些设置，MCMC 将使用这些指定的参数进行分析。

PhyloBayes 是采用贝叶斯马尔可夫链蒙特卡罗（MCMC）法进行系统发生分析的软件，是目前为止最复杂的蛋白质序列分析软件。PhyloBayes 采用了氨基酸和核苷酸的替换模型，包括经验的混合模型、巨大变化的非参数模型及松弛分子钟模型等进行贝叶斯系统发生分析。PhyloBayes 的主要特点是对模拟进化序列的特定位点的功能采用非参数化方法。PhyloBayes 以分析蛋白质序列的随机混合模型 CAT 闻名，CAT 是可以很好拟合蛋白质序列上的位点特异性速率进化特征的一种混合模型，特别适合于分析谱系基因组学数据中大的多基因家族序列。除构建贝叶斯系统树外，PhyloBayes 还可以进行分子测年、组成同质性和替换饱和检验、对氨基酸数据重编码（类似于 DNA 的 R/Y 重编码）等。PhyloBayes 在运行时没有运行时间和世代的限制，可以在计算机磁盘允许的范围内一直运行，直到用户发出停止命令。

PhyloBayes 3.2 软件包中有 11 个不同的程序，对应不同的分析功能（表 15-3）。

表 15-3　PhyloBayes 3.2 软件包的 11 个程序的功能

命令（程序）	功能
Pb	运行 MCMC 取样
Stoppb	停止 MCMC 取样
Readpb	后验分析程序，返回后验合一树及各种参数的后验平均值
Bpcomp	评价两个或多个独立运行之间二分树频率的差异，并且通过汇集比较所有运行的系统树来计算合一树
Tracecomp	根据文件提供的总结变量，评估出两个或多个独立运行之间的差异
Ppred	运行后验概率分析
Readdiv	松弛分子钟测年分析的后验分析
Ancestral	估计祖先序列并重建进化史的后验分析程序
Bf	通过贝叶斯因子数值计算来比较时钟松弛模型
cvrep/readcv/sumcv	通过交叉验证比较模型
tree2ps	把 Newick 格式中的系统树转换到 postscript 文件中

15.3.4　蛋白质立体结构分析

近几十年来由于 X 射线晶体学技术的发展，尤其是核磁共振波谱（NMR）技术的出现和应用，大大加快了蛋白质立体结构的分析，目前已知立体结构的蛋白质估计有 6 万多种。随着蛋白质结构数据的快速增加和积累，已发展了许多蛋白质结构数据库，其中重要的是蛋白质晶体结构数据库（PDB），由美国 Brookhaven 实验室开发，至 2010 年已收录了 65 430 个蛋白质晶体结构。

蛋白质结构数据涉及的参数很多，应用于进化和系统发生研究上时，比一级结构数据分析要复杂得多。与序列数据比对相似，立体结构分析要先进行晶体结构数据的叠合。当已知两个以上同源蛋白质的晶体结构数据后，要先将两种晶体结构的原子坐标进行最佳结构叠合，建立相似结构中完整的一套残基等价位点，并使等价位点之间的距离平方和最小，由此可得到各结构的拓扑等价区，它是从各同源蛋白质结构上归纳出的共同骨架结构。然后将结构简化为一系列的 C_α 坐标，等价位点被定义为在叠结构中位于某一特定距离范围（一般 3Å）之内的 C_α 原子。通过计算不同结构的等价位点的个数或计算多个结构等价位点 C_α 距离的均方根（RMS）来作为不同结构间差异性的测度。蛋白质晶体结构之间的 RMS 组成的距离矩阵，可用一般的距离矩阵分析方法构建结构进化树。

已进行过立体结构进化分析的蛋白质家族包括细胞色素 c、免疫球蛋白、球蛋白、丝氨酸蛋白酶、眼 γ 晶体蛋白等。这些蛋白质家族成员间的序列和结构进化树比较研究表明，序列进化树和结构进化树的分支型式常常是一致的（相合的），但后者的分枝长度比前者的分枝长度短，这反映出蛋白质在立体结构上进化比在一级结构上更保守。因此，序列数据差异太大而无法进行演化关系分析的蛋白质，可通过其结构数据的分析来阐明它们之间的进化关系。

蛋白质结构进化树也可以在没有晶体结构数据的基础上进行推论，这种推论是通过对蛋白质序列上同源位点用结构记分矩阵方法转化为距离后进行分析的，由此获得的序列进化树就称为类结构进化树。

蛋白质序列的结构记分矩阵是一种经验性记分方法，它是通过残基的物理特性、残基的空间倾向性、主侧链的方向、二级结构类型和主侧链的可接近性等综合指标作为蛋白质的立体结构差异性的度量，而这些指标是从已知立体结构与残基组成之间关系的蛋白质中统计分析获得的。类结构进化树实际上是一种序列进化树，但它能多少反映出同源蛋白质之间立体结构的进化关系。

15.4　RNA序列分析策略和方法

15.4.1　RNA序列数据的特点

由于rRNA存在的普遍性和丰富性及序列和结构的保守性，其常被用于研究从低级到高级分类阶元之间的关系。然而，由于存在着重要的功能性限制因素，使得用rRNA基因序列进行系统发生分析变得复杂起来。

首先，rRNA序列的进化速率与其结构和长度有关。核糖体蛋白结合位点、mRNA结合位点和核心螺旋（core helices）等都属于高保守区；RNA分子茎（stem）中的长茎（long range stem）稍保守于短茎（short range stem）；茎又较环（loop）保守。

其次，大多数的系统发生分析方法假定性状在进化上是独立的。由于rRNA二级结构的特殊性，rRNA序列在进化中表现出长程相关改变（long-range correlated change），表现在rRNA茎区内存在着补偿性替换。而DNA进化模型都假定所有位点之间的改变是独立的，因而不适用于rRNA基因序列的进化。针对rRNA的这种特殊性进化现象已经提出了一些模型。

最后，大多数rRNA序列中有许多缺失/插入（indel）进化事件，这可能导致在序列比对过程中无法建立环区位点之间的同源关系。

15.4.2　rRNA基因序列系统发生分析策略

由于分子系统学早期的主要标记是rRNA基因序列，且对rRNA序列的分析以简约法为主，所以如何加权成为分析rRNA基因序列的核心问题。由于tRNA和rRNA结构及功能的约束性对编码它们的基因的替换影响显著，所以在分析这类序列时，可通过tRNA和rRNA二级结构、三级结构和功能域的比较研究，将其分成三个不连续的区域——快速进化的、中速进化的和缓慢进化的，不同区域的位点给予不同的权值。近年来，由于ML法和贝叶斯法的广泛使用，人们更加关注的问题是比对和进化模型，以及将比对和建树同时完成的方法。

1. RNA序列的加权简约法分析

控制着rRNA序列茎区或环区进化改变的限制因素不同。例如，茎区内要维持碱基配对就必须进行补偿性替换，而且茎长和相互作用距离等因素都可能会对维持整个碱基配对的选择压造成影响。由于结构的限制，核苷酸的替换模式和速率在茎区和环区中也可能有所不同。因此，在进行简约法分析时都将 rRNA 序列根据二级结构划分为配对的区域和不配对的区域分别给予不同的权重。

Wheeler 和 Honeycutt（1988）、Smith（1989）、Dixon 和 Hillis（1993）、Morrison 和 Ellis（1997）及 Mugridge 等（2000）分别对茎区的系统发生分析有效性进行了考察和研究，但得出的结论不一，甚至有相反的结论。正是由于认识 rRNA 基因存在补偿性突变这个问题，不同的作者针对不同的生物类群提出了不同的加权方案。

Wheelar 和 Honeycutt（1988）对脊索动物、节肢动物和植物三个类群的 5S rRNA 和 5.8S rRNA 的研究认为，来自环区的数据组更能反映正确的系统发生关系。当茎区数据组中序列差异很大时，会误导系统发生关系。配对区存在的问题是其补偿性突变的存在导致性状进化不独立。另外一个问题是，茎区碱基突变的可能性比环区高 2～3 倍。所以在全数据组中，信息更偏向于茎区，而环区的独立数据信息反而被掩盖。为了避免配对区非独立进化信息给系统发生的误导，配对区应该赋以较低的权值（如 0.5）或完全删除这些配对区的数据。

Smith（1989）对棘皮动物 18S rRNA 进行研究时认为配对区是包含系统发生信息的，而且比非配对区碱基更能得到预期树。

Dixon 和 Hillis（1993）考察了脊椎动物内一些类群的 28S rRNA 分子序列，得出的结果与 Wheelar 和 Honeycutt（1988）结果不一致。他们认为，茎区和环区的变异位点和信号位点差异不显著，茎区碱基存在非独立进化，茎区赋以 0.8 的相对权值比较合适，因为互补碱基间突变不是必然联系的，像 Wheelar 和 Honeycutt（1988）那样直接删除（等于赋以权值为 0）或赋以 0.5 的权值都不合适。

以上三个结果的矛盾可能是因为采用了不同的 rRNA 基因、不同类群和进化时间跨度或是数据中包含的性状数存在差异。Wheelar 和 Honeycutt（1988）采用的 5S rRNA 和 5.8S rRNA 的分子太小，提供的信息可能太少。

Springer 等（1995）利用哺乳动物内已确认系统发生关系的类群来研究哺乳动物 12S rRNA 基因进化，支持哺乳动物 12S rRNA 基因内补偿性替换的存在，并参考 Dixon 和 Hillis（1993）的计算方法，认为对于哺乳动物，茎区可以采用 0.61 的权值；同时提出对茎区赋予较低权值的策略只是 12S rRNA 基因序列系统发生重建的一种方法，还要同时考虑其他加权策略，如对保守区段赋以较高的权值，因保守区不太可能发生平行和回复替换。解决不同问题（如位点不独立、不同位点替换速率差异等）的加权法则需要对不同碱基区段赋予较低的权值，所以应该综合采用各种加权方法。

Morrison 和 Ellis（1997）考察了 *Apicomplexa* 的 18S rDNA 序列，认为茎区包含的信息多，这与其他 18S rRNA 和 28S rRNA 研究结果相同，但与 5S rRNA 和 5.8S rRNA 的研究结果相反（认为环区信息可靠）。所以至少在系统发生分析中，应该对茎区和环区的核苷酸位置赋以不同的权值，但不支持将任何一个区段随意删除。

2. RNA 序列的 ML 和贝叶斯法分析

尽管 rRNA 二级结构模型在协同进化分析时特别重要，已经提出的 rRNA 序列进化模型明确地描述了碱基间的协同变异（Smith et al.，2004），但是这些模型目前在系统发生分析中很少被使用。其中的主要原因，一是 rRNA 模型本身的发展比 DNA 和蛋白质进化模型要晚，而且缓慢；二是目前执行 rRNA 模型的软件较少。

在采用 ML 或贝叶斯法分析 rRNA 基因序列时，进化模型的选择取决于软件执行模型的情况，可以选择 DNA 进化模型、RNA 进化模型，或将比对、模型选择与建树结合在一起的直接优化法。目前还没有专门针对 RNA 进化模型选择的软件。执行 RNA 进化模型的软件相对较少，进行 ML 分析的有 TREEFINDER，贝叶斯法的有 MrBayes 和 PHASE。

TREEFINDER 软件中包括的 RNA 进化模型有 bactSLT、eukSLT、euk23SLT 和 mitoSLT，这些都是分别从细菌 SSU、真核生物 SSU＋LSU 和线粒体 SSU rRNA 比对序列构建的二级结构模型中获得的经验模型（Tillier and Collins，1998；Higgs，2000）。

MrBayes 中的碱基对模型是专门为 rRNA 基因的茎区配对序列设计的模型。MrBayes 使用了由 Schoniger 和 von Haeseler（1994）提出的考虑所有能够配对的碱基对的较复杂的模型。该模型的中心思想是一个常见的碱基对可以通过两步替换转变为另一对碱基对，第一步是一个核苷酸以标准的 4×4 模型替换为另一种核苷酸，第二步是配对的核苷酸按照同样的 4×4 模型发生替换。因而，该模型没有从一个配对直接改变为另一个配对，而总是经过一个稀有配对的中间状态。MrBayes 3 的示范数据 kim. nex 是使用碱基对模型进行分析的例子，在分析结构 RNA 序列时可以参考。

15.4.3 rRNA 基因序列分析软件

专门针对 rRNA 序列的分析软件包括以下 6 个。

（1）PHASE（http：//www. bioinf. man. ac. uk/resources/phase）

（2）ARB（http：//www. arb-home. de/）

（3）jRNA（http：//hymenoptera. tamu. edu/rna）

（4）CBCanalyzer（http：//cbcanalyzer. bioapps. biozentrum. uni-wuerzburg. de/）

（5）SARSE（http：//sarse. kvl. dk/）

（6）rRNA phylogeny（http：//www. uhnresearch. ca/labs/tillier/rRNA/rna. html）。

PHASE（phylogenetics and sequence evolution）是一个免费的系统发生分析软件包，由 Manchester 大学遗传学系 Jow、Gowri-Shankar 和 Guillard 编写。PHASE 与其他系统发生分析软件的最大区别是，它是专门设计用于分析具有保守二级结构的 RNA 基因（rRNA 和 tRNA）序列的。由于结构 RNA 序列在配对的茎区上呈现补偿性的替换，这意味着结构 RNA 序列在配对的茎区两边的位点的替换是相互关联的，这违反了大多数系统发生分析方法中对位点替换独立性的假设，但一般的系统发生分析软件都没有考虑 RNA 基因序列的这种特殊性。

PHASE 中执行的 RNA 基因序列特异的进化模型是以碱基对而非单个碱基为单位的替换模型，包括具有 6、7 和 16 状态的 RNA 进化模型。此外，软件中也包括了目前常用的标准的 4 状态的 DNA 模型、RY 模型、AGY 模型，以及密码子模型和蛋白质取代模型。PHASE 执行的 RY 和 AGY 替换模型是分别采用两种和三种状态的核苷酸序列替换模型，两种模型中都将 C 和 T 简并为 Y（pyrimidine），前者（RY 模型）还将 A 和 G 简并为 R。当应用 RNA 替换模型时，PHASE 要求输入的序列必须是基于二级结构比对的，并且在比对序列的第一行提供序列共享的二级结构信息。当分析不同基因序列数据或任何类型的划分数据集时，PHASE 可以同时应用几种不同的进化模型以适应不同的划分数据集。

PHASE 是包含多个软件的压缩包，下载后将 phase-2. 0-MSWin-exec. zip 解压缩到指定的文件夹即可，无须安装。软件包括 2 个主要程序（mlphase 和 mcmcphase）和 5 个次要程序。

（1）mlphase 是执行 ML 法分析的程序。

（2）mcmcphase 是执行贝叶斯法系统发生分析的程序。

（3）optimizer 是简化的 mlphase，用于优化用户自定义树的程序。

（4）mcmcsummarize 用于总结和分析由 mcmcphase 输出的结果。

（5）simulate 是根据指定的进化模型产生模拟序列的软件。

（6）analyzer 检查序列 content 的程序。

（7）likelihood 计算在指定的进化模型（包括系统树和替换模型）下数据的似然值。

PHASE 采用 MCMC 模拟产生系统树的概率与其似然值成比例的大量系统树。这些后验概率为检验不同的系统发生树提供了一个坚实的统计学基础。PHASE 也能从比对的序列中计算距离矩阵。PHASE 的主要功能包括以下几点。

（1）采用贝叶斯法估计模型参数并构建系统树。

（2）有一些 ML 搜索算法用于在拓扑结构限制的情况下推论最优树。

（3）具有 6、7 和 16 状态的 RNA 进化模型，标准的 4 状态的 DNA 模型、RY 和 AGY 模型。

（4）用于位点之间速率异质性的不变位点和不连续 gamma 模型。

（5）在一次分析中可以使用不同的分子类型的数据。

（6）有解决空间和时间上进化异质性的模型。

在进行 ML 分析时，它还具有以下特点。

（1）可以计算成对序列之间的 ML 距离。

（2）有星树分解的启发性算法（star-decomposition heuristic method）。

（3）有用户定义的限制树搜索策略。

第 16 章　复杂数据和困难系统发生的分析策略与方法

本章汇集了一些在分子系统发生学研究中可能会遇到的比普通数据集更复杂的情况，这类数据集无法采用常规方法分析，需要一些特别的策略和分析技术。经常遇到的复杂数据或困难系统发生的情况包括：早期适应辐射，近期适应辐射，存在长枝吸引问题，大数据集，碱基组成偏向性数据集，种上与种下数据的联合分析，多源数据集分析等。

16.1　早期适应辐射的系统发生

早期发生过适应辐射的系统发生也称为深度系统发生（deep phylogeny），一般是指纲以上分类阶元之间的系统发生关系，其分歧的时间至少在 100MY 以上。生物类群的快速适应辐射发生在生物进化历史的各个时期和各种生物类群中，著名例子有：真核生物的系统发生、前寒武纪后生动物门类的系统发生、白垩纪被子植物的起源和分化、昆虫纲的系统发生及哺乳纲的系统发生等。

深度系统发生分析的主要困难包括：直源基因识别，支系之间速率异质性，系统发生信号混乱，存在长枝吸引，分类单元取样问题，节点支持度低，存在多个等价最优树等。

在目前的大多数系统发生分析中，序列数据对早期分歧的分类单元的进化历史只有有限的分辨力。如图 16-1 所示，当试图重建图中 A、B、C、D 和外群 O 的系统发生关系时，支持每个分支关系的系统发生信号的强度受到连续的物种形成事件时间间隔的影响，例如，图中（A，B）分支就比（(A，B)，C）分支容易解析，因为 $T_2 \gg T_1$，在 T_2 对应的分枝上将积累较多数量的系统发生信号。解析力进一步受分歧以前的时间

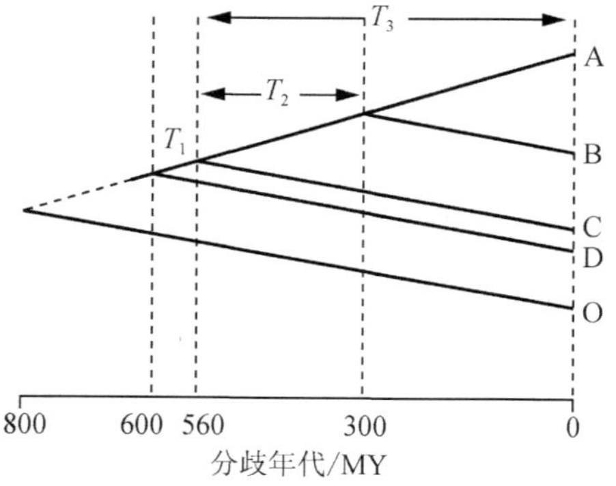

图 16-1　在系统发生分析中序列数据对早期分歧的分类单元的进化历史只有有限的分辨力（Rokas et al.，2003a）

T_1与分歧以后的时间 T_3比值的影响，如果 $T_3 \gg T_1$，同型和替换饱和可能影响到正确的系统发生关系重建。例如，18S rDNA 数据集分析显示，后生动物类群之间的分歧时间间隔少于 40MY 的分支之间的关系不能可靠地解析（Philippe et al.，1994）。

因此，系统树的分支形状影响数据对系统发生的解析能力（图 16-2）。无论在什么情况下，拥有过长或过短的分枝的系统发生都是十分困难的，因为过长的分枝上容易出现同型性状或替换饱和，过短的分枝上容易出现不完全的支系分选和信号不足。当一个类群中发生过适应辐射进化事件时，其系统树表现为较短的内部分枝和较长的外部分枝的灌木形状，这样的系统发生重建将是最困难的。

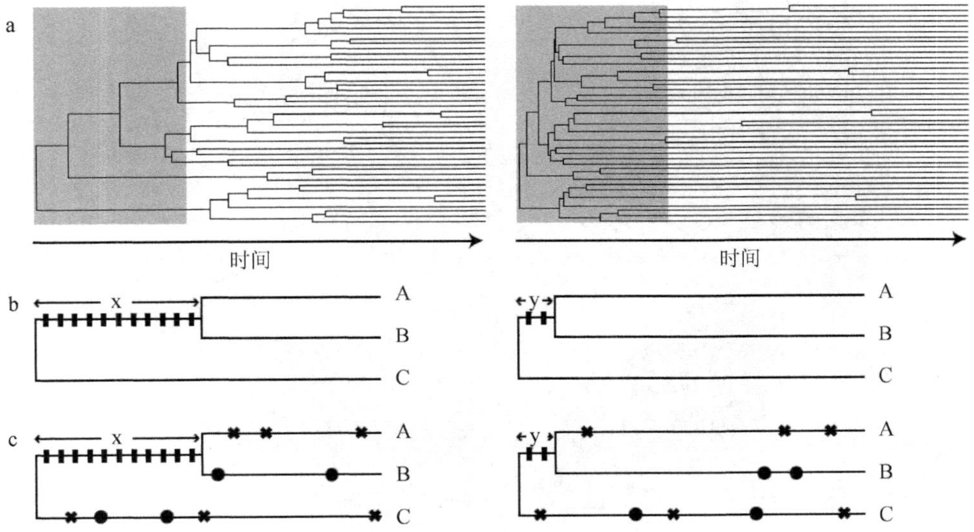

图 16-2　分支形状影响系统发生解析能力的原因（Rokas and Carroll，2006）

a. 两种不同形状的系统树，在分支的早期历史中（灰色部分），分支发生事件较少，基干分枝的长度在树状图中大于灌木状分枝（左图）；分支发生事件密集（适应辐射）且基干分枝的长度远短于灌木状分枝（右图）。b. 在没有同型性状时，一个基干分枝上 PIC 的数量与经历的时间成比例；在长的基干分枝 x 上积累了许多的 PIC（长方形）（左），而在短的基干分枝 y 上仅有少量的 PIC（右）。c. 当基干分枝时间跨度很长时，同型性状的效应不足以影响真正的系统发生信号（左），相比之下，相同数量的同型性状足以误导短基干分枝的重建（右），这是因为物种 A 和 C 之间共享的同型性状的数量多于 PIC 的数量

重建地质年代久远的系统发生只能利用保守的 rRNA 基因（SSU 和 LSU rRNA）和保守的蛋白质序列，以及全线粒体基因组序列（CMGS）和核基因组序列数据的谱系基因组学方法。如果选择部分基因序列来构建深度系统发生，应该采取以下策略。

（1）使用含有较少同型性状的慢速进化的基因。

（2）应用多途径来源的性状集以增加信息量。

（3）选择更多的分类单元，以及对内群实行更平衡的取样以缩短长枝。

（4）仔细挑选外群。

（5）使用对长枝吸引不敏感的建树方法。

Ciccarelli 等（2006）比较了 191 种已知全基因组序列的生物，从中仅发现了 31 个共享蛋白质家族，分析这些联合数据获得的系统发生关系如图 16-3 所示。

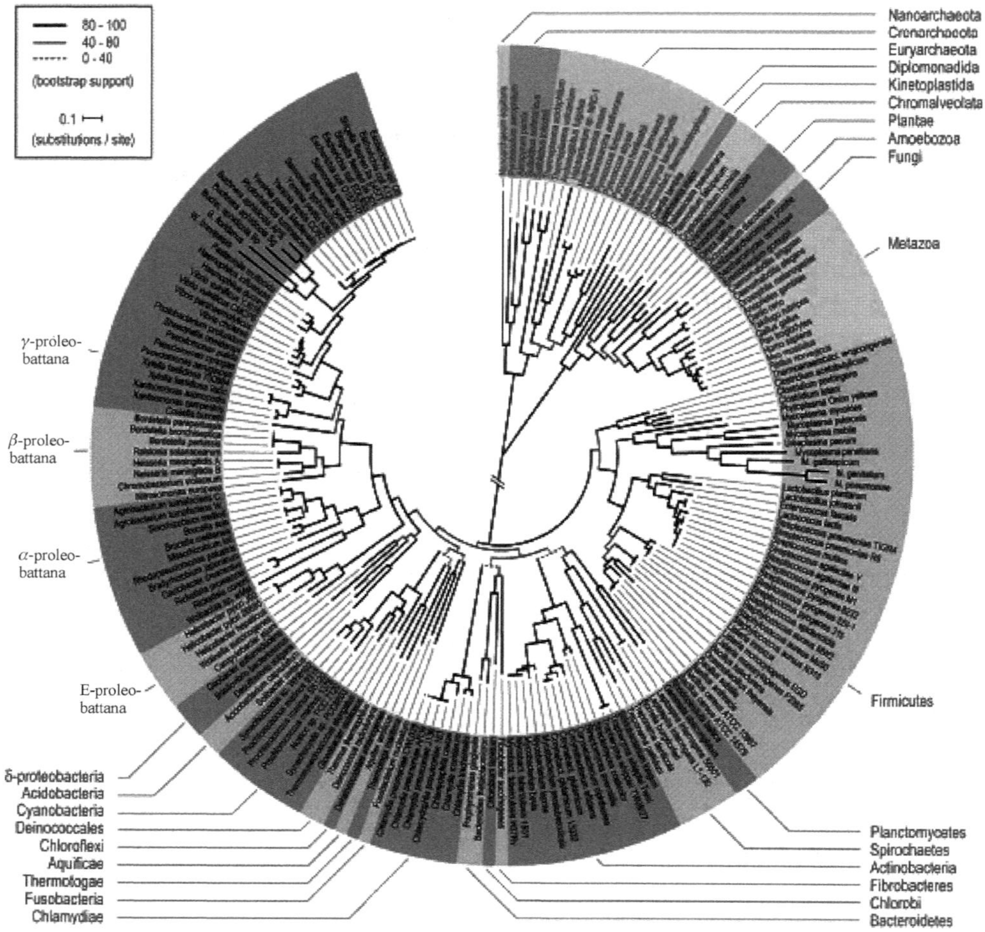

图 16-3 基于 31 个共享蛋白质家族序列联合数据的 191 种已知全基因组序列生物的系统发生关系（Ciccarelli et al.，2006）（见彩图）

Rokas 等（2003a）利用 α 微管蛋白、β 微管蛋白、EF-2 和 Hsp90 等 4 个保守的核基因数据集未能解析领鞭毛虫（choanoflagellate）和早期分歧的后生动物主要类群（海绵动物、刺胞动物和栉水母）之间的系统发生关系（图 16-4）。所有 5 种蛋白质单独分析未能解析后生动物早期分歧类群之间的关系。5 个基因的联合分析揭示了在单基因未能解析的类群之间存在长枝吸引现象。缺乏解析的主要原因是联合数据集不同基因之间系统发生信号冲突和长枝吸引。

相比早期分歧的后生动物，昆虫纲的分歧年代相对更近。Wiegmann 等（2009）使用 6 个单拷贝核基因（AATS、CAD、TPI、SNF、PGD 和 RNA POL II）共计 5736 bp 位点研究了 11 个目的 29 种全变态昆虫的系统发生关系并取得了良好的结果。ML 和 BI 产生了具有较高支持度的相合性系统树（图 16-5），支持所有目级阶元的单系性。

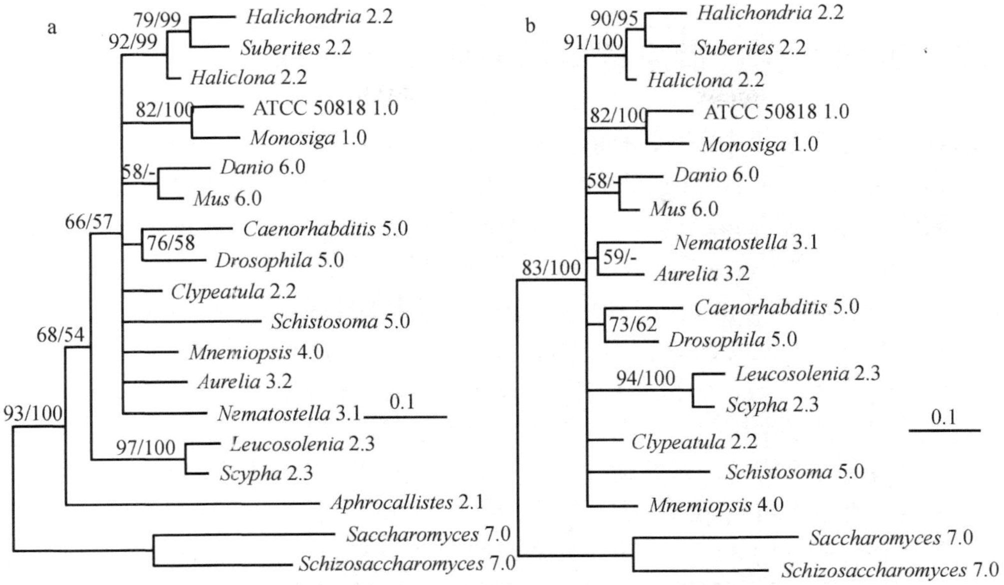

图 16-4　联合 α 微管蛋白、β 微管蛋白、EF-2 和 HSP90 数据集未能解析领鞭毛虫和早期分歧的后生动物之间的系统发生关系（Rokas et al.，2003a）

a 包括 *Aphrocallistes*；b 排除 *Aphrocallistes*，显示了长枝吸引引起的误差

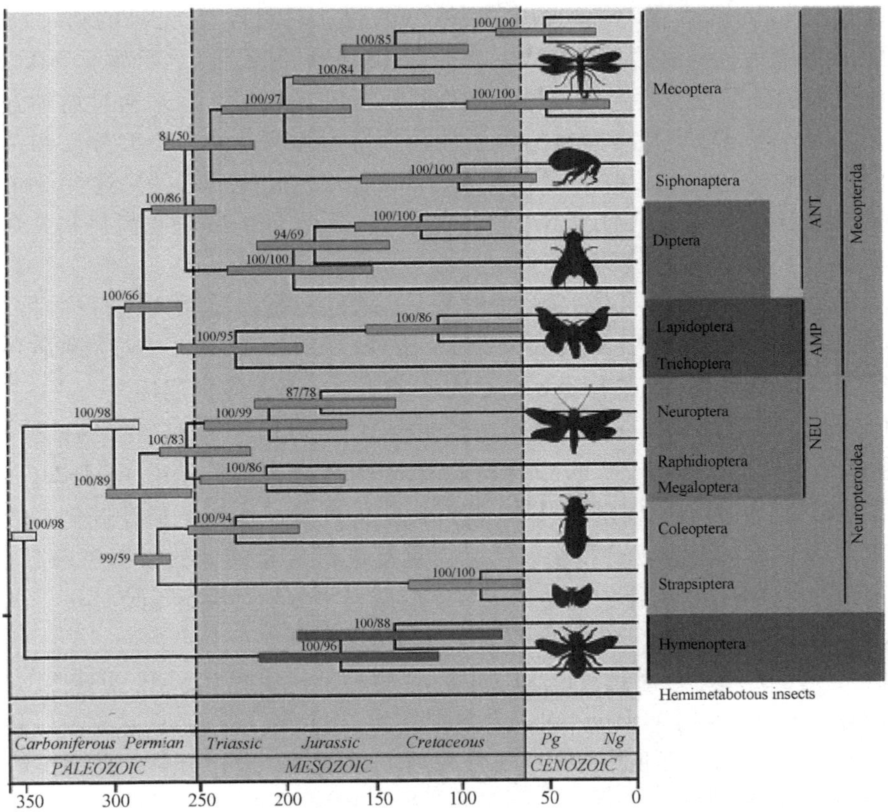

图 16-5　使用 6 个单拷贝核基因构建的全变态昆虫的系统发生与估计的分歧时间（Wiegmann et al.，2009）（见彩图）

节点数值是后验概率/ML 自举支持度，灰色条框表示估计分歧时间的 95%置信区间

16.2　近期发生过适应辐射的系统发生

近期发生过适应辐射的类群的系统发生也称为浅层系统发生（shallow phylogeny），一般是指目或科以下包含物种数目较多的分类阶元之间的系统发生关系。由于这类分类单元之间的分歧时间相对较短，而且大多属于在短期内的密集分支，所以在大多数基因序列中积累的系统发生信号都不强。与类群适应辐射相伴随的支系分选过程使得物种基因组处在一种系统发生信息相互矛盾的镶嵌状态，用不同的基因很可能得到不同的系统树。

这种系统发生的主要困难包括：系统发生信号少；存在不完全的支系分选（incomplete lineage sorting）和深度溯祖；分支支持度普遍较低；存在多种等价最优树等。因此，在面对可能是由快速分化而形成的生物类群时，不能轻易相信基于单基因序列所建立的即使是完全解析的系统树。对于近期发生过适应辐射的类群的系统发生，只有增加基因序列取样数量才能解决。

近期物种快速分化事件几乎遍布生命之树的各个部分，这方面研究较多的著名例子包括：人、黑猩猩与大猩猩的分歧，果蝇及其近缘种的分歧；鱼类鲈形目（Perciformes）的丽鱼科（Cichlidae）的适应辐射、雀形目（Passeriformes）和啮齿目（Rodentia）等类群的系统发生等。

啮齿目（Rodentia）是哺乳动物中物种多样性最多的目，已记录的物种数（33 科 2277 种）占胎盘哺乳动物的一半（Wilson and Reeder，2005）。早期基于单基因和零星分类单元取样的分子系统发生研究提出啮齿目属于并系类群，后来通过增加分类单元取样和多基因分析方法支持啮齿目的单系性，并将啮齿目分为 3 个大分支和 7 个主要类群，但无法解析这些大类群的相互关系。Blanga-Kanfi 等（2009）选择 6 个核基因（ADRA2B、IRBP、vWF、CB1、RAG2 和 GHR）分析了由 41 种啮齿目和 8 个外群组成的数据集，主要方法包括以下几种。

数据集组装：采用 PROBCONS 和 MAFFT 软件将蛋白质序列进行比对，然后在 PAL2NAL 软件中将蛋白质比对转换为 DNA 比对。在 SOAP 软件中对两种软件的比对结果进行比较，删除不一致的位点，最后将 6 个比对的基因序列连接。

ML 分析：采用 ModelTest 选择最适合的模型为 GTR+Γ+I，在 PAUP* 中建树。ML 建树采用连续逼近（successive approximation）策略，即首先采用 ModelTest 估计的模型参数以 NJ 树为起始树进行 TBR 搜索，在得到的最优树上估计进化参数，新估计的参数再用于新一轮的搜索和参数估计，重复进行直至估计的所有参数稳定为止。以最后得到的参数在 NJ 树作为起始树进行 100 次自举分析计算分支支持度。此外，使用 RAxML 对 DNA 序列的三个划分数据集进行 ML 分析。

蛋白质序列在 ProtTest 选择的 JTT+Γ+I 模型下，使用 PhyML 重建 ML 树。

贝叶斯法分析：使用 MrBayes 对联合数据集和 12 个划分的 DNA 数据集（每个基因按密码子第一、第二位点和第三位点划分为两个数据集）进行分析。采用贝叶斯因子（Bayes factor）标准选择出 HKY85+Γ 和 GTR+Γ 等进化模型进行贝叶斯分析。还在 PhyloBayes 2.1 软件中进行了 DNA 和蛋白质序列的 CAT+Γ4 进化模型的贝叶斯分析。

快速进化位点的识别：在三种不同的拓扑结构树上以 TN+Γ16 模型在 Rate4Site

软件中计算位点进化速率，位点在三棵树上计算的均值作为其速率，并按所有位点的平均速率为 0 将其标准化处理。计算的速率为 0.698～3.989，依据位点速率大小将数据划分为 9 个不同速率数据集，每个速率数据集在 TREEFINDER 进行 GTR＋Γ＋I 进化模型下的 ML 分析。

性状编码：由于第三位点进化较快，为了消除由于第三位点引起的系统发生信号混乱，采取了删除第三位点和将第三位点简化为 RY 编码的方式进行 ML 分析。

复杂进化模型的使用：密码子进化模型虽然适合于蛋白质编码的 DNA 序列，但由于计算强度太大而无法直接建树，但在 CONSEL 软件中计算了三个不同拓扑结构树在复杂进化模型（两种密码子模型和 CAT＋Γ4）中的似然值。

通过上述比较全面的分析，Blanga-Kanfi 等（2009）比较满意地解析了啮齿目科级以上分类单元之间的系统发生关系（图 16-6）。他们的分析显示，删除快速进化的位

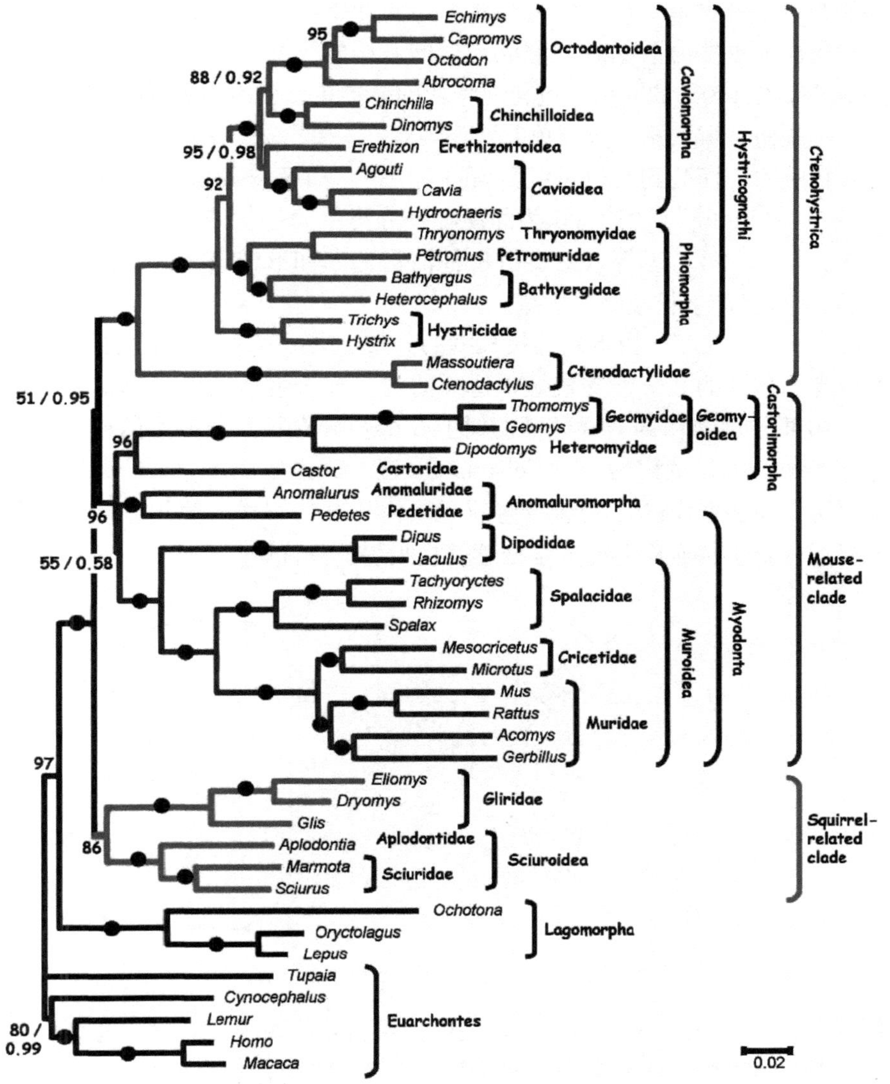

图 16-6　基于联合数据集和 GTR＋Γ＋I 模型的 ML 树（Blanga-Kanfi et al.，2009）（见彩图）

数字表示每个分支的 ML 自举支持度/贝叶斯后验概率，100％支持度和 100％后验概率以黑点表示

点、简化编码第三位点和采用更复杂进化模型等手段都不能完全解决数据集对啮齿目基部分支的分辨力，他们认为，这是由于啮齿目基部分支在古新世快速适应辐射造成的，而不是由于数据集的系统发生信号矛盾引起的。因此，只有增加基因序列取样数量才能解决这个问题。

16.3 存在长枝吸引问题的系统发生

16.3.1 长枝吸引现象

Felsenstein（1978）提出了一个混合了长短枝的、只包含 4 个分类单元的系统发生模型，并证明 4 个分类单元在突变速率显著不同的条件下的 MP 法具有统计学上的不一致性，即当加入更多的数据后，形成错误的系统发生关系的置信度随之增大，最终产生对错误分支的 100％的支持。进化速率快的分类单元会因为形成长枝而互相发生吸引，将原本不是姐妹群关系的分类单元错误地聚在一起（图 16-7），Felsenstein 将这种现象称为长枝吸引，而受到长枝吸引影响的系统树分布区域则称为费氏区（Felsenstein zone）。Hendy 和 Penny（1989）认为即使各个分类单元进化速率相等，只要分析的拓扑结构中各分类单元枝长不等（主要由物种消亡速率和形成速率的不同及不完全取样形成），也同样可以产生长枝吸引假象。

图 16-7 中，4 个 OTU 树上的分枝长度的分布不同，其中，左上角的树有 2 个长而不相邻的分支，另外的 2 个分支较短，这样的树分枝长度所占的空间称为费氏区（图 16-7 的左上角部分）。如果 4 个 OTU 的树上 2 个长分支相互连成姐妹群或在无根树上相邻，称为 Farris 区，也称为 anti-Felsenstein 区，或逆费氏区（inverse-Felsenstein）。模拟研究表明，在逆费氏区，在选择树的正确拓扑结构方面，简约法优于 ML 法。而在其他情况下，基于替换模型的方法处理长枝吸引更具优越性。

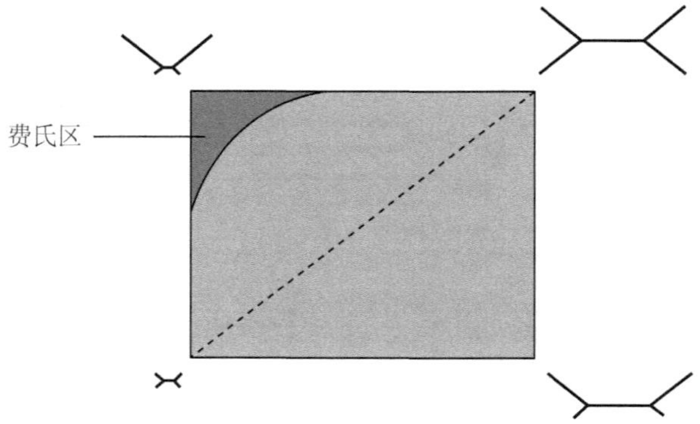

图 16-7　费氏区与逆费氏区

长枝吸引（long branch attraction，LBA）是指系统树上较长的分枝之间倾向于比其实际关系更近的现象，这是由于长枝上产生大量的平行或趋同进化事件，从而导致位于长枝上的 OTU 与关系较远的 OTU 享有更多相同性状状态的概率更大，在这种情况下，因系统误差而低估实际进化改变量的系统发生分析方法将变成统计学上的不一致性（statistically inconsistent），亦即随着性状数量的增加，推论出不正确树的概率更大。简约法的支持者曾批评 Felsenstein 获得的结论是由于他所提出的模型不符合实际导致的，但现在一般认为长枝吸引是系统发生分析中最严重的问题之一。

MP 法对长枝吸引现象最敏感，但如果所选择的替换模型不适合数据集，在此情况下，可能并没有完全矫正由于多重替换而产生的序列分歧度的低估，此时长枝吸引对距离矩阵和 ML 法也会产生影响。

也存在与长枝吸引相反的长枝排斥现象。长枝排斥（long branch repulsion）是指在 ML 法等方法中将实际上是姐妹群或亲缘关系密切的分类单元在系统树上分开成关系较疏远的现象（Siddall，1998）。模拟研究表明，当长分支的分类单元实际上有密切亲缘关系时，ML 法有可能给出不正确的树。

16.3.2　产生长枝吸引现象的可能原因

长枝吸引现象的产生是因为分枝的长度及替换速率的差异，由于高频率的平行、趋同或回复改变，通过进化速率加速或通过长时间的间隔使序列达到同一状态（同型性状）。

Wägele 和 Mayer（2007）采用基于二分树分解（split decomposition）和二分树支持谱（split support spectra）方法，分析了存在长枝吸引信号的数据集中的性状状态分布特征，归纳出三种类型的长枝吸引现象。

（1）Ⅰ型长枝吸引现象由近祖共性性状（symplesiomorphies）将属于并系类群的分类单元合并为单系类群造成（图 16-8）。图 16-8 中，分类单元 2 和 3 的单系性被错误的近裔共性性状所支持（实际为共享祖先性状），长枝分类单元之间短的内部分枝（A）和其他位置上长的内部分枝（C）上发生的替换和回复替换增加了这种Ⅰ型长枝吸引的机会。这种类型的长枝吸引现象可以通过仔细选择额外的分类单元而消除。

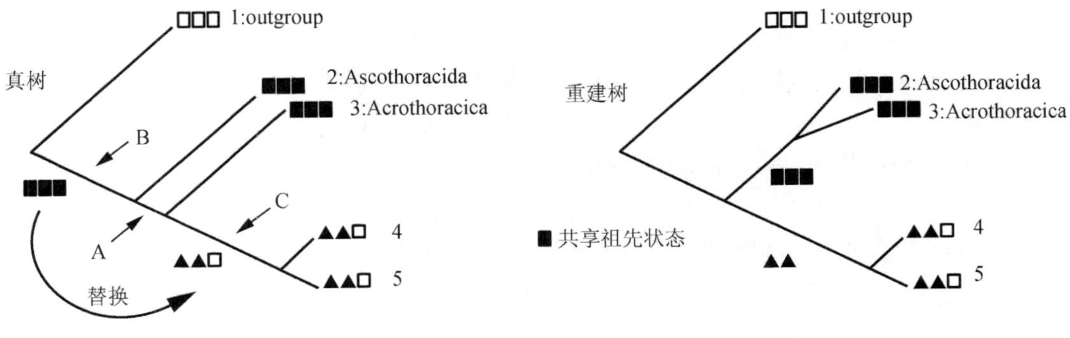

图 16-8　Ⅰ型长枝吸引现象（Wägele and Mayer，2007）

（2）Ⅱ型长枝吸引现象是由系统发生信号快速消失造成的，在长枝上发生的多重替换掩盖了共享衍征（图 16-9）。一般是由于选择的基因进化速度快，可以通过选择慢速进化的基因序列进行矫正。

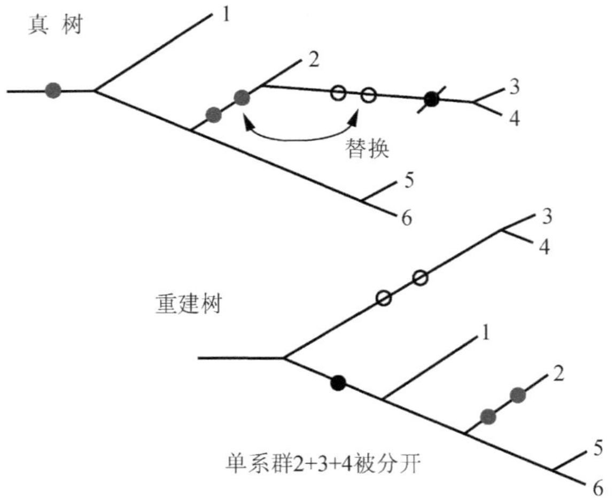

图 16-9　Ⅱ型长枝吸引现象（Wägele and Mayer，2007）

（3）Ⅲ型长枝吸引现象是由于随机因素引起相似和同型性状积累造成的（图 16-10），可以通过选择慢速进化的序列或没有组成偏向性的数据消除。

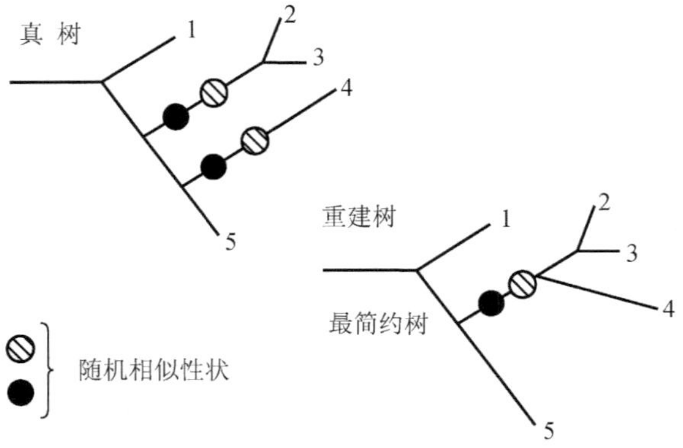

图 16-10　Ⅲ型长枝吸引现象（Wägele and Mayer，2007）

在系统发生分析过程中，有多种原因可造成长枝吸引，常见的主要包括以下几个方面。

（1）由分类单元取样原因造成的长枝吸引是最常见的：一般是分类单元的取样密度不均衡，选择了亲疏关系远近差别很大的类群，反映在系统树上，其分枝长度差异较大。比较理想的分类单元取样应该是使所建的系统树的各个分枝长度达到均衡。

（2）由于一个支系内的灭绝速度比相邻支系快而引起的，支系内的类群快速灭绝等同于对该支系取样密度降低。在这种情况下，取样策略无济于事，只能采用对长枝吸引不敏感的方法（ML 法和贝叶斯推论法等）。

（3）由于不同支系间分子进化速率不恒定性引起的，快速进化的支系相对于慢速进化的支系而成为长枝。

（4）使用不恰当的或亲缘关系过远的分类单元作为外群，外群分类单元很有可能与内群中的长枝分类单元发生相互吸引，从而改变内群内部拓扑结构。

（5）系统发生分析中所选择的核苷酸替换模型与数据集之间不匹配。

16.3.3　识别长枝吸引的方法

已经提出了一些简单的标准来判断一个系统发生分析是否存在长枝吸引现象，具体如下所述。

（1）系统树上两个长枝连在一起。

（2）系统树上的长枝必须足够长以能产生相互吸引在一起的信号。如何判断两个分枝长度达到长枝吸引的水平？Huelsenbeck 等（1996）建议用 Monte Carlo 模拟法来检验。

（3）对长枝吸引不敏感的方法可以将长枝分开：如果怀疑一个数据集有长枝吸引假象的存在，那么可以通过使用不同的分析方法对这一数据集进行分析，将所得到的各种结果加以比较，如果出现不一致现象，那么数据集中很有可能存在扰乱真实系统发生的信号，以致形成长枝吸引假象。

（4）长枝抽提法（long-branch extraction）：长枝抽提法是基于长枝吸引假象产生的一个必要条件而提出的一种有效的检测方法。由于只有在系统树上存在两个或两个以上的长枝时长枝吸引才有可能发生，因此，可以先保留一个长枝，同时将其余的长枝分类单元删除，分析得到一个系统树；然后再将另一长枝保留，去除其余的长枝，分析得到另一个结果，以此重复分析，最后将各个长枝单独分析得到的结果进行比较，判断长枝之间是否存在吸引。

（5）从其他信息获得相互吸引的长枝并不是姐妹分类单元。

16.3.4　消除长枝吸引现象的方法

为了减少长枝吸引现象对系统发生关系研究结果的影响，提出了许多种方法。例如，使用对长枝吸引现象不敏感的分析方法，像通过各种改进的简约法，但最好是基于复杂进化模型的统计学方法。就目前来看，还没有一种方法可以完全避免长枝吸引现象，一般建议将几种不同的方法结合使用。目前避免长枝吸引的方法主要包括以下 4 种。

（1）增加分类单元抽样密度（Hendy and Penny，1989；Pollock et al.，2002；Poe，2003）。

（2）优化外群选择。

（3）针对进化速度慢的类群完善抽样。

（4）识别并剔除快速进化位点（Brinkmann and Philippe，1999）。

Brinkmann 和 Philippe（1999）提出了一种简单的基于简约法的方法，称为慢-快（slow-fast，SF）法，通过逐步将替换速率高的、被认为是随机噪声的位点剔除的方法来估计和降低 LBA 的影响。在 SF 法中，比对的序列根据已有的系统发生知识划分为 n 个互不重叠的单系群，对每个单系群进行简约性分析以计算每个位点在 MP 上的长度。将 n 棵树上每个位点的长度加起来作为该位点进化速率的近似估计。然后将最初比对的序列位点按照替换速率由低到高被分成 s0～s10 的 11 个等级，替换速率是每个位点在 MPT 中有较高支持度的各个分枝上发生改变的总和，最后按照速率等级将原数据集划分为 s0，s0＋s1，s0＋s1＋s2，…，所有空位均不考虑，从新数据集中构建系统树。

将快速进化的位点排除可以降低 LBA 的影响，但也由于数据量减少而增加了随机因素对拓扑结构的影响，以至于在某一点上随机效应盖过序列的信息引起数据解析能力降低。为了能够同时考虑这两类相互冲突的影响，对树的稳健性和每个 SF 水平包括的位点数量进行作图，树的稳健性是以贝叶斯树的平均后验概率或 MP 平均自举值来表示的。

SF 虽然能够有效地识别快速进化位点对系统发生的影响，但该法需要有关研究类群的系统发生关系知识进行单系性划分，其对快速进化位点的识别完全依赖于树，因而其应用有很大的局限性。由于性状的进化步骤是树依赖性的，应用错误的树可能导致对快速进化位点的错误指定。

与 SF 法类似，在分析蛋白质编码序列时，将快速进化的密码子第三位点排除在外是减少长枝吸引现象的另一种有效方法。

（5）增加分类单元取样打断长枝：增加分类单元数量，也就是通过密集取样打破进化长枝是使用最广泛的方法之一。所以在分类单元取样时要注意分割长枝，通过高密度取样将一个长枝分成多个短枝。在事先对研究类群系统发生关系未知的情况下，要做到这一点，常需要采用两轮取样策略，即对第一轮的数据进行初步分析后，发现可能的长枝吸引类群，再对这些类群进行第二轮取样。

（6）增加数据：长枝吸引现象可以通过增加或结合更多数据的方法克服。例如，同时使用两个或多个无关联的独立数据集进行整合分析，如形态学数据和分子数据的联合分析，形态学数据与分子数据相比有较少的长枝吸引现象的倾向。这种方法的优点是分析结果不再单纯地来源于一个数据集，一个数据集中无法提供的系统发生信息可以通过另一个数据集弥补，使分析结果更为可靠。

（7）模型优化法：分析数据时，尽可能考虑位点间替换速率的异质性，通过设定 gamma 分布参数，优化核苷酸替换模型，避免形成长枝吸引假象。在分析蛋白质序列时，CAT 模型可以有效解决蛋白质模型与数据的拟合程度并改善长枝吸引（Lartillot et al.，2007）。目前，只有两款软件（PhyML 和 PhyloBayes）可以执行 CAT 混合模型，PhyML 的 C20 模型是计算效率和准确性的折中，而采用贝叶斯法的 PhyloBayes 软件中，从 C20 到 C60 的 CAT 混合模型有相似的计算效率，可以选择 C50 或 C60 模型。

长枝吸引现象自提出已经有 20 多年了，早期主要在理论方面进行过广泛的讨论，在实际分析中发现的比较少。其中一个例子是 Hedges（1994）用 MP、ML 和距离法分析羊膜动物 18S rDNA 序列时，三种方法都将鸟纲和哺乳纲作为姐妹群聚在一起。另一个著名的例子是 Whiting 和 Wheeler（1994）用 18S rDNA 序列分析昆虫纲全变态类的 23 个分类单元时，MP 树将双翅目和捻翅目作为姐妹群聚在一起，而根据形态特征，捻翅目应与鞘翅目是姐妹群。随后对上述两个实例的计算机模拟分析显示，例子中的两个长枝的长度已足够引起长枝吸引现象的发生。近年来，随着研究的分类单元越来越广泛，发现长枝吸引现象在实际数据也广泛存在，已成为分子系统发生的一个主要系统误差。

16.4　大数据集的系统发生

16.4.1　大数据集系统发生及其面临的问题

什么样的数据集算是大数据集？在《重建生命之树》(*Reconstructing the Tree of Life*）论文集中，Wheeler 将大于 500 个分类单元的数据集称为大数据集，而 Sanderson 则将大于 1000 个分类单元的数据集称为大数据集。实际上，大数据集的定义是随着计算能力而变化的，实践中，我们可以将采用标准分析方法在主流计算机允许的运行时间内无法获得可靠结果的数据集称为大数据集。

数据集是分类单元 $N\times$ 性状 C 的矩阵，所以 N 和 C 的数量是定义大数据集的两个维度。一般地，N 的增加比 C 的增加需要的计算量大得多，但基因组水平数据的比对和树搜索的计算量也十分巨大。

组装生命之树的工程处处都是大数据集。以一个分类学家的研究工作范围（科到目）来说，包含的物种数目大都为 500～10 000 种。最大的数据集有多大？终极来说，地球上已经描述的物种数量（170 万种）和最大基因组（变形虫 *Amoeba dubia* 的基因组大小为 6.7×10^{11}）应该是定义终极基因组数据集的维数，即 $1.7\times10^{7}\sim6.7\times10^{11}$。

目前，由于计算机运算速度的提高和快速算法的发展，使用个人计算机分析 500～1000 个分类单元的大数据集已经成为现实。如果要在个人计算机上运行 500 个以上分类单元的数据集，采用 64 位的双核处理器、4GB 以上的内存就可以进行。

在大数据集的序列长度方面，统计学理论相信随着数据量的增加，由数据所推论出的系统树的可靠性也会增加。然而，对于分类单元增加的效果却有两种相反的观点：以 Kim 为代表的一派认为增加分类单元的抽样强度会降低系统发生的准确性，但以 Hillis 为代表的一派认为增加分类单元的抽样强度会提高系统发生的准确性。

分析大数据集面临的主要问题是最优树搜索运行时间过长、容易陷入局部优化、估计支持度困难及深度分支误差严重等。大数据集，特别是有许多分类单元的数据集，产生非常多的分支树拓扑结构与性状最优化。Bininda-Emonds 等的模拟研究显示，分析大数据集时，误差并不是随机出现在树上的，而是浅部分支很容易正确构建，但深部分支则很难正确构建，而且数据集越大，越接近根部，误差越大。

16.4.2　大数据集系统发生分析策略

由于随着 OTU 数目的增加会造成计算上的困难，曾经普遍认为大数据集的系统发生分析是极其困难的。但 Hillis（1996）的模拟研究显示，即使是使用中等长度的 DNA 序列，构建被子植物 228 个 OTU 的复杂系统发生关系，系统树的准确性也比预期的要好。由此引发了关于分类单元抽样数目与系统发生分析准确性关系的大量模拟和实际研究，其研究的问题也很快从大数据集分析是否可行转向如何通过增加分类单元抽样以提高系统发生分析的准确性。

在分析大数据集时通常采用以下策略。

(1) 对于大数据集，基于距离的方法（NJ 法）比最简约法（MP 法）和最大似然法（ML 法）运算时间短，但准确度比后两种方法差。Tamura 等（2004）采用 NJ 法构建大数据集系统发生，首先基于最优模型采用 ML 估计序列之间的两两距离，最大似然距离可以校正 60%的 NJ 建树误差；研究显示，即使是在支系间进化速率存在广泛变异、碱基组成或 Ts/Tv 存在偏向性的情况下，随着分类单元从 32 增加到 4096（128 倍），NJ 法建树的准确性也只下降了 5%。这一结果鼓励在复杂进化模型估计遗传距离的基础上采用 NJ 法构建大系统树。也提出了基于序列谱距离（profile distance）采用 NJ 法构建大系统树的免费软件 ProfDist。ProfDist 采用的序列谱 NJ 法（profile neighbor joining，PNJ）在构建大系统树方面有很高的计算效率，此外，该软件还能够手工进行二级结构指导的 RNA 比对和系统发生分析。

(2) MP 法要比 ML 法运算速度快。用 PAUP* 4.0 中的 MP 法分析大数据集时，如果常规的 MP 法速度太慢无法完成时，应该采用各种不同的快速搜索策略。此外，大数据集常有多个简约树岛存在，有些简约树岛之间十分相似，有些差异较大。使用多种搜索策略有助于避免陷入局部最优树，包括以下三种。①使用不同的启发式搜索，如选择 TBR 或 NNI。②改变启发式搜索的参数设置，如 MAXTREES 的参数在 100～unlimited 之间选择。③从初始树（可以是随机树或 NJ 树的一种）开始，采用从简单快速算法逐渐到复杂算法的递归（recuesive）策略。例如，从随机树开始，使用 TBR 分支交换法，100 次重复的随机添加序列，MAXTREES 设置为 1～100。这一轮搜索的结果将作为下一轮较复杂搜索的初始树。第二轮搜索使用 NNI 分支交换法，MAXTREES 设置为≥100，搜索的结果再作为第三轮更复杂搜索的初始树。第三轮搜索将 TBR 和 MAXTREES 设置为比第二轮更高的值。经过这样的循环搜索，一般每一轮均能获得比上一轮有显著改进的最优树，重复这样的搜索直至最优树的似然值不再增加为止。

Goloboff 等（2009）采用 TNT 软件的简约法分析了真核生物 73 060 个分类单元的 DNA 序列（长度不等的 13 个基因）和 604 个形态性状，结果显示，无论是单独使用 DNA 序列还是联合形态性状，获得的系统树的分支型式大多数与传统分类学一致，说明采用 MP 法分析大数据集是有希望的。TNT 软件成为简约法分析大数据集的首选软件。

(3) 近缘序列的大数据集分析：当序列数目很多且序列分歧度低时，除非检测的核苷酸数目很大，否则构建的树会有很多距离为 0 的内部分支。在这种情况下，用任何一种方法重建都很难，而自举合一树往往是个合理的好树。然而，构建一个 ML 自举合一树相当费时；当序列数目很多时，用自举法构建一个 MP 树也很费时。与之相反，如果使用 NJ 法，即使序列数大于 200，建一个自举合一树也很容易。用 MP、ML

和 NJ 法构建的自举合一树尽管在微弱支持的内部分支上有所不同，但大部分十分相似。因此，Nei 和 Kumar（2000）认为没有必要花大量的时间去建 ML 或是 MP 自举合一树。在这种情况下，可以用 NJ 法很快地得到相同的结果。需要注意的是，在这种情况下 p 距离往往优于其他距离测度，因为它的方差较小。

（4）最大似然法：由于快速算法的发明和计算机内存及运算能力的提升，使原本分析大数据集无望的最大似然法也显示出希望。如果不进行自举分析的话，它的计算速度甚至超过贝叶斯法；但如果进行自举分析的话，最大似然法仍然是目前最费时的方法。

近年来提出的快速自举分析算法可以克服这个困难，这些算法中的 PhyML v3.0 采用一种新的称为近似似然率检验。PhyML 和 RAxML 是在速度和准确性方面可以与贝叶斯法 MrBayes 媲美的两款 ML 法软件，可以分析大于 500 个分类单元的数据集。这三个软件中，RAxML 对内存的需求最少，如对于 1000 个序列的数据集，MrBayes 需要 1195MB 的内存，PhyML 需要 880MB 的内存，RAxML 仅需要 199MB 的内存。Ott 等（2008）在 IBM 的 BlueGene/L（BG/L）和 SGI 的 Altix 超级计算机上采用并行 RAxML 分析了两个大数据集、270 条长度为 566 470bp 的序列和 2182 条长度为 51 089 bp 的序列，是目前采用 ML 法分析的最大数据集。

（5）采用贝叶斯法分析：目前贝叶斯推论法软件所执行的算法完成同样大小的数据集所需要的运算时间比 ML 法要少得多。贝叶斯推论法中应用 MC^3 算法产生系统树所有参数（包括分支型式、分枝长度和替换模型的各类参数值）的后验概率分布的近似值，从这些后验概率分布中以稳态方式（即不考虑马尔可夫链的初始值）取样，可以直接估算出模型中每个参数的统计值。MC^3 算法比 ML 法运算快的原因是前者并不试图寻找整体 ML 最优值，同时，贝叶斯推论法中对分支的支持度与建树过程同时进行，故无须进行额外的自举法计算分支支持度。

16.4.3　大数据集的系统发生分析需要的计算机和软件

大数据集分析面临的两个主要困难是建树时间长和无法进行可靠性分析。分析大数据集需要高性能计算机（high performance computing，HPC），目前的高性能计算机主要有超级计算机（supercomputer）和计算机集群（cluster），云计算（cloud computation）技术也开始应用。同时，对目前广泛使用的系统发生分析算法也进行并行（parallel）和网格（grid computing systems）计算方法的开发，如进行简约法分析的 TNT、贝叶斯法的 MrBayes、NJ 法的 pNJTree（Du and Lin，2006）、最大似然法的 pIQPNNI（Minh et al.，2005）、DCM（Du et al.，2005）、四枝树解谜法（Schmidt et al.，2002）和遗传算法（Zwickl，2006）等。

例如，美国国家历史博物馆的 Ward Wheeler 等采用当时运算速度位列世界第 9 位、由 560 个 Intel Pentium CPU 组合成的计算机集群（cluster computer），配合化石资料，研究节肢动物的进化，得出了一些非常有意思的结果，包括陆生的节肢动物是分两次由水生到陆生的、昆虫纲与甲壳纲是姐妹群等。这项研究要求强大的计算能力，在他们的CPU集群上要耗费几个月的机时，而在普通计算机上则要花费46年的时间。

目前大数据集的系统发生分析软件主要有距离法的FastTree 2和ProfDist，简约法的TNT，最大似然法的RAxML、PhyML、MetaPIGA和pIQPNNI等。

16.4.4 大数据集分析实例

Chase等（1993）用*rbcL*基因序列分析了499种种子植物，是首次大规模的分析，对后续的大数据集研究有较大的影响。此后，Källersjö等（1998）用*rbcL*基因序列分析了2358种种子植物。目前，GenBank中记录的*rbcL*序列已经超过20 000条。Soltis等（1997）用18S rDNA序列分析了223种植物。Savolainen等（2000）用*atpB*和*rbcL*基因序列约3000bp分析了种子植物中的357个分类单元。

Johnson（2001）用*cytb*序列（长度200～1100bp）分析916种鸟和4种爬行类。

Burleigh等（2009）分析了567种植物的5个基因组成的大数据集，其中3个基因（18S rDNA、*atpB*、*rbcL*）在567个分类单元中都有，*matK*只在378个分类单元，26S rDNA只在240个分类单元。使用GARLI v. 0.951分析了5个基因567种数据集和3个基因567种2个数据集（图16-11）。

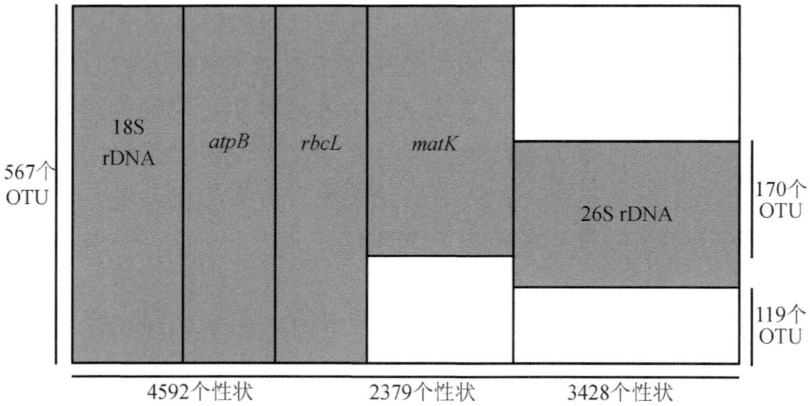

图16-11 5个基因数据集在分类单元之间的分布图（Burleigh et al.，2009）
左边的3个基因（18S rDNA、*atpB*和*rbcL*）在567个分类单元中都有，*matK*只在378个分类单元中存在，26S rDNA只在240个分类单元中存在

16.5 碱基组成异质性数据集的分析

16.5.1 序列组成偏向性及其对系统发生分析的影响

序列组成偏向性是系统发生分析的一个主要困难。尽管许多基因和基因组均表现

出某种程度的组成偏向性，但并不一定与性状状态的偏向性相关。性状状态的偏向性是指一个性状的不同状态发生以不同的比例出现。如果组成的偏向性影响了性状状态，就会对系统发生造成困难。性状状态偏向性与组成偏向性相关联的程度主要依赖于每个位点上性状状态的分布情况。在 DNA 水平上，碱基组成有三种偏向性，DNA 双链之间组成的不均一称为链不对称性，DNA 链上 4 种碱基组成的不均一称为碱基组成偏向性，而在不同物种之间碱基组成的不均一称为碱基组成异质性。前两种情况在动物线粒体基因组序列中常见，而后一种情况则多发生在高级分类单元的核基因组和线粒体基因组之间。在蛋白质水平上，氨基酸组成偏向性主要表现为分类单元之间的组成异质性。

有关组成的偏向性及异质性程度的评估方法见第 6 章。有很多程序（如 PAUP* 和 TREE-PUZZLE）对碱基组成进行 χ^2 检验或似然率检验。

组成偏向性能够严重影响系统发生树。简单的组成变化还是有可能被识别和处理，但是复杂的偏向性问题仍然是一个难以克服的障碍，尽管近年来在这方面有了进一步的改善。如果组成偏向性的型式已经在不同谱系之间改变，采用在不同分类单元之间组成具有稳态分布的模型能引起系统发生分析的系统误差，而且这些问题很可能会与长枝吸引和位点之间速率变化等问题相混淆。当碱基替换速率在不同时间和位点间同时改变时，系统发生重建就会非常不确定。

Jermiin 等（2004）用模拟实验研究核苷酸非稳态性对 4 种主要系统发生方法构建正确系统树的影响，并讨论了探测非稳态性的方法。在不同程度的碱基组成异质性和内部分枝长度条件下，4 种系统发生分析方法获得正确树的频率见图 16-12。基本上，

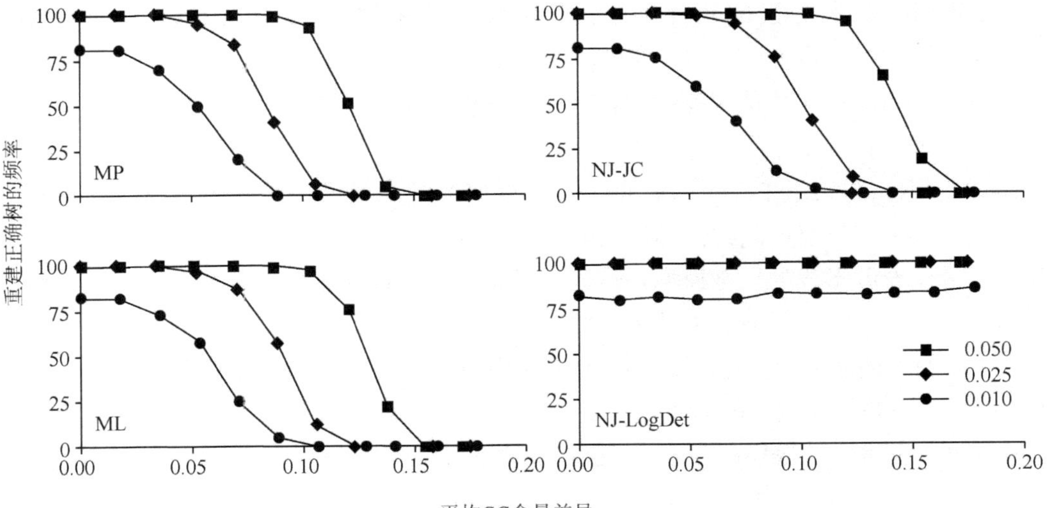

图 16-12　在不同程度的碱基组成异质性和内部分支长度条件下 4 种系统发生分析方法获得正确树的频率（Jermiin et al.，2004）

图例表示三种不同内部分枝长度；图中的缩写的意义：MP＝最大简约法；ML＝最大似然法；NJ－JC＝基于 JC 模型校正距离的 NJ 法；NJ－LogDet＝基于 LogDet 距离的 NJ 法

当数据集中存在碱基组成异质性时，常用的三种方法都不能发现正确树，而且这种影响也与内部分枝长度有关，随着内部分枝长度的减小，发现正确树的频率急剧降低。相比之下，基于 LogDet 距离的方法则对碱基组成异质性不敏感，尽管其也受短分枝长度的影响。

16.5.2 碱基组成异质性数据分析方法

进化模型的同质性假设（homogeneity hypothesis）意味着替换过程最终将达到碱基平衡状态，同时假定替换过程从开始（即在系统树的根部）就已经处于稳态，如果同质性和稳态的假设为真的话，则应该期望在所有序列中碱基组成频率是相同的。而实际情况与此期望不同。Gowri-Shankar 和 Rattray（2007）及 Blanquart 和 Lartillot（2006）都对碱基组成对系统发生分析的影响进行过综述，也都提出了基于进化模型的方法。综合起来，目前提出四类解决碱基组成偏向性的方法。

（1）核苷酸简化编码方法：采用简化的二碱基 RY（Phillips et al.，2004）或三碱基 AGY（Gibson et al.，2005）编码 DNA/RNA 序列。在 RY 编码体系中，凡是出现 A 和 G 的所有位点均编码为 R（代表嘌呤）；凡是出现 C 和 T 的所有位点均编码为 Y（代表嘧啶），从而将 DNA/RNA 序列编码为二态的序列，过滤了碱基组成的偏向性。在分析这种编码方法的序列时只考虑颠换（即 R 与 Y 之间的变化），从而降低了替换饱和的风险。但这种方法仅对某些情况有效（如 GC 偏向性和 AT 富集区），而且不允许嘌呤和嘧啶的相对频率的改变。

采用简化编码方法的软件不多，其中较为常用的一个软件是 TREEFINDER。TREEFINDER 有几种 GTR 衍生模型（GTR3、GTR3AG、GTR2）。GTR3 是将核苷酸 T 和 C 合并为一种后的三态模型，这样可以使有些特殊的数据集的碱基组成更加稳态化，三种频率参数的顺序为｛TC，A，G｝，三个速率参数的顺序为｛TC-A，TC-G，A-G｝。GTR3AG 是将核苷酸 A 和 G 合并形成的三态模型，三种频率参数的顺序为｛T，C，AG｝，三个速率参数的顺序为｛T-C，T-AG，C-AG｝。GTR2 是将 T 和 C 合并、A 和 G 合并形成的二态模型，碱基组成稳态性，该模型仅对替换敏感，两种组成频率为｛TC，AG｝，没有相对速率参数｛｝。

（2）删除快速进化位点的方法。因为在多数情况下，造成碱基组成异质性的主要原因是密码子第三位点上的多重同义替换，所以在分析时排除密码子第三位点数据可以改善组成异质性（Delsuc et al.，2002）。

（3）LogDet 距离（Lockhart et al.，1994）和“paralinear”（Lake，1994）。LogDet 和 paralinear 转换距离，可以校正分类单元之间因碱基组成差异而引起的遗传距离估计误差。

（4）采用能够反映碱基组成异质性的进化模型进行统计学基础的分析方法。目前提出的这类模型有 Yang 和 Roberts（1995）、Galtier 和 Gouy（1998），这些异质性模型允许进化过程中碱基处于非平衡状态，在系统树的不同分支上碱基平均组成可以变化，并设置参数来代表这些分支的碱基组成。这种模型属于时间不可逆的，因而，必须要在有根树上才能应用。

Yang 和 Roberts（1995）提出的最广义的 N2 模型是基于 HKY85 模型，但对系统树上的每个分支赋予 4 个核苷酸组成参数（其中含 3 个自由参数），此外对树根的祖先核苷酸组成专门设置了 4 个参数。因而，该模型的参数很多，需要采用最大似然法从数据集中估计，很费时且误差较大。

Galtier 和 Gouy（1998）基于 T92 替换模型（Tamura，1992），该模型的碱基组成参数只有 G+C 含量一个，因而系统树的每个分枝和根均只需要一个参数就可以代表碱基组成，其碱基组成参数只是 N2 模型的 1/4。

Foster（2004）的模型则根据碱基组成频率预先将序列分为不同的簇，每个簇内的所有序列在不同分枝中采用一套碱基组成参数，通过贝叶斯 MCMC 取样计算出的联合后验分布中估计出来，该模型有限地减少了参数数目。

异质性模型是为了解决系统树的不同部位的分类单元有相同的碱基组成而在系统发生分析时聚合在一起的问题。异质性模型允许系统树的每个分支选择一组模型中的一个，目前的异质性模型只用于贝叶斯方法。

16.5.4　氨基酸组成异质性数据分析方法

蛋白质水平上氨基酸组成的异质性虽然没有 DNA 水平上核苷酸组成异质性那样常见和显著，但也是分析高级阶元类群时的一个主要误差来源。Nesnidal 等（2010）对蛋白质的氨基酸组成异质性数据的几种分析方法进行过比较。与 DNA 水平的类似，如果数据集出现氨基酸组成异质性，可以采用以下方法。

（1）氨基酸简化编码方法：Dayhoff 氨基酸简化编码方法将氨基酸分为 6 组（AGPST、C、DENQ、FWY、HKR 和 ILMV）（Hrdy et al.，2004；Embley et al.，2003），但这种方法会造成系统发生信息丢失。

（2）删除组成异质性分类单元：如果经过组成异质性检验只有个别分类单元表现出氨基酸组成异质性，则可以删除这些分类单元。

（3）基于组成异质性进化模型的方法：这类方法中基于 CAT 模型（Blanquart and Lartillot，2008）的贝叶斯方法比较成功，如 nhPhyloBayes 方法（http://www.lirmm.fr/mab/blanquart/）。

16.6　种上与种下数据的联合分析

传统上，系统发生和种群遗传研究分属不同学科，其取样方法和数据分析策略各不相同。但近年来，随着测序方法的快速发展，人们认识到种内和种间进化过程具有连续性和一致性，这两个领域逐渐开始融合，尤其是低级分类阶元的研究，如近缘种的种界确定和 DNA 条形码等领域，它们必须将种上和种下数据联合分析才能获得理想的结果。

传统系统发生研究每个物种取样1～2个个体，仅以单一序列代表一个种群或物种，而种群数据则要求取样尽可能多的个体以反映种群的遗传分化，并将每个个体所研究座位的等位基因作为分析对象。因此，种群等位基因序列数据的获得必须进行基因分型（genotyping）。对于单倍性分子标记，如mtDNA和Y染色体等，每个个体测得的序列只有一个拷贝，而对于二倍体的分子标记，由于一个个体的每个座位上有两个拷贝，如果一个个体因具有等位基因杂合子，可以分离得到两条序列，将被认为具有两种单倍型，否则只有一种单倍型。所以，二倍体的核分子标记必须采用一些特殊的实验或计算方法确定两个拷贝各自的序列。

多等位基因树（multiple-allelic gene tree）代表了跨越小进化和大进化界限的系统发生分析新领域，多等位基因数据提供了比单一序列数据更丰富的物种进化信息。由于涉及了物种之间的同源基因序列分歧进化和种内等位基因（序列多态性）的群体遗传学两个过程（图16-13），所有普通的只针对序列分歧进化的DNA进化模型就不适合于这类数据，必须建立能够反映这两个水平上序列进化的新模型。

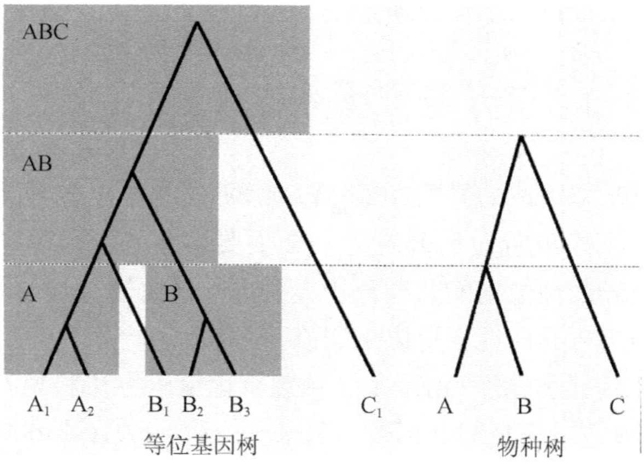

图16-13　多等位基因树（左）和物种树（右）（Liu et al.，2008）

左图表示从A、B、C三个物种分别测定了2、3和1个等位基因序列及它们的基因树，基因树图上4个暗色方框对应于物种树的群体支系

种上与种下数据的联合分析的主要困难是两种水平上序列的进化模型、序列分歧程度和系统发生模型不同。此外，种上数据默认的取样都是现存物种，分析时都位于系统树的端部，而种下数据祖先和后代同时存在于样本中，分析时允许祖先样本位于系统树或网络的内部接点上。两种水平的系统发生分析的区别如下所述。

（1）抽样的一个现存个体或群体可以是某些个体或群体的祖先，而在物种以上的比较中祖先一般是不存在的。

（2）祖先群体与后代群体一样可以产生新的突变。

（3）由于重组形成等位基因或单倍型之间的网状关系（tokogeny）而非二分歧树。

（4）群体水平上序列的分歧程度较低，传统的系统发生分析方法在应用这样的数据建立的系统发生树的准确性较低。

栾鹏涛等（2009）从等位基因杂合子的产生、杂合子的分离及现有的研究方法三个方面就如何挖掘并利用等位基因杂合子（intra-individual allele heterozygote，II-AH）分子标记进行了比较详尽的介绍。从理论上来讲，将等位基因杂合子系统发生信息转换为个体的系统发生信息一般有两种方法：①将个体的等位基因特征序列矩阵转换为个体的特征序列矩阵，然后根据个体的特征序列矩阵计算个体间的遗传距离矩阵；②先根据等位基因特征序列矩阵计算得到遗传距离矩阵，再把此距离矩阵转换为个体间的遗传距离矩阵（Göker and Grimm，2008）。目前常用的分析方法有以下 5 种。

（1）一致序列法：该方法是指在进行系统发生分析时使用一致序列（consensus sequence），也就是将杂合位点用简并碱基来表示，如 A/G 杂合子用 R 表示，C/T 杂合子用 Y 表示等。另外，杂合 indel 可以保留在一致共有序列中或在分析时直接删除。这样就把等位基因信息转化为个体信息，以个体为对象进行系统发生分析。

（2）基因型网络图法：这是研究群体谱系地理结构和近缘种系统发生关系的主要分析方法。将序列数据归纳为单倍型，基于单倍型构建网络图。大多数研究都使用线粒体基因单倍型构建网络图。Sota 和 Sasabe（2006）提出使用核基因的基因型构建网络图进行系统发生分析的设想。Joly 和 Bruneau（2006）提出 POFAD 算法，基本操作过程是：首先得到等位基因的序列，再通过 PAUP、MEGA 等可以计算距离的软件得到等位基因的距离矩阵，然后通过 POFAD 算法，把等位基因的距离矩阵转换为个体的距离矩阵，最后把此距离矩阵输入到系统发生软件中，根据距离法得到系统发生树，或者将得到的个体的距离矩阵使用 NeighborNet 算法来构建网络图。需要注意的是，在联合分析之前，需要检测各个基因是否有重组现象存在，如果存在重组，而没有有效去除，那么这个基因蕴含的多个进化历史的信息将导致加权值偏低。该算法适用于种下水平或者是近缘种之间系统发生研究中。

（3）深度溯祖法（deep coalescence approach，Maddison and Knowles，2006）：通过最小化所有基因的基因树与物种树的拓扑结构差异（深度溯祖事件的数目）发现物种树，该法忽视了基因树的分枝长度信息而仅考虑拓扑结构。

（4）贝叶斯阶层模型法（Bayesian hierarchical model，Edwards et al.，2007；Liu and Pearl，2007）。

（5）多等位基因贝叶斯法 Liu 等（2008）：将上述的贝叶斯阶层模型扩展以便从多物种的多等位基因数据构建物种树。多等位基因贝叶斯阶层模型（Bayesian hierarchical model）可以提取一个物种的所有个体的等位基因信息来推论出该物种的祖先历史情况并估计物种树。他们采用两步 MCMC 算法估计物种树的后验概率。该法用于酵母菌二等位基因数据的分析结果（图 16-14）与其他数据的结果一致。故贝叶斯方法为整合群体遗传学数据和系统发生提供了强大的统计学工具。

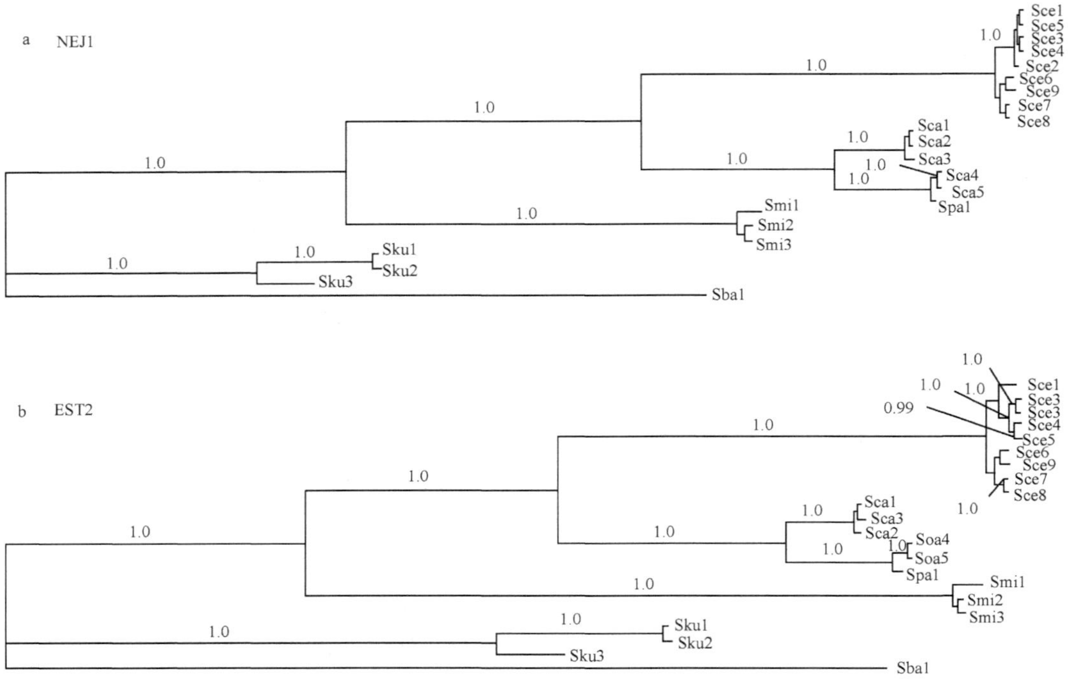

图 16-14　采用 MrBayes 估计的 6 种酵母菌的多等位基因树（Liu et al.，2008）

a. NEJ1 基因树；b. EST2 基因树。物种名称采用 3 字母代表，每个物种的等位基因用物种代码加数字表示。物种代码：Sce=*Saccharomyces cerevisiae*，Spa=*S. paradoxus*，Sba=*S. bayanus*，Sca=*S. cariocanus*，Smi=*S. mikatae*，Sku=*S. kudriavzevii*

第 17 章　多源数据集分析策略和方法

17.1　多源数据集概述

20 世纪 90 年代以来，由于意识到从单一基因序列获得的系统发生关系不可靠，所以越来越多的分子系统学研究采用多基因序列。如果非连锁的几个核基因、或核基因与线粒体基因、或序列数据与形态数据组成的多源数据集支持相同的系统发生，那么，这样的结果将是置信度极高的。所以，从多源独立数据集中获得相合性的系统树是系统发生研究的基本要求。

多源数据集（multiple data set）是指来源于多个具有相对独立的遗传特征（如核基因组序列与细胞器基因组序列、形态数据与分子数据、核基因组中相互不连锁的基因序列等）的数据集。将有相同 OTU 集合的两个以上的多源数据集合并成的一个较大数据集称为联合数据集（combined data set）。联合数据集在分析时可以划分成许多数据子集（subset）。

将基因组水平的特征（基因含量、基因排列次序、稀有结构变异等），以及基因和蛋白质序列、形态学特征、行为学特征、代谢途径等所有可以利用的性状整合在一起构建稳健的系统树是系统发生学的终极目标。也许任何单个基因序列所包含的信号不足以解决所感兴趣的所有分类单元之间的系统发生关系，可能一个基因仅能解决部分分类单元之间的关系。一般来说，形态数据可以在所有分类阶元水平上应用；而分子标记的应用范围取决于序列的进化特征。以图 17-1 所示的 5 个基因为例，基因 1 进化速率最慢，适合于解决系统树基部分支的关系，对其他部分没有分辨力；基因 2 进化速率适中，适合于解决系统树中部分支的关系；基因 3 的进化速率适中但有变异，解析的范围比基因 2 小；基因 4 是快速进化的标记，适合于解决系统树端部分支的关系，对基部分支基本上没有解析力；基因 5 属于谱系特异性分布的，只能用于解决一个类群内部种类之间的关系。在这样的情况下，联合不同基因的数据集将增加系统发生信号数量，联合数据集中的不同基因会提供解决不同分歧水平的分类单元之间的信号，从而增加对所有分类单元的分辨力或解析力。

分子系统发生学研究中单基因序列数据分析方法已经相当成熟，而多源数据集分析过程中会遇到许多问题，最主要的问题是：数据集如何划分；数据集之间的不相合性；多源数据集进化模型选择和参数估计；多基因最优树选择标准；多基因最优树支持度的计算等。

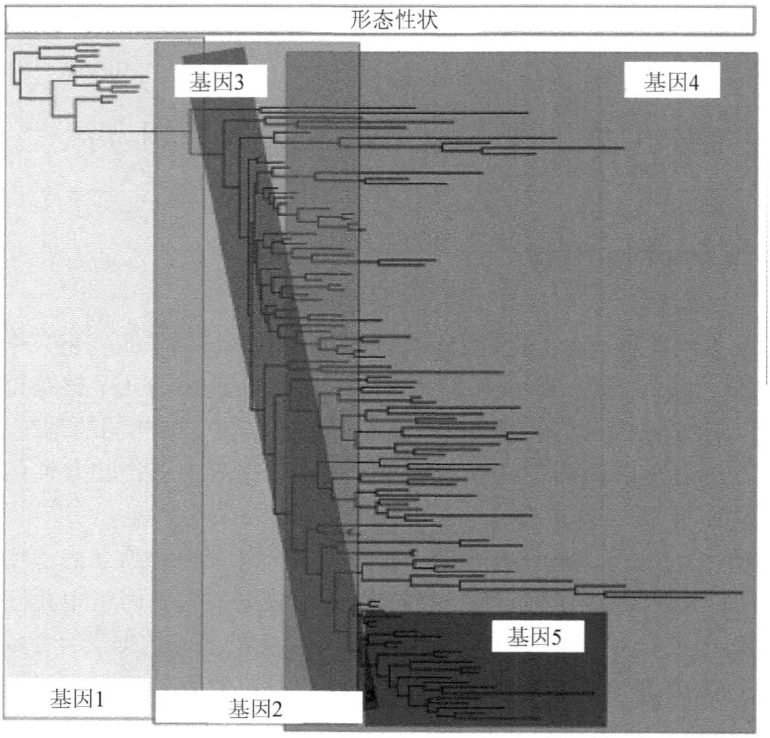

图 17-1　多源数据集联合解决系统发生关系的原理（见彩图）

17.2　数据集之间的不相合性及检验方法

17.2.1　不相合性的类型

应用多源数据集的一个主要问题是数据集之间的不相合性（incongruence），即同样的分类单元，采用不同的数据集进行分析时得到不同的拓扑结构。

已进行过多源数据集研究的类群中，不同数据集之间具有完美相合性的例子十分罕见。大多数的多源数据集都显示了不同程度的不相合性，如形态学数据与分子数据的不相合性早已有论文集，多源基因数据集之间的不相合性也经常在近年来的期刊论文上看到。也许分子系统发生学研究的一个最大问题就是多源数据集之间的不相合性。

数据不相合性既存在于不同性质的数据集之间，如分子数据和形态数据之间；也存在于一个数据集之内各种异质成分之间，如基因的不同密码子位点、不同基因/蛋白质数据之间，其中最普遍的是分子数据和形态数据间的不相合性，几乎在生物界各类群的系统发生研究中都有发现。例如，Smith 等（2004）关于寄生在鸟类羽毛中的白虱昆虫属间系统发生的研究中，分析了当时已经发表的不同数据，包括来自形态特征、线粒体 12S rDNA、COI 基因及细胞核 *EF-1α* 基因序列的数据，发现分子数据和形态数据的显著不相合性导致了由它们独立分析所得到两个拓扑结构的不相合性。

数据集之间可以区分出四类不相合性（图 17-2）（Brower et al.，1996）。

第一类不相合性是序列与非序列数据（如形态学数据、DNA 杂交数据、等位酶数据等）结果的不相合性，这种情况下一般是序列数据的结果更加可靠。

第二类不相合性是相同的数据集经过不同的系统发生方法分析产生的，这种情况下很难区分是由于数据本身的异质性还是由于方法不同造成的。

第三类不相合性是具有相同进化历史的基因序列的不同的划分数据集之间的不相合性，主要由于存在少量的同型性状造成，可以通过 ILD 检验发现，如密码子不同位点划分的数据集之间。有许多这样的研究实例，大多数情况下可以忽略这种不相合性，而将全数据集的分析结果作为最后系统发生结论。

第四类不相合性是起源于具有不同进化历史的基因数据的独立分析结果，这种情况下序列之间本身就有不同的进化历史，不可能通过这些序列建立单一的系统发生。将来有可能通过发展普遍性的模型和统计学检验方法来对数据的系统发生行为进行分析。目前可以做的是，尽量识别出潜在的、具有不同进化历史和能够引起系统误差（如组成偏向性等）的数据类型，以便在分析时加以考虑。

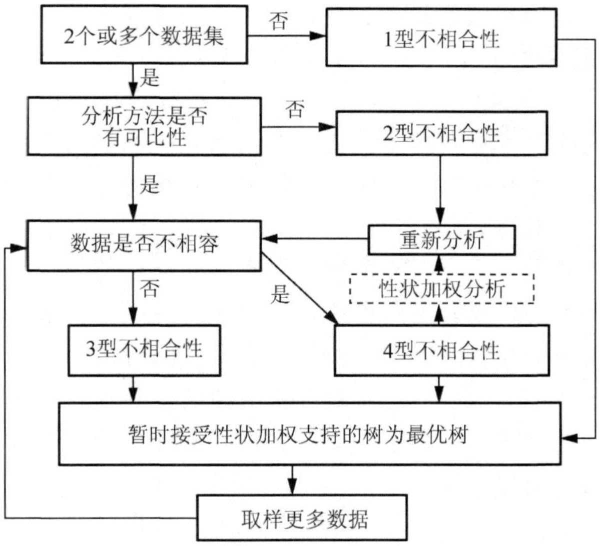

图 17-2　不相合性类型的分类和区分方法

17.2.2　数据集之间不相合性的原因

引起数据集之间不相合性的可能原因有以下 7 个。

（1）不同数据集（基因）具有不同的进化历史，因而不同基因的基因树与物种树有可能不同，如 mtDNA 与核 DNA 序列、发生水平转移的基因、杂交物种形成、基因变换、较强的定向选择、替换偏向性、未发现的基因重复（并系基因）及种内群体间的分化等。杂交渗入是线粒体基因树和传统的分类法不相合性的主要原因。

（2）即使基因之间有相同的进化历史，也可因取样误差和同型信号误导产生不相合性，主要包括非独立性状进化，如碱基组成偏向性和协同进化等。

（3）建树方法不适合：不同的建树方法，由于其所信赖的假设和选择最优树的标准不同，因而可能使对同一数据集的分析会得出不相合的最优树。同一数据分析方法中采用不同算法的影响，如不同的性状加权方法、选择不同的外群和不同的赋根方法等。

（4）数据集之间性状数量差异。当所选基因长度不足时，在取样过程中造成的随机误差变大。

（5）祖先多态性的不完全分选。

（6）直源基因与并源基因：并源基因只能用于建立基因树，不能用来建立物种树，但引起并源的重复基因的拷贝数目如此之大，重复事件的次数和时间又如此不同，根本无法确定不同拷贝和分子之间的真正同源关系。假基因也是一种隐蔽的并源基因，有些基因的假基因数目很多，又有加工假基因和重复假基因，也使人们无法确定序列之间的同源关系。外源基因虽能引起同源关系混乱，但这些事件在高等动物中发生的频率很低，故影响不大。

（7）操作误差：人为的取样误差、分析误差、记录误差等，以及在实验操作或数据分析过程中将样品编号弄混等。这方面最著名的一个实例是 Allard 和 Carpenter（1996）提出的所谓水生猿假说（aquatic ape），Page 和 Charleston（1999）在评论中指出，他们对哺乳动物线粒体基因的分析得出的结果是一系列人为失误造成的，如将人类序列赋给了蓝鲸，而将蓝鲸的序列给了灰海豹，将斑海豹的序列给了马，而当纠正了这些错误后获得的结果就正常了。

由取样误差或者选用了不恰当的系统发生模型而产生的拓扑结构不相合不是由谱系发生上的不相合（也就是具有不同系统发生历史）导致的，可以通过扩大信息量和优化分析方法或修改系统发生重建中的模型来降低它们对系统发生结果的影响（Cunninghum，1997a；Ramirez，2006）。而由进化中的谱系分选或杂交现象造成的不相合是无法通过以上方法解决的。还有一些不相合性目前还无法解释原因，如线粒体或叶绿体中连锁基因间的不相合性（Vogler et al.，2005；Yoon et al.，2002）及同一基因密码子不同位点间的不相合性（Vogler et al.，2005）。目前的系统发生树实际上是系统发生信息与噪声共同作用的结果。

由于数据不相合性较多地发生在用一个或者几个基因进行系统发生分析的研究中，所以有学者认为随着谱系基因组学（phylogenomics）、系统发生蛋白质组学（phyloproteomics）的到来，这种不相合性也将被克服（Gee，2003）。Rokas 等（2003b）在用基因组水平的数据（106 个直系同源基因）对 14 种酵母的系统发生研究中，发现用 106 个基因分别建树时各个树之间有显著的差异，将这些基因都合并起来则会得到唯一一棵支持率很高的树，由此提出基因组数据将可以克服数据不相合性的说法。Jeffroy 等（2006）对 Rokas 等的数据进行了进一步的分析，提出大量数据虽然会得到支持率很高的树，降低非直系同源和随机误差产生的不相合性，但是由系统误差产生的不相合反而会上升。由于现有建树方法的局限，基因组水平的数据由不同建树方法产生的树，特别是当这些数据中含有大量非系统发生信息的噪声时会产生显著的不相合。目前的建树方法并不完全适用于基因组数据，需要改进以减少产生误差的概率。在注重数据数量的同时，更要注重数据的质量，在基因组中采用那些包含非系统发生信号最少的数据，还要尽量多地选取类群，选择合适的建树模型，这样才能减少数据不相合性对系统发生结果的影响。

17.2.3　数据集之间不相合性的检验方法

数据不相合性一般采用统计量的显著性检验来进行。检验的方法已经从发现整体的显著不相合性，扩展到了对数据集中产生不相合性的具体位点进行定位，因为有时往往只是一个很小范围的不相合就会导致独立分析中对整个树的支持水平降低（Hipp et al.，2004）。

数据集之间的不相合性检验都是对数据集之间或数据集与系统树两两之间进行比较。在基于统计学的 ML 和 BI 方法中，数据集相合性检验和数据集同质性检验建立在坚实的统计学理论基础上，而在简约法中有关数据集同质性和数据集的相合性的评估及解释存在着很大的争议。

总体上，数据集之间的不相合性分析可以从以下三个层次上进行。

1. 划分数据集系统发生信号的比较方法

划分数据集系统发生信号的比较方法是目前广泛使用的方法，是通过测量不同数据集之间性状的整体不相合性水平来判断两个数据集是否相合，并不识别数据集之间有矛盾的那些特定支系，这类方法的缺陷是当识别出两个数据集之间显著的不相合时，无法进一步找出到底这种不相合性表现在系统树的一些局部支系还是整个拓扑结构上，非参数 Templeton 检验和 ILD 检验即属于这类方法。

ILD 检验（incongruence length difference test）是在简约法理论框架下提出的检验不同数据集之间相互相合程度的方法。ILD 检验的原理是：如果数据集之间是同质性的，则在这些数据集之间随机地分配性状后形成的最优树与各自原数据集的最优树无显著差异。

ILD 检验思想起源于由 Mickvich 和 Farris（1981）提出的同型指数（homoplasy index)，它是用于数据集联合简约分析后同型水平比数据集单独分析时同型水平增加的测度。例如，在分析两个数据集 x 和 y 时，同型指数 D_{xy} 是联合数据集 MPT 的树长 L_{xy}减去 x 数据集的 MPT 树长 L_x与 y 数据集的 MPT 树长 L_y的和，即 $D_{xy}=L_{xy}-(L_x+L_y)$。随着联合数据集中同型水平的增加，D 值也将增大，问题是 D 值增加多大才算是具有统计学的显著意义？

Farris 等（1994；1995）提出的不相合长度差异检验公式为：$\mathrm{ILD}=L_{xy}-(L_x+L_y)$。这个 ILD 值无法进行统计学显著性检验，故未广泛使用。随后，Farris 提出 ILD 检验可以通过其零分布的参证来评估统计学的显著性。

ILD 的具体检验过程如下所述。

首先分析各个独立的原始数据集，计算 ILD；然后联合两个需要联合分析的数据集产生 ILD 值的零分布，方法是将两个数据集混合后将性状随机的分配给两个随机数据集并保持数据集大小与原数据集不变。分析由随机产生的各个子集并计算 ILD；最后求出从随机产生的数据集中的 ILD 值小于实际数据集的次数 s。假如随机产生的数据集数目为 w，则决定拒绝相合性零假设的概率的 P 值为：$P=1-s/(w+1)$。因而，如果原始数据集的 ILD 值倾向于大于随机产生的数据集的 ILD 值，s 将变大，相应地，P 就变小。

Farris 曾推荐 $P=0.05$ 为可联合与不可联合数据集的一个阈值，$P>0.05$ 时，可以联合，$P<0.05$ 时，最好不要联合分析。后来的研究提出，即使 $P<0.05$，甚至 $P=0.01$ 时，数据集都可以联合分析，因此具体问题应该具体分析。

Swofford 在 PAUP 早期版本中提出可联合性检验（combinability test），在后期版本中改名为划分数据集同质性检验（partition homogeneity test，PHT），它是不相合长度差异检验的另外一种检验方法。在 PAUP* 中，ILD 检验是在简约信号位点组成的数据集上进行 1000～100 000 次重复。使用简单逐步添加的启发式算法分别分析原始数据集和由随机产生的数据集的 ILD 值。除对不同来源的数据集做数据同质性检验外，PAUP* 还可以对由密码子第 1、2、3 位构成的数据子集进行同质性检验。

上述两种检验方法都是将观测到的 ILD 值与由随机化产生的同样大小的数据集的 ILD 值零分布进行比较。

对于 ILD 检验的有效性存在着以下争议。

（1）ILD 检验是建立在“同型性状增加时系统树的准确性下降”假设基础上的，但许多研究显示，同型水平与系统树准确性之间并无关系（Sanderson and Donoghue，1989；Yoder et al.，2001）。Yoder 等（2001）的研究显示，数据经加权后虽然能够大大地提高数据集之间的相合性，但并不能增加系统树的准确性，显示了数据集的相合性与准确性之间出现负相关，当不相合性较严重时（$P\leqslant 0.004$），准确性水平却较高，自举值也较高。

（2）Dowton 和 Austin（2002）的研究表明，当不同数据集所包含的性状数目相差较大时，ILD 检验并不是检验数据集可联合分析的有效方法，而且不同的性状加权体系可导致 ILD 检验出现偏差。

（3）Cunningham（1997a）认为 ILD 检验在判断数据集可联合性方面比 Templeton（1983）和 Rodrigo 等（1993）方法表现更好，但他认为 P 值在 0.01～0.001 比 0.05 更合适。

ILD 检验原本是用于检验不同数据集之间的性状是否存在不相合性，但在此后的发展中获得了较广泛的应用，包括检验拓扑结构相合性（Carbone et al.，1999）、数据集的可联合性和通过 ILD 检验不同数据集之间的不相合性来推断不同数据集中性状进化事件的概率，包括：检验杂交事件、判断基因水平转移事件、重组、趋同进化和单性生殖生物的杂交起源等。

2. 系统树拓扑结构比较法

系统树拓扑结构比较法是首先划分数据集，然后依据每个划分数据集构建系统树，再对每个划分数据集所建的系统树的拓扑结构进行差异显著性检验。这类方法包括：基于 ML 的方法有 SH 法（非参数 ML 检验）和参数 ML 检验法，以及基于贝叶斯法的统计检验法。具体方法参见第 14 章的相关内容。

3. 划分数据集与系统树之间拟合程度评估的方法

划分数据集与系统树之间拟合程度评估的方法是通过测量划分数据集对联合数据集系统树中的每个支系的支持水平来显示不同划分数据集与系统树之间的拟合程度，因而可以识别出数据集之间支持相互矛盾的支系的具体位置。

多源数据集的联合分析所获得的树上各分支的支持度可能很不相同，有的分支可能只有一个划分数据集支持，有的分支可能有几个划分数据集或全部划分数据集的支持。度量不同数据集对系统树分支的支持度的方法很多，其中常用的有 PBS、PLS、DRI、NDI、HBS 和加权自举法等。

（1）PBS（partitioned branch support or partitioned Bremer support，Baker and DeSalle，1997）是在 Bremer（1988）提出的布雷莫分支支持度基础上发展起来的。布雷莫支持度（BS）是指系统树上一个支系塌陷（collapse）所需要的进化步骤数，是通过计算 MPT 树与不含这一分支的最好树（树长最短的树，一般为限制树）之间的树长之差而得到的。PBS 通过测量划分数据集对联合数据集系统树中的每个支系的支持水平显示不同划分数据集与系统树之间的拟合程度，进而识别出数据集之间支持相互矛盾支系的具体位置。

（2）PLS（partitioned likelihood support）与 PBS 有相同功能，但 PLS 完全基于 ML 法的划分数据集与系统树之间拟合程度的参数，其值是通过同时分析各个数据集获得各自的 ML 树，然后将每一个划分数据集拟合到两棵系统树上，计算出对数似然值之差，这就是每个划分数据集的 PLS。PLS 差异的显著性可以使用各种抽样方法来评估。

（3）DRI（data removal index，Gatesy et al.，1999）是当移去一个或多个划分数据集后联合分析 MPT 上特定支系稳定性的测度，定义为：能使某个支系塌陷所需要必须移去的最少划分数据集数目。例如，如果一个支系在移走一个划分数据集后组成的联合数据集的 MPT 上不出现，则该支系的 DRI=1；如果 DRI 与组成联合数据集的成员数目相等，则表明该支系仅在联合分析时才出现，而不在各划分数据集单独分析或各划分数据集各种可能组合的分析中出现；如果 DRI=0，则表明该支系被一个或几个划分数据集支持，但在所有的划分数据集联合分析时不支持。

（4）NDI（nodal dataset influence，Gatesy et al.，1999）是测量从联合分析中移去一个特定划分数据集对某个分支支持度水平的影响，对于一个特定的联合数据集、划分数据集和联合分析 MPT 上的分支，NDI 等于联合数据集对该分支的支持度减去移走该划分数据集后联合分析的 MPT 对该分支的支持度。

（5）HBS（hidden branch support，Gatesy et al.，1999）是度量当简约性标准放宽时隐蔽的性状相合性和不相合性的程度。数据集联合分析时性状的相互作用可能意味着性状之间存在着隐蔽的性状支持和（或）性状矛盾（hidden character support and/or conflict）。隐蔽的性状支持可定义为在联合分析时一个分支的支持度高于各个划分数据集单独分析时该分支支持度之和。极端的隐蔽性状支持表现为在联合分析时出现的一个分支在各划分数据集单独分析时均不出现。隐蔽的性状矛盾可定义为在联合分析一个分支的支持度低于各个划分数据集单独分析时该分支支持度之和。一个分支的HBS就是联合分析时该分支的支持度与各划分数据集单独分析时该分支支持度之和的差。如果HBS为正值，则联合分析时该分支上隐蔽的性状支持高于隐蔽的性状矛盾；反之，如果HBS为负值，则联合分析时该分支上隐蔽的性状支持低于隐蔽的性状矛盾。HBS定量分析了联合分析时十分不同的性状集之间可能出现的同型水平的扩散。

（6）PABA（partition addition bootstrap alteration approach）检验是Struck等（2006）为了更精确地发现那些导致不相合性的节点和数据集而提出的。它的原理是当加入不同数据集时观察某个给定节点的自举值的变化，它反映出数据集之间的相互作用。即加入相合的数据集和不相合的数据集分别会使节点的自举值上升或者下降。

这种方法通过检验在加入其他数据时某个节点自举值的变化系数δ来揭示不相合性。δ值在不同合并条件下都可以检验：以不同顺序加入不同数量的数据集，通过δ值的变化可以检验出这些数据集之间是如何相互作用的。具体步骤是：首先用数据集独立或合并后建树，比较它们之间的差异，找出问题节点和分类单元，接着计算在不同合并情况下和独立分析情况下节点的值，然后计算当一个数据集加入其他数据集时，不同加入顺序下自举的变化值δ（如当18S rDNA数据集作为第二个数据集加入到16S rDNA数据集中时，以及18S rDNA作为第三个数据集加入到16S rDNA和COI的联合数据集中时，自举值的变化）。计算某个节点和数据集在不同加入顺序时δ的平均值（如当18S rDNA分别作为第一、第二、第三、第四数据集加入时得到的4个δ的平均值）。把平均值的结果列表，观察某个节点或数据集的变化趋势（Struck et al.，2006）。

与其他基于自举值变化来检验相合性的方法相比，以往的方法只能单独检验某个可疑的节点或数据集，而PABA检验则实现了冲突信号从节点到节点或者从数据集到数据集的逐个检验。PABA检验可以用于距离法、简约法和似然法的分析结果中，同样它也可以被用于检验Bayes方法的后验概率或其他节点支持系数。目前这种方法只能进行手工计算，相关软件正在开发中。

（7）加权自举法：Reed和Sperling（1999）提出可以通过有差别的对划分数据集加权以显示哪些划分数据集能引起误差及在树的哪一部位可能出现误差。具体步骤为：首先对联合数据集进行自举分析，然后对每个划分数据集进行较低权值的加权后再计算每个分支的自举支持度。当对一个划分数据集给予较低权值时，如果一个分支的自举支持度反而上升，则说明这个划分数据集对该分支有负面影响；反之，如果自举支持度下降，则说明这个划分数据集对该分支有正面影响。相似地，如果完全移走一个划分数据集就等于给予零权值，此时计算自举支持度，比较不同划分数据集对各分支的支持情况。

(8) PCI (partition congruence index, PCI) 系数是基于布雷莫支持 (Bremer support, BS) 和布雷莫数据划分支持 (PBS, partitioned bremer support) 的检验方法。布雷莫支持是通过计算最大简约树和次简约树之间的树长差异来反映节点支持率，PBS 则是分别计算各个数据集在合并分析中对节点的支持情况 (Bremer, 1994)。Brower (2006) 提出采用 PCI 系数检验划分数据集之间的不相合性。当数据集间不存在冲突时，PCI＝BS，当数据集间的冲突信号增加时，PCI 随之下降，直到变为负值。Brower (2006) 分别用两个假定的数据集和蛱蝶亚科的分子数据对 PCI 系数进行了检验，发现如果 BS 很小，轻微的冲突信号就可使 PCI 变成负值，而当 BS 值很大时，只有显著的冲突信号才能使 PCI 成为负值。可见，PCI 系数在 BS 值小时对不相合性更敏感。

PCI 系数只能应用于简约法的分析结果中，目前还没有计算软件。

17.3　多源数据集的分析策略

尽管文献中分析多源数据的策略五花八门，但总结起来可以归纳为联合分析、独立分析和介于上述两个极端之间的各种划分分析三类策略。在对多源数据进行系统发生分析时，可先对数据集间的不相合性进行统计学检验，再根据检验的结果，判断是对数据集进行独立分析还是联合分析。不同来源或不同性质的数据集在联合分析前应该进行数据同质性检验。除非不同数据集之间可以证明是非异质性的（即相合的），否则各数据集不应联合起来进行系统发生分析。

17.3.1　联合方法

联合方法 (combined approach)，也称总体证据方法 (total evidence, TE)、性状相合性 (character congruence) 或超级矩阵法 (supermatrix)，是指将不同来源的数据集联合起来，在同时分析联合性状集的基础上建立系统树，这种系统树也称为联合树 (combined tree)。将所有数据集联合起来同时分析可使信号达到最大化，建立一棵最优树。

性状相合性的基本假设包括以下 5 个。

(1) 所有的性状都有相同的演化史。

(2) 不同的性状对系统树不同部位的分支有不同的分辨力。某些性状集可能适合于树末梢端分支的分析，而另一些性状集可能对基部分支更有用，因此所有性状的联合分析可提高分辨力。

(3) 不同性状集都有系统发生信号，但单个性状集中的信号也可能被同型性状所掩盖，联合不同的性状集可增加系统发生信号的相对强度。

(4) 任何系统发生分析都必须同时解释所有可利用的数据（称为 first principle）。

(5) 选择特定的系统发生分析方法可以克服不同的性状集进化规律之间的差异引起的干扰。

联合分析的拥护者认为，根据总体信息或总体证据原理，通过直接解决不相合性状而使数据的描述效率和解释能力最大化。凭借这种最大的描述和解释能力建立的最优树提供了评估性状作为系统发生证据的合适的途径。相反，不直接通过数据本身，而是通过分类学相合性获得的系统树并不能保证这种能力，因而在评估性状同源性上是不适宜的。但是，每个数据集也许具有不同的阶层结构，承受着不同的生物学作用，其信息反映了不同的变化水平，因而，可能没有一个统一的标准或模型可以适用于所有这些数据集的进化过程。

多源数据集的联合分析能够揭示出在单个数据集独立分析时支持不显著或新出现的分枝，把这种多源数据集在联合分析中对某些支系的支持度比单独分析的支持度之和增加的现象称为隐性支持（hidden support）（Gatesy et al.，1999）。隐性支持已在许多联合数据分析中得到证实，参见 Gatesy 和 Baker（2005）的综述。Gatesy 和 Baker（2005）对酵母菌属比较基因组数据分析显示隐性支持是联合数据集的 ML 分析的一个重要因素，在由 106 个基因连接形成的联合数据集中某些分枝的隐性支持的比例达到了 64%。隐性支持最极端的例子是在联合分析时产生了在所有单独分析中都没有获得支持的支系。相反地，隐性矛盾（hidden conflict）定义为某些支系的支持度在联合分析与独立分析相比时下降的现象。最极端的隐性矛盾的例子是在所有单独分析中获得支持的支系在联合分析时不被支持。

Gatesy 等（1999）提出了基于简约法 DI 分支支持度的测量隐性支持的指数——隐性分支支持度（hidden branch support），计算方法是某一支系在联合分析的 MPT 上的 DI 与独立分析 MPT 上该分支的 DI 之和的差。隐性分支支持度为正值表示数据集之间有隐性支持，隐性分支支持度为负值表示有隐性矛盾。

Lee 和 Hugall（2003）提出了基于 ML 法分析的隐性分支支持度测量指数——隐性似然值支持度（hidden likelihood support），他们将一个支系的似然值支持度定义为包含该分支和不包含该分支的最优 ML 树的似然值之差。通过计算联合分析的 ML 树上一个分支的似然值支持度与所有独立分析的 ML 树该分支的似然值支持度之和的差就是隐性似然值支持度。

性状相合性的优点是：联合树比合一树有更高的分辨力。因为不同的数据集可能含有解决某些系统发生关系的信息，当性状之间有不相合性时，增加性状数量可使共同衍征掩盖同型性状，系统发生信号的增强可产生一种从单一的性状集分析中无法获得的联合树。

性状相合性联合分析将从序列数据构建物种树的两个步骤合在一起进行，存在着以下三个方面的问题。

（1）该法将所有基因中的每一个核苷酸错误地看成是物种系统发生的独立估计。如果基因之间经历了不同的进化历史，则抽样量较大的基因或信息含量较多的基因的序列在建树过程中占主导，从而导致只能构建出主导基因的进化历史而忽视了其余基因的有可能与主导基因不同的进化历史。因而，如果将每个基因作为物种树的独立估计看待，则可获得多个基因树，从这些基因树简约法分析中可能获得正确的物种树。

如果每个基因的基因树都能正确地被构建，则从这些基因树中推论物种树时，不能先验地给某个基因进化历史以较大的加权。如果一个基因的核苷酸享有共同的进化历史，则一个基因的系统发生仅代表了物种系统发生的一个性状（Doyle，1992），而不管组成该基因的核苷酸数目有多少。

分子系统发生中性状的独立性表现在基因树和物种树两个水平上。单个基因的核苷酸序列可以看成是基因树的独立估计，但它们不是物种树的独立估计，因为它们整体上仅反映一个基因的进化历史。在目前还无法知道基因树是否正确地被构建的情况下，对一些有较高置信度的基因树给予较高的权值也许是有用的。较高置信度的基因树的依据则主要靠抽样基因核苷酸数目的多少，因为较多数目的核苷酸数据建树时较少受随机误差的影响。最重要的是要识别进化历史上有关联的核苷酸序列片段，然后将这些具有不同进化历史的序列片段看成是系统发生分析的基本单位。

（2）联合分析的另一个缺陷是忽视了同型性状与基因树和物种树矛盾之间的区别（Page and Charleston，1997）。

（3）多拷贝基因问题。

因此，只有所分析的基因之间享有相同的进化历史时，联合分析方法才是合适的。

17.3.2　分类学相合性分析

分类学相合性（taxonomic congruence，TC）分析方法或超树方法（supertree）是指对不同数据集单独分析获得每个数据集的最优树，然后分析这些最优树分支型式的符合程度，以超树、合一树或合一指数等概括和总结某些或全部数据集支持的分支型式之间的共同部分。

分类学相合性是以下述假设为基础的：不同的性状集享有共同的进化历史，如果性状集包含了它们过去的真实历史，则从不同性状集获得的系统发生推论应该与真正的系统发生一致，并且相互之间应相合；不同数据集之间性状的独立性比同一数据集中性状的独立性的可能性要大，因此，不同数据集的性状支持相同的或许是错误的系统发生的可能性要比同一数据集的性状要小。

分类学相合性研究的过程可分为三步。

（1）将所有可利用的数据按性质或来源划分成不同类型的数据集，如分子数据集、形态数据集、不同基因的数据集和不同方法获得的数据集等。

（2）以不同类型的划分数据集为基础分析类群之间的系统发生关系，由此建立系统树，特称为竞争树（rival tree）。

（3）评估不同竞争树之间的相合性。目前应用的评估方法可分成两类，即合一性方法和树比较度量法。

树比较度量法（tree comparison metrics）是将成对竞争树分支型式之间的差异进行定量分析的统计学方法。目前已经有许多用于树比较的参数，如对称差异度量、四分体度量（quartet metric）和最近邻居交换度量等。树比较度量法的优点是无需构建合一树，缺点是竞争树之间的比较仅用一个数值测度，比合一树更难解释。此外，树比较度量法要求所用的度量参数的概率分布是已知的，只有这样，才能用统计学方法检验两棵树的相似性与随机期望的相似性之间的关系。

与性状相合性研究相比，分类学相合性研究有以下优点。

（1）对每一性状集赋以等权，减轻了不同性状集中的数据相对大小差异对系统树的影响。

（2）合一树给出了对系统发生关系最保守而稳定的估计。

（3）可处理不同类型的数据集，如距离数据和性状数据。

传统上，分类学相合性仅针对不同数据集的最优树分支型式的比较而进行，这样便忽视了下述事实，即所有系统发生推论都是以相似程度的误差和不确定性为前提的，因此分类学相合性研究应通过总结不同数据集的最优树及次优树来完成。

17.3.3 数据划分方法

1. 划分数据集

划分数据集（partitioned data set）是指根据一定的规则将数据集中具有相似遗传功能或进化特征的数据汇合形成多个数据子集。数据的划分规则很多，Siddall（1997）对此进行过综述，如可以按不同基因组（核基因与线粒体基因）划分；同一基因组可以按不同基因划分，也可以按不同连锁群或染色体划分；同一基因按一个基因不同功能区域划分（编码区与非编码区、外显子与内含子、蛋白质序列的亲水性区与疏水区等），编码蛋白质基因按密码子第 1、2、3 位位置划分，编码 RNA 基因按配对的茎区（stem）与非配对的环区（loop）的划分等。

数据集的划分分析方法有很多类型，其中常用的方法有以下三类。

1）先验定义的数据划分方法

Wiens（1998）认为，在不同数据集的最优树之间有矛盾但各自强烈支持的支系可能预示着这些数据子集中的性状在这些支系中经历了不同的进化历史，而支持度较弱的、有矛盾的支系可能仅仅是由随机误差引起的。基于此，Wiens（1998）提出的多来源数据集分析方法具体过程如下所述。

首先，根据性状进化历史类型将数据集分成不同的数据子集。

然后，独立分析各个数据子集，并计算每个数据子集所支持的最优树每一分支的支持度。比较各个数据子集所建最优树的拓扑结构差异和分支支持度。

最后，将所有数据子集联合成一个总数据集，分析总数据集获得的最优树作为系统发生重建的基础，但要将不同数据子集中强烈支持的相互矛盾的分支的部分加以进一步考虑，那些在不同数据子集的最优树之间有矛盾的分支可以看成是未确定或支持度低的分支。如果有其他数据更进一步地支持其中的一种，就选择这种拓扑树为最终的最优树。

该法中将不同数据子集支持的相互有矛盾的局部分支看成是在这些支系上经历了不同的进化历史，既避免了直接将不同数据集联合分析导致的误差，也允许有相同进化历史的支系使用所有数据子集中的信息，因而是一种比较科学有效的多来源数据集分析方法。

2）有条件的联合分析方法

有条件的联合分析方法（conditional combined approach）是介于分类学相合性和性状相合性两种极端方法之间的一种折中方法。该法是以下述事实为前提的：如果从不同来源的数据集独立分析获得的系统树相互之间有明显的差异或矛盾，则将这些数据集联合起来进行同时分析是不适当的。

数据集的可联合性（combinability）是指联合多源数据集后特定的系统发生分析方法的有效性。可联合性是通过联合数据集对系统发生准确性的影响来评估的，如果联合数据集提高了系统树的准确性，则这些数据集是可联合分析的。当分析方法具有统计学的一致性时，这种分析方法的收敛特征可以由要联合的数据集的统计学同质性来保证，亦即增加数据、提高准确性。在系统发生意义上，数据的同质性（data homogeneity）可以定义为数据之间享有共同进化历史和性状状态之间改变概率的一致性。当使用对其中一些数据集不太适合的替换模型和参数时，从具有同一系统发生历史但表现出不同进化动态的基因中抽样得到的数据集联合在一起分析时可能会产生误差，对于分子数据，在基于 ML 法计算条件概率时，这些要求是在各种替换模型中指明的，因而最基本的对数据可联合性的要求就是系统树拓扑结构的相合性。

因此，划分分析方法首先是判断数据集是否存在异质性（data heterogeneity），亦即不同数据集或同一数据集的子集构建的系统树之间的不相合性。数据集的异质性要按统计学方法来比较，要求从各种数据集中获得的系统树差异大于从按随机方法推论的树的差异。如果数据集之间在统计上是同质的，则可用联合法（性状相合性）分析；如果数据集是异质性的，且引起异质性的原因是已知的（如进化规律上的差异等），则可应用性状加权等适当的形式使用性状相合性分析方法，如果异质性的原因未知，则可对各个数据集分别分析（即分类学相合性）。

尽管存在着识别上的困难，但不同数据集或性状集的自然性能通过过程划分（process partitions）的存在获得理论上的支持。过程划分概念是由 Bull 等（1993）提出的，定义为“服从可证实的不同进化规律演化形式的一些性状子集”。这些性状进化规律上的明显差异可通过不同的性状强烈支持不相合系统树而被证实。这种性状集之间的不相合性不是由随机误差引起的，而是由不同性状集的独立进化历史和（或）系统误差，以及至少某些性状的进化模型（假设）的不正确所致。构成过程划分需要的有效性状数目的最低限是这些划分数据集之间在统计学上显著差异所需要的足够性状数目。

一般来说，对于分子数据集，在下述条件下可认为是独立的过程划分。

（1）控制这些性状的基因在遗传上不连锁。

（2）组成划分数据集的基因产物之间无相互作用。

（3）基因之间无特定的相同功能。

（4）基因的产物不是一个共同代谢途径的组成部分。

（5）基因产物不调节其他划分数据集基因的表达。

Bull 等提出的过程划分概念很重要，因为这一概念强调了性状进化过程的规律性，可以解释性状之间的不相合性。但是它强烈地依赖性状集之间的不相合性，因而局限性很大。Miyamoto 和 Fitch（1995）指出，即使过程划分不强烈支持相互矛盾的树，它仍然很有用，因为这些以不同规律为基础的生物学及进化因素对性状独立性有巨大的影响。例如，γ-珠蛋白（属核基因）和 12S rRNA 基因序列（属 mtDNA）就属于不同的过程划分，不论它们是支持或不支持相同的系统发生关系，这种识别是基于遗传传递方式（双性/单性）、拷贝数目（重复/单拷贝）、表达方式（转录并翻译/仅转录）等诸方面的差异进行的，而这些生物学的差异使上述两个基因具有不同的进化特征，如替换型式、进化速率、重组频率、基因转换和基因重复等方面都不同。因此，这两个基因可作为独立的过程划分看待，如果由这两个基因分别构成的性状集支持相同的系统发生，说明两个性状集（基因）的相关改变是由物种演化历史的结果。

在划分数据集情况下，分枝长度的计算有三种不同的方法：假定所有划分数据集有相同的分枝长度（concatenate model)；假定分枝长度与划分数据集之间成比例（proportional model)；假定每个划分数据集具有不同的分枝长度（separate model)。

总之，如果数据集的划分是人为的或从不同数据集的性状之间没有同一数据集性状更具独立性的话，则全部信息应联合起来组成单个数据集进行分析，以使性状的描述和解释能力发挥最大功效，使随机误差降到最小。然而，对于大多数的数据集，可通过其自然性证据和过程划分概念用分类学相合性加以解释。

3）相容证据分析方法

Ballard 等（1998）提出的相容证据分析方法（compatible evidence，CE）具体步骤如下所述。

（1）定义过程划分（process partitions)。先验定义的划分数据集（partitions）常见的有：形态性状数据集（按情况可进一步区分成多个数据子集)；行为性状数据集；染色体性状数据集；等位酶数据集；小分子化合物数据集；生化性状数据集；线粒体 DNA 序列数据集（12S rRNA 和 16S rRNA 序列可按功能域或茎区与环区进一步区分，编码蛋白质的基因可按密码子位置和翻译的氨基酸区分)；核基因组序列数据集（首先按性染色体和常染色体划分出两类不同的遗传方式数据集，然后按基因在各条染色体上的分布划分成染色体连锁群，对每个基因可按编码区与非编码区、内含子与外显子、结构 RNA 基因与蛋白质基因、RNA 基因的不同功能域或茎区与环区、蛋白质基因的密码子第 1、2、3 位等性质进一步划分)。

（2）对划分的每一个数据集用 PTP 法检验数据的阶层（hierachical）结构。

（3）对具有显著阶层结构的数据集进一步做数据同质性检验。如果所有数据集之间是同质性的，则将其联合在一个数据集中；如果没有同质性，则将异质性贡献最大的那一个数据集排除，重复这种检验—排除过程直到所有数据集之间均为同质性为止。

（4）从联合数据集的分析中建树，并确定树上各个分支的支持度，由此构建一个或多个自举支持度在 70%以上分支的限制树。

（5）将所有同质性数据集中的性状置于限制树上进行独立分析，如果有多个联合数据集，则每个联合数据集的限制树只用于分析相应数据集中的性状。

（6）从每个可联合的同质性数据集中构建可联合成分合一树（combinable-component consensus)。

2. 多源数据集进化模型的选择

划分数据的目的是将进化型式相同或相似的基因或位点归于一个划分数据集中以便选择合适的进化模型。数据划分得越细，进化模型就会越准确。然而，当划分数据集所包含的核苷酸数量较少时，从这样的划分数据集中估计的进化模型的参数的误差也就越大。因而应该在划分数据集大小和数量之间取得平衡，在兼顾进化模型适用性的同时降低进化参数估计的随机误差。

尽管目前的分子进化模型已经相当复杂，可以将分子进化过程的许多事件和因素都整合到一个模型中，如碱基组成、不变位点比例、位点之间速率变异、空位（插入/缺失）、RNA 二级结构、氨基酸密码子等，但仍然无法满足序列的实际进化情景。多基因序列的连接（concatenation）有可能违反性状的独立同一性分布（i. i. d）假设，因为不同的基因可能经受不同的进化压力，所以对不同的基因应该采用适合自身的模型和参数。如果采用单一模型分析具有不同进化特征的基因序列，还是会产生显著的系统误差。

由于多源数据集中的序列在进化特征方面的异质性，采用常规的模型选择方法所选出的模型及估计的参数是多数据集进化特征的平均化折中。所以，在分析多源数据集时经常遇到两类不太适合的情况，如下所述。

（1）所选的模型对所有数据子集都不适合。例如，两个基因的最适模型分别是 GTR+I+G 和 JC69，有可能选择的折中模型是 HKY85，这样就会对两个基因都不适合。

（2）即使两个基因有相同的最适模型，但也可能模型的参数很不一样，如果采用一套参数分析也会产生系统误差。例如，Reeder（2003）发现线粒体 rRNA 基因 C⟷T的相对速率为 27.2，而 DN4 为 4.0，二者相差 7 倍。在联合分析时从数据估计的相对速率为 14.7，仅为 rRNA 的一半，但超过 DN4 的 3 倍多。

解决上述问题的方法是对具有不同进化特征的划分数据集采用不同的模型或相同模型的不同参数进行分析。图 17-3 总结了目前分析多基因数据集时使用进化模型的 5 种策略。

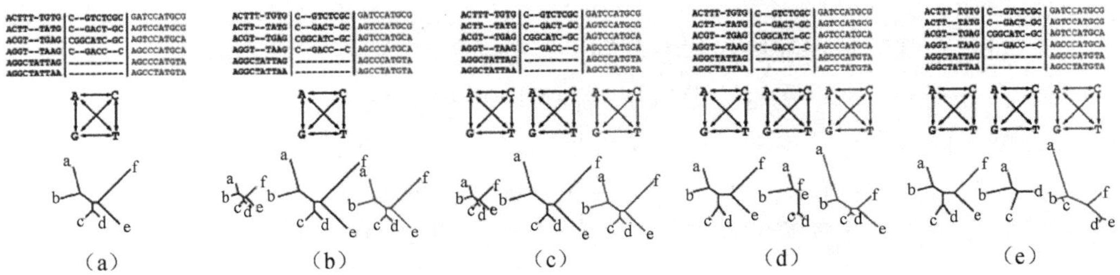

图 17-3　多基因数据分析时进化模型的选择和分析结果（Cotton and Wilkinson，2008）

① 联合分析，获得单一系统树和模型参数估计值，即 n 个基因→一种模型→一棵树和一组参数。

② 联合分析，获得单一系统树，但允许基因特异性模型参数估计值，即 n 个基因→一种模型→一棵树和 n 组参数。

③ 允许采用基因特异性进化模型分析每一个基因，即 n 个基因→n 种模型→一棵树和 n 组参数。

④ 允许每一个基因的替换速率在不同分支上有所不同，因此每一个基因有独自的分支长度，即 n 个基因→n 种模型→一棵树和 n 组参数和分枝长度。

⑤ 允许每一个基因具有不同的拓扑结构和分类单元，这种情况需要能够解决基因树不相合性的基因树进化模型。

但目前常用的软件（如 PAUP*）都不允许在一次分析时使用多个模型。当将多个基因连接起来时其数据将变得十分的异质性，所以模型选择总会得出最复杂的 GTR+I+G 模型。MrBayes 是目前唯一允许使用混合模型的软件。TREEFINDER 可以对每个划分数据集采用不同的模型和参数进行分析，采用比例模式计算划分数据集分析的分支长度。

3. 划分数据的最大似然法分析

划分数据集的最大似然法分析方法步骤如下所述。

（1）首先将数据划分为不同的数据集。

（2）对每个划分数据集选择最适合的进化模型和参数。

（3）根据选择的模型和参数采用 ML 法分析每个划分数据集。

（4）将所有划分数据集的分析结果相加，选择最优树。

如果对不同的基因采用独立的分析方法，则有可能不同的基因支持不同的拓扑结构，目前检验划分数据集之间相合性的方法只能判断数据集之间是否有冲突，并不能说明哪些基因可以联合，哪些不能。

当不同基因支持不同的拓扑结构时，为了确定最优的拓扑结构，我们应该首先考虑采用什么标准选择拓扑结构，目前最流行的方法有总和标准和平均标准两种。

将独立分析的各个基因的对数似然值或简约树的树长相加作为选择最优树的标准，这种方法可以称为总和标准（sum criterion）。总和标准优于序列连接的原因是它只受基因特异性进化特征的影响。当采用总和标准来选择最优树时，如何确定所选择最优树的统计学显著性是关键。

似然值加和法（likelihood summation method）的步骤如下所述。

（1）对每个基因数据和连接数据分别进行分析。

（2）在分析每个数据集时让 PAUP* 保存 1000 棵最好的树。

（3）将不同数据集获得的最优树文件集中在一个文件中。

（4）在 PAUP* 中用 lscores 命令计算单基因数据集对应的每棵树的似然值。

（5）将每个数据集计算的似然值的文件拷贝到 Excel 中，计算每棵树的对数似然值的总和。

（6）根据对数似然值总和对树排序，选择对数似然值最大的为最优树。

4. 划分数据的贝叶斯分析

贝叶斯法也许是目前功能最强大的分析多源数据集的方法，它可以对大数据集进行基于进化模型的统计学分析，可以分析由形态和序列数据组成的联合数据集，也可以对多基因数据采用几种不同的进化模型同时进行分析。

采用贝叶斯法分析多源数据集时，所有序列数据联合起来一次完成分析，有点类似于严格的联合分析策略。与此同时，允许每个基因或划分数据集有各自的进化模型和参数，这又类似于合一性方法。

Brandley 等（2005）提出了划分数据集特异模型的贝叶斯联合分析（partition-specific modeling in a combined analysis），并提出了基于贝叶斯因子来客观地选择最佳划分数据集的方法，包括三个步骤。

（1）数据集的划分：根据分子进化的普遍原则将数据集进行初步划分，如按基因或进化约束性的强弱等。在他们的研究中将所有的 tRNA（480bp）划归为一个数据集中，因为 tRNA 基因较短且进化型式相似（表 17-1）。对每个划分数据集使用 LRT 检验在相同的初始 ML 树上选择适合各自的进化模型（表 17-2）。

表 17-1　数据划分策略（Brandley et al.，2005）

复合数据集	划分数据集	数据集数目
P1	所有数据的联合	1
P2	ND1；12S、16S 和 tRNA 的联合	2
P3	ND1；12S、16S 和 tRNA 茎区的联合和环区的联合	3
P4A	ND1 按密码子划分 3 个数据集：12S、16S 和 tRNA 的联合	4
P4B	ND1；12S；16S；tRNA	4
P5	ND1 按密码子划分为 3 个：12S、16S 和 tRNA 茎区的联合及环区的联合	5
P6	ND1 按密码子划分 3 个数据集；12S、16S、tRNA	6
P7	ND1；12S、16S 和 tRNA 分别按茎区和环区划分为 6 个数据集	7
P8	ND1 按密码子划分为 3 个；12S、16S 和 tRNA 分别按茎区和环区划分为 6 个数据集	9

表 17-2　划分数据集大小及选择的模型（Brandley et al.，2005）

划分数据集	模型	划分数据集包含位点数目
All data	GTR+I+F	2195
ND1	GTR+I+F	954
ND1 1st codon	GTR+I+G	318
ND1 2nd codon	GTR+I+G	318
ND1 3rd codon	GTR+I+G	318
12S	GTR+I+G	620
12S stems	SYM+I+G	371
12S loops	GTR+I+G	249
16S	GTR+I+G	416
16S stems	SYM+I+G	177
16S loops	GTR+I+G	239
tRNA	GTR+I+G	205
tRNA stems	GTR+G	126
tRNA loops	GTR+I+G	83
12S+16S+tRNAs	GTR+I+G	1241
All stems	GTR+I+G	674
All loops	GTR+I+G	571

在总计 2195 个可用的比对位点中，有 1154 个可变位点，950 个简约信号位点。

(2) 最佳的和其他的分析：采用上一步选择的模型和参数对各划分数据集进行贝叶斯分析。

(3) 采用贝叶斯因子评估划分数据集：每种划分策略的分析结果用贝叶斯因子进行比较。贝叶斯因子是测量对数据处理的改变影响结果变化的度量，可以简单地解释为支持一种假设的几率的改变（the change in odds in favor of a hypothesis)，可以通过两个假设在预测数据时的相对成功度来度量或通过先验概率到后验概率几率的改变来度量。如果采用预测数据的相对成功度的度量方法，其计算公式为

$$B01 = Pr(D \mid H0) / Pr(D \mid H1)$$

其中，B01 为所比较的零假设 H0 和备择假设 H1 的贝叶斯因子；Pr（D | H0）和 Pr（D | H1）分别为两个假设的边际似然值（marginal likelihood)。由于边际似然值很难直接计算，故代之以计算零假设 H0 和备择假设 H1 贝叶斯分析的后验概率的似然值（不是 lnLs）的调和平均值的比值来加以估计。从两个所比较数据集的贝叶斯分析的后验概率的似然值的调和平均值计算贝叶斯因子的公式为

$$B01 = \text{Harmonic Mean L0} / \text{Harmonic Mean L1}$$

似然值的调和平均值的计算过程为：将从稳态马尔可夫链取样的 LnL 重新转化为似然值，然后计算这些似然值的调和平均值，再进行自然对数转化。

贝叶斯因子不像 LRT 和其他频率统计检验方法那样对零假设的排除不采用阈值（critical values）评估，贝叶斯因子可以用 Raftery（1996）所提供的表来评估。选择贝叶斯因子的阈值类似于一般统计上选择 *P* 值水平（如 0.05)。

17.4　多源数据集的划分分析实例

Lundrigan 等（2002）选择鼠属（*Mus*）的 4 个亚属：*Mus* 亚属的 10 种（亚种），*Pyromys* 亚属、*Coelomys* 亚属及 *Nannomys* 亚属各 1 种，共 13 种（亚种）为内群，鼠属的近缘属 *Mastomys*、*Hylomycus* 和 *Rattus* 3 个属各一种为外群，收集了这些类群的 6 个基因序列数据进行鼠属内亚属的单系性检验和系统发生关系研究。在所选择的 6 个基因中，位于 Y 染色体上的 *Sry* 基因为父系遗传、2 个线粒体基因 *cyt b* 和 12S rRNA 为母系遗传，其余 3 个基因（*B2m*、*Zp-3* 和 *Tcp-1*）为双亲遗传，这样的基因取样代表了真核生物基因的所有遗传方式，在多来源数据分析中具有典型性。在此，我们不必关注鼠属的系统发生关系，而应将重点放在如何分析这类多源数据集的方法上。

1. 序列比对和数据集概况

5 个编码蛋白质的基因序列用 ClustalW 软件进行比对，12S rRNA 序列采用二级结构引导的方法比对。*Zp-3* 基因数据由三段不连续区域组成，故将三段序列分别进行比对。比对结果中，*Sry*、*cyt b* 和 *B2m* 可以完全对准，而其他三个基因序列因长度可变，在某些区域无法有把握地对准，这些模糊比对区在分析时删除，比对好的数据集的情况如表 17-3 所示。

表 17-3　比对好的数据集（Lundrigan et al.，2002）

基因（名称缩写）	测序区域	比对后序列长度	
		总长	删除模糊比对后
雄性性别决定基因（*Sry*）	从起始密码 5′上游 76bp 开始	506	506
细胞色素 *b* 基因（*cyt b*）	基因全长	1145	1145
12S rRNA（12S）	基因全长	987	894
β2 微球蛋白基因（*B2m*）	外显子 2	278	278
	外显子 1	240	240
透明带蛋白 *3* 基因（*Zp-3*）	外显子 3 和 4，内含子 3	335	335
	外显子 6 和 7，内含子 6	325	307
T 复合物多肽 *1* 基因（*Tcp-1*）	外显子 8～10，内含子 8 和 9	1454	1408
联合数据集		5270	5113

2. 数据集划分

该研究中应用了核基因组的 4 个基因和线粒体基因组的 2 个基因，并且这 6 个基因分别代表 3 种遗传方式，Lundrigan 等采用基因功能、连锁群和遗传方式 3 个标准来进行数据集的划分（表 17-4）。首先，按照基因产物的功能将每个基因的序列划分成独立的数据集，有 6 个；然后，按连锁群划分成 5 个数据集，分别是位于 Y 染色体上的数据集 *Sry*、线粒体基因数据集 *cyt b*＋12S、2 号染色体上的数据集 *B2m*、6 号染色体上的数据集 *Zp-3*，以及 17 号染色体上的数据集 *Tcp-1*；再按遗传方式划分为三个数据集，分别是父系遗传数据集 *Sry*、母系遗传数据集 *cyt b*＋12S 和双亲遗传数据集 *B2m*＋*Zp-3*＋*Tcp-1*；最后将 6 个数据集联合形成一个联合数据集。这样除去重复共计有 8 个划分的数据集和 1 个联合数据集需要单独进行系统发生分析。8 个划分数据集分别为 *Sry*、*cyt b*、*12S*、*B2m*、*Zp-3*、*Tcp-1*、线粒体基因数据集和核基因数据集。

表 17-4　划分数据集和联合数据集独立分析后获得的 MPT 树的统计值（Lundrigan et al.，2002）

分析的数据集	数据集独立分析结果					划分数据集拟合到联合树上		
	简约信号位点数	MPT 数目	树长	CI	RI	树长	CI	RI
Sry	42	1	63	0.73	0.85	66	0.70	0.82
cyt b	321	4	1103	0.43	0.44	1112	0.42	0.43
12S	83	2	188	0.57	0.59	193	0.55	0.57
B2m	47	2	87	0.69	0.77	93	0.65	0.72
Zp-3	76	15	131	0.73	0.76	139	0.69	0.70
Tcp-1	89	2	133	0.75	0.86	135	0.74	0.85
线粒体序列	404	6	1297	0.45	0.46	1305	0.44	0.45
核基因序列	254	2	431	0.70	0.79	433	0.70	0.78
联合数据集	658	1	1738	0.51	0.56			

3. 系统发生分析——简约法

应用 PAUP* v. 4. 0b4a 中的 MP 分析方法分别分析了 8 个划分数据集和联合数据集，MP 分析设置为：简约信号位点作为无序性状看待并给予等权，空位位点看成是缺失性状，采用分支-交换策略搜索 MPT，用 1000 次重复的自举法和 Bremer 支持度分析法评估分支稳定性。各数据集 MP 法分析结果如表 17-4 所示。

4. 系统发生分析——最大似然法

同样应用 PAUP* v. 4. 0b4a 进行最大似然法分析。首先，计算各个划分数据集数的 JC69 模型校正的距离矩阵，构建 NJ 树。然后，NJ 树再用于计算所选择的 8 种替换模型的似然值及模型的各项参数，所选择的 8 种替换模型为 JC69、F81、HKY85、TN、K2P、K3P、SYM 和 GTR。同时，评估上述 8 种模型在考虑位点间速率异质性（替换速率Γ分布）和不变位点比例情况下模型对数据集似然值的提升。各数据集最适模型的选择由似然率检验确定。最后，采用从 JC69 模型校正的距离矩阵构建的 UPGMA 树，计算各数据集在 NJ 树上的最适模型在 UPGMA 树上的似然值，用于评估这种基于分子钟的进化假设是否能够提高数据集与模型的拟合。各数据集在最适替换模型下估计出的对数似然值和模型参数见表 17-5。

表 17-5　各数据集在最适替换模型下估计出的对数似然值和模型参数（Lundrigan et al.，2002）

数据集	*Sry*	*cyt b*	*12S*	*12S*	*Zp-3*	*Tcp-1*	线粒体序列	核基因序列	联合数据集
ML 树数目	15	1	3	15	3	3	1	1	1
$-\ln\Lambda$	1501.71	6311.22	2615.43	1107.85	2718.16	3430.09	9065.04	8931.57	18422.19
π_A	0.319	0.322	0.363	0.312	0.215	0.273	0.340	0.267	0.294
π_C	0.242	0.307	0.206	0.280	0.285	0.168	0.262	0.229	0.239
π_G	0.236	0.116	0.179	0.198	0.260	0.240	0.146	0.242	0.206
π_T	0.203	0.255	0.252	0.211	0.240	0.319	0.252	0.263	0.261
γ_{AC}	1.0	2.393	1.810	1.0	1.0	1.0	2.461	1.0	2.280
γ_{AG}	2.603	9.463	7.917	1.03	2.178	2.491	8.049	2.056	5.212
γ_{AT}	1.0	4.032	4.173	1.0	1.0	1.0	4.574	1.0	2.331
γ_{CG}	1.0	0.071	0.000	1.0	1.0	1.0	0.053	1.0	1.068
γ_{CT}	2.603	39.439	20.750	1.0372	2.178	2.491	40.336	2.056	16.001
γ_{GT}	1.0	1.0	1.0	1.0	1.0	1.0	1.0	1.0	1.0
I	0.0	0.566	0.691	0.0	0.0	0.0	0.625	0.0	0.449
a	1.421	1.711	0.990	0.455	0.433	0.776	1.168	0.508	0.540
分子钟	是	是	是	是	是	是	是	是	是

在确定各数据集的最适模型及其参数后，对每一个数据集进行最大似然法分析。

5. 数据集同质性检验

使用了 PAUP* v. 4. 0b4a 中的两种统计检验方法——ILD 和参数自举法，评估在三种不同划分体系内各数据集之间性状的相合性。

上述多源数据集分析实例证明，通过采用各种不同的划分并联合分析手段对数据集进行充分而彻底的分析后，通常能够揭示出不同类型的性状集中系统发生信号、性状支持和矛盾的信息。如果没有这种对数据探索分析的基础，仅通过简单的统计检验对数据进行联合或划分分析是不科学的，因为大多数检验方法对不相合性的测度是两个数据集之间所有性状与整个树的相容性/不相容性，而不对特定支系上的进行分析。而两个数据集之间的不相合性有时仅仅表现在个别支系上，这种个别支系矛盾也可能导致 PHT 检验十分显著。分类学相合性及有条件的联合分析策略都忽视了联合分析时的性状矛盾。

17.5　谱系基因组学方法

17.5.1　谱系基因组学

随着新一代高通量测序技术的不断推出，全基因组测序技术逐渐成为常规实验室可以完成的工作，这样基因组水平的数据开始用于系统发生研究，系统发生重建已经进入了基因组学的时代。

多基因数据的分子系统发生是以序列位点进化为核心进行分析的，基因树之间的不相合性被认为是一种例外现象。然而，谱系基因组学时代，面对成千上万个基因，分子系统发生分析则变成以基因进化为核心的分析，基因树之间的不相合性成为与序列水平上位点之间不相合性一样的普遍现象。这样，基于基因进化模型从基因树构建物种树是谱系基因组学的核心，正如基于序列进化模型构建基因树一样。

将从不同基因构建的基因树拟合到一棵物种树上的过程称为基因树与物种树的调和（reconciliation）。调和的原理就是将基因树的每个节点映射到最接近的物种树上的共同祖先节点，并通过基因重复/基因丢失、水平转移等进化事件，解释基因树与物种树的不相合性的原因（图 17-4）。图 17-4a 是直源基因树用于研究物种进化，每个内部节点表示一次物种形成事件；图 17-4b 为并源基因树用于基因家族的扩增进化，每个内部节点表示一次基因重复事件；图 17-4c 将基因树的每个节点映射到最接近的物种树上的共同祖先节点（虚线箭头表示），以此来推测基因重复/基因丢失的进化事件；图 17-4d 为普通基因树（general gene tree），联合多个物种的直源基因和并源基因推测出基因重复/基因丢失的进化事件。

一组物种的不相合性基因树本身包含了物种树的拓扑结构、分歧时间和种群大小等物种形成过程的信息，因此，不相合性的基因树提供了推论物种树的基本信息。从不相合性的基因树中推导物种树的方法需要满足统计学的一致性特征，即随着加入更多的个体、更长的 DNA 序列或更多的基因后，物种树应该收敛到真树（邹新慧和葛颂，2008）。

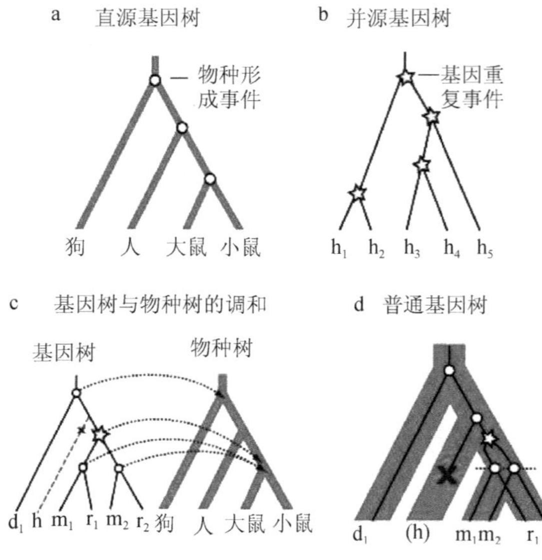

图 17-4 基因树与物种树的调和（Rasmussen and Kellis，2007）

17.5.2 谱系基因组学分析策略

目前谱系基因组学分析正处于从思想到方法的大转变时期，尽管基于序列进化模型的、以直源基因为单位的分子系统发生学方法仍然占据主导地位（图 17-5），但基于基因组进化模型的以基因家族为单位的谱系基因组学新方法已经出现，并将逐渐发展成为整合序列及基因组两个水平进化模型的方法。基因组水平的进化改变包括基因拷贝数变异、基因水平转移、基因丢失、基因重组、全基因组融合和复制等。这些进化改变的概率模型构建及应用是当前谱系基因组学理论研究的热点。图 17-6 比较了传统分子系统发生分析和整合了序列及基因组进化模型的谱系基因组学研究策略的差别。

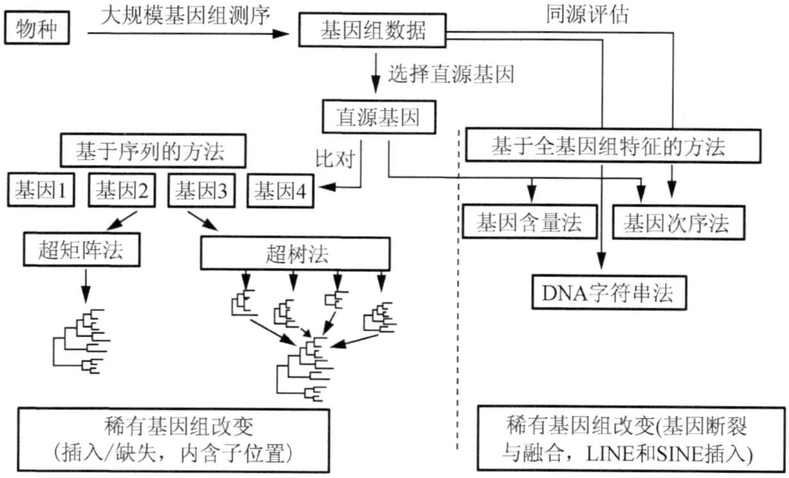

图 17-5 基于传统分子系统发生分析的谱系基因组学研究策略

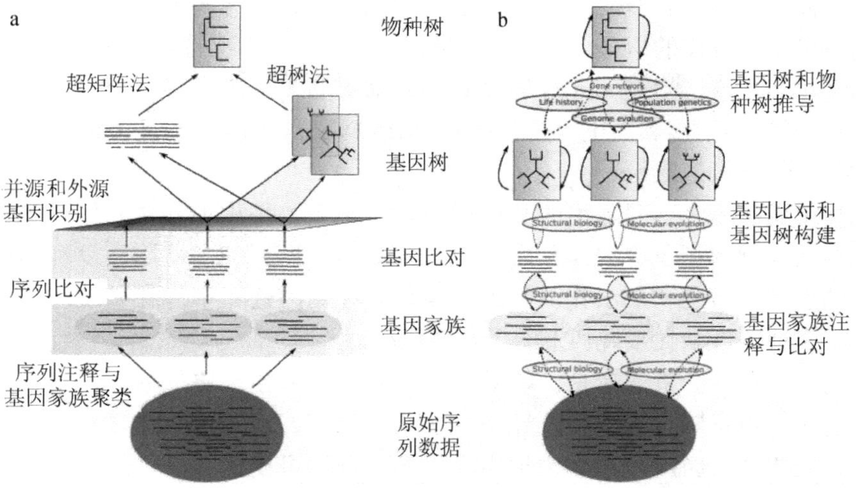

图 17-6 谱系基因组学从基因组序列到物种树的两条途径（Boussau and Daubin，2010）

传统的系统发生方法不同分析阶段相互独立，并要求基因是直源的，以便建立与基因树对应的物种树（图 17-6a）。谱系基因组学新方法对分析过程的每个环节所属的生物学领域知识的关联性和复杂度进行建模（用图 17-6a 中黑色椭圆代表），基于整合了替换和 indel 的序列进化模型采用统计学方法可以同时完成序列比对与基因树构建，然后应用整合了基因重复/基因丢失、不完全支系筛选和 LGT 等基因家族的进化模型从大量基因树推断物种树。图 17-6 中双向的箭头表示步骤之间的关联性，实线箭头代表基因树和物种树的搜索。目前还没有基因家族注释、序列比对和系统发生分析相互关联在一起分析的研究实例。

17.5.3 谱系基因组学分析方法

目前提出的方法在计算速度和处理数据集大小方面有所限制，这些方法可以区分为以下几类。

（1）联合方法：将不同的基因序列组装成一个超级基因（超级矩阵 supermatrix）进行分析。该法较大程度地保存了原始数据，信息丢失很少，而且往往能够产生单一的、具有较强自举支持度的系统树。但是，它也面临许多问题亟须解决，如替换模型选择和使用，无法解决连锁、重组等原因引起的性状并不独立问题，以及串联多个基因有可能混合代表不同进化历史的系统发生信号。另外，这种方法只能处理同一类型的数据。因而，严格从这个意义上考虑，超级矩阵甚至都不能成为一个完整的分析方法。缺失数据会随着类群的增多而越来越多，导致分辨率的丢失，并有可能带来错误的系统发生关系。

（2）基因树简约法：Doyle（1992）认为，核苷酸是构建基因树的性状，而基因树是构建物种树的性状。已有许多人研究过如何从一组基因树中构建物种树，如 Maddison（1997）、Page 和 Charleston（1997）。Slowinski 等（1997）将这类方法称之为基因树简约法（gene tree parsimony）。

基因树简约法的核心概念是系统树之间的调和，如基因树与物种树的拟合、宿主系统树和寄生虫系统树的拟合、物种树与地区树（area tree）的调和等。系统树之间调和的思想最早可追溯到 Goodman 等（1979）对基因树与物种树的调和，后经 Page（1994）发展并编写了调和系统树的软件 COMPONENT 和 GENETREE，Page 称之为树的调和（tree reconciliation）。

基因树简约法是将不同基因的基因树拟合于一个物种树上，从而使物种树上解释这些基因树与物种树相矛盾的部分需要引入的基因深度回溯、基因重复和基因水平转移等事件的发生数目之和最小化。因此，这是一种基因进化事件在系统树水平上的简约性标准，类似于性状在系统树上的简约性标准。

基因树简约法的分析逻辑是：如果来源于有相同演化历史的系统树上的一个基因树与真正的物种树不同，则这些差异是由于基因深度回溯、基因重复和基因水平转移等事件联合引起的，因此，从生物学实际出发，采用可使这些事件最小化的标准构建的物种树是最可靠的。

基因树简约法的前提条件：每一个基因树都是基于一个连锁划分群数据建立；基因树的构建是正确的；基因树之间是相互独立的。

（3）深度溯祖法：将物种树上基因深度溯祖的次数最小化的拓扑结构作为最优的物种树。所谓的深度溯祖，是指两个基因谱系的溯祖事件早于被取样支系（种群或物种）的最近共同祖先存在的时间。在这种情况下，推测的物种树是需要解释溯祖事件最少的拓扑结构的树。该方法可以处理每个物种取样多个个体的数据。

（4）基因树最大似然法：就是从每个基因座位的基因树计算物种树的似然值，对所有可能的基因树求似然值之和。ML 物种树与 ML 方法类似，都是将基因树作为性状进行分析。计算物种树的似然值需要基因树的分布模型，该法的计算量巨大。

（5）贝叶斯基因树法：贝叶斯基因树法（Bayesian species tree）是 BEST v2.2（Liu and Pearl，2007）执行的一种整合了多物种溯祖模型（multispecies coalescent）的方法，该法中，假定不同基因之间通过共享物种历史而相互关联，从而给基因树一个联合先验概率。BEST 采用以下两个步骤：首先采用溯祖模型先验和 MCMC 取样对每个基因建树，然后，从基因树样本中获得物种树的 MCMC 样本，以校正第一步没有考虑其他基因与物种树拟合而造成的偏差。但 BEST 也没有考虑基因渗入等因素。

在目前还没有随机模型来解决 HGT、支系分选和基因渗入的情况下，补救的做法是对基因独立分析后采用手工比较。另外，也可以将所有基因树作为样本在考虑支系分选和水平基因转移等条件下采用简约法分析推测物种树。

第 18 章　系统树的可视化、注释与应用

18.1　系统树的可视化

构建生命之树的宏伟计划将地球上所有现存物种定位在系统树上，加之系统树可以表达的进化信息类型很多，系统树也越来越广泛地应用在生物学的各个领域。所以，如何有效地组织、显示和标注大型系统树成为亟须解决的问题。

系统树的可视化（tree visualization）是将系统树包含的部分或全部信息显示在计算机屏幕上或打印出来。可视化的内容通常包括分支型式、分枝长度、节点名称、节点支持度、分类学命名等系统树基本信息。可视化的工具是在各种操作系统下可以运行的系统树管理软件，这些系统树显示软件通常可以完成的功能包括：改变树形；显示隐藏的分类标注；选择分支和节点进行标注；设置树根；改变分支和节点的颜色、字体等；旋转分支和节点；给分支增加标注；调整标注的位置；图形或其他格式的输出等。

系统树显示软件是系统发生信息学的主要内容，近年来已经有了快速的发展。系统树显示软件在显示复杂性方面可以区分为 2D 平面、2D 曲面、3D 和 4D 等方式。2D 平面显示主要用于发表的论文中，在水平面上以长方形、斜边形、圆形和辐射形等方式表示树的拓扑结构（图 18-1）。2D 曲面、3D 和 4D 等方式主要用于电脑屏幕显示，其中，4D 显示是在三维空间显示的基础上增加了时间轴，就是在中心轴线上由早到晚表示出分支分歧的时间顺序。

系统树绘制、编辑与美化显示软件很多，以下只列出了其中的一部分。

TreeTool	Bionumerics	PaupUp
TreeView	FORESTER	Notung
DendroMaker	MacClade	TreeDyn
Tree Draw Deck	MEGA	DigTree
Phylodendron	Mesquite	Geneious
ARB	APE	Paloverde
unrooted	T-REX	MrEnt
DAMBE	TreeJuxtaposer	FigTree
TREECON	Spectronet	TreeIllustrator
Mavric	TreeSetViz	HyperTree
TreeExplorer	TreeGraph	GeoPhyloBuilder
TreeThief	ArboDraw	Dendroscope

CTree	TreeSnatcher	Bioinformatics _ Toolbox
RPT	DTdraw	PhyloWidge
TreeToy	PHYLLAB	

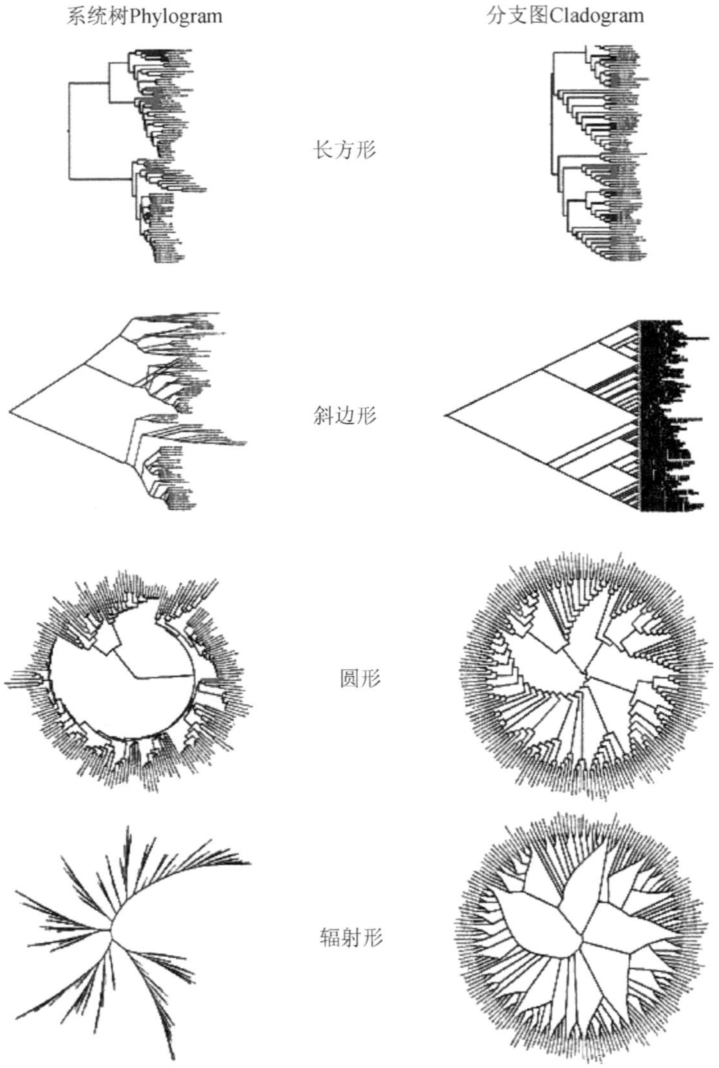

图 18-1　常用的系统树 2D 平面输出方式（Procter et al.，2010）

目前大多数的系统发生分析软件都不具备系统树图形输出与编辑功能，或即使有也只能是简单的拓扑结构与分枝长度显示功能。所以，发表论文时需要专门的系统树工具软件和图形编辑软件配合完成。一般的做法包括以下三步。

（1）经过建树软件获得的最优树及其分枝长度和分支支持度等信息被保存为文本形式的 NEXUS、Newick 或 XML 等格式。

（2）使用系统树编辑软件打开这些文件进行图形美化和编辑，输出符合发表要求大小的图形文件（PDF、TIFF 等格式）并保存。

（3）如果需要的话，在图形编辑软件（如 CorelDraw、PhotoShop 等）中打开这些图形文件进行标注和涂色加工，保存为期刊需要的大小和格式的图形文件。图形最好以矢量图格式（ *.eps）或 PDF 格式输出，以便保证图形放大缩小时分辨率不发生改变。

现将常用的专业系统树显示软件的特点和功能介绍如下。

18.1.1　TreeView

TreeView 是 Windows 系统下最早的系统树显示软件，可以满足大多数情况下对系统树显示方式的需求，可被整合进一些软件包中。TreeView 能够输入 nexus 和 Newick 格式的文件，可以将系统树输出保存为几种不同的文本和图像格式：在“file→save as”中可以保存为 4 种不同的文本格式；在“file→save as graphic”中可以保存为 2 种图形格式（此时保存的图形类似截屏图软件，需要将系统树在屏幕上调整好再保存）。比较好的图形输出方式在“Tree→Print trees”菜单命令下，在“Print trees”窗口中，点击“layout”中设置每页放置的图形数；点击“order”设置三种不同的分支排列方式；点击“leaf font”设置分类单元名称的字体、字型（物种学名应该选择斜体）和大小；点击“internal font”设置内部节点名称的字体、字型和大小。这些设置完成后，点击“picture”可以保存为 wmf 或 emf 格式的图形；点击“print”在打印机上打印；点击“copy”复制后粘贴到其他文件中（图 18-2）。

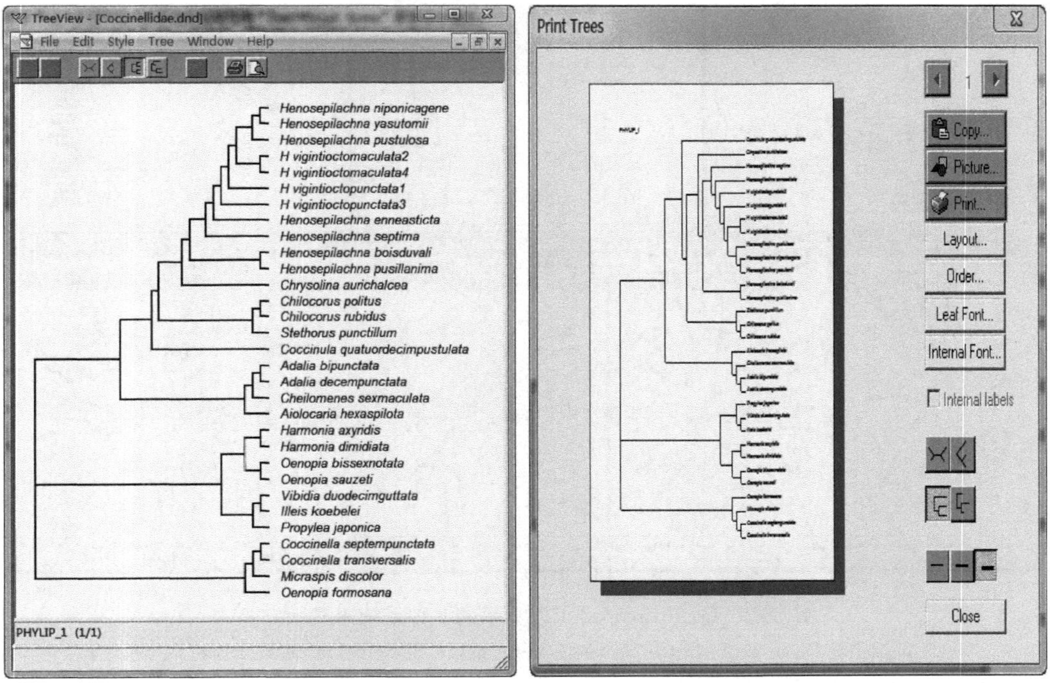

图 18-2　TreeView 图形显示界面（左）和图形打印界面（右）

18.1.2　Dendroscope

Dendroscope是一种交互式的大进化树显示软件，它提供了可视化显示主要系统树格式的成千上万个分类单元的进化树，可以对进化树进行编辑和图形输出。为了很好地观察大的进化树，Dendroscope提供了一个放大工具以显示系统树的局部细节。Dendroscope可以以8种不同形式显示系统树（图18-3），分别为：长方形系统树（rectangular phylogram）、长方形分支图（rectangular cladogram）、斜度分支图（slanted cladogram）、圆形系统树（circular phylogram）、圆形分支图（circular cladogram）、内环分支图（internal circular cladogram）、辐射状进化树（radial phylogram）和辐射状分支图（radial cladogram）等。也可以对所有标注和分支进行标记和编辑（图18-4）。经过编辑后的树文件可以使用“File→Save As…”另存为文本形式（＊.den、＊.dendro或其他格式）。若用“File→Export…”菜单命令，则可选择“Dendro”、“Newick”或“Nexus”格式。发表论文时需要使用图形系统树，经过编辑后的树可通过“File→Export image…”菜单命令输出为图形文件。输出图形前可将鼠标移到系统树的区域内，通过滚动鼠标转轮将分支之间的间距调整到最佳状态，以矢量图格式（＊.eps）输出图形，以保证图形放大缩小时分辨率不发生改变。

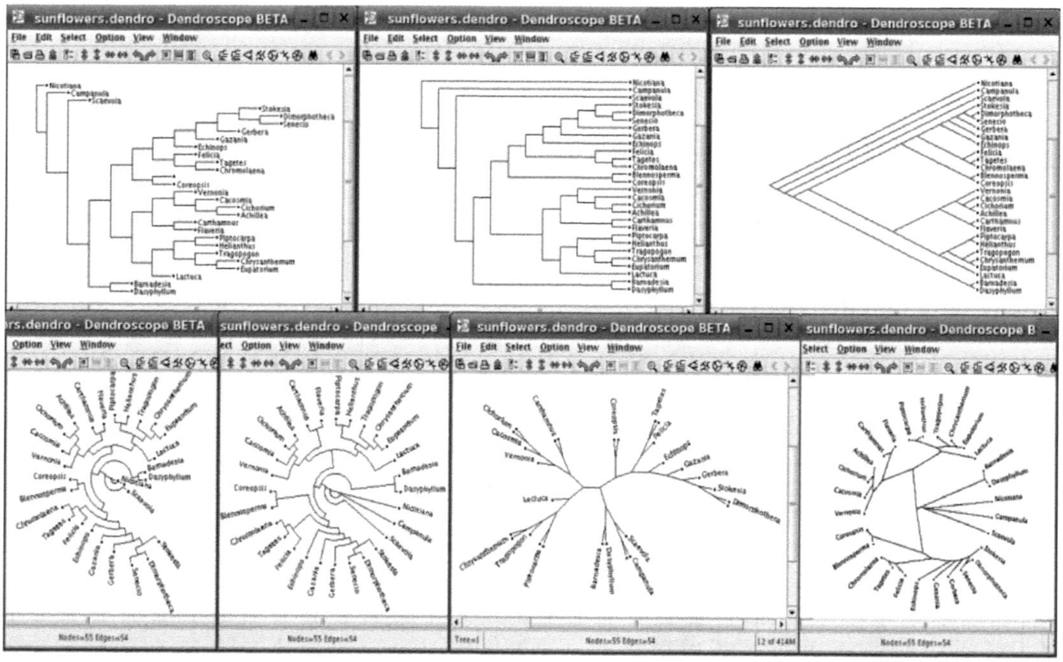

图18-3　Dendroscope2可以显示的8种系统树显示方式

（来自Dendroscope http：//ab. inf. uni-tuebingen. de/software/dendroscope/）

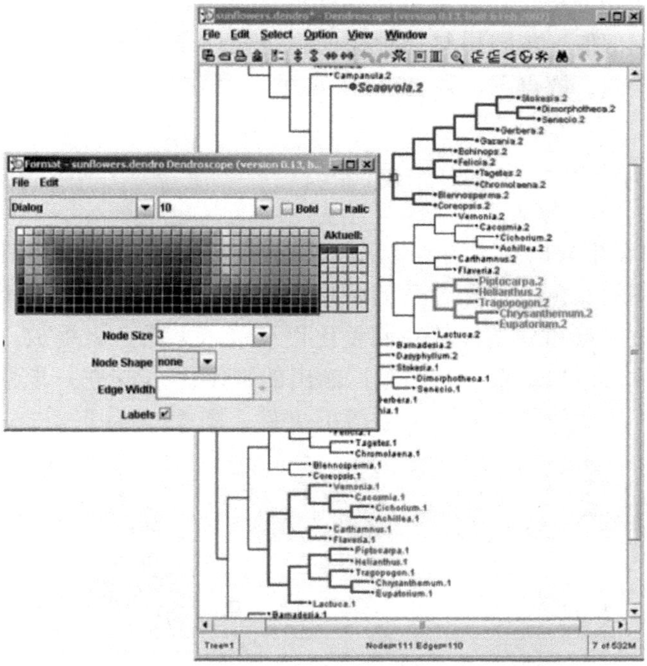

图 18-4　Dendroscope2 可以对所有标注和分支进行标记和编辑（见彩图）

18.1.3　Mesquite

虽然 Mesquite 的主要功能是性状进化分析，但在系统树窗口（tree window）中可以交互式地浏览和编辑树，包括：移动分枝、塌陷分枝为多分歧枝、重新赋根、剪切分枝、插入不分支的节点等。采用外群赋根，调整分枝长度（包括交互式调整、菜单赋值或标度分支、分支的超度量化等），可以选择树的单个分支或所有分支，可以连接或提取 NEXUS 文件中的树模块（tree block）。在“Multi Tree window”中可以同时查看几个树。镜像树窗口（mirror tree window）对同样的树以镜像方式显示，以比较两种分析结果的差异，非独立树窗口（dependent tree window）显示分析的结果。

Mesquite 中树形的显示有 7 种：倾斜分支（diagonal branch）、水平分支（square branch）、接点为圆分支为线（balls & stick）、弯曲分支图（curvogram）、环形树（circular tree）、2D 或 3D 空间显示等。同时可以对树上的字体类型、字号、排列方式和颜色等进行编辑，其中最常用的 4 种显示方式如图 18-5 所示。

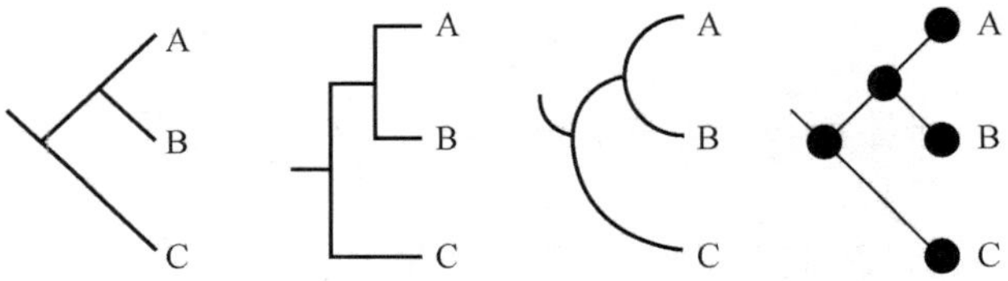

图 18-5　Mesquite 中常用的 4 种树形显示方式

Mesquite 还可以对树进行多项统计和图形化显示，包括简约法的树长、树的不对称性、树之间的相似值、基因树与物种树的拟合及两个性状之间的关联。树的统计值的查看方式有柱状图、散点图、列表窗口和树窗口。

18.1.4　FigTree

FigTree 是可以生成出版物图形要求的系统树浏览器，可很方便地选择树的分支并根据需要设置不同的颜色，选择合适的图形布局，对树重新赋根，调节树的分支线的粗细，显示或隐藏节点和分支标签并调整比例尺等，平面鱼眼缩放，可以编辑分类单元名称，改变字体，添加单系群名称等；输出的数字图形或进一步编辑图形包，选择“导出 PDF 格式”从文件菜单中保存为 PDF 文件。图 18-6 为 FigTree 的显示界面。

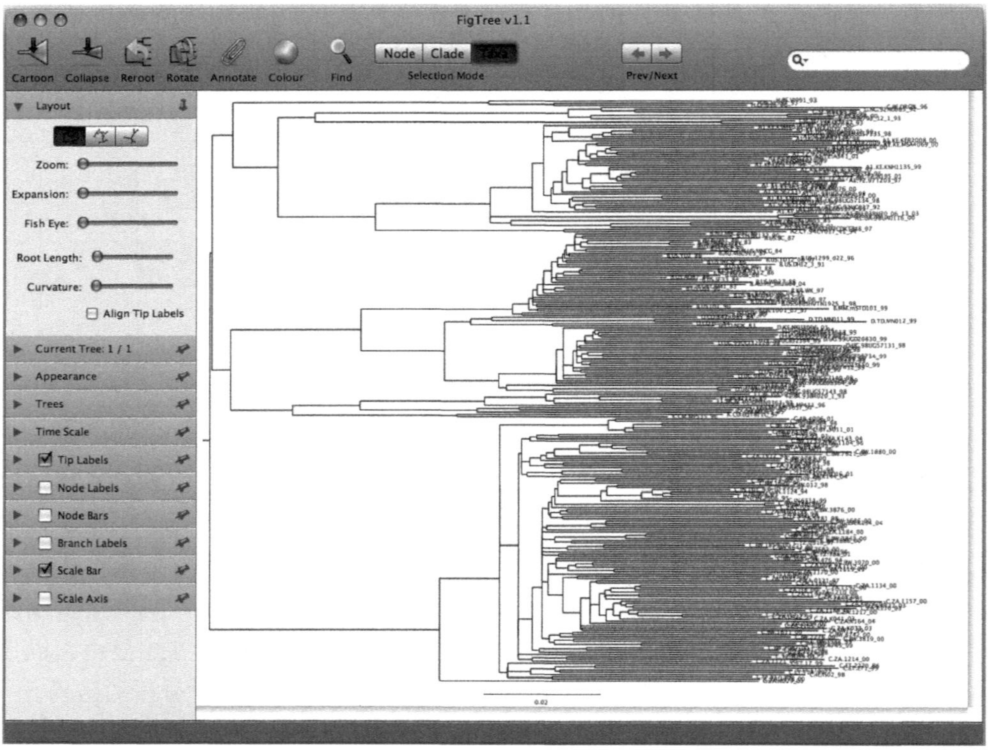

图 18-6　FigTree 系统树浏览器显示界面

18.1.5　MrEnt

MrEnt 是一个用来绘制和修饰系统树的软件，输入 NEXUS 格式的树文件，输出图形文件支持的格式有 PDF、位图（BMP）、Windows 增强型图元文件（EMF）和便携式网络图形（PNG）。它可以在不同的层次上设置分类单元的名称和注释等标签，还可以简化无根树，显示性状状态等（图 18-7）。

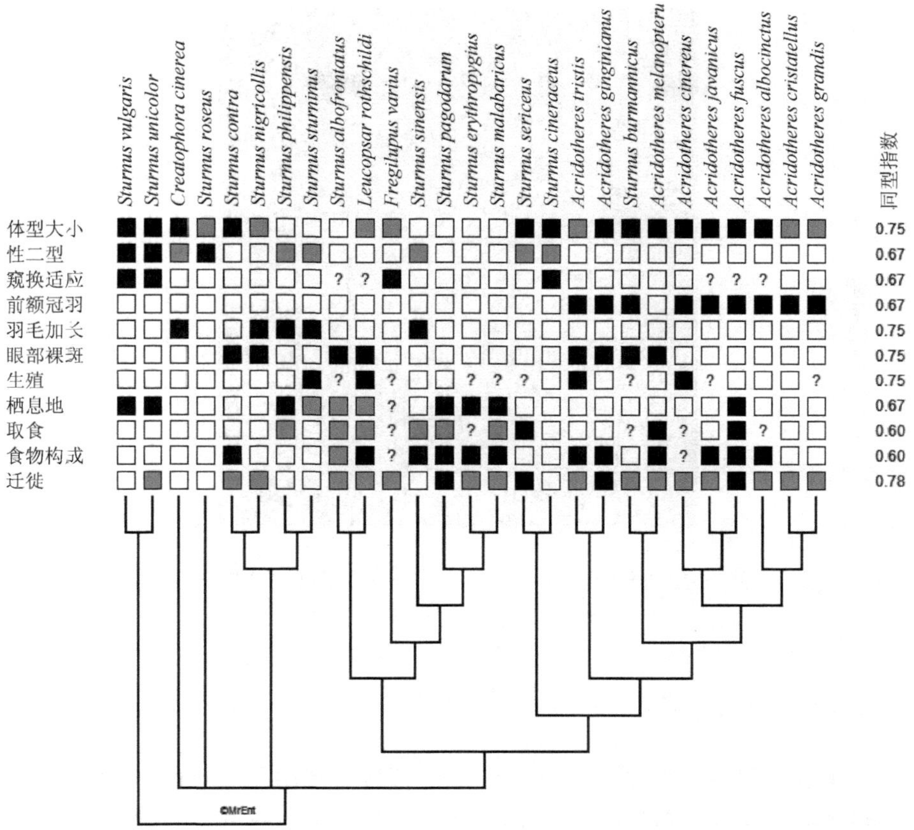

图 18-7　MrEnt 显示的分类单元性状状态分布（Zuccon et al.，2008）

18.1.6　2D 和 3D 曲面表示方法

已经开发出许多系统树立体显示软件，包括如下几种。

Paloverde（http：//loco. biosci. arizona. edu/paloverde/paloverde. html）：Paloverde（Sanderson，2006）是类似谷歌地球（Google earth）显示形式的工具，可以使用鼠标对系统树上感兴趣的分支拖拉缩放显示。

Walrus（http：//www. caida. org/tools/visualization/walrus/）：Walrus 是交互式三维立体曲面图形显示软件，采用类似鱼眼的视觉变换方式在显示树状有向图（directed graph）局部细节的同时也能看到整体图形（图 18-8）。显示的原理是：位于球体表面上的图形的显示大小取决于其径向距离，位于中心的部分是放大倍数最大的、看得最详细的部分，而从中心到边缘，放大倍数逐渐缩小，只能看到大概轮廓。通过将图形的不同部分拖到中心，就可以看到想要看到的任何部分的细节。

类似的显示软件还有 HyperTree（http：//198. 202. 68. 14/tools/HyperTree. html #features）和 TreeBolic（http：//treebolic. sourceforge. net/en/home. htm）等。

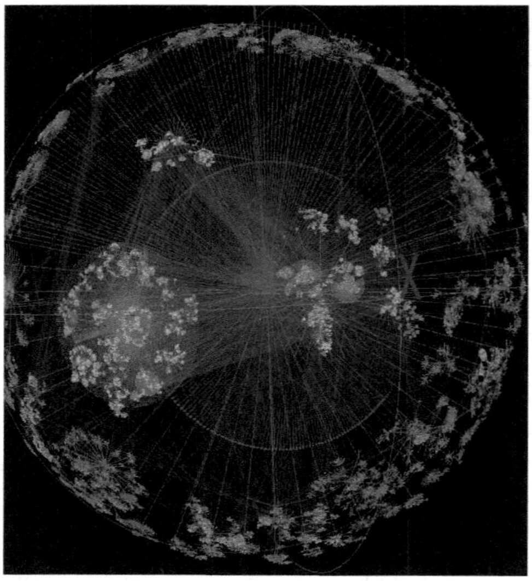

图 18-8　Walrus 交互式三维立体曲面图形显示（见彩图）
（http：//www. caida. org/tools/visualization/walrus/）

18. 1. 7　iTOL

交互式生命之树（interactive tree of life，iTOL，http：//itol. embl. de）是显示、操作和注释系统树的网络在线工具。除了提供大多数系统树浏览软件的性能外，还建立了一种新的适合于查看中等数量 OTU（可以查看几千个 OTU）的环形系统树显示方式（图 18-9）。可以以 bitmap 和矢量图形格式输出系统树。该网站除提供注册用户上传并编辑系统树外，还提供了预先构建好的一些大型生命之树供使用者查看。

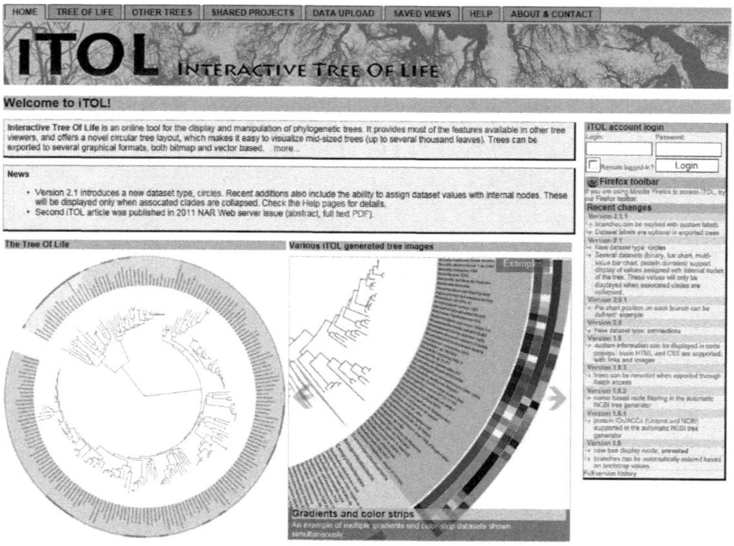

图 18-9　iTOL 交互式生命之树在线编辑网络服务器主页

18.2　系统树的注释

一旦建立起一个类群的稳健和可靠的系统树，就可以围绕着该系统树进行后续的生物学注释。系统树的注释（annotation of phylogenetic tree）是指给系统树加入除分支型式、分枝长度和分支支持度等系统发生分析基本功能以外的其他生物学信息，主要包括分类学、分歧年代和地质时代、生物地理历史、重建祖先状态、性状进化变换、基因或基因组重复/水平转移、协同系统发生（cophylogeny）和祖先生态位等方面的标注。这种以系统树为基本框架的进化生物学研究称为系统树思维（tree thinking）或网络思维（network thinking），以区别于 20 世纪 30 年代形成的种群思维（population thinking），在进化生物学领域已经形成了一种新的分支学科——系统发生生物学（phylogenetic biology）。

在系统树注释内容中，除分类学注释和生物地理历史注释等无须进一步进行数据分析外，其他的注释内容都需要以系统树为基础，结合特定数据深入分析才能获得，而这些分析有的甚至比系统发生分析本身还要复杂，需要专门的软件或多个软件组合才能完成。本章限于篇幅，仅介绍了常见的系统树注释内容，而没有涉及注释的原理和方法。具体注释的原理、方法和软件工具将在后续出版的《系统发生生物学》一书中详细介绍。

18.2.1　分类学命名标注

分类学命名标注就是给出系统树上重要分类单元的分类学名称。常用的分类学标注内容包括以下三个方面。

（1）内部节点的标注：虽然不要求对所有内部节点都给予命名，但至少要对显著的单系群和与目前公认的分类学相符的类群进行标注。

（2）末端分类单元聚类的标注：主要说明现行分类系统中各个分类单元的单系性、并系性和复系性等。

（3）缩略图（thumbnail）标注：以缩略图代表分类单元，直观形象，一目了然。缩略图是省略了细节，用来表现外部形态的大致效果图。

Dunn 等（2008）使用较大的数据集构建了后生动物系统树，并对系统树基部的一些主要分支和末端分类单元进行了分类学注释，以缩略图表达末端分类单元，是一个注释内容比较丰富的例子（图 18-10）。

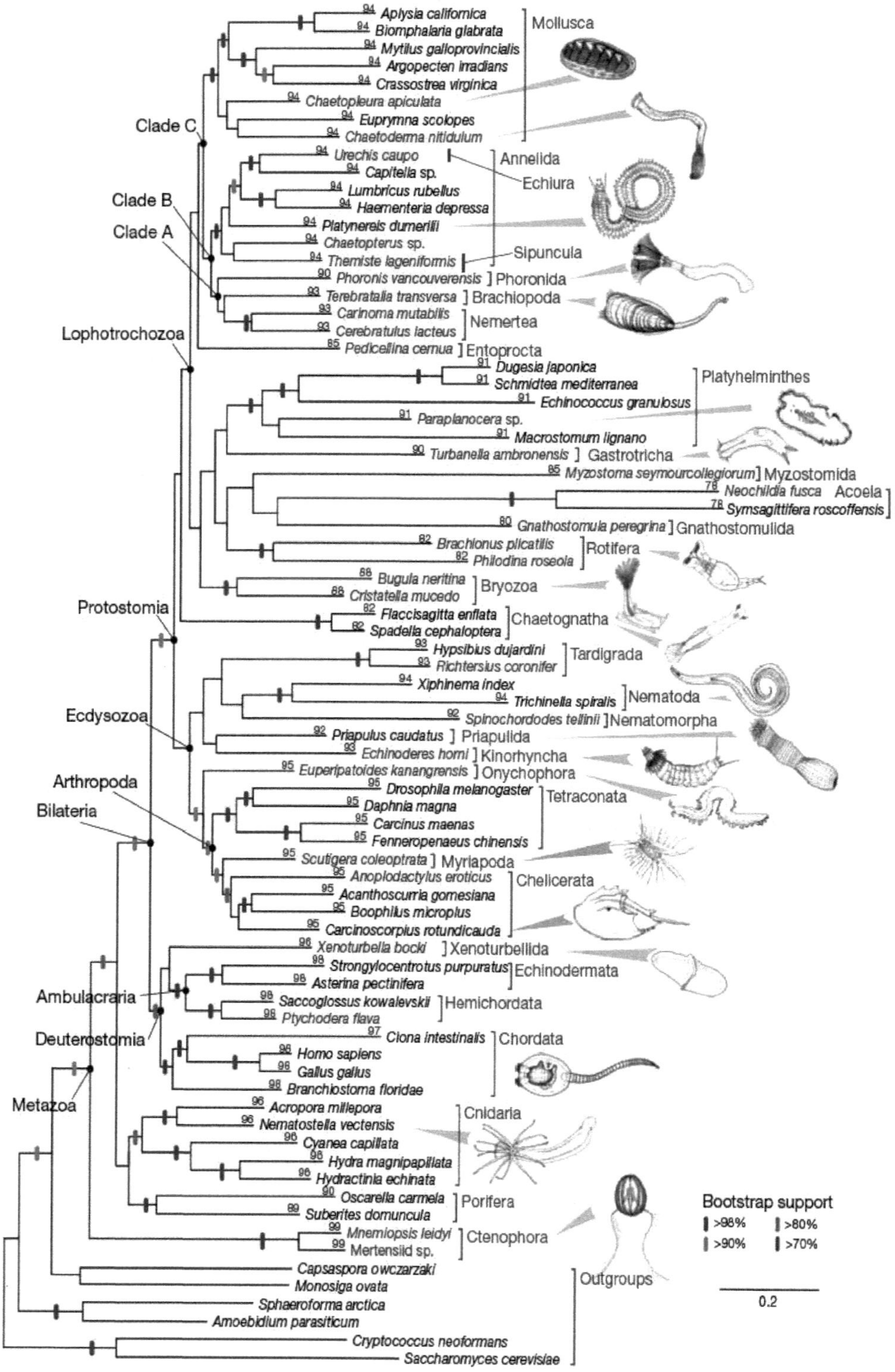

图 18-10　采用 RAxML 的最大似然法构建的 77 个分类单元的后生动物系统树

(Dunn et al.，2008)(见彩图)

18.2.2　分歧年代和地质时代的标注

标注节点分歧时间的系统树称为时序图或年代图（chronogram）。时序图可以通过分子测年或化石记录绘制。目前，大多数的分子系统发生树的时序图都是由分子测年方法确定的。

分子测年或分子定时（molecular dating）是指基于 DNA、蛋白质序列或其他任何遗传变异数据估算系统树节点进化分歧发生时间的方法。所有分子测年的方法都是将序列（DNA 或蛋白质）之间的遗传距离转换为序列所代表的相应支系之间开始分歧的时间。遗传距离的准确估计需要系统树和分枝长度（即每一支系上发生替换的总数）。为了将遗传距离转化为分歧时间的估计值，分子定时方法还需要一个或多个节点上独立获得（不是分子定时获得）的时间作参考，通常是基于化石或生物地理获得的年代。最后，采用特定的方法从这些已知的时间估计出系统树所有其余分支的起源时间。

早期的分子测年是基于分子钟假说，即假定序列进化改变的量是与序列分歧后经历的时间呈线性增加的，其基本步骤为：首先，进行 DNA 或蛋白质序列比对，估算序列间遗传距离；其次，遗传距离除以校正节点年代（通常为节点的化石年代）估算替换速度；最后，应用替换速度将遗传距离转换成谱系间分歧时间的估算。

随着分子测年方法的日趋完善，近年来人们对分子测年的兴趣更浓。早期基于分子钟假说估计分歧时间经常要涉及删除进化速率异常的分类单元，或建立系统树不同分支的局部的分子钟等。近年来，分子测年的重点已经转移到允许序列在不同时间或不同支系之间以不同的速率进化，并采用比较符合序列实际的模型和数学方法明确地解释系统树上的速率改变，同时也更关注于用模型来量化不确定性。这方面最早的尝试是由 Sanderson（1997；2002）所描述的非参数和半参数的速率平滑法（rate-smoothing methcd），该法基于明确的松弛分子钟模型（relaxed-clock model），使用贝叶斯法评估来获取节点时间的后验概率分布（Aris-Brosou and Yang，2002）。例如，Kishino 等（2001）所使用的方法假定沿分支后代的进化速率是从对数正态分布中抽出的一个随机变量，其分布的平均值是亲代分支的进化速率。

目前已经开发出了大量的检验分子钟和进行分子测年的软件，如下所示。

QDate	TreeEdit	PAST
Diversi	HY-PHY	TREEFINDER
K2WuLi	MEGA	Network
PAML	PAL	APE
TipDate	rate-evolution	BEAST
RRTree	BRANCHLENGTH	SymmeTREE
vCEBL	r8s	Porn *

Rhino	PATHd8	Multidivtime
GHOSTS	McRate	HELPER
Cadence	PhyloBayes	Ultrametric Check
Multidivtime	Cactus-Pie	TreeFit
CodonRates	GRate	Phyltest
Brownie	NHML	Murka

分子测年的研究文献很多，更有专著出版。以下的三个分子测年图分别显示了最早的约 40 亿年的原核生物进化分歧时间（图 18-11）、近 10 亿年的主要模式后生动物的分歧时间（图 18-12）和 9000 万年历史的啮齿目的分歧年代坐标（图 18-13）

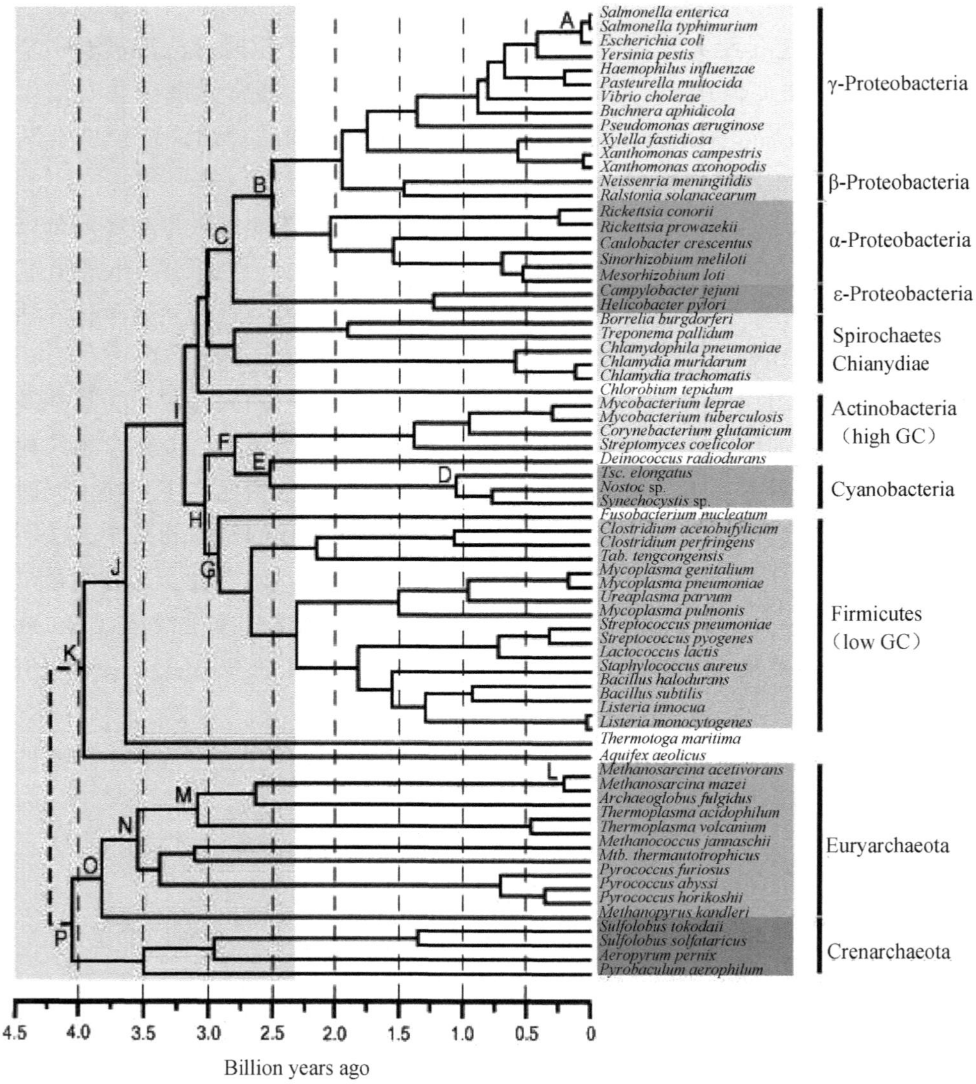

图 18-11 原核生物进化的时间坐标（Battistuzzi et al.，2004）（见彩图）

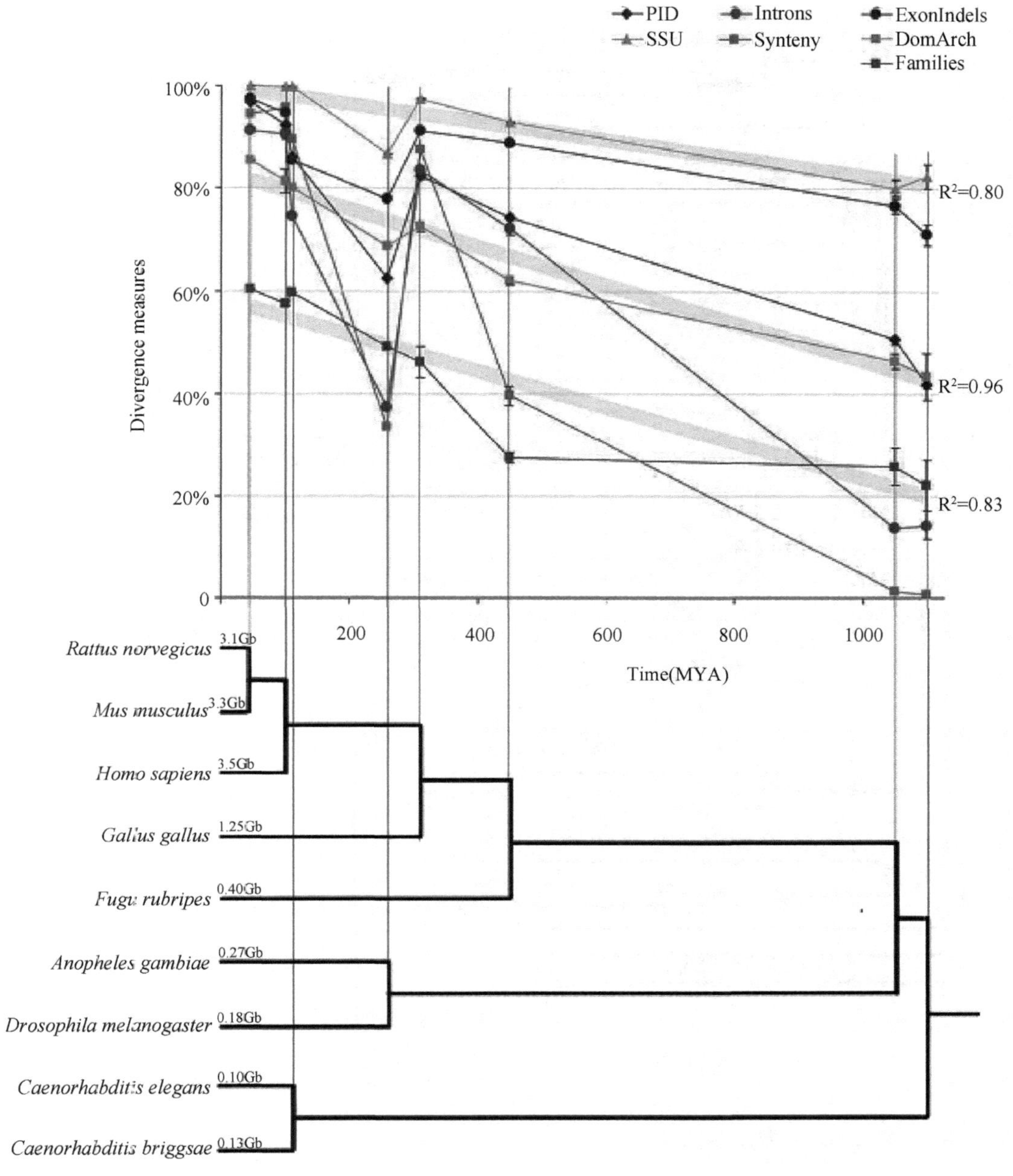

图 18-12　依据 7 类数据估计的已知全基因组序列的 9 种后生动物的分歧时间（Zdobnov et al.，2005）（见彩图）

7 类数据分别是：①共享直源基因蛋白质序列一致度中位数 PID（median protein identity of shared orthologous gene）；②共享直源基因的内含子位置不变比例；③共享直源基因外显子中的插入/缺失比例；④18S rRNA 序列的一致度；⑤基因组基因排列保守性；⑥蛋白质结构域构架变异；⑦直源家族比例

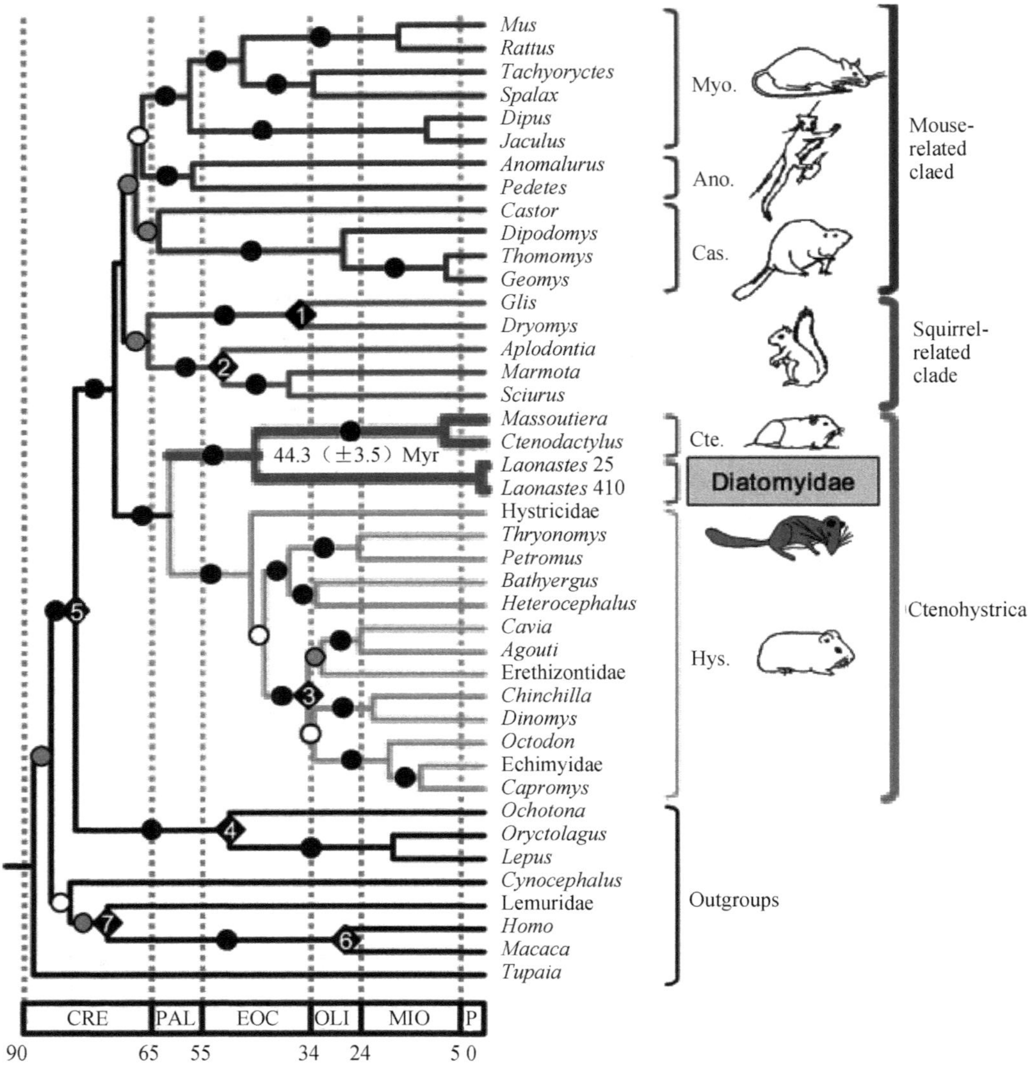

图 18-13 啮齿目的分子时间坐标（Huchon et al.，2007）（见彩图）

18.2.3 重建祖先状态

重建祖先（reconstruction ancestor）是基于系统树末端节点（现存物种）的状态推论内部节点（假想祖先）的状态。重建的祖先状态包括祖先性状状态、祖先基因组、祖先蛋白质序列和 3D 结构、祖先有机体和祖先分布地等。

重建祖先状态的方法，首先是构建一个可靠的系统树，其次是确定这个系统树中感兴趣节点上的祖先，然后采用一种祖先性状重建方法，依据现存物种的性状状态重建祖先。最广泛应用的重建祖先方法是简约法、最大似然法和贝叶斯方法。

Blanchette 等（2004）基于 19 种现存哺乳动物的基因组序列重建了 *CFTR* 基因座位周围 1.1 Mb 的祖先序列（图 18-14），仔细的检查发现重建是准确的，依据这种重建的祖先序列可以揭示现存物种中仅通过序列分析无法获得的特征。通过追踪重建的序列进化历史，可以估计处在不同支系的 DNA 序列上发生的插入、缺失和替换等进化改变的数量。

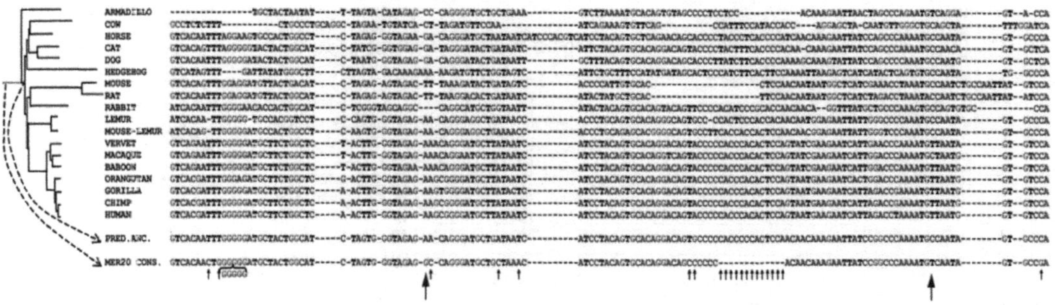

图 18-14　根据 MER20 反转录转座子直源序列
重建的 Boreoeutherian 两个祖先节点的序列
（Blanchette et al.，2004）（见彩图）
箭头所指位置是重建的祖先序列有别于 MER20 的一致序列

18.2.4　性状进化

分类单元之间的性状进化可以从推论进化历史和解释进化改变的过程两个方面进行研究。性状进化历史的研究主要是祖先状态的重建，进化改变过程的研究主要是进化模型的参数和性状之间的关联。

如果有一棵系统树和观测到的性状状态在分类单元中的分布数据，我们就能够重建该性状在祖先节点的状态。可以采用简约法、似然法或贝叶斯法重建祖先状态，重建的状态可以用几种不同的方法显示。

以昆虫翅的进化改变为例，尽管翅是昆虫适应进化的核心特征之一，但目前在昆虫纲的许多目中广泛存在着三种不同的翅型（长翅 macroptery、短翅 brachypterous 和无翅 apterous），所有有翅昆虫中大约有 5%是不能飞行的，甚至有几个目进化为完全无翅（如虱目、蚤目、蛩蠊目）。因此，估计有翅昆虫进化过程中翅型由有翅到无翅状态的独立转变次数达数千次以上。Whiting 等（2003）在竹节虫目中证实了已经转变为无翅类型而重新获得翅的回复进化也频繁发生（图 18-15）。他们采用简约法的 ACCT-RAN 优化方法重建祖先状态，显示在竹节虫目进化过程中翅型经历了 7 次改变，其中 4 次重新获得了翅，3 次丧失了翅。如果采用 DELTRAN 优化方法则需要 5 次重新获得和 3 次丧失（图 18-16）。

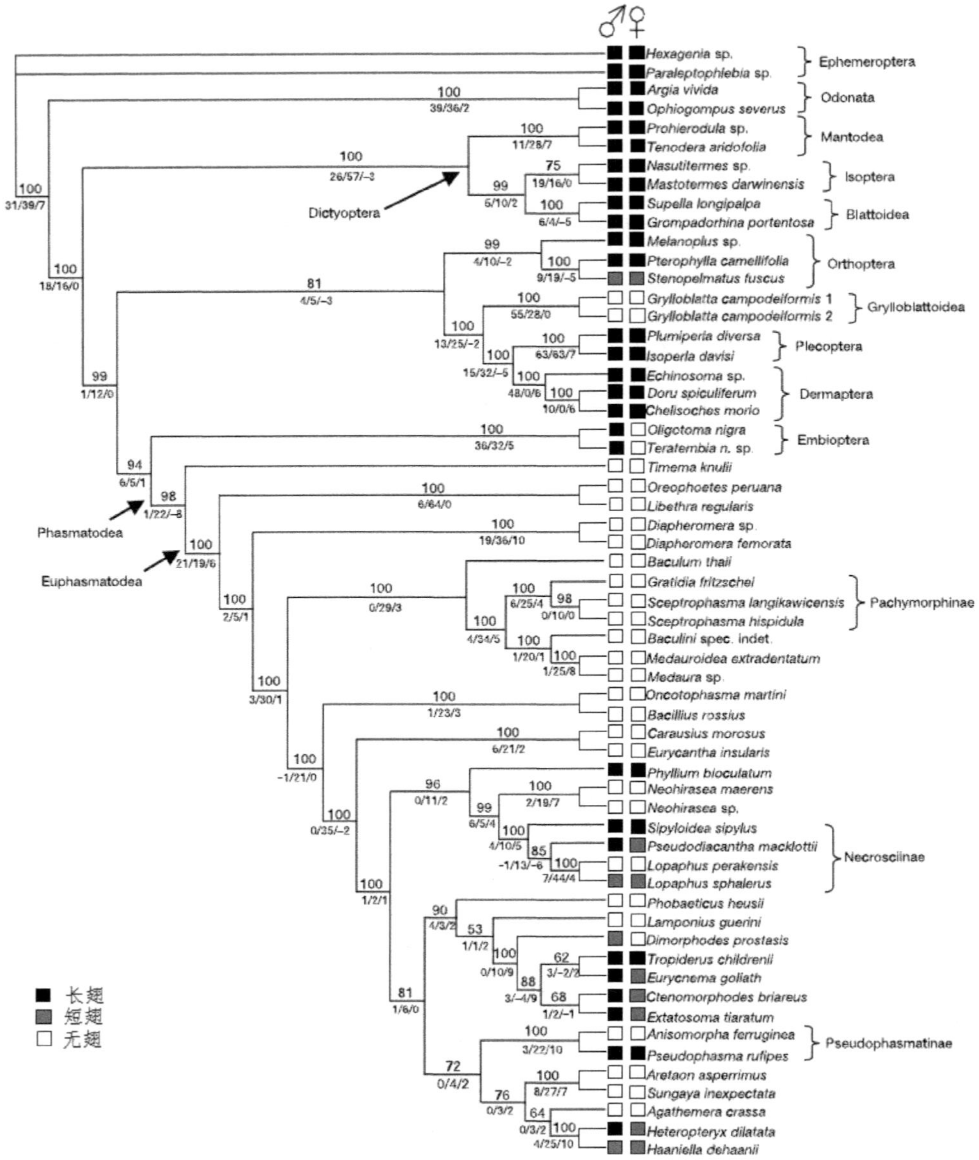

图 18-15　基于 18S rDNA、28S rDNA 和组蛋白三个序列数据的竹节虫目的系统发生关系（MP 树）（Whiting et al.，2003）

节点上的数值表示非参数自举支持度，节点下的数值分别表示 18S、28S、H3 数据集的 Bremer 支持度。末端的方框代表雄性和雌性翅的不同状态

18.2.5　协同系统发生

将寄生虫和寄主、共生生物和宿主、昆虫和植物、生物与地理分布区等相互之间有依赖关系的支系称为相互作用的支系（interacting lineage）。相互作用的支系之间的

系统发生关系常表现出高度的相似性，这种系统树之间的相合性也称为协同系统发生（cophylogeny），通常认为是协同物种形成（cospeciation）的结果，即相互作用的分类单元之间同时发生物种形成事件。但在大多数情况下，两种系统树之间并不完全相合，存在或多或少的不相合性，这种不相合性发生的原因有以下几种。

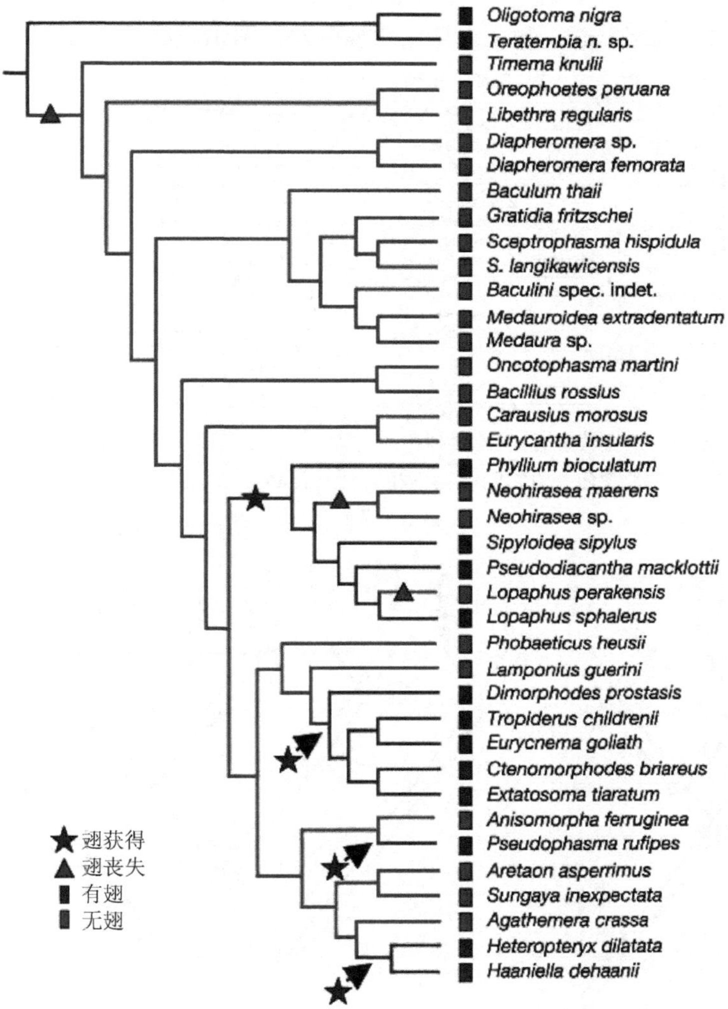

图 18-16　雄性翅型状态在竹节虫目系统树上演变过程的作图（Whiting et al.，2003）（见彩图）

（1）非同步物种形成：有一支系未发生物种形成事件。

（2）重复物种形成：宿主未进行物种形成而寄生虫发生了物种形成。

（3）灭绝：寄生虫和（或）寄主其中的一种灭绝。

（4）寄主选择。

（5）不完全寄主切换。

（6）伴随灭绝的寄主切换。

（7）伴随物种形成的寄主切换。

（8）伴随物种形成和灭绝的寄主切换。

可以通过构建两个相互作用支系的系统树来研究协同进化现象，如比较寄主和寄生虫、植物和昆虫等的系统发生，研究这种特殊的关系如何影响如今的分布和生物多样性，两个支系是否协同物种形成（co-speciated），是否谱系间有转移或近期定居（colonization）等生物学问题。图 18-17 中，Johnson 等（2001）分析了囊地鼠及其寄生虱之间的协同系统发生，在这对协同系统发生中，共发生了 12 次协同物种形成、1 次重复、4 次选择（sorting）和 3 次寄主切换事件（图 18-18）。

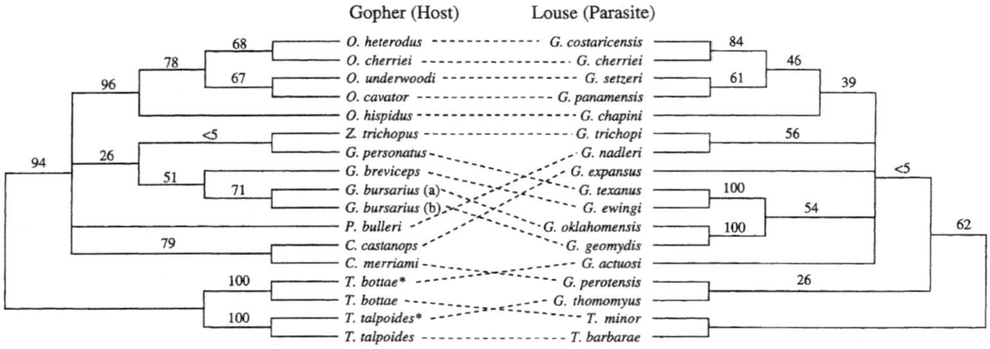

图 18-17　应用线粒体 COI 序列构建的囊地鼠（gopher）及其寄生虱的 MP 严格合一树之间存在不相合性（Johnson et al.，2001）

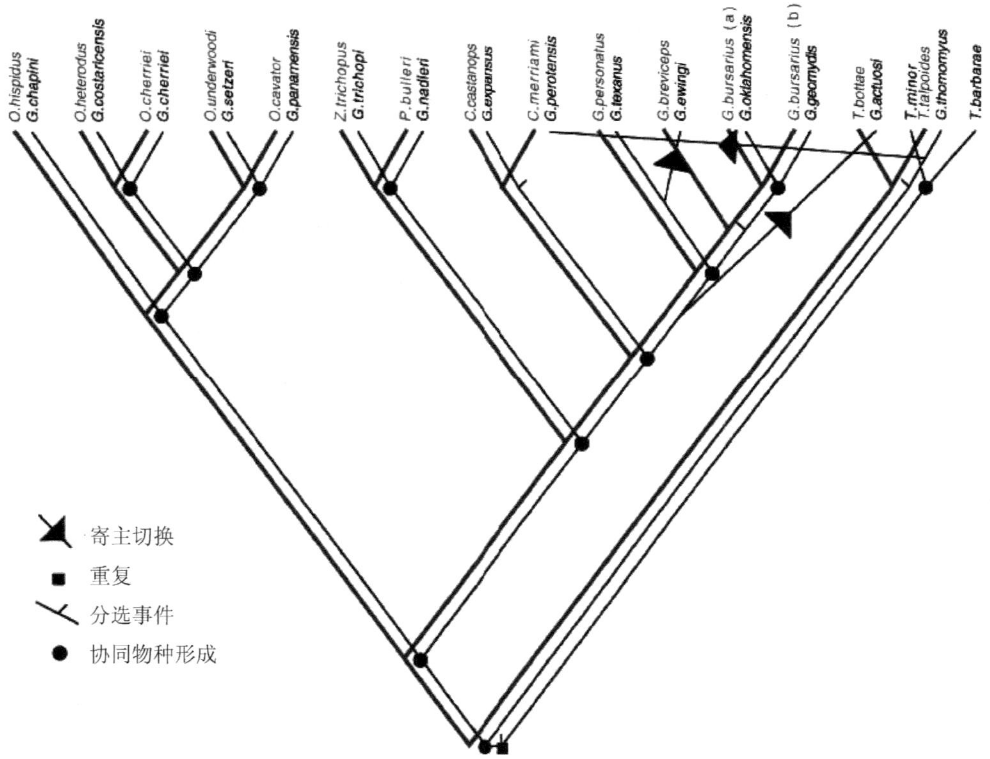

图 18-18　由 TreeMap 推论的囊地鼠（gopher）及其寄生虱之间协同物种形成和不相合性事件的一种情景（Johnson et al.，2001）

18.3　系统树表达的信息及其应用

系统树最主要的信息是它的拓扑结构和分枝长度，此外，树形、树深、树宽和对称性等信息也在特定的进化研究领域有重要价值。

18.3.1　拓扑结构和分支长度

系统树的拓扑结构在进化研究上有重要的应用，某些进化假设的检验只需要拓扑结构信息，如姐妹分类单元之间歧化速度的比较、树的不平衡性分析等。

系统树的分枝长度在进化研究上有重要的应用，某些进化假设的检验只需要特定系统树的分枝长度信息，如基于生灭模型或溯祖过程的检验和分子钟的应用等。这些方法的共同点在于以分枝长度估计进化速度，而不考虑拓扑结构，亦即在某一时间点上系统树的所有支系的进化行为被假定为遵循相同的随机规律，尽管这些规律可以随时间而变化，但在同一时间内在各支系上是相同的。

分枝长度与物种形成和灭绝速度的关系已十分明晰。随着灭绝速率的增加，系统树上内枝与端枝的距离越接近；如果物种形成速度随时间加快，则系统树上的节点越接近当前的时间。类似地，如果物种形成速度随时间降低，则系统树上的节点越接近根的位置。这些规律可以通过支系对时间作图（lineage-through-time plot）很容易地发现（图 18-19）。Pybus 和 Harvey（2000）甚至提出了定量描述支系与时间关系的数学公式。

18.3.2　系统树的树形及应用

首先引入树形概念并对其进行研究的学者是 Guyer 和 Slowinski（1991），Mooers 和 Heard（1997）对前期的工作进行过综述。经过十余年的研究显示，树形包含了十分重要的关于大进化过程的信息，2001 年美国 SSB/SSE/ASN 联合年会上设专题进行讨论，并在 *Systematic Biology* 杂志 2002 年 51 卷 6 期上发表了其中的 10 篇关于树形的研究论文。

系统树的形状（tree shape）（简称树形）是由物种形成和灭绝的相对速度决定的（Mooers and Heard，1997）。树形概念的应用是通过将已发表的树形与理论上合理预期的零树形模型（null model of tree shape）进行比较，从现存的状态来解释过去的历史，预测将来生物多样性的趋势。

树形有两个最重要的特征，其一是树的平衡性（tree balance），指树上同时发生的支系之间的分类单元多样性变化情况，当全树水平上分支发生均匀时，就称为树是平衡的。其二是谱系发生与时间的作图，显示系统树上谱系分歧时间的分布情况。这两种信息分别代表了在特定时间段内分类单元之间在产生多样性速度方面的变异和一个分类单元内随时间在产生多样性速度方面的变异。因此，树形是产生生物多样性丰富度的信号。

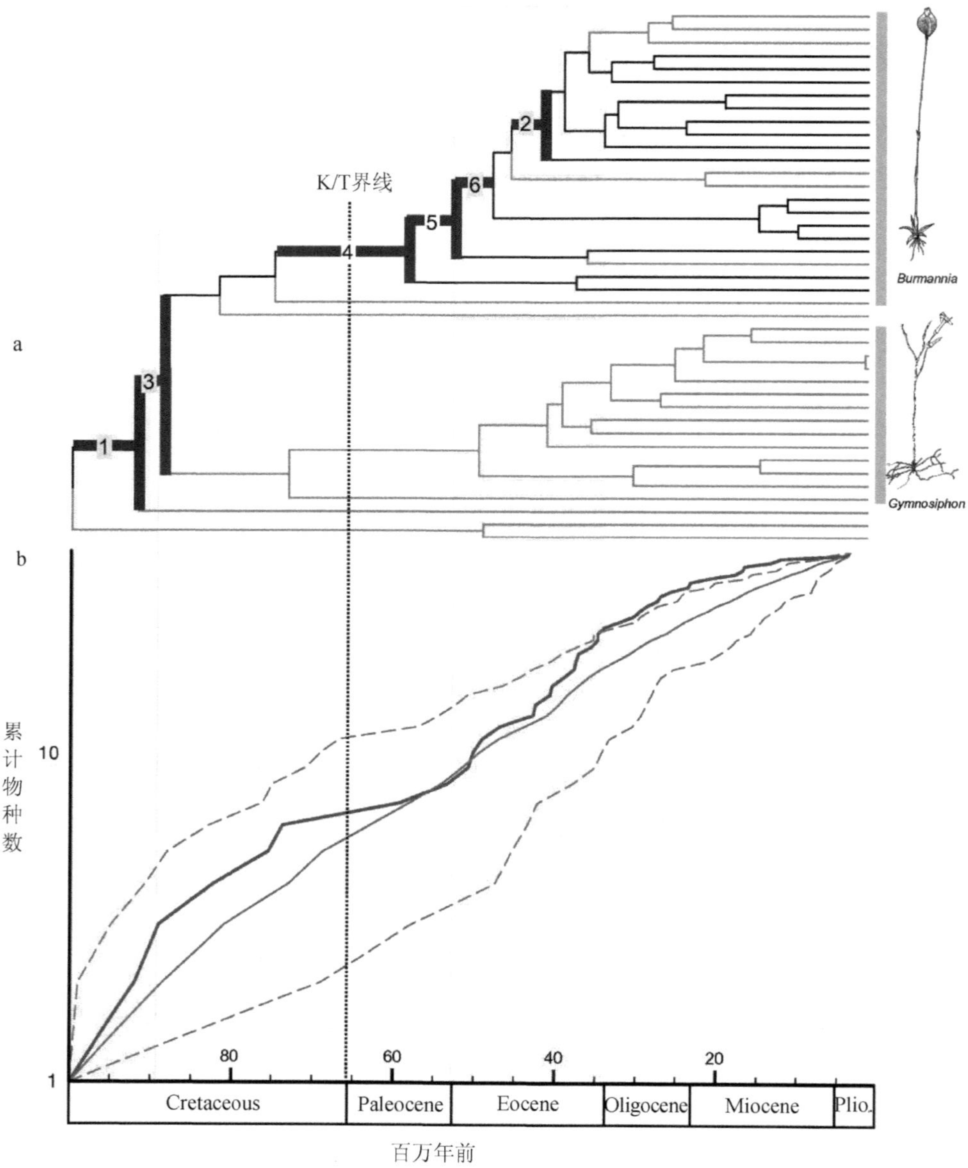

图 18-19　单子叶植物纲中的兰目水玉簪科（Burmanniaceae）支系与时间图（Merckx et al.，2008）（见彩图）

a. BEAST 计算的时序图；灰色分枝为无叶绿素的物种，分歧速率变化显著的分枝用数字编码；b. 水玉簪科的半对数支系对时间图（lineage-through-time，LTT）（深色线条）和在生/灭速率为 0.5 时模拟的 95%的置信区间的 LTT（灰色线条），LTT 图上深色线条的上升或下降反映了物种分歧速率的改变

树形的比较和分析应该基于分类单元完全抽样或至少基于分类单元均匀抽样的系统树，由不完整或不均匀分类单元抽样获得的系统树进行树形分析时将产生误差。对于高级分类阶元系统树的树形分类单元抽样影响会小一些。

分类学研究早就揭示出生物界分类单元的分布是不均一的，与恒定的物种形成和灭绝速度的零模型不符合。但这种速度是否具有可遗传性，一直缺乏直接的证据。Heard（1996）研究发现，已构建的系统发生树的拓扑结构式样与不同支系之间谱系发生速度的可遗传性变异的假设一致。Jablonski（1987）在对软体动物系统树分析中获得了支持这种假设的证据。Harvey 等（1991）对鸟类系统树的分析显示可遗传的谱系发生占 68 个分析支系中的 40 个，Savolainen 等（2002）应用 Harvey 等（1991）的检验方法，分析了目前发表的关于植物、昆虫、真菌、细菌的基于 DNA 序列的 6 个系统树，发现大多数支系与可遗传的谱系发生模式一致，从而在更大的范围内得出谱系发生的可遗传性是一种较普遍的大进化现象。

18.3.3　系统发生的不平衡性

系统发生的平衡性与不平衡性（balance and imbalance 或 unbalanced），也称为对称性与不对称性（symmetry and asymmetry），是指系统树的拓扑结构在不同分类阶元水平（亦即系统树的不同深度上的分支）的对称性程度变化。如果二歧树上所有内部节点具有相同的分支（所有的姐妹群包含相同数量的物种），则该系统树就是完全对称的。但大多数情况下系统树的拓扑结构是不对称的，亦即并不是所有的姐妹群都包含相同数量的物种。为了简化起见，我们将这一问题称为系统树的不对称性或不平衡性问题。Guyer 和 Slowinski（1991）首次研究系统发生的对称性与不对称性问题，自那时以来有 4 篇研究文献分析了大量系统树的不对称性情况，包括 Heard（1992）研究的 195 棵系统树，Mooers 等（1995）研究的 39 棵系统树，Stam（2002）研究的 69 棵系统树，以及 Purvis 和 Agapow（2002）研究的 61 棵系统树。到目前为止，这些研究所得出的结论是相互矛盾的。

已经提出了许多度量系统树不对称性的指数，最主要的有 Colless（1982）指数及 Fusco 和 Cronk（1995）指数。后者可应用于多歧树上，经 Purvis 等（2002）修改的计算公式为

$$I=(B-m)/(S-m-1)$$

其中，B 为系统树上较大支系的节点数；S 为系统树上的所有节点数；m 为 B 可能取得的最小值，即 $S/2$ 的商的整数部分。节点数目的计算按照物种水平上的分析以物种数目计算，种上阶元的分析按照种上阶元数目计算。

对计算的每个不对称性指数给一个加权值 w，w 的值由以下条件确定：

如果 S 为奇数，则 $w=1$；

如果 S 为偶数，且 $I>0$，则 $w=(S-1)/S$；

如果 S 为偶数，且 $I<0$，则 $w=2(S-1)/S$。

系统树上所有的节点的加权平均 I 值在 ERM 模型下的期望值为 0.5，I/w 的比值称为 I_w，在 ERM 模型下 I_w 的期望值也为 0.5。已有专门的软件计算 I 和 w 的值，如 MeSA 软件（http：//www. bio. lc. ac. uk/evolve/software/mesa）。

通过以上的计算，每个系统树可以得到两组 I、w 和 I_w 值，一组是物种水平的，另一组是种上较高阶元的。检验的零假设为系统树上两种水平的分类单元是从一个相

同树形的分布上得到的，在这个零假设条件下，两组数值应该具有相同的分布，两组数据的差异显著性可以进行统计学检验。

18.3.4 系统树用于分析分歧速度

分歧速度（diversification rate）是指分支发生（cladogenesis）的速度。不同的生物类群在分支发生速度方面差异较大。研究分歧速度的关键是区分出谱系发生中的偶然因素和确定性因素。导致分支发生速度差异的可能因素包括：高频分支发生（prolific cladogenesis）、适应辐射（adaptive radiation）、物种选择（species selection）、关键特征创新（key innovation）和大规模灭绝（mass extinction）等。

已经提出的研究分歧速度在不同谱系之间变化的方法有基于时间的和基于拓扑结构的两大类（Mooers and Heard，1997）。基于时间的方法是使用分枝长度数据来估计物种形成事件的绝对或相对时间，将所观测到的物种形成事件在时间轴上的分布与谱系发生的零模型所期望的分布进行比较（Harvey et al.，1991；1994）。基于拓扑结构的方法不考虑分枝长度，仅从一个共同的祖先节点产生的两个或多个类群的相对物种多样性（亦即系统树的对称性或不平衡性）方面进行分析，这类方法包括以下两种。

（1）单节点检验（single-node test，Slowinski and Guyer，1989）：比较实际观测到的姐妹群多样性的差异与由随机模型所期望的差异是否显著。

（2）树形指数（tree-shape index，Shao and Sokal，1990）：将节点的相对多样性与整个树上各层次的树形指数信息整合在一起。

18.4 系统发生的应用

过去10年来，序列数据的广泛而大规模的应用与多种进化模型的应用提高了系统树的稳定性和可靠性，同时进行分子系统发生研究的类群和系统发生研究的论文数量快速增加，从而使系统发生与生物学和医学研究领域建立了广泛的联系和普遍的应用（Nakhleh et al.，2003）。现在，系统发生的方法已应用到整个生物学领域，人们已从目前尚未完全建成的系统树中受益匪浅（Piel et al.，2003）。

系统发生关系已用于以下生物医学的研究中（Pennisi，2001；Piel et al.，2003）。

（1）为基础生物学和应用生物学的比较研究提供基础。

（2）传染病发源地的定位和病菌携带者的确定，预告未来病毒暴发的地点。

（3）理解病原体的抗药性及其在人类中的发病模式。

（4）指导疫苗效价的分析。

（5）指导新医药或生物技术产品开发。

（6）预测物种入侵的过程，重建其地理来源。

（7）重建与发育模式或疾病相关基因和蛋白质序列及功能变异的历史。

（8）为生物信息学知识库提供知识体系。

（9）给出生物多样性图谱并有助于确定保护物种。

参 考 文 献

黄原．1998. 分子系统学——原理、方法与应用．北京：中国农业出版社

栾鹏涛，兰天，彭丹，等．2009. 等位基因杂合子现象及其在系统发育学分析中的研究概述．遗传，31（9）：875-881

徐广，方庆权，Keirans J E，et al. 2003. 分子系统进化关系分析的一种新方法——贝叶斯法在硬蜱属中的应用．动物学报，49（3）：380-388

张原，张正旺，郑楠．2003. 似然比检验和贝叶斯推论在雉科分子系统学中的应用．北京师范大学学报（自然科学版），（2）：39

邹新慧，葛颂．2008. 基因树冲突与系统发育基因组学研究．植物分类学报，46（6）：795-807

Abascal F，Posada D，Zardoya R. 2007. MtArt：a new model of amino acid replacement for Arthropoda. Mol Biol Evol，24（1）：1-5

Abascal F，Zardoya R，Posada D. 2005. ProtTest：selection of best-fit models of protein evolution. Bioinformatics，21（9）：2104-2105

Abdo Z，Minin V N，Joyce P，et al. 2005. Accounting for uncertainty in the tree topology has little effect on the decision-theoretic approach to model selection in phylogeny estimation. Mol Biol Evol，22：691-703

Adachi J，Hasegawa M. 1996. Model of amino acid substitution in proteins encoded by mitochondrial DNA. J Mol Evol，42：459-468

Adachi J，Waddell P J，Martin W，et al. 2000. Plastid genome phylogeny and a model of amino acid substitution for proteins encoded by chloroplast DNA. J Mol Evol，50：348-358

Adams E N. 1972. Consensus techniques and the comparison of taxonomic trees. Syst Zool，21：390-397

Agnarsson I，Miller J A. 2008. Is ACCTRAN better than DELTRAN? Cladistics，24：1032-1038

Agosti D，Jacobs D，DeSalle R. 1996. On combining protein sequences and nucleic acid sequences in phylogenetic analysis：the homeobox protein case. Cladistics，12：65-82

Albert V A，Mishler B D. 1992. On the rationale and utility of weighting nucleotide sequence data. Cladistics，8：73-83

Aldous D J，1996. Probability distributions on cladograms//Aldous D，Pemantle R. Random Discrete Structures，New York：Springer：1-18

Alfaro M E，Zoller S，Lutzoni F. 2003. Bayes or bootstrap? a simulation study comparing the performance of Bayesian Markov chain Monte Carlo sampling and bootstrapping in assessing phylogenetic confidence. Mol Biol Evol，20（2）：255-266

Allard M W，Carpenter J M. 1996. On weighting and congruence. Cladistics，12：183-198

Anderson J S. 2001. The phylogenetic trunk：maximal inclusion of taxa with missing data in an analysis of the lepospondyli（Vertebrata，Tetrapoda）. Syst Biol，50（2）：170-193

Archie J W. 1989. Homoplasy excess ratios：New indices for measuring levels of homoplasy in phylogenetic systematics and a critique of the consistency index. Syst Zool，38：253-269

Aris-Brosou S，Yang Z H. 2002. Effects of models of rate evolution on estimation of divergence dates with special reference to the metazoan 18S ribosomal RNA phylogeny. Syst Biol，51（5）：703-714

Avise J C，Johns G C. 1999. Proposal for a standardized temporal scheme of biological classification for extant species. Proc Natl Acad Sci USA，96：7358-7363

Avise J C，Mitchell D. 2007. Time to standardize taxonomies. Systematic Biology，56：130-133

Avise J C. 2000. Phylogeography: The History and Formation of Species. Cambridge, Mass. : Harvard University Press: 65

Baker R H, DeSalle R. 1997. Multiple sources of character information and the phylogeny of Hawaiian drosophilids. Syst Biol, 46: 654-673

Ballard J W O, Thayer M K, Newton A F, et al. 1998. Data sets, partitions and characters: philosophies and procedures for analyzing multiple data sets. Syst Biol, 47: 367-396

Bandelt H J, Dress A W M. 1992. Split decomposition: a new and useful approach to phylogenetic analysis of distance data. Mol Phylogen Evol, 1 (3): 242-252

Bandelt H J, Macaulay V, Richards M. 2000. Median networks: speedy construction and greedy reduction, one simulation and two case studies from human mtDNA. Mol Phylogenet Evo, 16: 8-28

Bapteste E, O'Malley M A, Beiko R G, et al. 2009. Prokaryotic evolution and the tree of life are two different things. Biology Direct, 4: 34doi: 10.1186/1745-6150-4-34

Barry D, Hartigan J A. 1987. Statistical analysis of hominoid molecular evolution. Stat Sci, 2: 191-210

Battistuzzi F U, Feijao A, Hedges SB. 2004. A genomic timescale of prokaryote evolution: insights into the origin of methanogenesis, phototrophy, and the colonization of land. BMC Evol Biol, 4: 44

Baum B R. 1992. Combining trees as a way of combining data sets for phylogenetic inference, and the desirability of combining gene trees. Taxon, 41: 3-10

Baum D. 2008. Reading a phylogenetic tree: the meaning of monophyletic groups. Nature Education, 1 (1):

Beiko R G. 2011. Telling the whole story in a 10 000-genome world. Biol Direct, 6: 34

Belle E M, Piganeau G, Gardner M, et al. 2005. An investigation of the variation in the transition bias among various animal mitochondrial DNA. Gene, 355: 58-66

Benton M J. 2005. Vertebrate palaeontology. Oxford: Wiley-Blackwell

Berry V, Gascuel O. 1996. On the interpretation of bootstrap trees: appropriate threshold of clade selection and induced gain. Mol Biol Evol, 13 (7): 999-1011

Billera L J, Holmes S P, Vogtmann K. 2001. Geometry of the space of phylogenetic trees. Advances in Applied Mathematics, 27: 733-767

Billoud B, Guerrucci M A, Masselot M, et al. 2000. Cirripede phylogeny using a novel approach: molecular morphometrics. Mol Biol Evol, 17 (10): 1435-1445

Bininda-Emonds O R P, Gittleman J L, Purvis A. 1999. Building large trees by combining phylogenetic information: a complete phylogeny of the extant Carnivora (Mammalia) . Biol Rev, 74: 143-175

Bininda-Emonds O R P. 2004a. Phylogenetic Supertrees: Combining Information to Reveal the Tree of Life. New York: Springer

Bininda-Emonds O R P. 2004b. The evolution of supertrees. TREE, 19 (6): 315-322

Bishop M J, Friday A E. 1987. Tetrapod relationships: the molecular evidence//Patterson C. Molecules and morphology in evolution: conflict or compromise? Cambridge: Cambridge University Press: 123-139

Blaisdell B E. 1986. A measure of the similarity of sets of sequences not requiring sequence alignment. Proc Natl Acad Sci U S A, 83 (14): 5155-5159

Blanchette M, Green E D, Miller W, et al, 2004. Reconstructing large regions of an ancestral mammalian genome in silico. Genome Res, 14: 2412-2423

Blanga-Kanfi S, Miranda H, Penn O, et al. 2009. Rodent phylogeny revised: analysis of six nuclear genes from all major rodent clades. BMC Evolutionary Biology, 9: 71 doi: 10.1186/1471-2148-9-71

Blanquart S, Lartillot N. 2006. A bayesian compound stochastic process for modeling nonstationary and nonhomogeneous sequence evolution, Mol Biol Evol, 23 (11): 2058-2071

Blanquart S, Lartillot N. 2008. A site-and time-heterogeneous model of amino acid replacement. Mol Biol Evol, 25 (5): 842-858

Blum M G, François O. 2006. Which random processes describe the tree of life? a large-scale study of phylogenetic tree imbalance. Syst Biol, 55 (4): 685-691

Boussau B, Daubin V. 2010. Genomes as documents of evolutionary history. Trends in Ecology and Evolution, 25 (4): 224-232

Brandley M C, Schmitz A, Reeder T W. 2005. Partitioned Bayesian analyses, partition choice, and the phylogenetic relationships of scincid lizards. Syst Biol, 54 (3): 373-390

Bremer K. 1988. The limits of amino acid sequence data in angiosperm phylogenetic reconstruction. Evolution, 42: 795-803

Bremer K. 1990. Combinable component consensus. Cladistics, 6 (4): 369-372

Bremer K. 1994. Branch support and tree stability. Cladistics, 10: 295-304

Brinkmann H, Philippe H. 1999. Archaea sister group of Bacteria? Indications from tree reconstruction artifacts in ancient phylogenies. Mol Biol Evol, 16: 817-825

Brinkmann H, Philippe H. 2008. Animal phylogeny and large-scale sequencing: progress and pitfalls. Acta Phytotaxonomica Sinica, 46 (3): 274-286

Brower A V Z, DeSalle R, Vogler A. 1996. Gene trees, species trees, and systematics: a cladistic perspective. Annu Rev Ecol Syst, 27: 423-450

Brower A V Z. 2006. The how and why of branch support and partitioned branch support, with a new index to assess partition incongruence Cladistics. Cladistics, 22 (4): 378-386

Bruno W J, Socci N D, Halpern A L. 2000. Weighted neighbor joining: a likelihood-based approach to distance-based phylogeny reconstruction. Mol Biol Evol, 17 (1): 189-197

Bryant D, Moulton V. 2004. Neighbor-net: an agglomerative method for the construction of phylogenetic networks. Mol Bio Evol, 21: 255-265

Buckley T R, Cordeiro M, Marshall D C, et al. 2006. Differentiating between hypotheses of lineage sorting and introgression in New Zealand alpine cicadas (Maoricicada Dugdale). Syst Biol, 55: 411-425

Buckley T R, Cunningham C W. 2002. The effects of nucleotide substitution model assumptions on estimates of nonparametric bootstrap support. Mol Biol Evol, 19: 394-405

Buckley T R, Simon C, Shimodaira H, et al. 2001. Evaluating hypotheses on the origin and evolution of the New Zealand alpine cicadas (Maoricicada) using multiple-comparison tests of tree topology. Mol Biol Evol, 18 (2): 223-234

Buckley T R. 2002. Model misspecification and probabilistic tests of topology: evidence from empirical data sets. Syst Biol, 51: 509-523

Bull J J, Huelsenbeck J P, Cunningham C W. 1993. Partitioning and combining data in phylogenetic analysis. Syst Biol, 42 (3): 384-397

Burleigh J G, Hilu K W, Soltis D E. 2009. Inferring phylogenies with incomplete data sets: a 5-gene, 567-taxon analysis of angiosperms. BMC Evolutionary Biology, 9: 61 doi: 10.1186/1471-2148-9-61

Burnham K P, Anderson D R. 1998. Model Selection and Inference: A Practical Information Theoretic Approach. New York: Springer-VerlagKP Burnham

Cameron S A, Mardulyn P. 2001. Multiple molecular data sets suggest independent origins of highly eusocial behavior in bees (Hymenoptera: Apinae). Syst Biol, 50 (2): 194-214

Camin J, Sokal R. 1965. A method for deducing branching sequences in phylogeny. Evolution, 19: 311-326

Cao Y, Adachi J, Janke A, et al. 1994. Phylogenetic relationships among eutherian orders estimated from inferred sequences of mitochondrial proteins: instability of a tree based on a single gene. J Mol Evol, 39: 519-527

Cao Y, Janke A, Waddell P J, et al. 1998. Conflict among individual mitochondrial proteins in resolving the phylogeny of eutherian orders. J Mol Evol, 47: 307-322

Carpenter J M. 1988. Choosing among multiple equally parsimonious cladograms. Cladistics, 4: 291-296

Cassens I, Mardulyn P, Milinkovitch M C. 2005. Evaluating intraspecific network construction methods using simulated sequence data: do existing algorithms outperform the global maximum parsimony approach? Syst Biol, 54 (3): 363-372

Castresana J. 2000. Selection of conserved blocks from multiple alignments for their use in phylogenetic analysis. Mol Biol Evol，17 (4)：540-552

Castresana J. 2007. Topological variation in single-gene phylogenetic trees. Genome Biology，8 (6)：216

Cavalli-Sforza L L，Edwards A W F. 1967a. Phylogenetic analysis：models and estimation procedures. Am J Hum Genet，19 (3 Pt 1)：233-257

Cavalli-Sforza L L，Edwards A W F. 1967b. Phylogenetic analysis：models and estimation procedures. Evolution，21 (3)：550-570

Ceron C，Dopazo J，Zapata E L，et al. 1998. Parallel implementation of DNAml program on message-passing architectures. Parallel Comput，24：701-716

Chase M W，Soltis D E，Olmstead R G，et al. 1993. Phylogenetics of seed plants：an analysis of nucleotide sequences from the plastid gene rbcL. Ann MO Bot Gard，80：528-580

Churchill G A，von Haeseler A，Navidi W C. 1992. Sample size for a phylogenetic inference. Mol Biol Evol，9 (4)：753-769

Ciccarelli F D，Doerks T，von Mering C，et al. 2006. Toward automatic reconstruction of a highly resolved tree of life. Science，311 (5765)：1283-1287

Colless D H. 1982. Review of phylogenetics：the theory and practice of phylogenetic systematics. Syst Zool，31：100-104

Collins T M，Wimberger P H. Naylor G J P. 1994. Compositional bias，character-state bias，and character-state reconstruction using parsimony. Syst Biol，43：482-496

Collins T M. Fedrigo O，Naylor G J. 2005. Choosing the best genes for the job：the case for stationary genes in genome-scale phylogenetics. Syst Biol，54 (3)：493-500

Cotton J A，Wilkinson M. 2008. Quantifying the potential utility of phylogenetic characters. Taxon，57：131-136

Cracraft J，Donoghue M J. 2004. Assembling the Tree of Life. New York：Oxford University Press

Crozier R H，Crozier Y C. 1993. The mitochondrial genome of the honeybee apis mellifera：complete sequence and genome organization. Genetics，133 (1)：97-117

Cunningham C W. 1997a. Can three incongruence tests predict when data should be combined? Mol Biol Evol，14 (7)：733-740

Cunningham C W. 1997b. Is congruence between data partitions a reliable predictor of phylogenetic accuracy? empirically testing an iterative procedure for choosing among phylogenetic methods. Syst Biol，46 (3)：464-478

Dagan T，Martin W. 2006. The tree of one percent. Genome Biology，7：118

Dagan T，Martin W. 2009. Getting a better picture of microbial evolution en route to a network of genomes. Philos Trans R Soc Lond B Biol Sci，364 (1527)：2187-2196

Dalevi D，Hugenholtz P，Blackall L L. 2001. A multiple-outgroup approach to resolving division-level phylogenetic relationships using 16S rDNA data. Int J Syst Evol Microbiol，51 (Pt 2)：385-391

Dang C C，Le Q S，Gascuel O，et al. 2010. FLU，an amino acid substitution model for influenza proteins. BMC Evolutionary Biology，10：99

Dayhoff M O，Schwartz R M，Orcutt B C. 1978. A model of evolutionary change in proteins//Dayhoff M O. Atlas of Protein Sequence and Structure. Washington，DC：National Biomedical Research Foundation，345-352

Dayrat B. 2003. The roots of phylogeny：how did haeckel build his trees? Syst Biol，52 (4)：515-527

De Rijk P，De Wachter R. 1993. DCSE，an interactive tool for sequence alignment and secondary structure research. CABIOS (computer applications in the biosciences)，9：735-740

DeBry R W，Olmstead R G. 2000. A simulation study of reduced tree-search effort in bootstrap resampling analysis. Syst Biol，49 (1)：171-179

Delsuc F，Brinkmann H，Philippe H. 2005. Phylogenomics and the reconstruction of the tree of life. Nat Rev Genet，6：361-375

Delsuc F，Phillips M J，Penny D. 2003. Comment on hexapod origins：monophyletic or paraphyletic? Science，301 (5639)：1482

Delsuc F, Scally M, Madsen O, et al. 2002. Molecular phylogeny of living xenarthrans and the impact of character and taxon sampling on the placental tree rooting. Mol Biol Evol, 19 (10): 1656-1671

DeSalle R, Freedman T, Prager E M, et al. 1987. Tempo and mode of sequence evolution in mitochondrial DNA of Hawaiian Drosophila. J Mol Evol, 26: 157-164

Dimmic M W, Rest J S, Mindell D P, et al. 2002. RtREV: an amino acid substitution matrix for inference of retrovirus and reverse transcriptase phylogeny. J Mol Evol, 55: 65-73

Dixon M T, Hillis D M. 1993. Ribosomal RNA secondary structure: compensatory mutations and implications for phylogenetic analysis. Mol Biol Evol, 10: 256-267

Do C B, Katoh K. 2008. Protein multiple sequence alignment//Thompson JD. Functional Proteomics: Methods and Protocols. Methods in Molecular Biology. Volume 484. Totowa: Humana Press: 379-413

Donoghue P C J. 2005. Saving the stem group—a contradiction in terms? Paleobiology, 31 (4): 553-558

Dopazo J. 1994. Estimating errors and confidence intervals for branch lengths in phylogenetic trees by a bootstrap approach. J Mol Evol, 38 (3): 300-304

Douady C J, Delsuc F, Boucher Y, et al. 2003. Comparison of Bayesian and maximum likelihood bootstrap measures of phylogenetic reliability. Mol Biol Evol, 20 (2): 248-254

Dowton M, Austin A D. 2002. Increased congruence does not necessarily indicate increased phylogenetic accuracy—the behavior of the incongruence length difference test in mixed-model analyses. Syst Biol, 51 (1): 19-31

Doyle J J. 1992. Gene trees and species trees: molecular systematics as one-character taxonomy. Systematic Botany, 17 (1): 144-163

Driskell A C, Ané C, Burleigh J G, et al, 2004. Prospects for building the tree of life from large sequence databases. Science, 306 (5699): 1172-1174

Drummond A J, Rambaut A. 2007. BEAST: Bayesian evolutionary analysis by sampling trees. BMC Evol Biol, 7: 214

Drummond A, Strimmer K. 2001. PAL: an object-oriented programming library for molecular evolution and phylogenetics. Bioinformatics, 17: 662-663

Du Z, Stamatakis A, Lin F, et al. 2005. Parallel divide-and-conquer phylogeny reconstruction by maximum likelihood. Lecture Notes in Computer Science, 3726: 776-785

Du Z. 2006. pNJTree: a parallel program for reconstruction of neighbor-joining tree and its application in ClustalW. Parallel Computing, 32 (5-6): 442-446

Dunn C W, Hejnol A, Matus D Q, et al. 2008. Broad phylogenomic sampling improves resolution of the animal tree of life. Nature, 452: 745-749

Eck R V, Dayhoff M O. 1966. Evolution of the structure of ferredoxin based on living relics of primitive amino acid sequences. Science, 152: 363-366

Edgar R C, Batzoglou S. 2006. Multiple sequence alignment. Current Opinion in Structural Biology, 16: 368-373

Edgar R C. 2004. MUSCLE: a multiple sequence alignment method with reduced time and space complexity. BMC Bioinformatics, 5 (1): 113

Edgar R C. 2004. MUSCLE: multiple sequence alignment with high accuracy and high throughput. Nucleic Acids Res, 32: 1792-1797

Edwards A W F, Cavalli-Sforza L L. 1963. The reconstruction of evolution. Heredity, 18: 553

Edwards A W F, Cavalli-Sforza L L. 1964. Reconstruction of evolutionary trees. Syst Assoc Publ, 6: 67-76

Edwards S V. 2009. Natural selection and phylogenetic analysis. Proceedings of theNational Academy of Sciences, 106 (22): 8799-8800

Edwards S, Liu L, Pearl D. 2007. High-resolution species trees without concatenation. Proc Natl Acad Sci U S A, 104 (14): 5936-5941

Efron B, Halloran E, Holmes S. 1996. Bootstrap condence levels for phylogenetic trees. Proc Natl Acad Sci USA, 93: 13429-13434

Eisen J A. 2000. Horizontal gene transfer among microbial genomes: new insights from complete genome analysis. Curr Opin Genet Dev, 10: 606-611

Embley T M, van der Giezen M, Horner D S, et al. 2003. Mitochondria and hydrogenosomes are two forms of the same fundamental organelle. Philos Trans R Soc Lond B Biol Sci, 358: 191-201

Engstrom T N, Shaffer H B, McCord W P. 2004. Multiple data sets, high homoplasy, and the phylogeny of soft-shell turtles (Testudines: Trionychidae). Syst Biol, 53 (5): 693-710

Faith D P. 1985. Distance methods and the approximation of most-parsimonious trees. Syst Zool, 34: 312-325

Farris J S, Allersjo M K, DeLaet J E. 2001. Branch lengths do not indicate support-Even in maximum likelihood. Cladistics, 17: 298-299

Farris J S, Kallersjo M, Kluge A G, et al. 1994. Testing significance of congruence. Cladistics, 10: 315-320

Farris J S, Kallersjo M, Kluge A G, et al. 1995. Constructing a significance test for incongruence. Syst Biol, 44: 570-572

Farris J S. 1970. Methods for computing wagner trees. Syst Zool, 19: 83-92

Farris J S. 1972. Estimating phylogenetic trees from distance matrices. Am Nat, 106: 645-668

Farris J S. 1977. Phylogenetic analysis under Dollo's law. Syst Zool, 26: 77-88

Farris J S. 1978. Inferring phylogenetic trees from chromosome inversion data. Syst Biol, 27 (3): 275-284

Farris J S. 1988. HENNIG86, Version 1. 5. Program and Documentation. NY: PortJefferson

Farris J S. 1989. The retention index and homoplasy excess. Syst Biol, 38 (4): 406-407

Farris J. 1969. A successive approximmations approach to character weighting. Syst Zool, 18: 374-385

Felsenstein J, 1979. Alternative methods of phylogenetic inference and their interrelationship. Syst Biol, 28 (1): 49-62

Felsenstein J, Churchill G. 1996. A hidden markov model approach to variation among sites in rate of evolution. Mol Biol Evol, 13, 93-104

Felsenstein J, Kishino H. 1993. Is there something wrong with the bootstrap on phylogenies? A reply to hillis and bull. Syst Biol, 42 (2): 193-200

Felsenstein J. 1973. Maximum likelihood and minimum-steps methods for estimating evolutionary trees from data on discrete characters. Syst Biol, 22 (3): 240-249

Felsenstein J. 1978. Cases in which parsimony or compatibility methods will be positively misleading. Syst Zool, 27 (4): 401-410

Felsenstein J. 1981. Evolutionary trees from DNA sequences: a maximum likelihood approach. J Mol Evol, 17: 368-376

Felsenstein J. 1984. Distance methods for inferring phylogenies: a justification. Evolution, 38: 16-24

Felsenstein J. 1985. Confidence limits on phylogenies: an approach using the bootstrap. Evolution, 39 (4): 783-791

Felsenstein J. 1988. Phylogenies from molecular sequences: inference and reliability. Annu Rev Genet, 22: 521-565

Felsenstein J. 2004. Inferring Phylogenies. USA: Sinauer Associates, Inc, Sunderland, Massachusetts

Felsenstein J. 2005. PHYLIP (phylogeny inference package). University of Washington: Seattle (WA): Department of Genome Sciences

Fitch W M, Farris J S. 1974. Evolutionary trees with minimum nucleotide replacements rom amino acid sequences. J Mol Evol, 3: 263-278

Fitch W M, Margoliash E. 1967. Construction of phylogenetic trees. Science, 155: 279-284

Fitch W M. 1971. Toward defining the course of evolution: minimum change for a specific tree topology. Syst Zool, 20: 406-416

Fitch W M. 1981. A non-sequential method for constructing trees and hierarchical classifications. J Mol Evol, 18: 30-37

Foster P G. 2001. The Idiot's Guide to the Zen of Likelihood in a Nutshell in Seven Days for Dummies. Unleashed

Foster P G. 2004. Modeling compositional heterogeneity. Syst Biol, 53: 485-495

Fusco G, Cronk Q C B. 1995. A new method for evaluating the shape of large phylogenies. J Theor Biol, 175: 235-243

Futuyma D J. 1998. Evolutionary Biology. 3rd ed. Sinauer Associates, Sunderland, Massachusetts

Galtier N, Gouy M, Gautier C. 1996. SeaView and PHYLO _ WIN: two graphic tools for sequence alignment and molecular phylogeny. Comput Appl Biosci, 12: 543-548

Galtier N, Gouy M. 1998. Inferring pattern and process: maximum likelihood implementation of a nonhomogeneous model of DNA sequence evolution for phylogenetic analysis. Mol Biol Evol, 15: 871-879

Gascuel O. 1997. BIONJ: an improved version of the NJ algorithm based on a simple model of sequence data. Mol Biol Evol, 14: 685-695

Gatesy J, Baker R H. 2005. Hidden likelihood support in genomic data: can forty-five wrongs make a right? Syst Biol, 54 (3): 483-492

Gatesy J, DeSalle R, Wheeler W C. 1993. Alignment-ambiguous nucleotide sites and the exclusion of systematic data. Mol Phylogenet Evol, 2 (2): 152-157

Gatesy J, O'Grady P, Baker R H. 1999. Corroboration among data sets in simultaneous analysis: hidden support for phylogenetic relationships among higher level artiodactyl taxa. Cladistics, 15 (3): 271-313

Gaucher E A, Kratzer J T, Randall R N. 2010. Deep phylogeny—how a tree can help characterize early life on earth. Cold Spring Harb Perspect Biol, 2: a002238

Gee H. 2003. Ending incongruence. Nature, 425: 782

Gelman A, Rubin D B. 1992. Inference from iterative simulation using multiple sequences. Statistical Science, 7: 457-511

Gibson A, Gowri-Shankar V, Higgs P G, et al. 2005. A comprehensive analysis of mammalian mitochondrial genome base composition and improved phylogenetic methods. Mol Biol Evol, 22 (2): 251-264

Gillespie J H. 1986. Variability of evolutionary rates of DNA. Genetics, 113: 1077-1091

Gladstein D S, Wheeler W C. 1997. POY: The Optimization ginal levels. of Alignment Characters. New York: Program and Documentation

Glez-Peña D, Gómez-Blanco D, Reboiro-Jato M, et al. 2010. ALTER: program-oriented conversion of DNA and protein alignments. Nucleic Acids Res, 38: W14-W18

Gogarten J P, Kibak H, Dittrich P, et al. 1989. Evolution of the vacuolar H+-ATPase: implications for the origin of eukaryotes. Proc Natl Acad Sci U S A, 86 (17): 6661-6665

Goldman N, Anderson J P, Rodrigo A G. 2000. Likelihood-based tests of topologies in phylogenetics. Syst Biol, 49: 652-670

Goldman N, Whelan S. 2000. Statistical tests of gamma-distributed rate heterogeneity in models of sequence evolution in phylogenetics. Mol Biol Evol, 17 (6): 975-978

Goldman N. 1998. Phylogenetic information and experimental design in molecular systematics. Proc Biol Sci, 265 (1407): 1779-1786

Goldman N. 2000. Likelihood-based tests of topologies in phylogenetics. Systematic Biology 49: 652-670

Goloboff P A, Catalano S A, Mirande J M, et al. 2009. Phylogenetic analysis of 73 060 taxa corroborates major eukaryotic groups. Cladistics, 25: 211-230

Goloboff P A, Farris J S, Nixon K. 2003. Tnt: Tree Analysis Using New Technology. Tucumán, Argentina: Software published by the authors

Goloboff P A. 1991. Homoplasy and the choice among cladograms. Cladistics, 7 (3): 215-232

Goloboff P A. 1999a. Analyzing large data sets in reasonable times: solutions for composite optima. Cladistics, 15 (4): 415-428

Goloboff P A. 1999b. NONA (NO NAME) Ver. Tucumán, Argentina: 2 Published by the Author

Goloboff P A. 2002. Techniques for analyzing large data sets. //DeSalle R. Techniques in Molecular Systematics and Evolution. Switzerland: Birkhauser Verlag Basel: 70-79

Goloboff P, Farris J S. 2001. Methods for quick consensus estimation. Cladistics, 17: S26-S34

Goodman M, Czelusniak J, Moore G W, et al. 1979. Fitting the gene lineage into its species lineage, a parsimony strategy illustrated by cladograms constructed from globin sequences. Syst Zool, 28: 132-163

Gouy M, Guindon S, Gascuel O. 2010. SeaView version 4: a multiplatform graphical user interface for sequence alignment and phylogenetic tree building. Molecular Biology and Evolution, 27 (2): 221-224

Gowri-Shankar V, Rattray M. 2007. A reversible jump method for bayesian phylogenetic inference with a nonhomogeneous substitution model. Mol Biol Evol, 24 (6): 1286-1299

Grant T, Kluge A G. 2003. Data exploration in phylogenetic inference: scientific, heuristic, or neither. Cladistics, 19: 379-418

Graybeal A. 1994. Evaluating the phylogenetic utility of genes: a search for genes informative about deep divergences among vertebrates. Syst Biol, 43 (2): 174-193

Guindon S, Gascuel O. 2003. A simple, fast, and accurate algorithm to estimate large phylogenies by maximum likelihood. Syst Biol, 52 (5): 696-704

Guindon S, Gascuel O. 2003. A simple, fast, and accurate algorithm to estimate large phylogenies by maximum likelihood. Syst Biol, 52: 696-704

Guyer C, Slowinski J B. 1991. Comparison of observed phylogenetic topologies with null expectations among three monophyletic lineages. Evolution, 45: 340-350

Göker M, Grimm G W. 2008. General functions to transform associate data to host data, and their use in phylogenetic inference from sequences with intra-individual variability. BMC Evol Biol, 8: 86

Hall B G. 2007. Phylogenetic Trees Made Easy: A How-To Manual, Third Edition. Sunderland, Massachusetts. USA: Sinauer Associates, Inc

Hao B L, Qi J, 2004. Prokaryote phylogeny without sequence alignment: from avoidance signature to composition distance. J Bioinfor Comput Biol, 2: 1-19

Hardman M, Hardman L M. 2004. Comparison of the phylogenetic performance of neodermatan mitochondrial protein-coding genes. Zoologica Scripta, 35 (6): 655-665

Hardman M, Hardman L M. 2006. Comparison of the phylogenetic performance of neodermatan mitochondrial protein-coding genes. Zoologica Scripta, 35 (6): 655-665

Hartigan J A. 1973. Minimum mutation fits to a given tree. Biometrics, 29 (1): 53-65

Harvey P H, May R M, Nee S. 1994. Phylogenies without fossils. Evolution, 48: 523-529

Harvey P H, Nee S, Mooers AØ, et al. 1991. These hierarchical views of life: phylogenies and metapopulations// Berry R J, Crawford T J, Hewitt G M. Genes in Ecology: The 33rd Symposium of the British Ecological Society Oxford, U K: Blackwell Scientific: 123-137

Hasegawa M, Kishino H, Saltou N. 1991. On the maximum likelihood method in molecular phylogenetics. J Mol Evol, 32: 443-445

Hasegawa M, Kishino H, Yano T. 1985. Dating the human-ape splitting by a molecular clock of mitochondrial DNA. J Mol Evol, 22: 160-174

Hasegawa M, Yano T, Kishino H. 1984. A new molecular clock of mitochondrial DNA and the evolution of Hominoids. Proc Jpn Acad Ser B, 60: 95-98

Hashimoto T, Nakamura Y, Kamaishi T, et al. 1995. Phylogenetic place of mitochondrion-lacking protozoan, Giardia lamblia, inferred from amino acid sequences of elongation factor 2. Mol Biol Evol, 12 (5): 782-793

Hassanin A. 2006. Phylogeny of Arthropoda inferred from mitochondrial sequences: strategies for limiting the misleading effects of multiple changes in pattern and rates of substitution. Mol Phylogenet Evol, 38 (1): 100-116

Heard S B. 1992. Patterns in tree balance among cladistic, phenetic, and randomly generated phylogenetic trees. Evolution, 46: 1818-1826

Heard S B. 1996. Patterns in phylogenetic tree balance with variable and evolving speciation rates. Evolution, 50: 2141-2148

Hedges S B. 1994. Molecular evidence for the origin of birds. Proc Natl Acad Sci USA，91：2621-2624

Helaers R，Milinkovitch M C. 2010. MetaPIGA v2. 0：maximum likelihood large phylogeny estimation using the metapopulation genetic algorithm and other stochastic heuristics. BMC Bioinformatics，11：379

Hendy M D，Penny D. 1982. Branch and bound algorithms to determine minimal evolutionary trees. Mathematical Biosciences，59（2）：277-290

Hendy M D，Penny D. 1989. A framework for the quantitative study of evolutionary trees. Syst Zool，38：297-309

Henikoff S，Henikoff J G. 1992. Amino acid substitution matrices from protein blocks. Proc Natl Acad Sci U S A，89：10915-10919

Hennig W. 1966. Phylogenetic Systematics.（English translation）. Urbana：University of Illinios Press

Herrnstadt C，Elson J L，Fahy E，et al. 2002. Reduced-median-network analysis of complete mitochondrial DNA coding-region sequences for the Major African，Asian，and European haplogroups. Am J Hum Genet，70：1152-1171

Hibbett D S，Nilsson R H，Snyder M，et al. 2005. Automated phylogenetic taxonomy：an example in the homobasidiomycetes（mushroom-forming fungi）. Syst Biol，54（4）：660-668

Hickson R E，Simon C，Perrey S W. 2000. The performance of several multiplel-sequence alignment programs in relation to secondary-structure features for an rRNA sequence. Mol Biol Evol，17（4）：530-539

Higgs P G. 2000. RNA secondary structure：physical and computational aspects. Q Rev Biophys. 33（3）：199-253

Hillis D M，Bull J J，White M E，et al. 1992. Experimental phylogenetics：generation of a known phylogeny. Science，255：589-592

Hillis D M，Bull J J. 1993. An empirical test of bootstrapping as a method for assessing confidence in phylogenetic analysis. Syst Biol，42（2）：182-192

Hillis D M，Huelsenbeck J P，Cunningham C W. 1994. Application and accuracy of molecular phylogenies. Science，264（5159）：671-677

Hillis D M，Huelsenbeck J P，Cunningham C W. 1994. Application and accuracy of molecular phylogenies. Science，264（5159）：671-677

Hillis D M，Huelsenbeck J P. 1992. Signal，noise，and reliability in molecular phylogenetic analyses. J Hered，83（3）：189-195

Hillis D M，Moritz C，Mable B. 1996. Molecular Systematics. 2nd Edition. Sunderland，Massachusetts. USA：Sinauer Associates，Inc

Hillis D M. 1991. Discriminating between phylogenetic signal and random noise in DNA sequences//Miyamoto M M，Cracraft J. Phylogenetic Analysis of DNA Sequences. New York：Oxford University Press：278-294

Hillis D M. 1996. Inferring complex phylogenies. Nature，383：130-131

Hipp A L，Hall J C，Sytsma K J. 2004. Congruence versus phylogenetic accuracy：revisiting the incongruence length difference test. Syst Biol，53（1）：81-89

Hodgson J A，Disotell T R. 2010. Anthropological genetics：inferring the history of our species through the analysis of DNA. Evo Edu Outreach，3：387-398

Holland B，Delsuc F，Moulton V. 2005. Visualizing conflicting evolutionary hypotheses in large collections of trees：using consensus networks to study the origins of placentals and hexapods. Syst Biol，54（1）：66-76

Holmes S. 2005. Statistical approach to tests involving phylogenies//Gascuel O. Mathematics of Evolution and Phylogeny. Oxford，UK：Oxford University Press：91-120

Hrdy I，Hirt R P，Dolezal P，et al. 2004. Trichomonas hydrogenosomes contain the NADH dehydrogenase module of mitochondrial complex I. Nature，432：618-622

Huchon D，Chevret P，Jordan U，et al. 2007. Multiple molecular evidences for a living mammalian fossil. Proc Natl Acad Sci USA，104：7495-7499

Hudson R R. 1990. Gene genealogies and the coalescent process. Oxford Surv Evol Biol，7：1-44

Huelsenbeck J P，Crandall K A. 1997. Phylogeny estimation and hypothesis testing using maximum likelihood. Annu Rev Ecol Syst，28：437-466

Huelsenbeck J P，Hillis D M，Nielsen R. 1996. A likelihoodratio test of monophyly. Syst Biol，45：546-558

Huelsenbeck J P，Larget B，Alfaro M. 2004. Bayesian phylogenetic model selection using reversible jump Markov chain Monte Carlo. Mol Biol Evol，21：1123-1133

Huelsenbeck J P，Larget B，Miller R E，et al. 2002. Potential applications and pitfalls of Bayesian inference of phylogeny. Syst Biol，51（5）：673-688

Huelsenbeck J P，Rannala B. 2004. Frequentist properties of Bayesian posterior probabilities of phylogenetic trees under simple and complex substitution models. Syst Biol，53（6）：904-913

Huelsenbeck J P，Ronquist F. 2001. MrBayes：Bayesian inference of phylogeny. Bioinformatics，17：754-755

Huelsenbeck J P. 1995. Performance of phylogenetic methods in simulation. Syst Biol，44（1）：17-48

Huson D H，Bryant D. 2006. Application of phylogenetic networks in evolutionary studies. Mol Biol Evol，23（2）：254-267

Huson D H，Kloepper T H. 2005. Computing recombination networks from binary sequences. Bioinformatics，21（Suppl 2）：ii159-165

Ina Y. 1998. Estimation of the transition/transversion ratio. J Mol Evol，46：521-528

Irwin D M，Kocher T D，Wilson AC. 1991. Evolution of the cytochrome b gene of mammals. J Mol Evol，32（2）：128-144

Iwabe N，Kuma K，Hasegawa M，et al. 1989. Evolutionary relationship of archaebacteria，eubacteria，and eukaryotes inferred from phylogenetic trees of duplicated genes. Proc Natl Acad Sci U S A，86（23）：9355-9359

Jablonski D. 1987. Heritability at the species level：analysis of geographic ranges of cretaceous mollusks. Science，238（4825）：360-363

Jefferies R P S. 1979. The origin of chordates：a methodological essay//House M R. The Origin of Major Invertebrate Groups Systematics Association Special. Vol. 12. London：Academic Press：443-447

Jeffroy O，Brinkmann H，Delsuc F，et al. 2006. Phylogenomics：the beginning of incongruence? Trends Genet，22（4）：225-231

Jenner R A，Littlewood D T. 2008. Problematica old and new. Philos Trans R Soc Lond B Biol Sci，363（1496）：1503-1512

Jermiin L S，Ho J W K，Ababneh F，et al. 2004. The biasing effect of compositional heterogeneity on phylogenetic estimates may be underestimated. Syst Biol，53（4）：638-643

Jin L，Nei M. 1990. Limitations of the evolutionary parsimony method of phylogenetic analysis. Mol Biol Evol，7（1）：82-102

Jobb G. 2005. TREEFINDER. Available via www. treefinder. de

Johnson J B，Omland K S. 2003. Model selection in ecology and evolution. Tree，19：101-108

Johnson K P，Drown D M，Clayton D H. 2001. A data based parsimony method of cophylogenetic analysis. Zoologica Scripta，30（2）：79-87

Johnson K P. 2001. Taxon sampling and the phylogenetic position of Passeriformes：evidence from 916 avian cytochrome b sequences. Syst Biol，50（1）：128-136

Joly S，Bruneau A. 2006. Incorporating allelic variation for reconstructing the evolutionary history of organisms from multiple genes：an example from Rosa in North America. Syst Biol，55（4）：623-636

Jones D T，Taylor W R，Thornton J M. 1992. The rapid generation of mutation data matrices from protein sequences. Comp Appl Biosci，8：275-282

Jordan S，Simon C，Polhemus D，2003. Molecular systematics and adaptive radiation of Hawaii's Endemic damselfly genus megalagrion（Odonata：Coenagrionidae）. Syst Biol，52（1）：89-109

Jow H，Hudelot C，Rattray M，et al. 2002. Bayesian phylogenetics using an RNA substitution model applied to early mammalian evolution. Mol Biol Evol，19：1591-1601

Jukes T H, Cantor C R. 1969. Evolution of protein molecules. *In*: Munro H N. Mammalian protein metabolism, II. New York: Academic Press: 21

Jukes T H, Cantor C R. 1969. Evolution of protein molecules//Munro H N. Mammalian Protein Metabolism. New York: Academic Press: 21-123

Kashyap R L, Subas S. 1974. Statistical estimation of parameters in a phylogenetic tree using a dynamic model of the substitutional process. J Theor Biol, 47 (1): 75-101

Katoh K, Kuma K, Toh H, et al. 2005. MAFFT version 5: improvement in accuracy of multiple sequence alignment. Nucleic Acids Res, 33 (2): 511-518

Katoh K, Misawa K, Kuma K, et al. 2002. MAFFT: a novel method for rapid multiple sequence alignment based on fast Fourier transform. Nuc Acids Res, 30 (14): 3059-3066

Katoh K, Toh H. 2008. Recent developments in the MAFFT multiple sequence alignment program. Brief Bioinform, 9 (4): 286-298

Kidd K K, Sgaramella-Zonta L A. 1971. Phylogenetic analysis: concepts and methods. Am J Hum Genet, 23 (3): 235-252

Kim J. 1996. General inconsistency conditions for maximum parsimony: effects of branch lengths and increasing numbers of taxa. Syst Biol, 45: 363-374

Kimura M. 1968. Evolutionary rate at the molecular level. Nature, 217 (5129): 624-626

Kimura M. 1980. A simple model for estimating evolutionary rates of base substitiutions through comparative studies of nucleotide sequences. J Mol Evol, 16: 111-120

Kimura M. 1981. Estimation of evolutionary distances between homologous nucleotide sequences. Proc Natl Acad Sci USA, 78: 454-458

Kishino H, Miyata T, Hasegawa M. 1990. Maximum likelihood inference of protein phylogeny and the origin of chloroplasts. J Mol Evol, 30: 151-160

Kishino H, Thorne J L, Bruno W J. 2001. Performance of a divergence time estimation method under a probabilistic model of rate evolution. Mol Biol Evol, 18 (3): 352-361

Kishno H, Hasegawa M. 1989. Evaluation of the maximum likelihood estimate of the evolutionary tree topologies from DNA sequence data, and the branching order in Hominoidea. J Mol Evol, 29: 170-179

Kjer K M, Swigonova Z, LaPolla J S, et al. 2007. Why weight? Molecular Phylogenetics and Evolution, 43: 999-1004

Kllersjö M, Farris J S, Kluge A G, et al. 1992. Skewness and permutation. Cladistics, 8: 275-287

Klotz L C, Blanken R L. 1981. A practical method for calculating evolutionary trees from sequence data. J Theor Biol. 91: 261-272

Kluge A G, Farris J S. 1969. Quantitative phyletics and the evolution of anurans. Syst Biol, 18 (1): 1-32

Knight A, Mindell D P. 1993. Substitution bias, weighting of DNA sequence evolution, and the phylogenetic position of Fea' s viper. Syst Biol, 42: 18-31

Kosiol C, Bofkin L, Whelan S. 2006. Phylogenetics by likelihood: evolutionary modeling as a tool for understanding the genome. J Biomed Inform, 39 (1): 51-61

Kosiol C, Goldman N. 2005. Different versions of the dayhoff rate matrix. Mol Biol Evol, 22: 193-199

Kumar S, Filipski A, 2007. Multiple sequence alignment: in pursuit of homologous DNA positions. Genome Research, 17: 127-135

Kumar S, Gadagkar S R. 2001. Disparity index: a simple statistic to measure and test the homogeneity of substitution patterns between molecular sequences. Genetics, 158: 1321-1327

Kumar S. 1996. A stepwise algorithm for finding minimum evolution trees. Mol Biol Evol, 13: 584-593

Kunin V, Goldovsky L, Darzentas N, et al. 2005. The net of life: reconstructing the microbial phylogenetic network. Genome Res, 15: 954-959

Källersjö M J S, Farris M W, Chase B, et al. 1998 Simultaneous parsimony jackknife analysis of 2538 *rbcL* DNA sequences reveals support for major clades of green plants, land plants, seed plants and flowering plants. Plant Systematics and Evolution, 213: 259-287

Lake J A. 1994. Reconstructing evolutionary trees from DNA and protein sequences: paralinear distances. Proc Natl Acad Sci USA, 91: 1455-1459

Lanyon S M. 1985. Detecting internal inconsistencies in distance data. Syst Biol, 34 (4): 397-403

Larget B, Simon DL. 1999. Markov chain Monte Carlo algorithms for the Bayesian analysis of phylogenetic trees. Mol Biol Evol, 16: 750-759

Lartillot N , Philippe H. 2004. A Bayesian mixture model for across-site heterogeneities in the amino acid replacement process. Mol Biol Evol, 21: 1095-1109

Lartillot N, et al. 2007. Suppressing long branch attraction artefacts in the animal phylogeny using a site-heterogeneous model. BMC Evol Biol, 7: S4

Le Quesne W J. 1974. The Uniquely evolved character concept and its cladistic application. Syst Biol, 23 (4): 513-517

Le S Q, Gascuel O. 2008. An improved general amino acid replacement matrix. Mol Biol Evol, 25: 1307-1320

Leaché A D, Reeder T W. 2002. Molecular systematics of the Eastern Fence Lizard (Sceloporus undulatus): a comparison of parsimony, likelihood, and Bayesian approaches. Syst Biol, 51 (1): 44-68

Lee M S, Hugall A F. 2003. Partitioned likelihood support and the evaluation of data set conflict. Syst Biol, 52 (1): 15-22

Legendre P, Makarenkov V. 2002. Reconstruction of biogeographic and evolutionary networks using reticulograms. Syst Biol, 51 (2): 199-216

Lemey P, Salemi M, Vandamme A. 2009. The Phylogenetic Handbook: A Practical Approach to Phylogenetic Analysis and Hypothesis Testing. Cambridge: Cambridge University Press

Lemmon A R, Milinkovitch M C. 2002. The metapopulation genetic algorithm: an efficient solution for the problem of large phylogeny estimation. Proc Natl Acad Sci USA, 99 (16): 10516-10521

Letunic I, Bork P. 2007. Interactive Tree Of Life (iTOL): an online tool for phylogenetic tree display and annotation. Bioinformatics, 23 (1): 127-128

Lewis P O, Holder M T, Holsinger K E. 2005. Polytomies and Bayesian phylogenetic inference. Syst Biol, 54 (2): 241-253

Lewis P O. 1998. A genetic algorithm for maximum-likelihood phylogeny inference using nucleotide sequence data. Mol Biol Evol, 15 (3): 277-283

Lewis P O. 2001. A likelihood approach to estimating phylogeny from discrete morphological character data. Syst Biol, 50 (6): 913-925

Li S. 1996. Phylogenetic tree construction using Markov chain Monte Carlo. Ph. D. Dissertation, Ohio State Univ, Columbus

Li W H, Wu C I, Luo C C. 1985. A new method for estimating synonymous and nonsynonymous rates of nucleotide substitution considering the relative likelihood of nucleotide and codon changes. Mol Biol Evol, 2: 150-174

Li W H. 1981. Simple method for constructing phylogenetic trees from distance matrices. Proc Natl Acad Sci USA, 78: 1085-1089

Li W H. 1993. Unbiased estimation of the rates of synonymous and nonsynonymous substitution. J Mol Evol, 36: 96-99

Liu F G, Miyamoto M M, Freire N P, et al. 2001. Molecular and morphological supertrees for eutherian (placental) mammals. Science, 291 (5509): 1786-1789

Liu L, Pear D K, Brumfield R T, et al. 2008. Estimating species trees using multiple-allele DNA sequence data. Evolution, 62 (8): 2080-2091

Liu L, Pearl D K. 2007. Species trees from gene trees: reconstructing Bayesian posterior distributions of a species phylogeny using estimated gene tree distributions. Syst Biol, 56: 504-514

Liu L. 2008. BEST: Bayesian estimation of species trees under the coalescent model. Bioinformatics, 24: 2542-2543

Lockhart P J, et al. 1994. Recovering evolutionary trees under a more realistic model of sequence evolution. Mol Biol Evol, 11: 605-612

Lockhart P J, Steel M A, Hendy M D, et al. 1994. Recovering evolutionary trees under a more realistic model of sequence evolution. Mol Biol Evol, 11 (4): 605-612

Lundrigan B L, Jansa S A, Tucker P K. 2002. Phylogenetic relationships in the genus mus, based on paternally, maternally, and biparentally inherited characters. Syst Biol, 51 (3): 410-431

Luo A R, Qiao H J, Zhang Y Z, et al. 2010. Performance of criteria for selecting evolutionary models in phylogenetics: a comprehensive study based on simulated datasets. BMC Evolutionary Biology, 10: 242

Lyons-Weiler J, Hoelzer G A, Tausch R J. 1996. Relative apparent synapomorphy analysis (RASA) Ⅰ: the stastical measurement of phylogenetic signal. Mol Biol Evol, 13 (6): 749-757

Löytynoja A, Milinkovitch MC. 2003. A hidden Markov model for progressive multiple alignment. Bioinformatics, 19 (12), 1505-1513

Maddison D R, Schulz K S, Maddison W P. 2007. The tree of life web project. Zootaxa, 1668: 19-40

Maddison D R. 1991. The discovery and importance of multiple Islands of most-parsimonious trees. Syst Biol, 40 (3): 315-328

Maddison W P, Knowles L L. 2006. Inferring phylogeny despite incomplete lineage sorting. Syst Biol, 55 (1): 21-30

Maddison W P, Maddison D R. 1992. MacClade: Analysis of Phylogeny and Character Evolution. Sunderland, Massachusetts, USA: Sinauer Associates Inc

Maddison W P. 1989. Reconstructing character evolution on polytomous cladograms. Cladistics, 5: 365-377

Maddison W P. 1993. Missing data versus missing characters in phylogenetic analysis. Syst Biol, 42 (4): 576-581

Maddison W P. 1997. Gene trees in species trees. Syst Biol, 46: 523-536

Makarenkov V. 2001. T-REX: reconstructing and visualizing phylogenetic trees and reticulation networks. Bioinformatics, 17 (7): 664-668

Math. Programming, 9: 240-246

Mau B. 1996. Bayesian phylogenetic inference via Markov chain Monte Carlo methods. Ph. D. Dissertation, Univ. Wisconsin, Madison

Mayr E. 1969. Principles of systematic zoology. New York: McGraw-Hill

McGuire G, Denham M C, Balding D J. 2001. Models of sequence evolution for DNA sequences containing gaps. Mol Biol Evol, 18 (4): 481-490

McMahon M M, Sanderson M J. 2006. Phylogenetic supermatrix analysis of GenBank sequences from 2228 papilionoid legumes. Syst Biol, 55 (5): 818-836

Meier R, Kores P, Darwin S. 1991. Homoplasy slope ratio: a better measurement of observed homoplasy in cladistic analyses. Syst Zool, 40: 74-88

Merckx V, Chatrou L W, Lemaire B, et al. 2008. Diversification of myco-heterotrophic angiosperms: evidence from burmanniaceae. BMC Evol Biol, 8: 178

Meyer A. 1994. Shortcomings of the cytochrome b gene as a molecular marker. Trends Ecol Evol, 9 (8): 278-280

Mickevich M E, Farris J S. 1981. The implications of congruence in Menidia. Syst Zool, 30: 351-370

Mickevich M F, 1978. Taxonomic congruence. Syst Biol, 27 (2): 143-158

Minh B Q, et al. 2005. pIQPNNI: parallel reconstruction of large maximum likelihood phylogenies. Bioinformatics, 21: 3794-3796

Minin V, Abdo Z, Joyce P, et al. 2003. Performance-based selection of likelihood models for phylogeny estimation. Syst Biol, 52: 674-683

Miyamoto M M, Fitch W M. 1995. Testing species phylogenies and phylogenetic methods with congruence. Syst Biol, 44 (1): 64-76

Mooers A O, Heard S B. 1997. Inferring evolutionary process from phylogenetic tree shape. Q Rev Biol, 72 (1): 31-54

Mooers A O, Page R D M, Purvis A, et al. 1995. Phylogenetic noise leads to unbalanced cladistic tree reconstruction. Syst Biol, 44: 332-342

Morrison D A, Ellis J T. 1997. Effects of nucleotides sequence alignment on phylogeny estimation: a case study of 18S rDNA of apicomplexa. Mol Biol Evol, 14 (4): 428-441

Morrison D A. 2005. Networks in phylogenetic analysis: new tools for population biology. Int J Parasitol, 35 (5): 567-582

Mueller L D, Ayala F J. 1982. Estimation and interpretation of genetic distance in empirical studies. Genetical research, 40 (2): 127-137

Mugridge N B, Morrison D A, Jakel T, et al. 2000. Effects of sequence alignment and structural domains of ribosomal DNA on phylogeny reconstruction for the protozoan family Sarcocystidae. Mol Biol Evol, 17 (12): 1842-1853

Muller T, Vingron M. 2000. Modeling amino acid replacement. J Comput Biol, 7: 761-776

Muse S V, Gaut B S. 1994. A likelihood approach for comparing synonymous and nonsynonymous nucleotide substitution rates, with application to the chloroplast genome. Mol Biol Evol, 11 (5): 715-724

Muse S. 1995. Evolutionary analyses of DNA sequences subject to constraints on secondary structure. Genetics, 139: 1429-1439

Nakhleh L, Miranker D, Barbancon F, et al. 2003. Requirements of phylogenetic databases. //Third IEEE Symposium on BioInformat-ics and BioEngineering (BIBE'03): 141-148

Nee S, Holmes E C, May R M, et al. 1994a. Extinction rates can be estimated from molecular phylogenies. Philos Trans R Soc Ser B, 344: 77-82

Nee S, May R M, Harvey P H. 1994b. The reconstructed evolutionary process. Philos Trans R Soc Lond B Biol Sci, 344 (1309): 305-311

Nei M, Gojobori T. 1986. Simple methods for estimating the numbers of synonymous and nonsynonymous nucleotide substitutions. Mol Biol Evol, 3 (5): 418-426

Nei M, Kumar S, Takahashi K. 1995. The optimization principle in phylogenetic analysis tends to give incorrect topologies when the number of nucleotides or amino acids used is small. Proc Natl Acad Sci USA, 95 (21): 12390-12397

Nei M, Kumar S. 2000. Molecular Evolution and Phylogenetics. New York: Oxford University Press

Nei M. 1983. Genetic polymorphism and the role of mutation in evolution//Koehn P K, Nei M. Evolution of Genes and Proteins. Sunderland: Sinauer Assoc: 165-190

Nei M. 1991. Relative efficiencies of different tree-making methods for molecular data//Miyamoto MM, Cracraford J. Phylogenetic Analysis of DNA Sequence. New York: Oxford University Press: 90-128

Nesnidal M P, Helmkamp M, Bruchhaus I, et al. 2010. Compositional heterogeneity and phylogenomic inference of metazoan relationships. Mol Biol Evol, 27 (9): 2095-2104

Nickle D C, Heath L, Jensen M A, et al. 2007. HIV-specific probabilistic models of protein evolution. PLoS ONE, 2: e503

Nixon K. 1999. The parsimony ratchet, a new method for rapid parsimony analysis. Cladistics, 15: 407-414

Notredame C, Higgins D G, Heringa J. 2000. T-Coffee: a novel method for fast and accurate multiple sequence alignment. J Mol Biol, 302: 205-217

Novacek M J. 1992. Fossils, topologies, missing data, and the higher level phylogeny of eutherian mammals. Syst Biol, 41 (1): 58-73

Nylander J A A, Ronquist F, Huelsenbeck J P, et al. 2004. Bayesian phylogenetic analysis of combined data. Syst Biol, 53 (1): 47-67

Nylander J, Wilgenbusch J, Warren D. 2008. AWTY (are we there yet?): a system for graphical exploration of MCMC convergence in Bayesian phylogenetics. Bioinformatics, 24: 581-583

Olsen G J, Pracht S, Overbeek R. 1993. DNArates. http: //geta. life. uiuc. edu/gary/programs/DNArates. html

Olsen G J. 1987. Earliest phylogenetic branchings: comparing rRNA-based evolutionary trees inferred with various techniques. Cold Spring Harb Symp Quant Biol，52：825-837

Ota S，Li W H. 2000. NJML：a hybrid algorithm for the neighbor-joining and maximum-likelihood methods. Mol Biol Evol，17：1401-1409

Ota S，Li W H. 2001. NJML＋：an extension of the NJML method to handle protein sequence data and computer software implementation. Mol Biol Evol，18：1983-1992

Ott M，Zola J，Aluru S，et al. 2008. Large-scale phylogenetic analysis on current HPC architectures. Scientific Programming，16：255-270

Otu H H，Sayood K. 2003. A new sequence distance measure for phylogenetic tree construction. Bioinformatics，19 (16)：2122-2130

O'Sullivan O，Suhre K，Abergel C，et al. 2004. 3DCoffee：combining protein sequences and structures within multiple sequence alignments. J Mol Biol，340 (2)：385-395

Page R D M，Cotton J A. 2002. Vertebrate phylogenomics：reconciled trees and gene duplications. Pac Symp Biocomput：536-547

Page R D M，Holmes E C. 1998. Molecular Evolution：A Phylogenetic Approach. New York：Wiley-Blackwell

Page R D M. 1994. Maps between trees and cladistic analysis of historical associations among genes，organisms，and areas. Syst Biol，43：58-77

Page R D M. 2002. Tangled Trees：Phylogeny，Cospeciation，and Coevolution. Chicago：University Of Chicago Press

Page R D，Charleston M A. 1997. From gene to organismal phylogeny：reconciled trees and the gene tree/species tree problem. Mol Phylogenet Evol，7 (2)：231-240

Page R D，Charleston M A. 1999. Comments on Allard and Carpenter (1996)，or the "Aquatic Ape" hypothesis revisited. Cladistics，15：73-74

Pagel M，Meade A. 2004. A phylogenetic mixture model for detecting pattern-heterogeneity in gene sequence or character-state data. Syst Biol，53 (4)：571-581

Pagel M，Meade A. 2008. Modelling heterotachy in phylogenetic inference by reversible-jump Markov chain Monte Carlo. Philos Trans R Soc Lond B Biol Sci，363 (1512)：3955-3964

Patterson C. 1982. Morphological characters and homology//Joysey K A，Friday A E. Problems of phylogenetic reconstruction. 442. London and New York：Academic Press：21-74

Patterson C. 1988. Homology in classical and molecular biology. Mol Biol Evol，5 (6)：603-625

Pavlopoulos G A，Soldatos T G，Barbosa-Silva A，et al. 2010. A reference guide for tree analysis and visualization. BioData Mining，3：1 doi：10.1186/1756-0381-3-1

Pennisi E. 2001. Preparing the ground for a modern 'tree of life'. Science，293：1979-1980

Penny D，Hendy M D. 1985. The use of tree comparison metrics. Syst Zool，34：75-82

Penny D，Hendy M D. 1986. Estimating the reliability of evolutionary trees. Mol Biol Evol，3：403-417

Philippe H，Chenuil A，Adoutte A. 1994. Can the cambrian explosion be inferred through molecular phylogeny? Development，120：S15-S25

Phillips M J，Delsuc F，Penny D. 2004. Genome-scale phylogeny and the detection of systematic biases. Mol Biol Evol，21：1455-1458

Pickett K M，Randle C P. 2005. Strange bayes indeed：uniform topological priors imply non-uniform clade priors. Mol Phylogenet Evol，34 (1)：203-211

Piel W H，Donoghue M，Sanderson M J. 2000. TreeBASE：A Database of Phylogenetic Information. Tsukuba，Japan：Proceedings of the International Joint Workshop for Studies on Biodiversity

Piel W H，Sanderson M J，Donoghue M J. 2003. The small-world dynamics of tree networks and data mining in phyloinformatics. Bioinformatics，19 (9)：1162-1168

Pina-Martins F，Paulo O S. 2008. Concatenator：Sequence Data Matrices Handling Made Easy. Molecular Ecology Resources，8：1254-1255

Pollock D B, Goldstein D D. 1995. A comparison of two methods for reconstructing evolutionary distances from a weighted contribution of transition and transversion differences. Mol Biol Evol, 12: 713-717

Pollock D D. 2002. Genomic biodiversity, phylogenetics, and coevolution in proteins. Applied Bioinformatics, 1 (2): 81-92

Posada D, Buckley T R. 2004. Model selection and model averaging in phylogenetics: advantages of AIC and Bayesian approaches over likelihood ratio tests. Systematic Biology, 53: 793-808

Posada D, Crandall K A. 1998. ModelTest: testing the model of DNA substitution. Bioinformatics, 14: 817-818

Posada D, Crandall K A. 2001. Intraspecific gene genealogies: trees grafting into networks. Trends in Ecology and Evolution, 16 (1): 37-45

Posada, D. 2003. Using Modeltest and PAUP * to select a model of nucleotide substitution//Baxevanis A D, et al. Current Protocols in Bioinformatics. New York: John Wiley & Sons, Inc: 6. 5. 1-6. 5. 14

Procter J B, Thompson J, Letunic I, et al. 2010. Visualization of multiple alignments, phylogenies and gene family evolution. Nat Methods, 7 (3 Suppl): S16-25

Pupko T, Bell R E, Mayrose I, et al. 2002. Rate4Site: an algorithmic tool for the identification of functional regions in proteins by surface mapping of evolutionary determinants within their homologues. Bioinformatics, 18 (Suppl 1): S71-77

Purvis A, Agapow P M. 2002. Phylogeny imbalance: taxonomic level matters. Syst Biol, 51 (6): 844-854

Purvis A, Bromham L. 1997. Estimating the transition/transversion ratio from independent pairwise comparisons with an assumed phylogeny. J Mol Evol, 44 (1): 112-119

Purvis A, Katzourakis A, Agapow P M. 2002. Evaluating phylogenetic tree shape: two modifications to Fusco and Cronk' s method. J Theor Biol, 214: 99-103

Purvis A. 1995a. A composite estimate of primate phylogeny. Philos Trans R Soc London Ser B, 348: 405-421

Purvis A. 1995b. A modification to Baum and Ragan' s method for combining phylogenetic trees. Syst Biol, 44: 251-255

Pybus O G, Harvey P H. 2000. Testing macro-evolutionary models using incomplete molecular phylogenies. Proc Biol Sci, 267 (1459): 2267-2272

Pérez-Losada M, Porter M L, Tazi L, et al. 2007. New methods for inferring population dynamics from microbial sequences. Infection, Genetics and Evolution, 7 (1): 24-43

Quang L S, Gascuel O, Lartillot N. 2008. Empirical profile mixture models for phylogenetic reconstruction. Bioinformatics, 24 (20): 2317-2323

Raftery A. 1996. Hypothesis testing and model selection//Gilks W R, Richardson S, Spiegelhalter D J. Markov Chain Monte Carlo in Practice. New York: Chapman and Hall: 163-187

Ragan M A. 1992. Phylogenetic inference based on matrix representation of trees. Mol Phylogenet Evol, 1: 53-58

Rambaut A, Drummond A J. 2007. Tracer v1. 4. http: //beast. bio. ed. ac. uk/Tracer

Rambaut A, Grassly N C. 1997. Seq-Gen: an application for the Monte Carlo simulation of DNA sequence evolution along phylogenetic trees. Comput Appl Biosci, 13 (3): 235-238

Ramírez M J. 2006. Further problems with the incongruence length difference test: hypercongruence effect and multiple comparisons. Cladistics, 22 (3): 289-295

Rannala B, Yang Z. 1996. Probability distribution of molecular evolutionary trees: a new method of phylogenetic inference. J Mol Evol, 43: 304-311

Raphael B, Zhi D G, Tang H X, et al. 2004. A novel method for multiple alignment of sequences with repeated and shuffled elements. Genome Res, 14: 2336-2346

Rasmussen M D, Kellis M. 2007. Accurate gene-tree reconstruction by learning gene-and species-specific substitution rates across multiple complete genomes. Genome Res, 17 (12): 1932-1942

Raup D M, Gould S J, Schopf T J M, et al. 1973. Stochastic models of phylogeny and the evolution of diversity. J GeoL, 81: 525-542

Rausch T, Reinert K. 2011. Practical multiple sequence alignment//Heath LS, Ramakrishnan N. Problem Solving Handbook in Computational Biology and Bioinformatics. Business Media: Springer Science: 21-43

Redelings B, Suchard M. 2005. Joint Bayesian estimation of alignment and phylogeny. Syst Biol, 54: 401-418

Reed R D, Sperling F A. 1999. Interaction of process partitions in phylogenetic analysis: an example from the swallowtail butterfly genus Papilio. Mol Biol Evol, 16 (2): 286-297

Reeder T W. 2003. A phylogeny of the Australian Sphenomorphus group (Scincidae: Squamata) and the phylogenetic placement of the crocodile skinks (Tribolonotus): Bayesian approaches to assessing congruence and obtaining confidence in maximum likelihood inferred relationships. Mol Phylo and Evol, 27: 384-397

Reeves J H. 1992. Heterogeneity in the substitution process of amino acid sites of proteins coded for by mitochondrial DNA. J Mol Evol, 35: 17-31

Rice K A, Donoghue M J, Olmstead R G. 1997. Analyzing large data sets: *rbcL* 500 revisited. Syst Biol, 46 (3): 554-563

Rivera M C, Lake J A. 2004. The ring of life provides evidence for a genome fusion origin of eukaryotes. Nature, 431 (7005): 152-155

Rodrigo A G., Kelly-Borges M, Bergquist, P R, et al. 1993. A randomization test of the null hypothesis that two cladograms are sample estimates of a parametric phylogenetic tree. N Z J Bot, 31: 257-268

Rokas A, Carroll S B, 2006. Bushes in the tree of life. PLoS Biol, 4 (11): e352. DOI: 10.1371/journal. pbio. 0040352

Rokas A, Holland P W H. 2000. Rare genomic changes as a tool for phylogenetics. Trends Ecol Evol, 15: 454-459

Rokas A, King N, Finnerty J, et al. 2003a. Conflicting phylogenetic signals at the base of the metazoan tree. Evolution and Development, 5 (4): 346-359

Rokas A, Williams B L, King N, et al. 2003b. Genome-scale approaches to resolving incongruence in molecular phylogenies. Nature, 425 (6960): 798-804

Ronquist F, Huelsenbeck J P. 2003. MrBayes3: Bayesian phylogenetic inference under mixed models. Bioinformatics, 19: 1572-1574

Ronquist F. 1996. Matrix representation of trees, redundancy, and weighting. Syst Biol, 45: 247-253

Ronquist F. 1998. Fast Fitch-parsimony algorithms for large data sets. Cladistics, 14: 387-400

Rota-Stabelli O, Telford M J. 2008. A multi criterion approach for the selection of optimal outgroups in phylogeny: recovering some support for Mandibulata over Myriochelata using mitogenomics. Mol Phylogenet Evol, 48: 103-111

Russo C A, Takezaki N, Nei M. 1996. Efficiencies of different genes and different tree-building methods in recovering a known vertebrate phylogeny. Mol Biol Evol, 13 (3): 525-536

Rzhetsky A, Nei M. 1992. A simple method for estimating and testing minimumevolution trees. Mol Biol Evol, 9: 945-967

Rzhetsky A, Nei M. 1993. Theoretical foundation of the minimum-evolution method of phylogenetic inference. Mol Biol Evol, 10 (5): 1073-1095

Saitou N, Imanishi T. 1989. Relative efficiencies of the Fitch-Margoliash, maximum-parsimony, maximum-likelihood, minimum-evolution, and neighbor-joining methods of phylogenetic tree construction in obtaining the correct tree. Mol Biol Evol, 6: 514-525

Saitou N, Nei M. 1986. The number of nucleotides required to determine the branching order of three species with special reference to the human-chimpanzee-gorilla divergence. J Mol Evol, 24: 189-204

Saitou N, Nei M. 1987. The neighbor-joining method: a new method for reconstructing phylogenetic trees. Mol Biol Evol, 4: 406-425

Salamin N, Hodkinson T R, Savolainen V. 2002. Building supertrees: an empirical assessment using the grass family (Poaceae). Syst Biol, 51: 134-150

Saltelli A, Scott E M, Chen K. 2000. Sensitivity Analysis. Chichester: Wiley

Salter L A, Pearl D K. 2001. Stochastic search strategy for estimation of maximum likelihood phylogenetic trees. Syst Biol, 50 (1): 7-17

Sanderson M J, Donoghue M J. 1989. Paterns of variationin levels of homoplasy. Evolution, 43: 1781-1795

Sanderson M J, Driskell A C. 2003. The challenge of constructing large phylogenetic trees. Trends Plant Sci, 8 (8): 374-379

Sanderson M J, Shaffer H B. 2002. Troubleshooting molecular phylogenetic analyses. Annu Rev Ecol Syst, 33: 49-72

Sanderson M J. 1997. A nonparametric approach to estimating divergence times in the absence of rate constancy. Mol Biol Evol, 14: 1218-1231

Sanderson M J. 2002. Estimating absolute rates of molecular evolution and divergence times: a penalized likelihood approach. Mol Biol Evol, 19 (1): 101-109

Sanderson M J. 2006. Paloverde: an OpenGL 3D phylogeny browser. Bioinformatics, 22 (8): 1004-1006

Sankoff D, Cedergren R. 1983. Simultaneous comparison of three or more sequences related by a tree//Sankoff D, Kruskel J B. Time Warps, String Edits, and Macromolecules: the Theory and Practices of Sequence Comparison. Reading: Addison-Wesley: 253-263

Sankoff D, Rousseau P. 1975. Locating the vertices of a Steiner tree in an arbitrary metric space

Sankoff D. 1975. Minimal mutation trees of sequences. SIAM J Appl Math, 28: 35-42

Sattath S, Tversky A. 1977. Additive similarity trees. Psychometrika, 42: 319-345

Savill N J, Hoyle D C, Higgs P G. 2001. RNA sequence evolution with secondary structure constraints: comparison of substitution rate models using maximum-likelihood methods. Genetics, 157 (1): 399-411

Savolainen V, Heard S B, Powell M P, et al. 2002. Is cladogenesis heritable? Syst Biol, 51 (6): 835-843

Schmidt H A, Strimmer K, Vingron M, et al. 2002. TREE-PUZZLE: maximum likelihood phylogenetic analysis using quartets and parallel computing. Bioinformatics, 18 (3): 502-504

Schoniger M, von Haeseler A. 1994. A stochastic model and the evolution of autocorrelated DNA sequences. Mol Phylogenet Evol, 3: 240-247

Schwartz R M, Dayhoff M O. 1978. Origins of prokaryotes, eukaryotes, mitochondria, and chloroplasts. Science, 199 (4327): 395-403

Scotland R W. 2010. Deep homology: a view from systematics. Bioessays, 32 (5): 438-449

Semple C, Steel M. 2000. A supertree method for rooted tree. Discrete Applied Mathematics, 105 (1-3): 147-158

Semple C, Steel S. 2003. Phylogenetics. New York: Oxford University Press

Sennblad B, Bremer B. 2000. Is there a justification for differential a priori weighting in coding sequences? A case study from rbcL and Apocynaceae s. l. Syst Biol, 49 (1): 101-113

Sepkoski J J Jr. 1996. Patterns of Phanerozoic extinctions: a perspective from global databases//Walliser O H. Global Events and Event Stratigraphy. Berlin: Springer: 35-52

Sepkoski J J. 1982. Mass extinctions in the Phanerozoic oceans—a review//Geological Implications of Impacts of Large Asteroids and Comets on the Earth (A84-25651 10-42) . Boulder, CO, Geological Society of America: 283-289

Shao K, Sokal R R. 1990. Tree balance. Syst Zool, 39: 266-276

Shimodaira H, Hasegawa M. 1999. Multiple comparisons of log-likelihoods with applications to phylogenetic inference. Mol Biol Evol, 16: 1114-1116

Shimodaira H, Hasegawa M. 2001. CONSEL: for assessing the confidence of phylogenetic tree selection. Bioinformatics, 17 (12): 1246-1247

Shimodaira H. 1993. A model search technique based on confidence set and map of models. Proc Inst Stat Math, 41: 131-147

Shimodaira H. 1998. An application of multiple comparison techniques to model selection. Ann Inst Stat Math, 50: 1-13

Shimodaira H. 2002. An approximately unbiased test of phylogenetic tree selection. Syst Biol, 51 (3): 492-508

Siddall M E. 1997. Prior agreement: arbitration or arbitrary? Syst Biol, 46 (4): 765-769

Siddall M E. 1998. Success of parsimony in the four-taxon case: long-branch repulsion by likelihood in the Farris zone. Cladistics，14：209-220

Siddall M E. 2001. Computer-Intensive Randomization in Systematics Cladistics，17（1）：S35-S52

Simmons M P，Carr T G，O'Neill K. 2004. Relative character-state space，amount of potential phylogenetic information，and heterogeneity of nucleotide and amino acid characters. Mol Phyl Evol，32：913-926

Simmons M P，Ochoterena H，Carr T G. 2001. Incorporation，relative homoplasy，and effect of gap characters in sequence-based phylogenetic analyses. Syst Biol，50（3）：454-462

Simmons M P，Randle C P，Freudenstein J V，et al. 2002. Limitations of relative apparent synapomorphy analysis（RASA）for measuring phylogenetic signal. Mol Biol Evol，19（1）：14-23

Simon C，Beckenbach A，Liu H，et al. 1994. Evolution，weighting，and phylogenetic utility of mitochondrial gene sequences and a compilation of conserved polymerase chain reaction primers. Annals Entomol Soc America，87：651-701

Slowinski J B，2001. Molecular polytomies. Mol Phylo Evol，19（1）：114-120

Slowinski J B，Guyer C. 1989. Testing the stochasticity of patterns of organismal diversity—an improved null model. American Naturalist，134：907-921

Slowinski J B，Knight A，Rooney A P. 1997. Inferring species trees from gene trees：a phylogenetic analysis of the Elapidae（Serpentes）based on the amino acid sequences of venom proteins. Mol Phylogenet Evol，8：349-362

Smith A B. 1989. RNA sequence data in phylogenetic reconstruction：testing the limits of its resolution. Cladistics，5：321-344

Smith A D，Lui T W H，Tillier E M. 2004. Empirical models for substitution in ribosomal RNA. Molecular Biology and Evolution，21（3）：419-427

Sneath P H A，Sokal R R. 1972. Numerical Taxonomy：The Principles and Practice of Numerical Classification. San Francisco：Freeman Xvi：573

Sneath P H A. 1975. Cladistic Representation of Reticulate Evolution Syst Biol，24（3）：360-368

Soltis D E，et al. 1997. Angiosperm phylogeny inferred from 18S ribosomal DNA sequences. Annals of the Missouri Botanical Garden，84：1-49

Sota T，Sasabe M. 2006. Utility of nuclear allele networks for the analysis of closely related species in the genus carabus，subgenus ohomopterus. Syst Biol，55（2）：329-344

Sourdis J，Nei M. 1988. Relative efficiencies of the maximum parsimony and distance matrix methods in obtaining the correct phylogenetic tree. Mol Biol Evol，5：298-311

Springer M S，Douzery E. 1996. Secondary structure and patterns of evolution among mammalian mitochondrial 12S rRNA molecules. J Mol Evol，43：357-373

Springer M S，Hollar L J，Burk A. 1995. Compensatory substitutions and the evolution of the mitochondrial 12S rRNA gene in mammals. Mol Biol Evol，12（6）：1138-1150

Stam E. 2002. Does imbalance in phylogenies reflect only bias? Evolution，56（6）：1292-1295

Stamatakis A. 2005. An efficient program for phylogenetic inference using simulated annealing. Proceedings of the 19th IEEE International Parallel and Distributed Processing Symposium（IPDPS'05）-Workshop 7 -Volume 08，IEEE Computer Society Washington，DC，USA

Stamatakis A. 2005. RAxML-III：a fast program for maximum likelihood-based inference of large phylogenetic trees. Bioinformatics，21：456-463

Steel M，Penny D. 2000. Parsimony，likelihood，and the role of models in molecular phylogenetics. Mol Biol Evol，17（6）：839-850

Steel M. 1992. The complexity of reconstructing trees from qualitative characters and subtrees. J Classif，9：91-116

Stewart C A，Hart D，Berry D K，et al. 2001. Parallel implementation and performance of fastDNAmlaprogram for maximum likelihood phylogenetic inference. Presented at SC2001，Denver

Stone J，Repka J. 1998. Using a nonrecursive formula to determine cladogram probabilities. Syst Biol，47：617-624

Strandberg A K K，Salter L A. 2004. Comparison of methods for estimating the transition：transversion ratio from

DNA sequences. Mol Phylog Evol，32：495-503

Strimmer K，Rambaut A. 2001. Inferring confidence sets of possible misspecified gene trees. Proc R Soc London B，269：137-142

Strimmer K，Rambaut A. 2002. Inferring confidence sets of possibly misspecified gene trees. Proc Biol Sci，269（1487）：137-142

Strimmer K，von Haeseler A. 1996. Quartet puzzling：a quartet maximum-likelihood method for reconstructing tree topologies. Mol Biol Evol，13（7）：964-969

Strimmer K，von Haeseler A. 1997. Likelihood-mapping：a simple method to visualize phylogenetic content of a sequence alignment. Proc Natl Acad Sci USA，94：6815-6819

Struck T H，Purschke G，Halanych K M. 2006. Phylogeny of Eunicida（Annelida）and exploring data congruence using a partition addition bootstrap alternation（PABA）approach. Systematic Biology，55：1-20

Suchard M A，Redelings B D. 2006. BAli-Phy：simultaneous Bayesian inference of alignment and phylogeny. Bioinformatics，22：2047-2048

Sullivan J，Joyce P. 2005. Model selection in phylogenetics. Annual Review of Ecology，Evolution and Systematics，36：445-466

Sullivan J，Swofford D L. 1997. Are guinea pigs rodents? the importance of adequate models in molecular phylogenetics. J Mammal Evol，4：77-86

Swofford D L，2000，PAUP*：Phylogenetic Analysis Using Parsimony（* and other methods），Version 4.0. Sunderland，MA：Sinauer

Swofford D L，Maddison W P. 1987. Reconstructing ancestral character states under Wagner parsimony. Mathematical Biosciences，87：199-229

Swofford D L，Olsen G J，Waddell P J，et al. 1996. Phylogenetic inference//Hillis D M，Moritz C，Mable B. Molecular Systematics. 2nd edition. Sunderland，Mass：Sinauer Associates：407-514

Swofford D L，Olsen G J. 1990. Phylogeny reconstruction//Hillis D M，Moritz C. Molecular Systematics，Sunderland：Sinauer Associates，Inc.，Publishers：411-501

Swofford D L. 1990，PAUP：Phylogenetic Analysis Using Parsimony，ver. 3.0. Illinois Natl. Hist. Surv. Champaign，IL

Swofford D L. 1991. When are phylogeny estimates from molecular and morphological data incongruent？//Miyamoto M M，Cracraft J. Phylogenetic Analysis of DNA Sequences. Oxford University Press：295-333

Swofford D L. 1998. PAUP*：Phylogenetic Analysis Using Parsimony（* and other methods）. Version 4.0b10a. Sunderland，Mass：Sinauer Associates

Tajima F，Nei M. 1984. Estimation of evolutionary distance between nucleotide sequences. Mol Biol Evol，1（3）：269-285

Tajima F. 1983. Evolutionary relationship of DNA sequences in finite populations. Genetics，105：437-460

Tamura K，Nei M，Kumar S. 2004. Prospects for inferring very large phylogenies by using the neighbor-joining method. Proc Natl Acad Sci U S A，101：11030-11035

Tamura K，Nei M. 1993. Estimation of the number of nucleotide substitutions in the control region of mitochondrial DNA in humans and chimpanzees. Mol Biol Evol，10（3）：512-526

Tamura K. 1992. Estimation of the number of nucleotide substitutions when there are strong transition-transversion and G+C-content biases. Mol Biol Evol，9：678-687

Tarrío R，Rodríguez-Trelles F，Ayala F J. 2000. Tree rooting with outgroups when they differ in their nucleotide composition from the ingroup：the drosophila saltans and willistoni groups，a case study. Mol Phylogenet Evol，16（3）：344-349

Tatena Y，Nei M，Tajima F. 1982. Accuracy of estimated phylogenetic trees from molecular data. I. distantly related species. J Mol Evol，L8：387-404

Tateno Y，Takezaki N，Nei M. 1994. Relative efficiencies of the maximum-likelihood，neighbor-joining，and maximum-parsimony methods when substitution rate varies with site. Mol Biol Evol，11：261-277

Tavaré S. 1986. Some probabilistic and statistical problems on the analysis of DNA sequences. Lectures in Mathematics in the Life Sciences，17：57-86

Templeton A R. 1983. Convergent evolution and nonparametric inferences from restriction data and DNA sequences//Weir B S. Statistical Analysis of DNA Sequence Data. New York，NY：Marcel Decker：151-179

Templeton A R. 1983. Phylogenetic inference from restriction endonuclease cleavage site maps with particular reference to the evolution of human and the apes. Evolution，37：221-244

Thompson E A. 1975. Human evolutionary trees. Cambridge：Cambridge University Press

Thompson J，Higgins D，Gibson T. 1994. ClustalW：improving the sensitivity of progressive multiple sequence alignment through sequence weighting，position-specific gap penalties and weight matrix choice. Nucl Acids Res，22：4673-4680

Thorne J L，Goldman N. 2003. Probabilistic models for the study of protein evolution//Balding M B，Cannings C. Handbook of Statistical Genetics. Chichester，England：John Wiley and Sons，Ltd：209-226

Thorne J L，Kishino H，Felsenstein J. 1991. An evolutionary model for maximum likelihood alignment of DNA sequences. J Mol Evol，33（2）：114-124

Thorne J L，Kishino H，Felsenstein J. 1992. Inching toward reality：an improved likelihood model of sequence evolution. J Mol Evol，34（1）：3-16

Tillier E R M，Collins R A. 1995. Neighbour joining and maximum likelihood with RNA sequences：addressing the interdependence of sites. Mol Biol Evol，12：7-15

Tillier E R，Collins R A. 1998. High apparent rate of simultaneous compensatory base-pair substitutions in ribosomal RNA. Genetics，148（4）：1993-2002

Titus T A，Frost D R. 1996. Molecular homology assessment and phylogeny in the lizard family opluridae（Squamata：Iguania）. Mol Phylogenet Evol，6（1）：49-62

Townsend J P. 2007. Profiling phylogenetic informativeness. Syst Biol，56（2）：222-231

Townsend T M，Vieites D R，Glaw F，et al. 2009. Testing species-level diversification hypotheses in madagascar：the case of microendemic brookesia leaf chameleons. Syst Biol，58（6）：641-656

Ulitsky I，Burstein D，Tuller T，et al. 2006. The average common substring approach to phylogenomic reconstruction. J Comput Biol，13（2）：336-350

Uzzell T，Corbin K W. 1971. Fitting discrete probability distributions to evolutionary events. Science，172（3988）：1089-1096

Vaidya G，Lohman D J，Meier R. 2011. SequenceMatrix：concatenation software for the fast assembly of multi-gene datasets with character set and codon information. Cladistics，27（2）：171-180

Van de Peer Y，De Wachter R. 1994. TREECON for Windows：a software package for the construction and drawing of evolutionary trees for the Microsoft Windows environment. Comput Appl Biosci，10（5）：569-570

van Helden J. 2004. Metrics for comparing regulatory sequences on the basis of pattern counts. Bioinformatics，20（3）：399-406

Vinga S，Gouveia-Oliveira R，Almeida J S. 2004. Comparative evaluation of word composition distances for the recognition of SCOP relationships. Bioinformatics，20（2）：206-215

Vogler A P，Cardoso A，Barraclough T G. 2005. Exploring rate variation among and within sites in a densely sampled tree：species level phylogenetics of North American tiger beetles（genus Cicindela）. Syst Biol，54：4-20

Wakeley J. 1994. Substitution rate variation among sites and the estimation of transition bias. Mol Biol Evol，11：436-442

Wakeley J. 1996. The excess of transitions among nucleotide substitutions：new methods of estimating transition bias underscore its significance. Tree，11：158-163

Waterhouse R M，Kriventseva E V，Zdobnov E M. 2009. Comparative genome analysis//Appel R D. Feytmans E Bioinformatics：A Swiss Perspective. World Scientific：33-58

Wei H，Qi J，Hao B. 2004. Prokaryote phylogeny based on ribosomal proteins and aminoacyl tRNA synthetases by using the compositional distance approach. Sci China C Life Sci，47（4）：313-321

Wheeler D L，Church D M，Edgar R，et al. 2004. Database resources of the national center for biotechnology information：update. Nucleic Acids Research，32：35-40

Wheeler W C，Honeycutt R L. 1988. Paired sequence difference in ribosomal RNAs：evolutionary and phylogenetic implications. Mol Biol Evol，5：90-96

Wheeler W C. 1995. Sequence alignment，parameter sensitivity，and the phylogenetic analysis of molecular data. Syst Biol，44（3）：321-331

Wheeler W C. 1996. Optimization alignment：the end of multiple sequence alignment in phylogenetics? Cladistics，12：1-9

Wheeler W C. 2003. Iterative pass optimization of sequence data. Cladistics，19：254-260

Whelan S，Goldman N. 2001. A general empirical model of protein evolution derived from multiple protein families using a maximum-likelihood approach. Mol Biol Evol，18（5）：691-699

Whiting M F，Bradler S，Maxwell T. 2003. Loss and recovery of wings in stick insects. Nature，421（6920）：264-267

Whiting M F，Wheeler W C. 1994. Insect homeotic transforma tion. Nature，368：696

Wiegmann B M，Trautwein M D，kim JW，et al. 2009. Single-copy nuclear genes resolve the phylogeny of the holometabolous insects. BMC Biology，7：34

Wiens J J. 1995. Polymorphic characters in phylogenetic systematics. Syst Biol，44（4）：482-500

Wiens J J. 1998. Combining data sets with different phylogenetic histories. Syst Biol，47（4）：568-581

Wiens J J. 2006. Missing data and the design of phylogenetic analyses. J Biomed Inform，39（1）：34-42

Wilkinson M，Lapointe F J，Gower D J. 2003. Branch lengths and support. Syst Biol，52（1）：127-130

Wilkinson M，McInerney J O，Hirt R P，et al，2007. Of clades and clans：terms for phylogenetic relationships in unrooted trees. Trends Ecol Evol，22（3）：114-115

Wilkinson M，Thorley J L，Littlewood D T J，et al. 2001. Towards a phylogenetic supertree of Platyhelminthes? //：Littlewood D T J，Bray R A. Interrelationships of the Platyhelminthes. London：Taylor & Francis：292-301

Wilson D E，Reeder D M. 2005. Mammal Species of the World：A Taxonomic and Geographic Reference. Washington：Smithsonian Institution Press

Wong K M，Suchard M A，Huelsenbeck J P. 2008. Alignment uncertainty and genomic analysis. Science，319：473-476

Woolley S M，Posada D，Crandall K A. 2008. A comparison of phylogenetic network methods using computer simulation. PLoS ONE，3（4）：e1913. doi：10. 1371/journal. pone. 0001913

Wróbel B. 2008. Statistical measures of uncertainty for branches in phylogenetic trees inferred from molecular sequences by using model-based methods. J Appl Genet，49（1）：49-67

Wu T J，Burke J P，Davison D B. 1997. A measure of DNA sequence dissimilarity based on Mahalanobis distance between frequencies of words. Biometrics，53（4）：1431-1439

Wägele J W，Mayer C. 2007. Visualizing differences in phylogenetic information content of alignments and distinction of three classes of long-branch effects. BMC Evol Biol，7：147

Wägele J W，Rödding F. 1998. A priori estimation of phylogenetic information conserved in aligned sequences. Mol Phylogenet Evol. 9（3）：358-365

Xia X，Xie Z，Kjer K M. 2003. 18S ribosomal RNA and tetrapod phylogeny. Syst Biol，52（3）：283-295

Xia X. 2000. Data Analysis in Molecular Biology and Evolution. Boston/Dordrecht/London：Kluwer Academic Publishers

Yang Z，Nielsen R，Goldman N，et al. 2000. Codon-substitution models for the heterogeneous selection pressure at amino acid sites. Genetics，155：431-449

Yang Z, Rannala B. 2005. Branch-length prior influences Bayesian posterior probability of phylogeny. Syst Biol, 54: 455-470

Yang Z, Roberts D. 1995. On the use of nucleic acid sequences to infer branchings in the tree of life. Mol Biol Evol, 12: 451-458

Yang Z, Yoder A D. 1999. Estimation of the transition/transversion rate bias and species sampling. J Mol Evol, 48 (3): 274-283

Yang Z. 1993. Maximum-likelihood estimation of phylogeny from DNA sequences when substitution rates differ over sites. Mol Biol Evol, 10: 1396-1401

Yang Z. 1994. Estimating the pattern of nucleotide substitution. J Mol Evol, 39: 105-111

Yang Z. 1995. A space-time process model for the evolution of DNA sequences. Genetics, 139: 993-1005

Yang Z. 1996. Among-site rate variation and its impact on phylogenetic analyses. Trends Ecol Evol, 11 (9): 367-372

Yang Z. 1997. PAML: a program package for phylogenetic analysis by maximum likelihood. Comput Appl Biosci, 13: 555-556

Yang Z. 1998. On the best evolutionary rate for phylogenetic analysis. Syst Biol, 47 (1): 125-133

Yang Z. 2006. Computational Molecular Evolution (Oxford Series in Ecology and Evolution) . New York: Oxford University Press

Yoder A D, Irwin J A, Payseur B A. 2001. Failure of the ILD to determine data combinability for slow loris phylogeny. Syst Biol, 50 (3): 408-424

Yoon H S, Hackett J D, Pinto G, et al. 2002. The single, ancient origin of chromist plastids. Proc Natl Acad Sci USA, 99: 15507-15512

Zachos F E. 2009. Gene trees and species trees—mutual influences and interdependences of population genetics and systematic. J Zool Syst Evol Res, 47 (3): 209-218

Zdobnov E M, von Mering C, Letunic I, et al. 2005. Consistency of genome-based methods in measuring Metazoan evolution. FEBS Letters, 579: 3355-3361

Zharkikh A, Li W H. 1992. Statistical properties of bootstrap estimation of phylogenetic variability from nucleotide sequences. I. Four taxa with a molecular clock. Mol Biol Evol, 9 (6): 1119-1147

Zharkikh A. 1994. Estimation of evolutionary distances between nucleotide sequences. J Mol Evol, 39 (3): 315-329

Zou X H, Zhang F M, Zhang J G, et al. 2008. Analysis of 142 genes resolves the rapid diversification of the rice genus. Genome Biology, 9: R49

Zuccon D, Pasquet E, Ericson PGP. 2008. Phylogenetic relationships among Palearctic-Oriental starlings and mynas (genera Sturnus and Acridotheres: Sturnidae) . Zoologica Scripta, 37: 469-481

Zuckerkandl E, Pauling L. 1965. Molecules as documents of evolutionary history. Journal of Theoretical Biology, 8 (2): 357-366

Zwickl D. 2006. Genetic algorithm approaches for the phylogenetic analysis of large biologiical sequence datasets under the maximum likelihood criterion. PhD thesis, University of Texas at Austin, TX